Arbeitsbuch zur Analysis einer Veränderlichen

Uwe Storch · Hartmut Wiebe

Arbeitsbuch zur Analysis einer Veränderlichen

Aufgaben und Lösungen

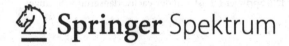 Springer Spektrum

Prof. Dr. Uwe Storch
Dr. Hartmut Wiebe

Fakultät für Mathematik
Ruhr-Universität-Bochum
Bochum, Deutschland

ISBN 978-3-642-45048-8   ISBN 978-3-642-45049-5 (eBook)
DOI 10.1007/978-3-642-45049-5

Die Deutsche Nationalbibliothek verzeichnet diese Publikation in der Deutschen Nationalbibliografie;
detaillierte bibliografische Daten sind im Internet über http://dnb.d-nb.de abrufbar.

Springer Spektrum
© Springer-Verlag Berlin Heidelberg 2014

Springer Spektrum ist eine Marke von Springer DE. Springer DE ist Teil der Fachverlagsgruppe Springer
Science+Business Media.
www.springer-spektrum.de

Vorwort

Dieses Buch ist als Ergänzung zu und zum Gebrauch neben einer Vorlesung über Analysis einer Veränderlichen gedacht. Es ist hervorgegangen aus den Übungen zu unseren entsprechenden Vorlesungen für Mathematiker, Physiker und Informatiker und enthält Aufgaben verschiedener Schwierigkeitsgrade mit ausführlichen Lösungen. Wir setzen dabei voraus, dass der Leser die grundlegenden Begriffe und Aussagen bereits gehört oder sich anderweitig – etwa im Selbststudium – angeeignet hat. Das vorliegende Buch allein kann also kein Lehrbuch ersetzen. Wir hoffen aber, dass es wesentlich beim Erlernen des Stoffes hilft. Als Leitfaden für die Anordnung dient der erste Band unseres Lehrbuchs der Mathematik über Analysis einer Veränderlichen, das ebenfalls im Verlag Springer Spektrum erschienen ist. Viele der Aufgaben sind Letzterem entnommen, eine ganze Reihe ist aber neu. Andererseits konnten jedoch bei Weitem nicht alle Aufgaben des genannten Buches behandelt werden. Hinweise werden möglichst inhaltlich und unabhängig von einer speziellen Quelle gegeben. Um den Leser – wie der Titel besagt – zur Mitarbeit anzuregen, haben wir einige (mit einem ‡ versehene) Aufgaben ohne Lösungen gelassen, wenn sie gelösten Aufgaben ähnlich sind. Das Ergebnis wird dann in der Regel genannt. Wir sehen die vorgestellten Lösungen nur als Vorschläge an, die freilich vom Leser akribisch mit Papier und Bleistift verfolgt werden sollten. Vielfach wird er einen eigenen und möglicherweise besseren Lösungsweg finden. Für einige Aufgaben präsentieren wir selbst mehrere Lösungen.

Ohnehin sollte das Lösen von Aufgaben nie Selbstzweck sein, sondern immer auch neue Aspekte des Stoffes aufzeigen und dazu dienen, das Arsenal an Methoden und Kunstgriffen zu erweitern. Dementsprechend fügen wir immer wieder Bemerkungen an, bei denen wir gelegentlich etwas vorgreifen, die die Resultate aber illustrieren, ergänzen und hoffentlich auch interessant machen.

Die einzelnen Abschnitte und Paragraphen sind wie in Band 1 des Lehrbuchs der Mathematik nummeriert und bezeichnet. Die Aufgaben sind im vorliegenden Band neu nummeriert, zum Teil etwas umformuliert und werden in der Form "1.A, Aufgabe 1" (mit dem Wort "Aufgabe" ausgeschrieben) zitiert. Zu jeder Aufgabe, die aus Band 1 stammt, geben wir die dortige Aufgabennummer an. *Andere Zitate ohne weitere Hinweise beziehen sich immer auf Band 1 unseres Lehrbuchs der Mathematik.* Dazu gehören insbesondere Zitate wie "1.A, Aufg. 1" (mit "Aufg." nicht ausgeschrieben). Hinweise auf die Bände 2, 3 und 4 sind mit LdM 2, LdM 3 bzw. LdM 4 gekennzeichnet. Wie bereits gesagt, werden nicht gelöste Aufgaben durch ein ‡ markiert. Das Stichwortverzeichnis enthält nur Einträge, die in einzelnen Aufgaben oder Bemerkungen besonders erwähnt werden. Ansonsten orientiere man sich am Inhaltsverzeichnis.

Der Wunsch nach einem Lösungsband wurde vielfach von Lesern an uns herangetragen. Bei der Gestaltung der Programme in Abschnitt 3.A hat uns (wieder) Herr Dr. T. Storch wesentlich geholfen. Herrn Dr. A. Rüdinger vom Verlag Springer Spektrum danken wir herzlich dafür, dass er das Erscheinen möglich gemacht hat, sowie generell für seine gute Betreuung unserer Lehrbuchreihe.

Bochum, im Dezember 2013   Uwe Storch, Hartmut Wiebe

Uwe.Storch@ruhr-uni-bochum.de
Hartmut.Wiebe@ruhr-uni-bochum.de
http://www.rub.de/ffm/Lehrstuehle/Storch/Storch_Wiebe_LdM.html

Inhaltsverzeichnis

1 Mengen und Abbildungen

1.A Mengen

In den Aufgaben dieses Abschnitts sind einfache Aussagen über Mengen herzuleiten. Solche Beziehungen werden immer wieder benutzt und sollten als Routine empfunden werden. Viele davon werden später selbstverständlich sein, wobei naive Mengenvorstellungen mit Hilfe von Venn-Diagrammen nützlich sein können. Notfalls prüfe man aber die Gleichheit zweier Mengen A und B nach dem Schema: (1) Ist $a \in A$, so ist auch $a \in B$, d.h. es gilt $A \subseteq B$. (2) Ist $b \in B$, so ist auch $b \in A$, d.h. es gilt $B \subseteq A$. Dabei ist auf die genaue Bedeutung der Konjunktionen „und", „oder", „entweder ... oder", „wenn ..., dann" usw. zu achten.

Aufgabe 1 (1.A, Aufg. 2) *Für Mengen A und B sind folgende Aussagen äquivalent*: (1) $A \subseteq B$. (2) $A \cap B = A$. (3) $A \cup B = B$. (4) $A - B = \emptyset$. (5) $B - (B - A) = A$. (6) *Für jede Menge* C *ist* $A \cup (B \cap C) = (A \cup C) \cap B$. (7) *Es gibt eine Menge* C *mit* $A \cup (B \cap C) = (A \cup C) \cap B$.

Lösung (1) $\Rightarrow$ (2): Sei $A \subseteq B$. Stets gilt natürlich $A \cap B \subseteq A$, da alle Elemente von $A \cap B$ in A (und in B) liegen. Umgekehrt zeigen wir $A \subseteq A \cap B$. Sei dazu $x \in A$. Wegen $A \subseteq B$ ist dann auch $x \in B$ und somit $x \in A \cap B$. Insgesamt folgt $A \cap B = A$.

(2) $\Rightarrow$ (1): Sei $A \cap B = A$. Wir zeigen $A \subseteq B$. Sei dazu $x \in A$. Dann ist aber auch $x \in A = A \cap B$ und somit $x \in B$.

(1) $\Rightarrow$ (3): Sei $A \subseteq B$. Wir zeigen $A \cup B \subseteq B$. Sei dazu $x \in A \cup B$, d.h. $x \in A$ oder $x \in B$. Im ersten Fall ist $x \in A \subseteq B$, also auch $x \in B$, im zweiten Fall ist sowieso $x \in B$. Die Inklusion $B \subseteq A \cup B$ gilt stets. Insgesamt folgt $A \cup B = B$.

(3) $\Rightarrow$ (1): Sei $A \cup B = B$. Wir zeigen $A \subseteq B$. Sei dazu $x \in A$. Dann ist aber auch $x \in A \cup B = B$.

(1) $\Rightarrow$ (4): Sei $A \subseteq B$. Wir zeigen $A - B = \emptyset$. Angenommen, es gäbe ein $x \in A - B$, d.h. mit $x \in A$ und $x \notin B$. Wegen $A \subseteq B$ folgt aus $x \in A$ aber $x \in B$ im Widerspruch zu $x \notin B$. Also kann es kein Element $x \in A - B$ geben.

(4) $\Rightarrow$ (1): Sei $A - B = \emptyset$. Wir zeigen $A \subseteq B$. Sei dazu $x \in A$. Wäre dann $x \notin B$, so wäre aber $x \in A - B$ im Widerspruch zu $A - B = \emptyset$. Also ist auch $x \in B$.

(1) $\Rightarrow$ (5): Sei $A \subseteq B$. Wir zeigen $B - (B - A) = A$. Sei dazu $x \in B - (B - A)$. Dann ist sicher $x \in B$. Wäre $x \notin A$, so wäre $x \in B - A$ und folglich $x \notin B - (B - A)$. Widerspruch. Also ist $x \in A$. Wir erhalten $B - (B - A) \subseteq A$. Nun zeigen wir die umgekehrte Inklusion: Sei dazu $x \in A$. Dann ist sicher $x \notin B - A$, aber $x \in B$ wegen $A \subseteq B$. Es folgt $x \in B - (B - A)$. Wir erhalten so $A \subseteq B - (B - A)$, also insgesamt die gewünschte Gleichheit.

(5) $\Rightarrow$ (1): Sei $B - (B - A) = A$. Wir zeigen $A \subseteq B$. Sei dazu $x \in A$. Dann ist aber auch $x \in A = B - (B - A)$ und somit $x \in B$.

(1) $\Rightarrow$ (6): Sei $A \subseteq B$. Wir zeigen $A \cup (B \cap C) = (A \cup C) \cap B$. Sei dazu $x \in A \cup (B \cap C)$. Dann ist $x \in A$ oder es ist $x \in B \cap C$. Im ersten Fall ist wegen $A \subseteq B$ auch $x \in B$ und wegen $A \subseteq A \cup C$ auch $x \in A \cup C$ und damit $x \in (A \cup C) \cap B$. Im zweiten Fall ist $x \in B$ und $x \in C$ und somit wegen $C \subseteq A \cup C$ auch $x \in A \cup C$, d.h. insgesamt $x \in (A \cup C) \cap B$. Nun zeigen wir die umgekehrte Inklusion: Sei dazu $x \in (A \cup C) \cap B$. Dann ist $x \in A \cup C$ und $x \in B$. Wegen $x \in A \cup C$ ist $x \in A$ oder $x \in C$. Im ersten Fall ist auch $x \in A \subseteq A \cup (B \cap C)$. Im zweiten Fall ist wegen $x \in B$ auch $x \in B \cap C$ und folglich $x \in A \cup (B \cap C)$.

$(6) \Rightarrow (7)$: Diese Implikation ist trivial, da es eine Menge C gibt (z.B. $C = \emptyset$).

$(7) \Rightarrow (1)$: Sei $A \cup (B \cap C) = (A \cup C) \cap B$ für eine Menge C. Wir zeigen $A \subseteq B$. Sei dazu $x \in A$. Dann ist aber auch $x \in A \cup (B \cap C) = (A \cup C) \cap B$. Es folgt $x \in B$ (und $x \in A \cup C$). •

Bemerkung Wir haben folgende Implikationen gezeigt:

$$(1) \Leftrightarrow (2), \quad (1) \Leftrightarrow (3), \quad (1) \Leftrightarrow (4), \quad (1) \Leftrightarrow (5) \text{ sowie } (1) \Rightarrow (6) \Rightarrow (7) \Rightarrow (1).$$

Daraus folgen alle möglichen Implikationen zwischen je zwei der Aussagen (1) bis (7) rein formal und brauchen nicht eigens behandelt zu werden. Natürlich sind auch andere Implikationsschemata denkbar. Am ökonomischsten wäre ein so genannter R i n g s c h l u s s, etwa nach dem Schema $(1) \Rightarrow (2) \Rightarrow (3) \Rightarrow (4) \Rightarrow (5) \Rightarrow (6) \Rightarrow (7) \Rightarrow (1)$, doch ist dieser von der Sache her nicht immer angemessen.

Aufgabe 2 (1.A, Aufg. 4b)) *Für Mengen A, B, C gilt $(A \cup B) - C = (A - C) \cup (B - C)$.*

Lösung Sei $x \in (A \cup B) - C$. Dann ist $x \in A \cup B$ und $x \notin C$. Wegen $x \in A \cup B$ ist $x \in A$ oder $x \in B$. Im ersten Fall ist $x \in A - C$, und im zweiten Fall folgt $x \in B - C$. In jedem Fall ist $x \in (A-C) \cup (B-C)$ und insgesamt $(A \cup B) - C \subseteq (A-C) \cup (B-C)$. – Für die umgekehrte Inklusion sei $x \in (A - C) \cup (B - C)$. Dann ist $x \in A - C$ oder $x \in B - C$. In beiden Fällen ist $x \in (A \cup B) - C$. •

Aufgabe 3 *Für Mengen A, B, C gilt $(A \cup B) - C = A \cup (B - C)$ genau dann, wenn $A \cap C = \emptyset$.*

Lösung Sei zunächst $A \cap C = \emptyset$. Wir haben dann $(A \cup B) - C = A \cup (B - C)$ zu zeigen. Wegen Aufgabe 2 ist hierfür nur noch $(A \cup B) - C \supseteq A \cup (B - C)$ nachzuweisen. Sei dazu $x \in A \cup (B - C)$. Dann ist $x \in A$ oder $x \in B - C$. Im ersten Fall ist erst recht $x \in A \cup B$ und ferner $x \notin C$, da x wegen der Voraussetzung $A \cap C = \emptyset$ nicht gleichzeitig in A und C liegen kann. Es folgt also $x \in (A \cup B) - C$. Im zweiten Fall ist sicher $x \in B$, also erst recht $x \in A \cup B$ und ferner $x \notin C$. Auch in diesem Fall erhält man also $x \in (A \cup B) - C$.

Sei nun umgekehrt $(A \cup B) - C = A \cup (B - C)$. Wir haben $A \cap C = \emptyset$ zu zeigen. Gäbe es ein $x \in A \cap C$, so wäre $x \in A$ und $x \in C$. Wegen $x \in A$ wäre erst recht $x \in A \cup (B-C) = (A \cup B) - C$, und es ergäbe sich $x \notin C$ im Widerspruch zu $x \in C$. •

In ähnlicher Weise löse man die folgende Aufgabe:

‡**Aufgabe 4** *Für Mengen A, B, C gilt $A - (B - C) \subseteq (A - B) \cup C$. – Genau dann gilt $A - (B - C) = (A - B) \cup C$, wenn $C \subseteq A$ ist.*

Aufgabe 5 (1.A, Aufg. 6e)) *Für Mengen A, B, C folgt aus $A \triangle B = A \triangle C$ stets $B = C$.*

Lösung Sei $A \triangle B = A \triangle C$, d.h. $(A \cup B) - (A \cap B) = (A \cup C) - (A \cap C)$. Wir zeigen $B \subseteq C$. Analog folgt dann $C \subseteq B$, da Voraussetzung und Behauptung symmetrisch in B und C sind, und somit $B = C$. Sei also $x \in B$. Wir unterscheiden zwei Fälle: Im ersten Fall sei auch $x \in A$. Dann ist $x \in A \cup B$ und $x \in A \cap B$, also $x \notin (A \cup B) - (A \cap B) = (A \cup C) - (A \cap C)$. Wegen $x \in A \cup C$ ist dann auch $x \in A \cap C$ und somit $x \in C$. Im zweiten Fall sei $x \notin A$. Dann ist $x \in A \cup B$, aber $x \notin A \cap B$, also $x \in (A \cup B) - (A \cap B) = (A \cup C) - (A \cap C)$ und somit $x \in A \cup C$. Wegen $x \notin A$ folgt wieder $x \in C$. •

Bemerkung Im Mengenring $\mathfrak{P}(A \cup B \cup C)$ ist die symmetrische Differenz $\triangle$ die Addition $+$, vgl. 4.B, Aufgabe 4. Aus $A + B = A \triangle B = A \triangle C = A + C$ folgt daher $B = -A + (A + B) = -A + (A + C) = C$. Wegen $A + A = A \triangle A = \emptyset = 0$ ist übrigens $A = -A$ im Ring $\mathfrak{P}(A \cup B \cup C)$.

1.B Abbildungen und Funktionen

In den folgenden Aufgaben werden im Wesentlichen Beispiele von Abbildungen und Funktionen diskutiert. Wir betonen noch einmal: Zwei Abbildungen $f : A \to B$ und $g : C \to D$ sind genau dann gleich, wenn $A = C$, $B = D$ ist und wenn für jedes $x \in A = C$ gilt $f(x) = g(x)$. Gelegentlich wird auf die Gleichheit der Wertebereiche B und D nicht der gebührende Wert gelegt. Fragt man aber z. B. nach der Surjektivität einer Abbildung, so ist ihr Wertebereich ganz entscheidend. Man scheue sich nicht, die Graphen möglichst vieler Funktionen zu skizzieren.

Aufgabe 1 (Teil von 1.B, Aufg. 4) *Man untersuche, ob die Abbildung $f : \mathbb{R} \times \mathbb{R} \to \mathbb{R} \times \mathbb{R}$ mit $f(x, y) := (xy, x+y)$ injektiv, surjektiv bzw. bijektiv ist. – Die entsprechende Aufgabe löse man für $g : \mathbb{R} \times \mathbb{R} - \{(0,0)\} \longrightarrow \mathbb{R} \times \mathbb{R} - \{(0,0)\}$ mit*

$$g(x, y) := \left(\frac{x}{x^2+y^2}, \frac{y}{x^2+y^2} \right), \quad (x, y) \in \mathbb{R} \times \mathbb{R} - \{(0,0)\},$$

und gebe im bijektiven Fall die Umkehrabbildung an. – Schließlich untersuche man unter denselben Gesichtspunkten die Abbildung $h : \mathbb{R} \times \mathbb{R} \to \mathrm{B}(0\,;1) := \{(u, v) \in \mathbb{R}^2 \mid u^2 + v^2 < 1\}$, die durch

$$h(x, y) := \left(\frac{x}{\sqrt{x^2+y^2+1}}, \frac{y}{\sqrt{x^2+y^2+1}} \right), \quad (x, y) \in \mathbb{R} \times \mathbb{R},$$

definiert ist, und zeige, dass h folgende Umkehrabbildung $h^{-1} : \mathrm{B}(0\,;1) \to \mathbb{R}^2$ besitzt:

$$h^{-1}(u, v) := \left(\frac{u}{\sqrt{1-u^2-v^2}}, \frac{v}{\sqrt{1-u^2-v^2}} \right), \quad (u, v) \in \mathrm{B}(0\,;1).$$

Lösung Wir untersuchen, für welche $(u, v) \in \mathbb{R}^2$ die Gleichung $f(x, y) = (u, v)$, d.h. das Gleichungssystem $xy = u$ und $x+y = v$ lösbar ist bzw. mehrere Lösungen hat. Dies ist äquivalent zu $y = v-x$ und $u = xy = x(v-x) = vx - x^2$. Die Lösungsformel für quadratische Gleichungen liefert als einzig mögliche Lösungen der resultierenden Gleichung $x^2 - vx + u = 0$ die Werte $x = \frac{1}{2}v \pm \frac{1}{2}\sqrt{v^2 - 4u}$. Dies zeigt, dass es bei $v^2 > 4u$ zwei verschiedene Lösungen für x (und dann auch für $y = x-v$) gibt, bei $v^2 = 4u$ genau eine (nämlich $x = \frac{1}{2}v$) und bei $v^2 < 4u$ überhaupt keine. Daher ist $f : \mathbb{R} \times \mathbb{R} \to \mathbb{R} \times \mathbb{R}$ weder injektiv noch surjektiv. (Der Leser skizziere die Menge Bild $f = \{(u, v) \in \mathbb{R} \times \mathbb{R} \mid v^2 \geq 4u\}$!) – Übrigens folgt aus $f(x, y) = f(y, x)$ für $x \neq y$ direkt, dass f nicht injektiv ist. Da sich nach Obigem beispielsweise $(1, 1)$ nicht in der Form $f(x, y)$ schreiben lässt, ist f nicht surjektiv. •

Die Abbildung g ist bijektiv, also erst recht injektiv und surjektiv, da sie umkehrbar ist mit g selbst als Umkehrabbildung. Dazu ist nur $g \circ g = \mathrm{id}_{\mathbb{R} \times \mathbb{R}}$ zu zeigen. Dies folgt aber aus

$$(g \circ g)(x, y) = g\left(\frac{x}{x^2+y^2}, \frac{y}{x^2+y^2} \right) =$$

$$= \left(\frac{\frac{x}{x^2+y^2}}{\left(\frac{x}{x^2+y^2}\right)^2 + \left(\frac{y}{x^2+y^2}\right)^2}, \frac{\frac{y}{x^2+y^2}}{\left(\frac{x}{x^2+y^2}\right)^2 + \left(\frac{y}{x^2+y^2}\right)^2} \right) = \left(\frac{\frac{x}{x^2+y^2}}{\frac{1}{x^2+y^2}}, \frac{\frac{y}{x^2+y^2}}{\frac{1}{x^2+y^2}} \right) = (x, y).$$

g ist die so genannte A b b i l d u n g d u r c h r e z i p r o k e R a d i e n oder die so genannte S p i e g e l u n g a m E i n h e i t s k r e i s, vgl. dazu auch 2.B, Aufgabe 19. Was ist das Bild des Kreises $\{(x, y) \in \mathbb{R}^2 \mid x^2 + y^2 = r^2\}$ mit Mittelpunkt $(0, 0)$ und Radius $r > 0$ unter g? •

Offenbar ist die Abbildung $\tilde{h}$ mit $\tilde{h}(u, v) := \left(u/\sqrt{1 - u^2 - v^2}, v/\sqrt{1 - u^2 - v^2} \right)$ für alle $(u, v) \in \mathrm{B}(0\,;1)$ definiert, und es gilt $h(x, y) \in \mathrm{B}(0\,;1)$ für alle $(x, y) \in \mathbb{R}^2$. Wir haben daher nur noch $\tilde{h} \circ h = \mathrm{id}_{\mathbb{R}^2}$ und $h \circ \tilde{h} = \mathrm{id}_{\mathrm{B}(0\,;1)}$ zu zeigen, vgl. Satz 1.B.10. Für alle $(x, y) \in \mathbb{R}^2$ bzw. für alle $(u, v) \in \mathrm{B}(0\,;1)$ gilt aber

$$(\tilde{h} \circ h)(x, y) = \tilde{h}\big(h(x, y)\big) = \tilde{h}\bigg(\frac{x}{\sqrt{x^2 + y^2 + 1}} \,,\, \frac{y}{\sqrt{x^2 + y^2 + 1}} \bigg) =$$

$$= \Bigg(\frac{x/\sqrt{x^2 + y^2 + 1}}{\sqrt{1 - \Big(\frac{x}{\sqrt{x^2 + y^2 + 1}}\Big)^2 - \Big(\frac{y}{\sqrt{x^2 + y^2 + 1}}\Big)^2}} \,,\, \frac{y/\sqrt{x^2 + y^2 + 1}}{\sqrt{1 - \Big(\frac{x}{\sqrt{x^2 + y^2 + 1}}\Big)^2 - \Big(\frac{y}{\sqrt{x^2 + y^2 + 1}}\Big)^2}} \Bigg)$$

$$= \Bigg(\frac{x}{\sqrt{x^2 + y^2 + 1 - x^2 - y^2}} \,,\, \frac{y}{\sqrt{x^2 + y^2 + 1 - x^2 - y^2}} \Bigg) = (x, y) \quad \text{und}$$

$$(h \circ \tilde{h})(u, v) = h\big(\tilde{h}(u, v)\big) = h\bigg(\frac{u}{\sqrt{1 - u^2 - v^2}} \,,\, \frac{v}{\sqrt{1 - u^2 - v^2}} \bigg) =$$

$$= \Bigg(\frac{u/\sqrt{1 - u^2 - v^2}}{\sqrt{\Big(\frac{u}{\sqrt{1 - u^2 - v^2}}\Big)^2 + \Big(\frac{v}{\sqrt{1 - u^2 - v^2}}\Big)^2 + 1}} \,,\, \frac{v/\sqrt{1 - u^2 - v^2}}{\sqrt{\Big(\frac{u}{\sqrt{1 - u^2 - v^2}}\Big)^2 + \Big(\frac{v}{\sqrt{1 - u^2 - v^2}}\Big)^2 + 1}} \Bigg)$$

$$= \Bigg(\frac{u}{\sqrt{u^2 + v^2 + 1 - u^2 - v^2}} \,,\, \frac{v}{\sqrt{u^2 + v^2 + 1 - u^2 - v^2}} \Bigg) = (u, v) \,. \qquad \bullet$$

Aufgabe 2 (Vgl. 2.C, Aufg. 1) *Man zeige, dass die Abbildung* $g : {]-1, 1[} \to \mathbb{R}$ *mit* $g(x) := x/(1 - |x|)$ *bijektiv ist mit der Umkehrabbildung* $f : \mathbb{R} \to {]-1, 1[}$, $f(y) := y/(1 + |y|)$.

Lösung Wegen $|x| < 1$ für alle $x \in {]-1, 1[} = \{x \in \mathbb{R} \mid |x| < 1\}$ ist g wohldefiniert. Wir haben zu zeigen, dass es zu jedem $y \in \mathbb{R}$ genau ein $x \in {]-1, 1[}$ mit $y = g(x) = x/(1 - |x|)$ gibt und dass dieses x gleich $f(y) = y/(1 + |y|)$ ist. Sei zunächst $y \geq 0$. Dann ist auch das gesuchte x notwendigerweise ≥ 0. Wir haben die Gleichung $y = x/(1 - x)$ zu lösen und erhalten $x = y/(1 + y) = y/(1 + |y|) = f(y) \in {]-1, 1[}$. Entsprechend haben wir bei $y < 0$ die Gleichung $y = x/(1 + x)$ mit einem $x < 0$ zu lösen und erhalten ebenfalls $x = y/(1 - y) = y/(1 + |y|) = f(y) \in {]-1, 1[}$. $\qquad \bullet$

Bemerkung Die obige Abbildung $g : {]-1, 1[} \to \mathbb{R}$ und ihre Umkehrabbildung $f : \mathbb{R} \to {]-1, 1[}$ sind zwar stetig und sogar stetig differenzierbar, aber ihre Ableitungen $g'(x) = 1/(1 - |x|)^2$ bzw. $f'(y) = 1/(1 + |y|)^2$ sind nicht mehr differenzierbar (da die Betragsfunktion $x \mapsto |x|$ in 0 nicht differenzierbar ist). Gelegentlich wünscht man sich bijektive Abbildungen ${]-1, 1[} \to \mathbb{R}$, die bessere analytische Eigenschaften besitzen. Beispielsweise lässt die (analytische) Abbildung ${]-1, 1[} \to \mathbb{R}$ mit $x \mapsto \tan(\pi x/2)$ und der (analytischen) Umkehrabbildung $\mathbb{R} \to {]-1, 1[}$, $y \mapsto (2/\pi) \arctan y$, in dieser Hinsicht keine Wünsche offen, vgl. Abschnitt 14.B. Analog liefert die (analytische) Logarithmusfunktion $x \mapsto \ln x$ eine bijektive Abbildung $\mathbb{R}_+^\times \to \mathbb{R}$ der offenen Halbgeraden $\mathbb{R}_+^\times = {]0, \infty[}$ auf $\mathbb{R}$ mit der Exponentialfunktion $y \mapsto e^y$ als Umkehrabbildung $\mathbb{R} \to \mathbb{R}_+^\times$, vgl. die Abschnitte 11.C und 13.C. Es gibt aber elementarere Funktionen, die dasselbe leisten, vgl. die folgenden Aufgaben.

Aufgabe 3 *Man zeige, dass die rationale Funktion* $x \mapsto \dfrac{1}{1 - x} - \dfrac{1}{1 + x} = \dfrac{2x}{1 - x^2}$ *eine bijektive Abbildung* $g : {]-1, 1[} \to \mathbb{R}$ *definiert, und bestimme ihre Umkehrabbildung.*

Lösung Wir haben zu $y \in \mathbb{R}$ eine Lösung x der Gleichung $y = 2x/(1 - x^2)$ mit $|x| < 1$ zu finden und überdies zu zeigen, dass diese eindeutig ist. Die Gleichung $yx^2 + 2x - y = 0$ hat für $y = 0$ die einzige Lösung $x = 0$. Für $y \neq 0$ hat die quadratische Gleichung $x^2 + 2x/y - 1 = 0$ die beiden Lösungen (vgl. Beispiel 5.A.4)

$$x_{1,2} = -\frac{1}{y} \pm \sqrt{1 + \frac{1}{y^2}} = \frac{-1 \pm \sqrt{1+y^2}}{y} = \frac{\left(-1 \pm \sqrt{1+y^2}\right)\left(-1 \mp \sqrt{1+y^2}\right)}{y\left(-1 \mp \sqrt{1+y^2}\right)} = \frac{y}{1 \pm \sqrt{1+y^2}},$$

wovon nur $y/\left(1+\sqrt{1+y^2}\right)$ in $]-1, 1[$ liegt, da $\left(1-\sqrt{1+y^2}\right)^2 = 2 - 2\sqrt{1+y^2} + y^2 < y^2$ ist für $y \neq 0$. Also ist die (ebenfalls analytische, aber nicht mehr rationale) Funktion $f : \mathbb{R} \to]-1, 1[$, $y \mapsto y/\left(1+\sqrt{1+y^2}\right)$, die Umkehrabbildung von g. •

Analog behandele man die beiden folgenden Aufgaben:

‡**Aufgabe 4** *Man zeige, dass die rationale Funktion $x \mapsto (x - x^{-1})/2$ eine bijektive Abbildung $g : \mathbb{R}_+^\times \to \mathbb{R}$ definiert und $f : \mathbb{R} \to \mathbb{R}_+^\times$, $y \mapsto y + \sqrt{1+y^2}$, die Umkehrabbildung von g ist.*

‡**Aufgabe 5** *Man zeige, dass die rationale Funktion $x \mapsto x/(1-x)$ eine bijektive Abbildung $g :]0, 1[\to \mathbb{R}_+^\times$ mit der rationalen Umkehrabbildung $f : \mathbb{R}_+^\times \to]0, 1[$, $y \mapsto y/(1+y)$, definiert.*

Aufgabe 6 (1.B, Aufg. 5) *Seien $a, b, c, d \in \mathbb{R}$ und $f : \mathbb{R} \to \mathbb{R}$, $g : \mathbb{R} \to \mathbb{R}$ die durch $f(x) := ax + b$, $g(x) := cx + d$ definierten Funktionen. Unter welchen Bedingungen ist $f \circ g = g \circ f$?*

Lösung Wir zeigen: Genau dann ist $f \circ g = g \circ f$, wenn $ad + b = cb + d$ gilt. Stets ist $(f \circ g)(x) = f\big(g(x)\big) = f(cx+d) = a(cx+d) + b = acx + ad + b$ und analog $(g \circ f)(x) = cax + cb + d$.

Bei $ad + b = cb + d$ gilt daher $(f \circ g)(x) = (g \circ f)(x)$ für alle $x \in \mathbb{R}$ – man beachte $ac = ca$ – und somit $f \circ g = g \circ f$. Umgekehrt sei $(f \circ g)(x) = (g \circ f)(x)$ für alle $x \in \mathbb{R}$. Speziell für $x = 0$ ergibt die obige Rechnung dann $ad + b = (f \circ g)(0) = (g \circ f)(0) = cb + d$. •

Bemerkung Generell gilt $f = g$ genau dann, wenn $b = f(0) = g(0) = d$ und $a = f(1) - f(0) = g(1) - g(0) = c$ ist, d.h. wenn die Parameterpaare (a, b), $(c, d) \in \mathbb{R} \times \mathbb{R}$ übereinstimmen. Bei gegebenem $f : x \mapsto ax + b$ mit $(a, b) \neq (1, 0)$ bilden die Paare (c, d), für die $f \circ g = g \circ f$ ist, für die also f und g vertauschbar sind, nach Obigem die Gerade $bc + (1-a)d = b$ durch die Punkte (a, b) und $(1, 0)$. Bei $(a, b) = (1, 0)$ ist f die Identität von $\mathbb{R}$, die mit allen g vertauschbar ist. *Zwei Funktionen mit den Parametern (a, b) bzw. (c, d) sind somit genau dann vertauschbar, wenn die Punkte (a, b), (c, d) und $(1, 0)$ auf einer Geraden in der Ebene $\mathbb{R} \times \mathbb{R}$ liegen.*

Aufgabe 7 (Teil von 1.B, Aufg. 7) *Seien $f : A \to B$ und $g : B \to C$ Abbildungen.*

a) *Ist $g \circ f : A \to C$ injektiv, so ist f injektiv.*   **b)** *Ist $g \circ f : A \to C$ surjektiv, so ist g surjektiv.*

Lösung a) Sei $g \circ f : A \to C$ injektiv. Für Elemente $x, y \in A$ mit $f(x) = f(y)$ gilt erst recht $(g \circ f)(x) = g\big(f(x)\big) = g\big(f(y)\big) = (g \circ f)(y)$. Da $g \circ f$ injektiv ist, liefert dies bereits $x = y$. •

Bemerkung g muss nicht unbedingt injektiv sein, wenn $g \circ f : A \to C$ injektiv ist. Für A und C nehmen wir beispielsweise die Menge $\{1\}$ und für B die Menge $\{1, 2\}$. Die Abbildung $f : A \to B$ definieren wir durch $f(1) := 1 \in B$ und die Abbildung $g : B \to C$ (notwendigerweise) durch $g(1) := 1$, $g(2) := 1$. Dann ist $g \circ f : A \to C$ diejenige Abbildung, die das einzige Element 1 von A auf das einzige Element 1 von C abbildet, d.h. die Identität von $\{1\}$, und somit injektiv. Die Abbildung g ist jedoch nicht injektiv, da sie die Elemente 1 und 2 von B beide auf dasselbe Element 1 von C abbildet.

b) Sei $g \circ f : A \to C$ surjektiv, und sei $c \in C$. Dann gibt es ein $a \in A$ mit $(g \circ f)(a) = c$, also mit $g(b) = g\big(f(a)\big) = c$ für $b := f(a)$. Dies beweist, dass g surjektiv ist. •

Bemerkung f muss nicht unbedingt surjektiv sein, wenn $g \circ f : A \to C$ surjektiv ist. Als Beispiel wählen wir dieselben Abbildungen f, g wie in der Bemerkung zu Teil a). Die Abbildung $g \circ f = \mathrm{id}_{\{1\}}$ ist surjektiv. f ist jedoch nicht surjektiv, da $2 \in B$ nicht zu Bild $f = \{1\}$ gehört.

1.C Familien

Eine Familie $(a_i)_{i \in I} \in \prod_{i \in I} A_i$ ist eine Abbildung $I \to \bigcup_{i \in I} A_i$ der (Index-)Menge I in die Vereinigung $\bigcup_{i \in I} A_i$ der Mengen A_i, $i \in I$, bei der das Bild a_i von $i \in I$ jeweils in A_i liegt. Wir bezeichnen eine solche Familie auch mit a_i, $i \in I$. Ist $A_i = A$ für alle $i \in I$, so handelt es sich um eine Abbildung $I \to A$. Die Menge all dieser Familien ist das kartesische Produkt A^I. Familien mit Indexmenge $I = \mathbb{N}$ sind (unendliche) Folgen.

Aufgabe (1.C, Aufg. 3) *Seien A, I und J Mengen. Die Abbildung $f \mapsto \big(j \mapsto (i \mapsto f(i,j)) \big)$ ist eine bijektive Abbildung von $A^{I \times J}$ auf $(A^I)^J$.*

1. Lösung Es ist zu zeigen, dass die Abbildung $F : A^{I \times J} \to (A^I)^J$ bijektiv ist, die jedem $f \in A^{I \times J}$, also jeder Abbildung $f : I \times J \to A$, diejenige Abbildung $F(f) : J \to A^I$ zuordnet, die ein $j \in J$ auf $\big(F(f)\big)(j) : I \to A$ mit $\big((F(f))(j)\big)(i) := f(i,j)$ für alle $i \in I$ abbildet. F ist bijektiv, wenn F injektiv und surjektiv ist.

Wir beweisen zunächst, dass F injektiv ist. Dazu betrachten wir f, $f' \in A^{I \times J}$ mit $F(f) = F(f')$ und haben $f = f'$ zu zeigen. Wegen $F(f) = F(f')$ gilt aber $\big(F(f)\big)(j) = \big(F(f')\big)(j)$ für alle $j \in J$ und dann auch $f(i,j) = \big((F(f))(j)\big)(i) = \big((F(f'))(j)\big)(i) = f'(i,j)$ für alle $j \in J$ und alle $i \in I$, d.h. $f = f'$. – Wir beweisen nun, dass F surjektiv ist. Dazu betrachten wir $g \in (A^I)^J$ und haben ein $f \in A^{I \times J}$ anzugeben mit $F(f) = g$. Definieren wir $f : I \times J \to A$ durch $f(i,j) := \big(g(j)\big)(i)$ für alle $j \in J$ und alle $i \in I$, so ist in der Tat $\big((F(f))(j)\big)(i) = f(i,j) = \big(g(j)\big)(i)$ für alle i,j, also $(F(f))(j) = g(j)$ und $F(f) = g$. •

2. Lösung Wir verwenden Satz 1.B.10 und zeigen, dass für die im 1. Beweis eingeführte Abbildung F und die Abbildung $G : (A^I)^J \to A^{I \times J}$, die für $g \in (A^I)^J$ durch $\big(G(g)\big)(i,j) := \big(g(j)\big)(i)$, $i \in I$, $j \in J$, definiert ist, gilt: $G \circ F = \mathrm{id}_{A^{I \times J}}$ und $F \circ G = \mathrm{id}_{(A^I)^J}$. Dann ist F umkehrbar (mit Umkehrabbildung G) und somit bijektiv.

Für $f \in A^{I \times J}$ und beliebige Elemente $i \in I$, $j \in J$ gilt $\big((G \circ F)(f)\big)(i,j) = \big(G(F(f))\big)(i,j) = \big((F(f))(j)\big)(i) = f(i,j)$, also $(G \circ F)(f) = f$, und somit $G \circ F = \mathrm{id}_{A^{I \times J}}$.

Für $g \in (A^I)^J$ und beliebige Elemente $i \in I$, $j \in J$ gilt ferner $\big(((F \circ G)(g))(j)\big)(i) = \big((F(G(g)))(j)\big)(i) = \big(G(g)\big)(i,j) = \big(g(j)\big)(i)$, also $\big((F \circ G)(g)\big)(j) = g(j)$, folglich $(F \circ G)(g) = g$, und somit schließlich $F \circ G = \mathrm{id}_{(A^I)^J}$. •

Bemerkung Die Aufgabe zeigt: *Eine Abbildung $f : I \times J \to A$ in den beiden Variablen $i \in I$, $j \in J$ lässt sich mit der Familie $f_{\bullet j} : i \mapsto f_{\bullet j}(i) := f(i,j)$ von Abbildungen $f_{\bullet j} : I \to A$, $j \in J$, identifizieren.* Man kann natürlich auch die Rollen von I und J vertauschen und f mit der Familie $f_{i \bullet} : J \to A$, $i \in I$, identifizieren, wo $f_{i \bullet}$ durch $f_{i \bullet}(j) := f(i,j)$, $j \in J$, definiert ist.

1.D Relationen

Die folgenden Aufgaben üben u. a. das Rechnen mit Äquivalenzklassen. Insbesondere ist bei der Definition von Objekten mit Hilfe von Repräsentanten der beteiligten Äquivalenzklassen stets darauf zu achten, dass diese Definition nicht von der Wahl solcher Repräsentanten abhängt

Aufgabe 1 (1.D, Aufg. 1) *Sei $f : A \to B$ eine Abbildung. Die Relation $\overset{f}{\sim}$ mit "$x \overset{f}{\sim} y$ genau dann, wenn $f(x) = f(y)$" ist eine Äquivalenzrelation auf A. Die zugehörigen Äquivalenzklassen sind genau die nichtleeren Fasern von f.*

Lösung Wegen $f(x) = f(x)$ gilt $x \overset{f}{\sim} x$ für $x \in A$, d.h. $\overset{f}{\sim}$ ist reflexiv. Aus $x \overset{f}{\sim} y$ folgt $f(x) = f(y)$, also auch $f(y) = f(x)$ und somit $y \overset{f}{\sim} x$. Die Relation $\overset{f}{\sim}$ ist also symmetrisch. Schließlich ergeben sich aus $x \overset{f}{\sim} y$ und $y \overset{f}{\sim} z$ die Gleichungen $f(x) = f(y)$ und $f(y) = f(z)$. Also ist auch $f(x) = f(z)$, d.h. $x \overset{f}{\sim} z$, und $\overset{f}{\sim}$ ist transitiv. – Für $a \in A$ enthält die Äquivalenzklasse $[a]$ von a bzgl. $\overset{f}{\sim}$ definitionsgemäß genau die Elemente $x \in A$ mit $x \overset{f}{\sim} a$, d.h. mit $f(x) = f(a)$. Dies sind aber die Elemente der Faser $f^{-1}(f(a))$ von f durch a.   •

Bemerkungen (1) In der Situation der Aufgabe ist die Abbildung $\overline{f} : \overline{A} \to B$ mit $\overline{f}([x]) := f(x)$ wohldefiniert, wobei $\overline{A}$ die Menge der Äquivalenzklassen bzgl. $\overset{f}{\sim}$ ist. Ist nämlich $y \in [x]$ ein weiterer Repräsentant von $[x]$, so gilt ja definitionsgemäß $f(y) = f(x)$. *Ferner ist $\overline{f}$ injektiv.* Ist nämlich $\overline{f}([x]) = \overline{f}([y])$, so ist $f(x) = f(y)$, d.h. $x \overset{f}{\sim} y$ und somit $[x] = [y]$. Mittels $\overline{f}$ lassen sich also Bild $f \subseteq B$ und $\overline{A}$ identifizieren.

(2) Ist umgekehrt eine Äquivalenzrelation $\sim$ auf A gegeben und ist $\pi : A \to \overline{A}$ mit $\pi(x) = [x]$, $x \in A$, die kanonische Projektion von A auf die Menge $\overline{A}$ der Äquivalenzklassen bzgl. $\sim$, so ist die gegebene Relation $\sim$ identisch mit der Relation $\overset{\pi}{\sim}$.

Aufgabe 2 (1.D, Aufg. 5) *Sei $\preceq$ eine reflexive und transitive Relation auf der Menge A. Dann wird durch " $a \sim b$ genau dann, wenn $a \preceq b$ und $b \preceq a$" eine Äquivalenzrelation $\sim$ auf A definiert. Auf der Menge $\overline{A}$ der Äquivalenzklassen von A bezüglich $\sim$ ist durch "$[a] \leq [b]$ genau dann, wenn $a \preceq b$" eine Ordnungsrelation wohldefiniert.*

Lösung Wir zeigen zunächst, *dass $\sim$ eine Äquivalenzrelation ist.* Da $\preceq$ reflexiv ist, gilt $a \preceq a$ für alle $a \in A$ und folglich auch $a \sim a$, d.h. $\sim$ ist reflexiv. Aus $a \sim b$ folgt $a \preceq b$ und $b \preceq a$, also auch $b \preceq a$ und $a \preceq b$, d.h. $b \sim a$. Folglich ist $\sim$ symmetrisch. Aus $a \sim b$ und $b \sim c$ ergibt sich schließlich $a \preceq b$ und $b \preceq a$ sowie $b \preceq c$ und $c \preceq b$. Die Transitivität von $\preceq$ liefert dann $a \preceq c$ und $c \preceq a$, d.h. $a \sim c$. Daher ist $\sim$ auch transitiv.

Wir zeigen nun, *dass $\leq$ wohldefiniert ist,* d.h. die Gültigkeit der Aussage $[a] \leq [b]$ für Äquivalenzklassen $[a]$ und $[b]$ nicht von den zur Definition benutzten Repräsentanten a und b der beiden Äquivalenzklassen abhängt. Sind aber $a' \in [a]$, $b' \in [b]$, so gilt $a' \sim a$ und $b' \sim b$, insbesondere also $a' \preceq a$ und $b \preceq b'$. Gilt nun $a \preceq b$, so erhält man mit der Transitivität von $\preceq$ daraus zunächst $a' \preceq b$ und dann $a' \preceq b'$. Also erhält man auch mit a' und b' die Relation $[a] = [a'] \leq [b'] = [b]$. Aus Symmetriegründen ergibt sich aus $a' \preceq b'$ auch $a \preceq b$.

Wir zeigen schließlich, *dass $\leq$ eine Ordnungsrelation ist.* Wegen der Reflexivität von $\preceq$ gilt stets $a \preceq a$ und folglich $[a] \leq [a]$, d.h. $\leq$ ist reflexiv. Ebenso liefert die Transitivität von $\preceq$ sofort die Transitivität von $\leq$. Sei nun $[a] \leq [b]$ und $[b] \leq [a]$. Dann gilt definitionsgemäß $a \preceq b$ und $b \preceq a$, d.h. $a \sim b$ und somit $[a] = [b]$. Daher ist $\leq$ auch antisymmetrisch.   •

Bemerkung Sei $f : A \to B$ eine Abbildung in eine geordnete Menge B. Dann erfüllt die Relation "$x \preceq y$ genau dann, wenn $f(x) \leq f(y)$" offenbar die Bedingungen der Aufgabe. Die zugehörige Äquivalenzrelation $\sim$ ist die Relation $\overset{f}{\sim}$ gemäß Aufgabe 1. Die induzierte Ordnungsrelation $\leq$ auf $\overline{A}$ ist die mittels der *injektiven* Abbildung $\overline{f} : \overline{A} \to B$, $[x] \mapsto f(x)$, induzierte Ordnung von B, d.h. es ist $[x] \leq [y]$ genau dann, wenn $\overline{f}([x]) \leq \overline{f}([y])$ ist.

2 Die natürlichen Zahlen

2.A Vollständige Induktion

Aufgabe 1 (2.A, Teil von Aufg. 1) *Für alle $n \in \mathbb{N}$ gilt $\sum_{k=1}^{n} k^3 = \left(\dfrac{n(n+1)}{2} \right)^2$.*

Lösung *Induktionsanfang*: Für $n = 0$ steht auf der linken Seite die leere Summe $\sum_{k=1}^{0} k^3$, also 0. Dies ist auch der Wert der rechten Seite für $n = 0$. (Für $n = 1$ ist die Aussage ebenfalls trivialerweise richtig, da die linke Seite $\sum_{k=1}^{1} k^3 = 1^3$ und die rechte Seite $\left(\dfrac{1 \cdot (1+1)}{2} \right)^2$ beide gleich 1 sind.)

Induktionsschluss (von $n - 1$ auf $n \geq 1$): Nach Induktionsvoraussetzung gilt $\sum_{k=1}^{n-1} k^3 = \left(\dfrac{(n-1)n}{2} \right)^2$. Daraus ergibt sich die Induktionsbehauptung, d.h. die Aussage mit n statt $n - 1$:

$$\sum_{k=1}^{n} k^3 = n^3 + \sum_{k=0}^{n-1} k^3 = n^3 + \left(\frac{(n-1)n}{2} \right)^2 = n^2 \left(n + \frac{(n-1)^2}{4} \right) = n^2 \frac{(n+1)^2}{4} = \left(\frac{n(n+1)}{2} \right)^2. \bullet$$

Bemerkungen (1) Man beachte, dass $\dfrac{n(n+1)}{2}$ die Summe $\sum_{k=1}^{n} k$ der ersten n positiven natürlichen Zahlen ist, vgl. Beispiel 2.A.2. Es ist also $1^3 + 2^3 + \cdots + n^3 = (1 + 2 + \cdots + n)^2$. Dies ergibt sich wegen $2 \cdot n \cdot \dfrac{(n-1)n}{2} + n^2 = n^3$ auch direkt aus folgendem Bild:

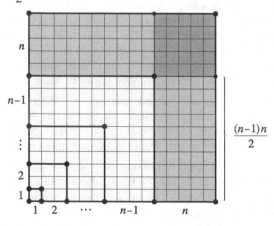

(2) Man kann die Formel aus der Aufgabe auch folgendermaßen gewinnen: Zunächst berechnet man $\sum_{k=1}^{n} k^2$. Dazu summiert man beide Seiten der Identität $(k+1)^3 = k^3 + 3k^2 + 3k + 1$ von $k = 1$ bis $k = n$ und erhält nach Subtraktion von $2^3 + \cdots + n^3$ die Gleichung

$$(n+1)^3 = 1 + 3 \sum_{k=1}^{n} k^2 + 3 \frac{n(n+1)}{2} + n \quad \text{oder} \quad \sum_{k=1}^{n} k^2 = \frac{n(n+1)(2n+1)}{6}.$$

Dann summiert man analog beide Seiten der Identität $(k+1)^4 = k^4+4k^3+6k^2+4k+1$ von $k=1$ bis $k=n$, lässt die vierten Potenzen $2^4, 3^4, \dots, n^4$ weg und bekommt

$$\sum_{k=1}^{n}(k+1)^4 = \sum_{k=1}^{n}k^4 + 4\sum_{k=1}^{n}k^3 + 6\sum_{k=1}^{n}k^2 + 4\sum_{k=1}^{n}k + \sum_{k=1}^{n}1 =$$

$$= \sum_{k=1}^{n}k^4 + 4\sum_{k=1}^{n}k^3 + \frac{6n(n+1)(2n+1)}{6} + \frac{4n(n+1)}{2} + n,$$

$$(n+1)^4 = 1 + 4\sum_{k=1}^{n}k^3 + n(n+1)(2n+3) + n,$$

$$\sum_{k=1}^{n}k^3 = \frac{1}{4}\big((n+1)^4 - n(n+1)(2n+3) - (n+1)\big) = \frac{1}{4}\big((n+1)^4 - (n+1)^2(2n+1)\big)$$

$$= \frac{(n+1)^2\big((n+1)^2 - (2n+1)\big)}{4} = \left(\frac{n(n+1)}{2}\right)^2. \qquad \bullet$$

Dieses Verfahren systematisch durchgeführt, liefert Formeln für alle Summen $\sum_{k=1}^{n}k^m$, $m \in \mathbb{N}^*$, was in Beispiel 12.C.8 (3) kurz vor Beispiel 12.C.10 beschrieben ist.

Aufgabe 2 (2.A, Aufg. 2d)) *Für alle $n \in \mathbb{N}$ gilt $\sum_{k=1}^{n}(2k-1)^2 = \frac{n}{3}(2n-1)(2n+1) = \frac{n}{3}(4n^2-1)$.*

Lösung: *Induktionsanfang*: Für $n=0$ ist die Aussage richtig, da $\sum_{k=1}^{0}(2k-1)^2$ die leere Summe, also gleich 0 ist, und die rechte Seite ebenfalls 0 ist. Natürlich prüft man auch leicht, dass die Gleichung für $n=1$ stimmt. – *Induktionsschluss* (von n auf $n+1$): Nach Induktionsvoraussetzung gilt $\sum_{k=1}^{n}(2k-1)^2 = \frac{n}{3}(2n-1)(2n+1)$. Daraus ergibt sich die Induktionsbehauptung, d.h. die Aussage mit $n+1$ statt n. Man erhält nämlich

$$\sum_{k=1}^{n+1}(2k-1)^2 = \left(\sum_{k=1}^{n}(2k-1)^2\right) + (2n+1)^2 = \frac{n}{3}(2n-1)(2n+1) + (2n+1)^2$$

$$= \frac{1}{3}(2n+1)\big(n(2n-1) + 3(2n+1)\big) = \frac{1}{3}(2n+1)(2n^2+5n+3)$$

$$= \frac{n+1}{3}\big(2(n+1)-1\big)\big(2(n+1)+1\big).$$

Mit Bemerkung (2) zu Aufgabe 1 erhält man direkt $\sum_{k=1}^{n}(2k-1)^2 = 4\sum_{k=1}^{n}k^2 - 4\sum_{k=1}^{n}k + \sum_{k=1}^{n}1 = \frac{2}{3}n(n+1)(2n+1) - 2n(n+1) + n = \frac{1}{3}n(4n^2-1)$. $\qquad \bullet$

Analog löse man:

‡**Aufgabe 3** (2.A, Aufg. 2e)) *Für alle $n \in \mathbb{N}$ gilt $\sum_{k=1}^{n}k(k+1) = \frac{1}{3}n(n+1)(n+2)$.*

Aufgabe 4 (2.A, Aufg. 3a)) *Für alle $n \in \mathbb{N}$ gilt $\sum_{k=1}^{n}\frac{1}{k(k+1)} = 1 - \frac{1}{n+1}$.*

Lösung *Induktionsanfang*: Für $n=0$ gilt die Aussage trivialerweise (ebenso für $n=1$).

Induktionsschluss (von n auf $n+1$): Nach Induktionsvoraussetzung gilt $\sum_{k=1}^{n}\frac{1}{k(k+1)} = 1 - \frac{1}{n+1}$.

Daraus ergibt sich die Induktionsbehauptung, d.h. die Aussage mit $n+1$ statt n. Es ist nämlich

$$\sum_{k=1}^{n+1} \frac{1}{k(k+1)} = \frac{1}{(n+1)(n+2)} + \sum_{k=1}^{n} \frac{1}{k(k+1)} = \frac{1}{(n+1)(n+2)} + 1 - \frac{1}{n+1}$$

$$= 1 - \frac{(n+2)-1}{(n+1)(n+2)} = 1 - \frac{1}{n+2} \;.$$
•

Aufgabe 5 *Für alle* $n \in \mathbb{N}$ *gilt* $\displaystyle\sum_{k=1}^{n} \frac{1}{(3k-2)(3k+1)} = \frac{n\cdot}{3n+1}$.

Lösung *Induktionsanfang*: Für $n=0$ gilt die Aussage trivialerweise (ebenso für $n=1$).
Induktionsschluss (von n auf $n+1$) : Nach Induktionsvoraussetzung gilt

$$\sum_{k=1}^{n} \frac{1}{(3k-2)(3k+1)} = \frac{n}{3n+1} \;.$$

Daraus ergibt sich die Induktionsbehauptung, d.h. die Aussage mit $n+1$ statt n, wegen

$$\sum_{k=1}^{n+1} \frac{1}{(3k-2)(3k+1)} = \frac{1}{(3(n+1)-2)(3(n+1)+1)} + \sum_{k=1}^{n} \frac{1}{(3k-2)(3k+1)}$$

$$= \frac{1}{(3n+1)(3n+4)} + \frac{n}{3n+1} = \frac{1}{(3n+1)} \cdot \frac{1+(3n+4)\,n}{3n+4}$$

$$= \frac{3n^2+4n+1}{(3n+1)(3n+4)} = \frac{(3n+1)(n+1)}{(3n+1)\big(3(n+1)+1\big)} = \frac{n+1}{3(n+1)+1} \;.$$
•

Man kann die Formel auch durch eine so genannte P a r t i a l b r u c h z e r l e g u n g gewinnen, indem man rationale Zahlen a,b mit $\dfrac{1}{(3k-2)(3k+1)} = \dfrac{a}{3k-2} + \dfrac{b}{3k+1} = \dfrac{(3a+3b)k + a - 2b}{(3k-2)(3k+1)}$ bestimmt. Dies gilt sicher für alle k, wenn die Bedingungen $3a+3b = 0$ und $a-2b = 1$ erfüllt sind. Die erste dieser Gleichungen liefert $b = -a$; eingesetzt in die zweite ergibt das $a+2a = 1$, d.h. $a = \frac{1}{3}$ und $b = -\frac{1}{3}$. Nun verwendet man einen so genannten T e l e s k o p t r i c k, d.h. die Tatsache, dass sich die meisten Summanden wegheben in der Summe

$$\sum_{k=1}^{n} \frac{1}{(3k-2)(3k+1)} = \frac{1}{3} \sum_{k=1}^{n} \left(\frac{1}{3k-2} - \frac{1}{3k+1} \right) =$$

$$\frac{1}{3}\left(\frac{1}{1} - \frac{1}{4} + \frac{1}{4} - \frac{1}{7} + \cdots + \frac{1}{3n-5} - \frac{1}{3n-2} + \frac{1}{3n-2} - \frac{1}{3n+1} \right) = \frac{1}{3}\left(1 - \frac{1}{3n+1} \right) = \frac{n}{3n+1} \;. \;•$$

Aufgabe 6 (2.A, Aufg. 4a)) *Für alle* $n \geq 1$ *gilt* $\displaystyle\prod_{k=2}^{n} \left(1 - \frac{1}{k^2} \right) = \frac{1}{2}\left(1 + \frac{1}{n} \right)$.

Lösung *Induktionsanfang*: Für $n=1$ ist die Aussage richtig, da das leere Produkt $\displaystyle\prod_{k=2}^{1} \left(1 - \frac{1}{k^2} \right)$ und die rechte Seite $\frac{1}{2}\left(1 + \frac{1}{1} \right)$ beide gleich 1 sind. – *Induktionsschluss* (von n auf $n+1$): Nach Induktionsvoraussetzung gilt $\displaystyle\prod_{k=2}^{n} \left(1 - \frac{1}{k^2} \right) = \frac{1}{2}\left(1 + \frac{1}{n} \right)$. Daraus ergibt sich die Induktionsbehauptung, d.h. die Aussage mit $n+1$ statt n, wegen

$$\prod_{k=2}^{n+1} \left(1 - \frac{1}{k^2} \right) = \left(1 - \frac{1}{(n+1)^2} \right) \prod_{k=2}^{n} \left(1 - \frac{1}{k^2} \right) = \left(1 - \frac{1}{(n+1)^2} \right) \frac{1}{2}\left(1 + \frac{1}{n} \right)$$

$$= \frac{n^2+2n}{(n+1)^2} \cdot \frac{n+1}{2n} = \frac{1}{2}\left(1 + \frac{1}{n+1} \right) \;.$$
•

Analog beweise man die folgenden beiden Formeln:

‡**Aufgabe 7** (2.A, Aufg. 4b)) *Für alle* $n \geq 1$ *ist* $\prod_{k=2}^{n}\left(1 - \dfrac{2}{k(k+1)}\right) = \dfrac{1}{3}\left(1 + \dfrac{2}{n}\right)$.

‡**Aufgabe 8** (2.A, Aufg. 4c)) *Für alle* $n \geq 1$ *gilt* $\prod_{k=2}^{n}\dfrac{k^3-1}{k^3+1} = \dfrac{2}{3}\left(1 + \dfrac{1}{n(n+1)}\right)$.

Aufgabe 9 (2.A, Aufg. 5a)) *Für alle* $n \in \mathbb{N}$ *und alle* $q \in \mathbb{R}$, $q \neq 1$, *gilt* $\prod_{k=0}^{n}\left(q^{2^k}+1\right) = \dfrac{q^{2^{n+1}}-1}{q-1}$.

Lösung Wir verwenden Induktion über n. Bei $n = 0$ ergibt sich in der Tat $q^{2^0}+1 = q+1 = (q^2-1)/(q-1)$. Beim Schluss von n auf $n+1$ erhält man

$$\prod_{k=0}^{n+1}\left(q^{2^k}+1\right) = \left(q^{2^{n+1}}+1\right)\prod_{k=0}^{n}\left(q^{2^k}+1\right) = \left(q^{2^{n+1}}+1\right)\cdot\frac{q^{2^{n+1}}-1}{q-1} = \frac{q^{2^{n+2}}-1}{q-1}. \qquad \bullet$$

Aufgabe 10 (2.A, Aufg. 6f)) *Für alle* $n \in \mathbb{N}$ *ist* 3 *ein Teiler von* $2^{2n}-1 = 4^n-1$ (*d.h. es gibt ein* $a \in \mathbb{Z}$ *mit* $4^n-1 = 3a$).

Lösung Wir verwenden Induktion über n. Bei $n = 0$ ist in der Tat $4^0 - 1 = 0$ durch 3 teilbar. Beim Schluss von n auf $n+1$ können wir voraussetzen, dass es ein $a \in \mathbb{Z}$ gibt mit $4^n - 1 = 3a$. Dann ist aber $4^{n+1} - 1 = 4^{n+1} - 4^n + 4^n - 1 = (4-1)4^n + 3a = 3(4^n + a)$ ebenfalls durch 3 teilbar. (Man hätte auch direkt mit der geometrischen Reihe schließen können: $4^n-1 = (4-1)(4^{n-1}+4^{n-2}+\cdots+4+1)$. *Für alle* $g \in \mathbb{Z}$ *und alle* $n \in \mathbb{N}$ *ist* g^n-1 *durch* $g-1$ *teilbar.*) $\qquad \bullet$

Aufgabe 11 *Für alle* $n \in \mathbb{N}$ *ist* 6 *ein Teiler von* n^3+5n.

Lösung Wir verwenden Induktion über n. *Induktionsanfang:* Für $n=0$ ist $n^3+5n = 0^3+5\cdot 0 = 0$ durch 6 teilbar. – *Induktionsschluss* (von n auf $n+1$): Nach Induktionsvoraussetzung ist $n^3 + 5n$ durch 6 teilbar, d.h. es gibt ein $k \in \mathbb{N}$ mit $n^3 + 5n = 6k$. Daraus ergibt sich die Induktionsbehauptung: Der Ausdruck $(n+1)^3 + 5(n+1) = n^3 + 3n^2 + 3n + 1 + 5n + 5 = n^3 + 5n + 3n^2 + 3n + 6 = 6(k+1) + 3n(n+1)$ für $n+1$ statt n ist nämlich auch durch 6 teilbar, da von den beiden aufeinanderfolgenden Zahlen n und $n+1$ eine noch durch 2 teilbar ist. $\qquad \bullet$

Aufgabe 12 *Die Folge* (a_n) *sei rekursiv durch* $a_0 = 0$, $a_1 = 1$, $a_n = a_{n-1}+2a_{n-2}$, $n \geq 2$, *definiert. Dann gilt* $a_n = \frac{1}{3}\left(2^n-(-1)^n\right)$ *für alle* $n \in \mathbb{N}$.

Lösung Die Formel gilt sowohl für $n = 0$ als auch für $n = 1$: Es ist $\frac{1}{3}\left(2^0-(-1)^0\right) = \frac{1}{3}(1-1) = 0 = a_0$ und $\frac{1}{3}\left(2^1-(-1)^1\right) = 1 = a_1$. – Sei nun $n \geq 2$, und die Formel gelte für alle $m < n$. Dann ist $a_n = a_{n-1}+2a_{n-2} = \frac{1}{3}\left(2^{n-1}-(-1)^{n-1}\right) + \frac{2}{3}\left(2^{n-2}-(-1)^{n-2}\right) = \frac{1}{3}2^n - \frac{1}{3}(-1)^n$. $\qquad \bullet$

In gleicher Weise zeige man:

‡**Aufgabe 13** *Die Folge* (a_n) *sei rekursiv durch* $a_0 = 0$, $a_1 = 1$, $a_n = 2a_{n-1} + a_{n-2}$, $n \geq 2$, *definiert. Dann ist* $a_n = \left((1+\sqrt{2})^n - (1-\sqrt{2})^n\right)\big/2\sqrt{2}$ *für alle* $n \in \mathbb{N}$.

Bemerkung In (12.C, Aufg. 5a)) wird ein systematisches Verfahren beschrieben, um lineare Rekursionen zweiter Ordnung wie in den Aufgaben 12 und 13 zu lösen (ohne die Formel schon zu kennen).

2.B Endliche Mengen

Aufgabe 1 (2.B, Aufg. 1c)) *Man zeige* $3^n \leq (n+1)!$ *für alle* $n \in \mathbb{N}$, $n \neq 1, 2, 3$.

Lösung Offenbar ist $3^0 = 1 \leq (0+1)! = 1$. *Induktionsanfang* (bei $n = 4$): Für $n = 4$ ist $3^4 = 81 \leq 120 = (4+1)!$ richtig. – Beim *Induktionsschluss* von n auf $n+1$ liefert die Induktionsvoraussetzung $3^n \leq (n+1)!$. Daraus folgt die Induktionsbehauptung: Für $n \geq 4$ (sogar für alle $n \geq 1$) ist nämlich $3 \leq n+2$ und somit $3^{n+1} = 3 \cdot 3^n \leq 3 \cdot (n+1)! \leq (n+2) \cdot (n+1)! = (n+2)!$. •

Bemerkung Der Induktionsschluss von n auf $n+1$ ist hier bereits für $n \geq 1$ möglich. Dies zeigt, wie wichtig das Prüfen des Induktionsanfangs ist. Für $n = 1, 2, 3$ gilt die Ungleichung der Aufgabe nicht.

Aufgabe 2 (2.B, Aufg. 2b)) *Man begründe für* $n \in \mathbb{N}$ *die Formel*

$$\binom{-1/2}{n} = (-1)^n \frac{1 \cdot 3 \cdots (2n-1)}{2 \cdot 4 \cdots (2n)} = \left(\frac{-1}{4}\right)^n \binom{2n}{n}.$$

Lösung Nach Definition gilt

$$\binom{\frac{-1}{2}}{n} = \frac{(\frac{-1}{2}) \cdot (\frac{-1}{2} - 1) \cdots (\frac{-1}{2} - n + 1)}{1 \cdot 2 \cdots n} = \frac{(\frac{-1}{2}) \cdot (\frac{-3}{2}) \cdots (\frac{-2n+1}{2})}{1 \cdot 2 \cdots n} = \frac{(-1)^n}{2^n} \frac{1 \cdot 3 \cdots (2n-1)}{1 \cdot 2 \cdots n}$$

$$= (-1)^n \frac{1 \cdot 3 \cdots (2n-1)}{2 \cdot 4 \cdots (2n)} = (-1)^n \frac{(2n)!}{(2 \cdot 4 \cdots (2n))^2} = \left(\frac{-1}{4}\right)^n \frac{(2n)!}{(n!)^2} = \left(\frac{-1}{4}\right)^n \binom{2n}{n}. \quad •$$

‡**Aufgabe 3** (2.B, Aufg. 2c)) *Für* $n \in \mathbb{N}$ *gilt*

$$\binom{1/2}{n} = \frac{1}{2n} \binom{-1/2}{n-1} = \frac{(-1)^{n-1}}{2n} \frac{1 \cdot 3 \cdots (2n-3)}{2 \cdot 4 \cdots (2n-2)} = \frac{-1}{2n-1} \binom{2n}{n}.$$

Aufgabe 4 (2.B, Aufg. 3b)) *Für alle* $\alpha \in \mathbb{R}$ *(oder* $\mathbb{C}$*) und* $n \in \mathbb{N}$ *gilt*

$$n \binom{\alpha}{n} + (n+1) \binom{\alpha}{n+1} = \alpha \binom{\alpha}{n}.$$

Lösung In der Tat ist

$$n \binom{\alpha}{n} + (n+1) \binom{\alpha}{n+1} = n \frac{\alpha(\alpha-1) \cdots (\alpha-n+1)}{n!} + (n+1) \frac{\alpha(\alpha-1) \cdots (\alpha-n+1)(\alpha-n)}{(n+1)!}$$

$$= \left(n + (n+1) \frac{\alpha-n}{n+1}\right) \frac{\alpha(\alpha-1) \cdots (\alpha-n+1)}{n!} = (n+\alpha-n) \binom{\alpha}{n} = \alpha \binom{\alpha}{n}. \quad •$$

Aufgabe 5 (2.B, Aufg. 4c)) *Man beweise durch vollständige Induktion über* $n \in \mathbb{N}$ *die Formel*

$$\sum_{k=m}^{n} \binom{k}{m} = \binom{n+1}{m+1}, \qquad m \in \mathbb{N}.$$

Lösung Für $n < m$ verschwinden beide Seiten der Gleichung. *Wir beginnen* daher *die Induktion* mit $n = m$: Es ist $\sum_{k=m}^{m} \binom{k}{m} = \binom{m}{m} = 1 = \binom{m+1}{m+1}$. – Beim *Induktionsschluss* von n auf $n+1$ können wir die Aussage für n voraussetzen und erhalten damit unter Verwendung der Formel 2.B.9 (4) vom Pascalschen Dreieck die Aussage für $n+1$ statt n:

$$\sum_{k=m}^{n+1} \binom{k}{m} = \left(\sum_{k=m}^{n} \binom{k}{m}\right) + \binom{n+1}{m} = \binom{n+1}{m+1} + \binom{n+1}{m} = \binom{n+2}{m+1}. \quad •$$

Aufgabe 6 (2.B, Aufg. 4d)) *Man beweise durch vollständige Induktion für alle $n \in \mathbb{N}$*

$$\sum_{k=0}^{n}(-1)^k \binom{\alpha}{k} = (-1)^n \binom{\alpha-1}{n}, \quad \alpha \in \mathbb{R}.$$

Lösung *Induktionsanfang* $(n = 0)$: $\sum_{k=0}^{0}(-1)^j \binom{\alpha}{k} = (-1)^0 \binom{\alpha}{0} = 1$ und $(-1)^0 \binom{\alpha-1}{0} = 1$

sind gleich. Beim *Induktionsschluss* von n auf $n+1$ können wir die Aussage für n voraussetzen und erhalten mit der Formel $\binom{\alpha-1}{n} + \binom{\alpha-1}{n+1} = \binom{\alpha}{n+1}$ aus 2.B.9 (4) die Aussage für $n+1$:

$$\sum_{k=0}^{n+1}(-1)^k \binom{\alpha}{k} = \left(\sum_{k=0}^{n}(-1)^k \binom{\alpha}{k}\right) + (-1)^{n+1} \binom{\alpha}{n+1} = (-1)^n \binom{\alpha-1}{n} + (-1)^{n+1} \binom{\alpha}{n+1}$$

$$= (-1)^{n+1}\left(-\binom{\alpha-1}{n} + \binom{\alpha}{n+1}\right) = (-1)^{n+1}\binom{\alpha-1}{n+1}. \qquad \bullet$$

Aufgabe 7 (2.B, Aufg. 5a)) *Sei A eine endliche nichtleere Menge. Die Anzahl der Teilmengen von A mit gerader Elementezahl ist gleich der Anzahl der Teilmengen von A mit ungerader Elementezahl.*

Lösung Sei $\mathcal{P}_0$ die Menge der Teilmengen von A mit gerader Elementezahl und $\mathcal{P}_1$ die Menge der Teilmengen von A mit ungerader Elementezahl. Wir fixieren ein Element $a \in A$ und betrachten die Abbildung f der Potenzmenge $\mathcal{P}(A)$ von A in sich, die jeder Teilmenge B von A die Menge $B \cup \{a\}$ zuordnet, falls $a \notin A$, und die Menge $B - \{a\}$, falls $a \in A$. Nach Konstruktion ist dann $f \circ f$ die Identität von $\mathcal{P}(A)$ und f insbesondere bijektiv mit $f^{-1} = f$. Dabei ordnet f jedem Element von $\mathcal{P}_0$ eines aus $\mathcal{P}_1$ zu und umgekehrt. Daher definiert f (durch Beschränken des Argumentbereichs) auch eine bijektive Abbildung der Menge $\mathcal{P}_0$ auf die Menge $\mathcal{P}_1$. $\qquad \bullet$

Bemerkung Man kann die Aussage auch so formulieren: Bei endlichem $A \neq \emptyset$ ist $\sum_{H \subseteq A}(-1)^{|H|} = 0$.

Aufgabe 8 (2.B, Aufg. 5b) *Man berechne für $n \in \mathbb{N}$ die Summen*

$$\sum_{m=0}^{n}(-1)^m \binom{n}{m}, \quad \sum_{m=0}^{n}2^m \binom{n}{m}, \quad \sum_{m=0}^{n}(-2)^{n-m} \binom{n}{m}.$$

Lösung Der Binomische Lehrsatz 2.B.15 liefert für $n \in \mathbb{N}$

$$\sum_{m=0}^{n}(-1)^m \binom{n}{m} = \sum_{m=0}^{n}\binom{n}{m} 1^{n-m}(-1)^m = \left(1+(-1)\right)^n = 0^n = \begin{cases} 0, & \text{falls } n > 0, \\ 1, & \text{falls } n = 0. \end{cases}$$

(Man beachte, dass dies eine Umformulierung des Ergebnisses von Aufgabe 7 ist.) Analog:

$$\sum_{m=0}^{n}2^m \binom{n}{m} = \left(1+2\right)^n = 3^n \text{ und } \sum_{m=0}^{n}(-2)^{n-m}\binom{n}{m} = (-2+1)^n = (-1)^n. \qquad \bullet$$

Aufgabe 9 (2.B, Aufg. 5d)) *Es ist* $\sum_{k=0}^{n}\binom{2n}{2k} = \dfrac{4^n}{2} = \sum_{k=0}^{n-1}\binom{2n}{2k+1}$ *für* $n \in \mathbb{N}^*$.

Lösung Nach Aufgabe 7 ist bei $n > 0$ die Anzahl $\sum_{k=0}^{n}\binom{2n}{2k}$ der Teilmengen einer $2n$-elementigen

Menge mit gerader Elementezahl gleich der Anzahl $\sum_{k=0}^{n-1}\binom{2n}{2k+1}$ der Teilmengen dieser Menge mit ungerader Elementezahl. Insgesamt hat die Potenzmenge einer $2n$-elementigen Menge genau $2^{2n} = 4^n$ Elemente. Jede der beiden Summen ist also gleich der Hälfte davon. $\qquad \bullet$

Aufgabe 10 (2.B, Aufg. 7) *Sei A eine endliche Menge mit n Elementen und B eine Teilmenge von A mit k Elementen. Man zeige, dass die Anzahl der m-elementigen Teilmengen von A, die B umfassen, gleich $\binom{n-k}{m-k}$ ist.*

Lösung Wir suchen die Anzahl derjenigen Teilmengen von A, die B zu einer m-elementigen Teilmenge ergänzen. Es handelt sich also um die Anzahl der $(m-k)$-elementigen Teilmengen der $(n-k)$-elementigen Menge $A - B$. Diese ist aber gleich $\binom{n-k}{m-k}$. •

Aufgabe 11 (2.B, Aufg. 8) *Für natürliche Zahlen m, n mit m ≤ n zeige man*

$$\sum_{k=0}^{m} \binom{n}{k}\binom{n-k}{m-k} = 2^m \binom{n}{m}.$$

1. Lösung Wir bestimmen die Anzahl der Paare (B, C) von Teilmengen B, C einer n-elementigen Menge A mit $B \subseteq C$ und $|C| = m$ auf zweierlei Weise: Zählen wir einerseits zunächst zu jeder k-elementigen Teilmenge B von A die Anzahl der B umfassenden Teilmengen C von A mit m Elementen, so erhalten wir nach der vorstehenden Aufgabe $\binom{n-k}{m-k}$. Da es $\binom{n}{k}$ solcher Teilmengen B von A gibt und ihre Elementezahl k beliebig zwischen 0 und m variieren kann, erhalten wir so insgesamt $\sum_{k=0}^{m} \binom{n}{k}\binom{n-k}{m-k}$ Möglichkeiten für die Anzahl der Paare (B, C). Andererseits bestimmen wir zunächst zu jeder m-elementigen Teilmenge C von A die Anzahl 2^m ihrer Teilmengen B und berücksichtigen dann, dass es genau $\binom{n}{m}$ solcher Teilmengen C von A gibt. So erhalten wir insgesamt $2^m \binom{n}{m}$ Möglichkeiten für die Anzahl der Paare (B, C). Da wir beide Male dieselbe Menge abgezählt haben, ergibt sich die obige Formel. •

Bemerkung *Seien S, T endliche Mengen, $R \subseteq S \times T$ und $p : R \to S$ bzw. $q : R \to T$ die natürlichen Projektionen. Dann gilt $|R| = \sum_{s \in S} |p^{-1}(s)| = \sum_{t \in T} |q^{-1}(t)|$.* Dieses in obiger Lösung benutzte P r i n z i p d e s d o p p e l t e n A b z ä h l e n s liefert viele interessante Anzahlformeln (und ist Modell für verwandte Schlussweisen in anderen Bereichen der Mathematik).

2. Lösung Zunächst gilt

$$\binom{n}{k}\binom{n-k}{m-k} = \frac{n!}{k!\,(n-k)!} \, \frac{(n-k)!}{(m-k)!\,(n-m)!} = \frac{n!}{m!\,(n-m)!} \, \frac{m!}{k!\,(m-k)!} = \binom{n}{m}\binom{m}{k}.$$

Wegen $\sum_{k=0}^{m} \binom{m}{k} = (1+1)^m = 2^m$ folgt

$$\sum_{k=0}^{m} \binom{n}{k}\binom{n-k}{m-k} = \sum_{k=0}^{m} \binom{n}{m}\binom{m}{k} = \binom{n}{m} \sum_{k=0}^{m} \binom{m}{k} = 2^m \binom{n}{m}. \quad •$$

Aufgabe 12 (2.B, Aufg. 9a)) *Für m, n, k ∈ ℕ beweise man $\sum_{j=0}^{k} \binom{m}{j}\binom{n}{k-j} = \binom{m+n}{k}$.*

1. Lösung Man zählt die k-elementigen Teilmengen einer Menge $\{x_1, \ldots, x_m, y_1, \ldots, y_n\}$ mit $m + n$ Elementen auf zweierlei Weise ab. Es gibt $\binom{m+n}{k}$ Möglichkeiten aus den vorhandenen $m + n$ Elementen genau k auszuwählen. Berücksichtigt man dabei, ob es sich um Elemente von $\{x_1, \ldots, x_n\}$ bzw. von $\{y_1, \ldots, y_n\}$ handelt, so gibt es für jedes $j \le k$ zunächst genau $\binom{m}{j}$ Möglichkeiten, j der Elemente $x_1, \ldots, x_m$ auszuwählen, und dann genau $\binom{n}{k-j}$ aus

$\{y_1, \ldots, y_n\}$ die restlichen $k-j$ Elemente auszuwählen. Dies sind insgesamt $\sum_{j=0}^{k} \binom{m}{j}\binom{n}{k-j}$

Möglichkeiten, womit die angegebene Formel bewiesen ist.   •

2. Lösung Wir verwenden vollständige Induktion über $n \in \mathbb{N}$. Die zu beweisende Behauptung über n ist, dass die Formel für *dieses* n und *jede* Wahl von $m, k \in \mathbb{N}$ richtig ist. *Induktionsanfang* $n = 0$: Die Summe auf der linken Seite hat dann als einzigen Summanden $\neq 0$ den Summanden $\binom{m}{k}\binom{0}{0} = \binom{m}{k}$ für $j = k$. Auf der rechten Seite der Gleichung steht bei $n = 0$ aber ebenfalls $\binom{m+0}{k} = \binom{m}{k}$. – Beim *Schluss von n auf n+1* können wir die zu beweisende Formel für n und alle k, also insbesondere auch für k und $k-1$ voraussetzen, d.h. wir dürfen $\sum_{j=0}^{k} \binom{m}{j}\binom{n}{k-j} = \binom{m+n}{k}$ und $\sum_{j=0}^{k-1} \binom{m}{j}\binom{n}{k-1-j} = \binom{m+n}{k-1}$ benutzen. Verwenden wir noch die Formel $\binom{n+1}{k'} = \binom{n}{k'} + \binom{n}{k'-1}$ vom Pascalschen Dreieck, vgl. 2.B.9 (4), zunächst für $k' := k-j$ und später für $k'=k$, so erhalten wir für $n+1$ statt n

$$\sum_{j=0}^{k} \binom{m}{j}\binom{n+1}{k-j} = \binom{m}{k} + \sum_{j=0}^{k-1}\binom{m}{j}\binom{n+1}{k-j} = \binom{m}{k} + \sum_{j=0}^{k-1}\binom{m}{j}\binom{n}{k-j} + \sum_{j=0}^{k-1}\binom{m}{j}\binom{n}{k-j-1}$$

$$= \sum_{j=0}^{k}\binom{m}{j}\binom{n}{k-j} + \sum_{j=0}^{k-1}\binom{m}{j}\binom{n}{k-1-j} = \binom{m+n}{k} + \binom{m+n}{k-1} = \binom{m+n+1}{k}. \qquad •$$

Aufgabe 13 (2.B, Aufg. 9b)) *Für* $n \in \mathbb{N}$ *ist* $\sum_{j=0}^{n} \binom{n}{j}^2 = \binom{2n}{n}$.

Lösung Wegen der Symmetrie $\binom{n}{j} = \binom{n}{n-j}$ des Pascalschen Dreiecks, vgl. Bemerkung 2.B.10 (3), ist dies der Spezialfall $m = k = n$ von Aufgabe 12.   •

Aufgabe 14 (2.B, Aufg. 10a)) *Sei V ein Verein mit n Mitgliedern. Die Anzahl der Möglichkeiten, einen Vorstand aus m Vereinsmitgliedern und daraus einen 1., 2., . . . , k-ten Vorsitzenden zu wählen, ist* $\binom{n}{m} \cdot [m]_k$.

Lösung Es gibt zunächst $\binom{n}{m}$ Möglichkeiten für die Auswahl des m-elementigen Vorstands, sodann m Möglichkeiten für die Auswahl des 1. Vorsitzenden aus der Mitte dieses Vorstands, dann noch $m-1$ Möglichkeiten für die Auswahl des 2. Vorsitzenden aus den restlichen Vorstandsmitgliedern usw., schließlich noch $m-k+1$ Möglichkeiten den k-ten Vorsitzenden auszuwählen. Dies ergibt $m(m-1)\cdots(m-k+1) = [m]_k$ Möglichkeiten, eine Folge von k Personen als 1., 2., . . . , k-te Vorsitzende zu bestimmen. Insgesamt hat man so $\binom{n}{m} \cdot [m]_k$ Möglichkeiten.

Bei $k \leq m \leq n$ ist $\binom{n}{m} \cdot [m]_k = \dfrac{n!}{m!\,(n-m)!} \cdot \dfrac{m!}{(m-k)!} = \dfrac{n!}{(n-m)!\,(m-k)!}$.   •

Aufgabe 15 (2.B, Aufg. 10b)) *Sei V ein Verein mit n Mitgliedern. Die Anzahl der Möglichkeiten, einen 1., 2., . . . , k-ten Vorsitzenden zu wählen und die Menge dieser Vorsitzenden zu einem Vorstand mit einer Mitgliederzahl $\leq n$ zu ergänzen, ist* $[n]_k\, 2^{n-k}$.

Lösung Wie in der vorstehenden Aufgabe sieht man, dass es $n(n-1)\cdots(n-k+1) = [n]_k$ Möglichkeiten gibt für die Auswahl der 1., 2., . . . , k-ten Vorsitzenden. Ergänzt man die so ausgewählten k Personen durch weitere der restlichen $n-k$ Personen aus V zu einem Vorstand, so hat man dafür jeweils noch 2^{n-k} Möglichkeiten, insgesamt also $[n]_k\, 2^{n-k}$ Möglichkeiten.   •

Mit den Aufgaben 14 und 15 beweise man:

‡**Aufgabe 16** (2.B, Aufg. 11) *Es ist* $\sum_{m=k}^{n} [m]_k \binom{n}{m} = [n]_k \, 2^{n-k}$ *für* $k, n \in \mathbb{N}$.

Aufgabe 17 (2.B, Aufg. 4b)) *Man beweise durch vollständige Induktion über n die Formel*

$$\sum_{k=0}^{n} 2^{n-k} \binom{n+k}{k} = 4^n.$$

Lösung *Induktionsanfang*: Für $n = 0$ sind beide Seiten der zu beweisenden Formel gleich 1.

Beim *Induktionsschluss* von n auf $n+1$ verwenden wir neben der Aussage für n und der Formel 2.B.9 (4) vom Pascalschen Dreieck auch

$$\binom{2n+1}{n+1} = \frac{(2n+1)\cdots(n+1)}{(n+1)!} = \frac{1}{2} \cdot \frac{(2n+2)(2n+1)\cdots(n+2)}{(n+1)!} = \frac{1}{2}\binom{2n+2}{n+1}.$$

Mit Hilfe eines Indexwechsels erhalten wir

$$\sum_{k=0}^{n+1} 2^{n+1-k}\binom{n+1+k}{k} = \sum_{k=0}^{n} 2^{n+1-k}\binom{n+1+k}{k} + \binom{2n+2}{n+1} =$$

$$= \sum_{k=0}^{n} 2^{n+1-k}\binom{n+k}{k} + \sum_{k=1}^{n} 2^{n+1-k}\binom{n+k}{k-1} + \binom{2n+1}{n} + \binom{2n+1}{n+1}$$

$$= 2\sum_{k=0}^{n} 2^{n-k}\binom{n+k}{k} + \sum_{k=0}^{n-1} 2^{n-k}\binom{n+1+k}{k} + \binom{2n+1}{n} + \binom{2n+1}{n+1}$$

$$= 2 \cdot 4^n + \sum_{k=0}^{n} 2^{n-k}\binom{n+1+k}{k} + \frac{1}{2}\binom{2n+2}{n+1} = 2 \cdot 4^n + \frac{1}{2}\sum_{k=0}^{n+1} 2^{n+1-k}\binom{n+1+k}{k},$$

also $\frac{1}{2}\sum_{k=0}^{n+1} 2^{n+1-k}\binom{n+1+k}{k} = 2 \cdot 4^n$ und somit $\sum_{k=0}^{n+1} 2^{n+1-k}\binom{n+1+k}{k} = 4^{n+1}$. •

Bemerkung Kombinatorische Beweise dieser Formel liefern die nächste Aufgabe und auch Bemerkung (2) zu 7.A, Aufgabe 2, wo man sogar eine Verallgemeinerung findet.

Aufgabe 18 (2.B, Aufg. 21)) *Sei $n \in \mathbb{N}$. M bezeichne die Menge der mindestens $(n+1)$-elementigen Teilmengen einer $(2n+1)$-elementigen Menge $A := \{x_1, \ldots, x_{2n+1}\}$, und für $k = 0, \ldots, n$ sei $M_k \subseteq M$ die Menge derjenigen Teilmengen von A, die genau n der Elemente $x_1, \ldots, x_{n+k}$ sowie das Element x_{n+k+1} enthalten. (Außerdem können in den Teilmengen von M_k also noch weitere der Elemente $x_{n+k+2}, \ldots, x_{2n+1}$ liegen.) Man löse die vorstehende Aufgabe noch einmal, indem man die Elemente von $M = \biguplus_{k=0}^{n} M_k$ auf zweierlei Weise zählt.*

Lösung M enthält nach Satz 2.B.8 genau $\sum_{j=n+1}^{2n+1}\binom{2n+1}{j}$ Elemente. Die Symmetrie des Pascalschen Dreiecks $\binom{2n+1}{j} = \binom{2n+1}{2n+1-j}$ liefert, dass diese Summe gleich $\sum_{j=0}^{n}\binom{2n+1}{j}$ ist. Beide Summen zusammen zählen alle Teilmengen von $\{x_1, \ldots, x_{2n+1}\}$ ab, ihre Summe ist also nach Korollar 2.B.2 gleich 2^{2n+1}. Daher ist die Elementezahl von M gleich $2^{2n+1}/2 = 4^n$. Man könnte auch so schließen: Die Anzahl der Teilmengen von A mit $\leq n$ Elementen ist gleich der Anzahl der Teilmengen von A mit $\geq n+1$ Elementen, da die Komplementbildung eine Bijektion liefert.

M_k ist definitionsgemäß die Menge derjenigen Teilmengen von A, die zu M gehören und deren $(n+1)$-tes Element gleich x_{n+k+1} ist. Es ist also $M = \biguplus_{k=0}^{n} M_k$, und eine zur Menge M_k gehörende Teilmenge von A muss genau n der $n+k$ Elemente $x_1, \ldots, x_{n+k}$ enthalten. Dafür gibt es $\binom{n+k}{n} = \binom{n+k}{k}$ Möglichkeiten, ferner enthält ein solche Teilmenge noch das Element x_{n+k+1} sowie eine beliebige Anzahl der $n-k$ Elemente $x_{n+k+2}, \ldots, x_{2n+1}$, wofür es 2^{n-k} Möglichkeiten gibt. Die Elementezahl von M_k ist somit $2^{n-k} \binom{n+k}{k}$. Insgesamt ergibt sich so die Gleichung

$$4^n = |M| = \sum_{k=0}^{n} |M_k| = \sum_{k=0}^{n} 2^{n-k} \binom{n+k}{k} . \qquad \bullet$$

Aufgabe 19 *Eine Permutation $\iota : X \to X$ einer Menge X heißt eine* I n v o l u t i o n *oder eine* S p i e g e l u n g, *wenn ι zu sich selbst invers ist, d.h. wenn $\iota = \iota^{-1}$ ist bzw. – äquivalent dazu – wenn $\iota^2 = \mathrm{id}_X$ ist. Die Menge $S = S(\iota) := \{x \in X \mid \iota(x) = x\}$ der Fixpunkte von ι heißt auch der* S p i e g e l *von ι und ι selbst eine* S p i e g e l u n g *an S. ($S(\iota)$ darf leer sein! Ist $S(\iota)$ einelementig, spricht man von einer* P u n k t s p i e g e l u n g.) *Im Folgenden bezeichnet ι eine Spiegelung von X.*

a) *Die Menge $P(\iota) := \{\{x, \iota(x)\} \mid x \in X - S(\iota)\}$ ist eine Partition von $X - S(\iota)$ in Zweiermengen. Die Abbildung $\iota \mapsto (S(\iota), P(\iota))$ ist eine Bijektion der Menge der Involutionen von X auf die Menge der Paare (S, P), wobei $S \subseteq X$ eine Teilmenge von X ist und P eine Partition von $X - S$ in Zweiermengen.*

b) *Sei X eine endliche Menge. Dann ist $|X| \equiv |S(\iota)|$ mod 2, d.h. die Anzahl $|X|$ der Elemente von X und die Anzahl $|S(\iota)|$ der Fixpunkte von ι haben dieselbe Parität. Inbesondere hat jede Involution auf einer endlichen Menge mit ungerader Elementezahl (wenigstens) einen Fixpunkt.*

c) *Sei X endlich. Ist $|X| = 2n$, $n \in \mathbb{N}$, gerade, so ist die Anzahl der fixpunktfreien Involutionen auf X gleich dem Produkt $\prod_{k=1}^{n} (2k-1) = 1 \cdot 3 \cdots (2n-1) = (2n)!/2^n n!$ der ersten n ungeraden natürlichen Zahlen. Ist die Anzahl $|X| = m \in \mathbb{N}$ beliebig, so ist die Anzahl der Involutionen auf X gleich $\sum_{k=0}^{[m/2]} \binom{m}{2k} \frac{(2k)!}{2^k k!}$.*

Lösung a) Für $x \in X - S(\iota)$ ist das Element $\{x, \iota(x)\} \in P(\iota)$ eine Zweiermenge, da x kein Fixpunkt von ι, d.h. $x \neq \iota(x)$ ist. Es bleibt zu zeigen, dass zwei Mengen $\{x, \iota(x)\}, \{y, \iota(y)\} \in P(\iota)$ übereinstimmen oder disjunkt sind. Sei aber $\{x, \iota(x)\} \cap \{y, \iota(y)\} \neq \emptyset$. Ist $x = y$ bzw. $x = \iota(y)$, so ist $\iota(x) = \iota(y)$ bzw. $\iota(x) = \iota(\iota(y)) = y$. Entsprechend ist bei $\iota(x) = y$ bzw. $\iota(x) = \iota(y)$ auch $x = \iota(\iota(x)) = \iota(y)$ bzw. $x = \iota(\iota(x) = \iota(\iota(y))) = y$. In jedem Fall gilt $\{x, \iota(x)\} = \{y, \iota(y)\}$. – Die Umkehrabbildung zu $\iota \mapsto (S(\iota), P(\iota))$ ordnet einem Paar (S, P) die Involution $\iota : X \to X$ zu mit $\iota(x) := x$, falls $x \in S$, und $\iota(x) := y$, falls $\{x, y\} \in P$. $\qquad \bullet$

b) Sei $|P(\iota)| = k \in \mathbb{N}$. Da alle Elemente von P Zweiermengen sind, ist $|X - S(\iota)| = |\biguplus_{A \in P(\iota)} A| = 2k$ gerade und $|X| = |S(\iota)| + 2k$, d.h. $|X| \equiv |S(\iota)|$ mod 2. $\qquad \bullet$

c) Sei s_n die Anzahl der fixpunktfreien Involutionen auf einer Menge X mit $2n$ Elementen. Dann gilt die Rekursion $s_{n+1} = (2n+1)s_n$, $n \in \mathbb{N}$, woraus sofort durch Induktion über n die Gleichung $s_n = \prod_{k=1}^{n} (2k-1)$ folgt. Zum Beweis der Rekursion sei $|X| = 2n+2$ und $a \in X$ fest gewählt. $\mathfrak{I}_b$, $b \in X - \{a\}$, bezeichne die Menge der fixpunktfreien Involutionen ι auf X mit $\iota(a) = b$. Für $\iota \in \mathfrak{I}_b$ ist $\iota(b) = \iota(\iota(a)) = a$, und ι induziert eine fixpunktfreie Involution auf $X - \{a, b\}$. Wegen $|X - \{a, b\}| = 2n$ ist $|\mathfrak{I}_b| = s_n$ für jedes $b \in X - \{a\}$, und die Menge $\biguplus_{b \in X - \{a\}} \mathfrak{I}_b$ aller fixpunktfreien Involutionen auf X besitzt $(2n+1)s_n$ Elemente.

Man kann aber auch direkt schließen: Nach a) entsprechen die fixpunkfreien Involutionen auf einer Menge X mit $2n$ Elementen bijektiv den Partitionen von X in n Zweiermengen. Jeder solchen Partition $P = \{A_1, \ldots, A_n\}$ entsprechen die $n!$ Zerlegungen $(A_{i_1}, \ldots, A_{i_n})$ von X,

$(i_1, \ldots, i_n)$ Permutation von $(1, \ldots, n)$. Die Anzahl der Zerlegungen von X in Zweiermengen ist aber nach Beispiel 2.B.14 gleich $(2n)!/2^n$, die gesuchte Anzahl der Partitionen P demnach $(2n)!/2^n n! = 1 \cdot 2 \cdots (2n-1) \cdot 2n/2 \cdot 4 \cdots (2n) = 1 \cdot 3 \cdots (2n-1)$. – Mit der Stirlingschen Formel, vgl. Bemerkung 2.B.7, ergibt sich übrigens das asymptotische Verhalten $(2n)!/2^n n! \sim \sqrt{2\pi \cdot 2n}\,(2n)^{2n} e^n \big/ 2^n \sqrt{2\pi n}\, n^n e^{2n} = \sqrt{2}\,(2n/e)^n$ für $n \to \infty$.

Sei nun $|X| = m \in \mathbb{N}$ beliebig. Nach a) ist die Anzahl der Involutionen auf X gleich der Anzahl der Paare (S, P) mit $S \subseteq X$ und einer Partition P von $X - S$ in Zweiermengen. Dies ist auch die Anzahl der Paare (S, ι) mit $S \subseteq X$ und einer *fixpunktfreien* Involution ι von $X - S$. Für festes $S \subseteq X$ mit $|X - S| = 2k$ ist – wie gerade gezeigt – die Anzahl der Paare (S, ι) gleich $(2k)!/2^k k!$. Da es $\binom{m}{2k}$ Teilmengen von X mit $2k$ Elementen gibt, folgt die angegebene Formel

$$\sum_{k \geq 0} \binom{m}{2k} \frac{(2k)!}{2^k k!} \quad \text{für die Anzahl aller Involutionen auf } X. \qquad \bullet$$

Die folgende Aufgabe wurde durch das Buch Fink, Th.; Mao, Y.: Die 85 Methoden, eine Krawatte zu binden, München 2002, angeregt.

Aufgabe 20 *Ein Krawattenknoten wird durch eine endliche Folge von Elementarbewegungen gewonnen. Erlaubt sind sechs Elementarbewegungen des "aktiven" Endes der Krawatte (vgl. die Abbildungen unten, die dem genannten Buch entnommen sind und das Bild beim Binden des Knotens im Spiegel zeigen):* $L\odot :=$ *nach links vom Hemd weg;* $L\otimes :=$ *nach links zum Hemd hin;* $R\odot :=$ *nach rechts vom Hemd weg;* $R\otimes :=$ *nach rechts zum Hemd hin;* $Z\odot :=$ *von hinten zum Zentrum;* $Z\otimes :=$ *nach hinten ins Zentrum. Dabei sind folgende Einschränkungen zu beachten:* (1) *Die Elementarbewegungen müssen bei jedem Schritt sowohl die Richtungen* $\odot$ *und* $\otimes$ *als auch die Regionen* L, R, Z *wechseln.* (2) *Man beginnt mit* $L\odot$ *oder* $L\otimes$ *(als Rechtshänder, Linkshänder entsprechend mit* $R\odot$ *oder* $R\otimes$*; gezählt wird hier nur eine der beiden Knotensorten).* (3) *Zum Schluss sind die drei Bewegungen* $R\odot L\otimes Z\odot$ *oder die drei Bewegungen* $L\odot R\otimes Z\odot$ *(in dieser Reihenfolge) auszuführen (und dann das aktive Ende der Krawatte durch die vorderste Schleife zu ziehen). Bekannt sind etwa der* O r i e n t a l $L\odot R\otimes Z\odot$*, der* F o u r - i n - H a n d *bzw.* (G r o ß -) V a t e r - K n o t e n $L\otimes R\odot L\otimes Z\odot$ *oder auch der* W i n d s o r $L\otimes Z\odot L\otimes R\odot Z\otimes R\odot L\otimes Z\odot$.

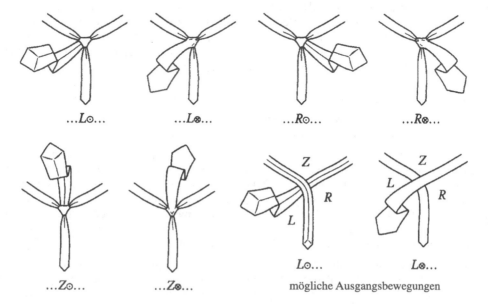

...$L\odot$...   ...$L\otimes$...   ...$R\odot$...   ...$R\otimes$...

...$Z\odot$...   ...$Z\otimes$... $L\odot$... $L\otimes$...

                                            mögliche Ausgangsbewegungen

Für $n \in \mathbb{N}$ bezeichne k_n die Anzahl der möglichen (Rechtshänder-)Knoten mit (genau) n Elementarbewegungen und $K_n = k_0 + \cdots + k_n$ die Anzahl der Knoten mit höchstens n Elementarbewegungen. Es gibt natürlich gleich viele Rechtshänder- wie Linkshänderknoten mit derselben Anzahl von Elementarbewegungen. Offenbar ist $k_0 = k_1 = k_2 = 0$, $k_3 = 1$.

a) *Für $n \geq 4$ ist $k_n = k_{n-1} + 2k_{n-2}$ und für $n \geq 2$ ist $k_n = \frac{1}{3}\left(2^{n-2} - (-1)^{n-2}\right) = \left[\frac{2^{n-2}}{3} + \frac{1}{2}\right]$.*

b) *Für alle $n \in \mathbb{N}$ ist $K_n = [2^{n-1}/3]$.* ($K_9 = 85$ ist die Zahl im Titel des oben erwähnten Buches. Erlaubt man auch 10 Elementarbewegungen, so kommen $k_{10} = 85$ weitere Knoten hinzu.)

c) *Die Anzahl der Knoten mit n Elementarbewegungen, wovon z Schritte vom Typ $Z\odot$ oder $Z\otimes$ sind, ist $2^{z-1}\binom{n-z-2}{z-1}$, $1 \leq z \leq n-2$.*

Lösung Durch die letzte Bewegung $Z\odot$ sind die Richtungen $\odot$ bzw. $\otimes$ einer jeden Bewegung beim Binden eines Knotens vorbestimmt. Beispielsweise beginnt bei gerader Schrittzahl n das Binden notwendigerweise mit $L\otimes$ und bei ungerader Schrittzahl mit $L\odot$. Im Folgenden geben wir daher die Richtungen $\odot$ bzw. $\otimes$ nicht mehr an.

a) Wir begründen zunächst die Rekursion $k_n = k_{n-1} + 2k_{n-2}$ für $n \geq 4$. Nach dem ersten Schritt L ist die nächste Bewegung R oder Z. Im ersten Fall folgt hinter L einer der k_{n-1} Linkshänderknoten mit $n-1$ Elementarbewegungen. Im zweiten Fall beginnt der Knoten mit LZR oder mit LZL. Zusammen liefert dies $k_n = k_{n-1} + 2k_{n-2}$ Knoten. Sei nun $a_n := k_{n+2}$ für $n \in \mathbb{N}$. Dann gilt $a_0 = k_2 = 0$, $a_1 = k_3 = 1$ und, falls $n \geq 2$, nach dem Bewiesenen $a_n = k_{n+2} = k_{n+1} + 2k_n = a_{n-1} + 2a_{n-2}$, und Aufgabe 12 in Abschnitt 2.A liefert für $n \geq 2$ die Gleichung $k_n = a_{n-2} = \frac{1}{3}(2^{n-2} - (-1)^{n-2}) = 2^{n-2}/3 + (-1)^{n+1}/3$. Ist n gerade, so ist $k_n + 1/3 = 2^{n-2}/3$ und $k_n = [k_n + 1/3 + 1/2] = [2^{n-2}/3 + 1/2]$. Ist jedoch n ungerade, so ist $k_n - 1/3 = 2^{n-2}/3$ und ebenfalls $k_n = [k_n - 1/3 + 1/2] = [2^{n-2}/3 + 1/2]$. •

b) Die angegebene Formel gilt sicher für $K_0 = 0$ und $K_1 = 0$. Sei nun $n \geq 2$. Mit a) und der Summenformel für die geometrische Reihe, vgl. Beispiel 2.A.3, erhält man $K_n = k_2 + \cdots + k_n = \frac{1}{3}\left((2^0 + \cdots + 2^{n-2}) - ((-1)^0 + \cdots + (-1)^{n-2})\right) = \frac{1}{3}\left((2^{n-1} - 1) + \frac{1}{2}((-1)^{n-1} - 1)\right) = \frac{1}{3}\left(2^{n-1} - \frac{3}{2} + \frac{1}{2}(-1)^{n-1}\right)$. Wegen $-1 < \frac{1}{3}\left(-\frac{3}{2} + \frac{1}{2}(-1)^{n-1}\right) < 0$ ist $K_n = [2^{n-1}/3]$. •

c) Sei $n \geq 3$. Für die Anzahl z der auftretenden Zentralbewegungen Z gelten die Ungleichungen $1 \leq z \leq n-2$, da die erste Bewegung keine Zentralbewegung ist, die vorletzte ebenfalls nicht und die letzte Bewegung eine Zentralbewegung ist. Seien nun $n_1 < n_2 < \cdots < n_{z-1} < n_z = n$ die Schrittnummern, an denen eine Zentralbewegung ausgeführt wird. Dann gilt $2 \leq n_1$ und $n_{z-1} \leq n-3$ wegen der Knotenregel (3). Zwischen zwei benachbarten Zentralbewegungen muss mindestens eine nichtzentrale Bewegung erfolgen, d.h. es ist $n_{i+1} - n_i \geq 2$, $i = 1, \ldots z-2$. Insgesamt ist also $1 \leq n_1 - 1 < n_2 - 2 < \cdots < n_{z-1} - z + 1 \leq n - z - 2$. Die ersten $n_1 - 1$ Schritte sind durch den ersten Schritt L festgelegt. Nur nach einer der Zentralbewegungen an den $z-1$ Stellen $n_1, \ldots, n_{z-1}$ hat man die Wahl zwischen einer R-Bewegung und einer L-Bewegung. Mit anderen Worten: Bei Vorgabe der Stellen $n_1, \ldots, n_{z-1}$ gibt es genau 2^{z-1} verschiedene Knoten. Da nun diese Stellen durch eine $(z-1)$-elementige Teilmenge von $\{1, \ldots, n-z-2\}$ gegeben werden, gibt es genau $\binom{n-z-2}{z-1}$ erlaubte Folgen $n_1, \ldots, n_z$ und insgesamt $2^{z-1}\binom{n-z-2}{z-1}$ Rechtshänderknoten mit genau z Zentralbewegungen, $1 \leq z \leq n-2$.

Ferner ergibt sich für $m := n - 2 \in \mathbb{N}$ die Formel

$$k_{m+2} = \sum_{z=1}^{m} 2^{z-1}\binom{m-z}{z-1} = \sum_{j=0}^{m-1} 2^j \binom{m-j-1}{j} = \frac{1}{3}(2^m - (-1)^m).$$

(Man vergleiche auch die Aufgaben 17 und 18 für eine ähnliche Formel.) •

2.C Abzählbare Mengen

Der Unterschied zwischen "abzählbar" und "überabzählbar" ist fundamental für die gesamte Analysis. Dass es im überabzählbaren Bereich weitere Differenzierungen gibt, vgl. dazu den Cantorschen Satz 2.C.8, ist zunächst nicht so wichtig. Die in der Analysis auftretenden überabzählbaren Mengen haben vielfach die Mächtigkeit $\aleph$ des Kontinuums, d.h. die (häufig auch mit $\mathfrak{c}$ bezeichnete) Mächtigkeit der überabzählbaren Menge $\mathbb{R}$ der reellen Zahlen. Dies sieht man gewöhnlich schnell mit dem Bernsteinschen Äquivalenzsatz 2.C.16 ein.

Aufgabe 1 (2.C, Aufg. 4) *Die Menge der (unendlichen) Folgen mit Elementen aus einer mindestens zweielementigen Menge ist überabzählbar.*

Lösung Wir benutzen das Beweisverfahren von Satz 2.C.8, das in Bemerkung 2.C.9 als C a n - t o r s c h e s   D i a g o n a l v e r f a h r e n interpretiert wird.

Sei $G : \mathbb{N} \to M^{\mathbb{N}}$ eine surjektive Abbildung auf die Menge $M^{\mathbb{N}} = \{g : \mathbb{N} \to M\}$ der Folgen aus der mindestens zweielementigen Menge M. Für jedes $n \in \mathbb{N}$ gibt es dann ein Element $a_n \in M$, das von der n-ten Komponente der Folge $G(n)$ verschieden ist. Durch $g_0(n) := a_n$ wird dann eine Folge $g_0 : \mathbb{N} \to M$ definiert, die für jedes $n \in \mathbb{N}$ wegen $\big(G(n)\big)(n) \neq a_n = g_0(n)$ von der Folge $G(n)$ verschieden ist, also nicht in $G(\mathbb{N})$ liegt. Widerspruch! •

Bemerkung Man kann auch direkt den Satz 2.C.8 benutzen: Da $\mathcal{P}(\mathbb{N})$ zur Menge $\{0, 1\}^{\mathbb{N}}$ der 0-1-Folgen gleichmächtig ist, besagt Satz 2.C.8 insbesondere, dass die Menge der 0-1-Folgen überabzählbar ist. Sind nun a, b verschiedene Elemente in der gegebenen Menge M, so enthält die Menge aller Folgen von Elementen aus M speziell alle a-b-Folgen, die bereits eine überabzählbare Menge bilden.

Aufgabe 2 (2.C, Aufg. 5) *Sei $f : A \to B$ eine Abbildung. Ist B abzählbar und sind alle Fasern von f abzählbar, so ist auch A abzählbar.*

Lösung A ist als Vereinigung der abzählbar vielen abzählbaren Fasern $f^{-1}(b)$, $b \in B$, nach Satz 2.C.4 abzählbar. •

Aufgabe 3 (2.C, Aufg. 6) *Die durch das unten skizzierte* C a u c h y s c h e   D i a g o n a l - v e r f a h r e n *definierte bijektive Abbildung $f : \mathbb{N} \times \mathbb{N} \to \mathbb{N}$ wird explizit durch $f(m, n) := \frac{1}{2}(m + n + 1)(m + n) + n$ gegeben. Man beweise ohne Rückgriff auf die Skizze, dass diese Abbildung bijektiv ist.*

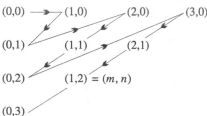

Lösung Dem Paar $(m, n) \in \mathbb{N}^2$ wird offenbar die natürliche Zahl

$$\big((1 + 2 + \cdots + (m+n)) - 1\big) + (n+1) = \frac{1}{2}(m+n+1)(m+n) + n = \binom{m+n+1}{2} + \binom{n}{1}$$

zugeordnet. (Vgl. Beispiel 2.A.2 für die benutzte Formel $\sum\limits_{k=1}^{\ell} k = \binom{\ell+1}{2}$ des 9-jährigen Gauß.) Wir zeigen, dass diese Abbildung f bijektiv ist.

f ist surjektiv: Sei $x \in \mathbb{N}$. Dann gibt es eine größte Zahl $s \in \mathbb{N}$ mit $x \geq \frac{1}{2}s(s+1)$. Es folgt $x < \frac{1}{2}(s+1)(s+2)$, d.h. $x \leq \frac{1}{2}(s+1)(s+2) - 1 = \frac{1}{2}s(s+3)$. Nach Konstruktion gilt nun $n := x - \frac{1}{2}s(s+1) \geq 0$ und $m := s - n = s - x + \frac{1}{2}s(s+1) = \frac{1}{2}s(s+3) - x \geq 0$ sowie $f(m,n) = \frac{1}{2}(s-n+n+1)(s-n+n) + n = x$.

f ist injektiv: Sei $f(m,n) = f(m',n')$ für $m, n, m', n' \in \mathbb{N}$. Angenommen, es sei $m+n < m'+n'$. Dann wäre $n < m'+n'$ und somit $f(m,n) = \big(1 + \cdots + (m+n)\big) + n < \big(1 + \cdots + (m+n)\big) + (m'+n') \leq f(m',n')$. Widerspruch! Also ist $m+n = m'+n'$ und folglich $n = n'$ wegen $f(m,n) = \frac{1}{2}(m+n+1)(m+n) + n = \frac{1}{2}(m'+n'+1)(m'+n') + n' = f(m',n')$, und schließlich auch $m = m'$. $\qquad\bullet$

Aufgabe 4 (2.C, Aufg. 7) *In Verallgemeinerung von Aufgabe* 3 *zeige man für* $k \geq 1$ *die Bijektivität der Abbildung* $f_k : \mathbb{N}^k \to \mathbb{N}$ *mit*

$$f_k(m_1, m_2, \ldots, m_k) := \binom{m_1}{1} + \binom{m_1 + m_2 + 1}{2} + \cdots + \binom{m_1 + \cdots + m_k + k - 1}{k}.$$

Lösung Wir zeigen durch Induktion über k, *dass* f_k *surjektiv ist.* Der Induktionsanfang $k = 1$ ist trivial (und der Fall $k = 2$ folgt aus Aufgabe 3, wobei aber zu beachten ist, dass die Abbildung f_2 nicht mit der Abbildung f aus Aufgabe 3 übereinstimmt; vielmehr ist $f_2(m_1, m_2) = f(m_2, m_1)$). Beim Schluss von $k-1$ auf k sei $x \in \mathbb{N}$. Dann gibt es ein $s \in \mathbb{N}$ mit $\binom{s}{k} \leq x < \binom{s+1}{k}$. Zu $x - \binom{s}{k} \geq 0$ gibt es nach Induktionsvoraussetzung $m_1, \ldots, m_{k-1} \in \mathbb{N}$ mit $f_{k-1}(m_1, \ldots, m_{k-1}) = x - \binom{s}{k} < \binom{s+1}{k} - \binom{s}{k} = \binom{s}{k-1}$. Es folgt $\binom{m_1 + \cdots + m_{k-1} + k - 2}{k-1} \leq f_{k-1}(m_1, \ldots, m_{k-1}) < \binom{s}{k-1}$, also $m_1 + \cdots + m_{k-1} + k - 2 < s$. Für $m_k := s - (m_1 + \cdots + m_{k-1} + k - 1) \geq 0$ gilt dann nach Konstruktion

$$f_k(m_1, \ldots, m_k) = f_{k-1}(m_1, \ldots, m_{k-1}) + \binom{m_1 + \cdots + m_k + k - 1}{k} = x - \binom{s}{k} + \binom{s}{k} = x.$$

Zum *Beweis der Injektivität von* f_k zeigen wir zunächst $f_k(m_1, \ldots, m_k) < \binom{m_1 + \cdots + m_k + k}{k}$ durch Induktion über k. Beim Induktionsanfang $k = 1$ ist $f_1(m_1) = m_1 < m_1 + 1 = \binom{m_1 + 1}{1}$. Der Schluss von $k-1$ auf k ergibt sich mit der Induktionsvoraussetzung aus

$$f_k(m_1, \ldots, m_k) = f_{k-1}(m_1, \ldots, m_{k-1}) + \binom{m_1 + \cdots + m_k + k - 1}{k}$$

$$< \binom{m_1 + \cdots + m_{k-1} + k - 1}{k-1} + \binom{m_1 + \cdots + m_k + k - 1}{k}$$

$$\leq \binom{m_1 + \cdots + m_{k-1} + m_k + k - 1}{k-1} + \binom{m_1 + \cdots + m_k + k - 1}{k} = \binom{m_1 + \cdots + m_k + k}{k}.$$

Außerdem gilt trivialerweise stets $\binom{m_1 + \cdots + m_{k-1} + k - 1}{k} \leq f_k(m_1, \ldots, m_k)$.

Sei nun $f_k(m_1, \ldots, m_k) = f_k(m'_1, \ldots, m'_k)$ für $m_1, \ldots, m_k, m'_1, \ldots, m'_k \in \mathbb{N}$. Nach Obigem muss $m_1 + \cdots + m_k + k - 1 = m'_1 + \cdots + m'_k + k - 1$ sein, und es folgt $f_{k-1}(m_1, \ldots, m_{k-1}) = f_{k-1}(m'_1, \ldots, m'_{k-1})$. Mit der Induktionsvoraussetzung erhält man daraus $m_1 = m'_1, \ldots, m_{k-1} = m'_{k-1}$ und dann schließlich auch $m_k = m'_k$. $\qquad\bullet$

Bemerkungen (1) Für $k \in \mathbb{N}^*$ heißt die eindeutige Darstellung einer natürlichen Zahl $n \in \mathbb{N}$ als Bild von f_k die *k-dimensionale Binomial-* oder *Cauchy-Darstellung* von n. Wie der obige Beweis zeigt, gewinnt man sie, indem man zunächst den größten unter den Binomialkoeffizienten $\binom{m+k-1}{k}$, $m \in \mathbb{N}$, bestimmt, der $\leq n$ ist. Dann ist dieses m gleich der Summe $m_1 + \cdots + m_k$, und man fährt fort mit $k-1$ statt k und $n - \binom{m+k-1}{k}$ statt n. Zum Beispiel ist $100 = 30 + \binom{5+3}{4} = 10 + \binom{4+2}{3} + \binom{5+3}{4} = \binom{0}{1} + \binom{4+1}{2} + \binom{4+2}{3} + \binom{5+3}{4} = f_4(0, 4, 0, 1)$.

(2) Mit der Bijektion $f_k : \mathbb{N}^k \to \mathbb{N}$ lässt sich die (vollständige) Ordnung von $\mathbb{N}$ auf $\mathbb{N}^k$ übertragen. Für $m = (m_1, \ldots, m_k), m' = (m'_1, \ldots, m'_k) \in \mathbb{N}^k$ mit $|m| = m_1 + \cdots + m_k$, $|m'| = m'_1 + \cdots + m'_k$ gilt offenbar $f_k(m) > f_k(m')$ genau dann, wenn $|m| > |m'|$ ist oder wenn $|m| = |m'|$ ist und $m_i < m'_i$ für den *größten* Index i mit $m_i \neq m'_i$. Im zweiten Fall ist $m_1 + \cdots + m_j = m'_1 + \cdots + m'_j$ für $j \geq i$ und $m_1 + \cdots + m_{i-1} > m'_1 + \cdots + m'_{i-1}$. Die so gewonnene vollständige Ordnung auf den k-Tupeln in $\mathbb{N}^k$ heißt die r e v e r s e   l e x i k o g r a p h i s c h e   O r d n u n g.

(3) Man nennt einen Algorithmus, bei dem wie in (1) schrittweise unter den möglichen Kandidaten ein extremales Element gewählt wird, einen g i e r i g e n   A l g o r i t h m u s. Auch für die g-al-Entwicklung ($g \geq 2$) einer natürlichen Zahl $n \in \mathbb{N}$, vgl. Beispiel 2.D.6, benutzt man häufig solch einen gierigen Algorithmus: Ist $n > 0$, so bestimmt man zunächst die *größte* g-Potenz g^r, $r \in \mathbb{N}$, mit $g^r \leq n$, dann unter den Ziffern $1, \ldots, g-1$ die *größte* a_r mit $a_r g^r \leq n$ und fährt mit $n - a_r g^r \in \mathbb{N}$ statt n fort. (In der Regel ist aber der in Beispiel 2.D.6 angegebene Algorithmus bequemer.) – Ebenso ist die naive Gewinnung der kanonischen Primfaktorzerlegung einer natürlichen Zahl $n \in \mathbb{N}^*$ (vgl. den Beweis von Satz 2.D.4) ein gieriger Algorithmus im beschriebenen Sinne: Ist $n > 1$, so bestimmt man den *kleinsten* Teiler p von n, der > 1 ist. Dann ist p prim und $n = pm$, und man fährt mit dem Quotienten $m = n/p \in \mathbb{N}^*$ fort.

Aufgabe 5 (2.C, Aufg. 8) *Die Mengen $\mathbb{R}$ und $\mathbb{R} \times \mathbb{N}$ sind gleichmächtig.* (*Man zeige dies konstruktiv ohne Benutzung des Bernsteinschen Äquivalenzsatzes.*)

Lösung Da $\mathbb{Z}$ als Vereinigung der abzählbaren Mengen $\mathbb{N}$ und $-\mathbb{N}$ abzählbar ist, gibt es eine bijektive Abbildung $f_1 : \mathbb{N} \to \mathbb{Z}$. Außerdem ist dann die Menge $\mathbb{U}$ der ungeraden ganzen Zahlen abzählbar, und nach Beispiel 2.C.10 gibt es eine bijektive Abbildung $f_2 : \mathbb{R} - \mathbb{U} \to \mathbb{R}$. Wir zeigen, dass mit einer bijektiven Abbildung $f : \mathbb{R} \to \,]-1, 1[$ wie in 1.B, Aufgabe 2 auch die Abbildung $h : \mathbb{R} \times \mathbb{Z} \to \mathbb{R} - \mathbb{U}$ mit $h(x, z) := f(x) + 2z$ für $(x, z) \in \mathbb{R} \times \mathbb{Z}$ bijektiv ist. Zu einem $y \in \mathbb{R} - \mathbb{U}$ gibt es nämlich ein eindeutig bestimmtes $z \in \mathbb{Z}$ derart, dass y im offenen Intervall $]2z-1, 2z+1[$ liegt. Dann gilt $y - 2z \in \,]-1, 1[$, und es gibt ein eindeutig bestimmtes $x \in \mathbb{R}$ mit $f(x) = y - 2z$, also mit $h(x, z) = f(x) + 2z = y$. Eine bijektive Abbildung $\mathbb{R} \times \mathbb{N} \to \mathbb{R}$ erhält man dann in der Hintereinanderschaltung bijektiver Abbildungen

$$\mathbb{R} \times \mathbb{N} \xrightarrow{\,\mathrm{id}_\mathbb{R} \times f_1\,} \mathbb{R} \times \mathbb{Z} \xrightarrow{\,h\,} \mathbb{R} - \mathbb{U} \xrightarrow{\,f_2\,} \mathbb{R} . \qquad \bullet$$

Aufgabe 6 (2.C, Aufg. 10) *Seien $B \subseteq \mathbb{R}^2$ eine abzählbare Menge und R_n, $n \in \mathbb{N}$, eine Folge positiver reeller Zahlen mit $\lim R_n = 0$. Dann gibt es eine Folge K_n, $n \in \mathbb{N}$, paarweise disjunkter abgeschlossener Kreisscheiben in $\mathbb{R}^2$ mit den Radien R_n, $n \in \mathbb{N}$, deren Vereinigung B umfasst.*

Lösung Eine K r e i s s c h e i b e mit dem Mittelpunkt $(a, b) \in \mathbb{R}^2$ ist hier eine Menge der Form $\overline{\mathrm{B}}\big((a, b); R\big) := \big\{(x, y) \in \mathbb{R}^2 \mid (x-a)^2 + (y-b)^2 \leq R^2\big\}$ mit *positivem* Radius R. Sind *endlich* viele solcher Kreisscheiben gegeben und ist $(a, b) \in \mathbb{R}^2$ ein Punkt, der in keiner dieser Kreisscheiben liegt, so gibt es offensichtlich sogar eine Kreisscheibe mit Mittelpunkt (a, b) (und positivem(!) Radius), die keine dieser Kreisscheiben trifft. $\lim R_n = 0$ bedeutet: Zu gegebenem $\varepsilon > 0$ gibt es nur *endlich* viele $n \in \mathbb{N}$ mit $R_n > \varepsilon$. Das Problem, die Kreisscheiben K_n zu konstruieren, ist vor allem technischer Natur. Wir können annehmen, dass B unendlich ist (andernfalls vergrößere man B).

$f : \mathbb{N} \to B$ sei eine bijektive Abzählung von B und $\mathfrak{K}$ die Menge aller Kreisscheiben in $\mathbb{R}^2$. Wir konstruieren rekursiv endliche Teilmengen $N_n \subseteq \mathbb{N}$ und Abbildungen $G_n : N_n \to \mathfrak{K}$, $n \in \mathbb{N}$, mit folgenden Eigenschaften: (1) Es ist $n \in N_n$ und $N_n \subseteq N_{n+1}$ sowie $G_{n+1}|N_n = G_n$ für alle $n \in \mathbb{N}$. (2) Der Radius von $G_n(k)$ ist R_k für jedes $k \in N_n$, und die Kreisscheiben $G_n(k)$, $k \in N_n$, sind paarweise disjunkt. (3) Es ist $f(n) \in U_n := \bigcup_{k \in N_n} G_n(k)$ für alle $n \in \mathbb{N}$. Dann erfüllen die $K_n := G_n(n) \, (= G_m(n)$ für alle m mit $n \in N_m)$, $n \in \mathbb{N}$, offenbar die Bedingungen der Aufgabe.

Wir setzen $N_0 = \{0\}$ und wählen für $G_0(0)$ die Kreisscheibe mit Radius R_0 um $f(0)$. Sei $G_n : N_n \to \mathfrak{K}$ schon konstruiert. Wir unterscheiden die Fälle $f(n+1) \in U_n$ und $f(n+1) \notin U_n$.

Im ersten Fall setzen wir $N_{n+1} = N_n$ und $G_{n+1} = G_n$, falls $n+1 \in N_n$, und $N_{n+1} = N_n \cup \{n+1\}$, falls $n+1 \notin N_n$, und wählen für $G_{n+1}(n+1)$ eine beliebige Kreisscheibe mit Radius R_{n+1}, die zu U_n disjunkt ist. Im zweiten Fall wählen wir zunächst ein $k \in \mathbb{N} - N_n$ derart, dass die Kreisscheibe K mit Radius R_k um $f(n+1)$ die Menge U_n nicht trifft, und dann noch, falls $n+1 \notin N_n \cup \{k\}$, eine Kreisscheibe L mit Radius R_{n+1}, die $U_n \cup K$ nicht trifft, und setzen $N_{n+1} = N_n \cup \{k\}$ bzw. $N_{n+1} = N_n \cup \{k, n+1\}$ sowie $G_{n+1}(k) = K$ und $G_{n+1}(n+1) = L$. Da $\lim R_n = 0$ ist, lässt sich K wie angegeben wählen. •

Bemerkung Wählt man z.B. für B die abzählbare Menge $\mathbb{Q}^2 \subseteq \mathbb{R}^2$, so gibt es keine Kreisscheibe mehr, die ganz im Komplement von $\bigcup_{n \in \mathbb{N}} K_n$ liegt. Es ist jedoch nicht möglich, die ganze Ebene $\mathbb{R}^2$ mit paarweise disjunkten Kreisscheiben zu überdecken, vgl. 4.G, Aufg. 21. Nach 2.C, Aufg. 9 *ist eine Menge $\mathfrak{L}$ paarweise disjunkter Kreisscheiben notwendigerweise abzählbar* (denn, ist $(x_L, y_L) \in \mathbb{Q}^2 \cap L$ für $L \in \mathfrak{L}$, so ist $\mathfrak{L} \to \mathbb{Q}^2$, $L \mapsto (x_L, y_L)$, injektiv, und $\mathbb{Q}^2$ ist abzählbar).

2.D Primfaktorzerlegung

Überlegungen und Ergebnisse der Elementaren Zahlentheorie sind wichtige Hilfsmittel auch in der Analysis. Dazu gehören insbesondere die Darstellung des größten gemeinsamen Teilers gemäß des Lemmas 2.D.8 von Bezout mit dem dazu gehörenden Euklidischen Algorithmus und die Primfaktorzerlegung im Bereich der ganzen und rationalen Zahlen. Ist $x = \varepsilon \prod_{p \in P} p^{\alpha_p}$ die kanonische Darstellung einer rationalen Zahl $x \neq 0$ mit $\varepsilon \in \{\pm 1\}$ und der Menge der Primzahlen $P \subseteq \mathbb{N}^*$, so heißt $v_p(x) := \alpha_p \in \mathbb{Z}$ der p-Exponent von x. Es ist $v_p(x) = 0$ für fast alle p, d.h. für alle $p \in P$ bis auf endlich viele Ausnahmen. Häufig setzt man noch $v_p(0) := \infty$.

Aufgabe 1 (2.D, Aufg. 6) *Es gibt unendlich viele Primzahlen der Form $3k+2$, $k \in \mathbb{N}$.*

Lösung Angenommen, es gäbe nur endlich viele solcher Primzahlen, nämlich neben 2 noch $p_1, \ldots, p_n \geq 5$. Wir betrachten die Primfaktorzerlegung $a = q_1 \cdots q_m$ von $a := 3p_1 \cdots p_n + 2$. Offenbar ist a nicht durch 2 und 3 teilbar, d.h. es ist $q_j \neq 2$ und $q_j \neq 3$. Wären alle q_j von der Form $3k+1$, so auch ihr Produkt a. Eines der q_j muss somit von der Form $3k+2$ und daher gleich einem der p_i sein. Dann wäre aber auch 2 durch dieses p_i teilbar. Widerspruch! •

Ähnlich löse man die folgende Aufgabe:

‡**Aufgabe 2** (2.D, Aufg. 6) *Es gibt unendlich viele Primzahlen der Form $4k+3$, $k \in \mathbb{N}$.*

Aufgabe 3 *Sei $a \in \mathbb{Z}^* := \mathbb{Z} - \{0\}$. Dann gibt es unendlich viele zu a teilerfremde Primzahlen p, für die ein $n \in \mathbb{N}^*$ existiert derart, dass p ein Teiler von $n^2 - a$ mit $p \geq 2n$ ist.*

Lösung Wir zeigen zunächst: *Gibt es zur Primzahl $p \in P$ mit $\mathrm{ggT}(a, p) = 1$ ein $m \in \mathbb{N}^*$ derart, dass p ein Teiler von $m^2 - a$ ist. so gibt es auch ein $n_p \in \mathbb{N}^*$ mit $p \geq 2n_p$, das diese Eigenschaft besitzt. Überdies ist dieses n_p dann durch p eindeutig bestimmt.* Durch Division mit Rest von m durch p bekommen wir nämlich $q, r \in \mathbb{N}$ mit $m = qp + r$ und $0 < r < p$, da p kein Teiler von a und folglich auch kein Teiler von m^2 und damit auch kein Teiler von m ist. Dann sind $r^2 - a = (m - qp)^2 - a = (m^2 - a) + qp(qp - 2m)$ sowie $(p-r)^2 - a = r^2 - a + p(p - 2r)$ durch p teilbar. Ist nun $n_p := \mathrm{Min}(r, p-r)$, so gilt $p | (n_p^2 - a)$ und $2n_p \leq r + (p - r) = p$. Zum Beweis der Eindeutigkeit von n_p sei $n \in \mathbb{N}^*$ eine weitere Zahl $\neq n_p$ mit $p | (n^2 - a)$ und $2n \leq p$. Dann ist p ein Teiler von $(n_p^2 - a) - (n^2 - a) = n_p^2 - n^2 = (n_p - n)(n_p + n)$ und damit von $n_p - n$ oder von $n_p + n$. Wegen $0 < |n_p - n| < p$ und $0 < n_p + n < p$ sind beide Faktoren aber nicht durch p teilbar. Widerspruch!

Um die Aufgabe zu lösen, genügt es also zu zeigen: Sind $p_1, \ldots, p_r$, $r \geq 0$, verschiedene zu a teilerfremde Primzahlen, für die $n_1, \ldots, n_r \in \mathbb{N}^*$ mit $p_i | (n_i^2 - a)$ existieren, so gibt es eine weitere zu a teilerfremde Primzahl $p \neq p_i$, $i = 1, \ldots, r$, und ein $n \in \mathbb{N}^*$ mit $p|(n^2 - a)$. Dies leistet aber jeder Primteiler p von $n^2 - a$, wobei $n := (|a| + 1)p_1 \cdots p_r \geq 2$ ist. (Man beachte $n^2 - a \geq (|a| + 1)^2 - a = |a|^2 + 2|a| + 1 - a \geq 3$.) Zunächst ist nämlich $p \neq p_i$ für alle i. Bei $p = p_{i_0}$ wäre p ein Teiler von n und dann $p_{i_0} = p$ ein Teiler von a. Widerspruch! Überdies ist p auch kein Teiler von a; denn aus $p|a$ folgt nun der Widerspruch $p|n^2$, $p|(|a| + 1)$ und $p|1$. •

Bemerkungen (1) Gibt es zu $a \in \mathbb{Z}^*$ und einer zu a teilerfremden Primzahl $p \in P$ ein $n \in \mathbb{N}^*$ mit $p|(n^2 - a)$, d.h. $n^2 \equiv a \bmod p$, so nennt man a einen (teilerfremden) quadratischen Rest modulo p. Nach dem Bewiesenen kann man n (falls es überhaupt existiert) stets so wählen, dass $2n \leq p$ ist, und dieses $n = n_p$ ist dann eindeutig bestimmt. Zu verschiedenen p kann jedoch das gleiche n_p gehören. Zum Beispiel ist $n_2 = n_3 = 1$ bei $a = -5$. Ist a eine Quadratzahl, so ist $n_p = \sqrt{a}$ für alle zu a teilerfremden Primzahlen p mit $p \geq 2\sqrt{a}$. Ist aber a keine Quadratzahl, so gibt es zu gegebenem $n \in \mathbb{N}^*$ offenbar nur endlich viele p mit $n = n_p$. *Die Aufgabe besagt: Zu jedem $a \in \mathbb{Z}^*$ existieren unendlich viele Primzahlen $p \in P$, für die a quadratischer Rest modulo p ist.* Mit Hilfe des so genannten Quadratischen Reziprozitätsgesetzes, das ein Höhepunkt jeder Vorlesung über Elementare Zahlentheorie ist, lassen sich diese p zu vorgegebenem a sehr übersichtlich durch Kongruenzbedingungen beschreiben. *Für $a = -1$ zum Beispiel sind dies neben 2 alle Primzahlen $p \equiv 1 \bmod 4$.* Es ist übrigens leicht zu sehen, dass $p \equiv 1 \bmod 4$ sein muss, wenn -1 quadratischer Rest modulo $p \neq 2$ ist. Denn bei $p = 4k + 3$ und $n^2 \equiv -1 \bmod p$ ist $n^p = (n^2)^{2k+1} n \equiv (-1)^{2k+1} n \equiv -n \bmod p$. Da p kein Teiler von $2n$ ist, d.h. $n \not\equiv -n \bmod p$ ist, widerspricht dies dem Kleinen Fermatschen Satz $n^p \equiv n$ aus 2.D, Aufg. 18, siehe auch 4.B, Bemerkung (1) zu Aufgabe 5. Für die Umkehrung vgl. die Bemerkung (3) zu 4.B, Aufgabe 5. Insbesondere haben wir mit der vorliegenden Aufgabe gezeigt, *dass es unendlich viele Primzahlen der Form $4k + 1$ gibt*, vgl. auch Aufgabe 2. Es ist übrigens unbekannt, ob für unendlich viele (gerade) Zahlen $n \in \mathbb{N}^*$ die Zahl $n^2 + 1$ selbst prim ist. – Die Folge der Primzahlen, für die $a = 2$ quadratischer Rest ist, beginnt mit $7, 17, 23, 31, 41, 47, 71, 73, \ldots$, und der Leser ahnt vielleicht, dass dies genau die Primzahlen $\equiv \pm 1 \bmod 8$ sind. Man teste den Fall $a = -2$.

(2) Die Abschätzung $2n_p \leq p$ der Aufgabe lässt sich partiell verschärfen. Beispielsweise gilt: *Ist $a < 0$ und ist überdies $n_p > 8|a|^2$, so ist $2n_p + \sqrt{2n_p} < p$.* (Für $a = -1$ ist das eine Aufgabe der Internationalen Mathematikolympiade 2008.) Zum **Beweis** sei $t_p \in \mathbb{N}^*$ durch $n_p^2 - a = n_p^2 + |a| = t_p p$ definiert. Dann erhält man $0 \leq (p - 2n_p)^2 = p^2 - 4pn_p + 4(n_p^2 - a) + 4a = (p - 4n_p + 4t_p)p + 4a$ und insbesondere $p - 4n_p + 4t_p > 0$. Da p, n_p, t_p ganze Zahlen sind, folgt sogar $p - 4n_p + 4t_p \geq 1$ und $(p - 2n_p)^2 \geq p + 4a$, also $\left(p - 2n_p - \tfrac{1}{2}\right)^2 = (p - 2n_p)^2 - (p - 2n_p) + \tfrac{1}{4} \geq p + 4a - (p - 2n_p) + \tfrac{1}{4}$ $= 2n_p + 4a + \tfrac{1}{4}$. Ist $n_p \geq 2|a|$, so ist $2n_p + 4a = 2n_p - 4|a| \geq 0$ und $p - 2n_p - \tfrac{1}{2} \geq 0$. Für $n_p \geq 2|a|$ folgt somit $p - 2n_p \geq \tfrac{1}{2} + \left(2n_p - 4|a| + \tfrac{1}{4}\right)^{1/2}$. Wir brauchen also n_p nur noch so zu wählen, dass $\tfrac{1}{2} + \left(2n_p - 4|a| + \tfrac{1}{4}\right)^{1/2} > \sqrt{2n_p}$ ist. Zweimaliges Quadrieren zeigt, dass dies genau für $n_p > 8|a|^2$ gilt. •

Aufgabe 4 (2.D, Aufg. 9) *Seien $a, n \in \mathbb{N}$ mit $a, n \geq 2$. Ist $a^n - 1$ prim, so ist $a = 2$ und n prim.*
Lösung Sei $a^n - 1$ eine Primzahl. Wegen $1 \leq a - 1 < a^n - 1 = (a - 1)(a^{n-1} + \cdots + 1)$ muss $a - 1 = 1$, also $a = 2$ sein. Ist $n = pm$ mit $p > 1$, so muss $2^m - 1 = 1$, d.h. $m = 1$, sein wegen

$$a^n - 1 = 2^n - 1 = (2^m)^p - 1 = (2^m - 1)\left((2^m)^{p-1} + (2^m)^{p-2} + \cdots + 1\right). \qquad •$$

Bemerkung Die Zahlen $M(p) := 2^p - 1$, p prim, heißen Mersenne-Zahlen und die Primzahlen darunter Mersennesche Primzahlen. Die kleinste Mersenne-Zahl, die nicht prim ist, ist $M(11) = 2047 = 23 \cdot 89$, die größte zur Zeit (2013) bekannte Primzahl ist die Mersennesche Primzahl $M(57\,885\,161)$ mit $[\log_{10} 2^{57\,885\,161}] + 1 = [57\,885\,161 \log_{10} 2] + 1 = 17\,425\,170$ Stellen (im Dezimalsystem). (Hat $n \in \mathbb{N}^*$ r Stellen im g-al-System, $g \geq 2$, vgl. Beispiel 2.D.6, so ist $g^{r-1} \leq n < g^r$ und $r - 1 \leq \log_g n < r$ oder $r = [\log_g n] + 1$.)

Aufgabe 5 (2.D, Aufg. 10) *Seien $a, n \in \mathbb{N}^*$ mit $a \geq 2$. Ist $a^n + 1$ prim, so ist a gerade und n eine Potenz von 2.*

Lösung Es ist $a^n + 1 \geq a^1 + 1 \geq 2 + 1 = 3$. Da $a^n + 1$ eine Primzahl ist, ist $a^n + 1$ somit ungerade. Daher sind a^n und folglich auch a gerade. Ist $n = pm$ mit einer Primzahl $p \geq 3$, so ist p ungerade, also $(-1)^p = -1$. Man erhält dann die echte Zerlegung $a^n + 1 = 1 - (-a^m)^p = \left(1 - (-a^m)\right)\left(1 + (-a^m)^1 + (-a^m)^2 + \cdots + (-a^m)^{p-1}\right) = (1 + a^m)(1 - a^m + a^{2m} \pm \cdots + a^{m(p-1)})$ von $a^n + 1$. Widerspruch! Also ist n eine Potenz von 2. $\bullet$

Bemerkung Die Zahlen $F_m := 2^{2^m} + 1$, $m \in \mathbb{N}$, heißen F e r m a t - Z a h l e n. $F_0 = 3$, $F_1 = 5$, $F_2 = 17$, $F_3 = 257$, $F_4 = 65\,537$ sind prim. Ob es weitere F e r m a t s c h e   P r i m z a h l e n gibt, ist unbekannt. Mit 2.A, Aufgabe 9 erhält man $F_0 \cdots F_m = 2^{2^{m+1}} - 1 = F_{m+1} - 2$. Da alle Fermat-Zahlen ungerade sind, folgt, *dass die F_m, $m \in \mathbb{N}$, paarweise teilerfremd sind.* Ist also p_m jeweils ein Primteiler von F_m, so sind die p_m, $m \in \mathbb{N}$, paarweise verschiedene Primzahlen.

Aufgabe 6 (2.D, Aufg. 11) *Für $a, m, n \in \mathbb{N}^*$ mit $a \geq 2$ und $d := \mathrm{ggT}(m, n)$ gilt*

$$\mathrm{ggT}(a^m - 1, a^n - 1) = a^d - 1.$$

Lösung Wegen $d = \mathrm{ggT}(m, n)$ gibt es teilerfremde Zahlen $\mu, \nu \in \mathbb{N}^*$ mit $m = \mu d$ und $n = \nu d$. Für $a_0 := a^d$ ist $\mathrm{ggT}(a_0^\mu - 1, a_0^\nu - 1) = a_0 - 1$ zu zeigen. Nach Beispiel 2.A.3 gilt $(a_0^{\mu-1} + \cdots + a_0 + 1)(a_0 - 1) = a_0^\mu - 1$ und $(a_0^{\nu-1} + \cdots + a_0 + 1)(a_0 - 1) = a_0^\nu - 1$. Wir zeigen durch vollständige Induktion über $\mathrm{Max}\,(\mu, \nu)$, dass die beiden Faktoren $a_0^{\mu-1} + \cdots + a_0 + 1$ und $a_0^{\nu-1} + \cdots + a_0 + 1$ teilerfremd sind. Bei $\mathrm{Max}\,(\mu, \nu) = 1$, also $\mu = \nu = 1$, ist das klar. Beim Induktionsschluss können wir ohne Einschränkung der Allgemeinheit $\mu > \nu$ voraussetzen. Dann ist $\mathrm{Max}\,(\mu - \nu, \nu) < \mathrm{Max}\,(\mu, \nu)$, und daher sind nach Induktionsvoraussetzung $a_0^{\nu-1} + \cdots + a_0 + 1$ und $a_0^{\mu-\nu-1} + \cdots + 1$ teilerfremd. Ein gemeinsamer Primteiler p von $a_0^{\mu-1} + \cdots + a_0 + 1$ und $a_0^{\nu-1} + \cdots + a_0 + 1$ würde aber auch deren Differenz $a_0^{\mu-1} + \cdots + a_0^\nu = (a_0^{\mu-\nu-1} + \cdots + 1)\, a_0^\nu$ teilen, also a_0 oder $a_0^{\mu-\nu-1} + \cdots + 1$. Da $a_0^{\nu-1} + \cdots + a_0 + 1$ und $a_0^{\mu-\nu-1} + \cdots + 1$ teilerfremd sind, muss er somit a_0 teilen, was nicht möglich ist, da er $a_0^{\nu-1} + \cdots + a_0 + 1$ teilt. $\bullet$

Bemerkung Gilt für natürliche Zahlen f, q, g, r mit $g > 0$ die Gleichung $f = qg + r$, so ist

$$a^f - 1 = a^{qg+r} - 1 = Q \cdot (a^g - 1) + (a^r - 1), \qquad Q := \frac{a^r (a^{qg} - 1)}{a^g - 1} \in \mathbb{N}^*.$$

Daher verläuft der Euklidische Divisionsalgorithmus für die Zahlen m, n parallel zum Euklidischen Algorithmus für die Zahlen $a^m - 1$, $a^n - 1$, womit insbesondere $\mathrm{ggT}(a^m - 1, a^n - 1) = a^{\mathrm{ggT}(m,n)} - 1$ bewiesen ist. *Diese Kette von Divisionen mit Rest ist auch für die Polynome $x^m - 1$ und $x^n - 1$ gültig* (wobei alle Rechnungen im Bereich der ganzen Zahlen bleiben), vgl. Abschnitt 11.B, insbesondere 11.B.1.

Aufgabe 7 (2.D, Aufg. 12a)) *Man bestimme die kanonische Primfaktorzerlegung der Zahl 81 057 226 635 000.*

Lösung Es ist $81\,057\,226\,635\,000 = 2^3 \cdot 3^3 \cdot 5^4 \cdot 7^3 \cdot 11^2 \cdot 17 \cdot 23 \cdot 37$. $\bullet$

Aufgabe 8 (2.D, Aufg. 12b)) *Ist $n = p_1^{\alpha_1} \cdots p_r^{\alpha_r}$ die Primfaktorzerlegung der positiven natürlichen Zahl n mit paarweise verschiedenen Primzahlen $p_1, \ldots, p_r$, so ist die Anzahl der Teiler von n in $\mathbb{N}^*$ gleich $T(n) := (\alpha_1 + 1) \cdots (\alpha_r + 1)$. Wie viele Teiler hat die Zahl aus Aufgabe 7?*

Lösung Wegen der eindeutigen Primfaktorzerlegung haben die Teiler von n die Gestalt $p_1^{\beta_1} \cdots p_r^{\beta_r}$ mit Exponenten $\beta_i \in \mathbb{N}$, für die $0 \leq \beta_i \leq \alpha_i$ gilt. Es gibt dafür also genau $(\alpha_1 + 1) \cdots (\alpha_r + 1)$ Möglichkeiten. – Die Anzahl der Teiler der Zahl $81\,057\,226\,635\,000$ aus Aufgabe 7 ist somit $(3+1)(3+1)(4+1)(3+1)(2+1)(1+1)(1+1)(1+1) = 7680$. $\bullet$

Aufgabe 9 (2.D, Aufg. 13a)) *Sei* $a \in \mathbb{N}^*$. *Für wie viele* $x \in \mathbb{N}^*$ *ist* $x(x+a)$ *eine Quadratzahl? Man bestimme diese* x *für* $a \in \{15, 30, 60, 120\}$.

Lösung Sei $x(x+a)$ das Quadrat y^2 einer positiven natürlichen Zahl y. Dann ist $y > x$, und es gibt ein $b \in \mathbb{N}^*$ mit $y = x + b$. Es folgt $x^2 + xa = y^2 = (x+b)^2 = x^2 + 2xb + b^2$ und somit $x(a - 2b) = b^2$. Umgekehrt liefert jeder Wert b, für den $a - 2b$ ein Teiler von b^2 ist, ein $x = b^2/(a - 2b)$ derart, dass $x(x+a)$ das Quadrat $(x+b)^2$ ist. Vergrößert man dabei b, so wird $a - 2b$ verkleinert und folglich $x = b^2/(a - 2b)$ vergrößert. Verschiedene Werte von b liefern also verschiedene Werte von x.

Es genügt, die $b \in \mathbb{N}^*$ mit $b < a/2$ zu zählen, für die $c := a - 2b$ Teiler von b^2 ist, oder auch die $c \in \mathbb{N}^*$ mit $c < a$, für die $c \equiv a \bmod 2$ ist und c ein Teiler von b^2, $b := (a - c)/2$. Sei dazu $a = 2^{\alpha_0} p_1^{\alpha_1} \cdots p_r^{\alpha_r}$ mit $\alpha_0 = v_2(a) \in \mathbb{N}$, $\alpha_i \in \mathbb{N}^*$ für $i = 1, \ldots, r$ und paarweise verschiedenen Primzahlen $p_i \geq 3$ die kanonische Primfaktorzerlegung von a. Wird b^2 von $a - 2b$ geteilt, so ist jeder Primteiler p von $a - 2b$ auch ein Teiler von b^2, also von b, und somit schließlich von a. Die Primfaktorzerlegung von $a - 2b$ hat dann die Form $2^{\beta_0} p_1^{\beta_1} \cdots p_r^{\beta_r}$ mit $\beta_i \geq 0$. Folglich ist $p_i^{\beta_i}$ für $i = 1, \ldots, r$ Teiler von b^2 und somit $p_i^{\lceil \beta_i/2 \rceil}$ ein Teiler von b. Bei $\beta_i > 2\alpha_i$ wäre dann $\lceil \beta_i/2 \rceil > \alpha_i$ und daher $p_i^{\alpha_i}$ die höchste Potenz von p_i, die $a - 2b$ teilt, d.h. $\beta_i = \alpha_i$ im Widerspruch zu $\beta_i > 2\alpha_i$. Daher ist $0 \leq \beta_i \leq 2\alpha_i$ für $i = 1, \ldots, r$.

Bei $\alpha_0 = 0$ ist offensichtlich $\beta_0 = 0$. Bei $\alpha_0 = 1$ ist zunächst $\beta_0 \geq 1$ und daher b^2 und damit b gerade. Dann ist aber $a - 2b$ durch 2 und nicht durch 4 teilbar, d.h. es ist $\beta_0 = 1$. Bei $\alpha_0 \geq 2$ ist zunächst b gerade und daher $\beta_0 \geq 2$. Wäre $\beta_0 > 2\alpha_0 - 2$, so wäre $\lceil \beta_0/2 \rceil > \alpha_0 - 1$, $1 + \lceil \beta_0/2 \rceil > \alpha_0$, und somit 2^{α_0} die höchste Potenz von 2, die $a - 2b$ teilt, d.h. $\beta_0 = \alpha_0$ im Widerspruch zu $\beta_0 > 2\alpha_0 - 2 \geq \alpha_0$ (wegen $\alpha_0 \geq 2$). Genau dann ist also $a - 2b$ ein Teiler von b^2, wenn für $i = 1, \ldots, r$ gilt $0 \leq \beta_i \leq 2\alpha_i$, und wenn $\beta_0 = \alpha_0$ ist für $\alpha_0 \in \{0, 1\}$ bzw. $2 \leq \beta_0 \leq 2\alpha_0 - 2$ für $\alpha_0 \geq 2$.

Die gesuchte Anzahl ist nunmehr bei $\alpha_0 = 0$ gleich der Anzahl der Teiler von a^2, die kleiner als a sind. Da für jeden Teiler $c > a$ von a^2 der Teiler a^2/c von a^2 kleiner als c ist und außerdem der Teiler a selbst nicht in Frage kommt, ist *bei* $v_2(a) = 0$ *die Zahl der* x, *für die* $x(x+a)$ *ein Quadrat ist, nach Aufgabe 8 gleich* $\big(T(a^2) - 1\big)/2 = \big((2\alpha_1 + 1) \cdots (2\alpha_r + 1) - 1\big)/2 = \lfloor T(a^2)/2 \rfloor$.

Bei $\alpha_0 = 1$ ist $\beta_0 = 1$, und wir zählen die Teiler $< \frac{1}{2}a$ von $(\frac{1}{2}a)^2$. *Die Zahl der* x, *für die* $x(x+a)$ *ein Quadrat ist, ist bei* $v_2(a) = 1$ *ebenfalls gleich* $\big((2\alpha_1 + 1) \cdots (2\alpha_r + 1) - 1\big)/2 = \lfloor T(a^2/4)/2 \rfloor$.

Bei $\alpha_0 \geq 2$ ist $2 \leq \beta_0 \leq 2\alpha_0 - 2$. Dann ist die Anzahl der $2^{\beta_0} p_1^{\beta_1} \cdots p_r^{\beta_r}$ zu zählen, die kleiner als $a = 2^{\alpha_0} p_1^{\alpha_1} \cdots p_r^{\alpha_r}$ sind und $\frac{1}{4}a^2 = 2^{2\alpha_0 - 2} p_1^{2\alpha_1} \cdots p_r^{2\alpha_r}$ teilen, d.h. die Anzahl der $2^{\beta_0 - 2} p_1^{\beta_1} \cdots p_r^{\beta_r}$, die kleiner als $\frac{1}{4}a = 2^{\alpha_0 - 2} p_1^{\alpha_1} \cdots p_r^{\alpha_r}$ sind und $2^{2\alpha_0 - 4} p_1^{2\alpha_1} \cdots p_r^{2\alpha_r}$ teilen. Bei $v_2(a) \geq 2$ ist die gesuchte Anzahl also $\big((2\alpha_0 - 3)(2\alpha_1 + 1) \cdots (2\alpha_r + 1) - 1\big)/2 = \lfloor T(a^2/16)/2 \rfloor$.   •

Alternative Lösung Nach dem ersten Absatz der vorigen Lösung kann man auch so weiterschließen: Wegen

$$\frac{4b^2}{a - 2b} = \frac{a^2}{a - 2b} - (a + 2b) = c + d - 2a, \quad c := a - 2b, \quad d := \frac{a^2}{c},$$

sind b sowie $b^2/(a - 2b) = b^2/c$ genau dann positive natürliche Zahlen, wenn gilt:

(1) $c \mid a^2$ und $1 \leq c < a$;   (2) $a \equiv c \bmod 2$;   (3) $c + d - 2a \equiv 0 \bmod 4$.

Die Bedingungen (2) und (3) sind zusammen offenbar äquivalent zu

(2) $a \equiv c \bmod 2$;   (3') $c \equiv d \bmod 4$.

Wie bei der ersten Lösung unterscheiden wir nun nach dem 2-Exponenten $v_2(a)$ von a. Man beachte $2v_2(a) = v_2(a^2) = v_2(c) + v_2(d)$. Ferner ist $\lfloor T(a^2)/2 \rfloor$ die Anzahl der Teiler c von a^2 mit $1 \leq c < a$.

(a) Sei $v_2(a) = 0$, d.h. $a \equiv 1 \bmod 2$ und $a^2 \equiv 1 \bmod 4$. Dann impliziert Bedingung (1) bereits (2) und (3'), denn $cd = a^2 \equiv 1 \bmod 4$, also $c \equiv d \equiv 1 \bmod 4$ oder $c \equiv d \equiv -1 \bmod 4$. *Die Anzahl der Lösungen ist also* $\lfloor T(a^2)/2 \rfloor$.

(b) Sei $v_2(a) = 1$, d.h. $a \equiv 2 \bmod 4$. Dann sind (2) und (3') äquivalent mit $c \equiv d \equiv 0 \bmod 2$ oder mit $c \equiv d \equiv 2 \bmod 4$. *Die Anzahl der Lösungen ist* $\lfloor T(a^2/4)/2 \rfloor$.

(c) Sei $v_2(a) \geq 2$, d.h. $a \equiv 0 \bmod 4$. Dann sind (2) und (3') äquivalent mit $c \equiv d \equiv 0 \bmod 4$. *Die Anzahl der Lösungen ist* $\lfloor T(a^2/16)/2 \rfloor$.

Bei den explizit angegebenen a erhält man für $c = a - 2b$, $b = (a-c)/2$ und für die Gleichung $x(x+a) = y^2$ (mit $x = b^2/c$, $y = x + b$) folgende Werte:

$a = 15 = 3 \cdot 5$, $\lfloor T(a^2)/2 \rfloor = 4$

c	b	$x(x+a)$	$= y^2$
1	7	$49 \cdot (49+15)$	$= 56^2$
3	6	$12 \cdot (12+15)$	$= 18^2$
5	5	$5 \cdot (5+15)$	$= 10^2$
9	3	$1 \cdot (1+15)$	$= 4^2$,

$a = 30 = 2 \cdot 3 \cdot 5$, $\lfloor T(a^2/4)/2 \rfloor = 4$

c	b	$x(x+a)$	$= y^2$
2	14	$98 \cdot (98+30)$	$= 112^2$
6	12	$24 \cdot (24+30)$	$= 36^2$
10	10	$10 \cdot (10+30)$	$= 20^2$
18	6	$2 \cdot (2+30)$	$= 8^2$,

$a = 60 = 2^2 \cdot 3 \cdot 5$, $\lfloor T(a^2/16)/2 \rfloor = 4$

c	b	$x(x+a)$	$= y^2$
4	28	$196 \cdot (196+60)$	$= 224^2$
12	24	$48 \cdot (48+60)$	$= 72^2$
20	20	$20 \cdot (20+60)$	$= 40^2$
36	12	$4 \cdot (4+60)$	$= 16^2$,

$a = 120 = 2^3 \cdot 3 \cdot 5$, $\lfloor T(a^2/16)/2 \rfloor = 13$

c	b	$x(x+a)$	$= y^2$
4	58	$841 \cdot (841+120)$	$= 899^2$
8	56	$392 \cdot (392+120)$	$= 448^2$
12	54	$243 \cdot (243+120)$	$= 363^2$
16	52	$169 \cdot (169+120)$	$= 221^2$
20	50	$125 \cdot (125+120)$	$= 175^2$
24	48	$96 \cdot (96+120)$	$= 144^2$
36	42	$49 \cdot (49+120)$	$= 91^2$
40	40	$40 \cdot (40+120)$	$= 80^2$
48	36	$27 \cdot (27+120)$	$= 63^2$
60	30	$15 \cdot (15+120)$	$= 45^2$
72	24	$8 \cdot (8+120)$	$= 32^2$
80	20	$5 \cdot (5+120)$	$= 25^2$
100	10	$1 \cdot (1+120)$	$= 11^2$.

Aufgabe 10 (2.D, Aufg. 13b)) *Sei* $n \in \mathbb{N}^*$. *Die Anzahl der Paare* $(u, v) \in \mathbb{N}^2$ *mit* $u^2 - v^2 = n$ *ist* $\lceil T(n)/2 \rceil$, *falls* n *ungerade,* $\lceil T(n/4)/2 \rceil$, *falls* $4 \mid n$, *und gleich* 0 *sonst. Man gebe alle Darstellungen von* $u^2 - v^2 = 1000$ *mit* $u, v \in \mathbb{N}$ *an. – Die Anzahl der (paarweise inkongruenten)* p y t h a g o r e i s c h e n D r e i e c k e *(d.h. der rechtwinkligen Dreiecke mit positiven ganzzahligen Seitenlängen), deren eine Kathetenlänge gleich der vorgegebenen Zahl* $a \in \mathbb{N}^*$ *ist, ist gleich* $\lfloor T(a^2)/2 \rfloor$, *falls* a *ungerade, und gleich* $\lfloor T(a^2/4)/2 \rfloor$, *falls* a *gerade.* ($T(-)$ *bezeichnet die Anzahl der Teiler, vgl. Aufgabe 8.)*

Lösung Sei zunächst $n = 2m$ mit einem ungeraden $m \in \mathbb{N}$. In einer Darstellung $n = u^2 - v^2 = (u+v)(u-v)$ wäre dann genau einer der beiden Faktoren $u+v$ und $u-v$ gerade und daher ihre Summe $2u$ ungerade. Widerspruch!

Sei nun n ungerade und sei $n = p_1^{\alpha_1} \cdots p_r^{\alpha_r}$ mit paarweise verschiedenen Primzahlen $p_i \geq 3$, $\alpha_i \in \mathbb{N}^*$, für $i = 1, \ldots, r$ die kanonische Primfaktorzerlegung von n. Hat man eine Darstellung $n = u^2 - v^2 = (u+v)(u-v)$, so sind dann $u+v \geq \sqrt{n}$ und $u-v \leq \sqrt{n}$ ungerade und ihre Summe $2u$ bzw. Differenz $2v$ gerade, woraus sich u und v bestimmen lassen. Ist umgekehrt n keine Quadratzahl, so führt jeder der $T(n)/2$ Teiler $> \sqrt{n}$ von n auf diese Weise zu einer neuen Darstellung der gewünschten Art. Genau dann wenn n eine Quadratzahl ist, sind alle α_i gerade und $T(n)$ nach Aufg. 12 ungerade. In diesem Fall hat man noch die Zerlegung $n = \sqrt{n} \cdot \sqrt{n}$ zu berücksichtigen, die eine weitere Darstellung der angegebenen Art liefert. Insgesamt führt dies zu $\lceil T(n)/2 \rceil$ Darstellungen.

Sei schließlich n durch 4 teilbar. In einer Darstellung $n = u^2 - v^2 = (u+v)(u-v)$ müssen dann beide Faktoren $u+v$ und $u-v$ gerade sein, da andernfalls ihre Summe $2u$ nicht gerade wäre. Dies führt zu einer Zerlegung $\frac{1}{4}n = \frac{1}{2}(u+v) \cdot \frac{1}{2}(u-v)$, bei der $\frac{1}{2}(u+v) \geq \frac{1}{2}\sqrt{n} \geq \frac{1}{2}(u-v)$ natürliche Zahlen sind. Umgekehrt führt jeder der Teiler $\geq \frac{1}{2}\sqrt{n}$ von $\frac{1}{2}n$ zu einer neuen Darstellung der gesuchten Art, wobei der Fall, dass $\frac{1}{4}n$ und damit n eine Quadratzahl ist, wie oben gesondert zu berücksichtigen ist.

Im Fall $n = 1000$ ist $\frac{1}{4}n = 250 = 2 \cdot 5^3$, und die Anzahl der Teiler von 250 ist $(1+1) \cdot (3+1) = 8$. Die zugehörigen Zerlegungen sind $250 = 250 \cdot 1 = 125 \cdot 2 = 50 \cdot 5 = 25 \cdot 10$. Sie liefern u und v als Summe bzw. Differenz der beiden Faktoren und ergeben die Darstellungen $1000 = 251^2 - 249^2 = 127^2 - 123^2 = 55^2 - 45^2 = 35^2 - 15^2$.

Die angegebene Formel für die Anzahl der pythagoreischen Dreiecke, deren eine Kathete gleich $a \in \mathbb{N}^*$ ist, d.h. die Anzahl der Paare $(u, v) \in (\mathbb{N}^*)^2$ mit $u^2 = a^2 + v^2$ oder $u^2 - v^2 = a^2$, ergibt sich direkt aus dem Bewiesenen, da a^2 stets ungerade oder durch 4 teilbar ist und die Lösung $a^2 - 0^2 = a^2$ nicht gezählt wird.   •

Bemerkung Ein Zahlentripel $(a, b, c) \in (\mathbb{N}^*)^3$ heißt ein p y t h a g o r e i s c h e s   Z a h l e n t r i p e l, falls $a^2 + b^2 = c^2$ ist, d.h. falls a, b, c die Seitenlängen eines pythagoreischen Dreiecks mit Hypotenusenlänge c sind. Gilt überdies $\mathrm{ggT}(a, b, c) = 1 \ (= \mathrm{ggT}(a, b) = \mathrm{ggT}(b, c) = \mathrm{ggT}(a, c))$, so heißt das Tripel ein p r i m i t i v e s   p y t h a g o r e i s c h e s   Z a h l e n t r i p e l. Ist (a, b, c) ein pythagoreisches Zahlentripel und $d := \mathrm{ggT}(a, b, c)$, so ist $(a/d, b/d, c/d)$ primitiv. Mit (a, b, c) ist auch das Tripel (b, a, c) pythagoreisch. (Dabei ist sicherlich $a \neq b$, denn $2a^2$ ist für $a \in \mathbb{N}^*$ keine Quadratzahl, da der 2-Exponent $v_2(2a^2) = 1 + 2v_2(a)$ von $2a^2$ ungerade ist.) Häufig versucht man, von diesen beiden ä q u i v a l e n t e n   T r i p e l n, die kongruente rechtwinklige Dreiecke bestimmen, eines auszuzeichnen. Dies ist zum Beispiel durch die Bedingung $a < b$ möglich. Bei *primitiven* pythagoreischen Zahlentripeln ist genau eine der Zahlen a, b gerade, denn die Summe $(2m+1)^2 + (2n+1)^2 = 4(m^2 + n^2 + m + n) + 2$ der Quadrate zweier ungerader Zahlen $2m+1$ und $2n+1$ ist durch 2, aber nicht durch 4 teilbar. In diesem Fall kann man auch durch $a \equiv 1 \bmod 2$ (oder äquivalent dazu durch $b \equiv 0 \bmod 2$) eines der beiden äquivalenten Tripel auszeichnen. Im Folgenden identifizieren wir pythagoreische Zahlentripel, die sich nur in der Reihenfolge der ersten beiden Komponenten unterscheiden.

In der Aufgabe wird die Anzahl der pythagoreischen Zahlentripel (a, b, c) mit vorgegebenem a gezählt. Schwieriger ist die analoge Aufgabe, zu vorgegebener ganzzahligen Hypotenusenlänge $c > 0$ die Anzahl der zugehörigen (paarweise nicht äquivalenten) pythagoreischen Zahlentripel (a, b, c) zu finden. Man benutzt dazu die Ergebnisse von LdM 2, 10.A, Aufg. 33, 34 zum Zwei-Quadrate-Satz. Die gesuchte Anzahl ist $\lfloor T'(c^2)/2 \rfloor$, wobei $T'(c^2)$ die Anzahl derjenigen natürlichen Teiler von c^2 sei, deren Primteiler alle $\equiv 1 \bmod 4$ sind. Für $c = 39 = 3 \cdot 13$ gibt es also (bis auf Äquivalenz) genau ein solches Tripel (das i n d i s c h e   T r i p e l $15^2 + 36^2 = 39^2$, das aber nicht primitiv ist), bei $c = 57 = 3 \cdot 19$ keins und 4 bei $c = 65 = 5 \cdot 13$ (nämlich $33^2 + 56^2 = 16^2 + 63^2 = 25^2 + 60^2 = 39^2 + 52^2 = 65^2$, von denen nur die ersten beiden primitiv sind). Die Anzahl der (paarweise nicht äquivalenten) *primitiven* pythagoreischen

Zahlentripel (a, b, c) mit vorgegebener Hypotenuse $c > 1$ ist übrigens gleich 2^{v-1}, falls v die Anzahl der verschiedenen Primteiler von c ist und diese alle $\equiv 1 \bmod 4$ sind, und 0 sonst.

Leicht wiederum ist die ä g y p t i s c h e S e i l s p a n n e r a u f g a b e zu lösen. Es wird spekuliert, dass die Baumeister im alten Ägypten einen rechten Winkel mit Hilfe eines pythagoreischen Tripels (a, b, c) konstruierten. Dazu wurde ein Seil durch Knoten in $s = a + b + c$ gleich lange Teilstücke geteilt und damit ein Dreieck mit den Seitenlängen a, b, c gespannt. In der Regel wird dann wohl das ä g y p t i s c h e T r i p e l $(3, 4, 5)$ mit $s = 12$ benutzt worden sein.

Aufgabe 11 *Man bestimme zu gegebenem (Umfang) $s \in \mathbb{N}^*$ die pythagoreischen Zahlentripel (a, b, c) mit $a + b + c = s$.*

Lösung Es genügt, die primitiven Tripel zu finden. Alle Tripel zu s sind dann die Tripel $(a'd, b'd, c'd)$, wobei $d \in \mathbb{N}^*$ ein Teiler von s ist und (a', b', c') ein primitives pythagoreisches Tripel mit $a' + b' + c' = s' := s/d$.

Sei (a, b, c) ein primitives Tripel mit $a + b + c = s$ und $a \equiv 1 \bmod 2$. Dann gilt $b \equiv 0 \bmod 2$, $s \equiv 0 \bmod 2$ und $a^2 + b^2 = c^2 = (s - a - b)^2 = s^2 + a^2 + b^2 - 2sa - 2sb + 2ab$, d.h.

$$s^2 = 2(s-a)(s-b) \qquad \text{oder} \qquad s^2/4 = (s-a) \cdot (s-b)/2 \,.$$

Die Faktoren $s - a$ und $(s - b)/2$ sind teilerfremd. Ein gemeinsamer Primteiler würde nämlich s teilen und dann sowohl a als auch b. Da $s^2/4$ eine Quadratzahl ist, sind $s - a$ und $(s - b)/2$ ebenfalls Quadratzahlen (vgl. Aufgabe 16 weiter unten), d.h. $s - a = e^2$ und $(s - b)/2 = f^2$ sowie $s^2 = 4e^2 f^2$ bzw. $s = 2ef$. Dann ist

$$a = s - e^2 = 2ef - e^2 = e(2f - e) \,, \quad b = s - 2f^2 = 2f(e - f) \,.$$

Wegen $a > 0$, $b > 0$ folgt insbesondere $e < 2f < 2e$. Ist umgekehrt $s = e \cdot 2f$ eine Darstellung von s als Produkt einer ungeraden Zahl e und einer geraden Zahl $2f$ mit $e < 2f < 2e$ und sind e und $2f$ teilerfremd, so ist

$$(a, b, c) := \big(e(2f - e), 2f(e - f), (e - f)^2 + f^2\big)$$

ein durch $b \equiv 0 \bmod 2$ normiertes primitives pythagoreisches Zahlentripel mit $s = a + b + c$.

Die primitiven pythagoreischen Tripel (a, b, c) mit gegebenem Umfang $s = a + b + c \in \mathbb{N}^*$ entsprechen bijektiv den Darstellungen $s = e \cdot 2f$ mit teilerfremden e und $2f$, $e < 2f < 2e$, wobei e und f positive natürliche Zahlen sind. •

Die beiden kleinsten Zahlen s, zu denen es primitive pythagoreische Tripel gibt, sind $s = 12 = 3 \cdot 4$ mit dem ägyptischen Tripel $(3, 4, 5)$ und $s = 30 = 5 \cdot 6$ mit dem primitiven indischen Tripel $(5, 12, 13)$. $s = 60 = 5 \cdot 12 = 2 \cdot 30$ ist die kleinste Zahl mit zwei verschiedenen Tripeln $(15, 20, 25)$ und $(10, 24, 26)$, die aber beide nicht primitiv sind. Durch mehr oder weniger systematisches Probieren findet man: $s = 1716 = 33 \cdot 52 = 39 \cdot 44$ ist die kleinste Zahl mit mehr als einem *primitiven* Tripel, nämlich den beiden Tripeln $(627, 364, 725)$ und $(195, 748, 773)$.

Aufgabe 12 (2.D, Aufg. 13c)) *Man bestimme alle Paare $(a, b) \in (\mathbb{N}^*)^2$ mit $(a^2 + b^2)/ab \in \mathbb{N}^*$.*

Lösung Sei $(a, b) \in (\mathbb{N}^*)^2$ ein Paar mit $a^2 + b^2 = rab$ mit einem $r \in \mathbb{N}^*$. Jeder Primteiler p von a teilt dann auch $b^2 = rab - a^2 = a(rb - a)$ und damit b. Ebenso teilt jeder Primteiler von b auch a. Dafür folgt dann $(a/p)^2 + (b/p)^2 = r(a/p)(b/p)$. In dieser Weise fortfahrend teilt man a bzw. b sukzessive durch alle Primfaktoren und kommt schließlich zu einer Gleichung der

Form $2 = 1^2 + 1^2 = r \cdot 1 \cdot 1 = r$. Es muss also $r = 2$ sein. Die Gleichung $a^2 + b^2 = 2ab$, also $(a-b)^2 = 0$, gilt aber genau für die Paare (a, b) mit $a = b$. – Man kann auch so schließen: Seien etwas allgemeiner $a, b \in \mathbb{Z}^* = \mathbb{Z} - \{0\}$ mit $r := (a^2 + b^2)/ab \in \mathbb{Z}^*$. Für $t := a/b \in \mathbb{Q}^\times$ gilt dann die Gleichung $t^2 - rt + 1 = 0$, und diese hat nach dem Lemma von Gauß, vgl. Aufgabe 18 weiter unten, als einzig mögliche Lösungen $t = \pm 1$. Also ist $a = \pm b$ (und $r = \pm 2$). •

Aufgabe 13 (2.D, Aufg. 16) *Seien $n, k \in \mathbb{N}^*$ teilerfremd. Man zeige, dass $\binom{n}{k}$ durch n und $\binom{n-1}{k-1}$ durch k teilbar ist.*

Lösung Es ist $\binom{n}{k} = \dfrac{n \cdot (n-1) \cdots (n-k+1)}{1 \cdots (k-1) \cdot k} = \dfrac{n}{k} \cdot \binom{n-1}{k-1}$, also $k\binom{n}{k} = n\binom{n-1}{k-1}$. Daher teilt n das Produkt $k\binom{n}{k}$. Da nach Voraussetzung keiner der Primteiler von n ein Teiler von k ist, müssen alle diese Primteiler bereits in der Primfaktorzerlegung von $\binom{n}{k}$ vorkommen, d.h. n teilt $\binom{n}{k}$. Ebenso sieht man, dass k das Produkt $n\binom{n-1}{k-1}$ teilt. Wegen der Teilerfremdheit von k und n müssen alle Primteiler von k bereits in der Primfaktorzerlegung von $\binom{n-1}{k-1}$ vorkommen, d.h. k teilt $\binom{n-1}{k-1}$. •

Aufgabe 14 *Man bestimme den größten gemeinsamen Teiler von $a := 5893$ und $b = 4331$ und berechne ganze Zahlen s und t mit $\mathrm{ggT}(5893, 4331) = s \cdot 5893 + t \cdot 4331$.*

Lösung Der Euklidische Divisionsalgorithmus liefert

$$5893 = 1 \cdot 4331 + 1562 \qquad\qquad 1207 = 3 \cdot 355 + 142$$
$$4331 = 2 \cdot 1562 + 1207 \qquad\qquad 355 = 2 \cdot 142 + 71$$
$$1562 = 1 \cdot 1207 + 355 \qquad\qquad 142 = 2 \cdot 71.$$

Der gesuchte ggT ist also $r_6 = 71$. Bezeichnen wir die auftretenden Quotienten mit q_i und setzen $s_0 := 1, s_1 := 0, t_0 := 0, t_1 := 1$ sowie $s_{i+1} := s_{i-1} - q_i s_i$, $t_{i+1} := t_{i-1} - q_i t_i$, so gilt $r_i = s_i a + t_i b$ und insbesondere $r_6 = s \cdot 5893 + t \cdot 4331$ mit $s = s_6 = 25$ und $t = t_6 = -34$, wie sich aus der folgenden Tabelle ergibt:

i	0	1	2	3	4	5	6
q_i		1	2	1	3	2	
s_i	1	0	1	-2	3	-11	25
t_i	0	1	-1	3	-4	15	-34

Es ist somit $\mathrm{ggT}(5893, 4331) = 71 = 25 \cdot 5893 - 34 \cdot 4331$. •

Genauso behandele man die folgenden Beispiele:

‡**Aufgabe 15** *Für $a := 527$ und $b := 403$ bzw. für $a := 1173$ und $b := 867$ berechne man den größten gemeinsamen Teiler und bestimme ganze Zahlen s und t mit $\mathrm{ggT}(a, b) = sa + tb$.*

Aufgabe 16 (2.D, Aufg. 21) *Das Produkt zweier teilerfremder natürlicher Zahlen a und b ist genau dann die n-te Potenz einer natürlichen Zahl $(n \in \mathbb{N}^*)$, wenn dies für a und b einzeln gilt.*

Lösung Natürlich ist das Produkt ab eine n-te Potenz, wenn dies für a und b einzeln gilt, unabhängig davon, dass diese teilerfremd sind. Zum Beweis der Umkehrung seien a, b positiv mit den kanonischen Primfaktorzerlegungen $a = p_1^{\alpha_1} \cdots p_r^{\alpha_r}$ und $b = q_1^{\beta_1} \cdots q_s^{\beta_s}$ mit $\alpha_1, \ldots, \alpha_r$, $\beta_1, \ldots, \beta_s \in \mathbb{N}^*$. Da a und b teilerfremd sind, sind die Primzahlen $p_1, \ldots, p_r, q_1, \ldots, q_s$ paarweise verschieden. Ist nun $ab = p_1^{\alpha_1} \cdots p_r^{\alpha_r} q_1^{\beta_1} \cdots q_s^{\beta_s} = c^n$ eine n-te Potenz, so sind sämtliche Exponenten α_i, β_j das n-fache der entsprechenden Exponenten in der Primfaktorzerlegung von c. Es folgt $a = d^n$, $b = e^n$ mit $d := p_1^{\alpha_1/n} \cdots p_r^{\alpha_r/n}$ und $e := q_1^{\beta_1/n} \cdots q_s^{\beta_s/n}$. •

Aufgabe 17 (2.D, Aufg. 28) *Seien $a, b \in \mathbb{Q}_+^\times$ positive rationale Zahlen. Genau dann ist $\sqrt{a} + \sqrt{b}$ rational, wenn sowohl a als auch b Quadrat einer rationalen Zahl ist.*

Lösung Natürlich sind $\sqrt{a}$ und $\sqrt{b}$ und damit auch ihre Summe rationale Zahlen, wenn a und b Quadrate rationaler Zahlen sind. – Umgekehrt gilt nach der dritten binomischen Formel $\left(\sqrt{a} + \sqrt{b} \right)\left(\sqrt{a} - \sqrt{b} \right) = \left(\sqrt{a} \right)^2 - \left(\sqrt{b} \right)^2 = a - b$. Ist also $x := \sqrt{a} + \sqrt{b}$ eine rationale Zahl, so auch $y := \sqrt{a} - \sqrt{b} = (a - b)/x$. Dann sind aber $\sqrt{a} = \frac{1}{2}(x + y)$ und $\sqrt{b} = \frac{1}{2}(x - y)$ ebenfalls rationale Zahlen, deren Quadrate gleich a bzw. b sind. •

Aufgabe 18 (2.D, Aufg. 29a)) *Sei $x := a/b \in \mathbb{Q}$ ein gekürzter Bruch, $a \in \mathbb{Z}$, $b \in \mathbb{N}^*$, $\mathrm{ggT}(a, b) = 1$. Es gelte $a_n x^n + \cdots + a_1 x + a_0 = 0$ mit $a_0, \ldots, a_n \in \mathbb{Z}$ und $a_n \neq 0$, $n \geq 1$, d.h. x sei Nullstelle der Polynomfunktion $a_n t^n + \cdots + a_0$. Dann ist a ein Teiler von a_0 und b ein Teiler von a_n. Insbesondere ist $x \in \mathbb{Z}$, wenn der höchste Koeffizient $a_n = 1$ ist (Lemma von Gauß).*

Lösung Nach Voraussetzung gilt

$$a_n \left(\frac{a}{b} \right)^n + a_{n-1} \left(\frac{a}{b} \right)^{n-1} + \cdots + a_1 \frac{a}{b} + a_0 = 0 \,,$$

also $a_n a^n + a_{n-1} a^{n-1} b + \cdots + a_1 a b^{n-1} + a_0 b^n = 0$. Es folgt sowohl $a(a_n a^{n-1} + \cdots + a_1 b^{n-1}) = -a_0 b^n$ als auch $(a_{n-1} a^{n-1} + \cdots + a_0 b^{n-1}) b = -a_n a^n$, d.h. a teilt $-a_0 b^n$ und b teilt $-a_n a^n$. Da a und b teilerfremd sind, muss dann a ein Teiler von a_0 und b ein Teiler von a_n sein. •

Bemerkung: Für eine Verallgemeinerung des Lemmas von Gauß siehe LdM 2, Korollar 10.A.20.

Aufgabe 19 (2.D, Aufg. 29b)) *Man bestimme sämtliche rationalen Nullstellen der Polynomfunktionen $t^3 + \frac{3}{4} t^2 + \frac{3}{2} t + 3$ bzw. $3t^7 + 4t^6 - t^5 + t^4 + 4t^3 + 5t^2 - 4$.*

Lösung Für eine rationale Nullstelle a/b mit teilerfremden $a, b \in \mathbb{Z}$, $b \neq 0$, von $t^3 + \frac{3}{4} t^2 + \frac{3}{2} t + 3$, d.h. von $4t^3 + 3t^2 + 6t + 12 = t^2(4t + 3) + 6(t + 2)$, gilt $a|12$ und $b|4$ nach Aufgabe 18. Da beide Summanden für $t < -2$ negativ und für $t > -\frac{3}{4}$ positiv sind, kommen nur die Zahlen $-\frac{3}{4}, -1, -\frac{3}{2}, -2$ als Nullstellen in Frage. Dafür hat die Polynomfunktion der Reihe nach die Werte $\frac{15}{2}, 5, 0, -20$. Einzige rationale Nullstelle ist also $-\frac{3}{2}$.

Für eine Nullstelle a/b mit teilerfremden $a, b \in \mathbb{Z}$, $b \neq 0$, von

$$3t^7 + 4t^6 - t^5 + t^4 + 4t^3 + 5t^2 - 4 = 3t^7 + (4t - 1)t^5 + t^4 + 4t^3 + (5t^2 - 4)$$

gilt $a|4$ und $b|3$ nach Aufgabe 18. Da alle Summanden in der zweiten Darstellung dieses Ausdrucks für $t \geq 1$ positiv sind, kommen also nur $\frac{2}{3}, \frac{1}{3}, -\frac{1}{3}, -\frac{2}{3}, -1, -\frac{4}{3}, -2, -4$ als Nullstellen in Frage. Dafür hat die Polynomfunktion der Reihe nach die Werte $0, -\frac{2392}{729}, -\frac{2604}{729}, -\frac{1792}{729}, 0, \frac{2028}{729}, 96, -31768$. Einzige rationale Nullstellen sind also $\frac{2}{3}$ und -1. •

Aufgabe 20 (2.D, Aufg. 30a)) *Seien $x, y \in \mathbb{Q}_+^\times$ und $y = c/d$ eine gekürzte Darstellung von y mit $c, d \in \mathbb{N}^*$. Genau dann ist x^y rational, wenn x die d-te Potenz einer rationalen Zahl ist.*

Lösung Ist $x = q^d$ mit $q \in \mathbb{Q}$, so ist $x^y = (q^d)^{(c/d)} = q^c$ offenbar rational. – Ist umgekehrt $x^y = q \in \mathbb{Q}$ rational, so folgt $x^c = x^{dy} = (x^y)^d = q^d$. Sind $\alpha_p \in \mathbb{Z}$ und $\beta_p \in \mathbb{Z}$ die p-Exponenten von x bzw. q, so gilt also wegen der Eindeutigkeit der Primfaktorzerlegung $c\alpha_p = d\beta_p$. Da c

und d nach Voraussetzung teilerfremd sind, muss dann d ein Teiler von α_p sein, also $\alpha_p = d\alpha'_p$ mit $\alpha'_p \in \mathbb{Z}$. Folglich ist $x = \prod_{p \in P} p^{\alpha_p} = \left(\prod_{p \in P} p^{\alpha'_p} \right)^d$ die d-te Potenz von $\prod_{p \in P} p^{\alpha'_p} \in \mathbb{Q}$. •

Aufgabe 21 (2.D, Aufg. 30b)) *Außer* $(2, 4)$ *gibt es kein Paar* $(x, y) \in \mathbb{N}^* \times \mathbb{N}^*$ *mit* $x < y$ *und* $x^y = y^x$.

Lösung Offenbar ist $2^4 = 16 = 4^2$. Seien nun $x, y \in \mathbb{N}^*$ mit $x < y$ und $x^y = y^x$. Jeder Primteiler p von x ist dann auch ein Primteiler von y und umgekehrt. Für die Vielfachheiten μ bzw. ν, mit denen p in x bzw. y vorkommt, gilt $\mu y = \nu x$. Wegen $y > x$ gilt daher stets $\mu < \nu$ und x ist ein Teiler von y. Es gibt also eine natürliche Zahl $q \geq 2$ mit $y = qx$. Dies liefert $(x^q)^x = x^y = y^x$ und somit $x^q = y$, d.h. $x^q = qx$. Im Fall $q = 2$ gilt dies nur für $x = 2$ und liefert die eingangs erwähnte Lösung. Bei $x > 2$, also $x = k + 2$ mit $k \geq 1$ ist nämlich $x^2 = (k+2)^2 = k^2 + 4k + 4 > 4k + 4 > 2k + 4 = 2x$.

Sei nun $q \geq 3$. Der Fall $x = 2$ ist dann nicht möglich wegen $2^q > 2q$. Wir zeigen nun durch Induktion über $q \geq 2$, dass bei $x \geq 3$ stets $x^q > qx$ ist. Der Induktionsanfang $q = 2$ ist schon erledigt, der Schluss von q auf $q + 1$ folgt aus $x^{q+1} = x^q x > qx^2 > 2qx \geq (q+1)x$. Damit bleibt nur der Fall $q = 2$, also $x = 2, y = 4$. •

Eine wesentliche Verschärfung dieser Aussage wird in der nächsten Aufgabe behandelt.

Aufgabe 22 *Die einzigen Paare* (x, y) *positiver rationaler Zahlen mit* $x < y$ *und* $x^y = y^x$ *sind* $\left(\left(1 + \frac{1}{n}\right)^n, \left(1 + \frac{1}{n}\right)^{n+1} \right)$, $n \in \mathbb{N}^*$.

Lösung Für $x = \left(1 + \frac{1}{n}\right)^n = \left(\frac{n+1}{n}\right)^n$ und $y = \left(1 + \frac{1}{n}\right)^{n+1} = \left(\frac{n+1}{n}\right)^{n+1}$ gilt offenbar

$$x^y = \left(\frac{n+1}{n}\right)^{n((n+1)/n)^{n+1}} = \left(\frac{n+1}{n}\right)^{(n+1)^{n+1}/n^n} = \left(\frac{n+1}{n}\right)^{(n+1)(n+1)^n/n^n} = y^x.$$

Seien nun umgekehrt x und y positive rationale Zahlen mit $x^y = y^x$ und $x < y$. Dann ist $y = (1+q)x$ mit $q \in \mathbb{Q}^\times_+$. Es folgt $x^{(1+q)x} = x^x x^{qx} = x^y = y^x = (1+q)^x x^x$, woraus nach Kürzen von x^x die Gleichungen $x^{qx} = (1+q)^x$ und dann $x^q = 1+q$ folgen. Sei $x = a/b$ und $q = m/n$ mit $a, b, m, n \in \mathbb{N}^*$, ggT$(a, b) = $ ggT$(m, n) = 1$. Die Gleichung $x^q = 1 + q$ ist dann äquivalent zu $(a/b)^{m/n} = 1 + (m/n)$, d.h. zu $(a/b)^m = \left(1 + (m/n)\right)^n$ und nach Multiplikation mit $b^m n^n$ zu $a^m n^n = b^m (n+m)^n$. Da a und b und damit a^m und b^m teilerfremd sind, ist a^m ein Teiler von $(n+m)^n$. Da auch n und $n+m$ teilerfremd sind, ist umgekehrt $(n+m)^n$ ein Teiler von a^m. Insgesamt ist also $a^m = (n+m)^n$ und dann auch $b^m = n^n$. Wir nutzen noch einmal die Teilerfremdheit von m und n aus und erhalten, dass alle p-Exponenten $v_p(n+m)$ Vielfache von m sind und damit $n+m = u^m$ die m-te Potenz eines $u \in \mathbb{N}^*$. Es folgt $a = u^n$. Analog bekommt man $n = v^m$ mit einem $v \in \mathbb{N}^*$ und daher $u^m = n+m = v^m + m$. Insbesondere ist $u = v + w$ mit einem $w \in \mathbb{N}^*$, und es ergibt sich $v^m + m = u^m = (v+w)^m = v^m + mv^{m-1}w + \cdots$, also $m = 1$. (In Worten: Der Abstand der m-ten Potenzen ($m \in \mathbb{N}^*$) zweier verschiedener positiver natürlicher Zahlen u, v ist stets $\geq m$ und genau dann gleich m, wenn $m = 1$ ist und u und v benachbart sind.) Damit erhält man der Reihe nach $a = (n+1)^n$, $b = n^n$, $x = (n+1)^n/n^n = \left(1 + \frac{1}{n}\right)^n$ und $y = (1+q)x = \left(1 + \frac{1}{n}\right)x = \left(1 + \frac{1}{n}\right)^{n+1}$. •

Bemerkungen (1) Die angegebenen Paare $(x_n, y_n) = \left(\left(1 + \frac{1}{n}\right)^n, \left(1 + \frac{1}{n}\right)^{n+1} \right)$, $n \in \mathbb{N}^*$, bilden die berühmte Intervallschachtelung für die Eulersche Zahl $e = 2{,}7\,1828\,1828\,4590\ldots$, vgl. hierzu Beispiel 4.F.10.

(2) *Zu jeder reellen positiven Zahl* x *mit* $1 < x < e$ *gibt es genau eine reelle Zahl* $y > x$ *mit* $x^y = y^x$. Dabei ist notwendigerweise $y > e$. Zum **Beweis** beachte man, dass $x^y = y^x$ äquivalent ist zu $(\ln x)/x = (\ln y)/y$. Die Funktion $f(x) := (\ln x)/x$ auf $\mathbb{R}^\times_+$ hat die Ableitung $f'(x) = (1 - \ln x)x^{-2}$, die nur bei $x_0 = e$ verschwindet und für $x < e$ positiv ist sowie für $x > e$

negativ. f ist also streng monoton wachsend auf $]0, e]$, streng monoton fallend auf $[e, \infty[$ und hat in $x_0 = e$ das einzige lokale und gleichzeitig globale Maximum $f(e) = 1/e$. Da überdies $\lim\limits_{x \to \infty} f(x) = \lim\limits_{t \to 0, t > 0} t \ln(1/t) = 0$ ist, vgl. 11.C, Aufgabe 1, folgen die Behauptungen mit dem Zwischenwertsatz 10.C.2. (Vgl. Abschnitte 13.C, 14.A und insbesondere 14.A, Aufgabe 4.) •

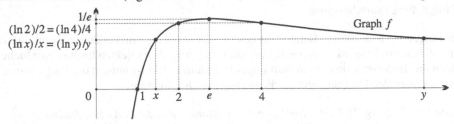

Aufgabe 23 (2.D, Aufg. 31) *Seien $x \in \mathbb{Q}_+^\times$ und a eine natürliche Zahl ≥ 2, die nicht von der Form b^d mit $b, d \in \mathbb{N}^*$, $d \geq 2$, d.h. keine echte Potenz ist. Dann ist $\log_a x$ ganzzahlig oder irrational.*

Lösung Mit $\alpha_p \in \mathbb{Z}$ und $\beta_p \in \mathbb{N}$ die p-Exponenten von x bzw. a. Nach Voraussetzung gibt es dann kein $d \geq 2$ in $\mathbb{N}^*$ derart, dass alle α_p durch dieses d teilbar sind. Ist nun $\log_a x$ rational, also etwa $\log_a x = c/d$ mit teilerfremden $c, d \in \mathbb{N}$, $d \geq 1$, so folgt $x = a^{\log_a x} = a^{c/d}$ und somit $x^d = a^c$. Wegen der Eindeutigkeit der Primfaktorzerlegung folgt $c\alpha_p = d\beta_p$ für alle Primzahlen p. Da c und d teilerfremd sind, muss d also alle α_p teilen. Die Voraussetzung zeigt, dass dies nur bei $d = 1$ möglich ist. Dann ist aber $\log_a x = c$ eine ganze Zahl. •

Aufgabe 24 *Eine (beliebige) Folge $(x_i)_{i\in\mathbb{N}}$ heißt* p e r i o d i s c h, *wenn es Zahlen $t \in \mathbb{N}$ und $r \in \mathbb{N}^*$ mit $x_{i+r} = x_i$ für alle $i \geq t$ gibt. Man zeige: Ist $(x_i)_i$ periodisch, so gibt es ein eindeutig bestimmtes Paar $(m, k) \in \mathbb{N} \times \mathbb{N}^*$ mit folgenden Eigenschaften: (1) Es ist $x_{i+k} = x_i$ für alle $i \geq m$. (2) Für jedes Paar $(t, r) \in \mathbb{N} \times \mathbb{N}^*$ mit $x_{i+r} = x_i$ für alle $i \geq t$ ist $t \geq m$ und $r = \ell k$ mit einem $\ell \in \mathbb{N}^*$.*

Lösung Sei $N \subseteq \mathbb{N}$ die Menge der Zahlen $r \in \mathbb{N}$ mit $x_{i+r} = x_i$ für hinreichend große i. Nach Voraussetzung ist $N^* := N \cap \mathbb{N}^* \neq \emptyset$. Ferner sind mit $r_1, r_2 \in N$, $r_1 \geq r_2$, auch $r_1 + r_2$ und $r_1 - r_2$ Elemente von N. Gilt nämlich $x_{i+r_1} = x_i$ für $i \geq t_1$ und $x_{i+r_2} = x_i$ für $i \geq t_2$, so ist $x_{i+r_1+r_2} = x_{i+r_1} = x_i$ für $i \geq \text{Max}(t_1, t_2)$ und $x_{i+r_1-r_2} = x_{i-r_2} = x_i$ für $i \geq r_2 + \text{Max}(t_1, t_2)$. Mit dem unten folgenden Lemma gewinnt man ein $k \in N^*$ mit $N = \mathbb{N}k = \{nk \mid n \in \mathbb{N}\}$. Sei dann $m \in \mathbb{N}$ die kleinste Zahl mit $x_{i+k} = x_i$ für alle $i \geq m$. Wir zeigen, dass das Paar (m, k) die Bedingungen (1) und (2) der Aufgabe erfüllt: Sei $(t, r) \in \mathbb{N} \times \mathbb{N}^*$ ein Paar mit $x_{i+r} = x_i$ für alle $i \geq t$. Dann ist $r \in N^*$ und $r = \ell k$ mit $\ell \geq 1$. Es bleibt $t \geq m$ zu zeigen. Wäre $t < m$, so wäre $m - 1 + k \geq m$ und $x_{m-1+k} = x_{m-1+2k} = \cdots = x_{m-1+\ell k} = x_{m-1}$ im Widerspruch zur Wahl von m. Die Eindeutigkeit des Paares (m, k) ist trivial. •

Lemma *Sei N eine Teilmenge von $\mathbb{N}$ mit $N^* := N \cap \mathbb{N}^* \neq \emptyset$, die mit je zwei Elementen r_1, r_2, $r_1 \geq r_2$, auch $r_1 + r_2$ und $r_1 - r_2$ enthält. Dann gibt es (genau) ein Element $k \in N^*$ mit $N = k\mathbb{N}$.*

Zum **Beweis** sei k das kleinste Element in N^*, vgl. Satz 2.A.4, und $r \in N$ beliebig. Die Division mit Rest 2.D.5 liefert Elemente $q, s \in \mathbb{N}$, $0 \leq s < k$, mit $r = qk + s$. Nach Voraussetzung ist $qk = k + \cdots + k$ ein Element von N und dann auch $s = r - qk$. Wegen $s < k$ und der Wahl von k muss $s = 0$, d.h. $r = qk$ sein. •

Die Zahl m in Aufgabe 24 ist die (kleinste) V o r p e r i o d e n l ä n g e und die Zahl k die (kleinste) P e r i o d e n l ä n g e von $(x_i)_{i\in\mathbb{N}}$. $(x_0, \ldots, x_{m-1})$ heißt die V o r p e r i o d e und $(x_m, \ldots, x_{m+k-1})$ die P e r i o d e von $(x_i)_{i\in\mathbb{N}}$, und man schreibt $(x_i)_{i\in\mathbb{N}} = (x_0, \ldots, x_{m-1}, \overline{x_m, \ldots, x_{m+k-1}})$. Ist $(x_i)_{i\in\mathbb{N}}$ nicht periodisch, so setzt man $m := \infty$ und $k := 0$. Beispiele findet man bei der g-al-Entwicklung rationaler Zahlen in 6.A.18 sowie in 11.B, Aufg. 31.

3 Ein Grundkurs in C

3.A Einige Programmbeispiele

Die im Folgenden benutzten C-Befehle werden hier nicht noch einmal erläutert, wenn sie in Abschnitt 3.A beschrieben sind. Das betrifft auch die Erzeugung des Objektcodes aus dem Quellcode und dann die Transformation in ein lauffähiges Programm. Die Nummern der Programmzeilen gehören nicht zu den Programmen; sie dienen nur zur Orientierung.

Aufgabe 1 (3.A, Aufg. 2) *Man schreibe ein C-Programm, das die Bellschen Zahlen $\beta_0, \ldots, \beta_N$ bis zu einem vorgegebenen $N \in \mathbb{N}$ berechnet und ausgibt.*

1. Lösung Wir erinnern daran, dass die B e l l s c h e   Z a h l β_n, $n \in \mathbb{N}$, die Anzahl der Äquivalenzrelationen auf einer n-elementigen Menge ist. Mit dem folgenden Programm werden die

Bellschen Zahlen $\beta_0, \ldots, \beta_N$ gemäß $\beta_0 = 1$, $\beta_i = \sum_{j=0}^{i-1} \binom{i-1}{j} \beta_j$, $i = 1, \ldots, N$, berechnet, vgl.

2.B, Aufg. 14. Zum Beweis dieser Formel sei a ein festes Element der Menge A mit $|A| = i > 0$ Elementen. Die Äquivalenzrelationen auf A entsprechen bijektiv den Paaren (X, R), wo $X \subseteq A$ eine Teilmenge mit $a \in X$ ist und R eine Äquivalenzrelation auf dem Komplement $A - X$. Bei gegebenem X mit $j := |A - X| \le i - 1$ gibt es β_j solche Paare. Da es $\binom{i-1}{i-1-j} = \binom{i-1}{j}$ Teilmengen $X \subseteq A$ mit $a \in X$ und $|A - X| = j$ gibt, erhält man die angegebene Formel für β_i. Die Rekursion besagt, dass $\exp(e^x - 1)$ die exponentielle erzeugende Funktion der Folge $(\beta_n)_{n \in \mathbb{N}}$ ist, also $\exp(e^x - 1) = \sum_{n=0}^{\infty} \frac{\beta_n}{n!} x^n$, vgl. 13.C, Aufg. 9 und 10.

```
01  #include <stdio.h>
02  #include <stdlib.h>
03  int main() {
04     unsigned long n,*bell,*bin,i,j;
05     printf("\nBerechnung der ersten N+1 Bellschen Zahlen\n\n");
06     printf("N = "); scanf("%lu",&n); printf("\n");
07     bell=(unsigned long*)malloc((n+1)*sizeof(unsigned long));
08     bin=(unsigned long*)malloc((n+1)*sizeof(unsigned long));
09     if ((bell==NULL)||(bin==NULL)) {
10        printf("Kein Speicher vorhanden.\n");
11        return (EXIT_FAILURE);
12     }
13     bell[0]=1;
14     printf("b_(%u) = %lu\n",0,bell[0]);
15     for (i=1; i<=n; i=i+1) {
16        bell[i]=0; bin[i-1]=1;
17        for (j=0; j<i; j=j+1) {
18           bell[i]=bell[i]+bin[j]*bell[j];
19           bin[j]=bin[j]*i/(i-j);
20        }
21        printf("b_(%lu) = %lu\n",i,bell[i]);
22     }
```

```
23    free(bell); free(bin);
24    return (EXIT_SUCCESS);
25 }
```

`*bell` und `*bin` sind Zeigervariablen. Wir deklarieren sie vom Datentyp `unsigned long`. Unter Linux auf 64-Bit-Systemen kann man dann bis $2^{64} - 1 \approx 18 \cdot 10^{18}$ rechnen. Benutzt man standardmäßig den Datentyp `unsigned int` (womit allerdings der verfügbare Zahlenraum stärker eingeschränkt wird), so hat man `unsigned long` in den Zeilen 04, 07, 08 durch `unsigned int` zu ersetzen und `%lu` in den Zeilen 06, 14, 21 durch `%u`. Mit den Zeilen 07 und 08 wird der Speicherplatz für die Feldvariablen `bell[0]`,..., `bell[n]` bzw. `bin[0]`,..., `bin[n]` reserviert. In der `for`-Schleife der Zeilen 15 bis 22 sind zu *Beginn* des i-ten Durchlaufs, $i = 1, \ldots, n(= N)$, die Variablen `bell[0]`,..., `bell[i-1]` mit $\beta_0, \ldots, \beta_{i-1}$ belegt und `bin[0]`,..., `bin[i-2]` mit $\binom{i-1}{0}, \ldots, \binom{i-1}{i-2}$, am *Ende* entsprechend `bell[0]`,..., `bell[i-1]`, `bell[i]` mit $\beta_0, \ldots, \beta_{i-1}, \beta_i$ und ferner `bin[0]`,..., `bin[i-2]`, `bin[i-1]` mit $\binom{i}{0}, \ldots, \binom{i}{i-2}, \binom{i}{i-1}$. Dabei wird $\binom{i}{j}$ aus $\binom{i-1}{j}$ gemäß $\binom{i}{j} = \binom{i-1}{j} \frac{i}{i-j}$ berechnet und β_i mit Hilfe der zu Beginn angegebenen Formel. Man beachte, dass am Ende dieser `for`-Schleife die Binomialkoeffizienten $\binom{N}{0}, \ldots, \binom{N}{N-1}$ aus `bin[0]`,..., `bin[N-1]` abrufbar sind, obwohl diese für die Berechnung von $\beta_0, \ldots, \beta_N$ nicht benötigt werden. In Zeile 23 wird die Reservierung der Speicherplätze für die Zeigervariablen `*bell` und `*bin` aufgehoben.

Das Programm läuft korrekt bis $N = 25$ und liefert $\beta_{25} = 4\,638\,590\,332\,229\,999\,353$. ●

2. Lösung Das folgende Programm benutzt die Formel $\beta_i = \sum_{j=0}^{i} S(i, j)$ zur Berechnung der Bellschen Zahlen, wobei die $S(i, j)$, $i, j \in \mathbb{N}$, die Stirlingschen Zahlen zweiter Art sind, vgl. 12.C, Aufg. 13 und Beispiel 12.C.8 (2). Man kann $S(i, j)$ definieren als die Anzahl der Äquivalenzrelationen auf einer i-elementigen Menge mit genau j Äquivalenzklassen. Daraus folgt sofort die Rekursion $S(0, j) = \delta_{0,j}$ und $S(i+1, j) = jS(i, j) + S(i, j-1)$ (und damit die polynomiale Identität $x^i = \sum_{j=0}^{i} j!\, S(i, j) \binom{x}{j}$, $i \in \mathbb{N}$). Dabei ist $S(i, j-1)$ die Anzahl der Äquivalenzrelationen auf der $(i+1)$-elementigen Menge A' mit der 1-elementigen Äquivalenzklasse $\{a\}$ und $j-1$ weiteren Äquivalenzklassen, $a \in A'$ fest gewählt, sowie $jS(i, j)$ die Anzahl der Äquivalenzrelationen auf A' mit insgesamt j Äquivalenzklassen, bei denen die Äquivalenzklasse von a *mehr* als ein Element enthält. Man beachte auch die Werte $S(i, 0) = \delta_{i,0}$, $S(i, 1) = 1$ für $i \in \mathbb{N}^*$ und $S(i, i) = 1$ für $i \in \mathbb{N}$.

```
01 #include <stdio.h>
02 #include <stdlib.h>
03 int main() {
04    unsigned long n,*s,i,j,t;
05    printf("\nBerechnung der ersten N+1 Bellschen Zahlen\n\n");
06    printf("N = "); scanf("%lu",&n); printf("\n");
07    s=(unsigned long*)malloc((n+1)*sizeof(unsigned long));
08    if (s==NULL) {
09       printf("Kein Speicher vorhanden.\n");
10       return (EXIT_FAILURE);
11    }
12    s[0]=1;
13    printf("b_(%u) = %lu\n",0,s[0]);
14    for (i=1; i<=n; i=i+1) {
15       s[0]=0; s[i]=1; t=s[i];
```

```
16      for (j=i-1; j>=1; j=j-1) {
17        s[j]=j*s[j]+s[j-1]; t=t+s[j];
18      }
19      printf("b_(%lu) = %lu\n",i,t);
20    }
21    free(s);
22    return (EXIT_SUCCESS);
23 }
```

Die Variablen s[0],..., s[i] werden im i-ten Durchlauf der for-Schleife der Zeilen 14 bis 20 mit den Stirlingschen Zahlen $S(i,0)$, $S(i,1)$,..., $S(i,i)$ belegt, und zwar in der Reihenfolge $S(i,0)=0$, $S(i,i)=1$, $S(i,i-1)$,..., $S(i,1)$, wobei die angegebene Rekursionsformel für die Stirlingschen Zahlen benutzt wird, $i=1,...,n\,(=N)$. Dabei wird berücksichtigt, dass *vor* dem i-ten Durchlauf die Variablen s[0],..., s[i-1] mit den Werten $S(i-1,0)$,..., $S(i-1,i-1)$ belegt sind. Ferner wird in dieser Schleife die Variable t zum Aufsummieren der aktuellen Werte der Variablen s[i], s[i-1],..., s[1] benutzt, um β_i zu erhalten. Durch zusätzliche Ausgabebefehle könnte man auch eine Liste der Stirlingschen Zahlen $S(i,j)$, $0\le j\le i\le N$, erstellen lassen.　●

Aufgabe 2 (3.A, Aufg. 4)　*Man bestimme die Primfaktorzerlegung der natürlichen Zahlen N zwischen 999 999 900 und 1 000 000 000. Um auch größere Zahlen faktorisieren zu können, schreibe man ein Programm mit Hilfe einer Großzahl-Arithmetik.*

Lösung　Das Programm benutzt die Großzahl-Arithmetik GMP (= GNU Multiple Precision Arithmetic Library), die in Zeile 03 eingebunden wird und die wir nach dem Vorstellen des Programms etwas erläutern werden. Zu gegebenen Zahlen $M\in\mathbb{N}^*$ und $D\in\mathbb{N}$ werden nacheinander die Primfaktorzerlegungen der Zahlen M, $M+1$,..., $M+D$ angegeben, und zwar in folgender Form: Zahl N, Primfaktoren p mit zugehörigen Exponenten $e\,(=v_p(N))>0$. Für jede einzelne Zahl N, $M\le N\le M+D$, wird dabei das Verfahren des 30er-Siebs benutzt, das bereits in Beispiel 3.A.4 verwendet wurde und hier nicht mehr kommentiert wird.

Zur Anwendung geht man folgendermaßen vor: Man installiert GMP von gmplib.org. Der Quellcode des Programms liege in der Textdatei prime_gmp.c vor. Man compiliert und bindet dann in einem Schritt zu einem lauffähigen Programm mit:

gcc␣-o␣prime_gmp␣prime_gmp.c␣-lgmp

Damit wird die GMP-Bibliothek der Umgebung GCC (= GNU Compiler Collection) bekannt gemacht, und das Programm kann jetzt mit prime_gmp aufgerufen und benutzt werden.

```
01 #include <stdio.h>
02 #include <stdlib.h>
03 #include <gmp.h>
04 void div_potenz(mpz_t, mpz_t);
05 int main() {
06    mpz_t m,d,n,t,k; unsigned int i;
07    unsigned long r[3]={2,3,5},q[8]={7,11,13,17,19,23,29,31};
08    mpz_init(m); mpz_init(d); mpz_init(n);mpz_init(t);mpz_init(k);
09    printf("\nBerechnung der Primfaktorzerlegung \
10 der positiven natürlichen Zahlen zwischen M und M+D\n");
11    printf("\nM = "); gmp_scanf("%Zd",m);
12    printf("\nD = "); gmp_scanf("%Zd",d);
13    mpz_add(d,m,d);
```

```
14    while (mpz_cmp(m,d)<=0) {
15       mpz_set(n,m);
16       if (mpz_cmp_ui(n,1)>0) {
17          gmp_printf("\nDie Primfaktoren von %Zd sind:\n",n);
18          for (i=0; i<3; i=i+1) {
19             mpz_set_ui(t,r[i]); div_potenz(n,t);
20          }
21          mpz_set_ui(k,0);
22          do {
23             for (i=0; i<8; i=i+1) {
24                mpz_mul_ui(t,k,30); mpz_add_ui(t,t,q[i]);
25                div_potenz(n,t);
26             }
27             mpz_add_ui(k,k,1);
28             mpz_mul_ui(t,k,30); mpz_add_ui(t,t,7); mpz_mul(t,t,t);
29          } while (mpz_cmp(t,n)<=0);
30          if (mpz_cmp_ui(n,1)>0) {
31             gmp_printf("%Zd Exp.:   1\n",n);
32          }
33       }
34       mpz_add_ui(m,m,1);
35    }
36    mpz_clear(m); mpz_clear(d); mpz_clear(n);
37    mpz_clear(t); mpz_clear(k);
38    return (EXIT_SUCCESS);
39 }
40 void div_potenz(mpz_t x, mpz_t p) {
41    mpz_t e; mpz_init(e);
42    while (mpz_divisible_p(x,p)!=0) {
43       mpz_add_ui(e,e,1); mpz_divexact(x,x,p);
44    }
45    if (mpz_cmp_ui(e,0)>0) {
46       gmp_printf("%Zd Exp.:   %Zd\n",p,e);
47    }
48    mpz_clear(e);
49 }
```

Die Deklarationen der einzelnen Variablen im Programm müssen für die benutzte GMP-Bibliothek angepasst werden. Hierzu wird zusätzlich der Datentyp `mpz_t` für ganze Großzahlen bereitgestellt. (Man denke dabei an eine `struct`-Variable.) Der erfasste Zahlbereich für ganze Zahlen ist damit praktisch nur durch den verfügbaren Speicherplatz begrenzt. (Die GMP-Bibliothek stellt auch die Datentypen `mpq_t` und `mpf_t` für rationale Zahlen bzw. Gleitkommazahlen und zugehörige Funktionen bereit.)

Von den in der GMP-Bibliothek für Großzahlen vom Typ `mpz_t` vorhandenen Funktionen werden die folgenden benutzt: Die Initialisierungsfunktion `void mpz_init(mpz_t x)` muss vor der ersten Verwendung aufgerufen worden sein. Sie reserviert Speicherplatz für `x` und setzt den Wert von `x` auf 0, vgl. Zeilen 08, 41. Die Funktion `void mpz_clear(mpz_t x)` gibt den Speicherplatz von `x` wieder frei, vgl. die Zeilen 36, 37, 48. Die Ein- und Ausgabebefehle gmp_scanf und gmp_printf sind analog zu scanf und printf definiert, wobei %Zd im Kontrollstring die Ein- bzw. Ausgabe als ganze Großzahl (in Dezimalform) interpretiert.

Durch void mpz_add(mpz_t z, mpz_t x, mpz_t y) und analog für mpz_mul wird der Wert der ganzen Großzahl z auf die Summe x+y bzw. das Produkt x*y der ganzen Großzahlen x und y gesetzt. Bei den entsprechenden arithmetischen Funktionen mpz_add_ui bzw. mpz_mul_ui muss das dritte Argument y vom Datentyp unsigned long sein.

Die Vergleichsfunktion int mpz_cmp(mpz_t x, mpz_t y) liefert einen positiven Rückgabewert (vom Typ int), falls x > y ist, den Wert 0, falls x = y ist, und einen negativen Rückgabewert, falls x < y ist. (Der genaue Wert bleibt bei x≠y aber offen.) Die Funktion void mpz_set(mpz_t z, mpz_t x) setzt den Wert von z auf den Wert von x. (Es handelt sich also um die Wertzuweisung z=x in der Großzahl-Arithmetik.) Bei den analogen Funktionen mpz_cmp_ui und mpz_set_ui muss das letzte Argument wieder vom Datentyp unsigned long sein.

Die Divisionsfunktion int mpz_divisible_p(mpz_t x, mpz_t y) liefert einen Rückgabewert $\neq 0$, falls die Großzahl x eine ganzzahliges Vielfaches der Großzahl y ist und den Rückgabewert 0 andernfalls. void mpz_divexact(mpz_t z, mpz_t x, mpz_t y) setzt die Großzahl z auf x/y, falls die Großzahl y von 0 verschieden ist und die Großzahl x teilt. Ist der Wert von y gleich 0 oder ist y kein Teiler von x, so bleibt der Wert von z offen.

Beispielsweise bestimmt das Programm als einzige Primzahlen zwischen $M := 999\,999\,900$ und $M + D := M + 100 = 1\,000\,000\,000$ die beiden Zahlen 999 999 929 und 999 999 937. Der Primzahlsatz in der Form $\pi(x) \sim \mathrm{Li}(x) = \int_0^x d\tau / \ln \tau$, vgl. das Ende von Beispiel 17.D.8, liefert für deren Anzahl die Schätzung $\int_M^{M+100} d\tau / \ln \tau \approx 100 / \ln(M + 50) \approx 4,8$. (Das betrachtete Intervall ist für gute Schätzungen zu klein! Zwischen 999 999 900 und 1 000 000 100 gibt es 9 Primzahlen.)

Um festzustellen, dass die Mersenne-Zahl $2^{61} - 1 = 2\,305\,843\,009\,213\,693\,951$ (vgl. 2.D, Aufgabe 4) prim ist, wurden mit dem Programm ca. 20 Sekunden benötigt, für die 20stellige Zahl 1234567890 1234567891 weniger als eine Minute. (Reine Primzahltests sind in der Regel schneller. Insbesondere für Mersenne-Zahlen gibt es spezielle Tests, vgl. Beispiel 2.D.3.)   •

Aufgabe 3 (3.A, Aufg. 6) *Man definiere den Datentyp* kompzahl *durch*

          typedef struct { double re; double im; } kompzahl;

und schreibe mit diesem Datentyp C-Routinen für die Arithmetik komplexer Zahlen.

Lösung Wir beginnen mit der Header-Datei routines_kompzahl.h, die die Definition des Datentyps kompzahl enthält und die Deklarationen der Funktionen für Addition, Multiplikation, Absolutbetrag und Argument komplexer Zahlen.

```
01 #include <stdlib.h>
02 typedef struct { double re; double im; } kompzahl;
03 kompzahl kompzahl_add(kompzahl, kompzahl);
04 kompzahl kompzahl_mul(kompzahl, kompzahl);
05 double kompzahl_abs(kompzahl);
06 double kompzahl_arg(kompzahl);
```

Die folgende Datei routines_kompzahl.c realisiert nun die in der Header-Datei deklarierten Funktionen. Beide Dateien zusammen können als Teil einer eigenen Bibliothek dienen. Sie würden dann ähnlich wie die GMP-Bibliothek in Aufgabe 2 in ein konkretes Programm eingebunden.

```
01 #include <math.h>
02 #include "routines_kompzahl.h"
03 kompzahl kompzahl_add(kompzahl a, kompzahl b) {
04     kompzahl t;
05     t.re=a.re+b.re; t.im=a.im+b.im;
06     return (t);
07 }
08 kompzahl kompzahl_mul(kompzahl a, kompzahl b) {
09     kompzahl t;
10     t.re=a.re*b.re-a.im*b.im; t.im=a.re*b.im+b.re*a.im;
11     return (t);
12 }
13 double kompzahl_abs(kompzahl a) {
14     return (sqrt(a.re*a.re+a.im*a.im));
15 }
16 double kompzahl_arg(kompzahl a) {
17     return (atan2(a.im,a.re));
18 }
```

In Zeile 17 wird die Funktion `atan2` aus der C-Funktionenbibliothek `math` verwandt. Sie hat zwei reelle Zahlen v, u vom Datentyp `double` als Argumente, und das Ergebnis ist ebenfalls vom Typ `double`. Für das Paar $(v, u) = (0, 0)$ ist sie nicht definiert. Bei $(v, u) \neq (0, 0)$ gibt sie den Hauptwert des Arguments der komplexen Zahl $u + iv$ im Intervall $]-\pi, \pi]$ aus, vgl. Abschnitt 5.C. (Man achte auf die Vertauschung der Reihenfolge von u und v !) Es ist also $\mathrm{atan2}(v, u) = \arctan(v/u)$ bei $u > 0$ und $\mathrm{atan2}(v, u) = \arctan(v/u) + (\mathrm{Sign}\, v) \cdot \pi$ bei $u < 0$, $v \neq 0$, sowie $\mathrm{atan2}(v, 0) = (\mathrm{Sign}\, v) \cdot \pi/2$ und $\mathrm{atan2}(0, u) = \pi$ bei $u < 0$. In Zeile 14 wird die Quadratwurzel `sqrt` aus `math` benutzt. Argument und Wert sind vom Typ `double`. Sie ist nicht für negative Argumente definiert.   •

Aufgabe 4 (3.A, Aufg. 7) *Man schreibe ein C-Programm, das N gegebene (nicht notwendig verschiedene) ganze Zahlen (möglichst effizient) der Größe nach aufsteigend sortiert.*   •

Lösung Das folgende Sortierprogramm verwendet das so genannte Quicksort-Verfahren, das beispielsweise in dem Buch Knuth, D. E.: The Art of Computer Programming, Vol. 3/Sorting and Searching. Reading, Mass. [2]1998, beschrieben ist. Dabei wird ein ausgewähltes Pivotelement – hier ist dies jeweils das erste Element der zu behandelnden Zahlenfolge – in der Weise an einen korrekten Platz gestellt derart, dass die vorangehenden Zahlen alle kleiner als das gewählte Pivotelement sind und die nachfolgenden mindestens so groß. Danach wird das Verfahren auf die beiden Teilfolgen vor bzw. hinter dem Pivotelement (jeweils ohne das Pivotelement selbst) getrennt angewandt, vgl. Zeile 37. Es handelt sich also um ein typisch rekursives Verfahren.

```
01 #include <stdio.h>
02 #include <stdlib.h>
03 void quicksort(int*, int, int);
04 int main () {
05     unsigned int n,i; int *a;
06     printf("\nSortieren von N zufälligen ganzen Zahlen\n\n");
07     printf("N = "); scanf("%u",&n);
08     a=(int*)malloc(n*sizeof(int));
09     if (a==NULL) {
```

```
10          printf("Kein Speicher vorhanden.\n");
11          return (EXIT_FAILURE);
12      }
13      srand(0);
14      printf("\nEingabe:\n");
15      for (i=0; i<n; i=i+1) {
16          a[i]=rand();
17          printf("a[%d] = %d\n",i,a[i]);
18      }
19      quicksort(a,0,n-1);
20      printf("\n Ausgabe:\n");
21      for (i=0; i<n; i=i+1) {
22          printf("a[%d] = %d\n",i,a[i]);
23      }
24      free(a);
25      return (EXIT_SUCCESS);
26  }
27  void quicksort(int *a, int u, int v) {
28      int s=u,p=u+1,t;
29      if(u<v) {
30          while(p<=v){
31              if (a[p]<a[u]) {
32                  s=s+1; t=a[p]; a[p]=a[s]; a[s]=t;
33              }
34              p=p+1;
35          }
36          t=a[u]; a[u]=a[s]; a[s]=t;
37          quicksort(a,u,s-1); quicksort(a,s+1,v);
38      }
39  }
```

Die benutzte Funktion `quicksort` der Zeilen `27` bis `39` hat drei Parameter, nämlich das zu sortierende Feld `*a` von $n \, (= N)$ ganzen Zahlen `a[0]`,...,`a[n-1]` und den Indizes `u,v`, wobei nur die Zahlen `a[u]`,...,`a[v]` betrachtet werden. (Bei $u \geq v$ wird nichts am Feld verändert.) Um das Pivotelement `a[u]` wie eingangs beschrieben an eine korrekte Stelle zu platzieren, wird mit den Indexvariablen `s` und `p` sichergestellt, dass (vor Bearbeitung der Zeile 34) gilt: $u \leq s \leq p \leq v$ und `a[u+1]` $<$ `a[u]`,...,`a[s]` $<$ `a[u]` sowie `a[s+1]` $\geq$ `a[u]`,..., `a[p]` $\geq$ `a[u]` , vgl. die Zeilen `28` und `30` bis `35`. Zum Schluss ist $p = v$, und `a[u]` und `a[s]` vertauschen ihre Plätze, vgl. Zeile `36` , und das Pivotelement steht an einer korrekten Stelle (die jeweils eindeutig ist, wenn die Zahlen `a[0]`,...,`a[n-1]` paarweise verschieden sind).

Im vorliegenden Programm wird das zu sortierenden Feld `*a` mit vom Rechner gelieferten Pseudozufallszahlen belegt, vgl. Zeile `16`. Die Funktion `int rand()` aus `stdlib` hat kein Argument und liefert die nächste Zufallszahl zwischen 0 und `RAND_MAX` (wobei letzter Wert bibliotheksabhängig und $\geq 2^{15} - 1 = 32\,767$ ist). Die notwendige Initialisierung von `rand` erfolgt hier in Zeile `13` mit dem Wert der Funktion `void srand(unsigned int)` für das Argument 0. (`s` steht für "seed".) Die Zufallszahlen selbst werden gewöhnlich – wie in LdM 3, 19.C, Aufg. 3 diskutiert – mit einer Linearen-Kongruenz-Methode erzeugt.

Für die Diskussion der E f f i z i e n z des hier benutzten Quicksort-Verfahrens betrachten wir im Folgenden nur die Anzahl $C(n)$ der Vergleiche der Elemente des gegebenen n-elementigen Feldes, da diese hier im Wesentlichen auch eine obere Schranke für die notwendigen Vertauschungen ist. Überdies nehmen wir an, dass die Elemente des Feldes von vornherein paarweise verschieden sind (was aber für einen korrekten Lauf des Programms nicht nötig ist). Es ist $C(0) = C(1) = 0$.

Ein solches Feld zu sortieren bedeutet dann, eine Permutation von n Elementen zu identifizieren, wobei jeder Vergleich zwei Alternativen bieten kann. Für die Anzahl $C(n)$ gilt also sicherlich $2^{C(n)} \geq n!$ oder

$$C(n) \geq \log_2 n! = \frac{\ln n!}{\ln 2} \geq \frac{1}{\ln 2} \int_1^n \ln t \, dt = \frac{n \ln n - n + 1}{\ln 2} \sim \frac{n \ln n}{\ln 2}.$$

(Es ist $1/\ln 2 = 1{,}442695\ldots$. Vgl. die Stirlingsche Formel in 2.B.7 oder in Beispiel 18.B.2 für genauere Abschätzungen von $\ln n!$.) Am aufwändigsten sind im vorliegenden Programm die Fälle, dass das Feld bereits aufsteigend sortiert ist oder aber streng monoton fallend. Dann ergibt sich offenbar $C(n) = (n-1) + C(n-1) = (n-1) + (n-2) + \cdots + 1 = \binom{n}{2}$, $n \in \mathbb{N}^*$.

Im Durchschnitt über alle Permutationen, wobei jede einzelne Permutation mit gleicher Wahrscheinlichkeit $1/n!$ auftrete, ergibt sich für $C(n)$ die Rekursionsgleichung

$$C(n) = (n-1) + \frac{1}{n} \sum_{i=0}^{n-1} \big(C(i) + C(n-i-1)\big) = (n-1) + \frac{2}{n} \sum_{i=0}^{n-1} C(i), \quad n \in \mathbb{N}^*.$$

Sie beruht darauf, dass das Pivotelement nach jedem Rekursionsschritt jede mögliche Position mit gleicher Wahrscheinlichkeit $1/n$ annimmt, denn beim ersten Durchlauf etwa wird jede der n Positionen für genau $(n-1)!$ Permutationen erreicht. Um diese Rekursion zu lösen, betrachten wir die erzeugende Funktion $f(x) := \sum_{n=0}^{\infty} C(n) x^n$ mit der Ableitung $f'(x) := \sum_{n=1}^{\infty} n C(n) x^{n-1}$.

Multiplizieren wir die obige Rekursionsgleichung mit n, so erkennt man wegen $\sum_{n=1}^{\infty} n(n-1) x^{n-1} = 2x/(1-x)^3$, vgl. 6.b, Aufgabe 2 oder 12.C, Aufg. 11, für f die lineare Differenzialgleichung

$$f'(x) = \frac{2x}{(1-x)^3} + \frac{2}{1-x} f(x)$$

mit $f(0) = C(0) = 0$. Die zugehörige homogene Gleichung $h' = 2(1-x)^{-1}h$ hat $h := (1-x)^{-2}$ als Lösung. Damit folgt $(f/h)' = (hf' - h'f)/h^2 = 2x(1-x)^{-1} = 2(1-x)^{-1} - 2$, also $f/h = -2\ln(1-x) - 2x$ (wegen $f(0)/h(0) = 0$) und schließlich

$$f(x) = -\frac{2\ln(1-x)}{(1-x)^2} - \frac{2x}{(1-x)^2} = -2\left(\frac{\ln(1-x)}{1-x}\right)' - \frac{2+2x}{(1-x)^2} = \sum_{n=0}^{\infty} \big(2(n+1)H_n - 4n\big) x^n,$$

da $-\frac{\ln(1-x)}{1-x} = \sum_{n=0}^{\infty} H_n x^n$ und $-\left(\frac{\ln(1-x)}{1-x}\right)' = \sum_{n=1}^{\infty} n H_n x^{n-1}$ gilt, wobei $H_n := \sum_{k=1}^{n} \frac{1}{k}$, $n \in \mathbb{N}$, die h a r m o n i s c h e n Z a h l e n sind. (Für die Funktion $(1-x)^{-1}\ln(1-x)$ vgl. auch die Bemerkung zu 13.C, Aufgabe 12. – Zur Behandlung linearer Differenzialgleichungen sei generell auf Abschnitt 19.B verwiesen.) Die mittlere Anzahl der Vergleiche bei obigem Quicksort-Verfahren ist also

$$C(n) = 2(n+1)H_n - 4n \sim 2nH_n \sim 2n \ln n, \quad n \in \mathbb{N}.$$

(Zu den Abschätzungen von H_n verweisen wir auf die Beispiele 4.F.10 oder besser noch 18.B.4.) Asymptotisch stimmt also die mittlere Anzahl der Vergleiche bis auf den Faktor 2 statt $1/\ln 2$ mit der oben erwähnten theoretisch bestmöglichen Anzahl für einen aufwändigsten Fall überein.

Wir erwähnen zum Schluss, dass die C-Bibliothek `stdlib` bereits die Sortierfunktion `qsort` zur Verfügung stellt, deren Spezifikationen in den einschlägigen Quellen nachzulesen sind. •

4 Die reellen Zahlen

Mit dem vorliegenden Paragraphen 4 beginnen wir den axiomatischen Aufbau der Mathematik. Der Leser sollte daher von nun an bei jedem Schritt bedenken, welche Axiome, Voraussetzungen bzw. bereits gewonnenen Ergebnisse verwendet werden.

4.A Die Körperaxiome

Aufgabe 1 (4.A, Aufg. 1) *Sei α eine positive rationale Zahl, die nicht das Quadrat einer rationalen Zahl ist. Dann ist $\mathbb{Q}\left[\sqrt{\alpha}\,\right] := \{a + b\sqrt{\alpha} \mid a, b \in \mathbb{Q}\} \subseteq \mathbb{R}$ mit der gewöhnlichen Addition und Multiplikation reeller Zahlen ein Körper.*

Lösung Für $a, b, c, d \in \mathbb{Q}$ gilt

$$\left(a+b\sqrt{\alpha}\,\right) + \left(c+d\sqrt{\alpha}\,\right) = (a+c) + (b+d)\sqrt{\alpha} \in \mathbb{Q}\left[\sqrt{\alpha}\,\right],$$

$$\left(a+b\sqrt{\alpha}\,\right) \cdot \left(c+d\sqrt{\alpha}\,\right) = (ac+bd\alpha) + (ad+bc)\sqrt{\alpha} \in \mathbb{Q}\left[\sqrt{\alpha}\,\right].$$

Daher liefern Addition und Multiplikation von $\mathbb{R}$ tatsächlich Verknüpfungen auf $\mathbb{Q}\left[\sqrt{\alpha}\,\right]$. Die beiden Assoziativgesetze, die beiden Kommutativgesetze und das Distributivgesetz gelten sogar in ganz $\mathbb{R}$, müssen hier also nicht eigens nachgeprüft werden. Wegen $0 = 0 + 0 \cdot \sqrt{\alpha}$ und $1 = 1 + 0 \cdot \sqrt{\alpha}$ enthält $\mathbb{Q}\left[\sqrt{\alpha}\,\right]$ auch das Nullelement 0 und das Einselement 1 von $\mathbb{R}$. Das Negative zu $a+b\sqrt{\alpha}$ ist $(-a) + (-b)\sqrt{\alpha} \in \mathbb{Q}\left[\sqrt{\alpha}\,\right]$. Schließlich sei $a+b\sqrt{\alpha} \neq 0$ aus $\mathbb{Q}\left[\sqrt{\alpha}\,\right]$. Dann ist sicherlich auch $a-b\sqrt{\alpha} \neq 0$, da andernfalls $a = b\sqrt{\alpha}$, also $b \neq 0$ und $\alpha = (a/b)^2$ wäre im Widerspruch zur Voraussetzung über α. Nun folgt durch Erweitern nach der dritten binomischen Formel, dass $\mathbb{Q}\left[\sqrt{\alpha}\,\right]$ mit $a+b\sqrt{\alpha}$ auch das Inverse davon bezüglich der Multiplikation enthält:

$$\frac{1}{a+b\sqrt{\alpha}} = \frac{a-b\sqrt{\alpha}}{(a+b\sqrt{\alpha})(a-b\sqrt{\alpha})} = \frac{a}{a^2 - b^2\alpha} + \frac{-b}{a^2 - b^2\alpha}\sqrt{\alpha} \in \mathbb{Q}\left[\sqrt{\alpha}\,\right]. \qquad \bullet$$

Aufgabe 2 (4.A, Aufg. 5) *Man berechne das Inverse von [40] im Restklassenkörper $\mathbb{Z}/\mathbb{Z}\,97$.*

Lösung Der Euklidische Divisionsalgorithmus liefert

$$97 = 2 \cdot 40 + 17 \qquad\qquad 6 = 1 \cdot 5 + 1$$
$$40 = 2 \cdot 17 + 6 \qquad\qquad 5 = 5 \cdot 1\,.$$
$$17 = 2 \cdot 6 + 5$$

Bezeichnen wir die auftretenden Quotienten mit q_i und setzen $s_0 := 1, s_1 := 0, t_0 := 0, t_1 := 1$ sowie $s_{i+1} = s_{i-1} - q_i s_i$, $t_{i+1} = t_{i-1} - q_i t_i$, so gelten für die auftretenden Reste $r_2, r_3, \ldots$ die Gleichungen $r_i = s_i a + t_i b$, $i \geq 2$, und insbesondere $1 = r_5 = s \cdot 97 + t \cdot 40$ mit $s = s_5 = -7$ und $t = t_5 = 17$, wie sich aus der folgenden Tabelle ergibt:

i	0	1	2	3	4	5
q_i		2	2	2	1	
s_i	1	0	1	-2	5	-7
t_i	0	1	-2	5	-12	17

Es ist somit $1 = \mathrm{ggT}(97, 40) = -7 \cdot 97 + 17 \cdot 40$. Wegen $[97] = [0]$ folgt $[1] = [-7] \cdot [97] + [17] \cdot [40] = [17] \cdot [40]$, d.h. $[40]^{-1} = [17]$ in $\mathbb{Z}/\mathbb{Z}\,97$. •

Genauso löse man:

‡ **Aufgabe 3** *Man berechne das Inverse* $[8]^{-1} \in \mathbb{Z}/\mathbb{Z}\,29$.

Aufgabe 4 *Die Addition „ + " und die Multiplikation „ · " eines aus 4 Elementen bestehenden Körpers* $K = \{0, 1, a, b\}$ *mit dem Nullelement* 0 *und dem Einselement* 1 *werde durch die beiden Tabellen*

+	0	1	a	b
0	0	1	a	b
1	1	0	*	*
a	a	*	*	*
b	b	*	*	*

·	0	1	a	b
0	0	0	0	0
1	0	1	a	b
a	0	a	*	*
b	0	b	*	*

gegeben, bei denen die Angaben an den mit * *bezeichneten Stellen verloren gegangen sind. Man ergänze die Tabellen.*

Lösung In jeder Zeile und jeder Spalte der Tabelle für die Addition und jeder von der ersten verschiedenen Zeile und Spalte der Tabelle für die Multiplikation muss jedes Element genau einmal stehen. In der dritten Zeile der Tabelle für „ · " fehlen also noch eine 1 und ein b, wobei aber b nicht in der letzten Spalte stehen kann. Daher ist $a \cdot a = b$ und $a \cdot b (= b \cdot a) = 1$. Schließlich folgt so auch $b \cdot b = a$.

In der zweiten Zeile der Tabelle für „ + " fehlen noch a und b, wobei aber b nicht in der letzten Spalte stehen kann. Daher ist $1 + a (= a + 1) = b$ und $1 + b (= b + 1) = a$. Ferner folgt $a + a = a \cdot (1 + 1) = a \cdot 0 = 0$ und $b + b = b \cdot (1 + 1) = b \cdot 0 = 0$ und somit $a + b (= b + a) = 1$. Die gesuchten Tabellen sind also:

+	0	1	a	b
0	0	1	a	b
1	1	0	b	a
a	a	b	0	1
b	b	a	1	0

·	0	1	a	b
0	0	0	0	0
1	0	1	a	b
a	0	a	b	1
b	0	b	1	a

Man hätte auf den Eintrag $1 + 1 = 0$ verzichten können: Wäre etwa $1 + 1 = a$, so bliebe nur $1 + a = b$ übrig mit dem Widerspruch $a + a = a \cdot (1 + 1) = a \cdot a = b = 1 + a$, d.h. $a = 1$. •

Bemerkung Die Aufgabe unterstellt, dass es einen Körper mit 4 Elementen gibt. Sie zeigt, dass nach Fixieren der neutralen Elemente 0 und 1 die Addition und Multiplikation eindeutig bestimmt sind. Man bezeichnet diesen Körper mit $\mathbf{K}_4$ oder $\mathbb{F}_4$. ($\mathbb{F}$ erinnert an die englische Bezeichnung "field" für einen Körper.) Man kann natürlich direkt prüfen, dass die angegebenen Verknüpfungstafeln eine Körperstruktur auf der Menge $\{0, 1, a, b\}$ definieren. Dies ist jedoch etwas mühsam. Die Existenz eines Körpers mit 4 Elementen ist aber von einer etwas höheren Warte aus selbstverständlich, vgl. LdM 2, Beispiel 10.A.28.

Aufgabe 5 *Die Addition „ + " und die Multiplikation „ · " eines Körpers* $K = \{0, 1, a, b, c\}$ *aus 5 Elementen mit dem Nullelement* 0 *und dem Einselement* 1 *werden durch die folgenden beiden lückenhaften Tabellen gegeben. Man ergänze diese Tabellen.*

+	0	1	a	b	c
0	0	1	a	b	c
1	1	a	b	$*$	$*$
a	a	$*$	$*$	$*$	$*$
b	b	$*$	$*$	$*$	$*$
c	c	$*$	$*$	$*$	$*$

$\cdot$	0	1	a	b	c
0	0	0	0	0	0
1	0	1	a	b	c
a	0	a	$*$	$*$	$*$
b	0	b	$*$	$*$	$*$
c	0	c	$*$	$*$	$*$

Lösung In jeder Zeile und jeder Spalte der Tabelle für die Addition und jeder von der ersten verschiedenen Zeile und Spalte der Tabelle für die Multiplikation muss jedes Element genau einmal stehen. In der zweiten Zeile und letzten Spalte der Tabelle für „$+$“ steht daher 0. Dann muss aber $1 + b = c$ sein. Wegen der Kommutativität von „$+$“ folgt $a + 1 = b$, $b + 1 = c$, $c + 1 = 0$. Nun bleibt für das Element in der dritten Zeile und letzten Spalte nur das Element 1 über, d.h. es ist $a + c = c + a = 1$. Dann folgt ebenso $a + b = b + a = 0$, schließlich $a + a = c$. Das Element in der vierten Zeile und letzten Spalte dieser Tabelle muss nun a sein, d.h. es ist $b + c = c + b = a$. Damit ergibt sich $b + b = 1$. Schließlich bleibt nur übrig $c + c = b$.

Wegen $a = 1 + 1$ ergibt sich mit dem Distributivgesetz $a \cdot a = a(1 + 1) = a + a = c$. Wieder bleibt nur der Reihe nach $a \cdot b = b \cdot a = 1$, $a \cdot c = c \cdot a = b$, $b \cdot c = c \cdot b = a$, $b \cdot b = c$ und schließlich $c \cdot c = 1$. Die gesuchten Tabellen sind also:

+	0	1	a	b	c
0	0	1	a	b	c
1	1	a	b	c	0
a	a	b	c	0	1
b	b	c	0	1	a
c	c	0	1	a	b

$\cdot$	0	1	a	b	c
0	0	0	0	0	0
1	0	1	a	b	c
a	0	a	c	1	b
b	0	b	1	c	a
c	0	c	b	a	1

Bemerkung Ein Vergleich mit den Verknüpfungstafeln für $\mathbf{K}_5 = \mathbb{F}_5 := \mathbb{Z}/\mathbb{Z}5$ in Beispiel 4.A.4 zeigt, dass der vorliegende Körper im Wesentlichen der Körper $\mathbf{K}_5$ ist. Man hat nur (neben der Identifikation der neutralen Elemente 0 und 1) die Elemente $a, b, c \in K$ mit den Restklassen von 2, 3, 4 in $\mathbf{K}_5$ zu identifizieren. Später werden wir sagen: *K und $\mathbf{K}_5$ sind isomorphe Körper.* Übrigens ist jeder Körper – ja sogar jeder Ring – mit 5 Elementen zu $\mathbf{K}_5$ isomorph, vgl. LdM 2, Beispiel 5.A.8. (Die Charakteristik eines solchen Ringes ist notwendigerweise 5.)

4.B Gruppen

Aufgabe 1 (4.B, Aufg. 3a)) *G sei eine Gruppe mit dem neutralen Element e. Gilt $x^2 = e$, d.h. $x = x^{-1}$ für alle $x \in G$, so ist G abelsch.*

Lösung Seien $x, y \in G$. Dann ist $xy = (xy)^{-1} = y^{-1}x^{-1} = yx$.   •

Bemerkung Eine beliebige Gruppe G mit $x^2 = e$ für alle $x \in G$ heißt eine e l e m e n t a r e 2 - G r u p p e. Eine solche Gruppe ist also automatisch abelsch. – In jeder *abelschen* Gruppe G bilden die Elemente, die zu sich selbst invers sind, eine elementare 2-Untergruppe $H \subseteq G$ wegen $(ab)^{-1} = b^{-1}a^{-1} = ba = ab$ für $a, b \in H$. Siehe dazu die Aufgabe 5 unten.

Aufgabe 2 (4.B, Aufg. 8) *Für $a, b \in \mathbb{R}$ sei $f_{a,b} : \mathbb{R} \to \mathbb{R}$ durch $f_{a,b}(x) := ax + b$ definiert. Dann ist $G := \{f_{a,b} \mid a, b \in \mathbb{R}, a \neq 0\}$ mit der Hintereinanderschaltung als Verknüpfung eine nicht kommutative Gruppe.*

Lösung Wegen $(f_{a,b} \circ f_{c,d})(x) = f_{a,b}(f_{c,d}(x)) = f_{a,b}(cx+d) = a(cx+d)+b = acx+(ad+b) = f_{ac,ad+b}(x)$ für $a,b,c,d,x \in \mathbb{R}$, $a,c \neq 0$ und folglich $ac \neq 0$, liegt auch $f_{a,b} \circ f_{c,d} = f_{ac,ad+b}$ in G, d.h. "∘„ ist eine Verknüpfung auf G. Das Assoziativgesetz gilt stets für ∘, muss hier also nicht eigens nachgeprüft werden. Ferner ist $f_{1,0}(x) = 1 \cdot x + 0 = x = \mathrm{id}(x)$, d.h. $\mathrm{id} = f_{1,0} \in G$ ist neutrales Element von G. Für das inverse Element $f_{c,d}$ zu $f_{a,b}$ muss dann wegen obiger Identität $ac = 1$, $ad+b = 0$ gelten, d.h. $c = a^{-1}$, $d = -a^{-1}b$. In der Tat prüft man nach, dass nicht nur $f_{a,b} \circ f_{a^{-1},-a^{-1}b} = \mathrm{id}$ ist, sondern auch $f_{a^{-1},-a^{-1}b} \circ f_{a,b} = \mathrm{id}$ gilt. – Wegen $f_{1,1} \circ f_{2,0} = f_{2,1}$ und $f_{2,0} \circ f_{1,1} = f_{2,2}$ ist die Gruppe überdies nicht kommutativ. Vgl. hierzu auch 1.B, Aufgabe 6. •

Bemerkung Analog bilden die Abbildungen $f_{a,b} : x \mapsto ax+b$, $(a,b) \in \mathbb{C}^{\times} \times \mathbb{C}$, von $\mathbb{C}$ auf sich eine Gruppe oder allgemeiner die Abbildungen $x \mapsto ax+b$, $(a,b) \in K^{\times} \times K$, von K auf sich, wo K ein beliebiger Körper ist. Es handelt sich um die so genannte a f f i n e   G r u p p e $A_1(K)$ (die nur für den Körper $K = \mathbf{K}_2$ mit 2 Elementen kommutativ ist). Vgl. LdM 2, Beispiel 7.A.6.

Aufgabe 3 *Sei A eine nichtleere Menge und* $\cdot : A \times A \to A$ *eine assoziative Verknüpfung auf A. Zu jedem $a \in A$ gebe es genau ein $a^* \in A$ derart, dass $aa^*a = a$ ist. Mit $a^{**} := (a^*)^*$ zeige man:*

a) *Für alle $a \in A$ gilt $a^{**} = a$, d.h. die Abbildung $a \mapsto a^*$ ist eine Involution von A.*
b) *Für alle $a,b \in A$ gilt $aa^* = bb^*$.*
c) *$(A, \cdot)$ ist eine Gruppe mit neutralem Element $e := bb^*$, $b \in A$ beliebig, und $a^{-1} = a^*$ für $a \in A$.*

(Dies ist das Keks-Problem Nr. 82 der Universität Würzburg, siehe dazu
www.mathematik.uni-wuerzburg.de/~keks/kekse.html.)

Lösung a) Nach Definition von a^* bzw. a^{**} gilt $aa^*a = a$ und $a^*a^{**}a^* = a^*$. Die Assoziativität von $\cdot$ impliziert $a(a^*aa^*)a = (aa^*a)a^*a = aa^*a = a$. Die Eindeutigkeit von a^* liefert dann $a^*aa^* = a^*$. Da aber $a^{**} = (a^*)^*$ das eindeutig bestimmte Element mit $a^*a^{**}a^* = a^*$ ist, ergibt sich $a = a^{**}$. •

b) Für $c := a(b^*a)^*b^*$ gilt wegen $b^*a = (b^*a)^{**}$

$$caa^*c = a(b^*a)^*b^*aa^*a(b^*a)^*b^* = a(b^*a)^*b^*a(b^*a)^*b^*$$
$$= a(b^*a)^*(b^*a)^{**}(b^*a)^*b^* = a\,(b^*a)^*b^* = c$$

und analog wegen $b^*bb^* = b^*b^{**}b^* = b^*$ und $a(b^*a)^*b^*a(b^*a)^*b^* = c$

$$cbb^*c = a(b^*a)^*b^*bb^*a(b^*a)^*b^* = a(b^*a)^*b^*a(b^*a)^*b^* = c.$$

Die Eindeutigkeit von c^* liefert nun $c^* = aa^* = bb^*$. •

c) Es gilt $ea = aa^*a = a$, und mit a) erhält man ebenso $ae = aa^*a^{**} = aa^*a = a$, d.h. e ist neutrales Element. Wegen $e = aa^* = a^*a^{**} = a^*a$ ist a^* invers zu a. •

Aufgabe 4 *Sei G eine endliche (multiplikativ geschriebene) Gruppe mit neutralem Element e. Genau dann ist die Ordnung $|G|$ von G gerade, wenn G ein zu sich selbst inverses Element $a \neq e$ enthält.*

Lösung Sei $a \in G - \{e\}$ zu sich selbst invers, d.h. es ist $a = a^{-1}$ bzw. – dazu äquivalent – $a^2 = e$. Wir betrachten die Multiplikation $L_a : x \mapsto ax$, $x \in G$, mit a von links. L_a ist eine Involution auf G, d.h. eine zu sich selbst inverse Abbildung, wegen $L_a^2(x) = L_a(ax) = a(ax) = a^2x = x$. Ferner hat L_a keinen Fixpunkt, denn aus $L_a(x) = ax = x$ folgt $a = (ax)x^{-1} = xx^{-1} = e$. Widerspruch! Somit ist $P = \{\{x, L_a(x) = ax\} \mid x \in G\}$ eine Partition von G in Zweiermengen und $|G|$ folglich gerade. Vgl. hierzu auch 2.B, Aufgabe 19b).

Sei nun umgekehrt $|G|$ gerade. Wir betrachten die Inversenbildung $\iota : x \mapsto x^{-1}$. Sie ist wiederum eine Involution von G und hat e als Fixpunkt. Da die Menge der Nichtfixpunkte von ι in Zweiermengen der Form $\{x, \iota(x) = x^{-1}\}$, $x \in G$, $x \neq x^{-1}$ zerlegt ist, ist deren Anzahl wie $|G|$

gerade. *Somit ist auch die Anzahl der Fixpunkte von ι, d.h. die Anzahl der zu sich selbst inversen Elemente von G, gerade.* Insbesondere gibt es in G ein Element $\neq e$, das zu sich selbst invers ist. – Man kann auch so zählen: Sei $X := \{(x, y) \in G \times G \mid xy = e\}$. Da für ein Paar $(x, y) \in X$ die zweite Komponente $y = x^{-1}$ durch x bestimmt ist, ist $|X| = |G|$. Ferner gehört mit (x, y) auch (y, x) zu X. Das Vertauschen $(x, y) \mapsto (y, x)$ ist also eine Involution auf X. Die Fixpunkte sind die Elemente $(x, x) \in G \times G$ mit $x^2 = e$. Die übrigen Paare treten zu zweit auf, also hat die Anzahl der zu sich selbst inversen Elemente in G dieselbe Parität wie $|X| = |G|$.   ●

Bemerkung Ganz allgemein gilt der folgende S a t z   v o n   C a u c h y : *Ist p prim und G eine endliche Gruppe, so gibt es genau dann ein Element $x \in G$, $x \neq e$, mit $x^p = e$, wenn p ein Teiler von $|G|$ ist*, vgl. LdM 2, Satz 6.E.8. Eine Gruppe G mit $x^p = e$ für *alle* $x \in G$ ist bei $p > 2$ nicht notwendig abelsch. Ist sie es jedoch, so spricht man von einer e l e m e n t a r e n (a b e l s c h e n) p - G r u p p e .

Aufgabe 5 *Sei G eine endliche (multiplikativ geschriebene) abelsche Gruppe mit neutralem Element e und $H \subseteq G$ die elementare 2-Untergruppe der zu sich selbst inversen Elemente von G, vgl. Aufgabe 1. Dann ist das Produkt π_G aller Elemente von G gleich dem Produkt π_H der Elemente von H. Dieses Produkt ist gleich f, wenn G genau ein Element $f \neq e$ besitzt, das zu sich selbst invers ist. Andernfalls ist dieses Produkt gleich e.*

Lösung Da G kommutativ ist, ist das Produkt $\pi_G = \prod_{x \in G} x$ wohldefiniert. Wir betrachten die Inversenbildung $\iota : G \to G$, $x \mapsto x^{-1}$. Dies ist eine Involution auf G mit Fixpunktmenge H. Das Komplement von H in G zerfällt in Zweiermengen $\{x, x^{-1}\}$, $x^{-1} \neq x$, vgl. 2.B, Aufgabe 19b). Da das Produkt xx^{-1} der Elemente einer solchen Zweiermenge stets e ist, ist $\prod_{y \in G-H} y = e$, und es ergibt sich $\pi_G = \prod_{x \in H} x \prod_{y \in G-H} y = \prod_{x \in H} x = \pi_H$.

Es bleibt zu zeigen: *Ist H eine endliche elementare 2-Gruppe mit $n := |H| > 2$, so ist $\pi_H = \prod_{x \in H} x = e_H$.* Zum Beweis sei $a \in H$, $a \neq e_H$. Die Multiplikation $L_a : x \mapsto ax$, $x \in H$, ist eine Involution auf H ohne Fixpunkt. Folglich ist H zerlegt in $n/2$ Zweiermengen der Form $\{x, ax\}$, $x \in H$. Das Produkt der Elemente einer jeden solchen Zweiermenge ist $x(ax) = ax^2 = a$. Somit ist $\pi_H = a^{n/2}$. Dies gilt für jedes $a \in H - \{e_H\}$. Ist $n/2 = 2m$ gerade, so ist $\pi_H = a^{n/2} = a^{2m} = (a^2)^m = e_H$. Wäre aber $n/2 = 2m + 1$ ungerade, so wäre $\pi_H = a^{n/2} = a^{2m+1} = (a^2)^m a = a$ für *jedes* $a \in H - \{e_H\}$. Dies ist wegen $|H - \{e_H\}| > 1$ ein Widerspruch!   ●

Bemerkungen (1) Sei a ein Element der endlichen abelschen Gruppe G. Dann ist $L_a : x \mapsto ax$ eine Permutation von G und folglich $\pi_G = \prod_{x \in G} x = \prod_{x \in G}(ax) = a^{|G|}\pi_G$, also $a^{|G|} = e$. Die Gleichung $a^{|G|} = e$ gilt allerdings für jede endliche (nicht notwendig abelsche) Gruppe G und jedes $a \in G$, vgl. LdM 2, Satz 6.A.6. Wenden wir sie auf die (abelsche) multiplikative Gruppe $\mathbf{K}_p^\times = \mathbf{K}_p - \{0\}$ des endlichen Körpers $\mathbf{K}_p = \mathbb{F}_p = \mathbb{Z}/\mathbb{Z}p$, p prim, an, vgl. Satz 4.A.5 und Beispiel 4.B.3, so erhalten wir $[a^{p-1}]_p = [a]_p^{p-1} = [1]_p \in \mathbf{K}_p^\times$, oder $a^{p-1} \equiv 1 \bmod p$ *für jede nicht durch p teilbare Zahl* $a \in \mathbb{Z}$. Dies ist der so genannte K l e i n e F e r m a t s c h e S a t z , vgl. 2.D, Aufg. 18.

(2) Sei $K^\times = K - \{0\}$ die multiplikative Gruppe eines endlichen Körpers K, vgl. Beispiel 4.B.3. Wegen $x^2 - 1 = (x - 1)(x + 1)$ sind ± 1 die einzigen Elemente $x \in K^\times$ mit $x^2 = 1$, d.h. mit $x = x^{-1}$. Es kann aber $1 = -1$ sein. Letzteres gilt genau dann, wenn $2 := 1 + 1 = 0$ in K ist. In jedem Fall ist das Produkt der Elemente von $K^\times$, die zu sich selbst invers sind, gleich -1. Mit dem Ergebnis der Aufgabe erhält man also: *Das Produkt aller Elemente $\neq 0$ eines endlichen Körpers ist gleich -1.* Betrachten wir wieder den Körper $\mathbf{K}_p = \mathbb{Z}/\mathbb{Z}p$, wo $p \in P \subseteq \mathbb{N}^*$ eine Primzahl ist. Dann sind die Restklassen $[1]_p, [2]_p, \ldots, [p-1]_p$ der Zahlen $1, 2, \ldots, p-1$ die $p-1$ von 0 verschiedenen Elemente von $\mathbf{K}_p$. Das Produkt $[1]_p \cdot [2]_p \cdots [p-1]_p = [(p-1)!]_p$ dieser Elemente ist also $-[1]_p = [-1]_p$. Mit anderen Worten: *Es gilt die Kongruenz* $(p-1)! \equiv -1 \bmod p$. Dies ist der so genannte S a t z v o n W i l s o n .

(3) Eine direkte Konsequenz des Satzes von Wilson ist die folgende Aussage, die wir bereits in 2.D, Aufgabe 3, Bemerkung (1) erwähnt haben: *Ist p eine Primzahl $\equiv 1 \bmod 4$, so ist -1 quadratischer Rest modulo p, d.h. es gibt ein $n \in \mathbb{N}^*$ mit $n^2 \equiv -1 \bmod p$. Explizit: Dies gilt für $n := m!$ mit $m := (p-1)/2$.* (Zu den quadratischen Resten vgl. generell Bemerkung (1) zu 2.D, Aufgabe 3.) **Beweis** Für $k = 1, \ldots, m$ gilt $p - k \equiv -k \bmod p$. Folglich ist $(p-1)! = m! \cdot \prod_{k=1}^{m}(p-k) \equiv m! \cdot (-1)^m m! = (m!)^2 \bmod p$, da m wegen $4 \mid (p-1)$ gerade ist. Der Satz von Wilson aus Bemerkung (2) liefert nun die Behauptung. •

Ist $p \equiv 3 \bmod 4$, so ergibt der Satz von Wilson die Kongruenz $(m!)^2 \equiv 1 \bmod p$, $m = (p-1)/2$, also $m! \equiv \pm 1 \bmod p$. Welches Vorzeichen dabei im Einzelfall auftritt, ist wohl nicht ganz leicht vorauszusagen. Es ist elementar zu sehen, dass dies gleich $(-1)^N$ ist, wobei N die Anzahl der natürlichen Zahlen a mit $1 \le a \le m$ ist, die quadratischer Nichtrest modulo p sind.

[Für $p > 3$ macht L.J.Mordell (1888-1972) auf einen interessanten Zusammenhang der Parität von N mit der (primitiven = vollen) Klassenzahl h des imaginär-quadratischen Zahlbereichs $\mathbb{Z}[u] = \mathbb{Z} + \mathbb{Z}u$, $u := \frac{1}{2}\left(1 + \sqrt{-p}\right)$, $p \equiv 3 \bmod 4$, aufmerksam, vgl. Mordell, L.J.: The congruence $((p-1)/2)! \equiv \pm 1 \pmod{p}$, Amer. Math. Monthly **68**, 145-146 (1961). Nach einer berühmten Klassenzahlformel ist $h = m - 2N$, falls $p \equiv 7 \bmod 8$, und $h = \frac{1}{3}(m - 2N)$, falls $p \equiv 3 \bmod 8$ ($p > 3$), siehe etwa Holzer, L.: Zahlentheorie, Teil 2, Leipzig ^{2}1958, §8, Satz 10. (Zum Begriff der Klassenzahl imaginär-quadratischer Zahlbereiche vgl. auch LdM 4, 16.C, Aufg. 4d).) Daraus folgt unmittelbar $N \equiv \frac{1}{2}(1+h) \bmod 2$, d.h. $h \equiv 1 \bmod 4$, falls N ungerade, und $h \equiv 3 \bmod 4$, falls N gerade, bzw. $h \equiv 1 \bmod 4$, falls $m! \equiv -1 \bmod p$, und $h \equiv -1 \bmod 4$, falls $m! \equiv 1 \bmod p$.]

(4) In LdM 2 wird gezeigt, dass die elementaren 2-Gruppen genau die additiven Gruppen der Vektorräume über dem Körper $\mathbf{K}_2 = \mathbb{Z}/\mathbb{Z}2$ mit zwei Elementen sind (und die elementaren p-Gruppen die additiven Gruppen der $\mathbf{K}_p$-Vektorräume). Damit ist die Aussage über das Produkt π_H der Elemente von H in Aufgabe 5 klar: Die Summe aller Elemente eines endlichdimensionalen $\mathbf{K}_2$-Vektorraums V ist invariant gegenüber allen Automorphismen von V und daher gleich 0, falls Dim $V \ge 2$ ist. Für je zwei Elemente $x, y \in V - \{0\}$ existiert nämlich ein Automorphismus $f : V \to V$ mit $f(x) = y$, da x und y jeweils Teil einer $\mathbf{K}_2$-Basis von V sind.

4.C Ringe und Körper

Aufgabe 1 (4.C, Teil von Aufg. 8) *Man beweise die so genannte* Polarisationsformel: *Für $n \in \mathbb{N}^*$ und beliebige paarweise kommutierende Elemente $x_1, \ldots, x_n$ eines Ringes gilt*

$$2^{n-1}\, n!\, x_1 \cdots x_n = \sum_{\varepsilon = (\varepsilon_2, \ldots, \varepsilon_n) \in \{1, -1\}^{n-1}} \varepsilon_2 \cdots \varepsilon_n \, (x_1 + \varepsilon_2 x_2 + \cdots + \varepsilon_n x_n)^n \,,$$

wobei auf der rechten Seite über alle Vorzeichentupel $\varepsilon = (\varepsilon_2, \ldots, \varepsilon_n) \in \{1, -1\}^{n-1}$ zu summieren ist. (Bei $n = 2$ handelt es sich um die Formel $4x_1 x_2 = (x_1 + x_2)^2 - (x_1 - x_2)^2$, die das Multiplizieren auf zweimaliges Quadrieren zurückführt.)

Lösung Wir berechnen die rechte Seite der Formel mit dem Polynomialsatz 2.B.16 und erhalten

$$\sum_{\varepsilon = (\varepsilon_2, \ldots, \varepsilon_n) \in \{1, -1\}^{n-1}} \varepsilon_2 \cdots \varepsilon_n \, (x_1 + \varepsilon_2 x_2 + \cdots + \varepsilon_n x_n)^n =$$

$$= \sum_{\substack{\varepsilon = (\varepsilon_2, \ldots, \varepsilon_n) \in \{1, -1\}^{n-1}}} \varepsilon_2 \cdots \varepsilon_n \sum_{\substack{m = (m_1, \ldots, m_n) \\ m_1 + \cdots + m_n = n}} \binom{n}{m} \varepsilon_2^{m_2} \cdots \varepsilon_n^{m_n} x_1^{m_1} x_2^{m_2} \cdots x_n^{m_n}$$

$$= \sum_{\substack{m = (m_1, \ldots, m_n) \\ m_1 + \cdots + m_n = n}} \binom{n}{m} \left(\sum_{\varepsilon = (\varepsilon_2, \ldots, \varepsilon_n) \in \{1, -1\}^{n-1}} \varepsilon_2^{m_2 + 1} \cdots \varepsilon_n^{m_n + 1} \right) x_1^{m_1} x_2^{m_2} \cdots x_n^{m_n} \,.$$

Im Summanden mit $m_1 = \cdots = m_n = 1$ ist jeder der 2^{n-1} Summanden $\varepsilon_2^{m_2+1} \cdots \varepsilon_n^{m_n+1} = (\pm 1)^2 \cdots (\pm 1)^2$ der zweiten Summe gleich 1, und ferner ist dafür $\binom{n}{m} = \dfrac{n!}{1! \cdots 1!} = n!$.
Dieser Summand ist daher gleich der linken Seite $2^{n-1} n! \, x_1 \cdots x_n$ der zu beweisenden Formel. In den anderen Summanden sind nicht alle $m_i = 1$. Wegen $m_1 + \cdots + m_n = n$ ist dann eine der natürlichen Zahlen m_i, etwa m_n, gleich 0. Die in der oben erhaltenen Formel eingeklammerte Summe ist in diesem Fall

$$\sum_{(\varepsilon_2,\ldots,\varepsilon_{n-1}) \in \{1,-1\}^{n-2}} \varepsilon_2^{m_2+1} \cdots \varepsilon_{n-1}^{m_{n-1}+1} \left(1^1 + (-1)^1 \right) = 0,$$

wobei der letzte (verschwindende) Faktor dadurch zustande kommt, dass jeweils noch die Summanden mit $\varepsilon_n = 1$ und $\varepsilon_n = -1$ zu berücksichtigen waren und $m_n + 1 = 1$ ist.   •

Ganz analog beweise man die folgende V a r i a n t e   d e r   P o l a r i s a t i o n s f o r m e l :

‡**Aufgabe 2** (4.C, Teil von Aufg. 8) *Für paarweise kommutierende Elemente* $x_1, \ldots, x_n$ *eines Ringes gilt*

$$(-1)^n \, n! \, x_1 \cdots x_n = \sum_{H \subseteq \{1,\ldots,n\}} (-1)^{|H|} x_H^n = \sum_{e=(e_1,\ldots,e_n) \in \{0,1\}^n} (-1)^{e_1 + \cdots + e_n} (e_1 x_1 + \cdots + e_n x_n)^n$$

mit $x_H := \sum_{i \in H} x_i$ *für* $H \subseteq \{1, \ldots, n\}$. (*Bei* $n = 2$ *handelt es sich um die bekannte Formel* $2x_1 x_2 = (x_1 + x_2)^2 - x_1^2 - x_2^2$.)

Aufgabe 3 *Sei* A_i, $i \in I$, *eine Familie von Ringen. Dann ist das Produkt* $A := \prod_{i \in I} A_i$ *mit komponentenweiser Addition* $+$ *und Multiplikation* •

$$(a_i)_{i \in I} \overset{+}{\underset{\bullet}{}} (b_i)_{i \in I} := (a_i \overset{+}{\underset{\bullet}{}} b_i)_{i \in I}, \qquad (a_i)_{i \in I}, (b_i)_{i \in I} \in A,$$

ein Ring mit Nullelement $(0_i)_{i \in I}$ *und Einselement* $(1_i)_{i \in I}$, *wobei* 0_i *und* 1_i *jeweils das Null- bzw. Einselement von* A_i *sind. Genau dann ist* $(a_i)_{i \in I} \in A$ *eine Einheit in* A, *wenn jede Komponente* a_i *eine Einheit in* A_i *ist. In diesem Fall ist* $(a_i)_{i \in I}^{-1} = (a_i^{-1})_{i \in I}$. *Für die Einheitengruppen gilt also* $A^{\times} = \prod_{i \in I} A_i^{\times}$.

Lösung Wir prüfen die Ringaxiome für Elemente $(a_i), (b_i), (c_i) \in A$, wobei wir jeweils benutzen, dass die entsprechenden Axiome für die Komponenten erfüllt sind.

Addition und Multiplikation sind assoziativ:

$$\left((a_i)_i \overset{+}{\underset{\bullet}{}} (b_i)_i \right) \overset{+}{\underset{\bullet}{}} (c_i)_i = (a_i \overset{+}{\underset{\bullet}{}} b_i)_i \overset{+}{\underset{\bullet}{}} (c_i)_i = \left((a_i \overset{+}{\underset{\bullet}{}} b_i) \overset{+}{\underset{\bullet}{}} c_i \right)_i =$$
$$= \left(a_i \overset{+}{\underset{\bullet}{}} (b_i \overset{+}{\underset{\bullet}{}} c_i) \right)_i = (a_i)_i \overset{+}{\underset{\bullet}{}} (b_i \overset{+}{\underset{\bullet}{}} c_i)_i = (a_i)_i \overset{+}{\underset{\bullet}{}} \left((b_i)_i \overset{+}{\underset{\bullet}{}} (c_i)_i \right).$$

$(0_i)_{i \in I}$ ist das Nullelement und $(1_i)_{i \in I}$ das Einselement wegen

$$(0_i)_i + (a_i)_i = (0_i + a_i)_i = (a_i)_i = (a_i + 0_i)_i = (a_i)_i + (0_i)_i .$$
$$(1_i)_i \cdot (a_i)_i = (1_i \cdot a_i)_i = (a_i)_i = (a_i \cdot 1_i)_i = (a_i)_i \cdot (1_i)_i .$$

$(-a_i)_i$ ist das Negative zu $(a_i)_i$ wegen

$$(-a_i)_i + (a_i)_i = \left((-a_i) + a_i \right)_i = (0_i)_i = \left(a_i + (-a_i) \right)_i = (a_i)_i + (-a_i)_i .$$

Die Addition ist kommutativ: $(a_i)_i + (b_i)_i = (a_i + b_i)_i = (b_i + a_i)_i = (b_i)_i + (a_i)_i$. Offenbar ist analog *die Multiplikation genau dann kommutativ, wenn die Multiplikation eines jeden Faktors* A_i, $i \in I$, *kommutativ ist.* – Schließlich gelten die Distributivgesetze:

$$(a_i)_i \cdot \left((b_i)_i + (c_i)_i \right) = (a_i)_i \cdot (b_i + c_i)_i = \left(a_i (b_i + c_i) \right)_i = (a_i b_i + a_i c_i)_i$$
$$= (a_i b_i)_i + (a_i c_i)_i = (a_i)_i \cdot (b_i)_i + (a_i)_i \cdot (c_i)_i$$

und analog $\big((b_i)_i + (c_i)_i\big) \cdot (a_i)_i = (b_i)_i \cdot (a_i)_i + (c_i)_i \cdot (a_i)_i$. – Genau dann ist $(b_i)_i$ ein Inverses zu $(a_i)_i$, wenn gilt $(b_i)_i \cdot (a_i)_i = (b_i a_i)_i = (1_i)_i$ und $(a_i)_i \cdot (b_i)_i = (a_i b_i)_i = (1_i)_i$ ist, d.h. wenn $b_i a_i = 1_i = a_i b_i$ und somit b_i das Inverse a_i^{-1} zu a_i ist für jedes $i \in I$. In diesem Fall ist $(a_i^{-1})_i \cdot (a_i)_i = (1_i)_i = (a_i)_i \cdot (a_i^{-1})_i$.

Die letzte Bemerkung zeigt, dass das Produkt A nur dann ein Körper ist, wenn A_i für genau ein $i_0 \in I$ nicht der Nullring ist und wenn A_{i_0} selbst ein Körper ist. In diesem Fall ist das Produkt A (im Wesentlichen) gleich A_{i_0}. $\qquad\bullet$

Bemerkung Ein wichtiger Spezialfall liegt dann vor, wenn alle Faktoren A_i, $i \in I$, übereinstimmen und gleich einem Ring R sind. In diesem Fall ist der Produktring $\prod_{i\in I} A_i$ der F u n k t i o n e n r i n g $A = R^I$ aller Funktionen auf I mit Werten in R, den wir schon oft benutzt haben, insbesondere in den Fällen $R = \mathbb{Z}, \mathbb{R}, \mathbb{C}$. Die Addition und Multiplikation sind durch die entsprechenden Operationen für die Werte erklärt: Sind $f, g : I \to R$ zwei R-wertige Funktionen auf I, so ist

$$(f+g)(i) = f(i) + g(i)\,, \qquad (fg)(i) = f(i)\,g(i)\,, \qquad i \in I.$$

Nullelement ist die konstante Funktion $f \equiv 0$ mit $f(i) = 0$ und Einselement die konstante Funktion $g \equiv 1$ mit $g(i) = 1$ für alle $i \in I$. Bei $I \neq \emptyset$ ist R^I genau dann kommutativ, wenn R kommutativ ist. ($R^\emptyset$ ist der Nullring!) Eine Funktion $f \in R^I$ ist genau dann eine Einheit, wenn alle Werte $f(i)$ Einheiten in R sind. Es ist also $(R^I)^\times = (R^\times)^I$. In der Regel interessieren nicht der Ring *aller* Funktionen $I \to R$, sondern nur gewisse Unterringe, d.h. Teilmengen von R^I, die gegenüber Addition, Negativbildung und Multiplikation abgeschlossen sind und die Null- und die Einsfunktion enthalten. Später werden das etwa Ringe von stetigen oder von differenzierbaren oder von analytischen oder von Polynom-Funktionen sein.

Aufgabe 4 (vgl. 4.A, Aufg. 2b)) *Die Potenzmenge $\mathfrak{P}(I)$ einer Menge I ist mit der symmetrischen Differenz $\triangle$ als Addition und dem Durchschnitt $\cap$ als Multiplikation ein kommutativer Ring mit $\emptyset$ als Null- und I als Einselement. (Dieser Ring heißt der* M e n g e n r i n g *zu I.) Ist $|I| = 1$, so ist der Mengenring zu I der Körper mit zwei Elementen, andernfalls ist er kein Körper.*

Lösung Ist R ein vom Nullring verschiedener Ring, so lässt sich eine Teilmenge $J \in \mathfrak{P}(I)$ mit ihrer I n d i k a t o r f u n k t i o n $e_J : I \to R$ im Funktionenring R^I identifizieren, die durch $e_J(i) = 1$, $i \in J$, und $e_J(i) = 0$, $i \in I - J$, definiert ist, vgl. die Bemerkung zur vorangehenden Aufgabe. Beispielsweise ist $e_\emptyset = 0$ die Nullfunktion und $e_I = 1$ die Einsfunktion. Ferner ist $e_{I-J} = 1 - e_J$, $e_{J\cap K} = e_J e_K$ und $e_{J\cup K} = e_J + e_K - e_J e_K = 1 - (1 - e_J)(1 - e_K)$, $J, K \in \mathfrak{P}(I)$. (Die Vereinigung ist das Komplement des Durchschnitts der Komplemente!) Die Addition von Indikatorfunktionen entspricht nicht direkt einer Operation von Teilmengen von I, es sei denn, es ist $1 + 1 = 0$ in R. In diesem Fall ist offenbar $e_J + e_K = e_{J\triangle K}$, wobei $J \triangle K = \{i \mid \text{entweder } i \in J \text{ oder } i \in K\} = (J - K) \cup (K - J) = (J \cup K) - (J \cap K)$ die s y m m e t r i s c h e   D i f f e r e n z von J und K ist.

Zum Lösen der Aufgabe wählen wir für den Ring R den Körper $\mathbf{K}_2 = \mathbb{F}_2 = \{0, 1\}$ mit zwei Elementen, in dem $1 + 1 = 0$ ist, vgl. auch Beispiel 4.A.3. Dann lässt sich $\mathfrak{P}(I)$ direkt mit dem Ring $\mathbf{K}_2^I$ aller Funktionen $I \to \mathbf{K}_2$ identifizieren. Die Addition ist, wie in der Aufgabe verlangt, die symmetrische Differenz, und die (kommutative) Multiplikation ist der Durchschnitt. Genau dann liegt ein Körper vor, wenn $|I| = 1$ ist. In diesem Fall ist $\mathbf{K}_2^I = \mathbf{K}_2$. Man beachte: Im Mengenring $\mathfrak{P}(I)$ ist $J = -J$ für alle $J \subseteq I$ wegen $J + J = J \triangle J = \emptyset = 0$ und $J - K = J + (-K) = J + K = J \triangle K$ für alle $J, K \subseteq I$. Man verwechsle also die Restmenge $\{i \mid i \in J, i \notin K\}$ nicht mit der Differenz von J und K im Mengenring. (Wann stimmen beide überein?) $\qquad\bullet$

Bemerkungen (1) Betrachten wir als Beispiel für das Rechnen mit Indikatorfunktionen e_J endliche Teilmengen $I_1, \ldots, I_n \subseteq I$ mit $I = I_1 \cup \cdots \cup I_k$, d.h. $\emptyset = (I - I_1) \cap \cdots \cap (I - I_k)$, und wählen als Grundring den Ring $R := \mathbb{Z}$ (also nicht den Ring $\mathbf{K}_2$ wie zuletzt). I ist endlich, und mit $e_{i_1 \ldots i_k} := e_{I_{i_1} \cap \cdots \cap I_{i_k}} = e_{i_1} \cdots e_{i_k}$ ($= 1 = e_I$ für $k = 0$), $i_1, \ldots, i_k \in \{1, \ldots, n\}$, gilt in $\mathbb{Z}^I$

$$e_{\emptyset} = 0 = (1 - e_1) \cdots (1 - e_n) = \sum_{k=0}^{n} (-1)^k \sum_{1 \leq i_1 < \cdots < i_k \leq n} e_{i_1} \cdots e_{i_k} = 1 + \sum_{k=1}^{n} (-1)^k \sum_{1 \leq i_1 < \cdots < i_k \leq n} e_{i_1 \ldots i_k}.$$

Wenden wie hierauf die Spurabbildung $\sigma : \mathbb{Z}^I \to \mathbb{Z}$ mit $(a_i)_{i \in I} \mapsto \sum_{i \in I} a_i$ an, so erhält man wegen $\sigma(e_J) = |J|$, $J \subseteq I$, und $\sigma\big((a_i)_i + (b_i)_i\big) = \sigma\big((a_i)_i\big) + \sigma\big((b_i)_i\big)$, $\sigma\big(-(a_i)_i\big) = -\sigma\big((a_i)_i\big)$

$$0 = |I| + \sum_{k=1}^{n} (-1)^k \sum_{1 \leq i_1 < \cdots < i_k \leq n} |I_{i_1} \cap \cdots \cap I_{i_k}|.$$

Diese Formel heißt die S i e b f o r m e l, vgl. auch Satz 7.A.12 und Beispiel 8.B.1.

(2) Die Algebraisierung von mengentheoretischen Operationen und damit zusammenhängend von logischen Operationen geht auf G. Boole (1815-1864) zurück. Man nennt generell einen Ring B mit $b^2 = b$ für alle $b \in B$, in dem also jedes Element wie im Mengenring $\mathfrak{P}(I) = \mathbf{K}_2^I$ idempotent ist, einen b o o l e s c h e n R i n g. *In einem booleschen Ring B ist $2 = 0$ wegen $2 = 2^2 = 4$, also $1 = -1$ und $b = -b$ für alle $b \in B$. Ferner ist B notwendigerweise kommutativ* wegen $b + c = (b + c)^2 = b^2 + bc + cb + c^2 = b + bc - cb + c$, also $bc = cb$ für alle $b, c \in B$.

(3) Die endlichen Teilmengen einer Menge I entsprechen im Mengenring $\mathfrak{P}(I) = \mathbf{K}_2^I$ denjenigen Funktionen $I \to \mathbf{K}_2$, deren Werte nur an endlich vielen Stellen $\neq 0$ sind. Die Menge $\mathfrak{E}(I) = \mathbf{K}_2^{(I)} \subseteq \mathbf{K}_2^I = \mathfrak{P}(I)$ dieser Funktionen ist abgeschlossen gegenüber Addition und Multiplikation. $\mathfrak{E}(I)$ ist aber bei unendlichem I kein Unterring, da dann das Einselement $1 = e_I$ nicht in $\mathfrak{E}(I)$ liegt. Allerdings ist $\mathfrak{E}(I)$ stets eine Untergruppe der additiven Gruppe von $\mathfrak{P}(I)$. Insbesondere ist jedes Element darin gleich seinem Negativen. $\mathfrak{E}(I) = (\mathfrak{E}(I), \triangle) = (\mathbf{K}_2^{(I)}, +)$ ist also wie $\mathfrak{P}(I) = (\mathfrak{P}(I), \triangle) = (\mathbf{K}_2^I, +)$ eine elementare 2-Gruppe, vgl. 4.B, Aufgaben 1 und 5.

Betrachten wir den Spezialfall $I = \mathbb{N}$. Dann ist der Mengenring $\mathfrak{P}(\mathbb{N}) = \mathbf{K}_2^{\mathbb{N}}$ der Ring der 0-1-Folgen, $0, 1 \in \mathbf{K}_2$, und $\mathfrak{E}(\mathbb{N}) = \mathbf{K}_2^{(\mathbb{N})}$ enthält genau die 0-1-Folgen, deren Glieder fast alle verschwinden. Sie lassen sich mittels der Dualentwicklung natürlicher Zahlen, vgl. Beispiel 2.B.6, mit den natürlichen Zahlen selbst identifizieren. Der endlichen Teilmenge $J \in \mathfrak{E}(\mathbb{N})$ entspricht dabei die Zahl $\sum_{i \in J} 2^i \in \mathbb{N}$. Übertragen wir die Addition von $\mathbf{K}_2^{(\mathbb{N})}$ mittels dieser Identifikation auf $\mathbb{N}$, so heißt die so gewonnene Addition die 2- A d d i t i o n auf $\mathbb{N}$. Sie wird mit $+_2$ bezeichnet. Sind $m = (\ldots, a_2, a_1, a_0)_2 = a_0 + a_1 \cdot 2 + a_2 \cdot 2^2 + \cdots$ und $n = (\ldots, b_2, b_1, b_0)_2 = b_0 + b_1 \cdot 2 + b_2 \cdot 2^2 + \cdots$ die Dualentwicklungen von $m, n \in \mathbb{N}$, so ist also

$$m +_2 n = (\ldots, c_2, c_1, c_0)_2 = c_0 + c_1 \cdot 2 + c_2 \cdot 2^2 + \cdots, \quad \text{wobei } c_i := a_i + b_i \text{ MOD } 2, \ i \geq 0,$$

der kleinste nichtnegative Rest von $a_i + b_i$ bei der Division durch 2 ist. Man addiert demnach die Dualentwicklungen von m und n in der üblichen Weise, ignoriert dabei aber alle "Überträge".

Die 2-Addition $+_2$ auf $\mathbb{N}$ lässt sich durch folgende Bedingungen charakterisieren (Beweis!):

(i) $\mathbb{N}$ *ist bzgl. $+_2$ eine elementare 2-Gruppe.*　　　(ii) *Es ist $m +_2 n \leq m + n$ für alle $m, n \in \mathbb{N}$.*

(4) Die 2-Addition auf $\mathbb{N}$ heißt auch N i m - A d d i t i o n, da sie die Theorie der so genannten N i m - S p i e l e beherrscht. Bekanntlich handelt es sich dabei um Folgendes: Zwei Spieler starten mit einer beliebigen endlichen Anzahl von endlichen Streichholzhaufen, ziehen abwechselnd und haben dabei jeweils aus einem einzigen frei gewählten nichtleeren Haufen beliebig viele Streichhölzer – jedoch mindestens eines – zu entfernen. Derjenige, der nicht mehr ziehen kann, hat verloren. Die Spielsituation mit r Streichholzhaufen der Größen $n_1, \ldots, n_r \in \mathbb{N}$ bezeichnen wir mit $[n_1, \ldots, n_r]$. *Sie ist genau dann eine Gewinnsituation für den Spieler, der am Zuge ist, wenn ihre* N i m - S u m m e $n_1 +_2 \cdots +_2 n_r \neq 0$ *ist, d.h. wenn für wenigstens eine Stelle $s \in \mathbb{N}$*

die Anzahl der $n_1, \ldots, n_r$, *für die die s-te Ziffer in der Dualentwicklung gleich* 1 *ist, ungerade ist.* Da die Nim-Summe für die Endsituation $[0, \ldots, 0]$ gleich 0 ist, ist dies eine unmittelbare Konsequenz des folgenden Lemmas:

Lemma (1) *Ist die Nim-Summe* $S := n_1 +_2 \cdots +_2 n_r$ *der Situation* $[n_1, \ldots, n_r]$ *von* 0 *verschieden, so lässt sich durch einen einzigen erlaubten Zug eine Situation mit Nim-Summe* 0 *erreichen.*

(2) *Ist* $S = 0$, *so ist die Nim-Summe nach einem beliebigen erlaubten Zug von* 0 *verschieden.*

Beweis (1) Sei $S \neq 0$ und $S = s_0 + s_1 \cdot 2 + \cdots + s_t \cdot 2^t = s_0 +_2 s_1 \cdot 2 +_2 \cdots +_2 s_t \cdot 2^t$ mit $s_\tau \in \{0, 1\}$ und $s_t = 1$ die Dualentwicklung von S. Ferner sei die t-te Ziffer in der Dualentwicklung von n_ρ ebenfalls 1. Solch ein ρ gibt es wegen $s_t = 1$. Dann ist $n_\rho +_2 S < n_\rho$, da die t-te Ziffer dieser Summe 0 ist und die Ziffern an den Stellen $> t$ dieselben sind wie bei n_ρ. Wir können also mit einem erlaubten Spielzug n_ρ durch $n_\rho +_2 S$ ersetzen und erhalten als neue Nim-Summe $n_1 +_2 \cdots +_2 (n_\rho +_2 S) +_2 \cdots +_2 n_r = S +_2 S = 0$. – Der Beweis von (2) ist trivial: Ändert man in einem Produkt von endlich vielen Elementen einer (beliebigen, jetzt multiplikativ geschriebenen) Gruppe genau einen Faktor, so ändert sich auch der Wert des Produkts. •

Die Spielregel für die Nim-Spiele wird häufig so abgeändert, dass derjenige verloren hat, der den letzten Zug ausführt. Die Gewinnstrategie für diese so genannte Misère-Version ist bei einer Ausgangssituation mit Nim-Summe $\neq 0$, bei der wenigstens ein Haufen mehr als ein Streichholz enthält, die folgende: Man spielt wie bei den klassischen Nim-Spielen, solange man eine Situation vorfindet mit mindestens zwei Haufen, die mehr als ein Streichholz enthalten. Hat nur noch ein Haufen mehr als ein Streichholz, so nimmt man von diesem Haufen alle Streichhölzer, falls die Anzahl der dann verbleibenden Einer-Haufen ungerade ist, und andernfalls alle bis auf eines.

Die Theorie der Nim-Spiele wurde von Ch. L. Bouton (1869-1922) in der Arbeit: Nim, a game with a complete mathematical theory, Annals of Mathematics **3**, 35-39 (1901), entwickelt. Der von Bouton angegebene (aber nicht erläuterte) Name "Nim" wird gelegentlich mit dem deutschen Befehl "Nimm!" in Verbindung gebracht. Das Nim-Spiel heißt auch M a r i e n b a d e r S p i e l, vor allem dann, wenn es mit der klassischen Ausgangssituation $[1, 3, 5, 7]$ gespielt wird. Hintergrund dafür ist der Film "Letztes Jahr in Marienbad" von A. Resnais aus dem Jahr 1961, in dem die beiden männlichen Protagonisten dieses Spiel mehrmals spielen, allerdings in der Misère-Version. Einer von ihnen kennt wohl die Theorie, da er alle Spiele gewinnt. Die Ausgangssituation hat die Nim-Summe $1 +_2 3 +_2 5 +_2 7 = (001)_2 +_2 (011)_2 +_2 (101)_2 +_2 (111)_2 = 0$. *Sie ist also eine Verlustsituation für den Anziehenden A und eine Gewinnsituation für den Nachziehenden N.* Die letzte Partie im Film hat folgenden Verlauf, wobei A die Theorie kennt: $[1, 3, 5, 7] \to_A [0, 3, 5, 7] \to_N [0, 2, 5, 7] \to_A [0, 2, 4, 7] \to_N [0, 1, 4, 7] \to_A$ $[0, 1, 4, 5] \to_N [0, 0, 4, 5] \to_A [0, 0, 4, 4] \to_N [0, 0, 4, 3] \to_A [0, 0, 3, 3] \to_N [0, 0, 3, 2] \to_A$ $[0, 0, 2, 2] \to_N [0, 0, 2, 1] \to_A [0, 0, 0, 1]$ und N gibt auf. Die zugehörigen Nim-Summen sind $0 \to_A 1 \to_N 0 \to_A 1 \to_N 2 \to_A 0 \to_N 1 \to_A 0 \to_N 7 \to_A 0 \to_N 1 \to_A 0 \to_N 3 \to_A 1$. N macht in seinem zweiten Zug den entscheidenden Fehler. Statt von dem Haufen mit 2 Hölzern ein Streichholz wegzunehmen, hätte er von dem Haufen mit 7 Hölzern ein Streichholz entfernen müssen. A spielt wegen der Misère-Situation richtig, indem er in seinem letzten Zug den Haufen mit 2 Hölzern völlig abräumt und damit einen (statt zwei) Einer-Haufen übriglässt.

‡**Aufgabe 5** *Für welche* $n \in \mathbb{N}^*$ *sind die Ausgangspositionen* $[1, 2, \ldots, n]$, $[2, 4, \ldots, 2n]$ *bzw.* $[1, 3, \ldots, 2n - 1]$ *jeweils Gewinnsituationen beim Nim-Spiel für den Anziehenden?* (Ergebnis: $n \not\equiv 3 \bmod 4$ bei den ersten beiden Positionen und $n \not\equiv 0 \bmod 4$ bei der dritten. – Man beachte $2m + 1 = 2m +_2 1$, also $2m +_2 (2m + 1) = 2m +_2 2m +_2 1 = 1$, sowie $2^k \ell +_2 2^k m = 2^k (\ell +_2 m)$ für alle $k, \ell, m \in \mathbb{N}$.)

4.D Angeordnete Körper

Das Rechnen mit Ungleichungen ist die Grundlage für die gesamte Analysis. Es kann gar nicht intensiv genug geübt werden. Falls nichts anderes gesagt wird, liegen die betrachteten Elemente in einem angeordneten Körper K.

Aufgabe 1 *Für welche $x \in K$ gilt die Ungleichung $2\,|x-1| \leq |x+1| + 1$.*

Lösung Wir unterscheiden drei Fälle:

Bei $x \geq 1$ sind $x-1$ und $x+1$ beide ≥ 0, d.h. es ist $|x-1| = x-1$ und $|x+1| = x+1$. Die obige Ungleichung ist dann äquivalent zu $2x-2 = 2\,(x-1) \leq (x+1)+1 = x+2$ und somit zu $x \leq 4$.

Bei $1 > x \geq -1$ ist $x+1 \geq 0$ und $x-1 < 0$, d.h. es ist $|x+1| = x+1$ und $|x-1| = 1-x$. Die obige Ungleichung ist dann äquivalent zu $2-2x = 2\,(1-x) \leq x+1 + 1 = x+2$ und somit zu $0 \leq 3x$, d.h. $0 \leq x$.

Bei $x < -1$ sind $x-1$ und $x+1$ beide <0, d.h. es ist $|x-1| = 1-x$ und $|x+1| = -x-1$. Die obige Ungleichung ist dann äquivalent zu $2-2x \leq -x-1 + 1 = -x$, d.h. zu $2 \leq x$. Sie gilt also in diesem Fall nie.

Insgesamt gilt die Ungleichung genau für alle reellen Zahlen x mit $0 \leq x \leq 4$.   •

Analog behandele man die folgenden Ungleichungen:

‡**Aufgabe 2** *Für welche $x \in K$ gilt die Ungleichung $1+|x+1| > |x-1|$ bzw. $|x|+|x-1| < 2$ bzw. $1+|x-1| > |x-2|$?*

Aufgabe 3 *Für alle $x, y \in K$ mit $|x| < 1$ und $|y| < 1$ gilt die Ungleichung $|x + y| < 1 + xy$.*

Lösung Wegen $\pm x \leq |x| < 1$ und $\pm y \leq |y| < 1$ sind $1-x$ und $1-y$ sowie $1+x$ und $1+y$ jeweils positiv. Es folgt $0 < (1-x)(1-y) = 1 - (x+y) + xy$ sowie $0 < (1+x)(1+y) = 1 + (x+y) + xy$. Dies liefert $x + y < 1 + xy$ und $-(x+y) < 1+xy$, d.h. insgesamt $|x+y| < 1+xy$.   •

Aufgabe 4 *Man bestimme die Menge M der Paare $(x, y) \in K^2$, die der Ungleichung $2(x+y)^2 \leq y\,(3x+2y)$ genügen, und skizziere diese Menge bei $K = \mathbb{R}$ in der (x, y)-Ebene.*

Lösung $2(x + y)^2 \leq y\,(3x + 2y)$ ist äquivalent zu $2x^2 + 4xy + 2y^2 \leq 3xy + 2y^2$, d.h. zu $2x^2 + xy \leq 0$, und somit zu $x\,(2x + y) \leq 0$. Dies ist genau dann der Fall, wenn $x \geq 0$ und $y \leq -2x$ gilt oder wenn $x \leq 0$ und $y \geq -2x$ gilt. Es handelt sich also bei $K = \mathbb{R}$ um den unten links skizzierten Bereich M.   •

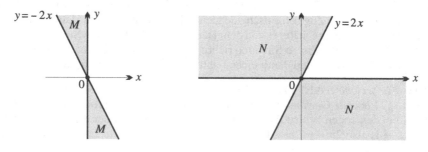

Aufgabe 5 *Man bestimme die Menge N der Paare $(x, y) \in \mathbb{R}^2$, die der Ungleichung $x(x+4y) \leq (x + y)^2$ genügen und skizziere diese Menge bei $K = \mathbb{R}$ in der (x, y)-Ebene.*

Lösung $x(x+4y) \le (x+y)^2$ ist äquivalent zu $x^2+4xy \le x^2+2xy+y^2$, d.h. zu $2xy \le y^2$, und somit zu $0 \le y(y-2x)$. Dies ist genau dann der Fall, wenn $y \ge 0$ und $y \ge 2x$ gilt oder wenn $y \le 0$ und $y \le 2x$ gilt. Es handelt sich bei $K = \mathbb{R}$ um den oben rechts skizzierten Bereich N.   •

Aufgabe 6 (4.D, Aufg. 2b)) *Ist $x \ge 1$, so folgt $x \ge \big((3x+1)/(3+x)\big)^2$.*

Lösung Wegen $x \ge 1$ ist $0 \le x-1$ und somit $0 \le (x-1)^3 = x^3 - 3x^2 + 3x - 1$, also $3x^2 - 3x + 1 \le x^3$. Daraus ergibt sich $(3x+1)^2 = 9x^2 + 6x + 1 \le x^3 + 6x^2 + 9x = (3+x)^2 x$ und schließlich $\big((3x+1)/(3+x)\big)^2 \le x$, da $(3+x)^2 > 0$ ist.   •

Aufgabe 7 (4.D, Aufg. 4a)) *Für $x, y > 0$ gilt $\dfrac{x}{y} + \dfrac{y}{x} \ge 2$.*

Lösung Als Quadrat ist $x^2 - 2xy + y^2 = (x-y)^2 \ge 0$. Es folgt $x^2 + y^2 \ge 2xy$. Wegen $x, y > 0$ ist nun $xy > 0$, und Division durch xy liefert $\dfrac{x}{y} + \dfrac{y}{x} = \dfrac{x^2+y^2}{xy} \ge 2$.   •

Aufgabe 8 (4.D, Aufg. 4b)) *Man zeige $2xy \le (x+y)^2/2 \le x^2+y^2$.*

Lösung Aus $0 \le (x-y)^2 = x^2 - 2xy + y^2$ folgt $2xy \le x^2+y^2$ und dann $4xy \le x^2+y^2 +2xy = (x+y)^2$, also $2xy \le (x+y)^2/2$. Ferner folgt aus $2xy \le x^2+y^2$ bereits

$$(x+y)^2 = x^2+y^2+2xy \le 2x^2+2y^2,$$

also $(x+y)^2/2 \le x^2+y^2$.   •

Aufgabe 9 (4.D, Aufg. 4c)) *Man zeige $xy+xz+yz \le x^2+y^2+z^2$.*

Lösung Wir verwenden den trivialen Teil $2xy \le x^2+y^2$ von Aufgabe 8 sowie die analogen Ungleichungen $2xz \le x^2+z^2$ und $2yz \le y^2+z^2$. Addition der drei Ungleichungen liefert $2xy+2xz+2yz \le 2x^2+2y^2+2z^2$ und damit nach Division durch 2 die Behauptung.   •

Aufgabe 10 (4.D, Aufg. 5) *Für alle $n \in \mathbb{N}$ und alle $x, y > 0$ gilt $\left(1+\dfrac{x}{y}\right)^n + \left(1+\dfrac{y}{x}\right)^n \ge 2^{n+1}$.*

Lösung Wir verwenden $\sum\limits_{k=0}^{n} \binom{n}{k} = (1+1)^n = 2^n \ (= |\mathcal{P}(\{1,\dots,n\})|)$. Wiederum mit dem Binomischen Lehrsatz 2.B.15 und dann Aufgabe 7, die für x^k und y^k statt x und y ausgenutzt wird, folgt daraus

$$\left(1+\frac{x}{y}\right)^n + \left(1+\frac{y}{x}\right)^n = \sum_{k=0}^{n} \binom{n}{k}\frac{x^k}{y^k} + \sum_{k=0}^{n} \binom{n}{k}\frac{y^k}{x^k} = \sum_{k=0}^{n} \binom{n}{k}\left(\frac{x^k}{y^k} + \frac{y^k}{x^k}\right) \ge 2\sum_{k=0}^{n} \binom{n}{k} = 2^{n+1}!\ •$$

Aufgabe 11 (4.D, Aufg. 10) *Sei $n \in \mathbb{N}^*$. Für alle $x_1,\dots,x_n,\ y_1,\dots,y_n$ mit $y_1,\dots,y_n > 0$ gilt*

$$\mathrm{Min}\left(\frac{x_1}{y_1},\dots,\frac{x_n}{y_n}\right) \le \frac{x_1+\cdots+x_n}{y_1+\cdots+y_n} \le \mathrm{Max}\left(\frac{x_1}{y_1},\dots,\frac{x_n}{y_n}\right).$$

Lösung Wir verwenden Induktion über n. Bei $n = 1$ ist nichts zu zeigen. Sei $n = 2$. Ohne Einschränkung sei $x_1/y_1 \le x_2/y_2$, d.h. $x_1 y_2 \le x_2 y_1$ (wegen $y_1 y_2 > 0$). Es ist zu beweisen, dass $x_1/y_1 \le (x_1+x_2)/(y_1+y_2) \le x_2/y_2$ ist. Dies ist äquivalent zu $x_1 y_1 + x_1 y_2 \le x_1 y_1 + x_2 y_1$ und $x_1 y_2 + x_2 y_2 \le x_2 y_1 + x_2 y_2$, d.h. jeweils zu $x_1 y_2 \le x_2 y_1$.
Beim Schluss von n auf $n+1$ erhält man mit der Induktionsvoraussetzung und dem Fall $n = 2$

$$\mathrm{Min}\left(\frac{x_1}{y_1},\dots,\frac{x_n}{y_n},\frac{x_{n+1}}{y_{n+1}}\right) \le \mathrm{Min}\left(\frac{x_1+\cdots+x_n}{y_1+\cdots+y_n},\frac{x_{n+1}}{y_{n+1}}\right) \le \frac{(x_1+\cdots+x_n)+x_{n+1}}{(y_1+\cdots+y_n)+y_{n+1}}$$

$$\le \mathrm{Max}\left(\frac{x_1+\cdots+x_n}{y_1+\cdots+y_n},\frac{x_{n+1}}{y_{n+1}}\right) \le \mathrm{Max}\left(\frac{x_1}{y_1},\dots,\frac{x_n}{y_n},\frac{x_{n+1}}{y_{n+1}}\right). \quad •$$

Aufgabe 12 (4.D, Aufg. 13) *Es gilt* $\prod_{i=1}^{n}(1+x_i) \geq 1+x_1+\cdots+x_n$, *falls alle* $x_i \geq 0$ *sind oder falls* $0 \geq x_i \geq -1$ *für alle* i *ist. Insbesondere ist* $(1+x)^n \geq 1+nx$ *für alle* $x \geq -1$. (Bernoullische Ungleichungen)

Lösung Wir verwenden Induktion über $n \in \mathbb{N}$. Für $n=0$ (und auch für $n=1$) ist die Behauptung richtig, da dann beide Seiten der zu beweisenden Ungleichung gleich 1 (bzw. gleich $1+x_1$) sind.

Beim Schluss von n auf $n+1$ ist in beiden zu betrachtenden Fällen $1+x_{n+1} \geq 0$, und ferner sind alle Produkte $x_{n+1}x_1, \ldots, x_{n+1}x_n$ in beiden Fällen nichtnegativ. Mit Hilfe der Induktionsvoraussetzung erhalten wir daher

$$\prod_{i=1}^{n+1}(1+x_i) = (1+x_{n+1})\prod_{i=1}^{n}(1+x_i) \geq (1+x_{n+1})(1+x_1+\cdots+x_n) =$$

$$= 1+x_1+\cdots+x_n+x_{n+1}+x_{n+1}x_1+\cdots+x_{n+1}x_n \geq 1+x_1+\cdots+x_n+x_{n+1}. \bullet$$

Aufgabe 13 (4.D, Aufg. 14a)) *Bei* $0 \leq x_i \leq 1$, $i=1,\ldots,n$, *gilt* $\prod_{i=1}^{n}(1-x_i) \leq \dfrac{1}{1+x_1+\cdots+x_n}$. *Gilt* $0 < x_i$ *für wenigstens ein* i, *so ist die Ungleichung echt.*

Lösung Wir verwenden Induktion über n. Für $n=0$ ist die Behauptung richtig, da dann beide Seiten der zu beweisenden Ungleichung gleich 1 sind. (Im Fall $n=1$ ist $1-x_1 \leq \dfrac{1}{1+x_1}$ wegen $1+x_1 > 0$ äquivalent zu $1-x_1^2 = (1-x_1)(1+x_1) \leq 1$. Die letzte Ungleichung gilt aber wegen $x_1^2 \geq 0$. Bei $x_1 > 0$ ist sie darüber hinaus echt.)

Beim Schluss von n auf $n+1$ können wir die Ungleichung für n voraussetzen, und haben sie dann für $n+1$ zu beweisen. Ist eines der $x_i > 0$, so können (und wollen) wir nach Umnummerieren der x_i noch annehmen, dass $x_{n+1} > 0$ ist. Wegen $x_{n+1} \leq 1$ ist $1-x_{n+1} \geq 0$, und es folgt mit der Induktionsvoraussetzung

$$\prod_{i=1}^{n+1}(1-x_i) = (1-x_{n+1})\prod_{i=1}^{n}(1-x_i) \leq (1-x_{n+1})\frac{1}{1+x_1+\cdots+x_n}.$$

Wir haben also noch $\dfrac{1-x_{n+1}}{1+x_1+\cdots+x_n} \leq \dfrac{1}{1+x_1+\cdots+x_n+x_{n+1}}$

zu zeigen. Dies ist äquivalent zu $(1-x_{n+1})(1+x_1+\cdots+x_n+x_{n+1}) \leq 1+x_1+\cdots+x_n$, d.h. zu $1+x_1+\cdots+x_n+x_{n+1}-x_{n+1}-x_{n+1}(x_1+\cdots+x_n+x_{n+1}) \leq 1+x_1+\cdots+x_n$. Letzteres ist aber richtig, da die beiden Terme x_{n+1} und $-x_{n+1}$ sich wegheben und da $x_{n+1}(x_1+\cdots+x_n+x_{n+1}) \geq 0$ ist nach Voraussetzung über die x_i. Bei $x_{n+1} > 0$ ist $x_{n+1}(x_1+\cdots+x_n+x_{n+1}) \geq x_{n+1}^2 > 0$, und diese Ungleichungen sind echt. $\bullet$

Aufgabe 14 (4.D, Aufg. 21) *Für alle* $x_1,\ldots,x_n$ *mit* $x_1,\ldots,x_n > 0$ *und* $x_1+\cdots+x_n = n$ *gilt* $x_1\cdots x_n \leq 1$. *Genau dann gilt dabei das Gleichheitszeichen, wenn* $x_1 = \cdots = x_n = 1$ *ist.*

Lösung Wir verwenden Induktion über n. Für $n=0$ (und $n=1$) ist die Behauptung richtig, da dann beide Seiten der zu beweisenden Ungleichung gleich 1 sind.

Induktionsschluss von n *auf* $n+1$: Es seien nun $x_1,\ldots,x_{n+1}$ positive reelle Zahlen mit Summe $x_1+\cdots+x_n+x_{n+1} = n+1$. Wir wenden auf $x_1,\ldots,x_{n-1},x_n+x_{n+1}-1$ die Induktionsvoraussetzung an, wo x_n die kleinste und x_{n+1} die größte der Zahlen $x_1,\ldots,x_{n+1}$ ist. Nach Wahl von x_n und x_{n+1} gilt dann $x_n \leq 1$ und $x_{n+1} \geq 1$. Wären nämlich alle $x_1,\ldots,x_{n+1}$ größer (bzw. alle kleiner) als 1, so wäre ihre Summe größer (bzw. kleiner) als $n+1$ im Widerspruch zu $x_1+\cdots+x_n+x_{n+1} = n+1$. Es folgt $1-x_n \geq 0$ und $1-x_{n+1} \leq 0$. Ist dabei eines der

$x_i \neq 1$, so muss bereits $x_n < 1$ und dann notwendigerweise $x_{n+1} > 1$ sein, d.h. $1 - x_n > 0$ und $1 - x_{n+1} < 0$. Wegen $x_1 + \cdots + x_{n-1} + (x_n + x_{n+1} - 1) = n$ liefert die Induktionsvoraussetzung $x_1 \cdots x_{n-1} \cdot (x_n + x_{n+1} - 1) \leq 1$.

Um daraus die Induktionsbehauptung zu erhalten, haben wir nur noch $x_n x_{n+1} \leq x_n + x_{n+1} - 1$ zu zeigen, d.h. $(1 - x_n)(1 - x_{n+1}) = 1 - x_n - x_{n+1} + x_n x_{n+1} \leq 0$. Dies folgt aber aus der Wahl von x_n und x_{n+1}. Sind nicht alle $x_i = 1$, so sind dabei die letzten Ungleichungen wegen $1 - x_n > 0$ und $1 - x_{n+1} < 0$ sogar echt.   •

Ganz analog behandele man die folgende Aufgabe, indem man beim Induktionsschritt die Induktionsvoraussetzung auf $x_1, \ldots, x_{n-1}, x_n x_{n+1}$ anwendet, wo wiederum x_n die kleinste und x_{n+1} die größte der Zahlen $x_1, \ldots, x_{n+1}$ ist:

‡**Aufgabe 15** (4.D, Aufg. 20) *Für alle* $x_1, \ldots, x_n$ *mit* $x_1, \ldots, x_n > 0$ *und* $x_1 \cdots x_n = 1$ *gilt* $x_1 + \cdots + x_n \geq n$. *Genau dann gilt dabei das Gleichheitszeichen, wenn* $x_1 = \cdots = x_n = 1$ *ist.*

Aufgabe 16 (4.D, Aufg. 22) *Sei* $n \in \mathbb{N}^*$. *Für alle* $x_1, \ldots, x_n$ *mit* $x_1, \ldots, x_n > 0$ *gilt*

$$\left(\frac{x_1 + \cdots + x_n}{n} \right)^n \geq x_1 \cdots x_n \geq \left(\frac{n}{1/x_1 + \cdots + 1/x_n} \right)^n.$$

Das Gleichheitszeichen gilt jeweils genau dann, wenn $x_1 = \cdots = x_n$ *ist.*

Ist $a := \dfrac{x_1 + \cdots + x_n}{n}$ *das* a r i t h m e t i s c h e   M i t t e l, $h := \dfrac{n}{1/x_1 + \cdots + 1/x_n}$ *das* h a r -

m o n i s c h e   M i t t e l *und im Fall reeller Zahlen* $g := \left(x_1 \cdots x_n \right)^{1/n}$ *das* g e o m e t r i s c h e
M i t t e l *der* $x_1, \ldots, x_n$, *so gelten also über* $\mathbb{R}$ *die Ungleichungen* $a \geq g \geq h$.

Lösung Es gilt $\dfrac{x_1}{a} + \cdots + \dfrac{x_n}{a} = \dfrac{x_1 + \cdots + x_n}{a} = \dfrac{na}{a} = n$. Aus Aufgabe 14 folgt daher
$\dfrac{x_1}{a} \cdots \dfrac{x_n}{a} \leq 1$. Dies liefert $x_1 \cdots x_n \leq a^n$ (und dann über den reellen Zahlen $g \leq a$ durch Übergang zu den n-ten Wurzeln). Wendet man dies auf $1/x_1, \ldots, 1/x_n$ statt $x_1, \ldots, x_n$ an, so
erhält man $\left(\dfrac{1/x_1 + \cdots + 1/x_n}{n} \right)^n \geq \dfrac{1}{x_1} \cdots \dfrac{1}{x_n}$, also $x_1 \cdots x_n \geq \left(\dfrac{n}{1/x_1 + \cdots + 1/x_n} \right)^n$.   •

Bemerkungen (1) Genau so gut hätte man hier Aufgabe 15 statt Aufgabe 14 verwenden können.

(2) Für $n = 2$ hat man die immer wieder benutzte Ungleichung $\sqrt{xy} \leq (x+y)/2$, $x, y \in \mathbb{R}_+$.
Sie ist äquivalent zu $4xy \leq (x+y)^2 = x^2 + 2xy + y^2$, d.h. zu $0 \leq x^2 - 2xy + y^2 = (x-y)^2$,
und damit trivial. – V. I. Arnold (1937 – 2010) hat eine hübsche Interpretation des geometrischen
Mittels $\sqrt{xy}$ mit der folgenden Aufgabe gegeben, die ihm als 12-Jährigem gestellt wurde: Zwei
Läufer in A bzw. B wechseln ihre Orte, indem sie gleichzeitig starten und mit jeweils konstanter
Geschwindigkeit aufeinander zulaufen. Nach dem Treffen braucht der Läufer aus A noch x
Zeiteinheiten bis zum Ort B und der Läufer aus B noch y Zeiteinheiten bis zum Ort A. Zu
welcher Zeit g vor dem Aufeinandertreffen sind sie gestartet? Sei a der Abstand von A bis zum
Treffpunkt und b der Abstand von B bis zum Treffpunkt. Da für beide Läufer das Verhältnis
der von ihnen zurückgelegten Strecken gleich dem Verhältnis der dafür von ihnen benötigten
Zeiteinheiten ist, gilt $b : a = x : g = g : y$, also $g^2 = xy$ und $g = \sqrt{xy}$. (Bei Arnold ist $x = 4$,
$y = 9$, damit für einen 12-Jährigen das Wurzelziehen problemlos wird.) – Wegen $x : g = g : y$
heißt das geometrische Mittel $g = \sqrt{xy}$ auch die m i t t l e r e   P r o p o r t i o n a l e von x und y.

Aufgabe 17 *Sei* $n \geq 3$. *Für alle* $a_2, a_3, \ldots, a_n > 0$ *mit* $a_2 a_3 \cdots a_n = 1$ *gilt*

$$(1 + a_2)^2 (1 + a_3)^3 \cdots (1 + a_n)^n > n^n.$$

Lösung Für jedes $k \in \{2, \ldots, n\}$ gilt nach Aufgabe 16

$$(1+a_k)^k = \Big(\overbrace{\frac{1}{k-1} + \cdots + \frac{1}{k-1}}^{k-1 \text{ Summanden}} + a_k \Big)^k = k^k \left(\frac{\frac{1}{k-1} + \cdots + \frac{1}{k-1} + a_k}{k} \right)^k \geq k^k \frac{a_k}{(k-1)^{k-1}},$$

wobei man Gleichheit nur im Fall $a_k = 1/(k-1)$ hat. Multiplikation dieser Ungleichungen liefert

$$(1+a_2)^2 (1+a_3)^3 \cdots (1+a_n)^n \geq 2^2 \frac{a_2}{1^1} \cdot 3^3 \frac{a_3}{2^2} \cdots n^n \frac{a_n}{(n-1)^{n-1}} = n^n a_2 a_3 \cdots a_n = n^n,$$

und im Fall der Gleichheit ergäbe sich der Widerspruch $1 = a_2 a_3 \cdots a_n = 1/(n-1)!$. •

Bemerkung Dies ist eine Aufgabe der Internationalen Mathematikolympiade 2012. Die angegebene elegante Lösung stammt von Simon Puchert. Wir verweisen dazu auf die Website www.mathematik-olympiaden.de/IMOs/dokumente/imo12.pdf

Aufgabe 18 *Man zeige* $\dfrac{x^2}{(x-1)^2} + \dfrac{y^2}{(y-1)^2} + \dfrac{z^2}{(z-1)^2} \geq 1$ *für alle x, y, z, die ungleich 1 sind und für die $xyz = 1$ gilt. – Man zeige ferner, dass für unendlich viele Tripel rationaler Zahlen x, y, z, die ungleich 1 sind und für die $xyz = 1$ gilt, in dieser Ungleichung der Gleichheitsfall eintritt. (Dies ist eine Aufgabe der Internationalen Mathematikolympiade 2008.)*

Lösung Setzen wir $x' := 1/x$, $y' := 1/y$, $z' := 1/z$, so haben wir die Ungleichung

$$\frac{1}{(x-1)^2} + \frac{1}{(y-1)^2} + \frac{1}{(z-1)^2} \geq 1 \qquad \text{für} \quad x, y, z \neq 1, \quad xyz = 1$$

zu betrachten, wobei wir statt x', y', z' wieder x, y, z geschrieben haben. Erweitern mit dem (positiven) Produkt der Nenner und dann Ausmultipliplizieren liefert:

$$\begin{aligned} & y^2 z^2 + x^2 z^2 + x^2 y^2 - 2(yz^2 + y^2 z + xy^2 + x^2 y + xz^2 + x^2 z) + 4(xy + yz + zx) + \\ & \quad + 2(x^2 + y^2 + z^2) - 4(x + y + z) + 3 \\ & \geq x^2 y^2 z^2 - 2(x^2 yz^2 + x^2 y^2 z + y^2 xz^2) + 4(xyz^2 + x^2 zy + xy^2 z) - 8xyz + y^2 z^2 + x^2 z^2 + \\ & \quad + x^2 y^2 - 2(yz^2 + y^2 z + xy^2 + x^2 y + xz^2 + x^2 z) + 4(xy + yz + zx) + \\ & \quad + x^2 + y^2 + z^2 - 2(x + y + z) + 1. \end{aligned}$$

Benutzt man nun $xyz = 1$ und fasst zusammen, so ist diese Ungleichung äquivalent zu

$$9 + x^2 + y^2 + z^2 - 6(x + y + z) + 2(xy + yz + zx) \geq 0, \quad \text{d.h. zu} \quad \big(3 - (x + y + z)\big)^2 \geq 0.$$

Da Quadrate stets ≥ 0 sind, ist die Ungleichung damit bewiesen.

Genau dann gilt darin das Gleichheitszeichen, wenn $x + y + z = 3$ ist. Wir haben also noch zu zeigen, dass es unendlich viele Tripel rationaler Zahlen $x, y, z \neq 1$ mit $x + y + z = 3$ und $xyz = 1$ gibt. Wegen $y = 1/xz$ gilt $x + 1/xz + z = 3$, also $x^2 + (z-3)x + 1/z = 0$. Diese quadratische Gleichung hat die Lösungen

$$x = \frac{1}{2}(3-z) \pm \frac{1}{2}\sqrt{9 - 6z + z^2 - \frac{4}{z}} = \frac{1}{2}(3-z) \pm \frac{1}{2}\sqrt{\frac{(z-1)^2(z-4)}{z}} = \frac{1}{2}(3-z) \pm \frac{z-1}{2}\sqrt{\frac{z-4}{z}}.$$

Wir haben also $z \in \mathbb{Q}^\times - \{1\}$ so zu wählen, dass $(z-4)/z = r^2$ das Quadrat einer rationalen Zahl r ist, d.h. $z = 4/(1-r^2)$ mit $r \in \mathbb{Q} - \{\pm 1\}$. Verwenden wir noch $z - 1 = 4/(1-r^2) - 1 = (3+r^2)/(1-r^2)$, $(z-4)/z = 1 - (4/z) = r^2$ und $3 - z = -(3r^2+1)/(1-r^2)$, so erhalten wir

$$x = -\frac{3r^2+1}{2(1-r^2)} \pm \frac{(3+r^2)r}{2(1-r^2)} = -\frac{(1 \mp r)^3}{2(1-r^2)}, \quad y = \frac{1}{xz} = -\frac{1-r^2}{4} \cdot \frac{2(1-r^2)}{(1 \mp r)^3} = -\frac{(1 \pm r)^3}{2(1-r^2)}.$$

Dies liefert unendlich viele verschiedene Tripel $(x, y, z) \in \left(\mathbb{Q} - \{1\}\right)^3$ mit $xyz = 1$, für die in der Ungleichung das Gleichheitszeichen gilt. Übrigens bekommt man für $r \in K - \{\pm1\}$ auf diese Weise alle $x, y, z \in K - \{1\}$ mit $xyz = 1$, für die in der Ungleichung das Gleichheitszeichen gilt. •

4.E Der Begriff der konvergenten Folge

K bezeichnet in diesem Abschnitt einen beliebigen angeordneten Körper und $\overline{K} = K \cup \{\pm\infty\}$. Die betrachteten Elemente liegen in $\overline{K}$, falls nichts Anderes gesagt wird.

Aufgabe 1 (4.E, Aufg. 6a)) *Eine Folge (x_n) positiver Zahlen in K konvergiert genau dann gegen ∞, wenn die Folge $(1/x_n)$ der Kehrwerte eine Nullfolge ist.*

Lösung Sei zunächst $\lim\limits_{n\to\infty} x_n = \infty$, und sei $\varepsilon > 0$ vorgegeben. Zu $S := \frac{1}{\varepsilon}$ gibt es dann ein n_0 mit $x_n \geq S$, d.h. mit $0 < \frac{1}{x_n} \leq \frac{1}{S} = \varepsilon$ und somit $\left|\frac{1}{x_n} - 0\right| \leq \varepsilon$ für alle $n \geq n_0$. Es folgt $\lim\limits_{n\to\infty} \frac{1}{x_n} = 0$. – Sei umgekehrt $\lim\limits_{n\to\infty} \frac{1}{x_n} = 0$, und sei $S > 0$ vorgegeben. Zu $\varepsilon := \frac{1}{S}$ gibt es dann ein n_0 mit $0 < \frac{1}{x_n} \leq \varepsilon = \frac{1}{S}$, d.h. mit $x_n \geq S$, für alle $n \geq n_0$. Es folgt $\lim\limits_{n\to\infty} x_n = \infty$. •

Aufgabe 2 (4.E, Aufg. 6b)) *Ist $\lim x_n = \infty$ und $\lim y_n = a \in \overline{K} - \{0\}$, so ist $\lim x_n y_n = \text{Sign } a \cdot \infty$.*

Lösung Sei $S \geq 0$ vorgegeben. Wegen $\lim y_n = a$ gibt es zu $\varepsilon := \frac{1}{2}a$ ein n_0 mit $|y_n - a| \leq \varepsilon$, also bei $a > 0$ mit $0 < a/2 \leq y_n$ und bei $a < 0$ mit $0 > a/2 \geq y_n$, jeweils für alle $n \geq n_0$. Wegen $\lim x_n = \infty$ gibt es ein n_1 mit $x_n \geq 2S/|a|$ für alle $n \geq n_1$. Für alle $n \geq \text{Max}\,(n_0, n_1)$ gilt dann $x_n y_n \geq (a/2) \cdot (2S/|a|) = \text{Sign } a \cdot S$. •

4.F Konvergente Folgen und Vollständigkeit

Im Weiteren ist der betrachtete angeordnete Körper stets der Körper $\mathbb{R}$ der reellen Zahlen. *Insbesondere ist dann $1/n$, $n \in \mathbb{N}^*$, eine Nullfolge.*

Aufgabe 1 *Man untersuche die angegebenen Folgen auf Konvergenz und bestimme gegebenenfalls den Grenzwert:*

$$\frac{3n^3 - 2n + 4}{4n^3 + n^2 + 2}, \qquad \frac{3^n + 4^n}{5^n}, \qquad \frac{2^n - 6n}{5^n}, \qquad (-1)^n \frac{2n^2 + 1}{n^2 + 2}, \qquad \frac{1}{n+2} + (-1)^n.$$

Lösung Mit den Grenzwertrechenregeln ergibt sich der Reihe nach:

(1) $\lim\limits_{n\to\infty} \dfrac{3n^3 - 2n + 4}{4n^3 + n^2 + 2} = \lim\limits_{n\to\infty} \dfrac{3 - 2(\frac{1}{n})^2 + 4(\frac{1}{n})^3}{4 + \frac{1}{n} + 2(\frac{1}{n})^3} = \dfrac{3 - 2\left(\lim\limits_{n\to\infty}\frac{1}{n}\right)^2 + 4\left(\lim\limits_{n\to\infty}\frac{1}{n}\right)^3}{4 + \lim\limits_{n\to\infty}\frac{1}{n} + 2\left(\lim\limits_{n\to\infty}\frac{1}{n}\right)^3} = \dfrac{3}{4}$.

(2) $\lim\limits_{n\to\infty} \dfrac{3^n + 4^n}{5^n} = \lim\limits_{n\to\infty} \left(\dfrac{3}{5}\right)^n + \lim\limits_{n\to\infty} \left(\dfrac{4}{5}\right)^n = 0 + 0 = 0$ wegen $\left|\dfrac{3}{5}\right| < 1$ und $\left|\dfrac{4}{5}\right| < 1$.

(3) Wegen $\left|\dfrac{2}{5}\right| < 1$, also $\lim\limits_{n\to\infty} \left(\dfrac{2}{5}\right)^n = 0$, und $n^2 \leq 5^n$ für alle $n \in \mathbb{N}$ (Induktion über n), also $0 \leq \dfrac{n}{5^n} \leq \dfrac{1}{n}$, ist nach dem Einschließungskriterium 4.E.8 $\lim\limits_{n\to\infty} \dfrac{n}{5^n} = 0$ und somit $\lim\limits_{n\to\infty} \dfrac{2^n - 6n}{5^n} = \lim\limits_{n\to\infty} \left(\dfrac{2}{5}\right)^n - 6 \lim\limits_{n\to\infty} \dfrac{n}{5^n} = 0$.

(4) Bei der vierten Folge haben die Teilfolgen für gerade Indizes $n = 2k$ bzw. für ungerade

Indizes $n = 2k+1$ die Grenzwerte $\lim\limits_{k\to\infty}(-1)^{2k}\dfrac{8k^2+1}{4k^2+2} = \lim\limits_{k\to\infty}\dfrac{8+1/k^2}{4+2/k^2} = \dfrac{8}{4} = 2$ bzw.

$\lim\limits_{k\to\infty}(-1)^{2k+1}\dfrac{8k^2+8k+3}{4k^2+4k+3} = -\lim\limits_{k\to\infty}\dfrac{8+8/k+3/k^2}{4+4/k+3/k^2} = -\dfrac{8}{4} = -2$. Die Folge hat also die

beiden Häufungspunkte 2 und -2. Da diese verschieden sind, ist die Folge nicht konvergent.

(5) Die letzte Folge konvergiert nicht, da ihre Teilfolgen für gerade bzw. ungerade Indizes ver-

schiedene Grenzwerte haben. Für gerade n ist $\dfrac{1}{n+2} + (-1)^n = \dfrac{1}{n+2} + 1$, für ungerade n ist

$\dfrac{1}{n+2} + (-1)^n = \dfrac{1}{n+2} - 1$, die zugehörigen Teilfolgen haben die Grenzwerte 1 bzw. -1. ●

Aufgabe 2 *Sei $a_n \geq 0$, $n \in \mathbb{N}$. Man zeige: Aus $\lim\limits_{n\to\infty} a_n = a$ folgt $\lim\limits_{n\to\infty}\sqrt{a_n} = \sqrt{a}$.*

Lösung Sei $\varepsilon > 0$. Nach Voraussetzung gibt es ein $n_0 \in \mathbb{N}$ mit $|a_n - a| \leq \varepsilon\sqrt{a}$ bei $a > 0$ bzw. mit $|a_n - a| = a_n \leq \varepsilon^2$ bei $a = 0$ jeweils für alle $n \geq n_0$. Bei $a > 0$ folgt die Behauptung aus

$$|\sqrt{a_n} - \sqrt{a}| = \left|\frac{a_n - a}{\sqrt{a_n} + \sqrt{a}}\right| \leq \frac{|a_n - a|}{\sqrt{a}} \leq \varepsilon \text{ und bei } a = 0 \text{ aus } |\sqrt{a_n} - \sqrt{0}| = \sqrt{a_n} \leq \sqrt{\varepsilon^2} = \varepsilon$$

für alle $n \geq n_0$. ●

Bemerkung Später werden wir den hier bewiesenen Sachverhalt folgendermaßen ausdrücken: *Die Wurzelfunktion $\mathbb{R}_+ \to \mathbb{R}$, $x \mapsto \sqrt{x}$, ist stetig.* (Vgl. Satz 10.B.2.)

Aufgabe 3 (Teil von 4.F, Aufg. 4) *Man berechne die folgenden Grenzwerte*:

$$\sqrt{n}\left(\sqrt{n+a} - \sqrt{n}\right), \ a \in \mathbb{R}, \ n \geq a; \qquad \sqrt{n+\sqrt{n}} - \sqrt{n-\sqrt{n}}.$$

Lösung Bei der ersten Folge erweitern wir mit $\sqrt{n+a} + \sqrt{n}$, um die dritte binomische Formel anwenden zu können, und kürzen dann durch $\sqrt{n}$:

$$\lim_{n\to\infty}\sqrt{n}\left(\sqrt{n+a} - \sqrt{n}\right) = \lim_{n\to\infty}\sqrt{n}\,\frac{(n+a)-n}{\sqrt{n+a}+\sqrt{n}} = \lim_{n\to\infty}\frac{a}{\sqrt{1+(a/n)}+1} = \frac{a}{2}.$$

Bei der zweiten Folge erweitern wir mit $\sqrt{n+\sqrt{n}} + \sqrt{n-\sqrt{n}}$ und kürzen ebenfalls durch $\sqrt{n}$:

$$\lim_{n\to\infty}\left(\sqrt{n+\sqrt{n}} - \sqrt{n-\sqrt{n}}\right) = \lim_{n\to\infty}\frac{\left(\sqrt{n+\sqrt{n}} - \sqrt{n-\sqrt{n}}\right)\left(\sqrt{n+\sqrt{n}} + \sqrt{n-\sqrt{n}}\right)}{\sqrt{n+\sqrt{n}} + \sqrt{n-\sqrt{n}}} =$$

$$= \lim_{n\to\infty}\frac{n+\sqrt{n} - (n-\sqrt{n})}{\sqrt{n+\sqrt{n}} + \sqrt{n-\sqrt{n}}} = \lim_{n\to\infty}\frac{2}{\sqrt{1+1/\sqrt{n}} + \sqrt{1-1/\sqrt{n}}} = \frac{2}{1+1} = 1. \qquad ●$$

Ganz analog zeige man:

‡**Aufgabe 4** (4.F, Aufg. 4)) *Es ist* $\lim\limits_{n\to\infty}\left(\dfrac{1}{\sqrt{n}} - \dfrac{1}{\sqrt{n+1}}\right)n\sqrt{n} = \dfrac{1}{2}$ *und* $\lim\limits_{n\to\infty} n\left(\sqrt{1+\dfrac{1}{n}} - 1\right) = \dfrac{1}{2}$.

Aufgabe 5 (4.F, Aufg. 5)) *Sei $a > 0$. Dann gilt $\lim\limits_{n\to\infty}\sqrt[n]{a} = 1$.*

1. Lösung Sei zunächst $a \geq 1$. Wir setzen $\sqrt[n]{a} = 1+h_n$ mit $h_n \geq 0$ und erhalten $a = (1+h_n)^n \geq 1+nh_n$, also $0 \leq h_n \leq (a-1)/n$ und somit $\lim\limits_{n\to\infty} h_n = 0$ nach dem Einschließungskriterium 4.E.8. Es folgt $\lim\limits_{n\to\infty}\sqrt[n]{a} = \lim\limits_{n\to\infty}(1+h_n) = 1$. Ist jedoch $0 < a < 1$, so ist $1/a > 1$, also $\lim\limits_{n\to\infty}\sqrt[n]{1/a} = 1$ und somit auch $\lim\limits_{n\to\infty}\sqrt[n]{a} = 1/\lim\limits_{n\to\infty}\sqrt[n]{1/a} = 1$ nach den Grenzwertrechenregeln 4.E.6. ●

2. Lösung Wie im ersten Beweis genügt es, den Fall $a \geq 1$ zu betrachten. Dann ist auch $\sqrt[n]{a} \geq 1$, d.h. die Folge ist nach unten durch 1 beschränkt. Ferner ist dann $a \leq a\sqrt[n]{a}$, also $\sqrt[n+1]{a} \leq \sqrt[n+1]{a\sqrt[n]{a}} = \sqrt[n]{a}$, d.h. die Folge ist auch monoton fallend. Daher ist sie nach dem Vollständigkeitsaxiom 4.F.2 konvergent, ihre Teilfolge $\left(\sqrt[2n]{a}\right)$ hat denselben Limes x wie die Folge selbst, und somit gilt: $x = \lim_{n\to\infty} \sqrt[n]{a} = \lim_{n\to\infty} \left(\sqrt[2n]{a}\right)^2 = \left(\lim_{n\to\infty} \sqrt[2n]{a}\right)^2 = x^2$, woraus $x = 1$ folgt, da $x = 0$ wegen $\sqrt[n]{a} \geq 1$ als Limes nicht infrage kommt.   •

Aufgabe 6 (4.F, Aufg. 6) *Man zeige* $\lim_{n\to\infty} \sqrt[n]{n} = 1$.

1. Lösung Sei $n > 1$ und $\sqrt[n]{n} = 1 + h_n$ mit $h_n > 0$, also $n = (1+h_n)^n \geq 1 + nh_n + \frac{1}{2}n(n-1)h_n^2 \geq \frac{1}{2}n(n-1)h_n^2$, also $0 < h_n^2 \leq 2/(n-1)$ und somit $\lim_{n\to\infty} h_n^2 = 0$, folglich auch $\lim_{n\to\infty} h_n = 0$, vgl. Aufgabe 2. Daraus ergibt sich $\lim_{n\to\infty} \sqrt[n]{n} = 1$.   •

2. Lösung Für $n \geq 3$ ergibt sich aus Beispiel 4.F.10 sofort $\left(1 + \frac{1}{n}\right)^n < \left(1 + \frac{1}{5}\right)^6 < 3 \leq n$ und somit $(n+1)^n \leq n^{n+1}$, woraus durch Übergang zur $n(n+1)$-ten Wurzel $\sqrt[n+1]{n+1} \leq \sqrt[n]{n}$ folgt. Da die Folge also ab $n = 3$ monoton fallend und nach unten durch 1 bschränkt ist, konvergiert sie (nach dem Vollständigkeitsaxiom 4.F.2) gegen einen Grenzwert $x \geq 1$. Dafür erhält man unter Verwendung der Aufgaben 5 und 2

$$x = \lim_{n\to\infty} \sqrt[n]{n} = \lim_{n\to\infty} \left(\sqrt[2n]{2n}\right) = \lim_{n\to\infty} \left(\sqrt[2n]{n}\right) \lim_{n\to\infty} \left(\sqrt[2n]{2}\right) = \lim_{n\to\infty} \left(\sqrt{\sqrt[n]{n}}\right) \cdot 1 = \sqrt{x},$$

was $x^2 = x$ und schließlich $x = 1$ ergibt.   •

Aufgabe 7 (4.F, Aufg. 12a)) *Man zeige* $\lim_{n\to\infty} \left(1 - \frac{1}{n^2}\right)^n = 1$.

Lösung Wegen $-1/n \geq -1$ für $n \geq 1$ liefert die Bernoullische Ungleichung aus 4.D, Aufgabe 12 die Abschätzungen $1 \geq \left(1 - \frac{1}{n^2}\right)^n \geq 1 - \frac{n}{n^2} = 1 - \frac{1}{n}$. Daraus ergibt sich mit dem Einschließungskriterium 4.E.8 die Konvergenz der Folge gegen 1. – Mit $\left(1 - \frac{1}{n}\right)^n = \left(1 - \frac{1}{n^2}\right)^n \Big/ \left(1 + \frac{1}{n}\right)^n$ und $\lim\left(1 + \frac{1}{n}\right)^n = e$, vgl. Beispiel 4.F.10, erhält man noch $\lim\left(1 - \frac{1}{n}\right)^n = e^{-1}$.   •

Aufgabe 8 (4.F, Aufg. 14a)) *Die Folge (x_n) sei rekursiv definiert durch $x_0 = 0$, $x_{n+1} = x_n^2 + \frac{1}{4}$ für alle $n \in \mathbb{N}$. Man zeige, dass der Grenzwert der Folge (x_n) existiert und berechne ihn.*

Lösung Wenn die Folge (x_n) einen Grenzwert x besitzt, so liefern die Grenzwertrechenregeln 4.E.6 die Gleichungen $x = \lim x_n = \lim x_{n+1} = \lim (x_n^2 + \frac{1}{4}) = (\lim x_n)^2 + \frac{1}{4} = x^2 + \frac{1}{4}$, d.h. $x^2 - x + \frac{1}{4} = 0$, und wir erhalten $x = \frac{1}{2} \pm \sqrt{\frac{1}{4} - \frac{1}{4}} = \frac{1}{2}$.

Wir vermuten, dass (x_n) monoton wachsend gegen dieses x konvergiert, und zeigen als nächstes durch Induktion über n, dass $x_n \leq \frac{1}{2}$ ist. Für $n = 0$ ist nach Definition $x_0 = 0 \leq \frac{1}{2}$, und beim Schluss von n auf $n+1$ erhält man mit der Induktionsvoraussetzung $x_n \leq \frac{1}{2}$ in der Tat $x_{n+1} = x_n^2 + \frac{1}{4} \leq \left(\frac{1}{2}\right)^2 + \frac{1}{4} = \frac{1}{2}$. – Nun können wir zeigen, dass die Folge (x_n) monoton wachsend ist: Es gilt $x_{n+1} \geq x_n$ für alle n wegen $x_{n+1} - x_n = x_n^2 + \frac{1}{4} - x_n = (x_n - \frac{1}{2})^2 \geq 0$. Insgesamt ist (x_n) als (nach oben) beschränkte und monoton wachsende Folge nach dem Vollständigkeitsaxiom 4.F.2 konvergent und hat somit den Grenzwert $x = \frac{1}{2}$.   •

Aufgabe 9 (4.F, Aufg. 14b)) *Sei $0 \leq a \leq 1$. Die Folge (x_n) sei rekursiv definiert durch $x_0 = 0$ und $x_{n+1} = \frac{1}{2}(a + x_n^2)$ für alle $n \in \mathbb{N}$. Man zeige, dass der Grenzwert der Folge (x_n) existiert und berechne ihn.*

Lösung Wenn die Folge (x_n) einen Grenzwert x besitzt, so liefern die Grenzwertrechenregeln
4.E.6 die Gleichung $x = \lim\limits_{n\to\infty} x_n = \lim\limits_{n\to\infty} x_{n+1} = \lim\limits_{n\to\infty} \frac{1}{2}(a + x_n^2) = \frac{1}{2}\big(a + (\lim\limits_{n\to\infty} x_n)^2\big) =$
$\frac{1}{2}(a + x^2)$, d.h. $x^2 - 2x + a = 0$, und wir erhalten $x = 1 \pm \sqrt{1-a}$. Wir werden zeigen, dass die
Folge (x_n) nach oben durch $1 - \sqrt{1-a} \le 1 + \sqrt{1-a}$ beschränkt und ferner monoton wachsend
ist. Die Folge ist dann (nach dem Vollständigkeitsaxiom 4.F.2) konvergent mit dem Grenzwert
$x = 1 - \sqrt{1-a}$.

Wir zeigen durch Induktion über n, dass $x_n \le 1 - \sqrt{1-a}$ ist. Für $n = 0$ ist nach Definition in
der Tat $x_0 = 0 \le 1 - \sqrt{1-a}$, und beim Schluss von n auf $n+1$ erhält man mit der Induktionsvoraussetzung $x_n \le 1 - \sqrt{1-a}$ sofort

$$x_{n+1} = \tfrac{1}{2}(a + x_n^2) \le \tfrac{1}{2}\big(a + \big(1 - \sqrt{1-a}\big)^2\big) = \tfrac{1}{2}\big(2 - 2\sqrt{1-a}\big) = 1 - \sqrt{1-a}.$$

Nun können wir zeigen, dass (x_n) monoton wachsend ist: Wegen $x_{n+1} - x_n = \frac{1}{2}(a + x_n^2) - x_n =$
$\frac{1}{2}(a + x_n^2 - 2x_n) = \frac{1}{2}\big(x_n - \big(1 - \sqrt{1-a}\big)\big)\big(x_n - \big(1 + \sqrt{1-a}\big)\big) \ge 0$ (da beide Faktoren nach
dem bereits Gezeigten negativ sind) ist nämlich $x_{n+1} \ge x_n$ für alle n. $\qquad\bullet$

Ähnlich zeige man:

‡**Aufgabe 10** (4.F, Aufg. 14c)) *Für $a \in \mathbb{R}_+$ sei die Folge (x_n) definiert durch $x_0 = 0$ und
$x_{n+1} = \frac{1}{2}(a - x_n^2)$, $n \in \mathbb{N}$. Dann ist $[x_{2n}, x_{2n+1}]$, $n \in \mathbb{N}$, eine Intervallschachtelung für $\sqrt{a+1} - 1$.*

Aufgabe 11 (4.F, Aufg. 14d)) *Die Folge (x_n) sei rekursiv definiert durch $x_0 = 2$ und $x_{n+1} = 2 - \dfrac{1}{x_n}$
für alle $n \in \mathbb{N}$. Man zeige, dass der Grenzwert der Folge (x_n) existiert und berechne ihn.*

Lösung Wenn die Folge (x_n) den Grenzwert x besitzt, so liefern die Grenzwertrechenregeln
4.E.6 die Gleichung $x = \lim\limits_{n\to\infty} x_n = \lim\limits_{n\to\infty} x_{n+1} = \lim\limits_{n\to\infty}\big(2 - \dfrac{1}{x_n}\big) = 2 - \dfrac{1}{x}$. Dies ergibt die
quadratische Gleichung $x^2 = 2x - 1$, d.h. $x^2 - 2x + 1 = 0$ für x mit der einzigen Lösung $x = 1$.
Als nächstes zeigen wir durch Induktion über n, dass $x_n \ge 1$ ist. Für $n = 0$ ist nach Definition in
der Tat $x_0 = 2 \ge 1$, und beim Schluss von n auf $n+1$ erhält man mit der Induktionsvoraussetzung
$x_n \ge 1$ der Reihe nach $1/x_n \le 1$, $x_{n+1} = 2 - 1/x_n \ge 2 - 1 = 1$. – Nun können wir zeigen, dass
(x_n) monoton fallend ist: Wegen $x_n - x_{n+1} = x_n - \big(2 - \dfrac{1}{x_n}\big) = \dfrac{x_n^2 - 2x_n + 1}{x_n} = \dfrac{(x_n - 1)^2}{x_n} \ge 0$ ist
nämlich $x_n \ge x_{n+1}$ für alle n. Insgesamt ist (x_n) als nach unten beschränkte und monoton fallende
Folge (nach dem Vollständigkeitsaxiom 4.F.2) konvergent, und (x_n) hat den Grenzwert 1. $\qquad\bullet$

Ganz analog wird die folgende Aufgabe gelöst:

‡**Aufgabe 12** *Die Folge (x_n) sei rekursiv definiert durch $x_0 = 4$ und $x_{n+1} = 4 - \dfrac{3}{x_n}$, $n \in \mathbb{N}$. Man
zeige, dass der Grenzwert x der Folge (x_n) existiert, und berechne ihn. (Es ist $x = 3$.)*

Aufgabe 13 (4.F, Aufg. 17) *Seien $a, b > 0$. Die rekursiv definierten Folgen (a_n) und (b_n) mit
$a_0 = a$, $b_0 = b$ und*

$$a_{n+1} = \frac{2a_n b_n}{a_n + b_n} = \text{harmonisches Mittel von } a_n, b_n,$$

$$b_{n+1} = \frac{a_n + b_n}{2} = \text{arithmetisches Mittel von } a_n, b_n$$

bilden ab $n = 1$ eine Intervallschachtelung für das geometrische Mittel $\sqrt{ab}$ von a und b.

Lösung Offenbar sind alle a_n, b_n positiv. Für alle $n \ge 0$ gilt ferner $a_{n+1} \le b_{n+1}$. Das ist ein
Spezialfall von Abschnitt 4.D, Aufgabe 16, ergibt sich aber auch leicht direkt: Diese Ungleichung,

d.h. $\dfrac{2a_nb_n}{a_n+b_n} \leq \dfrac{a_n+b_n}{2}$ ist äquivalent zu $4a_nb_n \leq (a_n+b_n)^2 = a_n^2 + 2a_nb + b_n^2$, folgt also aus $0 \leq (a_n-b_n)^2 = a_n^2 - 2a_nb_n + b_n^2$. Überdies gilt $a_n \leq a_{n+1}$ für $n \geq 1$. Diese Ungleichung ist äquivalent zu $a_n(a_n+b_n) = a_n^2 + a_nb_n \leq 2a_nb_n$, d.h. zu $a_n(a_n-b_n) \leq 0$, was aus der für $n \geq 1$ bereits bewiesenen Ungleichung $a_n \leq b_n$ folgt.

Außerdem gilt $b_{n+1} \leq b_n$ für $n \geq 1$. Dies ist äquivalent zu $a_n+b_n \leq 2b_n$, d.h. auch zu $a_n \leq b_n$.

Aus dem Bewiesenen folgt, dass die Folgen $(a_n)_{n\geq 1}$ und $(b_n)_{n\geq 1}$ monoton wachsend bzw. fallend und beschränkt (jeweils durch jedes Glied der anderen Folge) sind. Nach dem Vollständigkeitsaxiom 4.F.2 existieren also $x := \lim\limits_{n\to\infty} a_n \leq y := \lim\limits_{n\to\infty} b_n$. Aus $b_{n+1} - a_{n+1} \leq b_{n+1} - a_n = (a_n+b_n)/2 - a_n = (b_n-a_n)/2$ erhält man dann durch Übergang zu den Limiten $0 \leq y-x \leq (y-x)/2$, d.h. $y = x$.

Schließlich ist $a_{n+1}b_{n+1} = \dfrac{2a_nb_n}{a_n+b_n} \cdot \dfrac{a_n+b_n}{2} = a_nb_n = \cdots = a_0b_0 = ab$. Daraus folgt $x^2 = xy = \lim\limits_{n\to\infty} a_n \lim\limits_{n\to\infty} b_n = \lim\limits_{n\to\infty} a_nb_n = ab$ nach den Grenzwertrechenregeln 4.E.6, d.h. $x = y = \sqrt{ab}$. – Wegen $b_{n+1} - a_{n+1} = \dfrac{a_n+b_n}{2} - \dfrac{2a_nb_n}{a_n+b_n} = \dfrac{(b_n-a_n)^2}{2(a_n+b_n)} \leq \dfrac{(b_n-a_n)^2}{4a_1}$ hat man sogar quadratische Konvergenz für die Intervallschachtelung. ●

Bemerkung Ist $a = 1$, so ist $a_nb_n = b$ für alle $n \in \mathbb{N}$ und folglich $b_{n+1} = \dfrac{1}{2}\left(\dfrac{b}{b_n} + b_n\right)$, $n \in \mathbb{N}$, die Folge für das Babylonische Wurzelziehen aus b gemäß Beispiel 4.F.9.

Aufgabe 14 (4.F, Aufg. 18) *Seien $a, b > 0$. Die rekursiv definierten Folgen (a_n) und (b_n) mit $a_0 = a$, $b_0 = b$ und*

$$a_{n+1} = \sqrt{a_nb_n} = \text{geometrisches Mittel von } a_n, b_n,$$

$$b_{n+1} = \frac{a_n+b_n}{2} = \text{arithmetisches Mittel von } a_n, b_n$$

bilden ab $n = 1$ eine Intervallschachtelung für das so genannte arithmetisch-geometri-sche Mittel *$M(a, b)$ von a und b. (Vgl. hierzu auch die Bemerkungen vor Satz 17.C.9.)*

Lösung Offenbar sind alle a_n, b_n positiv. Für alle $n \geq 0$ gilt ferner $a_{n+1} \leq b_{n+1}$. Das ist die Ungleichung von arithmetischen und geometrischen Mittel, vgl. 4.D, Aufgabe 16. Überdies gilt $a_n \leq a_{n+1}$ für $n \geq 1$. Diese Ungleichung ist äquivalent zu $a_n \leq \sqrt{a_nb_n}$, d.h. zu $\sqrt{a_n} \leq \sqrt{b_n}$, was aus der für $n \geq 1$ bereits bewiesenen Ungleichung $a_n \leq b_n$ folgt. Außerdem gilt $b_{n+1} \leq b_n$ für $n \geq 1$. Dies ist äquivalent zu $a_n + b_n \leq 2b_n$, d.h. ebenfalls zu $a_n \leq b_n$.

Aus dem Bewiesenen folgt, dass die Folgen $(a_n)_{n\geq 1}$ und $(b_n)_{n\geq 1}$ monoton wachsend bzw. fallend und beschränkt (jeweils durch jedes Glied der anderen Folge) sind. Nach dem Vollständigkeitsaxiom 4.F.2 existieren also $x := \lim\limits_{n\to\infty} a_n \leq y := \lim\limits_{n\to\infty} b_n$. Aus $b_{n+1} - a_{n+1} \leq b_{n+1} - a_n = (a_n+b_n)/2 - a_n = (b_n-a_n)/2$ erhält man dann durch Übergang zu den Limiten $0 \leq y-x \leq (y-x)/2$, d.h. $y = x$. – Wegen

$$b_{n+1} - a_{n+1} = \frac{a_n+b_n}{2} - \sqrt{a_nb_n} = \frac{\left(\sqrt{b_n} - \sqrt{a_n}\right)^2}{2} = \frac{(b_n-a_n)^2}{2\left(\sqrt{b_n} + \sqrt{a_n}\right)^2}$$

$$= \frac{(b_n-a_n)^2}{2\left(a_n+b_n+2\sqrt{a_nb_n}\right)} \leq \frac{(b_n-a_n)^2}{8a_1}$$

hat man sogar quadratische Konvergenz der Intervallschachtelung. ●

Aufgabe 15 *Die Folgen* $(a_n)_{n\in\mathbb{N}^*}$ *und* $(b_n)_{n\in\mathbb{N}^*}$ *seien definiert durch*

$$a_n := \frac{4^{2n}}{(n+1)\binom{2n}{n}^2} \quad und \quad b_n := \frac{4^{2n}}{n\binom{2n}{n}^2}\,.$$

Man zeige, dass $[a_n, b_n]$, $n \in \mathbb{N}^*$, *eine Intervallschachtelung für eine Zahl* x *mit* $2 < x < 4$ *ist.*

Lösung Es gilt $a_1 = 4^2/2 \cdot \binom{2}{1}^2 = 2$ und $b_1 = 4^2/1 \cdot \binom{2}{1}^2 = 4$ sowie offenbar $a_n < b_n$ für alle

$n \in \mathbb{N}^*$. Mit $\binom{2n+2}{n+1} = \dfrac{(2n+2)(2n+1)(2n)\cdots(n+2)}{(n+1)!} = \dfrac{2\,(2n+1)(2n)\cdots(n+2)(n+1)}{(n+1)\cdot n!} =$

$\dfrac{2\,(2n+1)}{n+1}\binom{2n}{n}$ ergibt sich

$$a_n - a_{n+1} = \frac{4^{2n}}{(n+1)\binom{2n}{n}^2} - \frac{4^{2n+2}}{(n+2)\binom{2n+2}{n+1}^2}$$

$$= \frac{4^{2n}}{\binom{2n}{n}^2}\left(\frac{1}{n+1} - \frac{4^2}{(n+2)\,2^2(2n+1)^2}\right) = \frac{4^{2n}}{\binom{2n}{n}^2}\frac{(n+2)(2n+1)^2 - 4(n+1)^3}{(n+1)(n+2)(2n+1)^2} =$$

$$= \frac{4^{2n}}{\binom{2n}{n}^2}\frac{(4n^3+12n^2+9n+2) - (4n^3+12n^2+12n+4)}{(n+1)(n+2)(2n+1)^2} = \frac{4^{2n}}{\binom{2n}{n}^2}\frac{-3n-2}{(n+1)(n+2)(2n+1)^2} < 0,$$

$$b_n - b_{n+1} = \frac{4^{2n}}{n\binom{2n}{n}^2} - \frac{4^{2n+2}}{(n+1)\binom{2n+2}{n+1}^2} = \frac{4^{2n}}{\binom{2n}{n}^2}\left(\frac{1}{n} - \frac{4^2}{2^2(2n+1)^2}\right) =$$

$$= \frac{4^{2n}}{\binom{2n}{n}^2}\left(\frac{1}{n} - \frac{4n+4}{(2n+1)^2}\right) = \frac{4^{2n}}{\binom{2n}{n}^2}\cdot\frac{4n^2+4n+1 - (4n^2+4n)}{n(2n+1)^2} = \frac{4^{2n}}{\binom{2n}{n}^2}\cdot\frac{1}{n(2n+1)^2} > 0,$$

d.h. die Folge (a_n) ist streng monoton wachsend und die Folge (b_n) ist streng monoton fallend.
Schließlich ist $b_n - a_n = \dfrac{4^{2n}}{n\binom{2n}{n}^2} - \dfrac{4^{2n}}{(n+1)\binom{2n}{n}^2} = \dfrac{4^{2n}}{n(n+1)\binom{2n}{n}^2} = \dfrac{a_n}{n}$, $n \in \mathbb{N}^*$, wegen

$a_n < b_n \le 4$ eine Nullfolge und $2 = a_1 < a_2 < \cdots < x < \cdots < b_2 < b_1 = 4$. $\bullet$

Bemerkung Nach Beispiel 16.B.5 (4) ist $x = \pi$, vgl. auch das Ende von Beispiel 12.A.13. Mit Aufgabe 2 ergibt sich das berühmte W a l l i s s c h e P r o d u k t

$$\sqrt{\pi} = \lim_{n\to\infty}\sqrt{b_n} = \lim_{n\to\infty}\frac{2^{2n}(n!)^2}{\sqrt{n}\,(2n)!} = \lim_{n\to\infty}\frac{1}{\sqrt{n}}\frac{2\cdot 4\cdots(2n)}{1\cdot 3\cdots(2n-1)}\,.$$

Aufgabe 16 (4.F, Aufg. 24) *Für* $x \in \mathbb{R}$ *konvergiert die Folge rationaler Zahlen* $[nx]/n$, $n \in \mathbb{N}^*$, *gegen* x.

Lösung Definitionsgemäß gilt $[nx] \le nx < [nx]+1$ und folglich $[nx]/n \le x < [nx]/n + 1/n$, also $0 \le x - [nx]/n < 1/n$. Da die Folge $(1/n)_{n\in\mathbb{N}^*}$ der Stammbrüche in $\mathbb{R}$ eine Nullfolge ist (vgl. 4.F.6 (1)), ergibt sich $\lim_{n\to\infty}[nx]/n = x$. $\bullet$

Bemerkungen (1) Die Folge $\big([nx_n]/n\big)_{n\in\mathbb{N}^*}$ liefert sicherlich das einfachste Verfahren, eine reelle Zahl x durch rationale Zahlen zu approximieren. Genauer: $[nx]/n$ *approximiert* x *bis auf einen Fehler* $< 1/n$, $n \in \mathbb{N}^*$. Ist $g \in \mathbb{N}^*$, $g \ge 2$, und ist $x \ge 0$, so liefert $[g^k x]/g^k$ für $k \in \mathbb{N}$ die ersten k Nachkommastellen in der g-al-Entwicklung von x, vgl. Beispiel 4.F.12.

(2) Für eine irrationale Zahl $x \in\ ]1, 2[$ ist die Folge $a_n := [nx]$, $n \in \mathbb{N}^*$, streng monoton wachsend und beginnt mit $a_1 = 1$. Die folgende Aufgabe, deren Ergebnis auf S. Beatty (1881-1970) zurückgeht, gibt die streng monoton wachsende Folge $(\ell_n)_{n\in\mathbb{N}^*}$ der Lücken in der Folge (a_n) an.

Aufgabe 17 (Satz von Beatty) *Sei* $x \in\ ]1,2[$ *irrational. Für die streng monoton wachsende Folge* ℓ_n, $n \in \mathbb{N}^*$, *der positiven natürlichen Zahlen, die in der Folge* $a_n := [nx]$, $n \in \mathbb{N}^*$, *nicht auftreten, gilt* $\ell_n = [nx/(x-1)]$, $n \in \mathbb{N}^*$.

Lösung Sei $y := x/(x-1)$. Dann ist $1/x + 1/y = 1$ und $y > 2$ ebenfalls irrational. Zunächst gilt: *Die Zahlen* $b_n := [ny] \geq 2$, $n \in \mathbb{N}^*$, *sind Lücken in der Folge* (a_n). Andernfalls wäre $b_n = a_m$ für ein $m \in \mathbb{N}^*$, d.h. $b_n < ny < b_n+1$ und $b_n < mx < b_n+1$ und somit $n/(b_n+1) < 1/y < n/b_n$ und $m/(b_n+1) < 1/x < m/b_n$. Addition der letzten Ungleichungen ergäbe

$$(n+m)/(b_n+1) < 1 < (n+m)/b_n$$

bzw. $b_n < n+m < b_n+1$. Dies ist ein Widerspruch, da im offenen Intervall $]b_n, b_n+1[$ keine ganze Zahl liegt. – Weiter gilt: *Die Zahlen* b_n, $n \in \mathbb{N}^*$, *sind die einzigen Lücken in der Folge* (a_n). Wäre nämlich $c \geq 2$ eine solche Lücke mit $c \neq b_n$ für alle $n \in \mathbb{N}^*$, so gäbe es positive natürliche Zahlen $k, \ell \in \mathbb{N}^*$ mit $kx < c < c+1 < (k+1)x$ und $\ell y < c < c+1 < (\ell+1)y$ und folglich $k/c < 1/x < (k+1)/(c+1)$ und $\ell/c < 1/y < (\ell+1)/(c+1)$. Durch Addition ergäbe sich jetzt $(k+\ell)/c < 1 < (k+\ell+2)/(c+1)$ bzw. $k+\ell < c < c+1 < k+\ell+2$. Auch dies ist ein Widerspruch, da in dem offenen Intervall $]k+\ell, k+\ell+2[$ nicht die beiden verschiedenen ganzen Zahlen c und $c+1$ liegen können. Insgesamt ist somit $b_1 < b_2 < \cdots$ die Folge der Lücken, d.h. $\ell_n = b_n = [ny]$, $n \in \mathbb{N}^*$. •

Bemerkung Die Folgen (a_n) und (ℓ_n) in Aufgabe 17 bestimmen sich also wechselseitig. Dies ist besonders übersichtlich, wenn $x/(x-1) = x+m$ ist mit einem $m \in \mathbb{N}^*$, d.h. wenn gilt $x = x^{(m)} := \left(2-m+\sqrt{m^2+4}\right)/2$ für ein $m \in \mathbb{N}^*$. Dann ist nämlich

$$\ell_n = [nx^{(m)}/(x^{(m)}-1)] = [n(x^{(m)}+m)] = [nx^{(m)}] + nm = a_n + nm.$$

$x^{(1)} = \left(1+\sqrt{5}\right)/2 = \Phi$ ist die Zahl des Goldenen Schnitts, vgl. Beispiel 2.A.5, $x^{(2)} = \sqrt{2}$, $x^{(3)} = \left(\sqrt{13}-1\right)/2$ usw. – Immerhin belegt das Ergebnis der Aufgabe 17 für den Spezialfall $x = x^{(2)} = \sqrt{2}$ in einer Liste von 24 mathematischen Sätzen von bemerkenswerter Schönheit Platz 21, vgl. Wells, D.: Are These the Most Beautiful?, Math. Intelligencer **12**, 37-41 (1990).

Aufgabe 18 (4.F, Aufg. 14g)) *Die durch* $x_0 = 1$, $x_{n+1} = (x_n+2)/(x_n+1)$, $n \geq 0$, *definierte Folge rationaler Zahlen konvergiert gegen* $\sqrt{2}$. *Genauer: Die Intervalle* $[x_{2n}, x_{2n+1}]$ *bilden eine Intervallschachtelung für* $\sqrt{2}$ *mit* $0 < x_{2n+1} - x_{2n} \leq 1/(2 \cdot 16^n)$, $n \in \mathbb{N}$.

Lösung Offenbar ist $x_0 = 1 < x_n \leq 3/2 = x_1$ für $n \geq 1$. Konvergiert (x_n), so gilt also $x := \lim x_n \geq 1$ und mit den Rechenregeln 4.E.6 für Limiten $x = \lim x_{n+1} = (\lim x_n+2)/(\lim x_n+1) = (x+2)/(x+1)$, d.h. $x(x+1) = x+2$ bzw. $x^2 = 2$, also $x = \sqrt{2}$. – Für $n \geq 0$ ist nun

$$x_{n+2} - x_{n+1} = \frac{x_{n+1}+2}{x_{n+1}+1} - \frac{x_n+2}{x_n+1} = \frac{-(x_{n+1}-x_n)}{(x_n+1)(x_{n+1}+1)}.$$

Es folgt $\mathrm{Sign}\,(x_{n+1}-x_n) = (-1)^n \mathrm{Sign}\,(x_1-x_0) = (-1)^n$, $|x_{n+2}-x_{n+1}| \leq |x_{n+1}-x_n|/4$ und $|x_{n+1}-x_n| \leq |x_1-x_0|/4^n = 1/(2 \cdot 4^n)$. Damit ist alles bewiesen. •

Bemerkungen (1) Die Aufgabe lässt sich als Beispiel zu Satz 10.B.12 interpretieren. Die Funktion $f : [1, \infty[\ \to\ [1, \infty[$, $x \mapsto (x+2)/(x+1)$, ist stark kontrahierend mit Kontraktionsfaktor $1/4$ wegen $|f(x) - f(x')| = |x-x'|/|x+1||x'+1| \leq |x-x'|/4$. Daher konvergiert die Folge (x_n) mit $x_{n+1} = f(x_n) = (x_n+2)/(x_n+1)$, $n \geq 0$, für *jeden* Anfangswert $x_0 \in [1, \infty[$ gegen $\sqrt{2}$, vgl. Satz 10.B.13. Wegen $f(x) > 1$ für $x \in \mathbb{R}_+$ kann man auch mit einem $x_0 \in [0, 1[$ starten.

(2) Ganz allgemein gilt: *Für jedes $a \in \mathbb{R}_+^\times$ konvergiert die Folge (x_n) mit $x_{n+1} = (x_n+a)/(x_n+1)$ für jeden beliebigen Startwert $x_0 \in \mathbb{R}_+$ gegen $\sqrt{a}$.* Dies ergibt sich etwa aus der expliziten Darstellung

$$x_n = \frac{x_0\sqrt{a}\,(1+\alpha^n) + a\,(1-\alpha^n)}{x_0(1-\alpha^n) + \sqrt{a}\,(1+\alpha^n)}\,, \qquad \alpha := \frac{1-\sqrt{a}}{1+\sqrt{a}}\,,$$

die man leicht durch Induktion über n bestätigt. (Für $a = 0$ ist (x_n) offenbar die Nullfolge $x_0/(nx_0+1)$, $n \in \mathbb{N}$.) Beachtet man $|\alpha| < 1$, so ist $\lim \alpha^n = 0$, vgl. 4.F.6 (4), und die Rechenregeln 4.E.6 für Limiten ergeben $\lim x_n = (x_0\sqrt{a} + a)/(x_0 + \sqrt{a}) = \sqrt{a}$.

[Der Leser wird sich vielleicht fragen, wie man die angegebene explizite Darstellung der Folgenglieder x_n findet. Hierzu benutzt man etwas Lineare Algebra, wie sie in LdM 2 dargestellt wird: Es ist $x_n = u_n/v_n$ mit $\binom{u_n}{v_n} = \mathfrak{A}^n \binom{x_0}{1}$, $n \in \mathbb{N}$, wobei $\mathfrak{A}$ die 2×2-Matrix $\begin{pmatrix} 1 & a \\ 1 & 1 \end{pmatrix}$ mit dem charakteristischen Polynom $X^2 - 2X + 1 - a = (X-1)^2 - a$ und den verschieden Eigenwerten $1+\sqrt{a}$ und $1-\sqrt{a}$ ist. $\mathfrak{A}$ ist also ähnlich zur Diagonalmatrix $\mathfrak{D} := \mathrm{Diag}\,(1+\sqrt{a}, 1-\sqrt{a}) = \begin{pmatrix} 1+\sqrt{a} & 0 \\ 0 & 1-\sqrt{a} \end{pmatrix}$, d.h. $\mathfrak{A} = \mathfrak{C}\mathfrak{D}\mathfrak{C}^{-1}$ mit einer invertierbaren 2 × 2-Matrix $\mathfrak{C}$ und somit $\mathfrak{A}^n = \mathfrak{C}\mathfrak{D}^n\mathfrak{C}^{-1}$ mit der Diagonalmatrix $\mathfrak{D}^n = \mathrm{Diag}\,\big((1+\sqrt{a})^n, (1-\sqrt{a})^n\big)$. Man kann für $\mathfrak{C}$ die Matrix $\begin{pmatrix} \sqrt{a} & \sqrt{a} \\ 1 & -1 \end{pmatrix}$ wählen, deren Spalten Eigenvektoren von $\mathfrak{A}$ zu den Eigenwerten $1+\sqrt{a}$ und $1-\sqrt{a}$ sind, vgl. LdM 2, Abschnitt 11.B. Ihre Inverse ist $\mathfrak{C}^{-1} = \dfrac{1}{2\sqrt{a}}\begin{pmatrix} 1 & \sqrt{a} \\ 1 & -\sqrt{a} \end{pmatrix} \cdot\,$]

Dieselben Argumente gelten auch im Komplexen: Sei $a \in \mathbb{C} - \mathbb{R}_-$ und $\sqrt{a}$ der Hauptwert der Quadratwurzel aus a (mit $\mathrm{Re}\,\sqrt{a} > 0$). Dann hat $\alpha = (1-\sqrt{a})/(1+\sqrt{a})$ ebenfalls einen Betrag < 1 wegen $|1-\sqrt{a}|^2 = (1-\mathrm{Re}\,\sqrt{a})^2 + (\mathrm{Im}\,\sqrt{a})^2 < |1+\sqrt{a}|^2 = (1+\mathrm{Re}\,\sqrt{a})^2 + (\mathrm{Im}\,\sqrt{a})^2$, und es ist $\lim \alpha^n = 0$. Man beachte, dass die Nenner in der Formel für x_n alle $\neq 0$ sind, wenn $x_0 \in \mathbb{R}_+$ ist, wie auch deren Limes $x_0 + \sqrt{a}$. Man kann offensichtlich auch noch weitere Anfangswerte x_0 zulassen, z.B. reicht $\mathrm{Re}\,x_0 \geq 0$.

4.G Folgerungen aus der Vollständigkeit

Aufgabe 1 (4.G, Aufg. 11) *Jede (unendliche) Folge reeller Zahlen enthält eine (unendliche) monotone Teilfolge.*

Lösung Sei (a_n) eine Folge reeller Zahlen. Ist die Folge beschränkt, so besitzt sie nach dem Satz von Weierstraß-Bolzano eine konvergente Teilfolge (a_{n_k}) mit einem Grenzwert a. Sind unendlich viele der a_{n_k} kleiner als a, so bilden diese eine Teilfolge von (a_{n_k}), die wir mit (b_j) bezeichnen. Es gilt dann $b_j < a$ für alle j und $\lim_{j\to\infty} b_j = a$. Zu b_0 gibt es deswegen ein b_{n_1}, $n_1 > n_0 := 0$, mit $b_{n_0} < b_{n_1} < a$, dazu ein b_{n_2}, $n_2 > n_1$, mit $b_{n_1} < b_{n_2} < a$, usw. Auf diese Weise konstruiert man sukzessive eine (streng) monoton wachsende Teilfolge der Folge (b_j), die aber auch eine Teilfolge der Ausgangsfolge (a_n) ist. Sind jedoch unendlich viele der a_{n_k} größer als a, so bilden diese eine Teilfolge von (a_{n_k}), die wir mit (c_j) bezeichnen. Es gilt dann $c_j > a$ für alle j und $\lim_{j\to\infty} c_j = a$. Zu c_0 gibt es deswegen ein c_{n_1}, $n_1 > n_0 := 0$, mit $c_{n_0} > c_{n_1} > a$, dazu ein c_{n_2}, $n_2 > n_1$, mit $c_{n_1} > c_{n_2} > a$, usw. Auf diese Weise konstruiert man sukzessive eine monoton fallende Teilfolge der Folge (c_j), die aber auch eine Teilfolge der Ausgangsfolge (a_n) ist. Sind weder unendlich viele der a_{n_k} größer noch unendlich viele davon kleiner als a, so sind unendlich viele davon gleich a. Diese bilden eine konstante und somit ebenfalls monotone Teilfolge der Ausgangsfolge (a_n).

Ist schließlich die Folge (a_n) nicht beschränkt, so gibt es zu jeder noch so großen Zahl S ein a_n (und dann auch unendlich viele a_n) mit $|a_n| \geq S$. Wir wählen nun der Reihe nach zu a_0 ein $n_1 > n_0 := 0$, mit $|a_{n_1}| \geq |a_0|$, zu a_{n_1} ein $n_2 > n_1$, mit $|a_{n_2}| \geq |a_{n_1}|$, usw. Auf diese Weise konstruiert man sukzessive eine monoton wachsende Teilfolge $(|a_{n_k}|)$ der Folge $(|a_n|)$. Sind unendlich viele dieser a_{n_k} positiv, so bilden diese eine monoton wachsende Teilfolge der Folge (a_n) (die gegen ∞ wächst). Andernfalls sind unendlich viele der a_{n_k} negativ und bilden eine monoton gegen $-\infty$ fallende Teilfolge der Folge (a_n). •

Bemerkung *Die Aussage der letzten Aufgabe gilt für jede vollständig geordnete Menge an Stelle von* $\mathbb{R}$. Dies ergibt sich zum Beispiel mit dem Ergebnis der Aufgabe direkt aus dem folgenden, auch für sich interessanten (und einfachen) Lemma:

Lemma *Ist A eine abzählbare vollständig geordnete Menge, so gibt es eine streng monoton wachsende Abbildung* $f : A \to \mathbb{Q}$.

Zum **Beweis** sei A unendlich und a_n, $n \in \mathbb{N}$, eine Folge mit Werten in A, die jedes Element von A genau einmal enthält. Wir konstruieren f rekursiv auf den Teilmengen $A_n := \{a_0, \ldots, a_n\} \subseteq A$, $n \in \mathbb{N}$. Für $f(a_0)$ wählen wir ein beliebiges Element aus $\mathbb{Q}$. Sei f bereits auf A_n konstruiert und sei $a_{i_0} < a_{i_1} < \cdots < a_{i_n}$ mit einer Permutation $(i_0, \ldots, i_n)$ von $(0, \ldots, n)$. Dann ist auch $f(a_{i_0}) < f(a_{i_1}) < \cdots < f(a_{i_n})$, und für a_{n+1} gibt es drei Möglichkeiten: (1) Es ist $a_{n+1} <$ Min $(a_0, \ldots, a_n) = a_{i_0}$. (2) Es ist $a_{n+1} >$ Max $(a_0, \ldots, a_n) = a_{i_n}$. (3) Es gibt ein j mit $0 \leq j < n$ und $a_{i_j} < a_{n+1} < a_{i_{j+1}}$. Im ersten Fall wählen wir für $f(a_{n+1})$ eine (beliebige) rationale Zahl $< f(a_{i_0})$ (z.B. $f(a_{i_0}) - 1$), im zweiten Fall eine rationale Zahl $> f(a_{i_n})$ (z.B. $f(a_{i_n}) + 1$) und im dritten Fall eine rationale Zahl echt zwischen $f(a_{i_j})$ und $f(a_{i_{j+1}})$ (z.B. $\big(f(a_{i_j}) + f(a_{i_{j+1}})\big)/2$). •

Aufgabe 2 (4.G, Aufg. 23) *In der Potenzmenge* $\mathcal{P}(\mathbb{N})$ *der Menge* $\mathbb{N}$ *der natürlichen Zahlen gibt es überabzählbare Ketten, also überabzählbare Teilmengen, die bzgl. der Inklusion vollständig geordnet sind. Darüber hinaus gibt es in* $\mathcal{P}(\mathbb{N})$ *überabzählbare Teilmengen, deren Elemente paarweise fast disjunkt sind, wobei hier zwei Mengen* f a s t d i s j u n k t *heißen mögen, wenn ihr Durchschnitt endlich ist.*

Lösung Der Trick besteht darin, dass wir die Menge $\mathbb{N}$ durch eine beliebige abzählbar unendliche Menge ersetzen können. Wir wählen dafür die nach Korollar 2.C.6 abzählbare Menge $\mathbb{Q}$ der rationalen Zahlen und betrachten dann zu jedem $\alpha \in \mathbb{R}$ den D e d e k i n d s c h e n A b s c h n i t t $A_\alpha := \{x \in \mathbb{Q} \mid x < \alpha\}$. Die A_α sind paarweise verschieden. Sind nämlich $\alpha, \beta \in \mathbb{R}$ mit $\alpha < \beta$, so gibt es ein $q \in \mathbb{Q}$ mit $\alpha \leq q < \beta$ und es ist $q \notin A_\alpha$, aber $q \in A_\beta$. Da $A_\alpha \subseteq A_\beta$ äquivalent zu $\alpha \leq \beta$ ist, ist überdies die Menge $\mathcal{M} := \{A_\alpha \mid \alpha \in \mathbb{R}\}$ bzgl. der Inklusion wie $\mathbb{R}$ selbst vollständig geordnet. Da $\mathbb{R}$ überabzählbar ist, vgl. Satz 2.C.11, ist $\mathcal{M}$ eine überabzählbare Kette in $\mathcal{P}(\mathbb{Q})$.

Um eine überabzählbare Menge der zweiten Art zu finden, betrachten wir zu jeder reellen Zahl $\alpha \in \mathbb{R}$ eine Folge rationaler Zahlen mit *unendlich vielen verschiedenen* Gliedern, die gegen α konvergiert (für $\alpha \in \mathbb{R} - \mathbb{Z}$ leistet dies z.B. die Folge $[n\alpha]/n$, $n \in \mathbb{N}^*$, aus 4.F, Aufgabe 16), und die Menge F_α der Folgenglieder. Dann sind die Mengen F_α unendlich und paarweise verschieden. Ferner sind die F_α sogar paarweise fast disjunkt. Sind nämlich $\alpha, \beta \in \mathbb{R}$, $\alpha \neq \beta$, so gibt es disjunkte Umgebungen U_α bzw. U_β von α bzw. β und in U_α liegen fast alle Elemente von F_α und in U_β fast alle Elemente von F_β. Also ist $F_\alpha \cap F_\beta$ endlich. Da $\mathbb{R}$ überabzählbar ist, hat die Menge $\{F_\alpha \mid \alpha \in \mathbb{R}\} \subseteq \mathcal{P}(\mathbb{Q})$ die geforderten Eigenschaften. •

5 Die komplexen Zahlen

Wir empfehlen dem Leser, sich so früh wie möglich mit den komplexen Zahlen vertraut zu machen. Zum Beispiel ist es in vielen Fällen weitaus bequemer mit komplexwertigen statt mit reellwertigen Funktionen zu rechnen – auch in der so genannten Reellen Analysis. Das liegt insbesondere – aber nicht nur – an der Gültigkeit des Fundamentalsatzes der Algebra. vgl. Satz 11.A.7. Allein schon wegen des engen Zusammenhangs $e^{i\varphi} = \cos\varphi + i\sin\varphi$ der trigonometrischen Funktionen mit der komplexen Exponentialfunktion, vgl. die Bemerkung im Anschluss an die Moivresche Formel 5.C.2, lohnt sich die Kenntnis der komplexen Zahlen. Überdies ist die Konstruktion der komplexen Zahlen ausgehend von den reellen Zahlen ein kleiner Schritt, verglichen mit der Begründung der reellen Zahlen aus den rationalen.

Hier wird die Polarkoordinatendarstellung komplexer Zahlen bereits in den Abschnitten 5.A und 5.B teilweise benutzt. In LdM 1 wird sie jedoch erst in Abschnitt 5.C eingeführt.

5.A Konstruktion der komplexen Zahlen

Aufgabe 1 (vgl. 5.A, Aufg. 1 und 5.C, Aufg. 1) *Man bestimme Real- und Imaginärteil, den Betrag und die konjugiert-komplexe Zahl sowie eine Darstellung in Polarkoordinaten von*

$$z_1 := \frac{-2+3i}{3-2i}, \qquad z_2 := \frac{2-i}{1+2i} + \frac{1}{1-i}, \qquad z_3 := (1+i)^n, \quad n \in \mathbb{N}.$$

Lösung (1) Durch Erweitern mit dem Konjugiert-Komplexen des Nenners erhalten wir

$$z_1 := \frac{-2+3i}{3-2i} = \frac{(-2+3i)(3+2i)}{(3-2i)(3+2i)} = \frac{-6-4i+9i+6i^2}{9-4i^2} = \frac{-12+5i}{13} = -\frac{12}{13} + \frac{5}{13}i.$$

z_1 hat also den Realteil $-\frac{12}{13}$, den Imaginärteil $\frac{5}{13}$, den Betrag $|z_1| = \sqrt{\left(-\frac{12}{13}\right)^2 + \left(\frac{5}{13}\right)^2} = \sqrt{\frac{169}{169}} = 1$ und $\bar{z}_1 = -\frac{12}{13} - \frac{5}{13}i$ als zugehörige konjugiert-komplexe Zahl. Da z_1 im zweiten Quadranten liegt, berechnet sich das Argument φ von z_1 aus $\tan\alpha = \frac{5}{13} \Big/ -\frac{12}{13} = -\frac{5}{12}$, also $\varphi \approx -0{,}3948$, zu $\operatorname{Arg}z = \varphi = \pi + \alpha \approx 2{,}7468$. Die Darstellung von z_1 in Polarkoordinaten ist also $z_1 = |z_1|(\cos\varphi + \sin\varphi) \approx \cos 2{,}7468 + i\sin 2{,}7468$.

(2) Erweitern mit dem Konjugiert-Komplexen des Nenners liefert

$$z_2 := \frac{2-i}{1+2i} + \frac{1}{1-i} = \frac{(2-i)(1-2i)}{(1+2i)(1-2i)} + \frac{1+i}{(1-i)(1+i)} = \frac{2-5i-2}{5} + \frac{1+i}{2} = \frac{1}{2} - \frac{1}{2}i.$$

z_2 hat also den Realteil $\frac{1}{2}$, den Imaginärteil $-\frac{1}{2}$, den Betrag $|z_2| = \sqrt{\left(\frac{1}{2}\right)^2 + \left(-\frac{1}{2}\right)^2} = \frac{1}{\sqrt{2}}$ und $\frac{1}{2} + \frac{1}{2}i$ als konjugiert-komplexe Zahl. Da z_2 im vierten Quadranten liegt, berechnet sich das Argument von z_2 aus $\tan\varphi = -\frac{1}{2} \Big/ \frac{1}{2} = -1$, also $\varphi = -\pi/4$, zu $2\pi - \frac{\pi}{4} = \frac{7\pi}{4}$.

(3) Da $1+i$ im ersten Quadranten liegt, mit der positiven reellen Achse den Winkel $\frac{\pi}{4}$ einschließt und den Betrag $|1+i| = \sqrt{1^2+1^2} = \sqrt{2}$ hat, ist die Polarkoordinatendarstellung $1+i =$

$\sqrt{2}\left(\cos\dfrac{\pi}{4}+\mathrm{i}\sin\dfrac{\pi}{4}\right)$. Mit den Moivreschen Formeln ergibt sich für die n-te Potenz die Polarkoordinatendarstellung $z_3=(1+\mathrm{i})^n=\left(\sqrt{2}\right)^n\left(\cos\dfrac{\pi}{4}+\mathrm{i}\sin\dfrac{\pi}{4}\right)^n=2^{n/2}\left(\cos\dfrac{n\pi}{4}+\mathrm{i}\sin\dfrac{n\pi}{4}\right)$.
Daher hat z_3 den Betrag $2^{n/2}$, den Realteil $2^{n/2}\cos\dfrac{n\pi}{4}$ und den Imaginärteil $2^{n/2}\sin\dfrac{n\pi}{4}$ sowie
$(1-\mathrm{i})^n=2^{n/2}\left(\cos\dfrac{n\pi}{4}-\mathrm{i}\sin\dfrac{n\pi}{4}\right)$ als konjugiert-komplexe Zahl. •

‡**Aufgabe 2** (vgl. 5.A, Aufg. 1 und 5.C, Aufg. 1) *Man bestimme Real- und Imaginärteil, den Betrag und die konjugiert-komplexe Zahl sowie eine Darstellung in Polarkoordinaten der Zahlen* $z_1:=\dfrac{3+4\mathrm{i}}{4+3\mathrm{i}}+\dfrac{1}{\mathrm{i}}$ *und* $z_2:=\left(1+\sqrt{3}\mathrm{i}\right)^n$, $n\in\mathbb{N}$. *(Es ist* $\left(1+\sqrt{3}\mathrm{i}\right)^n=2^n\left(\cos\dfrac{n\pi}{3}+\mathrm{i}\sin\dfrac{n\pi}{3}\right)$.*)*

Aufgabe 3 *Man verwende das Ergebnis* $(1+\mathrm{i})^{2n}=2^n\left(\cos\dfrac{n\pi}{2}+\mathrm{i}\sin\dfrac{n\pi}{2}\right)$ *von Aufgabe 1, um die Summen* $\displaystyle\sum_{j=0}^{n}(-1)^j\binom{2n}{2j}$ *und* $\displaystyle\sum_{j=0}^{n-1}(-1)^j\binom{2n}{2j+1}$ *zu berechnen.*

Lösung Der Binomische Lehrsatz 2.B.15 liefert $(1+\mathrm{i})^{2n}=\displaystyle\sum_{k=0}^{2n}\binom{2n}{k}\mathrm{i}^k$. Trennt man die Summanden für gerades $k=2j$ und ungerades $k=2j+1$, so bekommt man

$$(1+\mathrm{i})^{2n}=\sum_{j=0}^{n}\mathrm{i}^{2j}\binom{2n}{2j}+\sum_{j=0}^{n-1}\mathrm{i}^{2j+1}\binom{2n}{2j+1}=\sum_{j=0}^{n}(-1)^j\binom{2n}{2j}+\mathrm{i}\sum_{j=0}^{n-1}(-1)^j\binom{2n}{2j+1}.$$

Vergleich der Realteile liefert

$$\sum_{j=0}^{n}(-1)^j\binom{2n}{2j}=2^n\cos\frac{n\pi}{2}=\begin{cases}0 & \text{bei ungeradem }n,\\ (-1)^{n/2}\,2^n & \text{bei geradem }n\end{cases}$$

und Vergleich der Imaginärteile

$$\sum_{j=0}^{n-1}(-1)^j\binom{2n}{2j+1}=2^n\sin\frac{n\pi}{2}=\begin{cases}0 & \text{bei geradem }n,\\ (-1)^{(n-1)/2}\,2^n & \text{bei ungeradem }n.\end{cases}$$

•

‡**Aufgabe 4** (5.C, Aufg. 8a)) *Durch Betrachten von* $(1+\mathrm{i})^n$, $n\in\mathbb{N}$, *zeige man*

$$\sum_{k=0}^{[n/2]}(-1)^k\binom{n}{2k}=\sqrt{2}^{\,n}\cos\frac{n\pi}{4},\qquad \sum_{k=0}^{[(n-1)/2]}(-1)^k\binom{n}{2k+1}=\sqrt{2}^{\,n}\sin\frac{n\pi}{4}.$$

Aufgabe 5 (Teil von 5.A, Aufg. 2c)) *Man löse die Gleichung* $z^2-(2+2\mathrm{i})\,z+(3-2\mathrm{i})=0$.

Lösung Die Lösungsformel aus Beispiel 5.A.4 liefert $z_{1,2}=1+\mathrm{i}\pm\sqrt{(1+\mathrm{i})^2-(3-2\mathrm{i})}=1+\mathrm{i}\pm\sqrt{-3+4\mathrm{i}}=1+\mathrm{i}\pm(1+2\mathrm{i})=3+3\mathrm{i}$ bzw. $-\mathrm{i}$. Dabei haben wir die auftretende Wurzel durch den Ansatz $(a+b\mathrm{i})^2=(a^2-b^2)+\mathrm{i}2ab=-3+4\mathrm{i}$ mit $a,b\in\mathbb{R}$ berechnet. Er liefert zunächst $a^2-b^2=-3$, $2ab=4$, also $b=2/a$, und somit $a^4+3a^2-4=0$. Wir erhalten dafür die Lösung $a^2=-\frac{3}{2}\pm\sqrt{\frac{9}{4}+4}=-\frac{3}{2}\pm\frac{5}{2}=1$ bzw. -4. Da a^2 als Quadrat einer reellen Zahl nicht negativ sein kann, muss $a^2=1$, d.h. $a=\pm1$, und somit $b=\pm2$ sein. Es folgt $\pm\sqrt{-3+4\mathrm{i}}=\pm(1+2\mathrm{i})$. •

‡**Aufgabe 6** *Man löse die Gleichungen* $z^2-3z+3-\mathrm{i}=0$ *und* $z^2+(-3+\mathrm{i})\,z+(4-3\mathrm{i})=0$.
(Die Lösungen sind $z_1=2+\mathrm{i}$, $z_2=1-\mathrm{i}$ bzw. $z_1=2+\mathrm{i}$, $z_2=1-2\mathrm{i}$.)

Aufgabe 7 *Die Punktmengen* $G_1 := \{z \in \mathbb{C} \mid |z+1| > |z-1|\}$ *und* $G_2 := \{z \in \mathbb{C} \mid z\overline{z} + z + \overline{z} < 0\}$ *skizziere man in der Gaußschen Zahlenebene* $\mathbb{C}$.

Lösung G_1 ist die Menge derjenigen Punkte von $\mathbb{C}$, die von -1 einen größeren Abstand haben als von 1. Dies ist die rechte Halbebene, die aus allen Punkten mit positivem Realteil besteht.

Setzen wir $z = x + iy$ mit $x, y \in \mathbb{R}$, so liefert quadratische Ergänzung $z\overline{z} + z + \overline{z} = x^2 + y^2 + 2x = (x+1)^2 + y^2 - 1 = |(x+iy)-(-1)|^2 - 1 = |z-(-1)|^2 - 1$. Genau dann gilt also $z\overline{z} + z + \overline{z} < 0$, wenn $|z-(-1)|^2 < 1$, und somit $|z-(-1)| < 1$ ist, d.h. wenn z vom Punkt -1 den Abstand < 1 hat. G_2 ist demnach der Kreis um -1 mit dem Radius 1 (ohne die Kreislinie). •

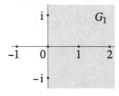 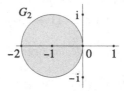

Aufgabe 8 (5.A, Aufg. 10) *Sind* $z_1, \ldots, z_n$ *von 0 verschiedene komplexe Zahlen mit der Eigenschaft* $|z_1 + \cdots + z_n| = |z_1| + \cdots + |z_n|$, *so ist* $z_i/z_j \in \mathbb{R}_+^{\times}$ *für alle* $i, j = 1, \ldots, n$.

Lösung Sei $z := z_1 + \cdots + z_n$. Nach Voraussetzung ist $|z| = |z_1 + \cdots + z_n| = |z_1| + \cdots + |z_n| \neq 0$, also $z \neq 0$. Wir setzen $w_i := z_i/z$ für $i = 1, \ldots, n$ und zeigen dafür $w_i = |w_i|$. Dann folgt $w_i \in \mathbb{R}_+^{\times}$ für alle i und somit $z_i/z_j = w_i/w_j \in \mathbb{R}_+^{\times}$ für alle $i, j = 1, \ldots, n$.

Die Voraussetzung liefert

$$w_1 + \cdots + w_n = (z_1 + \cdots + z_n)/z = 1 = |1| = |z_1 + \cdots + z_n|/|z|$$
$$= \big(|z_1| + \cdots + |z_n|\big)/|z| = |z_1/z| + \cdots + |z_n/z| = |w_1| + \cdots + |w_n|\,.$$

Es genügt, $w_1 = |w_1|$ zu zeigen. Dann ergibt sich nämlich $w_2 + \cdots + w_n = |w_2| + \cdots + |w_n|$, und die Behauptung folgt durch Induktion.

Sei nun $w_1 = a_1 + ib_1$ und $w := w_2 + \cdots + w_n = a + ib$ mit $a_1, a, b_1, b \in \mathbb{R}$. Es folgt $a_1 + a + i(b_1 + b) = w_1 + w = w_1 + \cdots + w_n = |w_1| + \cdots + |w_n| \in \mathbb{R}$ und somit $b_1 + b = 0$,

$$a_1 + a \doteq |w_1| + |w_2| + \cdots + |w_n| \geq |w_1| + |w| = \sqrt{a_1^2 + b_1^2} + \sqrt{a^2 + b^2} \geq |a_1| + |a| \geq a_1 + a\,.$$

Folglich gilt bei allen vorstehenden Abschätzungen bereits das Gleichheitszeichen. Daher ist $b_1 = 0 \, (= b)$ und dann $w_1 = a_1 = |a_1| = |w_1|$. •

5.B Konvergente Folgen komplexer Zahlen

Aufgabe 1 *Man bestimme die Häufungspunkte bzw. gegebenenfalls den Grenzwert der Folgen*

$$\left(\left(\frac{1}{\sqrt{2}}(1+i)\right)^n\right)_{n \in \mathbb{N}}, \qquad \left(\left(\frac{2+i}{3+i}\right)^n\right)_{n \in \mathbb{N}}.$$

Lösung Mit der Moivreschen Formel 5.C.2 ergibt sich

$$\left(\frac{1}{\sqrt{2}}(1+i)\right)^n = \left(\cos\frac{\pi}{4} + i\sin\frac{\pi}{4}\right)^n = \cos\frac{n\pi}{4} + i\sin\frac{n\pi}{4}\,.$$

Die erste Folge ist also periodisch mit der 8-elementigen Periode $1, \frac{1}{2}\sqrt{2}(1+i), i, \frac{1}{2}\sqrt{2}(-1+i)$, $-1, -\frac{1}{2}\sqrt{2}(1+i), i, \frac{1}{2}\sqrt{2}(1-i)$. Diese acht Zahlen sind also auch die Häufungspunkte der Folge, insbesondere ist sie nicht konvergent.

Wegen $\left| \left(\dfrac{2+i}{3+i} \right)^n \right| = \dfrac{|2+i|^n}{|3+i|^n} = \dfrac{\sqrt{5}^n}{\sqrt{10}^n} = \dfrac{1}{\sqrt{2}^n} \xrightarrow{n \to \infty} 0$ konvergiert die zweite Folge gegen 0. $\bullet$

‡**Aufgabe 2** (5.B, Aufg. 3) *Man bestimme die Häufungspunkte bzw. gegebenenfalls den Grenzwert der Folgen*

$$\left(\dfrac{(n+i)^2}{n^2+i} \right); \quad \left(\dfrac{i^n}{1+in} \right); \quad \left((-i)^n \right); \quad \left(\left(\dfrac{1+i}{2+i} \right)^n \right).$$

(Die erste Folge konvergiert gegen 1, die zweite gegen 0 und die dritte ist periodisch mit der Periode 1, $-i$, -1, i der Länge 4 und hat diese Punkte als Häufungspunkte, ist also insbesondere nicht konvergent. Die letzte Folge konvergiert wiederum gegen 0.)

5.C Polarkoordinatendarstellung komplexer Zahlen

Aufgabe 1 (5.C, Teil von Aufg. 10) *Für $\varphi \in \mathbb{R}$ und $n \in \mathbb{N}$ gilt*

$$\cos^n \varphi = \dfrac{1}{2^n} \sum_{k=0}^{n} \binom{n}{k} \cos(n-2k)\varphi \,.$$

Lösung Wir verwenden zunächst $\cos \varphi = \frac{1}{2}\big((\cos\varphi + i\sin\varphi) + (\cos\varphi - i\sin\varphi) \big)$, danach den binomischen Lehrsatz sowie die Formel $(\cos\varphi + i\sin\varphi)^{-1} = \cos\varphi - i\sin\varphi$ und schließlich die Moivreschen Formeln. So erhalten wir das gewünschte Ergebnis:

$$\cos^n\varphi = \dfrac{1}{2^n}\big((\cos\varphi + i\sin\varphi) + (\cos\varphi - i\sin\varphi) \big)^n$$

$$= \dfrac{1}{2^n}\sum_{k=0}^{n}\binom{n}{k}(\cos\varphi + i\sin\varphi)^{n-k}(\cos\varphi - i\sin\varphi)^k$$

$$= \dfrac{1}{2^n}\sum_{k=0}^{n}\binom{n}{k}(\cos\varphi + i\sin\varphi)^{n-k}(\cos\varphi + i\sin\varphi)^{-k} = \dfrac{1}{2^n}\sum_{k=0}^{n}\binom{n}{k}(\cos\varphi + i\sin\varphi)^{n-2k}$$

$$= \dfrac{1}{2^n}\sum_{k=0}^{n}\binom{n}{k}\big(\cos(n-2k)\varphi + i\sin(n-2k)\varphi \big)$$

$$= \dfrac{1}{2^n}\sum_{k=0}^{n}\binom{n}{k}\cos(n-2k)\varphi + i\dfrac{1}{2^n}\sum_{k=0}^{n}\binom{n}{k}\sin(n-2k)\varphi = \dfrac{1}{2^n}\sum_{k=0}^{n}\binom{n}{k}\cos(n-2k)\varphi \,.$$

Da wir mit einer reellen Zahl gestartet sind, muss nämlich auch das Ergebnis den Imaginärteil 0 haben. Zusätzlich haben wir die Formel $\sum_{k=0}^{n}\binom{n}{k}\sin(n-2k)\varphi = 0$ erhalten. $\bullet$

Analog behandele man die folgende Aufgabe:

‡**Aufgabe 2** (5.C, Teil von Aufg. 10) *Für $\varphi \in \mathbb{R}$ und $m \in \mathbb{N}$ gilt*

$$\sin^{2m}\varphi = \dfrac{1}{2^{2m}}\sum_{k=0}^{2m}(-1)^{m+k}\binom{2m}{k}\cos(2m-2k)\varphi \,,$$

$$\sin^{2m+1}\varphi = \dfrac{1}{2^{2m+1}}\sum_{k=0}^{2m+1}(-1)^{m+k}\binom{2m+1}{k}\sin(2m+1-2k)\varphi \,.$$

Aufgabe 3 (5.C, Teil von Aufg. 11) *Für $\varphi \in \mathbb{R}$, $\varphi \neq 2m\pi$, $m \in \mathbb{Z}$ und $n \in \mathbb{N}$ gilt*

$$\sum_{k=0}^{n}\cos k\varphi = \dfrac{1}{2} + \dfrac{\sin(n+\frac{1}{2})\varphi}{2\sin\frac{\varphi}{2}} \quad und \quad \sum_{k=0}^{n}\sin k\varphi = \dfrac{\cos\frac{\varphi}{2} - \cos(n+\frac{1}{2})\varphi}{2\sin\frac{\varphi}{2}} \,.$$

Lösung Wir fassen beide Formeln zu einer komplexen Formel zusammen, verwenden dann die Moivreschen Formeln und schließlich die Summenformel für endliche geometrische Reihen. Nach Erweitern des entstehenden Bruches mit $\cos\frac{\varphi}{2} - \mathrm{i}\sin\frac{\varphi}{2}$ und Anwendung der Additionstheoreme für Sinus und Kosinus erhalten wir die Behauptung durch Vergleich der Real- und Imaginärteile in

$$\sum_{k=0}^{n}\cos k\varphi + \mathrm{i}\sum_{k=0}^{n}\sin k\varphi = \sum_{k=0}^{n}(\cos k\varphi + \mathrm{i}\sin k\varphi) = \sum_{k=0}^{n}(\cos\varphi + \mathrm{i}\sin\varphi)^{k} =$$

$$= \frac{1 - (\cos\varphi + \mathrm{i}\sin\varphi)^{n+1}}{1 - (\cos\varphi + \mathrm{i}\sin\varphi)} = \frac{1 - (\cos(n+1)\varphi + \mathrm{i}\sin(n+1)\varphi)}{1 - (\cos\varphi + \mathrm{i}\sin\varphi)}$$

$$= \frac{(\cos\frac{\varphi}{2} - \mathrm{i}\sin\frac{\varphi}{2}) - (\cos\frac{\varphi}{2} - \mathrm{i}\sin\frac{\varphi}{2})(\cos(n+1)\varphi + \mathrm{i}\sin(n+1)\varphi)}{(\cos\frac{\varphi}{2} - \mathrm{i}\sin\frac{\varphi}{2}) - (\cos\frac{\varphi}{2} - \mathrm{i}\sin\frac{\varphi}{2})(\cos\varphi + \mathrm{i}\sin\varphi)}$$

$$= \frac{\cos\frac{\varphi}{2} - \mathrm{i}\sin\frac{\varphi}{2}}{(\cos\frac{\varphi}{2} - \mathrm{i}\sin\frac{\varphi}{2}) - ((\cos\varphi\cos\frac{\varphi}{2} + \sin\varphi\sin\frac{\varphi}{2}) + \mathrm{i}(\sin\varphi\cos\frac{\varphi}{2} - \cos\varphi\sin\frac{\varphi}{2}))}$$
$$- \frac{(\cos(n+1)\varphi\cos\frac{\varphi}{2} + \sin(n+1)\varphi\sin\frac{\varphi}{2}) + \mathrm{i}(\sin(n+1)\varphi\cos\frac{\varphi}{2} - \cos(n+1)\varphi\sin\frac{\varphi}{2})}{(\cos\frac{\varphi}{2} - \mathrm{i}\sin\frac{\varphi}{2}) - ((\cos\varphi\cos\frac{\varphi}{2} + \sin\varphi\sin\frac{\varphi}{2}) + \mathrm{i}(\sin\varphi\cos\frac{\varphi}{2} - \cos\varphi\sin\frac{\varphi}{2}))}$$

$$= \frac{\cos\frac{\varphi}{2} - \mathrm{i}\sin\frac{\varphi}{2} - \cos(n+\frac{1}{2})\varphi - \mathrm{i}\sin(n+\frac{1}{2})\varphi}{(\cos\frac{\varphi}{2} - \mathrm{i}\sin\frac{\varphi}{2}) - (\cos\frac{\varphi}{2} + \mathrm{i}\sin\frac{\varphi}{2})}$$

$$= \frac{\cos\frac{\varphi}{2} - \cos(n+\frac{1}{2})\varphi}{-2\mathrm{i}\sin\frac{\varphi}{2}} - \frac{\mathrm{i}\sin\frac{\varphi}{2} + \mathrm{i}\sin(n+\frac{1}{2})\varphi}{-2\mathrm{i}\sin\frac{\varphi}{2}}$$

$$= \left(\frac{1}{2} + \frac{\sin(n+\frac{1}{2})\varphi}{2\sin\frac{\varphi}{2}}\right) + \mathrm{i}\left(\frac{\cos\frac{\varphi}{2} - \cos(n+\frac{1}{2})\varphi}{2\sin\frac{\varphi}{2}}\right). \qquad\bullet$$

Aufgabe 4 (5.C, Aufg. 17a)) *Sei* $n \in \mathbb{N}$, $n \geq 2$. *Die Summe aller n-ten Einheitswurzeln ist* 0.

Lösung Die n n-ten Einheitswurzeln sind $\zeta_n^k = \cos\frac{2k\pi}{n} + \mathrm{i}\sin\frac{2k\pi}{n}$, $k = 0,\ldots,n-1$. Mit Hilfe der Summenformel für endliche geometrische Reihen erhält man $\sum_{k=0}^{n-1}\zeta_n^k = \frac{1-\zeta_n^n}{1-\zeta_n} = 0$. $\bullet$

Aufgabe 5 (5.C, Aufg. 17b)) *Sei* $n \in \mathbb{N}$, $n \geq 1$. *Das Produkt aller n-ten Einheitswurzeln ist* $(-1)^{n-1}$.

Lösung Mit Hilfe der Moivreschen Formeln und der Potenzrechenregeln sowie der Summenformel $1 + 2 + \cdots + (n-1) = n(n-1)/2$ und wegen $\cos\pi = -1$ und $\sin\pi = 0$ sieht man:

$$\prod_{k=0}^{n-1}\zeta_n^k = \zeta_n^{\sum_{k=0}^{n-1}k} = \zeta_n^{n(n-1)/2} = \cos(n-1)\pi + \mathrm{i}\sin(n-1)\pi = (\cos\pi + \mathrm{i}\sin\pi)^{n-1} = (-1)^{n-1}! \qquad\bullet$$

6 Reihen

6.A Konvergenzkriterien für Reihen

Aufgabe 1 (6.A, Teil von Aufg. 1) *Man untersuche die folgenden Reihen auf Konvergenz*:

$$\sum_{n=0}^{\infty}(-1)^n \frac{\sqrt{n}}{n+1}, \qquad \sum_{n=0}^{\infty} \frac{n^n}{3^n n!}.$$

Lösung Die erste Reihe konvergiert nach dem Leibniz-Kriterium. Sie ist nämlich von der Form $\sum_{n=0}^{\infty}(-1)^n a_n$ mit $a_n := \frac{\sqrt{n}}{n+1} \geq 0$, wobei die Folge (a_n) wegen $\lim\limits_{n\to\infty} a_n = \lim\limits_{n\to\infty} \frac{\sqrt{n}}{n+1} =$

$\lim\limits_{n\to\infty} \frac{1/\sqrt{n}}{1+(1/n)} = \frac{0}{1} = 0$ eine Nullfolge ist, die für $n \geq 1$ monoton fällt. Letzteres ergibt sich so:

Für $n \geq 1$ ist $n^2+n \geq 1$, und es folgt $n(n+2)^2 = n^3+4n^2+4n \geq n^3+3n^2+3n+1 = (n+1)(n+1)^2$.

Dies liefert $\frac{n}{(n+1)^2} \geq \frac{n+1}{(n+2)^2}$, d.h. $a_n = \frac{\sqrt{n}}{n+1} \geq \frac{\sqrt{n+1}}{n+2} = a_{n+1}$.

Die zweite Reihe konvergiert nach dem Quotientenkriterium: Wegen $\lim\limits_{n\to\infty}\left(1+\frac{1}{n}\right)^n = e < 3$ konvergieren die Quotienten

$$\left|\frac{a_{n+1}}{a_n}\right| = \frac{(n+1)^{n+1}}{3^{n+1}(n+1)!} \Big/ \frac{n^n}{3^n n!} = \frac{(n+1)^{n+1} n! \, 3^n}{n^n (n+1)! \, 3^{n+1}} = \frac{1}{3}\left(1+\frac{1}{n}\right)^n$$

nämlich für $n \to \infty$ gegen $\frac{1}{3} e < 1$. •

Aufgabe 2 *Man untersuche die folgenden Reihen auf Konvergenz*:

$$\sum_{n=0}^{\infty}(-1)^n \frac{n}{n^2+1}, \quad \sum_{n=0}^{\infty} \frac{n}{2n^2+1}, \quad \sum_{n=0}^{\infty} \frac{n+2}{n^3+1}, \quad \sum_{n=1}^{\infty} \frac{1}{n\sqrt{n}}, \quad \sum_{n=0}^{\infty} \frac{(2n)!}{3^n (n!)^2}.$$

Lösung (1) Die erste Reihe konvergiert nach dem Leibniz-Kriterium. Sie ist nämlich von der Form $\sum_{n=0}^{\infty}(-1)^n a_n$ mit $a_n := \frac{n}{n^2+1} \geq 0$, wobei die Folge (a_n) wegen $\lim\limits_{n\to\infty} a_n = \lim\limits_{n\to\infty} \frac{n}{n^2+1} =$

$\lim\limits_{n\to\infty} \frac{1/n}{1+(1/n^2)} = \frac{0}{1} = 0$ eine Nullfolge ist, die für $n \geq 1$ monoton fällt. Letzteres ergibt sich so:

Wegen $n \geq 1$ ist $n^2+n \geq 1$, also $n((n+1)^2+1) = n^3+2n^2+2n \geq n^3+n^2+n+1 = (n^2+1)(n+1)$

und somit wie behauptet $a_n = \frac{n}{n^2+1} \geq \frac{n+1}{(n+1)^2+1} = a_{n+1}$.

(2) Die zweite Reihe ist divergent: Für $n \geq 1$ gilt nämlich $\frac{n}{2n^2+1} \geq \frac{n}{2n^2+2n^2} = \frac{1}{4n}$. Die

Reihe $\sum_{n=1}^{\infty} \frac{1}{4n}$ ist aber wie ihr Vierfaches, die harmonische Reihe, divergent.

(3) Das Majorantenkriterium zeigt, dass die dritte Reihe konvergent ist. Für alle $n \geq 1$ erhält man nämlich der Reihe nach $2n^2 \leq 2n^3+3$, $n^3+2n^2 \leq 3n^3+3$ und somit $\frac{n+2}{n^3+1} \leq \frac{3}{n^2}$. Die

Reihe $\sum_{n=1}^{\infty} \frac{3}{n^2} = 3 \sum_{n=1}^{\infty} \frac{1}{n^2}$ ist aber konvergent, vgl. Beispiel 6.A.15 oder Aufgabe 25 unten.

(4) Die vierte Reihe konvergiert, da sie nichtnegative Glieder hat und ihre Partialsummen beschränkt sind. Es gilt nämlich $\displaystyle\sum_{n=1}^{2^n-1} \frac{1}{n\sqrt{n}} =$

$$= 1 + \frac{1}{2\sqrt{2}} + \frac{1}{3\sqrt{3}} + \frac{1}{4\sqrt{4}} + \frac{1}{5\sqrt{5}} + \frac{1}{6\sqrt{6}} + \frac{1}{7\sqrt{7}} + \cdots + \frac{1}{2^{n-1}\sqrt{2^{n-1}}} + \cdots + \frac{1}{(2^n-1)\sqrt{2^n-1}}$$

$$\leq 1 + \frac{1}{2\sqrt{2}} + \frac{1}{2\sqrt{2}} + \frac{1}{4\sqrt{4}} + \frac{1}{4\sqrt{4}} + \frac{1}{4\sqrt{4}} + \frac{1}{4\sqrt{4}} + \cdots + \frac{1}{2^{n-1}\sqrt{2^{n-1}}} + \cdots + \frac{1}{2^{n-1}\sqrt{2^{n-1}}}$$

$$= 1 + \frac{1}{\sqrt{2}} + \frac{1}{\sqrt{4}} + \cdots + \frac{1}{\sqrt{2^{n-1}}} = \sum_{k=0}^{n-1}\left(\frac{1}{\sqrt{2}}\right)^k \leq \sum_{k=0}^{\infty}\left(\frac{1}{\sqrt{2}}\right)^k = \frac{1}{1-(1/\sqrt{2})} = \frac{\sqrt{2}}{\sqrt{2}-1}\,.$$

(5) Die fünfte Reihe ist divergent nach dem Quotientenkriterium. Die Quotienten

$$\left|\frac{a_{n+1}}{a_n}\right| = \frac{(2n+2)!}{3^{n+1}((n+1)!)^2} \Big/ \frac{(2n)!}{3^n(n!)^2} = \frac{(2n+2)(2n+1)}{3(n+1)^2} = \frac{\big(2+(2/n)\big)\big(2+(1/n)\big)}{3\big(1+(1/n)\big)^2}$$

konvergieren nämlich für $n \to \infty$ gegen $4/3 > 1$.   ●

‡**Aufgabe 3** *Man untersuche die folgenden Reihen auf Konvergenz:*

$$\sum_{n=1}^{\infty} \frac{1}{n\sqrt[3]{n}}\,, \quad \sum_{n=0}^{\infty} \frac{3^n n!}{n^n}\,, \quad \sum_{n=0}^{\infty} \frac{(2n)!\,(2n)!}{n!\,(3n)!}\,.$$

(Die erste und die letzte Reihe sind konvergent, die zweite divergiert.)

Aufgabe 4 *Man untersuche, für welche $x \in \mathbb{R}$ die folgenden Reihen konvergieren:*

$$\sum_{n=1}^{\infty} \frac{(1-x)^n}{\sqrt{n}}\,, \quad \sum_{n=1}^{\infty} \frac{(x-2)^n}{n}\,.$$

Lösung Für $x = 1$ ist die erste Reihe trivialerweise konvergent. Bei $x \neq 1$ verwenden wir das Quotientenkriterium: Die Folge $\left|\dfrac{a_{n+1}}{a_n}\right| = \left|\dfrac{(1-x)^{n+1}}{\sqrt{n+1}} \Big/ \dfrac{(1-x)^n}{\sqrt{n}}\right| = |x-1|\sqrt{\dfrac{n}{n+1}}$ konvergiert für $n \to \infty$ gegen $|x-1|$. Bei $|x-1| < 1$ ist die Folge also konvergent, bei $|x-1| > 1$ ist sie divergent. Bei $x-1 = -1$, also $x = 0$, handelt es sich um die Reihe $\sum 1/\sqrt{n}$, die die divergente harmonische Reihe als Minorante hat und daher divergent ist, und bei $x-1 = 1$, also $x = 2$, um die alternierende Reihe $\sum(-1)^n/\sqrt{n}$, die nach dem Leibniz-Kriterium konvergiert. Insgesamt konvergiert die Reihe genau für alle $x \in \mathbb{R}$ mit $0 < x \leq 2$.

Für $x = 2$ ist die zweite Reihe trivialerweise konvergent. Bei $x \neq 2$ verwenden wir das Quotientenkriterium: Die Folge $\left|\dfrac{a_{n+1}}{a_n}\right| = \left|\dfrac{(x-2)^{n+1}}{n+1} \Big/ \dfrac{(x-2)^n}{n}\right| = |x-2|\dfrac{n}{n+1}$ konvergiert für $n \to \infty$ gegen $|x-2|$. Bei $|x-2| < 1$ ist die Folge also konvergent, bei $|x-2| > 1$ ist sie divergent. Bei $x-2 = 1$, also $x = 3$, handelt es sich um die divergente harmonische Reihe, bei $x-2 = -1$, also $x = 1$, um die konvergente alternierende harmonische Reihe. Insgesamt konvergiert die Reihe genau für alle $x \in \mathbb{R}$ mit $1 \leq x < 3$.   ●

Mit der geometrischen Reihe $\displaystyle\sum_{n=0}^{\infty} x^n = \frac{1}{1-x}$ für $x \in \mathbb{C}$, $|x| < 1$, zeige man:

‡**Aufgabe 5** *Es ist*

$$\sum_{n=0}^{\infty} \frac{2 \cdot 3^{n+1} - 4^{n+1}}{(-5)^n} = \frac{55}{36}\,, \quad \sum_{n=0}^{\infty} \frac{2^{n+1} + 9 \cdot (-3)^n}{5^n} = \frac{215}{24}\,.$$

Aufgabe 6 *Man schreibe den Dezimalbruch* $0{,}50\overline{45}$ *als gewöhnlichen Bruch, d.h. man berechne den Grenzwert der Reihe* $\sum\limits_{k=1}^{\infty} \frac{z_k}{10^k}$ *mit* $z_1 = 5$, $z_2 = 0$ *und* $z_{2n+1} = 4$, $z_{2n+2} = 5$ *für alle* $n \geq 1$.

Lösung Die Summenformel für geometrische Reihen liefert

$$0{,}50\overline{45} = \frac{50}{100} + \frac{1}{100} \sum_{k=1}^{\infty} \frac{45}{100^k} = \frac{1}{2} + \frac{45}{10000} \sum_{k=0}^{\infty} \frac{1}{100^k} = \frac{1}{2} + \frac{9}{2000} \cdot \frac{1}{1 - \frac{1}{100}} = \frac{111}{220}. \quad \bullet$$

Aufgabe 7 *Man berechne die Grenzwerte der folgenden Reihen mit einem Fehler* $\leq 10^{-4}$:

$$\sum_{n=0}^{\infty} \frac{(-1)^n}{n^n}, \quad \sum_{n=0}^{\infty} \frac{1}{2^n n!}.$$

Lösung Es ist $\sum\limits_{n=0}^{\infty} \frac{(-1)^n}{n^n} \approx \sum\limits_{n=0}^{5} \frac{(-1)^n}{n^n} = 1 - 1 + \frac{1}{4} - \frac{1}{27} + \frac{1}{256} - \frac{1}{3125} = \frac{4677463}{21600000} \approx 0{,}2165$

mit einem Fehler, der nach dem Leibniz-Kriterium kleiner-gleich dem Betrag des ersten nicht berücksichtigten Glieds, also $\leq 1/6^6 = 1/46656 < 10^{-4}$ ist.

Abschätzen durch eine geometrische Reihe liefert $\sum\limits_{n=0}^{\infty} \frac{1}{2^n n!} \approx \sum\limits_{n=0}^{5} \frac{1}{2^n n!} = 1 + \frac{1}{2} + \frac{1}{8} + \frac{1}{48} +$

$\frac{1}{384} + \frac{1}{3840} = \frac{6331}{3840} \approx 1{,}6487$ mit einem Fehler $\sum\limits_{n=6}^{\infty} \frac{1}{2^n n!} \leq \frac{1}{6! \cdot 2^6} \sum\limits_{n=0}^{\infty} \frac{1}{2^n} = \frac{1}{720 \cdot 64} \cdot 2$

$= \frac{1}{720 \cdot 32} < 10^{-4}$. – Die Summe dieser zweiten Reihe ist nach Abschnitt 12.E gleich $e^{1/2} = \sqrt{e} = 1{,}648721\ldots$. $\quad \bullet$

Aufgabe 8 (6.A, Teil von Aufg. 3) *Man berechne die Summen der folgenden Teleskopreihen*:

$$\sum_{n=1}^{\infty} \frac{1}{4n^2 - 1}, \quad \sum_{n=1}^{\infty} \frac{1}{9n^2 + 15n + 4}, \quad \sum_{n=0}^{\infty} \frac{n}{(n+1)(n+2)(n+3)}.$$

Lösung (1) Der Ansatz $\dfrac{1}{4n^2 - 1} = \dfrac{1}{(2n-1)(2n+1)} = \dfrac{a}{2n-1} + \dfrac{b}{2n+1} = \dfrac{(2a+2b)n + a - b}{4n^2 - 1}$

für eine Partialbruchzerlegung liefert $2a + 2b = 0$ und $a - b = 1$, d.h. $a = \frac{1}{2}$ und $b = -a = -\frac{1}{2}$. Damit ergibt sich $\dfrac{1}{4n^2 - 1} = \dfrac{1/2}{2n-1} - \dfrac{1/2}{2n+1}$, und es folgt

$$\sum_{n=1}^{\infty} \frac{1}{4n^2 - 1} = \frac{1}{2} \sum_{n=1}^{\infty} \left(\frac{1}{2n-1} - \frac{1}{2n+1} \right)$$

$$= \frac{1}{2} \lim_{n \to \infty} \left(1 - \frac{1}{3} + \frac{1}{3} - \frac{1}{5} + \frac{1}{5} - \frac{1}{7} + \cdots + \frac{1}{2n-1} - \frac{1}{2n+1} \right)$$

$$= \frac{1}{2} \lim_{n \to \infty} \left(1 - \frac{1}{2n+1} \right) = \frac{1}{2} \cdot 1 = \frac{1}{2}. \quad \bullet$$

(2) Bei der zweiten Reihe machen wir wieder einen Partialbruchansatz

$$\frac{1}{9n^2 + 15n + 4} = \frac{1}{(3n+1)(3n+4)} = \frac{a}{3n+1} + \frac{b}{3n+4} = \frac{(3a+3b)n + 4a + b}{9n^2 + 15n + 4}.$$

Er liefert $3a + 3b = 0$ und $4a + b = 1$, d.h. $b = -a$ und somit $1 = 4a - a$, $a = \frac{1}{3}$ und

$b = -a = -\frac{1}{3}$. Damit ergibt sich $\dfrac{1}{9n^2+15n+4} = \dfrac{1}{3}\left(\dfrac{1}{3n+1} - \dfrac{1}{3n+4}\right)$ und folglich

$$\sum_{n=0}^{\infty} \frac{1}{9n^2+15n+4} = \frac{1}{3} \sum_{n=0}^{\infty}\left(\frac{1}{3n+1} - \frac{1}{3n+4}\right)$$

$$= \frac{1}{3} \lim_{n\to\infty}\left(1 - \frac{1}{4} + \frac{1}{4} - \frac{1}{7} + \frac{1}{7} - \cdots + \frac{1}{3n+1} - \frac{1}{3n+4}\right)$$

$$= \frac{1}{3} \lim_{n\to\infty}\left(1 - \frac{1}{3n+4}\right) = \frac{1}{3}.$$

Nimmt der Leser Anstoß an der Argumentation mit den Pünktchen, so hat er die benutzten Teleskopformeln $\sum_{k=1}^{n} \dfrac{1}{4k^2-1} = \dfrac{1}{2}\left(1 - \dfrac{1}{2n+1}\right)$ bzw. $\sum_{k=1}^{n} \dfrac{1}{9k^2+15k+4} = \dfrac{1}{3}\left(1 - \dfrac{1}{3n+4}\right)$ durch Induktion über n zu zeigen, vgl. auch 2.A, Aufgabe 5. •

(3) Um die Partialbruchzerlegung des allgemeinen Gliedes der dritten Reihe zu finden, machen wir den Ansatz $\dfrac{n}{(n+1)(n+2)(n+3)} = \dfrac{a}{n+1} + \dfrac{b}{n+2} + \dfrac{c}{n+3}$

$$= \frac{a(n+2)(n+3) + b(n+1)(n+3) + c(n+1)(n+2)}{(n+1)(n+2)(n+3)}$$

$$= \frac{(a+b+c)n^2 + (5a+4b+3c)n + 6a+3b+2c}{(n+1)(n+2)(n+3)}$$

mit Koeffizienten a, b, c, für die wir die drei Gleichungen $a+b+c = 0$, $5a+4b+3c = 1$, $6a+3b+2c = 0$ erhalten. Subtrahieren des 3-fachen (bzw. 2-fachen) der ersten von der zweiten (bzw. dritten) Gleichung liefert $2a+b = 1$ (bzw. $4a+b = 0$). Es folgt $2a = -1$, $a = -\frac{1}{2}$, $b = 2$, $c = -a - b = -\frac{3}{2}$. Damit bekommen wir

$$\sum_{k=1}^{\infty} \frac{n}{(n+1)(n+2)(n+3)} = \lim_{n\to\infty} \frac{1}{2}\sum_{k=1}^{n}\left(-\frac{1}{k+1} + \frac{4}{k+2} - \frac{3}{k+3}\right)$$

$$= \lim_{n\to\infty} \frac{1}{2}\left(-\frac{1}{2} + \frac{4}{3} - \frac{3}{4} \pm \cdots - \frac{1}{n-1} + \frac{4}{n} - \frac{3}{n+1}\right.$$

$$- \frac{1}{3} + \frac{4}{4} - \frac{3}{5} \pm \cdots - \frac{1}{n} + \frac{4}{n+1} - \frac{3}{n+2}$$

$$\left. - \frac{1}{4} + \frac{4}{5} - \frac{3}{6} \pm \cdots - \frac{1}{n+1} + \frac{4}{n+2} - \frac{3}{n+3}\right)$$

$$= \lim_{n\to\infty} \frac{1}{2}\left(\frac{1}{2} + \frac{1}{n+2} - \frac{3}{n+3}\right) = \frac{1}{4}.$$

Die dabei verwendete Teleskopformel sieht man mit Hilfe des obigen Schemas ein, bei dem sich die Einträge mit gleichen Nennern in den Diagonalen (abgesehen von Anfang und Ende) jeweils wegheben, oder man beweist sie leicht durch Induktion über n. •

‡**Aufgabe 9** *Für die folgenden Teleskopreihen zeige man*

$$\sum_{n=0}^{\infty} \frac{1}{4n^2+8n+3} = \frac{1}{2}, \qquad \sum_{n=1}^{\infty} \frac{2n+1}{n^2(n+1)^2} = 1, \qquad \sum_{n=0}^{\infty} \frac{n}{(n+1)!} = 1.$$

Aufgabe 10 (6.A, Teil von Aufg. 3) *Für $k \in \mathbb{N}^*$ beweise man die allgemeine Summenformel*

$$\sum_{n=1}^{\infty} \frac{1}{n(n+1)\cdots(n+k)} = \frac{1}{k \cdot k!}.$$

Lösung Für $\ell \in \mathbb{N}^*$ bekommen wir

$$\sum_{n=1}^{\ell}\frac{1}{n(n+1)\cdots(n+k)} = \frac{1}{k}\Big(\sum_{n=1}^{\ell}\frac{n+k}{n(n+1)\cdots(n+k)} - \sum_{n=1}^{\ell}\frac{n}{n(n+1)\cdots(n+k)}\Big) =$$

$$= \frac{1}{k}\Big(\sum_{n=1}^{\ell}\frac{1}{n(n+1)\cdots(n+k-1)} - \sum_{n=1}^{\ell}\frac{1}{(n+1)\cdots(n+k)}\Big)$$

$$= \frac{1}{k}\Big(\sum_{n=1}^{\ell}\frac{1}{n(n+1)\cdots(n+k-1)} - \sum_{n=2}^{\ell+1}\frac{1}{n(n+1)\cdots(n+k-1)}\Big)$$

$$= \frac{1}{k}\Big(\frac{1}{k!} - \frac{1}{(\ell+1)\cdots(\ell+k)}\Big) \xrightarrow{\ell\to\infty} \frac{1}{k\cdot k!}\,. \qquad\bullet$$

Aufgabe 11 *Für $k \in \mathbb{N}$, $k \geq 2$, berechne man $\displaystyle\sum_{n=1}^{\infty}\frac{n}{(n+1)(n+2)\cdots(n+k+1)}$.*

Lösung Mit dem Ergebnis der vorstehenden Aufgabe erhält man

$$\sum_{n=1}^{\infty}\frac{n}{(n+1)(n+2)\cdots(n+k+1)} = \sum_{n=1}^{\infty}\frac{n+k+1}{(n+1)\cdots(n+k+1)} - \sum_{n=1}^{\infty}\frac{k+1}{(n+1)\cdots(n+k+1)} =$$

$$= \sum_{n=1}^{\infty}\frac{1}{(n+1)\cdots(n+k)} - (k+1)\sum_{n=1}^{\infty}\frac{1}{(n+1)\cdots(n+k+1)}$$

$$= \Big(\sum_{n=1}^{\infty}\frac{1}{n\cdots(n+k-1)} - \frac{1}{k!}\Big) - (k+1)\Big(\sum_{n=1}^{\infty}\frac{1}{n\cdots(n+k)} - \frac{1}{(k+1)!}\Big)$$

$$= \frac{1}{(k-1)\cdot(k-1)!} - (k+1)\frac{1}{k\cdot k!} = \frac{k^2-(k-1)(k+1)}{(k-1)\,k\cdot k!} = \frac{1}{(k-1)\,k\cdot k!}\,. \qquad\bullet$$

Bemerkung Ähnlich bestimmt man die Summen $\displaystyle\sum_{n=1}^{\infty}\frac{P(n)}{n(n+1)\cdots(n+k)}$, wobei P eine beliebige Polynomfunktion vom Grad $< k$ ist, $k \in \mathbb{N}^*$. Mit Konstanten $a_1, \ldots, a_k \in \mathbb{C}$ schreibt man $P(n)$ in der Form $P(n) = a_k + a_{k-1}(n+k) + \cdots + a_1(n+2)\cdots(n+k)$ und erhält wie oben

$$\sum_{n=1}^{\infty}\frac{P(n)}{n(n+1)\cdots(n+k)} = \frac{a_k}{k\cdot k!} + \frac{a_{k-1}}{(k-1)\cdot(k-1)!} + \cdots + \frac{a_1}{1\cdot 1!}\,.$$

Die Koeffizienten $a_k, \ldots, a_1$ bestimmt man nach Newton in der Regel am günstigsten gemäß folgender Rekursion: $a_k = P(-k)$, $a_k + a_{k-1}\cdot 1 = P(-k+1)$ und generell

$$a_k + a_{k-1}(k-j) + \cdots + a_j(k-j)! = P(-j), \quad j = k, \ldots 1,$$

vgl. zur Newton-Interpolation die Bemerkungen im Anschluss an 11.A.5 bzw. das Berechnungsschema in Abschnitt 15.B. Beispielsweise ist

$$\sum_{n=0}^{\infty}\frac{3n^2-7n+1}{(n+2)(n+5)(n+6)(n+8)} = \sum_{n=2}^{\infty}\frac{(3(n-2)^2-7(n-2)+1)(n+1)(n+2)(n+5)}{n(n+1)(n+2)(n+3)(n+4)(n+5)(n+6)}$$

mit dem Zähler

$$(3n^2-19n+27)(n+1)(n+2)(n+5) = -4980 + 4980(n+6) - 2037(n+5)(n+6)+$$
$$+ 451(n+4)(n+5)(n+6) - 55(n+3)\cdots(n+6) + 3(n+2)\cdots(n+6),$$

also $\displaystyle\sum_{n=0}^{\infty} \frac{3n^2 - 7n + 1}{(n+2)(n+5)(n+6)(n+8)} =$

$$= -\frac{4980}{6 \cdot 6!} + \frac{4980}{5 \cdot 5!} - \frac{2037}{4 \cdot 4!} + \frac{451}{3 \cdot 3!} - \frac{55}{2 \cdot 2!} + \frac{3}{1 \cdot 1!} - \frac{11}{140} = \frac{1567}{10080}.$$

(Der Term $-11/140$ berücksichtigt, dass die Summation bei $n = 2$ statt bei $n = 1$ beginnt.)

‡**Aufgabe 12** *Für* $k \in \mathbb{N}^*$ *gilt* $\displaystyle\sum_{n=1}^{\infty} \frac{1}{n(n+k)} = \frac{H_k}{k}$. (Die Partialsummen $H_k = \displaystyle\sum_{n=1}^{k} \frac{1}{n}$, $k \in \mathbb{N}$, der harmonischen Reihe $\displaystyle\sum_{n=1}^{\infty} \frac{1}{n}$ sind die **harmonischen Zahlen**. Bis auf $H_0 = 0$ und $H_1 = 1$ ist keine dieser Zahlen ganz, vgl. die Lösung zu 7.C, Aufgabe 11b).)

Bemerkung Für Reihen der Form $\displaystyle\sum_{n=0}^{\infty} \frac{P(n)}{Q(n)}$ bzw. $\displaystyle\sum_{n=0}^{\infty} (-1)^n \frac{P(n)}{Q(n)}$ mit $Q(n) \neq 0$ für $n \in \mathbb{N}$, wobei P und Q Polynome mit Grad $P \leq$ Grad $Q - 2$ bzw. $\leq$ Grad $Q - 1$ sind und die Nullstellen von Q nicht notwendig ganzzahlig aber rational, verweisen wir auf Beispiel 16.B.7. Die folgenden beiden Aufgaben liefern einfache Beispiele für Reihen vom zweiten Typ.

Aufgabe 13 *Mit der Leibniz-Reihe* $\displaystyle\sum_{n=0}^{\infty} \frac{(-1)^n}{2n+1} = \frac{\pi}{4}$ *zeige man die Gleichung*

$$\sum_{n=1}^{\infty} \frac{(-1)^{n-1}}{2n(2n+1)(2n+2)} = \frac{1}{2 \cdot 3 \cdot 4} - \frac{1}{4 \cdot 5 \cdot 6} + \frac{1}{6 \cdot 7 \cdot 8} \mp \cdots = \frac{\pi - 3}{4}.$$

Lösung Wir benutzen die Partialbruchzerlegung $\dfrac{1}{2n(2n+1)(2n+2)} = \dfrac{1}{4}\left(\dfrac{1}{n} + \dfrac{1}{n+1}\right) - \dfrac{1}{2n+1}$. Die Leibniz-Reihe liefert $-\displaystyle\sum_{n=1}^{\infty} \frac{(-1)^{n-1}}{2n+1} = \frac{\pi}{4} - 1$. Mit der Teleskopreihe

$$\sum_{n=1}^{\infty}(-1)^{n-1}\left(\frac{1}{n} + \frac{1}{n+1}\right) = \left(\frac{1}{1} + \frac{1}{2}\right) - \left(\frac{1}{2} + \frac{1}{3}\right) + \left(\frac{1}{3} + \frac{1}{4}\right) - \left(\frac{1}{4} + \frac{1}{5}\right) \pm \cdots = 1$$

bekommt man insgesamt $\displaystyle\sum_{n=1}^{\infty} \frac{(-1)^{n-1}}{2n(2n+1)(2n+2)} = \frac{1}{4} + \left(\frac{\pi}{4} - 1\right) = \frac{\pi - 3}{4}$. ●

‡**Aufgabe 14** *Mit der alternierenden harmonischen Reihe* $\displaystyle\sum_{n=1}^{\infty} \frac{(-1)^{n-1}}{n} = \ln 2$ *zeige man*

$$\sum_{n=1}^{\infty} \frac{(-1)^{n-1}}{n(n+1)} = \frac{1}{1 \cdot 2} - \frac{1}{2 \cdot 3} + \frac{1}{3 \cdot 4} \mp \cdots = 2\ln 2 - 1, \quad \sum_{n=0}^{\infty}(-1)^n \frac{n+3}{(n+1)(n+2)} = 3\ln 2 - 1.$$

Aufgabe 15 (6.A, Aufg. 4) *Man beweise das so genannte* **Wurzelkriterium**: *Sei* (a_n) *eine Folge komplexer Zahlen. Gibt es eine Zahl* $q \in \mathbb{R}$ *mit* $0 < q < 1$ *und* $\sqrt[n]{|a_n|} \leq q$ *für fast alle* n, *so ist die Reihe* $\sum a_n$ *absolut konvergent.*

Lösung Mit $\sqrt[n]{|a_n|} \leq q$ gilt $|a_n| \leq q^n$ für fast alle n. Die wegen $q < 1$ konvergente geometrische Reihe $\sum q^n$ ist also eine konvergente Majorante für $\sum |a_n|$. ●

Bemerkung Gilt $\sqrt[n]{|a_n|} \geq 1$ für fast alle $n \in \mathbb{N}$, so ist die Reihe $\sum a_n$ sicherlich nicht konvergent, da (a_n) wegen $|a_n| \geq 1$ für fast alle $n \in \mathbb{N}$ keine Nullfolge ist.

Aufgabe 16 (6.A, Zusatz zu Aufg. 4) *Liefert das Quotientenkriterium die Konvergenz einer Reihe, so auch das Wurzelkriterium.*

Lösung Sei $q \in \mathbb{R}$, $0 < q < 1$. Für alle $n \geq n_0$ gelte $|a_{n+1}/a_n| \leq q$. Für diese n erhält man
$|a_n| = \left|\dfrac{a_n}{a_{n-1}}\right| \left|\dfrac{a_{n-1}}{a_{n-2}}\right| \cdots \left|\dfrac{a_{n_0+1}}{a_{n_0}}\right| |a_{n_0}| \leq q^{n-n_0}|a_{n_0}|$. Dies liefert $\sqrt[n]{|a_n|} \leq q \sqrt[n]{|a_{n_0}|/q^{n_0}} \leq q'$
für (jedes) $q' \in \mathbb{R}$ mit $q < q' < 1$ und alle hinreichend großen $n \in \mathbb{N}$, da $\lim\limits_{n \to \infty} \sqrt[n]{|a_{n_0}|/q^{n_0}} = 1$
ist, vgl. 4.F, Aufgabe 5.   •

Bemerkung Die Reihe $1 + \dfrac{1}{3^1} + \dfrac{1}{2^2} + \dfrac{1}{3^3} + \dfrac{1}{2^4} + \dfrac{1}{3^5} + \cdots$ konvergiert nach dem Wurzelkriterium; das Quotientenkriterium ist jedoch nicht anwendbar. Welche Summe hat diese Reihe?

Aufgabe 17 (6.A, Aufg. 6) *(a_n) sei eine monoton fallende Folge reeller Zahlen. Konvergiert die Reihe $\sum a_n$, so ist (na_n) eine Nullfolge.*

Lösung Wegen der Konvergenz von $\sum a_n$ ist (a_n) eine Nullfolge, und wegen der Monotonie ist überdies $0 \leq a_n \leq a_k$ für alle $n \geq k \geq 0$. Ferner gibt es zu vorgegebenem $\varepsilon > 0$ ein $n_0 \in \mathbb{N}^*$ mit
$\left|\sum\limits_{k=n_0}^{n} a_k\right| \leq \frac{1}{2}\varepsilon$ für alle $n \geq n_0$. Man erhält $\frac{1}{2}\varepsilon \geq \left|\sum\limits_{k=n_0}^{n} a_k\right| = \sum\limits_{k=n_0}^{n} a_k \geq \sum\limits_{k=n_0}^{n} a_n = (n - n_0 + 1)a_n$,
d.h. $na_n \leq \frac{1}{2}\varepsilon + (n_0-1)a_n$ für alle $n \geq n_0$. Wegen $a_n \to 0$ gibt es ein $n_1 \geq n_0$ mit $(n_0-1)a_n \leq \frac{1}{2}\varepsilon$
für $n \geq n_1$, also mit $|na_n| = na_n \leq \frac{1}{2}\varepsilon + (n_0-1)a_n \leq \frac{1}{2}\varepsilon + \frac{1}{2}\varepsilon \leq \varepsilon$ für alle $n \geq n_1$.   •

Aufgabe 18 (6.A, Aufg. 8a)) *Sei (a_n) eine Folge positiver reeller Zahlen. Genau dann konvergiert die Reihe $\sum a_n$, wenn die Reihe $\sum a_n/(1+a_n)$ konvergiert.*

Lösung Konvergiert $\sum a_n$, so konvergiert die Reihe $\sum a_n/(1+a_n)$ nach dem Majorantenkriterium wegen $|a_n/(1+a_n)| \leq a_n$ für alle n.

Umgekehrt erhält man zunächst $0 = \lim\limits_{n\to\infty} \dfrac{a_n}{1+a_n} = \lim\limits_{n\to\infty} \dfrac{1}{(1/a_n)+1}$ aus der Konvergenz der
Reihe $\sum a_n/(1+a_n)$. Damit folgt $\lim\limits_{n\to\infty}(1/a_n)+1 = \infty$, $\lim\limits_{n\to\infty}(1/a_n) = \infty$, $\lim\limits_{n\to\infty} a_n = 0$, vgl.
Aufgabe 1 zu Abschnitt 4.E. Es gibt daher ein $n_0 \in \mathbb{N}$ mit $a_n \leq 1$, d.h. $1 + a_n \leq 2$ und somit $a_n/(1+a_n) \geq a_n/2$, für alle $n \geq n_0$. Nach dem Majorantenkriterium ist mit $\sum a_n/(1+a_n)$ auch die Reihe $\sum a_n/2$ und folglich ihr Doppeltes $\sum a_n$ konvergent.   •

Aufgabe 19 (6.A, Aufg. 11a)) *Für $s \in \mathbb{R}$, $s > 1$, gilt $\sum\limits_{n=1}^{\infty} \dfrac{(-1)^{n-1}}{n^s} = (1 - 2^{1-s})\zeta(s)$.*

Lösung Für $s \in \mathbb{R}$, $s > 1$, ist

$$\sum_{n=1}^{\infty} \frac{(-1)^{n-1}}{n^s} = \sum_{n=1}^{\infty} \frac{1}{n^s} - 2\sum_{m=1}^{\infty} \frac{1}{(2m)^s} = \zeta(s) - 2 \cdot 2^{-s}\zeta(s) = (1 - 2^{1-s})\zeta(s).$$
    •

Bemerkung Nach dem Leibniz-Kriterium 6.A.8 konvergiert die Reihe $f(s) := \sum\limits_{n=1}^{\infty} \dfrac{(-1)^{n-1}}{n^s}$
sogar für alle $s \in \mathbb{R}_+^{\times}$. Somit ist $(1 - 2^{1-s})^{-1}f(s)$ eine natürliche Fortsetzung der ζ-Funktion auf $\mathbb{R}_+^{\times} - \{1\}$. $f(1)$ ist der Summenwert $\ln 2$ der alternierenden harmonischen Reihe. Es folgt

$$\lim_{s\to 1}(s-1)\zeta(s) = \lim_{s\to 1} \frac{s-1}{1-2^{1-s}} \lim_{s\to 1} f(s) = \frac{1}{\ln 2} \ln 2 = 1.$$

Dabei haben wir benutzt, dass $\lim\limits_{s\to 1}(1 - 2^{1-s})/(s-1)$ als Ableitung der Funktion -2^{1-s} im Punkt 1 den Wert $\ln 2$ hat, vgl. Abschnitt 13.C (und dass die Funktion f im Punkt 1 stetig ist). Man beweist übrigens die asymptotische Beziehung $\zeta(s) \sim 1/(s-1)$ für $s \to 1+$ auch leicht direkt und gewinnt damit noch einmal $f(1) = \ln 2$. Für eine umfassende Diskussion der ζ-Funktion auch im Komplexen siehe Beispiel 18.B.4.

‡**Aufgabe 20** (6.A, Aufg. 11b)) *Für* $s \in \mathbb{R}$, $s > 1$, *ist* $\sum\limits_{n=0}^{\infty} \dfrac{1}{(2n+1)^s} = (1 - 2^{-s})\zeta(s)$.

Aufgabe 21 (6.A, Aufg. 15a)) *Sei* $q > 1$ *und* $h_n \in \mathbb{C}$, $n \in \mathbb{N}^*$, *eine Folge mit* $|h_n| \geq q$. *Dann gilt*

$$\sum_{n=1}^{\infty} \frac{h_n - 1}{h_1 \cdots h_n} = 1 \,.$$

Lösung Die Reihe ist eine Teleskopreihe. Da $|1/h_1 \cdots h_n| \leq 1/q^n$, $n \in \mathbb{N}^*$, eine Nullfolge ist, erhält man

$$\sum_{n=1}^{\infty} \frac{h_n - 1}{h_1 \cdots h_n} = \sum_{n=1}^{\infty} \left(\frac{1}{h_1 \cdots h_{n-1}} - \frac{1}{h_1 \cdots h_n} \right) = \lim_{n \to \infty} \left(1 - \frac{1}{h_1 \cdots h_n} \right) = 1 \,. \quad \bullet$$

Aufgabe 22 (6.A, Aufg. 26) *Eine Schnecke bewege sich tagsüber von einem Ende eines beliebig dehnbaren Gummibandes der Länge ℓ zum anderen und lege dabei pro Tag die Längeneinheit zurück, worauf in der folgenden Nacht das Band jeweils um ℓ_0 gedehnt wird. Man untersuche, ob und gegebenenfalls im Laufe welchen Tages die Schnecke das andere Ende des Bandes erreicht.*

Lösung Am ersten Tag legt die Schnecke den Anteil $1/\ell$ des Bandes zurück. Den so geschafften Bruchteil des Bandes behält sie nachts natürlich, da das Band gleichmäßig gedehnt wird. Am nächsten Tag legt sie nur noch den Anteil $1/(\ell + \ell_0)$ des dann auf die Länge $\ell + \ell_0$ gedehnten Bandes zurück, hat abends also den Anteil $(1/\ell) + 1/(\ell + \ell_0)$ des Bandes zurückgelegt, usw. Am Morgen des n-ten Tages hat das Band die Länge $\ell + (n-1)\ell_0$ Meter lang und die Schnecke legt eine weitere Längeneinheit zurück, hat also am Abend des n-ten Tages den Anteil

$$\sum_{k=0}^{n-1} \frac{1}{\ell + k\ell_0} \geq \frac{1}{\text{Max}\,(\ell, \ell_0)} \sum_{k=0}^{n-1} \frac{1}{1+k} = \frac{1}{\text{Max}\,(\ell, \ell_0)} \sum_{k=1}^{n} \frac{1}{k}$$

des Bandes zurückgelegt. Wegen der Divergenz der harmonischen Reihe $\sum 1/n$ wird die Schnecke also das andere Ende des Bandes erreichen. (Bei $\ell = \ell_0 = 10$ erreicht sie das andere Ende im Laufe des 12367sten Tages, vgl. das Ende von Beispiel 6.A.3.) $\qquad \bullet$

Aufgabe 23 (6.A, Aufg. 27a)) *Sei* $q_n \in \mathbb{R}$, $n \in \mathbb{N}$, *eine Folge mit* $0 < q_n < 1$ *für alle n. Dann konvergiert die Teleskopreihe* $\sum\limits_{n=0}^{\infty} q_0 \cdots q_n \,(1 - q_{n+1})$.

Lösung Wegen $0 < q_n < 1$ für alle n ist die Folge $q_0 \cdots q_n \, q_{n+1}$, $n \in \mathbb{N}$, monoton fallend und nach unten durch 0 beschränkt, also konvergent. Die angegebene Reihe hat daher den Grenzwert

$$\lim_{n \to \infty} \sum_{k=0}^{n} q_0 \cdots q_k (1 - q_{k+1}) = \lim_{n \to \infty} (q_0 - q_0 q_1 + q_0 q_1 - q_0 q_1 q_2 + \cdots + q_0 \cdots q_n - q_0 \cdots q_{n+1})$$

$$= \lim_{n \to \infty} (q_0 - q_0 \cdots q_{n+1}) = q_0 - \lim_{n \to \infty} q_0 \cdots q_{n+1} \,. \quad \bullet$$

Aufgabe 24 (6.A, Aufg. 27b)) *Sei* $q_n \in \mathbb{R}$, $n \in \mathbb{N}$, *eine Folge mit* $0 < q_n < 1$ *für alle n. Man beweise die folgende Verallgemeinerung des Quotientenkriteriums: Komplexe Reihen* $\sum\limits_{n=0}^{\infty} a_n$ *mit $a_n \neq 0$ sind absolut konvergent, falls für (fast) alle n gilt:* $|a_{n+1}/a_n| \leq q_n(1 - q_{n+1})/(1 - q_n)$.

Lösung Wir können ohne Einschränkung annehmen, dass die Voraussetzungen über die a_n für alle n gilt. Dann liefert die Reihe $\sum\limits_{n=0}^{\infty} q_0 \cdots q_n \,(1 - q_{n+1})$ aus Aufgabe 23 (bis auf den Faktor $|a_0|/(1 - q_0)$) eine konvergente Majorante zu $\sum |a_n|$, da wir der Reihe nach erhalten:

$$|a_{n+1}| \leq |a_n| \, q_n \frac{1-q_{n+1}}{1-q_n} \leq |a_{n-1}| \, q_n q_{n-1} \frac{1-q_{n+1}}{1-q_{n-1}} \leq \cdots \leq \frac{|a_0|}{1-q_0} \, q_0 \cdots q_n \, (1-q_{n+1}) \, . \quad \bullet$$

Aufgabe 25 *Man verwende Aufgabe 24, um die Konvergenz von* $\sum\limits_{n=1}^{\infty} \dfrac{1}{n^2}$ *zu beweisen.*

Lösung Im Spezialfall $a_n = \dfrac{1}{n^2}$ verwenden wir $q_n = \dfrac{n}{n+1}$, also $1 - q_n = \dfrac{1}{n+1}$, und erhalten

$$\left|\frac{a_{n+1}}{a_n}\right| = \frac{1/(n+1)^2}{1/n^2} = \frac{n^2}{(n+1)^2} = q_n \frac{n}{n+1} \leq q_n \frac{n+1}{n+2} = q_n \frac{1-q_{n+1}}{1-q_n} \text{ für alle } n \geq 1 \, . \quad \bullet$$

Aufgabe 26 (6.A, Aufg. 27c)) *Die Reihe* $\sum\limits_{n=0}^{\infty} \dfrac{a \, (a+1) \cdots (a+n)}{c \, (c+1) \cdots (c+n)}$ *konvergiert für* $a, c \in \mathbb{R}_+^\times$

mit $c > a + 1$.

Lösung Wir wählen ein $m_0 \in \mathbb{N}$ mit $m_0 > (c-a)/(c-a-1)$ und $q_n := \dfrac{a+m_0(n+1)}{c+m_0(n+1)}$. Dann gilt

die Bedingung aus Aufgabe 24 für $n \geq \dfrac{m_0 a}{m_0(c-a-1)-(c-a)} - 1$. Wir haben dazu zu zeigen:

$$q_n \frac{1-q_{n+1}}{1-q_n} = \frac{a+m_0(n+1)}{c+m_0(n+1)} \cdot \frac{1 - \dfrac{a+m_0(n+2)}{c+m_0(n+2)}}{1 - \dfrac{a+m_0(n+1)}{c+m_0(n+1)}} = \frac{a+m_0(n+1)}{c+m_0(n+2)} \geq \left|\frac{a_{n+1}}{a_n}\right| = \frac{a+n+1}{c+n+1} \, .$$

Dies ist äquivalent zu $(a+m_0(n+1))(c+n+1) \geq (a+n+1)(c+m_0(n+2))$, d.h. zu
$(c-a)m_0(n+1) \geq am_0 + (c-a)(n+1) + m_0(n+1)$, also zu $(n+1)\big((c-a)(m_0-1)-m_0\big) \geq am_0$.
Dies ist aber gerade die angegebene Bedingung an n. $\quad \bullet$

Aufgabe 27 *Ist* $\sum\limits_{k=0}^{\infty} z_k$ *eine absolut konvergente Reihe von* 0 *verschiedener komplexer Zahlen* z_k

mit $\left|\sum\limits_{k=0}^{\infty} z_k\right| = \sum\limits_{k=0}^{\infty} |z_k|$, *so ist* $z_k/z_j \in \mathbb{R}_+^\times$ *für alle* $k, j \in \mathbb{N}$.

1. Lösung Sei $z := \sum\limits_{k=0}^{\infty} z_k$. Nach Voraussetzung ist $|z| = \left|\sum\limits_{k=0}^{\infty} z_k\right| = \sum\limits_{k=0}^{\infty} |z_k| \neq 0$, also $z \neq 0$.

Wir setzen $w_k := z_k/z$ für alle k und zeigen $w_k = |w_k| \in \mathbb{R}_+^\times$ für alle k und somit $z_k/z_j = w_k/w_j \in \mathbb{R}_+^\times$ für alle k, j. Die Voraussetzung liefert

$$\sum_{k=0}^{\infty} w_k = \big(\sum_{k=0}^{\infty} z_k\big)/z = 1 = |1| = \left|\sum_{k=0}^{\infty} w_k\right| = \left|\sum_{k=0}^{\infty} z_k\right|/|z| = \big(\sum_{k=0}^{\infty} |z_k|\big)/|z| = \sum_{k=0}^{\infty} |w_k| \, .$$

Es genügt, $w_0 = |w_0|$ zu zeigen. Dann ergibt sich $\sum\limits_{k=1}^{\infty} w_k = \sum\limits_{k=1}^{\infty} |w_k|$, also $w_1 = |w_1|$ usw. Sei

nun $w_0 = a_0 + ib_0$ und $w := \sum\limits_{k=1}^{\infty} w_k = a + ib$ mit $a_0, a, b_0, b \in \mathbb{R}$, d.h. $a_0 + a + i(b_0 + b) =$

$w_0 + w = \sum\limits_{k=0}^{\infty} w_k = \sum\limits_{k=0}^{\infty} |w_k| \in \mathbb{R}$ und somit $b_0 + b = 0$ und

$$a_0 + a = |w_0| + \sum_{k=1}^{\infty} |w_k| \geq |w_0| + |w| = (a_0^2 + b_0^2)^{1/2} + (a^2 + b^2)^{1/2} \geq |a_0| + |a| \geq a_0 + a \, .$$

Daher gilt bei allen vorstehenden Abschätzungen bereits das Gleichheitszeichen, und es ist $b_0 = 0 \, (= b)$ und dann $w_0 = a_0 = |a_0| = |w_0|$. $\quad \bullet$

2. Lösung Man kann auch direkt mit 5.A, Aufgabe 8 schließen: Für jedes $n \in \mathbb{N}$ folgt wegen

$| \sum_{k=0}^{\infty} z_k | \leq | \sum_{k=0}^{n} z_k | + | \sum_{k=n+1}^{\infty} z_k |$, $| \sum_{k=0}^{n} z_k | \leq \sum_{k=0}^{n} |z_k|$ und $| \sum_{k=n+1}^{\infty} z_k | \leq \sum_{k=n+1}^{\infty} |z_k|$ mit der Voraussetzung $| \sum_{k=0}^{\infty} z_k | = \sum_{k=0}^{\infty} |z_k|$ notwendigerweise $| \sum_{k=0}^{n} z_k | = \sum_{k=0}^{n} |z_k|$ (und $| \sum_{k=n+1}^{\infty} z_k | = \sum_{k=n+1}^{\infty} |z_k|$). •

6.B Summierbarkeit

Der Begriff der Summierbarkeit präzisiert das Aufsummieren der Elemente einer unendlichen Familie, ohne dass man dabei auf eine Anordnung der Familienmitglieder Rücksicht nehmen muss. Zentral ist der Große Umordnungssatz 6.B.11 (besser: das Große Assoziativgesetz). Er befreit in vielen Situationen von lästigen Überlegungen beim Hantieren mit solchen Familien.

Aufgabe 1 (6.B, Aufg. 1a)) *Seien* $z_1, \ldots, z_r \in \mathbb{C}$ *mit* $|z_i| < 1$ *für* $i = 1, \ldots, r$. *Wir setzen wie allgemein üblich* $z^m = z_1^{m_1} \cdots z_r^{m_r}$ *für* $m := (m_1, \ldots, m_r) \in \mathbb{N}^r$. *Dann ist die Familie* z^m, $m \in \mathbb{N}^r$, *summierbar, und es gilt*

$$\sum_{m \in \mathbb{N}^r} z^m = \frac{1}{1-z_1} \cdots \frac{1}{1-z_r}.$$

Lösung Für jedes $i = 1, \ldots, r$ ist die Familie $z_i^{m_i}$, $m_i \in \mathbb{N}$, summierbar, da die geometrische Reihe $\sum_{m_i=0}^{\infty} z_i^{m_i}$ wegen $|z_i| < 1$ absolut konvergiert. Nach dem Großen Distributivgesetz 6.B.13 ist dann die Familie z^m, $m \in \mathbb{N}^r$, summierbar mit der Summe

$$\sum_{m \in \mathbb{N}^r} z^m = \sum_{m_1=0}^{\infty} \cdots \sum_{m_r=0}^{\infty} z_1^{m_1} \cdots z_r^{m_r} = \left(\sum_{m_1=0}^{\infty} z_1^{m_1} \right) \cdots \left(\sum_{m_r=0}^{\infty} z_r^{m_r} \right) = \frac{1}{1-z_1} \cdots \frac{1}{1-z_r}. \quad •$$

Bemerkung Für eine direkte Anwendung seien $p_1, \ldots, p_r \in P \subseteq \mathbb{N}^*$ paarweise verschiedene Primzahlen. Nach dem Hauptsatz 2.D.11 der Elementaren Zahlentheorie über die eindeutige Primfaktorzerlegung ist $m \mapsto p^m = p_1^{m_1} \cdots p_r^{m_r}$, $m = (m_1, \ldots, m_r) \in \mathbb{N}^r$, eine bijektive Abbildung von $\mathbb{N}^r$ auf die Menge $N(A)$ derjenigen natürlichen Zahlen $n \in \mathbb{N}^*$, deren Primfaktoren sämtlich zu $A := \{p_1, \ldots, p_r\}$ gehören. Nach dem Ergebnis der Aufgabe, angewandt auf $z_1 := p_1^{-s}, \ldots, z_r := p_r^{-s}$, gilt also für jedes $s \in \mathbb{R}_+^{\times}$ (oder allgemeiner für jedes $s \in \mathbb{C}$ mit $\mathrm{Re}\, s > 0$)

$$\sum_{n \in N(A)} \frac{1}{n^s} = \sum_{m \in \mathbb{N}^r} \frac{1}{(p^m)^s} = \frac{1}{1-p_1^{-s}} \cdots \frac{1}{1-p_r^{-s}} = \prod_{p \in A} \frac{1}{1-p^{-s}}.$$

(Man beachte $(p^m)^s = (p_1^s)^{m_1} \cdots (p_r^s)^{m_r}$.) Dies ist die Aussage von 6.B, Aufg. 8a).

Aufgabe 2 (6.B, Aufg. 1b)) *Für* $w \in \mathbb{C}$, $|w| < 1$, *und alle* $r \in \mathbb{N}^*$ *gilt:*

$$\frac{1}{(1-w)^r} = \sum_{k=0}^{\infty} \binom{k+r-1}{r-1} w^k.$$

1. Lösung Induktion über r: Der Fall $r = 1$ ist die Summenformel für die geometrische Reihe. Beim Schluss von r auf $r+1$ verwenden wir die vorstehende Aufgabe, den Satz 6.B.14 über das Cauchy-Produkt und die Formel 2.B.9 (4) vom Pascalschen Dreieck:

$$\frac{1}{(1-w)^{r+1}} = \frac{1}{(1-w)} \cdot \frac{1}{(1-w)^r} = \left(\sum_{k=0}^{\infty} w^k \right) \left(\sum_{k=0}^{\infty} \binom{k+r-1}{r-1} w^k \right) =$$

$$\sum_{n=0}^{\infty} \sum_{k=0}^{n} w^{n-k} \binom{k+r-1}{r-1} w^k = \sum_{n=0}^{\infty} \left(\sum_{k=0}^{n} \binom{r-1+k}{k} \right) w^n = \sum_{n=0}^{\infty} \binom{r+n}{n} w^n = \sum_{n=0}^{\infty} \binom{n+r}{r} w^n. \quad •$$

2. Lösung Wir interpretieren $1/(1-w)^r$ als das r-fache Produkt der geometrischen Reihe $\dfrac{1}{1-w} = \sum\limits_{k=0}^{\infty} w^k$ mit sich selbst. Nach Aufgabe 1 ist dann der Koeffizient von w^k die Anzahl der Tupel $m \in \mathbb{N}^r$ mit $|m| = m_1 + \cdots + m_r = k$, also nach Beispiel 2.B.12 gleich $\binom{k+r-1}{r-1}$. •

Aufgabe 3 (6.B, Aufg. 2a)) *Sei* $\mathbb{N}^{**} := \mathbb{N}^* - \{1\}$. *Dann gilt* $\sum\limits_{(m,n) \in (\mathbb{N}^{**})^2} \dfrac{1}{m^n} = \sum\limits_{n=2}^{\infty} \big(\zeta(n)-1\big) = 1$.

Lösung Da alle Summanden m^{-n} positiv sind, wird die Summierbarkeit nach 6.B.12 durch dieselbe Rechnung gezeigt, die auch zur Bestimmung der Summe führt. Der Große Umordnungssatz 6.B.11 liefert mit der Summenformel für geometrische Reihen und Beispiel 6.A.4

$$\sum_{m,n \geq 2} \frac{1}{m^n} = \sum_{m=2}^{\infty} \Big(\sum_{n=2}^{\infty} \frac{1}{m^n}\Big) = \sum_{m=2}^{\infty} \frac{1}{m^2} \cdot \frac{1}{1-\frac{1}{m}} = \sum_{m=2}^{\infty} \frac{1}{m(m-1)} = \sum_{m=1}^{\infty} \frac{1}{m(m+1)} = 1 \, .$$

Andererseits ist nach dem Großen Umordnungssatz 6.B.11 auch

$$1 = \sum_{m,n \geq 2} \frac{1}{m^n} = \sum_{n=2}^{\infty} \Big(\sum_{m=2}^{\infty} \frac{1}{m^n}\Big) = \sum_{n=2}^{\infty} \big(\zeta(n) - 1\big) \, . \qquad •$$

Aufgabe 4 (6.B, Aufg. 2b)) *Sei* $Q := \{m^n \mid m, n \in \mathbb{N}^{**}\}$, $\mathbb{N}^{**} = \mathbb{N}^* - \{1\}$, *die Menge der echten Potenzen natürlicher Zahlen. Dann ist die Familie* $1/(q-1)$, $q \in Q$, *summierbar mit Summe 1.*

Lösung Die Schwierigkeit bei der vorliegenden Aufgabe besteht darin, dass eine echte Potenz $q \in Q$ in der Regel mehrere Darstellungen der Form m^n mit $m, n \geq 2$ besitzt, z.B. $16 = 2^4 = 4^2$. Somit ist $\sum_{q \in Q} 1/q < \sum_{m,n \geq 2} 1/m^n = 1$, vgl. Aufgabe 3. Es gilt also diese Mehrdeutigkeit zu beherrschen. Dies geschieht mit der folgenden Aussage, die eine direkte Konsequenz des Satzes 2.D.11 über die eindeutige Primfaktorzerlegung ist: *Jede natürliche Zahl* $m \geq 2$ *besitzt eine eindeutige Darstellung der Form* $m = b^e$ *mit einer Basis* $b = b_m \geq 2$, *die keine echte Potenz ist, und einem Exponenten* $e = e_m \in \mathbb{N}^*$. Ist $m = \prod_{p \in P} p^{\alpha_p}$ die kanonische Primfaktorzerlegung von $m \in \mathbb{N}^{**}$, so ist $e_m = \mathrm{ggT}(\alpha_p; p \in P) \in \mathbb{N}^*$ und $b_m = \prod_{p \in P} p^{\alpha_p/e_m}$. Genau dann gehört m zu Q, wenn $e_m \geq 2$ ist. Allgemeiner: Eine beliebige Zahl $m \in \mathbb{N}^{**}$ besitzt genau $T(e_m) - 1$ Darstellungen als eine echte Potenz (wo $T(-)$ die Funktion "Anzahl der Teiler" ist). Somit ist

$$1 = \sum_{m,n \geq 2} \frac{1}{m^n} = \sum_{q \in Q} \Big(\sum_{m^n = q} \frac{1}{m^n}\Big) = \sum_{q \in Q} \frac{T(e_q)-1}{q} \quad \text{und} \quad 1 < 1 + \sum_{q \in Q} \frac{1}{q} = \sum_{q \in Q} \frac{T(e_q)}{q} < 2 \, .$$

Mit den eingeführten Bezeichnungen ist die Abbildung $\mathbb{N}^{**} \times \mathbb{N}^{**} \to Q \times \mathbb{N}^*$, $(m,n) \mapsto (b_m^n, e_m)$, bijektiv mit der Umkehrabbildung $(q,k) \mapsto (b_q^k, e_q)$. Überdies ist $m^n = b_m^{n e_m}$ bzw. $q^k = b_q^{k e_q}$. Mit dem Ergebnis der vorstehenden Aufgabe erhalten wir nun

$$\sum_{q \in Q} \frac{1}{q-1} = \sum_{q \in Q} \frac{q^{-1}}{1-q^{-1}} = \sum_{q \in Q} \sum_{k \in \mathbb{N}^*} \frac{1}{q^k} = \sum_{(m,n) \in (\mathbb{N}^{**})^2} \frac{1}{m^n} = 1 \, . \qquad •$$

Bemerkungen (1) Die Summe $\sum\limits_{q \in Q} \dfrac{1}{q}$ können wir jetzt bequem berechnen. Zur Konvergenzbeschleunigung erweitern wir mit $q-1$ und erhalten

$$\sum_{q \in Q} \frac{1}{q} = \sum_{q \in Q} \frac{1}{q-1} - \sum_{q \in Q} \frac{1}{q(q-1)} = 1 - \sum_{q \in Q} \frac{1}{q(q-1)} = 0{,}87446\,43684\,0 \ldots \, .$$

In Analogie zur Formel in Aufgabe 3 gilt überdies mit der Möbius-Funktion μ (vgl. Aufgabe 6)

$$\sum_{q \in Q} \frac{1}{q} = -\sum_{n=2}^{\infty} \mu(n)\big(\zeta(n)-1\big) = \big(\zeta(2)-1\big) + \big(\zeta(3)-1\big) + \big(\zeta(5)-1\big) - \big(\zeta(6)-1\big) + \big(\zeta(7)-1\big) \mp \cdots .$$

Zum **Beweis** dieser Formel sei $Q_n := \{m^n \mid m \in \mathbb{N}^{**}\} \subseteq Q$ für $n \in \mathbb{N}^{**}$. Die Überdeckung $Q = \bigcup_{p \in P} Q_p$ von Q, P = Menge der Primzahlen, erfüllt die Voraussetzungen der Großen Siebformel in Aufgabe 5, da $q \in Q$ in genau $\omega(e_q)$ der Mengen Q_p, $p \in P$, liegt, wo $\omega(e_q) > 0$ die Anzahl der verschiedenen Primteiler von e_q ist, und da $\sum_q 2^{\omega(e_q)}/q \le \sum_q T(e_q)/q < 2$ gilt. Wegen $Q_H = \bigcap_{p \in H} Q_p = Q_{p^H}$, $p^H := \prod_{p \in H} p$, und $s_H := \sum_{q \in Q_H} 1/q = \zeta(p^H) - 1$ für jede endliche nichtleere Teilmenge $H \subseteq P$ ist also

$$\sum_{q \in Q} \frac{1}{q} = - \sum_{H \in \mathfrak{E}(P)-\{\emptyset\}} (-1)^{|H|}\big(\zeta(p^H)-1\big) = - \sum_{n \in \mathbb{N}^{**}} \mu(n)\big(\zeta(n)-1\big). \qquad \bullet$$

(2) Bedenkt man, dass die harmonische Reihe $\sum 1/n$ divergiert, so treten mithin die echten Potenzen selten auf. Mit Ausnahme von $9 = 3^2$ und $8 = 2^3$ unterscheiden sich zwei verschiedene Elemente von Q stets um mehr als 1. Dies besagt die 2002 von P. Mihailescu bewiesene C a -t a l a n s c h e V e r m u t u n g, vgl. J. f. d. Reine u. Angew. Math. **572**, 167-195 (2004). Nach der P i l l a i s c h e n V e r m u t u n g gibt es zu vorgegebenem $a \in \mathbb{N}^*$ nur endlich viele Paare $(X, Y) \in Q \times Q$ mit $X - Y = a$. Mit anderen Worten: *Ist $q_1 = 4$, $q_2 = 8$, $q_3 = 9$, $q_4, q_5, \dots$ die streng monoton wachsende Folge der echten Potenzen, so ist* $\lim_{n \to \infty}(q_{n+1} - q_n) = \infty$. (Dass die Folge $q_{n+1} - q_n$, $n \in \mathbb{N}^*$, unbeschränkt ist, ist wegen der Konvergenz von $\sum_{n=1}^{\infty} 1/q_n$ klar. Warum?) Die Pillaische Vermutung ist (wie auch die Catalansche Vermutung) eine Konsequenz der so genannten ABC-V e r m u t u n g (die möglicherweise 2012 von S. Mochizuki bewiesen wurde – die Arbeit wird noch geprüft). Diese besagt: Für teilerfremde positive natürliche Zahlen A, B, C mit $A+B = C$ bezeichne $R := \operatorname{rad}(ABC) = \prod_{p \in P,\, p | ABC} p \; (= (\operatorname{rad} A)(\operatorname{rad} B)(\operatorname{rad} C))$ das R a d i k a l des Produkts ABC und $q(A, B, C) = \log_R C = \ln C / \ln R$ die so genannte Q u a l i t ä t von (A, B, C). *Dann gibt es zu jedem $\varepsilon > 0$ nur endlich viele teilerfremde Tripel $(A, B, C) \in (\mathbb{N}^*)^3$ mit $A + B = C$ und $q(A, B, C) \ge 1 + \varepsilon$.* (Die Vorgabe eines $\varepsilon > 0$ ist dabei nötig. Für jedes $c \in \mathbb{N}^{**}$ sind $(1, C_n - 1, C_n)$, $C_n := (1+c)^{c^n}$, $n \in \mathbb{N}^{**}$, unendlich viele Tripel mit $q(1, C_n - 1, C_n) > 1$. Wegen $c^{n+1} | (C_n - 1)$ (was man leicht durch Induktion über n beweist) gilt nämlich $\operatorname{rad}\big(C_n(C_n - 1)\big) \le (1+c)c(C_n - 1)/c^{n+1} < C_n$ für $n \ge 2$. Es ist auch $q(1, 2^{6n} - 1, 2^{6n}) > 1$ für alle $n \in \mathbb{N}^*$. Beweis! Man beachte $(2^6 - 1) | (2^{6n} - 1)$.)

Um aus der ABC-Vermutung die Pillaische Vermutung zu gewinnen, betrachten wir zu gegebenem $a \in \mathbb{N}^*$ eine Folge (X_i, Y_i), $i \in \mathbb{N}$, in $Q \times Q$ mit $X_i - Y_i = a$, für die (X_i) streng monoton wachsend ist. $X_i = b_i^{e_i}$ und $Y_i = c_i^{f_i}$ seien die weiter oben angegebenen kanonischen Darstellungen von X_i und Y_i als echte Potenzen. Ferner sei $d_i = \operatorname{ggT}(X_i, Y_i, a)$. Wir wenden die ABC-Vermutung auf die Tripel $(a/d_i, Y_i/d_i, X_i/d_i)$ an, die ebenso wie die Tripel (a, Y_i, X_i), $i \in \mathbb{N}$, paarweise verschieden sind. Nur für endlich viele i kann $e_i = f_i = 2$ sein. Wir setzen daher voraus, dass für alle $i \in \mathbb{N}$ gilt $e_i \ge 3$ oder $f_i \ge 3$. Dann ist $e_i^{-1} + f_i^{-1} \le 1/2 + 1/3 = 5/6$. Es ist $r_i := \operatorname{rad}(aY_i X_i/d_i^3) \le \operatorname{rad}((a/d_i)b_i c_i) \le (a/d_i)b_i c_i$, also $\ln r_i \le \ln(a/d_i) + \ln b_i + \ln c_i$. Ferner ist $e_i \ln b_i = \ln X_i > \ln Y_i = f_i \ln c_i$. Für die Qualitäten $q_i := q(a/d_i, Y_i/d_i, X_i/d_i)$ erhalten wir dann

$$q_i = \frac{\ln X_i}{\ln r_i} \ge \frac{\ln X_i}{\ln \frac{a}{d_i} + \ln b_i + \ln c_i} \ge \frac{\ln X_i}{\ln \frac{a}{d_i} + \frac{\ln X_i}{e_i} + \frac{\ln X_i}{f_i}} = \frac{1}{\frac{\ln(a/d_i)}{\ln X_i} + \frac{1}{e_i} + \frac{1}{f_i}}.$$

Da $\ln(a/d_i)/\ln X_i$, $i \in \mathbb{N}$, eine Nullfolge ist, ist $q_i \ge 1/(e_i^{-1} + f_i^{-1}) - \delta \ge 6/5 - \delta$ für jedes $\delta > 0$ und genügend große i. Dies widerspricht aber der ABC-Vermutung. $\qquad \bullet$

Die folgende Aufgabe enthält eine Verallgemeinerung des Großen Umordnungssatzes 6.B.11 (so wie die Siebformel in Bemerkung (1) zu 4.C, Aufgabe 4 eine Verallgemeinerung der Anzahlformel $\big|\biguplus_{i=1}^{n} I_i\big| = \sum_{i=1}^{n} |I_i|$ für paarweise disjunkte endliche Mengen $I_1, \dots, I_n$ ist).

Aufgabe 5 *Sei* a_i, $i \in I$, *eine Familie komplexer Zahlen und sei* $I = \bigcup_{j \in J} I_j$ *eine Überdeckung von* I *derart, dass* (1) *für jedes* $i \in I$ *die Menge* $N_i := \{j \in J \mid i \in I_j\}$ *endlich ist und dass* (2) *die Familie* $2^{n_i} a_i$, $i \in I$, $n_i := |N_i|$, *summierbar ist. Für jede endliche Menge* $H \in \mathfrak{E}(J)$ *sei* $I_H := \bigcap_{j \in H} I_j$ *(mit* $I_\emptyset = I$) *und* $s_H := \sum_{i \in I_H} a_i$. *Dann ist die Familie* s_H, $H \in \mathfrak{E}(J)$, *summierbar, und es gilt* $\sum_{H \in \mathfrak{E}(J)} s_H = \sum_{i \in I} 2^{n_i} a_i$ *sowie die* Große Siebformel

$$\sum_{H \in \mathfrak{E}(J)} (-1)^{|H|} s_H = 0 \qquad oder \qquad \sum_{i \in I} a_i = \sum_{H \in \mathfrak{E}^*(J)} (-1)^{|H|-1} s_H, \qquad \mathfrak{E}^*(J) := \mathfrak{E}(J) - \{\emptyset\}.$$

Lösung Wir betrachten die Familie A_k, $k \in K$, mit $K := \{(i, H) \in I \times \mathfrak{E}(J) \mid i \in I_H\} = \biguplus_{i \in I} \{(i, H) \mid H \in \mathfrak{E}(N_i)\}$ und $A_k := a_i$ für $k = (i, H) \in K$. Dann ist $(A_k)_{k \in K}$ summierbar wegen $\sum_{k \in K} |A_k| = \sum_{i \in I} \sum_{H \in \mathfrak{E}(N_i)} |a_i| = \sum_{i \in I} 2^{n_i} |a_i| < \infty$, und es ist (vgl. 6.B.12 und 6.B.11)

$$\sum_{k \in K} A_k = \sum_{i \in I} \sum_{H \in \mathfrak{E}(N_i)} a_i = \sum_{i \in I} 2^{n_i} a_i = \sum_{H \in \mathfrak{E}(J)} \sum_{i \in I_H} a_i = \sum_{H \in \mathfrak{E}(J)} s_H,$$

Seien nun $\mathfrak{E}_g(J)$ bzw. $\mathfrak{E}_u(J)$ die Mengen der endlichen Teilmengen $H \subseteq J$ mit gerader bzw. ungerader Elementezahl. Ferner sei $K_g := K \cap (I \times \mathfrak{E}_g(J))$ bzw. $K_u := K \cap (I \times \mathfrak{E}_u(J))$. Für festes $N \in \mathfrak{E}(J)$, $N \neq \emptyset$, ist $|\mathfrak{E}_g(J) \cap \mathfrak{E}(N)| = |\mathfrak{E}_g(N)| = |\mathfrak{E}_u(J) \cap \mathfrak{E}(N)| = |\mathfrak{E}_u(N)| = 2^{|N|-1}$, vgl. 2.B, Aufgabe 7. Damit ist $\sum_{k \in K_g} A_k = \sum_{i \in I} \sum_{H \in \mathfrak{E}_g(N_i)} a_i = \sum_{i \in I} 2^{n_i-1} a_i = \sum_{H \in \mathfrak{E}_g(J)} \sum_{i \in I_H} a_i = \sum_{H \in \mathfrak{E}_g(J)} s_H$

und entsprechend $\sum_{k \in K_u} A_k = \sum_{i \in I} 2^{n_i-1} a_i = \sum_{H \in \mathfrak{E}_u(J)} s_H$, also insgesamt $\sum_{H \in \mathfrak{E}(J)} (-1)^{|H|} s_H = 0$. •

Bemerkung Das obige Ergebnis ist bereits für endliche Indexmengen I interessant. Diese (kleine) Siebformel gilt für beliebige (additiv geschriebene) abelsche Gruppen (an Stelle von $\mathbb{C} = (\mathbb{C}, +)$).

Aufgabe 6 (vgl. 6.B, Aufg. 9) *Sei* $r \in \mathbb{N}^*$, $r \geq 2$, *und* $V_r(n)$ *für* $n \in \mathbb{N}^*$ *die Anzahl der teilerfremden* r-*Tupel positiver natürlicher Zahlen* $\leq n$. *Dann ist*

$$\lim_{n \to \infty} \frac{V_r(n)}{n^r} = \frac{1}{\zeta(r)}.$$

Lösung Für $n \in \mathbb{N}$ sei $\mathbb{N}_n := \{x \in \mathbb{N} \mid 1 \leq x \leq n\} \subseteq \mathbb{N}^*$. Ist $m \in \mathbb{N}^*$, so sei I_m die Menge der r-Tupel $(a_1, \dots, a_r) \in \mathbb{N}_n^r$, für die m ein gemeinsamer Teiler von $a_1, \dots, a_r$ ist. Für paarweise teilerfremde $m_1, \dots, m_k \in \mathbb{N}^*$ ist $I_{m_1 \cdots m_k} = I_{m_1} \cap \cdots \cap I_{m_k}$, vgl. Abschnitt 2.D. Es ist $|I_m| = [n/m]^r$ und $\mathbb{N}_n^r - \bigcup_{p \in P} I_p$ die Menge der teilerfremden r-Tupel in $\mathbb{N}_n^r$, wo $P \subseteq \mathbb{N}^*$ die Menge der Primzahlen ist. Die Siebformel (vgl. Bemerkung (1) zu 4.C, Aufgabe 4) liefert

$$\left| \bigcup_{p \in P} I_p \right| = \sum_{k \geq 1} (-1)^{k+1} \sum_{\substack{p_1, \dots, p_k \in P, \\ p_1 < \cdots < p_k}} \left[\frac{n}{p_1 \cdots p_k} \right]^r$$

und damit

$$V_r(n) = n^r + \sum_{k \geq 1} \sum_{p_1 < \cdots < p_k} (-1)^k \left[\frac{n}{p_1 \cdots p_k} \right]^r = \sum_{d \in \mathbb{N}^*} \mu(d) \left[\frac{n}{d} \right]^r.$$

Hierbei haben wir die so genannte Möbius-Funktion $\mu : \mathbb{N}^* \to \mathbb{Z}$ mit $\mu(d) := 0$, falls d nicht quadratfrei ist, und $\mu(d) = (-1)^k$, falls d Produkt von k verschiedenen Primzahlen ist, $k \in \mathbb{N}$, benutzt, vgl. 6.B, Aufg. 8d). Wir erhalten

$$\frac{V_r(n)}{n^r} = \sum_{d \in \mathbb{N}^*} \frac{\mu(d)}{d^r} \left(\frac{d}{n}\right)^r \left[\frac{n}{d}\right]^r = \sum_{d \in \mathbb{N}^*} \frac{\mu(d)}{d^r} - \sum_{d \in \mathbb{N}^*} \frac{\mu(d)}{d^r} \left(1 - \left(\frac{d}{n}\right)^r \left[\frac{n}{d}\right]^r\right).$$

Man beachte, dass $\mu(d)/d^r$, $d \in \mathbb{N}^*$, wegen $r > 1$ summierbar ist, da sogar $\sum_{d \in \mathbb{N}^*} 1/d^r = \zeta(r)$

endlich ist. Die zweite Summe konvergiert für $n \to \infty$ gegen 0. Ist nämlich $\varepsilon > 0$ vorgegeben, so gibt es zunächst ein $d_0 \in \mathbb{N}^*$ mit $\sum\limits_{d \geq d_0} \left(1 - (d/n)^r [n/d]^r\right)/d^r \leq \sum\limits_{d \geq d_0} 1/d^r \leq \varepsilon/2$ unabhängig von n und dann wegen $\lim\limits_{n \to \infty} \left(1 - (d/n)^r [n/d]^r\right)/d^r = 0$ für jedes $d \in \mathbb{N}^*$ ein $n_0 \in \mathbb{N}^*$ mit $\sum\limits_{d < d_0} \left(1 - (d/n)^r [n/d]^r\right)/d^r \leq \varepsilon/2$ für $n \geq n_0$. – Es bleibt $\sum\limits_{d \in \mathbb{N}^*} \mu(d)/d^r = 1/\zeta(r)$ zu zeigen. Für $s > 1$ ergibt sich aber mit dem Großen Umordnungssatz 6.B.11

$$\sum_{d \in \mathbb{N}^*} \frac{\mu(d)}{d^s} \zeta(s) = \sum_{d \in \mathbb{N}^*} \frac{\mu(d)}{d^s} \sum_{c \in \mathbb{N}^*} \frac{1}{c^s} = \sum_{(c,d) \in \mathbb{N}^* \times \mathbb{N}^*} \frac{\mu(d)}{(cd)^s} = \sum_{n \in \mathbb{N}^*} \left(\sum_{d|n} \mu(d)\right) \frac{1}{n^s} = 1 \,.$$

Für alle $n > 1$ gilt nämlich die wichtige Formel $\sum\limits_{d|n} \mu(d) = 0$. Zum Beweis sei $P_n \neq \emptyset$ die Menge der Primteiler von $n > 1$. Dann sind $p^H := \prod\limits_{p \in H} p$, $H \subseteq P_n$, die $2^{|P_n|}$ quadratfreien Teiler von n und somit $\sum\limits_{d|n} \mu(d) = \sum\limits_{H \subseteq P_n} \mu(p^H) = \sum\limits_{H \subseteq P_n} (-1)^{|H|} = 0$, vgl. 2.B, Aufgabe 7. •

Bemerkungen (1) Man sagt, *die Wahrscheinlichkeit dafür, dass ein r-Tupel positiver natürlicher Zahlen teilerfremd ist, sei $1/\zeta(r)$.* Zu dieser wahrscheinlichkeitstheoretischen Sprechweise siehe Beispiel 7.A.11.

(2) Die *teilerfremden* Paare $(\ell, m) \in \mathbb{N}_n^2$ mit $\ell \leq m$ und die rationalen Zahlen x, $0 < x \leq 1$, mit Nenner $\leq n$ lassen sich mittels $(\ell, m) \leftrightarrow \ell/m$ identifizieren. Deren Anzahl ist also $(V_2(n) + 1)/2$ ($(1, 1)$ ist das einzige Paar der Diagonalen von $\mathbb{N}_n^2$, das teilerfremd ist!) und damit für $n \to \infty$ asymptotisch gleich $n^2/2\zeta(2) = 3n^2/\pi^2$. Bezeichnet $\varphi(m)$ für $m \in \mathbb{N}^*$ die Anzahl der zu m teilerfremden Zahlen in $\mathbb{N}_m$ (E u l e r s c h e φ- F u n k t i o n), so ist $(V_2(n) + 1)/2$ auch gleich $\sum\limits_{m=1}^{n} \varphi(m)$ und somit das Mittel $\frac{1}{n} \sum\limits_{m=1}^{n} \varphi(m)$ für $n \to \infty$ asymptotisch gleich $3n/\pi^2$.

‡**Aufgabe 7** (vgl. 6.B, Aufg. 9) *Sei $r \in \mathbb{N}^*$, $r \geq 2$. Eine Zahl $m \in \mathbb{N}^*$ heiße r-p o t e n z f r e i, wenn m außer 1 keine r-te Potenz einer natürlichen Zahl als Teiler besitzt. (Bei $r = 2$ sind das die q u a d r a t f r e i e n Zahlen.) Für $n \in \mathbb{N}^*$ sei $P_r(n)$ die Anzahl der r-potenzfreien Zahlen $m \in \mathbb{N}^*$ mit $m \leq n$. Dann ist*

$$\lim_{n \to \infty} \frac{P_r(n)}{n} = \frac{1}{\zeta(r)} \,.$$

(Mit der Siebformel beweist man $P_r(n) = \sum\limits_{d \in \mathbb{N}^*} \mu(d)[n/d^r]$.)

Aufgabe 8 (6.B, Teil von Aufg. 13a) *Sei $z \in \mathbb{C}$, $|z| < 1$. Die Familie z^{mn}, $m, n \in \mathbb{N}^*$, ist summierbar, und es gilt* $\sum\limits_{m,n \geq 1} z^{mn} = \sum\limits_{n \geq 1} T(n) z^n$. (Dabei ist $T(n)$ die Anzahl der Teiler $d \in \mathbb{N}^*$ von n, vgl. 2.D, Aufgabe 8.)

Lösung Die Summierbarkeit folgt mit 6.B.12 aus $|z|^n < \frac{1}{2}$, d.h. $1/\left(1 - |z|^n\right) < 2$, für $n \geq n_0$, $n_0 \in \mathbb{N}$ hinreichend groß, und

$$\sum_{n=1}^{\infty} \sum_{m=1}^{\infty} |z^{mn}| = \sum_{n=1}^{\infty} \sum_{m=1}^{\infty} \left(|z|^n\right)^m = \sum_{n=1}^{\infty} \frac{|z|^n}{1 - |z|^n} = \sum_{n=1}^{n_0-1} \frac{|z|^n}{1 - |z|^n} + \sum_{n=n_0}^{\infty} \frac{|z|^n}{1 - |z|^n}$$

$$\leq \sum_{n=1}^{n_0-1} \frac{|z|^n}{1 - |z|^n} + \sum_{n=n_0}^{\infty} 2|z|^n = \sum_{n=1}^{n_0-1} \frac{|z|^n}{1 - |z|^n} + \frac{2|z|^{n_0}}{1 - |z|} < \infty \,.$$

Nach dem Großen Umordnungssatz 6.B.11 ist $\sum\limits_{n=1}^{\infty} \sum\limits_{m=1}^{\infty} z^{mn} = \sum\limits_{k=1}^{\infty} \left(\sum\limits_{d|k} 1\right) z^k = \sum\limits_{k=1}^{\infty} T(k) z^k$. •

7 Diskrete Wahrscheinlichkeitsräume

7.A Der Begriff des diskreten Wahrscheinlichkeitsraums

Aufgabe 1 (7.A, Aufg. 5) (A u f g a b e v o n G a l i l e i) *Was ist wahrscheinlicher, mit drei Würfeln die Augenzahl 9 oder die Augenzahl 10 zu erreichen?*

Lösung Wir zählen zunächst die für die Gesamtaugenzahl 9 günstigen Möglichkeiten. Zeigt der Würfel mit der größten Augenzahl eine 6, so müssen die beiden anderen Würfel 1 bzw. 2 zeigen. Dafür gibt es insgesamt $3 \cdot 2 = 6$ Möglichkeiten. – Zeigt der Würfel mit der größten Augenzahl eine 5, so gibt es jeweils die zwei Möglichkeiten 1, 3 und 2, 2 für die beiden anderen Würfel. Da 1, 3 auf zwei und 2, 2 nur auf eine Weise erreicht werden kann, ist dies insgesamt auf $3 \cdot (2+1) = 9$ Weisen möglich. – Zeigt der Würfel mit der größten Augenzahl eine 4, so gibt es die insgesamt drei Möglichkeiten, bei denen ein weiterer Würfel eine 4 hat und der restliche eine 1, sowie die Fälle, bei denen die beiden anderen Würfel 2 und 3 zeigen, also $3 + 3 \cdot 2 = 9$ Möglichkeiten. – Zeigt der Würfel mit der größten Augenzahl eine 3, so müssen die anderen Würfel auch eine drei haben, und das geht nur auf eine Weise. Insgesamt lässt sich die Gesamtaugenzahl 9 also auf $6 + 9 + 9 + 1 = 25$ Weisen würfeln. Die Wahrscheinlichkeit dafür ist also $25/6^3$.

Wir zählen nun die für die Gesamtaugenzahl 10 günstigen Möglichkeiten. Zeigt der Würfel mit der größten Augenzahl eine 6, so müssen die zwei anderen Würfel 1 und 3 oder aber beide die 2 zeigen. Dafür gibt es insgesamt $3 \cdot (2 + 1) = 9$ Möglichkeiten. – Zeigt der Würfel mit der größten Augenzahl eine 5, so gibt es jeweils die zwei Möglichkeiten 1, 4 und 2, 3 für die beiden anderen Würfel, was auf insgesamt $3 \cdot (2+2) = 12$ Weisen möglich ist. – Zeigt der Würfel mit der größten Augenzahl eine 4, so weist entweder ein weiterer Würfel eine 4 auf und der restliche eine 2 oder aber die beiden anderen Würfel zeigen jeweils eine 3. Dies liefert zusammen $3 + 3 = 6$ Möglichkeiten. Insgesamt lässt sich die Gesamtaugenzahl 10 also auf $9 + 12 + 6 = 27$ Weisen würfeln. Dies führt dafür zur Wahrscheinlichkeit $27/6^3$, die größer ist als die Wahrscheinlichkeit für die Gesamtaugenzahl 9.   •

Bemerkungen (1) Die Aufgabe gehört zu den Ausgangspunkten der Wahrscheinlichkeitsrechnung. Das Problem der Aufgabe besteht darin, dass es zu den Gesamtaugenzahlen 9 und 10 jeweils gleich viele Partitionen mit drei positiven natürlichen Zahlen ≤ 6 gibt, nämlich die sechs Partitionen $9 = 1 + 2 + 6 = 1 + 3 + 5 = 1 + 4 + 4 = 2 + 2 + 5 = 2 + 3 + 4 = 3 + 3 + 3$ bzw. $10 = 1 + 3 + 6 = 1 + 4 + 5 = 2 + 2 + 6 = 2 + 3 + 5 = 2 + 4 + 4 = 3 + 3 + 4$. Berücksichtigt man, dass es insgesamt $\binom{8}{3} = 56$ Partitionen aus positiven natürlichen Zahlen ≤ 6 gibt, so könnte man versucht sein, die Wahrscheinlichkeiten für die Gesamtaugenzahlen 9 bzw. 10 beim Würfeln mit drei Würfeln beide mit $6/56 = 3/28$ anzugeben, die kleiner ist als die beiden Wahrscheinlichkeiten $25/216$ bzw. $27/216$ der obigen Lösung. Dies ist aber ein falsches Modell für das ursprüngliche Experiment. Um den Unterschied deutlich zu machen, wählen wir jeweils ein U r n e n m o d e l l. Das Würfeln mit drei Würfeln lässt sich z.B. folgendermaßen simulieren: Aus einer Urne, in der sich sechs Kugeln mit den Zahlen 1 bis 6 befinden, zieht man dreimal eine Kugel, wobei die gezogene Kugel jedes Mal wieder zurückgelegt wird. Für die Partitionen dagegen bietet sich folgendes Modell an: Eine Partition (i_1, i_2, i_3) mit $1 \leq i_1 \leq i_2 \leq i_3 \leq 6$ identifiziert man mit der Teilmenge $\{i_1, i_2+1, i_3+2\}$ von $\{1, \ldots, 8\}$ und zieht aus einer Urne, in der sich acht Kugeln mit den Zahlen 1 bis 8 befinden, dreimal eine Kugel, wobei die gezogene Kugel *nicht* wieder zurückgelegt wird. Es handelt sich also um ein Z a h l e n l o t t o "3 aus 8", wobei die Wahrscheinlichkeit für eine gegebene Gesamtaugenzahl gesucht wird. Man vergleiche hierzu auch Beispiel 7.A.2.

(2) Betrachten wir die in (1) genannten Experimente allgemein und ziehen aus einer Urne, in der sich m Kugeln mit den Zahlen $1, \ldots, m$ befinden, n-mal eine Kugel, einmal **mit** und einmal **ohne** Zurücklegen, wobei im letzteren Fall $n \leq m$ sei. Gesucht ist jeweils die Wahrscheinlichkeit $p_{\mathbf{m}}(s) = p_{\mathbf{m}}(s; n, m)$ bzw. $p_{\mathbf{o}}(s) = p_{\mathbf{o}}(s; n, m)$ für eine gegebene Summe s der Zahlen der gezogenen Kugeln. Es ist bequem, die erzeugenden Funktionen $\psi_{\mathbf{m}}(t) = \sum_{s \in \mathbb{N}} p_{\mathbf{m}}(s) t^s$ bzw. $\psi_{\mathbf{o}}(t) = \sum_{s \in \mathbb{N}} p_{\mathbf{o}}(s) t^s$ zu benutzen. (Vgl. Beispiel 8.B.2. $\psi_{\mathbf{m}}$ und $\psi_{\mathbf{o}}$ sind Polynomfunktionen vom Grad mn bzw. $(m - n + 1) + \cdots + m = mn - \binom{n}{2} = n(2m - n + 1)/2$.) $\psi_{\mathbf{m}}$ ist leicht zu bestimmen. Dies wird in Beispiel 8.B.7 ausgeführt (für $m = 6$). Es ist

$$\psi_{\mathbf{m}}(t) = \left(\frac{1}{m} \left(t + \cdots + t^m \right) \right)^n = \frac{t^n}{m^n} \left(\frac{t^m - 1}{t - 1} \right)^n,$$

woraus sich eine Rekursionsformel für die Werte $p_{\mathbf{m}}(s)$ bzw. $m^n p_{\mathbf{m}}(s)$ ergibt. Für die obige Aufgabe von Galilei mit $m = 6$ und $n = 3$ erhält man

$$6^3 \psi_{\mathbf{m}}(t) = 6^3 \psi_{\mathbf{m}}(t; 3, 6) = t^3 \left(\frac{t^6 - 1}{t - 1} \right)^3 = t^3 + 3t^4 + 6t^5 + 10t^6 + 15t^7 + 21t^8 +$$

$$+ 25t^9 + 27t^{10} + 27t^{11} + 25t^{12} + 21t^{13} + 15t^{14} + 10t^{15} + 6t^{16} + 3t^{17} + t^{18}.$$

Zur Bestimmung von $\psi_{\mathbf{o}}(t)$ identifizieren wir eine n-elementige Teilmenge $\{j_1, \ldots, j_n\}$ von $\{1, \ldots, m\}$ mit $1 \leq j_1 < \cdots < j_n \leq m$ sowie $j_1 + \cdots + j_n = s \geq \binom{n+1}{2}$ und die Partition $(\lambda_1, \ldots, \lambda_n) = (j_1 - 1, \ldots, j_n - n)$, $0 \leq \lambda_1 \leq \cdots \leq \lambda_n \leq m - n$, von $\sigma := \lambda_1 + \cdots + \lambda_n = s - \binom{n+1}{2}$. Es ist also $p_{\mathbf{o}}(s; n, m) = p(\sigma; n, m - n)/\binom{m}{n}$ und

$$\binom{m}{n} \psi_{\mathbf{o}}(t) = \sum_{s \geq \binom{n+1}{2}} p\left(s - \binom{n+1}{2}; n, m - n\right) t^s = t^{\binom{n+1}{2}} \sum_{\sigma \geq 0} p(\sigma; n, m - n) t^\sigma = t^{\binom{n+1}{2}} G_n^{[m]}(t),$$

wobei $p(\sigma; n, m - n)$ die Anzahl der Partitionen von σ in n natürliche Zahlen $\leq m - n$ ist und $G_n^{[m]}$ das so genannte G a u ß s c h e   P o l y n o m

$$G_n^{[m]}(t) = \frac{(t^m - 1) \cdots (t^{m-n+1} - 1)}{(t - 1) \cdots (t^n - 1)},$$

vgl. 6.B, Aufg. 14 und 13.C, Aufg. 18.B. Beispielsweise ist die erzeugende Funktion für die Wahrscheinlichkeiten der Summen der Lottozahlen beim Spiel "6 aus 49" gleich $t^{21} G_6^{[49]}/\binom{49}{6}$.

Gehen wir auf die ursprüngliche Aufgabe von Galilei zurück, so haben wir bei n Laplace-Würfeln, die jeder mit Wahrscheinlichkeit $1/m$ die Augen $1, \ldots, m$ liefern, die Wahrscheinlichkeiten $p(s) := p_{\mathbf{o}}(s + \binom{n}{2}; n, m + n - 1)$ zu bestimmen. Die erzeugende Funktion hierfür ist also $\psi(t) := \sum_{s \in \mathbb{N}} p(s) t^s = t^n G_n^{[m+n-1]}(t)/\binom{m+n-1}{n}$. Speziell für $m = 6$ und $n = 3$ erhält man

$$\binom{8}{3} \psi(t) = t^3 G_3^{[8]}(t) = t^3 \frac{(t^8 - 1)(t^7 - 1)(t^6 - 1)}{(t - 1)(t^2 - 1)(t^3 - 1)} = t^3 + t^4 + 2t^5 + 3t^6 + 4t^7 + 5t^8 +$$

$$+ 6t^9 + 6t^{10} + 6t^{11} + 6t^{12} + 5t^{13} + 4t^{14} + 3t^{15} + 2t^{16} + t^{17} + t^{18}.$$

Aufgabe 2 (9.A, Aufg. 8) (A u f g a b e   v o n   F e r m a t - P a s c a l) *Zwei Spieler A und B werfen eine ideale Münze. Zahl bedeutet einen Gewinnpunkt für A, Wappen bedeutet einen Gewinnpunkt für B. Gewonnen hat derjenige, der zuerst $n > 0$ Gewinnpunkte für sich verbuchen kann. Er erhält dann den gesamten Einsatz. Wegen höherer Gewalt muss das Spiel beim Stande von $n - a$ Gewinnpunkten für A und $n - b$ Gewinnpunkten für B abgebrochen werden, $0 < a, b \leq n$. Wie groß ist die Wahrscheinlichkeit p_A, dass Spieler A bei Fortsetzung des Spiels gewonnen hätte?*

1. Lösung Nach $a + b - 1$ Münzwürfen wäre das Spiel sicher beendet gewesen, da einer der beiden Spieler spätestens dann die noch fehlenden a bzw. b Gewinnpunkte erreicht hätte. Für den Ausgang dieser $a + b - 1$ Münzwürfe hätte es 2^{a+b-1} Möglichkeiten gegeben. Günstig für A wären davon solche Ausgänge gewesen, bei denen B höchstens $(b-1)$-mal gewonnen hätte, also $\sum_{\mu=0}^{b-1} \binom{a+b-1}{\mu}$ mögliche Ausgänge. Dies liefert $p_A = \dfrac{1}{2^{a+b-1}} \sum_{\mu=0}^{b-1} \binom{a+b-1}{\mu}$. Die Wahrscheinlichkeit, dass B gewonnen hätte, ist demnach $p_B = 1 - p_A$. •

2. Lösung Wir berechnen die Wahrscheinlichkeit, dass A nach genau v Münzwürfen gewonnen hätte, $v = 0, \ldots, b-1$, also gerade dann die ihm noch fehlenden a Gewinnpunkte erreicht hätte. Für den Ausgang dieser $v+a$ Münzwürfe hätte es 2^{v+a} Möglichkeiten gegeben. Da A dabei das $(v+a)$-te Spiel gewinnt, wären für ihn solche Ausgänge günstig gewesen, bei denen B höchstens $b-1$ der vorangehenden $v+a-1$ Spiele gewonnen hätte. Die Zahl der Möglichkeiten dafür ist $\binom{v+a-1}{v}$. Dies liefert $p_A = \sum_{v=0}^{b-1} \binom{v+a-1}{v} \dfrac{1}{2^{v+a}}$ und wieder $p_B = 1 - p_A$. •

Bemerkungen (1) Der Einsatz ist also gerechterweise im Verhältnis $p_A : p_B = p_A : (1 - p_A)$ aufzuteilen. Die Aufgabe war eines der Ausgangsprobleme der Wahrscheinlichkeitsrechnung und wurde Pascal vom Chevalier de Méré vorgelegt, den wir auch in 7.B, Aufgabe 5 erwähnen.

(2) Die für p_A in den beiden Lösungen erhaltenen Ausdrücke müssen gleich sein. Schreiben wir noch n für $b-1$, k für v und r für $a-1$, so ergibt sich für alle $r, n \in \mathbb{N}$ die Identität

$$\sum_{k=0}^{n} \binom{r+k}{k} \frac{1}{2^{r+k+1}} = \frac{1}{2^{r+n+1}} \sum_{\mu=0}^{n} \binom{r+n+1}{\mu}, \quad \text{also} \quad \sum_{k=0}^{n} 2^{n-k} \binom{r+k}{k} = \sum_{k=0}^{n} \binom{r+n+1}{k}.$$

Im Spezialfall $r = n$ erhält man mit der Symmetrie des Pascalschen Dreiecks und Beispiel 2.B.11 noch einmal das Ergebnis von 2.B, Aufgabe 17 und 18:

$$\sum_{k=0}^{n} 2^{n-k} \binom{n+k}{k} = \sum_{k=0}^{n} \binom{2n+1}{k} = \frac{1}{2} \sum_{k=0}^{2n+1} \binom{2n+1}{k} = \frac{1}{2} \cdot 2^{2n+1} = 4^n.$$

(3) Da das Spiel nach $2n-1$ Würfen beendet ist, liegt ihm der Laplace-Raum $\Omega = \{W, Z\}^{2n-1}$ der 2^{2n-1} W-Z-Folgen der Länge $2n-1$ zu Grunde. Durch die Vorgeschichte wird dieser eingeschränkt auf den Raum Ω' derjenigen Ereignisse in Ω, bei denen die ersten $2n-a-b$ Ausgänge genau $(n-a)$-mal Zahl und genau $(n-b)$-mal Wappen zeigen. Es handelt sich also um eine Situation, die am Anfang von Abschnitt 9.A zur Motivation der bedingten Wahrscheinlichkeiten betrachtet wird.

Aufgabe 3 (7.A, Aufg. 3) *Seien (Ω, P) ein diskreter Wahrscheinlichkeitsraum und $A_1, \ldots, A_n$ Ereignisse in Ω. Man beweise:*

a) $P(A_1 \cup \cdots \cup A_n) \leq \sum_{i=1}^{n} P(A_i)$. *Das Gleichheitszeichen gilt genau dann, wenn $P(A_i \cap A_j) = 0$ ist für alle i, j mit $i \neq j$. (Man sagt dann, dass die Ereignisse A_i sich paarweise* fast sicher ausschließen.)

b) $P(A_1 \cap \cdots \cap A_n) \geq 1 - \sum_{i=1}^{n}\left(1 - P(A_i)\right)$. *Wann gilt das Gleichheitszeichen?*

c) *Die Wahrscheinlichkeit, dass keines der Ereignisse $A_1, \ldots, A_n$ eintritt, ist*

$$P\left((\Omega - A_1) \cap \cdots \cap (\Omega - A_n)\right) = \sum_{k=0}^{n}(-1)^k p_k,$$

wobei $p_0 := 1$ und $p_k := \sum_{1 \leq i_1 < \cdots < i_k \leq n} P(A_{i_1} \cap \cdots \cap A_{i_k})$ für $1 \leq k \leq n$ gesetzt wurde.

d) $P(A_1 \cup \cdots \cup A_n) \leq \sum_{k=1}^{m}(-1)^{k-1}p_k$ *für ungerade* $m \leq n$ *und* $P(A_1 \cup \cdots \cup A_n) \geq \sum_{k=1}^{m}(-1)^{k-1}p_k$
für gerade $m \leq n$.

Lösung a) Wir verwenden Induktion über n. Für $n=0$ und $n=1$ gilt das Gleichheitszeichen.

Beim Schluss von $n-1$ auf n liefert die Induktionsvoraussetzung $P(A_1 \cup \cdots \cup A_{n-1}) \leq \sum_{i=1}^{n-1} P(A_i)$,
wobei das Gleichheitszeichen genau dann gilt, wenn $P(A_i \cap A_j) = 0$ ist für alle i, j mit
$1 \leq i < j \leq n-1$. Ferner folgt $P(A_i \cap A_n) \leq P\big((A_1 \cap A_n) \cup \cdots \cup (A_{n-1} \cap A_n)\big) \leq \sum_{i=1}^{n-1} P(A_i \cap A_n)$,
d.h. $P\big((A_1 \cap A_n) \cup \cdots \cup (A_{n-1} \cap A_n)\big) = 0$ genau dann, wenn $P(A_i \cap A_n) = 0$ ist für alle
$i = 1, \ldots, n-1$. Mit dem Spezialfall $n=2$ der Siebformel 7.A.10 erhält man:

$$P(A_1 \cup \cdots \cup A_n) = P\big((A_1 \cup \cdots \cup A_{n-1}) \cup A_n\big)$$
$$= P(A_1 \cup \cdots \cup A_{n-1}) + P(A_n) - P\big((A_1 \cup \cdots \cup A_{n-1}) \cap A_n\big)$$
$$\leq \sum_{i=1}^{n-1} P(A_i) + P(A_n) = \sum_{i=1}^{n} P(A_i).$$

Dabei gilt das Gleichheitszeichen genau dann, wenn $P(A_i \cap A_j) = 0$ ist für alle i, j mit
$1 \leq i < j \leq n-1$ und überdies

$$P\big((A_1 \cup \cdots \cup A_{n-1}) \cap A_n\big) = P\big((A_1 \cap A_n) \cup \cdots \cup (A_{n-1} \cap A_n)\big) = 0$$

ist, d.h. auch $P(A_i \cap A_n) = 0$ gilt für $i = 1, \ldots, n-1$. ●

b) Offenbar gilt $A_1 \cap \cdots \cap A_n = \Omega - \big(\Omega - (A_1 \cap \cdots \cap A_n)\big) = \Omega - \big((\Omega - A_1) \cup \cdots \cup (\Omega - A_n)\big)$.
Mit a) erhält man

$$P(A_1 \cap \cdots \cap A_n) = P\big(\Omega - ((\Omega - A_1) \cup \cdots \cup (\Omega - A_n))\big) =$$
$$= 1 - P\big((\Omega - A_1) \cup \cdots \cup (\Omega - A_n)\big) \geq 1 - \sum_{i=1}^{n} P(\Omega - A_i) = 1 - \sum_{i=1}^{n} \big(1 - P(A_i)\big),$$

wobei die Gleichheit genau dann gilt, wenn $P\big(\Omega - (A_i \cup A_j)\big) = P\big((\Omega - A_i) \cap (\Omega - A_j)\big) = 0$,
also $P(A_i \cup A_j) = 1$ ist für alle i, j mit $i \neq j$. ●

c) Mit Hilfe der Siebformel 7.A.10 erhält man sofort

$$P\big((\Omega - A_1) \cap \cdots \cap (\Omega - A_n)\big) = P\big((\Omega - (A_1 \cup \cdots \cup A_n)\big) = 1 - P(A_1 \cup \cdots \cup A_n)$$
$$= 1 - \sum_{k=1}^{n}(-1)^{k-1}p_k = \sum_{k=0}^{n}(-1)^{k}p_k. ●$$

d) Wir verwenden Induktion über n, die Fälle $n=0$ und $n=1$ sind trivial. Beim Schluss von
$n-1$ auf n beschränken wir uns auf den Fall, dass m ungerade ist. (Der Beweis für gerades m
verläuft ganz analog.) Die Induktionsvoraussetzung liefert zunächst

$$P(A_1 \cup \cdots \cup A_{n-1}) \leq \sum_{k=1}^{m}(-1)^{k-1} \sum_{1 \leq i_1 < \cdots < i_k \leq n-1} P(A_{i_1} \cap \cdots \cap A_{i_k}),$$

$$P\big((A_1 \cap A_n) \cup \cdots \cup (A_{n-1} \cap A_n)\big) \geq \sum_{k=1}^{m-1}(-1)^{k-1} \sum_{1 \leq i_1 < \cdots < i_k \leq n-1} P(A_{i_1} \cap \cdots \cap A_{i_k} \cap A_n).$$

Beim Beweis von a) haben wir erhalten:

$$P(A_1 \cup \cdots \cup A_n) = P(A_1 \cup \cdots \cup A_{n-1}) + P(A_n) - P\big((A_1 \cup \cdots \cup A_{n-1}) \cap A_n\big)$$
$$= P(A_1 \cup \cdots \cup A_{n-1}) + P(A_n) - P\big((A_1 \cap A_n) \cup \cdots \cup (A_{n-1} \cap A_n)\big).$$

MIt der Induktionsvoraussetzung ergibt dies

$$P(A_1 \cup \cdots \cup A_n) \le P(A_n) + \sum_{k=1}^{m}(-1)^{k-1} \sum_{1 \le i_1 < \cdots < i_k \le n-1} P(A_{i_1} \cap \cdots \cap A_{i_k})$$

$$- \sum_{k=1}^{m-1}(-1)^{k-1} \sum_{1 \le i_1 < \cdots < i_k \le n-1} P(A_{i_1} \cap \cdots \cap A_{i_k} \cap A_n)$$

$$= \sum_{k=1}^{m}(-1)^{k-1} \sum_{1 \le i_1 < \cdots < i_k \le n} P(A_{i_1} \cap \cdots \cap A_{i_k}) = \sum_{k=1}^{m}(-1)^{k-1} p_k. \qquad \bullet$$

7.B Produkte von Wahrscheinlichkeitsräumen

Aufgabe 1 (7.B, Aufg. 1) *Eine (ideale) Münze werde n-mal geworfen ($n \in \mathbb{N}^*$). Wie groß ist die Wahrscheinlichkeit, dass die Anzahl der geworfenen Wappen gerade ist?*

Lösung Der Münzwurf ist ein Bernoulli-Experiment mit der Erfolgswahrscheinlichkeit $\frac{1}{2}$. Nach 2.B, Aufgabe 7 ist die Anzahl der Teilmengen von $\{1, \ldots, n\}$ mit gerader Elementezahl gleich der Anzahl der Teilmengen mit ungerader Elementezahl. Interpretieren wir diese Teilmengen als die Menge der Münzwürfe, bei denen in einer Folge von n Münzwürfen Wappen geworfen wurden, so sehen wir, dass es genau so wahrscheinlich ist, eine gerade Anzahl von Wappen zu werfen wie eine ungerade Zahl. Beides hat also die Wahrscheinlichkeit $\frac{1}{2}$. $\qquad \bullet$

Aufgabe 2 (7.B, Aufg. 2) *Zwei Schützen treffen mit der Wahrscheinlichkeit p_1 bzw. p_2 das Ziel. Beide schießen je einmal gleichzeitig, ohne sich zu stören. Wie groß ist die Wahrscheinlichkeit, dass das Ziel wenigstens einmal getroffen wird?*

Lösung Die gesuchte Wahrscheinlichkeit setzt sich zusammen aus der Wahrscheinlichkeit p_1 dafür, dass der erste Schütze trifft, und der Wahrscheinlichkeit $(1 - p_1)p_2$ dafür, dass der erste Schütze nicht trifft, wohl aber der zweite. Sie also gleich $p_1 + p_2 - p_1 p_2$. – Man hätte sie auch aus der Siebformel 7.A.10 erhalten können als die Wahrscheinlichkeit $P(A_1 \cup A_2) = P(A_1) + P(A_2) - P(A_1 \cap A_2)$, wo $P(A_1) = p_1$ und $P(A_2) = p_2$ die Trefferwahrscheinlichkeiten der beiden Schützen sind und $P(A_1 \cap A_2) = p_1 p_2$ die Wahrscheinlichkeit dafür, dass beide treffen. Oder: Die Wahrscheinlichkeit, dass kein Schütze trifft, ist $(1-p_1)(1-p_2)$, die Wahrscheinlichkeit, dass wenigstens einer trifft also $1 - (1 - p_1)(1 - p_2)$. $\qquad \bullet$

Aufgabe 3 (7.B, Aufg. 3a)) *Eine (faire) Münze werde 2m-mal geworfen. Wie groß ist die Wahrscheinlichkeit dafür, dass gleich oft Wappen und Zahl geworfen wird?*

Lösung Die Zahl der Wappen ist binomialverteilt mit den Parametern $2m$ und $\frac{1}{2}$. Die Wahrscheinlichkeit für m-mal Wappen und damit auch m-mal Zahl ist also $\binom{2m}{m}/2^{2m}$. Verwendet man die Stirlingsche Formel $n! \sim \sqrt{2\pi n}\,(n/e)^n$ für $n \to \infty$ aus Bemerkung 2.B.7, so erhält man dafür die Näherung

$$\binom{2m}{m}\Big/2^{2m} \sim \frac{\sqrt{4\pi m}}{(\sqrt{2\pi m})^2}\frac{(2m)^{2m}}{e^{2m}}\left(\frac{e^m}{m^m}\right)^2\Big/2^{2m} = \frac{1}{\sqrt{m\pi}}. \qquad \bullet$$

‡**Aufgabe 4** (7.B, Aufg. 3b)) *Sei Ω ein Laplace-Raum mit n Elementen. Die Wahrscheinlichkeit dafür, dass beim nm-maligen Ausführen des Zufallsexperiments Ω jedes Elementarereignis aus Ω genau m-mal auftritt, ist* $\dfrac{(nm)!}{(m!)^n\, n^{nm}} \sim \dfrac{\sqrt{n}}{\sqrt{(2\pi m)^{n-1}}}$. ●

Aufgabe 5 (7.B, Aufg. 4) (Aufgabe des Chevalier de Méré) *Die Wahrscheinlichkeit, bei 4 Würfen mit einem Würfel mindestens eine Sechs zu werfen, ist größer als $1/2$; die Wahrscheinlichkeit, bei 24 Würfen mit zwei Würfeln mindestens einen Sechser-Pasch (d.h. eine Doppelsechs) zu werfen, ist kleiner als $1/2$.*

Lösung Wir berechnen jeweils die komplementären Wahrscheinlichkeiten. Die Wahrscheinlichkeit, bei einem Wurf keine Sechs zu würfeln, ist $5/6$, bei vier Würfen keine einzige Sechs zu würfeln, ist also $(5/6)^4 = 625/1296 = 0,4822\ldots$. Die Wahrscheinlichkeit, bei einem Wurf mit zwei Würfeln keinen Sechser-Pasch zu würfeln, ist $35/36 \approx 0,9722\ldots$. Bei 24 Würfen ist sie also $(35/36)^{24} = 0,5085\ldots$. Die Wahrscheinlichkeiten für mindestens eine 6 bei 4 Würfen bzw. einen Sechser-Pasch bei 24 Würfen sind also $0,5177\ldots$ bzw. $0,4914\ldots$.

Bemerkung Bei einem Bernoulli-Experiment mit der Erfolgswahrscheinlichkeit p ist die Wahrscheinlichkeit, bei n-maligem Ausführen des Experiments keinen einzigen Erfolg zu haben, gleich $(1-p)^n$. Bei kleinem p wird der Logarithmus dieser Wahrscheinlichkeit $n \ln(1-p) = -n(p + \tfrac{1}{2}p^2 + \tfrac{1}{3}p^3 + \cdots) \sim -np$ (für $p \to 0$) durch $-np$ approximiert und dann $(1-p)^n$ durch e^{-np}, was sich auch mit der Poisson-Approximation für seltene Ereignisse aus Satz 7.C.8 ergibt. Für wenigstens einen Erfolg erhält man damit die Näherung $1 - e^{-np}$, die nur von dem Produkt np abhängt. In der Aufgabe ist in der Tat für beide Experimente $np = \frac{1}{6}\cdot 4 = \frac{1}{36}\cdot 24 = \frac{2}{3}$, was in beiden Fällen die Näherung $1 - e^{-2/3} = 0,4865\ldots$ liefert. Chevalier de Méré rechnete genauer und wettete auf wenigstens eine Sechs bei 4 Würfen statt auf wenigstens einen Sechser-Pasch bei 24 Würfen mit 2 Würfeln, womit er im Vorteil war. Vgl. auch Beispiel 7.B.2 für die nötige Vorsicht bei solchen Approximationen.

Die folgende Aufgabe wiederholt noch einmal die Poisson-Approximation für wenigstens einen Erfolg bei seltenen Ereignissen.

‡**Aufgabe 6** (7.B, Aufg. 9) *Auf ein Ziel werde n-mal geschossen. Die Wahrscheinlichkeit zu treffen sei p. Dann ist die Wahrscheinlichkeit, dass das Ziel wenigstens einmal getroffen wird, gleich $1 - (1-p)^n \approx 1 - e^{-np}$ (für große n und kleine p).*

Aufgabe 7 (7.B, Aufg. 5a)) *Seien $\Omega = \{\omega_1, \ldots, \omega_n\}$ ein n-elementiger Wahrscheinlichkeitsraum und P mit $P(\omega_i) = p_i$, $i = 1, \ldots, n$, die zugehörige Wahrscheinlichkeitsfunktion. Wie groß ist die Wahrscheinlichkeit, dass die m Ergebnisse übereinstimmen, wenn das zugehörige Experiment m-mal ausgeführt wird?*

Lösung Die Wahrscheinlichkeit dafür, dass das Ergebnis jedesmal das Elementarereignis ω_i ist, ist p_i^m. Die Wahrscheinlichkeit dafür, dass die m Ergebnisse stets ein und dasselbe der n Elementarereignisse sind, ist also $\sum_{i=1}^n p_i^m$. ●

Unter Verwendung von 2.B, Aufgabe 13 erhält man ganz analog:

‡**Aufgabe 8** (7.B, Aufg. 5b)) *Zwei Personen werfen eine Münze je m-mal. Die Wahrscheinlichkeit, dass beide die gleiche Anzahl Wappen erzielen, ist* $\sum_{k=0}^m \big(\beta(k; m, \tfrac{1}{2})\big)^2 = \binom{2m}{m}\dfrac{1}{2^{2m}} \sim \dfrac{1}{\sqrt{\pi m}}$.

Bemerkung Man zeige auch rein kombinatorisch, dass die hier berechnete Wahrscheinlichkeit mit der Wahrscheinlichkeit von Aufgabe 3 übereinstimmt.

Aufgabe 9 (7.B, Aufg. 6) *Ein (idealer) Würfel wird n-mal geworfen. Wie groß ist für* $1 \le m \le n$ *die Wahrscheinlichkeit, dass beim n-ten Wurf zum m-ten Mal eine Sechs geworfen wird?*

Lösung Die Anzahl der gewürfelten Sechsen ist binomialverteilt mit der Erfolgswahrscheinlichkeit $p = 1/6$. Die Wahrscheinlichkeit für genau $m-1$ Sechsen bei den ersten $n-1$ Würfen ist

daher $\beta(m-1; n-1, \frac{1}{6}) = \binom{n-1}{m-1}\left(\frac{1}{6}\right)^{m-1}\left(\frac{5}{6}\right)^{n-1-(m-1)}$, die Wahrscheinlichkeit für eine Sechs

beim n-ten Wurf ist $1/6$. Insgesamt ist also $\binom{n-1}{m-1}\left(\frac{1}{6}\right)^{m-1}\left(\frac{5}{6}\right)^{n-1-(m-1)}\frac{1}{6} = \binom{n-1}{m-1}\frac{5^{n-m}}{6^m}$

die gesuchte Wahrscheinlichkeit. •

‡**Aufgabe 10** (7.B, Aufg. 7) *Sei* $\Omega = \{0, 1\}$ *ein Bernoulli-Raum mit* $P(1) = p$. *Das Bernoulli-Experiment* Ω *werde* $(n + m)$-mal *hintereinander ausgeführt. Die Wahrscheinlichkeit dafür, dass beim* $(n + m)$-ten *Experiment zum m-ten Male die 1 auftritt, ist* $\binom{n+m-1}{n} p^m (1-p)^n$.

Aufgabe 11 (7.B, Aufg. 8) (**A u f g a b e   v o n   B a n a c h**) *Eine Person hat zwei Schachteln mit je n Streichhölzern. Um ein Streichholz zu entnehmen, wählt sie jedes Mal zufällig eine der beiden Schachteln. Wie groß ist die Wahrscheinlichkeit dafür, dass die Person zum ersten Mal eine leere Schachtel wählt, während in der anderen Schachtel noch* $m \le n$ *Streichhölzer sind?*

Lösung Wir betrachten die Schachtel, die die Person beim $2n-m+1$-ten Versuch wählt, um zum ersten Mal eine leere Schachtel zu öffnen. Die Anzahl der Streichhölzer, die aus dieser Schachtel entnommen wurden, ist binomialverteilt mit der Erfolgswahrscheinlichkeit $\frac{1}{2}$. Die Wahrscheinlichkeit, dass dieser Schachtel bei den vorangegangenen $2n - m$ Versuchen genau n und der anderen Schachtel $n - m$ Streichhölzer entnommen wurden, ist daher genau $\binom{2n-m}{n}/2^{2n-m}$. •

Bemerkung Wie groß ist diese Wahrscheinlichkeit, wenn die eine Schachtel jeweils mit der Wahrscheinlichkeit p und die andere Schachtel mit der Wahrscheinlichkeit $q = 1 - p$ gewählt wird? (Sie ist gleich $\binom{2n-m}{n}\left(p^{n+1}q^{n-m} + q^{n+1}p^{n-m}\right)$.)

Aufgabe 12 (7.B, Aufg. 10) *Bei der Fabrikation eines Werkstücks sei p die Wahrscheinlichkeit dafür, dass das produzierte Werkstück fehlerhaft ist. Wie groß ist die Wahrscheinlichkeit, dass unter n Werkstücken höchstens m fehlerhaft sind?*

Lösung Die Anzahl der fehlerhaften Werkstücke ist binomialverteilt mit den Parametern n und p: Die Wahrscheinlichkeit für genau k fehlerhafte Werkstücke ist also $\binom{n}{k} p^k (1-p)^{n-k}$ und

somit die Wahrscheinlichkeit für höchstens m fehlerhafte $\sum_{k=0}^{m} \binom{n}{k} p^k (1-p)^{n-k}$. •

Bemerkung Solche Summen sind in der Regel nur mit sehr viel Aufwand auszurechnen. Daher approximiert man in der Praxis, d.h. bei $np(1-p) \ge 5$, die Binomialverteilung nach dem Satz von Moivre-Laplace durch die so genannte Normalverteilung $N(np; np(1-p))$, vgl. LdM 3, Beispiel 19.E.6. Das ergibt für die obige Summe die Näherung

$$\sum_{k=0}^{m} \binom{n}{k} p^k (1-p)^{n-k} \approx \Phi\left(\frac{m + \frac{1}{2} - np}{\sqrt{np(1-p)}}\right)$$

mit der Verteilungsfunktion der Standardnormalverteilung

$$\Phi(x) := \frac{1}{\sqrt{2\pi}} \int_{-\infty}^{x} e^{-t^2/2} dt = \frac{1}{2} + \frac{1}{\sqrt{2\pi}} \int_{0}^{x} e^{-t^2/2} dt,$$

die vielfach tabelliert ist, etwa in LdM 3, Tafel 3.

7.C Beispiele

Aufgabe 1 (7.C, Aufg. 1) *Ein Skatspiel mit 32 Blatt wird an drei Spieler V, M, H nach gründlichem Mischen verteilt. Jeder Spieler erhält 10 Karten, 2 Karten bleiben als Skat übrig. Wie groß ist die Wahrscheinlichkeit, dass*

a) *jeder Spieler genau einen Buben erhält und ein Bube im Skat liegt,*

b) *jeder Spieler mindestens einen Buben erhält,*

c) *ein Spieler alle Buben erhält,*

d) *der Spieler V genau k Buben erhält, $0 \le k \le 4$.*

Lösung Für V gibt es $\binom{32}{10}$ Möglichkeiten, Karten zu erhalten, dann für M noch $\binom{22}{10}$ Möglichkeiten und für H schließlich $\binom{12}{10}$. Die beiden restlichen Karten kommen in den Skat. Insgesamt gibt es also $\binom{32}{10}\binom{22}{10}\binom{12}{10} = \dfrac{32!}{2\cdot(10!)^3}$ Möglichkeiten, die Karten zu verteilen.

a) Es gibt für V genau $\binom{4}{1}\binom{28}{9}$ Möglichkeiten einen der vier Buben und 9 der restlichen 28 Karten zu bekommen, sodann für M noch $\binom{3}{1}\binom{19}{9}$ Möglichkeiten einen der übrigen drei Buben und 9 der verbliebenen 19 Nichtbuben zu erhalten, danach hat man noch $\binom{2}{1}\binom{10}{9}$ Möglichkeiten für das Blatt von H. Ein Bube und eine andere Karte bleiben übrig und kommen in den Skat. Insgesamt sind dies $\binom{4}{1}\binom{28}{9}\binom{3}{1}\binom{19}{9}\binom{2}{1}\binom{10}{9} = \dfrac{4!\cdot 28!}{(9!)^3}$ Möglichkeiten für die angegebene Kartenverteilung. Die Wahrscheinlichkeit, dass jeder Spieler genau einen Buben erhält und ein Bube im Skat liegt, ist also

$$\frac{4!\cdot 28!}{(9!)^3} \bigg/ \frac{32!}{2\cdot(10!)^3} = \frac{48\cdot 10^3}{32\cdot 31\cdot 30\cdot 29} = \frac{50}{899} = 0{,}0556\ldots\ . \qquad \bullet$$

b) Die Wahrscheinlichkeit, dass V genau zwei Buben erhält und M und H je einen Buben, ist analog

$$\frac{\binom{4}{2}\binom{28}{8}\binom{2}{1}\binom{20}{9}\binom{1}{1}\binom{11}{9}}{\binom{32}{10}\binom{22}{10}\binom{12}{10}} = \frac{\frac{6\cdot 28!}{8!\cdot(9!)^2}}{\frac{32!}{2\cdot(10!)^3}} = \frac{225}{1798} = 0{.}1251\ldots\ .$$

Die Wahrscheinlichkeiten, dass einer der beiden anderen Spieler 2 Buben und die jeweils übrigen einen Buben erhalten, ist natürlich genau so groß. Mit a) sieht man, dass die Wahrscheinlichkeit dafür, dass jeder Spieler mindestens einen Buben erhält, $\dfrac{100}{1798} + 3\cdot\dfrac{225}{1798} = \dfrac{775}{1798} = \dfrac{25}{58} = 0{,}4310\ldots$ ist. $\qquad \bullet$

c) Die Wahrscheinlichkeit, dass V alle Buben erhält ist $\binom{28}{6}\big/\binom{32}{10} = \dfrac{21}{3596} = 0{,}005839\ldots$. Entsprechendes gilt für M und H. Die Wahrscheinlichkeit, dass einer der Spieler alle Buben erhält, ist also $0{,}01751\ldots$. $\qquad \bullet$

d) Die Wahrscheinlichkeit, dass V keinen Buben erhält, ist $\binom{28}{10}\big/\binom{32}{10} = \dfrac{1463}{7192} = 0{,}2034\ldots$.

Die Wahrscheinlichkeit, dass V einen Buben erhält, ist $\binom{4}{1}\binom{28}{9}\big/\binom{32}{10} = \dfrac{385}{899} = 0{,}4282\ldots$.

Die Wahrscheinlichkeit, dass V zwei Buben erhält, ist $\binom{4}{2}\binom{28}{8}\big/\binom{32}{10}=\dfrac{2079}{7192}=0{,}2890\ldots$.

Die Wahrscheinlichkeit, dass V drei Buben erhält, ist $\binom{4}{3}\binom{28}{7}\big/\binom{32}{10}=\dfrac{66}{899}=0{,}07341\ldots$.

Die Wahrscheinlichkeit $0{,}005839\ldots$ für vier Buben wurde schon unter c) berechnet. •

Aufgabe 2 (7.C, Aufg. 2) *In einer Urne befinden sich N weiße und N schwarze Kugeln. Es werden $2k$ Kugeln gezogen. Wie groß ist die Wahrscheinlichkeit, dass unter diesen $2k$ Kugeln gleich viele schwarze wie weiße sind,*

a) *falls die bereits gezogenen Kugeln nicht wieder zurückgelegt werden,*

b) *falls die gezogenen Kugeln jedes Mal wieder zurückgelegt werden.*

c) *Welche der beiden Wahrscheinlichkeiten ist größer?*

Lösung a) Werden die gezogenen Kugeln nicht wieder zurückgelegt, so ist die Anzahl der gezogenen weißen Kugeln hypergeometrisch verteilt mit den Parametern $2N, N, N$. Die Wahrscheinlichkeit für k weiße Kugeln und dann auch k schwarze Kugeln bei insgesamt $2k$ gezogenen Kugeln ist also $\binom{N}{k}\binom{N}{k}\big/\binom{2N}{2k}$. Verwendet man die Stirlingsche Formel aus Bemerkung 2.B.7, so erhält man für $k\to\infty$ und $N-k\to\infty$ die Näherungen

$$\binom{N}{k}^{2}\sim\frac{2\pi N\,(N/e)^{2N}}{2\pi k(k/e)^{2k}\,(N-k)\big((N-k)/e\big)^{2(N-k)}}=\frac{N}{2\pi k(N-k)}\,\frac{N^{2N}}{k^{2k}(N-k)^{2N-2k}},$$

$$\binom{2N}{2k}\sim\frac{\sqrt{4\pi N}\,(2N/e)^{2N}}{\sqrt{4\pi k}\,(2k/e)^{2k}\,\sqrt{4\pi(N-k)}\,\big(2(N-k)/e\big)^{2(N-k)}}=\frac{\sqrt{N}}{2\sqrt{\pi k(N-k)}}\,\frac{N^{2N}}{k^{2k}(N-k)^{2N-2k}},$$

$$\binom{N}{k}^{2}\big/\binom{2N}{2k}\sim\frac{N}{2\pi k(N-k)}\Big/\frac{\sqrt{N}}{2\sqrt{\pi k(N-k)}}=\sqrt{\frac{N}{\pi k(N-k)}}.$$ •

b) Werden die gezogenen Kugeln stets wieder zurückgelegt, so ist die Anzahl der gezogenen weißen Kugeln binomialverteilt mit den Parametern $2N, \frac{1}{2}$. Die Wahrscheinlichkeit für k weiße Kugeln und dann auch k schwarze Kugeln bei insgesamt $2k$ gezogenen Kugeln ist also

$$\binom{2k}{k}\big/2^{2k},$$

vgl. auch 7.B, Aufgaben 3 und 8. Verwendet man die Stirlingsche Formel aus Bemerkung 2.B.7, so erhält man für $k\to\infty$ die Näherung

$$\binom{2k}{k}\frac{1}{2^{2k}}\sim\frac{\sqrt{4\pi k}\,(2k/e)^{2k}}{2\pi k\,(k/e)^{2k}}\,\frac{1}{2^{2k}}=\frac{1}{\sqrt{\pi k}}.$$ •

c) Das Verhältnis der beiden Wahrscheinlichkeiten ist bei $k\geq 1$

$$\binom{N}{k}^{2}2^{2k}\big/\binom{2N}{2k}\binom{2k}{k}=\frac{2^{2k}N!\,N!\,(2N-2k)!}{(N-k)!\,(N-k)!(2N)!}=\frac{2^{2k}N^{2}(N-1)^{2}\cdots(N-k+1)^{2}}{2N(2N-1)\cdots(2N-2k+1)}=$$

$$=\frac{(2N)(2N)(2N-2)(2N-2)\cdots(2N-2k+2)(2N-2k+2)}{(2N)(2N-1)(2N-2)(2N-3)\cdots(2N-2k+2)(2N-2k+1)}>1.$$

Die Wahrscheinlichkeit für gleich viele schwarze und weiße Kugeln ist also größer, wenn man die gezogenen Kugeln nicht wieder zurücklegt. Dies war zu erwarten, da dabei jede gezogene Kugel einer Farbe die Wahrscheinlichkeit erhöht, dass beim nächsten Mal eine Kugel der anderen Farbe gezogen wird. •

Aufgabe 3 (7.C, Aufg. 3) *In einer Urne befinden sich M weiße und N schwarze Kugeln, M ≥ 1. Zwei Spieler ziehen nacheinander eine Kugel ohne Zurücklegen. Gewonnen hat derjenige, der zuerst eine weiße Kugel zieht. Wie groß ist die Wahrscheinlichkeit, dass der Spieler gewinnt, der die erste Kugel zieht?*

Lösung Die Zahl der gezogenen weißen Kugeln ist hypergeometrisch verteilt. Die Wahrscheinlichkeit, dass bei den ersten $2n$ Ziehungen keine weiße Kugel gezogen wird, ist also

$$\binom{M}{0}\binom{N}{2n}\bigg/\binom{M+N}{2n} = \frac{N(N-1)\cdots(N-2n+1)}{(M+N)(M+N-1)\cdots(M+N-2n+1)}.$$

Die Wahrscheinlichkeit, dass dann beim nächsten Versuch eine weiße Kugel gezogen wird, ist $M/(M+N-2n)$. Die Wahrscheinlichkeit, dass der anfangende Spieler zum ersten Mal eine weiße Kugel zieht, ist daher $\displaystyle\sum_{n=0}^{[N/2]} \frac{N(N-1)\cdots(N-2n+1)\,M}{(M+N)(M+N-1)\cdots(M+N-2n)}$. •

Aufgabe 4 *Wie groß ist die Wahrscheinlichkeit, dass bei der Ziehung der Lottozahlen "6 aus 49" mindestens zwei Zahlen gezogen werden, die sich nur um 1 unterscheiden?*

Lösung Wir berechnen zunächst die Wahrscheinlichkeit für das komplementäre Ereignis, dass sämtliche gezogenen Zahlen sich um mindestens 2 unterscheiden. Trifft dies etwa auf die Zahlen j_k, $k = 1, \ldots, 6$, mit $j_1 < j_2 < \cdots < j_6$ zu, so haben die Zahlen $i_k := j_k - k + 1$ die Eigenschaft $i_1 < i_2 < \cdots < i_6 < 44$. Umgekehrt liefert jede Auswahl i_k, $k = 1, \ldots, 6$, mit $i_1 < i_2 < \cdots < i_6$ von Zahlen aus $\{1, \ldots, 44\}$ vermöge $j_k := i_k + k - 1$ das mögliche Ergebnis j_k, $k = 1, \ldots, 6$, der Ziehung der Lottozahlen, bei dem sich die gezogenen Zahlen um mindestens 2 unterscheiden. Es gibt also $\binom{44}{6}$ Möglichkeiten hierfür. Insgesamt gibt es $\binom{49}{6}$ Möglichkeiten für das Ergebnis der Ziehung. Die zu berechnende Wahrscheinlichkeit ist daher

$$\binom{44}{6}\bigg/\binom{49}{6} = \frac{44\cdot 43\cdot 42\cdot 41\cdot 40\cdot 39}{49\cdot 48\cdot 47\cdot 46\cdot 45\cdot 44} = \frac{22919}{45402} = 0{,}5048\ldots.$$

Die Wahrscheinlichkeit dafür, dass mindestens zwei Zahlen gezogen werden, die sich nur um 1 unterscheiden, ist also $0{,}4951\ldots$. •

Aufgabe 5 (7.C, Aufg. 4) *Es setzen sich zufällig d Damen und h Herren (h > 0) um einen runden Tisch mit n := d + h Plätzen. Wie groß ist die Wahrscheinlichkeit, dass es keine zwei Damen gibt, die nebeneinander sitzen?*

Lösung Wegen $h > 0$ können wir einen Platz für einen Herrn als Platz 1 auszeichnen und nummerieren dann die übrigen Plätze fortlaufend von 2 bis n. Dann gibt es $\binom{n-1}{d}$ Möglichkeiten unter den verbleibenden $n-1$ Plätzen die Plätze für Damen auszuweisen. Hat man eine Sitzordnung erreicht, bei der keine zwei Damen nebeneinander sitzen und sind die Plätze mit den Nummern $1 < j_1 < \cdots < j_d \leq n = d + h$ Damenplätze, so gilt jeweils $j_{k+1} - j_k \geq 2$ und die Zahlen $j_k - k$, $k = 1, \ldots, d$, sind paarweise verschiedene Zahlen in $\{1, \ldots, h\}$. Umgekehrt sind für d Zahlen i_k mit $1 \leq i_1 < \cdots < i_d \leq d$ die Platznummern $j_k := i_k + k$, $k = 1, \ldots, d$, Zahlen in $\{2, \ldots, n\}$, die sich jeweils um mindestens 2 unterscheiden. Sie sind daher als Plätze für Damen geeignet. Da Platz 1 nach Konstruktion für einen Herrn reserviert ist, stört es dabei nicht, wenn $i_d = h$ ist, also auf Platz $j_d = n$ eine Dame sitzt. Es gibt also $\binom{h}{d}$ Sitzordnungen, bei denen zwei Damenplätze nicht unmittelbar nebeneinander liegen, und die gesuchte Wahrscheinlichkeit ist

$$\binom{h}{d}\bigg/\binom{n-1}{d} = \frac{h(h-1)\cdots(h-d+1)}{(h+d-1)(h+d-2)\cdots h} = \frac{(h-1)(h-2)\cdots(h-d+1)}{(h+d-1)(h+d-2)\cdots(h+1)}. \quad •$$

‡**Aufgabe 6** (7.C, Aufg. 5) *In einer Warenprobe von insgesamt N Stücken befinden sich m fehlerhafte. Wie groß ist die Wahrscheinlichkeit, dass bei einer zufälligen Auswahl von n Stücken die Anzahl der fehlerhaften höchstens k ist?*

Aufgabe 7 (7.C, Aufg. 6) *Wie groß ist die Wahrscheinlichkeit, dass sich unter k Personen, die aus einer Menge von n Ehepaaren zufällig ausgewählt werden, genau m Ehepaare befinden, $0 \leq 2m \leq k \leq 2n$?*

Lösung Insgesamt gibt es $\binom{2n}{k}$ Möglichkeiten, k Personen auszuwählen. Um ein für die gesuchte Wahrscheinlichkeit günstiges Ereignis zu bekommen, wählt man zunächst m Ehepaare aus den vorhandenen n aus, wozu es $\binom{n}{m}$ Möglichkeiten gibt, und dann aus den restlichen $n - m$ Ehepaaren noch $k - 2m$, von denen jeweils genau einer der beiden Ehepartner zu wählen ist. Dafür gibt es also $2^{k-2m}\binom{n-m}{k-2m}$ Möglichkeiten. Die gesuchte Wahrscheinlichkeit ist also $2^{k-2m}\binom{n-m}{k-2m}\binom{n}{m}\Big/\binom{2n}{k}$. •

Aufgabe 8 (7.C, Aufg. 13) *Es haben n Personen an der Garderobe jeweils einen Mantel deponiert. Die Rückgabe der Mäntel erfolge rein zufällig. Wie groß ist die Wahrscheinlichkeit, dass mindestens k Personen ihren eigenen Mantel erhalten?*

Lösung Die Wahrscheinlichkeit p_0, dass niemand seinen eigenen Mantel erhält, haben wir in Beispiel 7.C.5 (in einem etwas anderen Kontext) bestimmt. Es ist $p_0(n) = d_n/n!$, wobei $d_n = \sum_{\ell=0}^{n}(-1)^{\ell}\binom{n}{\ell}(n-\ell)!$ die Anzahl der fixpunktfreien Permutationen einer n-elementigen Menge ist. Man erhält $p_0(n) = \sum_{\ell=0}^{n}(-1)^{\ell}/\ell!$. Damit ist die gesuchte Wahrscheinlichkeit für $k = 1$ gleich $1 - p_0(n)$. – Die Wahrscheinlichkeit $p_m(n)$, dass genau m Personen ihren eigenen Mantel bekommen, berechnet sich dann in folgender Weise: Wir identifizieren die günstigen Fälle mit den Paaren (M, σ), wobei M eine m-elementige Teilmenge der Menge N aller Personen ist und σ eine fixpunktfreie Permutation von $N - M$. Es ist also $p_m(n) = \binom{n}{m}\dfrac{d_{n-m}}{n!} = \binom{n}{m}p_0(n-m)\dfrac{(n-m)!}{n!} = \dfrac{p_0(n-m)}{m!}$. Die Wahrscheinlichkeit, dass mindestens k Personen ihren eigenen Mantel erhalten, ist also $1 - \sum_{m=0}^{k-1}\dfrac{p_0(n-m)}{m!}$.

Ist k klein gegenüber n, so ist $n - m$ groß und wir können $p_0(n-m)$ stets durch e^{-1} approximieren und erhalten für die gesuchte Wahrscheinlichkeit die Näherung $1 - \sum_{m=0}^{k-1}\dfrac{e^{-1}}{m!}$. Diese Näherung stimmt überein mit der Wahrscheinlichkeit dafür, dass bei einer Poisson-Verteilung zum Parameter 1 mindestens k Erfolge auftreten. Man kann das Ergebnis auch mit dem Satz von Poisson 7.C.8 rechtfertigen. Ist nämlich k klein gegenüber n, so ist die Rückgabe der Mäntel quasi ein Bernoulli-Experiment, bei dem die Erfolgswahrscheinlichkeit $1/n$ ist. Gesucht ist dann die Wahrscheinlichkeit für wenigstens k Erfolge. Benutzen wir dann Satz 7.C.8, so erhalten wir für die gesuchte Wahrscheinlichkeit die Näherung $1 - \sum_{m=0}^{k-1}\beta(m; n, 1/n) \approx 1 - \sum_{m=0}^{k-1}\dfrac{e^{-1}}{m!}$. •

Die folgende Aufgabe behandelt das Problem aus Aufgabe 8 in einer etwas anderen Einkleidung.

‡**Aufgabe 9** (7.C, Aufg. 14) *Die Karten zweier gleichartiger Kartenspiele mit jeweils n Karten werden zufällig zu Paaren zusammengelegt. Die Wahrscheinlichkeit dafür, dass die Anzahl der Paare mit zwei gleichen Karten $\leq k$ ist, ist für für große n und kleine k ungefähr $\sum_{m=0}^{k}\dfrac{e^{-1}}{m!}$.*

Aufgabe 10 (7.C, Aufg. 17) *Die Produktion einer Schraubenfabrik enthalte 1,5% Ausschuss. Wie viele Schrauben muss eine Schachtel enthalten, damit mit einer Wahrscheinlichkeit $\geq 95\%$ mindestens 100 gute Schrauben in der Schachtel sind?*

Lösung Die Zahl der in einer Schachtel mit n Schrauben enthaltenen fehlerhaften Schrauben ist angenähert Poisson-verteilt mit dem Parameter $\lambda := np$, $p := 0,015$. Die Wahrscheinlichkeit für genau k fehlerhafte Schrauben ist daher $e^{-\lambda}\lambda^k/k!$. Nun ist n so groß zu wählen, dass $e^{-\lambda} \sum_{k=0}^{n-100} \lambda^k/k! \geq 0,95$ ist. Für $n = 103$ ergibt sich der Wert $0,9285\ldots$ und für $n = 104$ der Wert $0,9784\ldots$. Die Schachtel muss also mindestens 104 Schrauben enthalten. •

Aufgabe 11 (7.C, Aufg. 21) *Seien $m, n \in \mathbb{N}^*$ mit $m < n$ und $n \geq 3$. Einer Person werden nacheinander n verschiedene ihr zuvor unbekannte ganze Zahlen in einer zufälligen Reihenfolge vorgelegt, aus denen sie gemäß folgender Strategie eine auswählt: Sie beobachtet die ersten m vorgelegten Zahlen und wählt dann unter den folgenden die erste, die größer ist als die ersten m Zahlen (falls überhaupt noch eine solche erscheint).*

a) *Die Person wählt die größte der Zahlen mit Wahrscheinlichkeit $p(m; n) = \dfrac{m}{n} \sum_{k=m}^{n-1} \dfrac{1}{k}$.*

b) *Bei gegebenem n ist $p(m; n)$ genau für $m = m_n$ mit $\sum_{k=m_n+1}^{n-1} \dfrac{1}{k} < 1 < \sum_{k=m_n}^{n-1} \dfrac{1}{k}$ am größten.*

c) *Für $n \to \infty$ ist $m_n \sim n/e$ und $p(m_n; n) \sim 1/e$, wobei m_n dieselbe Bedeutung wie in b) hat.*

Lösung a) Wir zählen die Permutationen der vorgelegten n Zahlen, bei denen die Person die größte Zahl G unter ihnen wählt. Das sind genau die Permutationen, bei denen G an einer Stelle $k + 1 \in \{m+1, \ldots, n\}$ steht und die größte unter den Zahlen an den Stellen $1, \ldots, k$ bereits an einer der Stellen $1, \ldots, m$ steht. Für festes $k \in \{m, \ldots, n-1\}$ sind dies offenbar $a_k := \binom{n-1}{k} m (k-1)! (n-k-1)!$ Permutationen. Es folgt $p(m; n) = \sum_{k=m}^{n-1} \dfrac{a_k}{n!} = \sum_{k=m}^{n-1} \dfrac{m}{nk}$. •

b) Die Differenzen $d(m; n) := n\big(p(m+1; n) - p(m; n)\big) = -1 + \sum_{k=m+1}^{n-1} \dfrac{1}{k}$, $m = 1, \ldots, n-2$, fallen monoton. *Sie sind überdies nie ganzzahlig* und insbesondere nie 0. Zum Beweis können wir $m < n - 2$ annehmen. Wäre $a := \sum_{k=m+1}^{n-1} \dfrac{1}{k} \in \mathbb{N}^*$, so sei $2^\nu \geq 2$ die größte Zweierpotenz, die einen der Nenner $m+1, \ldots, n-1$ teilt. Nur einer dieser Nenner wird von 2^ν geteilt, etwa $k_1 = 2^\nu k_1'$, k_1' ungerade. Ist nämlich auch $k_2 = 2^\nu k_2'$ mit ungeradem $k_2' \neq k_1'$, so liegt $2^{\nu+1}k_3'$ zwischen k_1 und k_2 für jede gerade Zahl $2k_3'$ zwischen k_1' und k_2'. Dann ist $2^\nu a - \sum_{k \neq k_1} \dfrac{2^\nu}{k} = \dfrac{1}{k_1'}$, und links steht eine rationale Zahl, die in der gekürzten Darstellung einen geraden Zähler hat, da die 2-Exponenten der Nenner $k \neq k_1$ alle $< \nu$ sind. Widerspruch! Somit wird $p(m; n)$ genau dann am größten, wenn $d(m; n)$ erstmals negativ ist. Dies ist die obige Bedingung an m_n. •

c) Wir verwenden die Darstellung $H_n = \ln n + \gamma + \rho_n$ der harmonischen Zahlen $H_n = \sum_{k=1}^{n} \dfrac{1}{k}$ mit einer (monoton fallenden) Nullfolge ρ_n, $n \in \mathbb{N}^*$, und der Eulerschen Konstanten $\gamma = 0,577\ldots$, vgl. Beispiel 4.F.10. Aus der Charakterisierung von m_n in Teil b) folgt

$$\ln(n-1) + \rho_{n-1} - \ln m_n - \rho_{m_n} < 1 < \ln(n-1) + \rho_{n-1} - \ln(m_n - 1) - \rho_{m_n - 1}.$$

Da mit n auch m_n gegen ∞ konvergiert, ist die Differenz von rechter und linker Seite eine Nullfolge; beide Seite konvergieren also gegen 1. Dann gilt $\ln n - \ln m_n \to 1$ oder $m_n \sim n/e$ und überdies $p(m; n) \sim m_n/n \sim 1/e$. •

8 Erwartungswert und Varianz

8.A Erwartungswert und Varianz einer Zufallsvariablen

Aufgabe 1 (8.A, Aufg. 1) *Sei* $n \in \mathbb{N}^*$. *Die reelle Zufallsvariable X nehme jeden Wert k aus* $\{1, \ldots, n\}$ *mit der Wahrscheinlichkeit $1/n$ an. Man bestimme den Erwartungswert, die Varianz und die mittlere Abweichung von X.*

Lösung Der Erwartungswert von X ist $\mathrm{E}(X) = \dfrac{1}{n} \sum_{k=1}^{n} k = \dfrac{n(n+1)}{2n} = \dfrac{n+1}{2}$, die Varianz ist

$$V(X) = \mathrm{E}(X^2) - \big(\mathrm{E}(X)\big)^2 = \frac{1}{n} \sum_{k=1}^{n} k^2 - \Big(\frac{n+1}{2}\Big)^2 = \frac{n(n+1)(2n+1)}{6n} - \frac{(n+1)^2}{4} = \frac{n^2-1}{12}$$

und die mittlere Abweichung ist $\mathrm{E}\big(|X - \mathrm{E}(X)|\big) = \dfrac{1}{n} \sum_{k=1}^{n} |k - \dfrac{1}{2}(n+1)|$. Bei $n = 2m$ gerade ist

$$\mathrm{E}\big(|X - \mathrm{E}(X)|\big) = \frac{1}{2m} \sum_{k=1}^{2m} \Big|k - m - \frac{1}{2}\Big| = \frac{1}{2m} \sum_{k=1}^{m} \Big(m - k + \frac{1}{2}\Big) + \frac{1}{2m} \sum_{k=m+1}^{2m} \Big(k - m - \frac{1}{2}\Big)$$

$$= \frac{1}{2m} \Big(\frac{m(m-1)}{2} + \frac{m}{2}\Big) + \frac{1}{2m} \Big(\frac{m(m+1)}{2} - \frac{m}{2}\Big) = \frac{m}{2} = \frac{n}{4}.$$

Für ungerades $n = 2m+1$ erhält man

$$\mathrm{E}\big(|X - \mathrm{E}(X)|\big) = \frac{1}{2m+1} \sum_{k=1}^{2m+1} |k - m - 1| = \frac{1}{2m+1} \Big(\sum_{k=1}^{m} \big(m - k + 1\big) + \sum_{k=m+2}^{2m+1} \big(k - m - 1\big)\Big) =$$

$$= \frac{1}{2m+1} \Big(\frac{m(m+1)}{2} + \frac{m(m+1)}{2}\Big) = \frac{m(m+1)}{2m+1} = \frac{(n-1)(n+1)}{4n} = \frac{n}{4} - \frac{1}{4n}. \qquad \bullet$$

Aufgabe 2 (8.A, Aufg. 9) *Sei $X : \Omega \to \mathbb{K}$ eine Zufallsvariable mit Erwartungswert und endlicher Varianz. Dann gilt $\mathrm{E}(|X - \mathrm{E}(X)|) \leq \sigma(X)$. Die mittlere Abweichung ist also höchstens so groß wie die Streuung.*

Lösung Sei $Y := |X - \mathrm{E}(X)|$. Dann gilt $\mathrm{E}(Y^2) = V(X) < \infty$, und mit Satz 8.A.6 erhält man $\infty > V(Y) = \mathrm{E}(Y^2) - \big(\mathrm{E}(Y)\big)^2 \geq 0$, also $V(X) = \mathrm{E}(Y^2) \geq \big(\mathrm{E}(Y)\big)^2$ bzw. $\sigma(X) = \sqrt{V(X)} \geq \mathrm{E}(Y) = \mathrm{E}(|X - \mathrm{E}(X)|)$. $\qquad \bullet$

Aufgabe 3 (8.A, Aufg. 2) (P e t e r s b u r g e r   S p i e l) *Sei $N \in \mathbb{N}^*$. Ein Spieler wirft N-mal nacheinander eine (ideale) Münze. Er gewinnt 2^{i+1} Euro, falls die ersten i Würfe Wappen und der $(i + 1)$-te Wurf Zahl zeigen, $0 \leq i < N$. Wirft er N-mal Wappen, so erhält er 2^{N+1} Euro. Wie groß ist der zu erwartende Gewinn für den Spieler?*

Lösung Die Wahrscheinlichkeit dafür, dass i-mal Wappen und dann beim $i+1$-ten Wurf Zahl erscheint, ist $1/2^{i+1}$, die Wahrscheinlichkeit für N-mal Wappen bei N Würfen ist $1/2^N$. Der Erwartungswert für den Gewinn ist also $E = 2^{N+1}/2^N + \sum_{i=1}^{N-1} 2^{i+1}/2^{i+1} = N+1$. $\qquad \bullet$

Bemerkung Beim klassischen Petersburger Spiel ist $N = \infty$, d.h. die Spieldauer ist nicht limitiert, was überdies voraussetzt, dass die Spielbank beliebig große Gewinne auszahlen kann.

Der Erwartungswert für dieses Spiel ist ∞, doch wird kein Spieler dieses Spiel selbst mit einem endlichen (aber hohen) Einsatz wagen (P e t e r s b u r g e r P a r a d o x o n). Auch im Fall des behandelten endlichen Spiels wird ein Spieler bei sehr großem N den fairen Einsatz $N+1$ kaum wagen wollen.

Aufgabe 4 (8.A, Aufg. 3) *Sei* $(\mathbb{N}^*, P)$ *der Wahrscheinlichkeitsraum mit* $P(n) := 1/2^n$, $n \in \mathbb{N}^*$.
a) *Für die Zufallsvariable* $X : \mathbb{N}^* \to \mathbb{R}$ *mit* $X(n) := \sqrt{2^n}$ *existiert der Erwartungswert* $\mathrm{E}(X)$, *aber nicht* $\mathrm{E}(X^2)$ *und damit nicht* $\mathrm{V}(X)$. *Man berechne* $\mathrm{E}(X)$.
b) *Für die Zufallsvariablen* $X = Y$ *auf* $\mathbb{N}^*$ *mit* $n \mapsto \sqrt[4]{2^n}$ *existieren Erwartungswerte und Varianzen, für* XY *existiert die Varianz jedoch nicht.*

Lösung a) Mit der Summenformel für die geometrische Reihe erhält man:

$$\mathrm{E}(X) = \sum_{n=1}^{\infty} X(n)\, P(n) = \sum_{n=1}^{\infty} \sqrt{2^n}\, \frac{1}{2^n} = \sum_{n=1}^{\infty} \left(\frac{1}{\sqrt{2}}\right)^n = \frac{1/\sqrt{2}}{1 - (1/\sqrt{2})} = \sqrt{2} + 1 < \infty,$$

wohingegen $\mathrm{E}(X^2) = \sum_{n=1}^{\infty} X^2(n)\, P(n) = \sum_{n=1}^{\infty} 2^n \frac{1}{2^n} = \sum_{n=1}^{\infty} 1 = \infty$ nicht existiert (bzw. $= \infty$ ist). •

b) Es ist $\mathrm{E}(X) = \sum_{n=1}^{\infty} X(n)\, P(n) = \sum_{n=1}^{\infty} \sqrt[4]{2^n}\, \frac{1}{2^n} = \sum_{n=1}^{\infty} \left(\frac{1}{\sqrt[4]{8}}\right)^n < \infty$ und außerdem nach

a) $\mathrm{E}(X^2) = \sum_{n=1}^{\infty} X^2(n)\, P(n) = \sum_{n=1}^{\infty} \sqrt{2^n}\, \frac{1}{2^n} = \sqrt{2} + 1 < \infty$. Satz 8.A.6 liefert nun, dass die

Varianz von $X = Y$ endlich ist, nicht jedoch die von $XY = X^2$ wegen $\mathrm{E}(X^4) = \sum_{n=1}^{\infty} 2^n \frac{1}{2^n} = \infty$. •

Aufgabe 5 (8.A, Aufg. 6) *Für eine Zufallsvariable* $X : \Omega \to \mathbb{K}$ *mit Erwartungswert und endlicher Varianz gilt* $\mathrm{E}(|X - a|^2) \geq \mathrm{V}(X)$, $a \in \mathbb{K}$. *Das Gleichheitszeichen gilt genau dann, wenn a gleich dem Erwartungswert* $\mathrm{E}(X)$ *von X ist.*

Lösung Mit Satz 8.A.6 erhält man

$$\mathrm{E}(|X - a|^2) = \mathrm{E}((X-a)(\overline{X}-\overline{a})) = \mathrm{E}(X\overline{X}) - a\mathrm{E}(\overline{X}) - \overline{a}\,\mathrm{E}(X) + a\overline{a} =$$
$$= \mathrm{E}(|X|^2) - |\mathrm{E}(X)|^2 + \mathrm{E}(X)\mathrm{E}(\overline{X}) - a\mathrm{E}(\overline{X}) - \overline{a}\,\mathrm{E}(X) + a\overline{a} = \mathrm{V}(X) + |\mathrm{E}(X) - a|^2 \geq \mathrm{V}(X),$$

wobei das Gleichheitszeichen genau dann gilt, wenn $a = \mathrm{E}(X)$ ist. •

Bemerkung Bei $\mathrm{E}(|X|^2) < \infty$ ist also der Erwartungswert $\mathrm{E}(X)$ die einzige Zahl $a \in \mathbb{K}$, für die der Erwartungswert von $|X - a|^2$ am kleinsten ist (nämlich gleich $\mathrm{V}(X) = \mathrm{V}(X - a)$, $a \in \mathbb{K}$).

Aufgabe 6 (8.A, Aufg. 8) $X : \Omega \to \mathbb{R}_+^{\times}$ *sei eine reelle Zufallsvariable, deren Werte alle positiv sind. Dann ist* $\mathrm{E}(X)\,\mathrm{E}(1/X) \geq 1$. *Man folgere: Für beliebige positive reelle Zahlen* $x_1, \ldots, x_n$ *und nichtnegative reelle Zahlen* $p_1, \ldots, p_n$ *mit* $p_1 + \cdots + p_n = 1$ *gilt*

$$\left(\sum_{i=1}^{n} p_i x_i\right)\left(\sum_{i=1}^{n} \frac{p_i}{x_i}\right) \geq 1.$$

Insbesondere ist $\left(\sum_{i=1}^{n} x_i\right)\left(\sum_{i=1}^{n} \frac{1}{x_i}\right) \geq n^2$.

Lösung Seien $\mathrm{E}(X)$ und $\mathrm{E}(1/X)$ endlich. Mit der Cauchy-Schwarzschen Ungleichung 8.A.11 erhält man

$$\mathrm{E}(X)\,\mathrm{E}(1/X) = \mathrm{E}((\sqrt{X})^2)\,\mathrm{E}((\sqrt{1/X})^2) \geq \mathrm{E}((\sqrt{X})^2(\sqrt{1/X})^2) = \mathrm{E}(1) = \sum_{\omega \in \Omega} 1 \cdot P(\omega) = 1.$$

Wählt man parweise verschieden Elemente $\omega_1, \ldots, \omega_n$ und setzt $P(\omega_i) := p_i$ sowie $X(\omega_i) := x_i$, so ist X eine reelle Zufallsvariable auf dem Wahrscheinlichkeitsraum $(\{\omega_1, \ldots, \omega_n\}, P)$ mit $E(X) = \sum p_i x_i$ und $E(1/X) = \sum p_i/x_i$. Dies liefert die angegebene Ungleichung. Multipliziert man sie im Spezialfall $p_i := 1/n$ mit n^2, so bekommt man den Zusatz. •

Ganz analog folgert man aus $|E(X)|^2 \le E(|X|^2)$ für eine $\mathbb{C}$-wertige Zufallsvariable X:

‡**Aufgabe 7** (8.A, Aufg. 7) *Für beliebige komplexe Zahlen $x_1, \ldots, x_n$ und positive reelle Zahlen $p_1, \ldots, p_n$ mit $p_1 + \cdots + p_n = 1$ gilt $\left| \sum_{i=1}^{n} p_i x_i \right|^2 \le \sum_{i=1}^{n} p_i |x_i|^2$, wobei das Gleichheitszeichen nur dann gilt, wenn alle x_i gleich sind. Insbesondere ist $\left| \sum_{i=1}^{n} x_i \right|^2 \le n \sum_{i=1}^{n} |x_i|^2$, und das Gleichheitszeichen gilt nur, wenn alle x_i gleich sind.*

Aufgabe 8 (8.A, Aufg. 10) *Es sei $\Omega = \{\omega_1, \ldots, \omega_r\}$ ein r-elementiger Wahrscheinlichkeitsraum mit $P(\omega_i) = p_i$. Das Experiment Ω werde n-mal (unabhängig voneinander) ausgeführt. $X_i : \Omega^n \to \mathbb{R}$ sei die Zufallsvariable, die angibt, wie oft dabei das Elementarereignis ω_i eintritt. Für beliebige positive reelle Zahlen a_i und alle s mit $1 \le s \le r$ gilt dann*

$$P\left(\left| \frac{X_1}{n} - p_1 \right| < a_1, \ldots, \left| \frac{X_s}{n} - p_s \right| < a_s \right) \ge 1 - \sum_{i=1}^{s} \frac{p_i(1 - p_i)}{a_i^2 n}.$$

Lösung Sei $A_i := \left\{ \left| \frac{X_i}{n} - p \right| < a_i \right\} \subseteq \Omega^n$ das Ereignis, dass in einer Ergebnisfolge die relative Häufigkeit X_i/n der Anzahl X_i der „Erfolge" ω_i um weniger als a_i von der Wahrscheinlichkeit p_i von ω_i abweicht. Für das komplementäre Ereignis $\Omega^n - A_i = \left\{ \left| \frac{X_i}{n} - p \right| \ge a_i \right\}$ gilt nach dem Schwachen Gesetz der großen Zahlen 8.A.14

$$1 - P(A_i) = P(\Omega^n - A_i) = P\left(\left| \frac{X_i}{n} - p \right| \ge a_i \right) \le \frac{p_i(1 - p_i)}{a_i^2 n}.$$

Mit 7.A, Aufgabe 3b) ergibt sich

$$P\left(\left| \frac{X_1}{n} - p_1 \right| < a_1, \ldots, \left| \frac{X_s}{n} - p_s \right| < a_s \right) =$$

$$= P(A_1 \cap \cdots \cap A_s) \ge 1 - \sum_{i=1}^{s} (1 - P(A_i)) \ge 1 - \sum_{i=1}^{s} \frac{p_i(1 - p_i)}{a_i^2 n} \quad •$$

Aufgabe 9 (8.A, Aufg. 11) *Die $\mathbb{K}$-wertige Zufallsvariable X auf dem diskreten Wahrscheinlichkeitsraum Ω sei beschränkt. Dann besitzt X einen Erwartungswert und endliche Varianz.*

Lösung Nach Voraussetzung gibt es ein $C > 0$ mit $|X(\omega)| \le C$ für alle $\omega \in \Omega$. Dann ist die Reihe $E(X) = \sum_{\omega \in \Omega} X(\omega) P(\omega)$ wegen $\sum_{\omega \in \Omega} |X(\omega)| P(\omega) \le \sum_{\omega \in \Omega} C P(\omega) = C$ absolut konvergent und folglich nach Korollar 6.A.11 auch konvergent. Daher existiert der Erwartungswert $E(X)$. Ebenso konvergiert $E(|X|^2) = \sum_{\omega \in \Omega} |X(\omega)|^2 P(\omega) \le \sum_{\omega \in \Omega} C^2 P(\omega) = C^2$. Nach Satz 8.A.6 existiert dann auch die Varianz $V(X)$. •

8.B Beispiele

Aufgabe 1 (8.B, Aufg. 1) *Wie groß ist die mittlere Trefferzahl beim Lotto "6 aus 49"? Wie groß ist die zugehörige Streuung?*

Lösung Die Trefferzahl X beim Lotto ist hypergeometrisch verteilt mit den Parametern $N = 49$, $m = 6$, $n = 6$. Nach 8.B.9 ist der Erwartungswert für die Anzahl der Treffer also $E(X) = mn/N = 36/49 = 0{,}73469\ldots$, und die zugehörige Varianz ist

$$V(X) = \frac{nm}{N}\left(1 - \frac{m}{N}\right)\left(1 - \frac{n-1}{N-1}\right) = \frac{36}{49}\left(1 - \frac{6}{49}\right)\left(1 - \frac{5}{48}\right) = \frac{5547}{9604} = 0{,}57757\ldots .$$

Die Streuung ist daher $\sigma(X) = \sqrt{V(X)} = 0{,}75998\ldots$.   ●

Aufgabe 2 (8.B, Aufg. 2) *Wie groß ist beim Skatspiel der Erwartungswert und die Streuung für die Anzahl der Buben, die ein bestimmter Spieler beim Austeilen der Karten erhält?*

Lösung Die Anzahl der Buben, die ein bestimmter Spieler erhält, ist hypergeometrisch verteilt mit den Parametern $N = 32$, $m = 4$, $n = 10$. Nach 8.B.9 ist der Erwartungswert für die Anzahl der Buben also $E(X) = mn/N = 40/32 = 1{,}25$, und die zugehörige Varianz ist

$$V(X) = \frac{nm}{N}\left(1 - \frac{m}{N}\right)\left(1 - \frac{n-1}{N-1}\right) = \frac{40}{32}\left(1 - \frac{4}{32}\right)\left(1 - \frac{9}{31}\right) = \frac{385}{496} = 0{,}7762\ldots .$$

Die Streuung ist daher $\sigma(X) = \sqrt{V(X)} = 0{,}8810\ldots$.   ●

Aufgabe 3 (8.B, Aufg. 3) *Wie groß ist die Streuung der Gesamtaugenzahl beim Würfeln mit N (idealen) Würfeln.*

Lösung Sei X_i die Augenzahl des i-ten Würfels. Dann ist der Erwartungswert von X_i gleich $E(X_i) = (1+2+3+4+5+6)\cdot(1/6) = 21/6 = 7/2$. Die zugehörige Varianz ist wegen $E(X_i^2) = (1^2+2^2+3^2+4^2+5^2+6^2)\cdot(1/6) = 91/6$ gleich $V(X_i) = E(X_i^2) - \big(E(X_i)\big)^2 = 35/12$. Als Erwartungswert für die Gesamtaugenzahl $X = X_1 + \cdots + X_N$ ergibt sich zunächst $E(X) = E(X_1) + \cdots + E(X_N) = 7N/2$. Für $i \neq j$ gilt

$$E(X_i X_j) = \big((1\cdot 1 + \cdots + 6\cdot 1) + \cdots + (1\cdot 6 + \cdots + 6\cdot 6)\big)/36 = (7/2)^2 = E(X_i)\,E(X_j).$$

Die X_i sind also paarweise unkorreliert, und wir erhalten $V(X) = V(X_1) + \cdots + V(X_N) = 35N/12$ oder $\sigma(X) = \sqrt{V(X)} = 1{,}7078\ldots\cdot\sqrt{N}$.   ●

Aufgabe 4 (8.B, Aufg. 4) *Aus einem Schlüsselbund mit n Schlüsseln, $n \geq 1$, soll der einzige für ein Schloss passende Schlüssel gezogen werden, wobei die gezogenen Schlüssel (unvernünftiger-weise) wieder zurückgelegt werden. Man gebe die Verteilung für die Anzahl der Versuche an und bestimme Erwartungswert und Varianz. Wie lautet die Antwort, wenn die bereits ausprobierten Schlüssel nicht wieder zurückgelegt werden?*

Lösung Werden die Schlüssel stets wieder zurückgelegt, so ist die Anzahl der Fehlversuche, die dem Sucherfolg vorangehen, geometrisch verteilt zum Parameter $p = 1/n$. Die Wahrschein-lichkeit, dass es zunächst k Fehlversuche gibt, ist nämlich q^k mit $q = 1 - p = (n-1)/n$, und p die Wahrscheinlichkeit dafür, dass dann im $(k+1)$-ten Versuch der richtige Schlüssel gefunden wird. Dies ergibt $q^k p$ als Wahrscheinlichkeit dafür, dass $k+1$ Versuche gebraucht werden, bis der richtige Schlüssel gefunden ist. Nach Beispiel 8.B.11 ist daher der Erwartungswert für die Anzahl der Fehlversuche gleich $q/p = n-1$ und somit n der Erwartungswert für die Anzahl der Versuche, bis der richtige Schlüssel gefunden ist. Die zugehörige Varianz ist nach Beispiel 8.B.11 gleich $q/p^2 = (n-1)n$.

Werden die Schlüssel nicht wieder zurückgelegt, so ist die Anzahl X der notwendigen Versuche gleichverteilt mit jeweils der Wahrscheinlichkeit $1/n$. Die Wahrscheinlichkeit dafür, dass bei den ersten k Versuchen der richtige Schlüssel nicht gefunden wird, ist dann nämlich

$$\frac{n-1}{n} \cdot \frac{n-2}{n-1} \cdot \frac{n-3}{n-2} \cdots \frac{n-k}{n-(k-1)} = \frac{n-k}{n},$$

und die Wahrscheinlichkeit, im $(k+1)$-ten Versuch unter den verbliebenen $n-k$ Schlüsseln den richtigen zu finden, ist $1/(n-k)$. Die erzeugende Funktion ist $\psi(t) = \sum_{k=1}^{n} \frac{1}{n} t^k$ mit den

Ableitungen $\psi' = \sum_{k=1}^{n} \frac{k}{n} t^{k-1}$ und $\psi'' = \sum_{k=2}^{n} \frac{k(k-1)}{n} t^{k-2}$. Der Erwartungswert ist dann $\psi'(1) =$

$\frac{1}{n} \sum_{k=1}^{n} k = \frac{n+1}{2}$, und die Varianz ist nach Satz 8.B.3 gleich $V = \psi''(1) + \psi'(1)\big(1 - \psi'(1)\big)$, also

$$V = \sum_{k=2}^{n} \frac{k(k-1)}{n} + \frac{n+1}{2}\Big(1 - \frac{n+1}{2}\Big) = \frac{n(n+1)(n-1)}{3n} - \frac{(n+1)(n-1)}{4} = \frac{n^2-1}{12}. \quad \bullet$$

‡**Aufgabe 5** *Der Erwartungswert für die Anzahl der Würfe mit einem (idealen) Würfel bis zum Erreichen einer Sechs ist 6. Man bestimme auch die Streuung. (Sie ist $\sqrt{30} = 5{,}4772\ldots$.)*

Aufgabe 6 (8.B, Aufg. 5) *Es werden n verschiedene Briefe zufällig in die n zugehörigen Briefumschläge gesteckt. Man berechne Mittelwert (= Erwartungswert) und Streuung für die Anzahl der Briefe, die in den richtigen Umschlag gelangen.*

Lösung Die Zufallsvariable X_i auf der Menge der Menge der möglichen Verteilungen der Briefe, also der Menge der bijektiven Abbildungen von der Menge der Briefe auf die Menge der Umschläge, habe den Wert 1, wenn der i-te Brief im richtigen Umschlag steckt, und den Wert 0 sonst. Dann ist der Erwartungswert $\mathrm{E}(X_i)$ gleich der Wahrscheinlichkeit dafür, dass der i-te Brief im richtigen Umschlag steckt, also gleich $1/n$. Für die Gesamtzahl $X = X_1 + \cdots + X_n$ der Briefe, die im richtigen Umschlag stecken, gilt somit $\mathrm{E}(X) = \mathrm{E}(X_1) + \cdots + \mathrm{E}(X_n) = n \cdot (1/n) = 1$.

Für $i \neq j$ ist $\mathrm{E}(X_i X_j)$ die Wahrscheinlichkeit dafür, dass sowohl der i-te als auch der j-te Brief im richtigen Umschlag stecken, also gleich $\frac{1}{n} \cdot \frac{1}{n-1}$. Dies liefert die Kovarianz $\mathrm{C}(X_i, X_j) =$

$\mathrm{E}(X_i X_j) - \mathrm{E}(X_i)\mathrm{E}(X_j) = \frac{1}{n} \cdot \frac{1}{n-1} - \frac{1}{n^2} = \frac{1}{n^2(n-1)}$. Wegen $X_i^2 = X_i$ ist $\mathrm{C}(X_i, X_i) =$

$\mathrm{E}(X_i^2) - \big(\mathrm{E}(X_i)\big)^2 = \mathrm{E}(X_i) - \big(\mathrm{E}(X_i)\big)^2 = \frac{1}{n} - \frac{1}{n^2} = \frac{n-1}{n^2}$. Damit erhält man $\sigma(X) = 1$ wegen

$$\mathrm{V}(X) = \sum_{i,j=1}^{n} \mathrm{C}(X_i, X_j) = \sum_{i=1}^{n} \frac{n-1}{n^2} + \sum_{i \neq j} \frac{1}{n^2(n-1)} = \frac{n-1}{n} + \frac{1}{n} = 1. \quad \bullet$$

Aufgabe 7 (8.B, Aufg. 6) *Die Anzahl der Unfälle, die sich in einem Bundesland freitags zwischen 16 und 18 Uhr ereignen, sei Poisson-verteilt mit Erwartungswert 7,3. Wie groß ist die Wahrscheinlichkeit, dass dort im angegebenen Zeitraum*

a) *genau 6,*   **b)** *mehr als 12,*   **c)** *weniger als 4 Unfälle stattfinden?*

Lösung Die Wahrscheinlichkeit dafür, dass sich genau k Unfälle in der betrachteten Situation ereignen, ist $\pi(k; 7{,}3) = e^{-7,3}(7{,}3)^k/k!$, vgl. 8.B.10.

a) Die Wahrscheinlichkeit für genau 6 Unfälle ist $e^{-7,3}(7,3)^6/6! = 0,1419\ldots$.   •

b) Die Wahrscheinlichkeit für höchstens 12 Unfälle ist $e^{-7,3}\sum_{k=0}^{12}(7,3)^k/k! = 0,9642\ldots$, die
Wahrscheinlichkeit für mehr als 12 Unfälle ist also $1-0,9642\ldots = 0,0357\ldots$.   •

c) Die Wahrscheinlichkeit für weniger als 4 Unfälle ist $e^{-7,3}\sum_{k=0}^{3}(7,3)^k/k! = 0,0674\ldots$.   •

Aufgabe 8 (8.B, Aufg. 7) *Die mittlere Anzahl der Fehler auf einer Druckseite eines Buches sei Poisson-verteilt mit Erwartungswert λ. Wie groß ist die Wahrscheinlichkeit, dass in einem Buch mit n Seiten mindestens eine Seite mehr als k Druckfehler enthält, $n, k \in \mathbb{N}$?*

Lösung Die Wahrscheinlichkeit für höchstens k Druckfehler auf einer Seite ist $e^{-\lambda}\sum_{j=0}^{k}\lambda^k/k!$,
für mehr als k Druckfehler ist sie also $p := 1 - e^{-\lambda}\sum_{j=0}^{k}\lambda^k/k!$. Die Anzahl der Seiten mit mehr
als k Druckfehlern ist dann binomialverteilt mit den Parametern n und p. Daher ist $(1-p)^n$
die Wahrscheinlichkeit dafür, dass keine Seite mehr als k Druckfehler hat, und $1-(1-p)^n$ die
Wahrscheinlichkeit für mindestens eine Seite mit mehr als k Druckfehlern. Für kleine p kann
man dafür die Approximationen e^{-pn} bzw. $1-e^{-pn}$ verwenden, vgl. die Bemerkung zu 7.B,
Aufgabe 5.   •

Aufgabe 9 (8.B, Aufg. 8) *Die Wahrscheinlichkeit dafür, dass der Wert einer Poisson-verteilten Zufallsvariablen mit Erwartungswert λ gerade ist, ist gleich $(1 + e^{-2\lambda})/2$, also für $\lambda \to \infty$ erwartungsgemäß asymptotisch gleich $1/2$.*

Lösung Die Wahrscheinlichkeit für einen geraden Wert ist

$$e^{-\lambda}\sum_{k=0}^{\infty}\frac{\lambda^{2k}}{(2k)!} = e^{-\lambda}\sum_{k=0}^{\infty}\frac{1}{2}\left(\frac{\lambda^k}{k!} + \frac{(-\lambda)^k}{k!}\right) = e^{-\lambda}\frac{e^{\lambda}+e^{-\lambda}}{2} = \frac{1+e^{-2\lambda}}{2}.$$ •

Aufgabe 10 (8.B, Aufg. 9) *Ein Rosinenbrötchen von $50\,\mathrm{g}$ soll mit der Wahrscheinlichkeit $\geq 0,90$ (bzw. $\geq 0,99$) mindestens 8 Rosinen enthalten. Wie viele Rosinen muss der Bäcker einem Brötchenteig von $50\,\mathrm{kg}$ hinzufügen, wobei er anschließend den Teig noch einmal gut durchknetet? (Man nehme an, dass die Anzahl der Rosinen in einem Brötchen Poisson-verteilt ist. – Das Gewicht der Rosinen wird beim Gewicht eines Brötchens nicht berücksichtigt.)*

Lösung Sei λ der Erwartungswert für die Anzahl der Rosinen pro Brötchen. Die Wahrscheinlichkeit für höchstens 7 Rosinen pro Brötchen ist dann $e^{-\lambda}\sum_{k=0}^{7}\lambda^k/k!$, also $1 - e^{-\lambda}\sum_{k=0}^{7}\lambda^k/k!$
die Wahrscheinlichkeit für mindestens 8 Rosinen pro Brötchen. Daher muss λ die Bedingung
$1 - e^{-\lambda}(1 + \lambda + \cdots + \lambda^7/7!) \geq 0,90$ (bzw. $\geq 0,99$) erfüllen, also

$$1 + \lambda + \cdots + \lambda^7/7! - 0,1\,e^{\lambda} \leq 0 \qquad (\text{bzw. } 1 + \lambda + \cdots + \lambda^7/7! - 0,01\,e^{\lambda} \leq 0)\,.$$

Die zugehörige Funktion wird in 14.D, Aufgabe 5 diskutiert. Wie dort berechnet man dafür als
einzige positive Nullstelle $\lambda_0 = 11,7709\ldots$ (bzw. $\lambda_0 = 15,9999\ldots$). Für alle $\lambda \geq \lambda_0$ sind
dann die angegebenen Ungleichungen erfüllt, da die zugehörige Funktion für $\lambda \to \infty$ gegen $-\infty$
geht. Der Bäcker muss also sicherstellen, dass der Erwartungswert für die Anzahl der Rosinen
pro Brötchen $\geq \lambda_0$ ist. Er erreicht dies, indem er für 1000 herzustellende Brötchen mindestens
11771 (bzw. 16000) Rosinen verwendet. (Bei handelsüblichen Rosinen sind das etwa 5,9 kg
(bzw. 8 kg). Man beachte, dass man nur 8000 Rosinen benötigt, wenn man jedes einzelne
Brötchen mit acht Rosinen bestückt.)   •

Aufgabe 11 (8.B, Aufg. 17) *Die Ziffern eines Dezimalbruchs hinter dem Komma werden unabhängig voneinander jede mit der gleichen Wahrscheinlichkeit 1/10 gewählt. Wie viele Ziffern müssen im Mittel gewählt werden,*

a) *bis zum ersten Mal zehnmal unmittelbar aufeinander folgend die Ziffer 1 erschienen ist;*

b) *bis zum ersten Mal die Ziffernfolge 0123456789 erschienen ist?*

Lösung a) Wir betrachten die Wahl der Ziffern als Bernoulli-Experiment, wobei 1 als Erfolg mit Wahrscheinlichkeit $p=1/10$ und jede der übrigen Ziffern als Fehlschlag mit Wahrscheinlichkeit $q = 9/10$ gilt. Dann ist nach Beispiel 8.B.16 der Erwartungswert der Zufallsvariablen n, dass nach $n+10$ Versuchen zum ersten Mal 10 Einsen unmittelbar hintereinander aufgetreten sind, gleich

$$E = \frac{1}{qp^{10}} - \frac{1}{q} - 10 = \frac{10^{11}}{9} - \frac{10}{9} - 10 = 11\,111\,111\,100.$$

Im Mittel müssen also $11\,111\,111\,110$ Ziffern gewählt werden, bis zum ersten Mal zehn Einsen unmittelbar aufeinander gefolgt sind. Die zugehörige Varianz ist übrigens

$$V = \frac{1}{q^2 p^{20}} - \frac{21}{qp^{10}} - \frac{p}{q^2} = \frac{10^{22} - 189 \cdot 10^{11} - 10}{81},$$

die Streuung $\sigma = \sqrt{V}$ also im Wesentlichen ebenso groß wie der Erwartungswert. •

b) Wir gehen ähnlich wie in Beispiel 8.B.16 vor. Der Unterschied zu a) ist, dass die Ziffernfolge 0123456789, wenn sie mehrfach auftritt, sich nicht überlappen kann. Die Wahrscheinlichkeit p_n, dass diese Folge erstmals an der $(n+10)$-ten Stelle erschienen ist, ist daher gleich $r_n/10^{10}$, wobei r_n die Wahrscheinlichkeit dafür ist, dass diese Folge unter den ersten n Ziffern nicht aufgetreten ist, $n \in \mathbb{N}$, $r_0 = \cdots = r_9 = 1$. Für $n > 0$ ist $r_n = r_{n-1} - r_{n-10}/10^{10}$ (wobei $r_n = 0$ für $n < 0$ gesetzt sei). Die Folge $(0,\ldots,9)$ tritt nämlich in $(i_1,\ldots,i_n)$ genau dann nicht auf, wenn sie in $(i_1,\ldots,i_{n-1})$ nicht auftritt, es sei denn es liegt der Fall vor, dass $n \geq 10$ ist und die Folge $(0,\ldots,9)$ in $(i_1,\ldots,i_{n-10})$ nicht vorkommt, wohl aber $(i_{n-9},\ldots,i_n) = (0,\ldots,9)$ ist. Die Wahrscheinlichkeiten p_n erfüllen also die Rekursion $p_0 = 1/10^{10}$ und $p_n = p_{n-1} - p_{n-10}/10^{10}$ (wieder mit $p_n = 0$ für $n < 0$). Für die erzeugende Funktion $\psi(t) = \sum_{n \in \mathbb{N}} p_n t^n$ bedeutet dies die Gleichung $\psi - t\psi + t^{10}\psi/10^{10} = 1/10^{10}$. Mit $N := 10^{10} - 10^{10}t + t^{10}$ erhält man

$$\psi = \frac{1}{N}, \quad \psi' = \frac{10^{10} - 10t^9}{N^2}, \quad \psi'' = \frac{2 \cdot 10^{20} - 9 \cdot 10^{11}t^8 + 5 \cdot 10^{11}t^9 + 110t^{18}}{N^3}.$$

Satz 8.B.3 liefert wegen $\psi(1) = N(1) = 1$ für Erwartungswert E und Varianz V die Werte $E = \psi'(1) = 10^{10} - 10$, $V = \psi''(1) + \psi'(1)(1 - \psi'(1)) = 10^{20} - 19 \cdot 10^{10}$. Man muss also im Mittel $\tilde{E} = E + 10 = 10^{10}$ Ziffern wählen, bis zum ersten Mal die Folge 0123456789 erschienen ist. Man beachte den Unterschied zum Ergebnis von a). Die Streuung ist wieder im Wesentlichen gleich dem Erwartungswert. •

Bemerkungen (1) In der Dezimalbruchentwicklung der Kreiszahl $\pi = 3,14\ldots$ erscheint die Folge 0123456789 erstmals vollständig an der 17 387 594 889ten Nachkommastelle (mit der „9" an dieser Stelle), vgl. J.M. Borwein, Math. Intelligencer **20**, 14-15 (1998).

(2) Wir übernehmen die Bezeichnungen von Teil b) der Lösung. Den Erwartungswert $\tilde{E} = 10^{10}$ erhält man auch direkt auf folgende Weise: Man betrachte die Zufallsvariablen X_n, $n \in \mathbb{N}^*$, mit $X_n = 1$, falls die Folge $(0,\ldots,9)$ in $(i_1,\ldots,i_n)$ nicht vorkommt, und $X_n = 0$ sonst. Dann ist $\tilde{E} - 1$ der Erwartungswert von $X := \sum_{n \in \mathbb{N}^*} X_n$ und $\mathrm{E}(X_n) = r_n$. Wegen $\sum_{n \in \mathbb{N}} p_n = 1$ – die Folge $(0,\ldots,9)$ tritt wie jede endliche Folge mit Wahrscheinlichkeit 1 auf (warum?) – ist $\mathrm{E}(X) = \sum_{n \in \mathbb{N}^*} \mathrm{E}(X_n) = \sum_{n \in \mathbb{N}^*} r_n = 10^{10} \sum_{n \in \mathbb{N}^*} p_n = 10^{10}(1 - p_0) = 10^{10} - 1$.

9 Stochastische Unabhängigkeit

9.A Bedingte Wahrscheinlichkeiten

Aufgabe 1 (9.A, Aufg. 2) *Ein idealer Würfel werde unabhängig zweimal geworfen. A sei das Ereignis, dass die erste gewürfelte Augenzahl gerade ist, B sei das Ereignis, dass die zweite gewürfelte Augenzahl ungerade ist, und C sei das Ereignis, dass die Summe der Augenzahlen gerade ist. Dann sind die Ereignisse A, B und C paarweise stochastisch unabhängig, aber nicht insgesamt stochastisch unabhängig.*

Lösung Es ist

$A = \{(2i, j) \mid i = 1, 2, 3, j = 1, 2, 3, 4, 5, 6\}$ mit der Wahrscheinlichkeit $P(A) = \frac{1}{2}$,

$B = \{(i, 2j-1) \mid i = 1, 2, 3, 4, 5, 6, j = 1, 2, 3\}$ mit der Wahrscheinlichkeit $P(B) = \frac{1}{2}$,

$C = \{(2i, 2j), (2i-1, 2j-1) \mid i = 1, 2, 3, j = 1, 2, 3\}$ mit der Wahrscheinl. $P(C) = \frac{1}{2}$,

$A \cap B = \{(2i, 2j-1) \mid i = 1, 2, 3, j = 1, 2, 3\}$ mit der Wahrscheinlichkeit $P(A \cap B) = \frac{1}{4}$,

$A \cap C = \{(2i, 2j) \mid i = 1, 2, 3, j = 1, 2, 3\}$ mit der Wahrscheinlichkeit $P(A \cap C) = \frac{1}{4}$,

$B \cap C = \{(2i-1, 2j-1) \mid i = 1, 2, 3, j = 1, 2, 3\}$ mit der Wahrscheinl. $P(B \cap C) = \frac{1}{4}$,

$A \cap B \cap C = \emptyset$ mit der Wahrscheinlichkeit $P(A \cap B \cap C) = 0$,

Dabher sind A, B, C wegen $P(A) P(B) = \frac{1}{2} \cdot \frac{1}{2} = \frac{1}{4} = P(A \cap B)$ und analog $P(A) P(C) = P(A \cap C)$ sowie $P(B) P(C) = P(B \cap C)$ paarweise stochastisch unabhängig. Sie sind jedoch nicht stochastisch unabhängig, da $P(A) P(B) P(C) = \frac{1}{2} \cdot \frac{1}{2} \cdot \frac{1}{2} = \frac{1}{8}$, aber $P(A \cap B \cap C) = 0$ ist.   ●

Aufgabe 2 (9.A, Aufg. 3) *B sei ein Ereignis im Wahrscheinlichkeitsraum (Ω, P). Es gelte $0 < P(B) < 1$. Für ein beliebiges Ereignis $A \subseteq \Omega$ sind die Ereignisse A und B genau dann stochastisch unabhängig, wenn die bedingten Wahrscheinlichkeiten $P(A|B)$ und $P(A|(\Omega - B))$ übereinstimmen.*

Lösung Nach der Regel von der totalen Wahrscheinlichkeit, vgl. 9.A.4, gilt

$$P(A) = P(A|B) P(B) + P(A|(\Omega - B)) P(\Omega - B).$$

Aus $P(A|B) = P(A|(\Omega - B))$ folgt also $P(A) = P(A|B)\big(P(B) + P(\Omega - B)\big) = P(A|B) = P(A \cap B)/P(B)$, d.h. $P(A) P(B) = P(A \cap B)$. A und B sind dann stochastisch unabhängig.

Sind umgekehrt A und B stochastisch unabhängig, so ist $P(A) P(B) = P(A \cap B)$ und somit $P(A|B) = P(A \cap B)/P(B) = P(A)$. Mit 9.A.4 folgt daraus

$$P(A) = P(A) P(B) + P(A|(\Omega - B)) P(\Omega - B) = P(A) P(B) + P(A|(\Omega - B))\big(1 - P(B)\big),$$

also $P(A)\big(1 - P(B)\big) = P(A|(\Omega - B))\big(1 - P(B)\big)$ und folglich $P(A|B) = P(A) = P(A|(\Omega - B))$ wegen $P(B) \neq 1$.   ●

Aufgabe 3 (9.A, Aufg. 4) (Aufgabe von Ch. L. Dodgson alias Lewis Carroll) *Eine Urne enthält genau eine Kugel, von der bekannt ist, dass sie schwarz oder weiß ist. Dann wird eine weiße Kugel hinzugelegt und eine der beiden Kugeln gezogen. Sie ist weiß. Wie groß ist die Wahrscheinlichkeit, dass die in der Urne verbliebene Kugel ebenfalls weiß ist?*

Lösung Seien A_1 und A_2 die Ereignisse, dass die ursprünglich in der Urne befindliche Kugel weiß bzw. schwarz ist, und B das Ereignis, dass die gezogene Kugel weiß ist. Dann gilt $P(A_1) = P(A_2) = \frac{1}{2}$ und $P(B|A_1) = 1$, $P(B|A_2) = \frac{1}{2}$. Mit der Formel von Bayes 9.A.5 folgt

$$P(A_1|B) = \frac{P(B|A_1)\,P(A_1)}{P(B|A_1)\,P(A_1) + P(B|A_2)\,P(A_2)} = \frac{1 \cdot \frac{1}{2}}{1 \cdot \frac{1}{2} + \frac{1}{2} \cdot \frac{1}{2}} = \frac{2}{3},$$

d.h. die verbliebene Kugel ist mit der Wahrscheinlichkeit $\frac{2}{3}$ weiß, falls die gezogene Kugel auch weiß war. •

Aufgabe 4 (9.A, Aufg. 5) *Eine Familie habe zwei Kinder.*

a) *Mindestens eines davon sei ein Junge. Wie groß ist die Wahrscheinlichkeit, dass beide Kinder Jungen sind?*

b) *Das ältere Kind sei ein Mädchen. Wie groß ist die Wahrscheinlichkeit, dass beide Kinder Mädchen sind?*

c) *Jemand trifft auf der Straße eines der Kinder. Es ist ein Junge. Wie groß ist die Wahrscheinlichkeit, dass beide Kinder Jungen sind?*

(Die Wahrscheinlichkeiten dafür, dass ein Junge bzw. ein Mädchen geboren wird, seien gleich, ebenso dafür, dass ein Junge bzw. ein Mädchen zum Spielen auf die Straße geht.)

Lösung a) Seien A das Ereignis, dass mindestens eines der Kinder ein Junge ist, und B das Ereignis, dass beide Kinder Jungen sind. Dann ist natürlich $P(A|B) = 1$ und $P(B) = \frac{1}{2} \cdot \frac{1}{2} = \frac{1}{4}$ mit $P(\overline{B}) = \frac{3}{4}$ für die Wahrscheinlichkeit des komplementären Ereignisses $\overline{B}$, dass nicht beide Kinder Jungen sind. Außerdem ist $P(A|\overline{B})\,P(\overline{B}) = P(A \cap \overline{B}) = \frac{1}{2}$ die Wahrscheinlichkeit dafür, dass genau eines der beiden Kinder ein Junge ist. Mit der Formel von Bayes 9.A.5 folgt

$$P(B|A) = \frac{P(A|B)\,P(B)}{P(A|B)\,P(B) + P(A|\overline{B})\,P(\overline{B})} = \frac{1 \cdot \frac{1}{4}}{1 \cdot \frac{1}{4} + \frac{1}{2}} = \frac{1}{3},$$

d.h. das andere Kind ist mit der Wahrscheinlichkeit $\frac{1}{3}$ ebenfalls ein Junge.

Nennt man zuerst das ältere Kind, so hätte man auch so argumentieren können: Von den gleich wahrscheinlichen Fällen (Junge, Junge), (Junge, Mädchen), (Mädchen, Junge), (Mädchen, Mädchen) scheidet der letzte Fall aus, da eines der Kinder ein Junge ist. Nur im ersten der drei Fälle ist aber auch das zweite Kind ein Junge. Daher ist die gesuchte Wahrscheinlichkeit $\frac{1}{3}$. •

b) Die Wahrscheinlichkeit, dass das jüngere Kind ebenfalls ein Mädchen ist, ist offenbar $\frac{1}{2}$. •

c) Sind die beiden Kinder durch Angabe des Alters oder auch dadurch, dass man eines davon auf der Straße trifft, unterscheidbar gemacht, so ist die Wahrscheinlichkeit dafür, dass das andere Kind ein Junge ist, natürlich $\frac{1}{2}$. Ist das zuerst genannte Kind als Junge bekannt, so ist dann also die Wahrscheinlichkeit für zwei Jungen gleich $\frac{1}{2}$. •

Aufgabe 5 (9.A, Aufg. 6) *Die Produktion eines bestimmten Werkstücks wird in einer Fabrik von drei Maschinen M_1, M_2 und M_3 übernommen. Die Maschine M_i stellt q_i % der Gesamtproduktion her, $q_i > 0$, $q_1 + q_2 + q_3 = 100$. Von der Produktion der Maschine M_i ist α_i % Ausschuss, $i = 1, 2, 3$. Aus der Gesamtproduktion werde zufällig ein Werkstück ausgewählt, das sich als fehlerhaft herausstellt. Wie groß ist die Wahrscheinlichkeit p_i, dass dieses Werkstück von der Maschine M_i stammt, $i = 1, 2, 3$?*

Lösung Bezeichnen wir das Ereignis, dass ein Werkstück fehlerhaft ist, mit B und die Ereignisse, dass ein Werkstück von der Maschine M_i hergestellt wurde, mit A_i, $i = 1, 2, 3$, so ist die

Wahrscheinlichkeit, dass ein Werkstück von Maschine M_i hergestellt wurde, gleich $P(A_i) = q_i' := q_i/100$, und die Wahrscheinlichkeit, dass ein von dieser Maschine hergestelltes Werkstück fehlerhaft ist, gleich der bedingten Wahrscheinlichkeit $P(B|A_i) = \alpha_i' := \alpha_i/100$. Die Formel von Bayes 9.A.5 liefert dann für die Wahrscheinlichkeit $P(A_i|B)$, dass ein fehlerhaftes Werkstück von Maschine M_i stammt:

$$
\begin{aligned}
P(A_i|B) &= \frac{P(B|A_i)\,P(A_i)}{P(B|A_1)\,P(A_1) + P(B|A_2)\,P(A_2) + P(B|A_3)\,P(A_3)} \\
&= \frac{\alpha_i' q_i'}{\alpha_1' q_1' + \alpha_2' q_2' + \alpha_3' q_3'} = \frac{\alpha_i q_i}{\alpha_1 q_1 + \alpha_2 q_2 + \alpha_3 q_3}\,. \qquad \bullet
\end{aligned}
$$

Aufgabe 7 (9.A, Aufg. 9) *In einer Gruppe von n Autofahrern sei p_i die Wahrscheinlichkeit dafür, dass die i-te Person im Laufe eines Jahres mindestens einen Unfall hat, $i = 1, \ldots, n$. Es sei $p_i > 0$ für wenigstens ein i. Wie groß ist die Wahrscheinlichkeit,*

a) *dass ein zufällig herausgegriffener Fahrer einen Unfall hat*;

b) *dass ein zufällig herausgegriffener Fahrer im zweiten Jahr einen Unfall hat unter der Voraussetzung, dass er im ersten Jahr einen Unfall hatte*?

Lösung Wir verwenden in beiden Fällen die Regel von der totalen Wahrscheinlichkeit 9.A.14, wobei jeweils das Ereignis A_i nur aus dem i-ten Fahrer besteht, und B das Ereignis ist, im ersten Jahr einen Unfall zu haben. Wird einer der n Fahrer zufällig herausgegriffen, so ist also $P(A_i) = 1/n$. Nach Voraussetzung ist die bedingte Wahrscheinlichkeit, dass der i-te Fahrer im ersten Jahr einen Unfall hat, gleich $P(B|A_i) = p_i$.

a) Die gesuchte Wahrscheinlichkeit ist $\displaystyle p := P(B) = \sum_{i=1}^{n} P(B|A_i)\,P(A_i) = \frac{1}{n}\sum_{i=1}^{n} p_i$. $\qquad \bullet$

b) Sei C das Ereignis, im zweiten Jahr einen Unfall zu haben. Dann ist $P(B \cap C|A_i) = p_i^2$ die Wahrscheinlichkeit, dass der i-te Fahrer im ersten und zweiten Jahr einen Unfall hat, und es folgt $\displaystyle P(C) = \sum_{i=1}^{n} P(C|A_i)\,P(A_i) = \frac{1}{n}\sum_{i=1}^{n} p_i^2$. Die bedingte Wahrscheinlichkeit, im zweiten Jahr einen Unfall zu haben unter der Voraussetzung, im ersten Jahr einen gehabt zu haben, ist also $\displaystyle P(C|B) = P(C)/P(B) = \frac{1}{n}\sum_{i=1}^{n} p_i^2 \Big/ p = \sum_{i=1}^{n} p_i^2 \Big/ \sum_{i=1}^{n} p_i$.

Die Cauchy-Schwarzsche Ungleichung oder auch 8.A, Aufgabe 7 liefern

$$
n^2 p^2 = \Big(\sum_{i=1}^{n} 1 \cdot p_i\Big)^2 \le \Big(\sum_{i=1}^{n} 1^2\Big)\Big(\sum_{i=1}^{n} p_i^2\Big) = n^2 P(C)\,, \quad \text{also} \quad P(C|B) = P(C)/p \ge p\,,
$$

wobei das Gleichheitszeichen nur dann gilt, wenn alle p_i untereinander gleich sind. $\qquad \bullet$

Aufgabe 8 (9.A, Aufg. 10) *An einem Spielautomaten werde ein Spiel mit der Wahrscheinlichkeit p gewonnen. Verliert ein Spieler ein Spiel, so gilt das nächste Spiel allerdings automatisch als gewonnen. Dann ist $p_n := \big(1 - (p-1)^{n+1}\big)/(2-p)$ die Wahrscheinlichkeit, mit der man beim n-ten Spiel gewinnt. Man berechne auch $\lim\limits_{n \to \infty} p_n$.*

Lösung Wir verwenden Induktion über n. Die Wahrscheinlichkeit, mit der man beim ersten Spiel gewinnt, ist p. Andererseits ist $p_1 = \big(1 - (p-1)^2\big)/(2-p) = (-p^2 + 2p)/(2-p) = p$.

Beim Schluss von n auf $n+1$ seien A das Ereignis, dass das n-te Spiel gewonnen wurde, $\overline{A}$ das komplementäre Ereignis, dass es verloren wurde. Es ist $P(A) = p_n = \big(1 - (p-1)^{n+1}\big)/(2-p)$ nach Induktionsvoraussetzung und $P(\overline{A}) = 1 - p_n$. Ist B das Ereignis, dass das $(n+1)$-te Spiel gewonnen wird, so gilt nach Voraussetzung $P(B|\overline{A}) = 1$ und $P(B|A) = p$. Mit der Regel von der totalen Wahrscheinlichkeit 9.A.4 erhält man die Induktionsbehauptung

$$p_{n+1} = P(B) = P(B|A)\,P(A) + P(B|\overline{A})\,P(\overline{A}) = pp_n + (1-p_n) = (p-1)p_n + 1$$

$$= \frac{(p-1)\left(1-(p-1)^{n+1}\right)}{2-p} + 1 = \frac{p-1-(p-1)^{n+2}+2-p}{2-p} = \frac{1-(p-1)^{n+2}}{2-p}.$$

Bei $0 < p < 1$ ist $\lim_{n\to\infty} p_n = 1/(2-p) > 1/2$, und bei $p=1$ ist $\lim_{n\to\infty} p_n = 1$. Für $p=0$ existiert der Grenzwert nicht. •

Aufgabe 9 *Bei der Personenkontrolle am Flughafen werde ein Terrorist mit der Wahrscheinlichkeit $0{,}998$ festgenommen, während harmlose Passagiere mit der Wahrscheinlichkeit $0{,}999$ passieren können. Etwa $0{,}00001\%$ der Passagiere seien tasächlich Terroristen. Wie groß ist die Wahrscheinlichkeit, dass jemand, der festgenommen wird, auch wirklich ein Terrorist ist?*

Lösung Seien T das Ereignis, dass ein Passagier ein Terrorist ist, und F das Ereignis, dass ein Passagier festgenommen wird, jeweils mit den komplementären Ereignissen $\overline{T}$ und $\overline{F}$. Nach Voraussetzung gilt dann $P(T) = 10^{-7}$ und $P(\overline{T}) = 1-10^{-7}$. Ferner ist die Wahrscheinlichkeit, dass ein Terrorist auch wirklich gefasst wird, gleich $P(F|T) = 0{,}998$ und die Wahrscheinlichkeit, dass jemand festgenommen wird, der nicht Terrorist ist, gleich $P(F|\overline{T}) = 1 - P(\overline{F},T) = 1-0{,}999 = 10^{-3}$. Mit der Bayesschen Formel 9.A.5 erhält man dann für die Wahrscheinlichkeit $P(T|F)$, dass jemand, der festgenommen wird, auch wirklich Terrorist ist:

$$P(T|F) = \frac{P(F|T)\,P(T)}{P(F|T)\,P(T) + P(F|\overline{T})\,P(\overline{T})} = \frac{0{,}998 \cdot 10^{-7}}{0{,}998 \cdot 10^{-7} + 10^{-3}(1-10^{-7})} \approx 0{,}01\%.\ \ \bullet$$

Ähnlich überraschend ist das Ergebnis der folgenden Aufgabe, vgl. auch Beispiel 9.A.6 (2):

‡**Aufgabe 10** *Ein medizinischer Test auf eine bestimmte Krankheit erkenne in 2% der Fälle die Krankheit nicht und sei in 5% der Fälle falsch positiv, d.h. sei positiv, obwohl der Patient gar nicht krank ist. Nur 1‰ aller zu testenden Personen seien von der Krankheit betroffen. Wie groß ist die Wahrscheinlichkeit, dass jemand, bei dem der Test die Krankheit feststellt, auch wirklich erkrankt ist? (Sie ist $1{,}9\ldots\%$.)*

Aufgabe 11 (9.A, Aufg. 14) *Unter den $n+1$ Losen einer Lotterie ($n \geq 2$) befinden sich n Nieten und ein Gewinn. Gezogen wird nach einem der folgenden Verfahren:*

(1) *Nach dem ersten Zug darf man das gezogene Los öffnen und eventuell ein anderes wählen.*

(2) *Nach dem ersten Zug, aber vor Öffnen des gezogenen Loses zeigt der Losverkäufer, der die Nieten unter den Losen erkennen kann, auf eine Niete unter den nicht gezogenen Losen. Danach kann man sich neu für eines der Lose entscheiden.*

(3) *Wie Verfahren (2) mit dem Unterschied, dass es sich bei der Niete, auf die der Losverkäufer hinweist, auch um das bereits gezogene Los handeln kann, falls dieses eine Niete ist.*

Man gebe für jedes der Verfahren eine Strategie an, um die Wahrscheinlichkeit für einen Gewinn möglichst groß zu machen, und bestimme diese maximale Wahrscheinlichkeit. Bis zu welchem Einsatz lohnt sich also das Spiel, wenn der Gewinn G Euro beträgt?

Lösung Sei A das Ereignis, mit dem ersten gezogenen Los zu gewinnen, und B das Ereignis, überhaupt zu gewinnen. Dann ist $P(A) = 1/(n+1)$, und $P(\overline{A}) = n/(n+1)$ die Wahrscheinlichkeit, dass das erste Los nicht gewinnt.

(1) Die Gewinnwahrscheinlichkeit mit dem zweiten Los ist $P(B|\overline{A}) = 1/n$. Natürlich ist $P(B|A) = 1$. Die Regel von der totalen Wahrscheinlichkeit 9.A.4 liefert

$$P(B) = P(B|A)\,P(A) + P(B|\overline{A})\,P(\overline{A}) = 1 \cdot \frac{1}{n+1} + \frac{1}{n} \cdot \frac{n}{n+1} = \frac{2}{n+1}\,.$$

Man wird also genau dann das zweite Los ziehen, wenn das erste Los eine Niete war. Ein fairer Einsatz ist der Erwartungswert $2G/(n+1)$ für den Gewinn. •

(2) Entscheidet man sich nicht neu für eines der Lose, so ist die Gewinnwahrscheinlichkeit natürlich $P(A) = 1/(n+1)$. Nimmt man jedoch statt des ersten Loses ein anderes, aber nicht das als Niete bekannte Los, so ist $P(B|A) = 0$ und $P(B|\overline{A}) = 1/(n-1)$, da dann das erste Los und das als Niete bekannte ausscheiden. Die Gewinnwahrscheinlichkeit ist somit

$$P(B) = P(B|A)\,P(A) + P(B|\overline{A})\,P(\overline{A}) = \frac{1}{n-1} \cdot \frac{n}{n+1} = \frac{n}{n^2-1} > \frac{1}{n+1}\,.$$

Man wird also in jedem Fall dem Angebot des Losverkäufers folgen und ein weiteres Los ziehen. Ein fairer Einsatz ist der Erwartungswert $nG/(n^2-1)$ für den Gewinn. •

(3) Weist der Losverkäufer nicht auf das erste gezogene Los hin, so gilt (2) und man verfährt wie dort. Weist er jedoch darauf hin, das dieses Los eine Niete ist, so wählt man erst recht ein anderes und hat die Gewinnwahrscheinlichkeit $1/n < n/(n^2-1)$. Unterstellt man, dass der Losverkäufer zufällig eine der Nieten auswählt, so bekommt man die Gewinnwahrscheinlichkeit $(1/n) \cdot (1/n) + (n-1)/n \cdot n/(n^2-1) = 1/n^2 + 1/(n+1) = (n^2+n+1)/n^2(n+1)$. Ein fairer Einsatz wäre also $(n^2+n+1)G/n^2(n+1)$. •

Bemerkung Die Aufgabe mit zwei Nieten und einem Gewinn und der Spielregel (2) heißt das Q u i z m a s t e r p r o b l e m und wurde in TV-Shows tatsächlich realisiert. Die Lösung besagt, dass die Gewinnchance von $1/3$ auf $2/3$ steigt, wenn man stets nach Zeigen der Niete das dritte Los wählt statt an der ursprünglichen Wahl festzuhalten. Dies sieht man auch sofort in folgender Weise: Beim angegebenen Verhalten gewinnt man genau dann, wenn man zuerst eine Niete gezogen hatte. Dafür ist die Wahrscheinlichkeit $2/3$. Wählt man das dritte Los aber nur mit Wahrscheinlichkeit $p < 1$, so ist die Gewinnwahrscheinlichkeit $\frac{2}{3}p + \frac{1}{3}(1-p) = \frac{1}{3}(1+p) < \frac{2}{3}$.

9.B Stochastisch unabhängige Zufallsvariablen

Aufgabe (9.B, Aufg. 6) *Das Erkennen bzw. Übersehen eines Druckfehlers in einem Text werde als ein Bernoulli-Experiment aufgefasst. Zwei Korrekteure lesen unabhängig voneinander einen längeren Text (mit vielen Fehlern) und finden dabei a bzw. b Druckfehler, wobei c > 0 Druckfehler von beiden gefunden worden seien. Dann sind ca. $(a - c)(b - c)/c$ Druckfehler von beiden Korrekteuren übersehen worden.*

Lösung Sei Ω die Menge der Druckfehler und $n := |\Omega|$ ihre Anzahl. Die Zufallsvariablen $X, Y : \Omega \to \{0, 1\}$ seien definiert durch $X(\omega) := 1$ bzw. $Y(\omega) := 1$, wenn der Druckfehler ω von dem ersten bzw. dem zweiten Korrekteur erkant wurde, und durch $X(\omega) := 0$ bzw. $Y(\omega) := 0$ sonst. Sind p bzw. q die jeweiligen Erfolgswahrscheinlichkeiten für das Finden eines Fehlers, so sind np bzw. nq die Erwartungswerte für die Anzahl der gefundenen Fehler (vgl. 8.B.8), und wir schätzen daher p durch a/n und q durch b/n. Genau dann ist $(XY)(\omega) = X(\omega)\,Y(\omega) = 1$, wenn der Fehler ω von beiden Korrekteuren erkannt wurde. Es ist also $\{XY = 1\} = \{X = 1\} \cap \{Y = 1\}$ und wegen der Unabhängigkeit des Korrekturlesens sind X und Y stochastisch unabhängig, also $\mathrm{E}(XY) = \mathrm{E}(X)\,\mathrm{E}(Y) = pq = ab/n^2$. Andererseits schätzen wir $\mathrm{E}(XY) = P(XY = 1) = c/n$. Für die Gesamtzahl der Druckfehler folgt die Schätzung $n = ab/c$ und für die Anzahl der nicht erkannten Druckfehler somit $n - (a+b) + c = \big(ab - c(a+b) + c^2\big)/c = (a-c)(b-c)/c$. •

Bemerkung Die Schätzungen in der obigen Lösung lassen sich mit Methoden der Statistik rechtfertigen und quantifizieren, vgl. LdM 3, Abschnitt 20.A, insbesondere Beispiel 20.A.2.

10 Stetigkeit

Der Begriff der Stetigkeit wurde erst relativ spät präzisiert. Seine fundamentale Bedeutung für die gesamte Mathematik und insbesondere für die Analysis wurde erst im 19ten Jahrhundert durch die Arbeiten von B. Bolzano (1781- 1848), A. Cauchy (1789-1857), K. Weierstraß (1815-1897), R. Dedekind (1831-1916) und anderen erkannt. Einschlägige Aussagen, wie etwa der Zwischenwertsatz 10.C.2 oder auch das Korollar 10.D.3 über die Annahme des globalen Maximums und des globalen Minimums, wurden häufig als selbstverständlich (d.h. als Axiome im klassischen Sinne) betrachtet und nicht einmal explizit formuliert. Man beachte, dass andererseits die Differenzial- und Integralrechnung als Kalkül bereits im 17ten Jahrhundert entwickelt wurde. Heutzutage ist die Stetigkeit ein Basisbegriff, seine Beherrschung ist unentbehrlich.

10.A Grenzwerte von Funktionen

Wir erinnern an die Landauschen Symbole O und o: Für Funktionen $f, g : D \to \mathbb{K}$ und einen Punkt $a \in \overline{D}$ gilt $f = O(g)$ für $x \to a$, wenn in einer Umgebung U von a der Quotient f/g auf $U \cap D$ definiert ist (d.h. wenn g dort nirgends verschwindet) und beschränkt ist. Es gilt $f = o(g)$ für $x \to a$, wenn sogar $\lim\limits_{x \to a,\, x \in U \cap D} f(x)/g(x) = 0$ ist. Bei dieser Definition ist die Bedingung $g(x) \neq 0$ für alle $x \in U \cap D$ häufig lästig. Besser definiert man daher $f = O(g)$ durch $f = hg$, wobei $h : D \to \mathbb{K}$ eine Funktion mit $h = O(1)$ ist bzw. $f = o(g)$ durch $f = hg$ mit $h = o(1)$. (Grundsätzlich versuche man, Divisionen möglichst zu vermeiden!) Entsprechend definiert man die Symbole O und o für $x \to \pm\infty$ bei (nicht beschränktem) $D \subseteq \mathbb{R}$ und für $x \to \infty$ bei (nicht beschränktem) $D \subseteq \mathbb{C}$.

Aufgabe 1 (10.A, Aufg. 6a),b),c)) *Man bestätige folgende Rechenregeln für die Landauschen Symbole:*

a) *Aus $f_1 = O(g)$ und $f_2 = O(g)$ folgt $f_1 + f_2 = O(g)$.*

b) *Aus $f_1 = O(g_1)$ und $f_2 = O(g_2)$ folgt $f_1 f_2 = O(g_1 g_2)$.*

c) *Aus $f_1 = O(g_1)$ und $f_2 = o(g_2)$ folgt $f_1 f_2 = o(g_1 g_2)$.*

Lösung a) Wegen $f_1 = O(g)$ und $f_2 = O(g)$ für $x \to a \in \mathbb{K}$ gibt es Funktionen $h_1, h_2 : D \to \mathbb{K}$ sowie Umgebungen U_1 und U_2 von a und $S_1, S_2 \in \mathbb{R}_+$ mit $f_1 = h_1 g$, $f_2 = h_2 g$ und $|h_1(x)| \leq S_1$ für $x \in U_1 \cap D$, $|h_2(x)| \leq S_2$ für $x \in U_2 \cap D$. Dann ist auch $U_1 \cap U_2$ eine Umgebung von a und auf $U_1 \cap U_2 \cap D$ gilt $|h_1(x) + h_2(x)| \leq |h_1(x)| + |h_2(x)| \leq S_1 + S_2$, d.h. es ist $h_1 + h_2 = O(1)$ für $x \to a$ und $f_1 + f_2 = (h_1 + h_2)g$, also $f_1 + f_2 = O(g)$ für $x \to a$.

Als eine Bewegung gegen ∞ betrachten wir exemplarisch den Fall $x \to \infty$ für unbeschränktes $D \subseteq \mathbb{C}$. Dann gibt es Funktionen $h_1, h_2 : D \to \mathbb{K}$ sowie $R_1, R_2, S_1, S_2 \in \mathbb{R}_+$ mit $f_1 = h_1 g$, $f_2 = h_2 g$ und $|h_1(x)| \leq S_1$ für $x \in D$, $|x| \geq R_1$, $|h_2(x)| \leq S_2$ für $x \in D$, $|x| \geq R_2$. Für $R := \mathrm{Max}\,(R_1, R_2)$ gilt dann $|h_1(x) + h_2(x)| \leq |h_1(x)| + |h_2(x)| \leq S_1 + S_2$ für $x \in D$, $|x| \geq R$, d.h. es ist $h_1 + h_2 = O(1)$ für $x \to \infty$ und $f_1 + f_2 = (h_1 + h_2)g$, also $f_1 + f_2 = O(g)$ für $x \to \infty$. •

b) Wir betrachten nur den Fall $x \to a \in \overline{D} \subseteq \mathbb{K}$. Wegen $f_1 = O(g_1)$ und $f_2 = O(g_2)$ gibt es Funktionen $h_1, h_2 : D \to \mathbb{K}$ sowie Umgebungen U_1 und U_2 von a und $S_1, S_2 \in \mathbb{R}_+$ mit $f_1 = h_1 g$, $f_2 = h_2 g$ und $|h_1(x)| \leq S_1$ für $x \in U_1 \cap D$, $|h_2(x)| \leq S_2$ für $x \in U_2 \cap D$. Dann ist auch $U_1 \cap U_2$ eine Umgebung von a und auf $U_1 \cap U_2 \cap D$ gilt $|h_1(x) h_2(x)| = |h_1(x)| \cdot |h_2(x)| \leq S_1 S_2$, d.h. es ist $h_1 h_2 = O(1)$ für $x \to a$ und $f_1 f_2 = (h_1 h_2)(g_1 g_2)$, also $f_1 f_2 = O(g_1 g_2)$ für $x \to a$. •

c) Wieder betrachten wir nur den Fall $x \to a \in \overline{D} \subseteq \mathbb{K}$. Wegen $f_1 = O(g_1)$ und $f_2 = o(g_2)$ gibt es Funktionen $h_1, h_2 : D \to \mathbb{K}$ sowie eine Umgebung U von a und $S \in \mathbb{R}_+^\times$ mit $f_1 = h_1 g$, $f_2 = h_2 g$ und $|h_1(x)| \leq S$ für $x \in U \cap D$ sowie $\lim_{x \to a} h_2(x) = 0$. Zu $\varepsilon > 0$ gibt es dann ein Umgebung $U' \subseteq U$ von a mit $|h_2(x)| \leq \varepsilon/S$, also mit $|h_1(x) h_2(x)| \leq S(\varepsilon/S) = \varepsilon$ für $x \in U' \cap D$. Daher ist $\lim_{x \to a} h_1(x) h_2(x) = 0$ und $f_1 f_2 = (h_1 h_2)(g_1 g_2)$, d.h. $f_1 f_2 = o(g_1 g_2)$. •

Ähnlich behandle man die folgende Aufgabe:

‡**Aufgabe 2** (10.A, Aufg. 6d),e),f)) *Man bestätige folgende Rechenregeln für die Landauschen Symbole*:

a) $f = O(g)$ *(bzw.* $f = o(g)$*) ist äquivalent mit* $|f| = O(|g|)$ *(bzw. mit* $|f| = o(|g|)$*)*.

b) *Aus* $f_1 = O(g_1)$ *und* $f_2 = O(g_2)$ *folgt* $f_1 + f_2 = O(\mathrm{Max}\,(|g_1|, |g_2|))$.

c) *Aus* $f = O(g)$ *(bzw.* $f = o(g)$*) folgt* $af = O(g)$ *(bzw.* $af = o(g)$*) für jedes* $a \in \mathbb{K}$.

10.B Stetige Funktionen

Aufgabe 1 (10.B, Aufg. 1a) *Man berechne den Grenzwert* $\lim_{x \to 1} \dfrac{x^n - 1}{x^m - 1}$, $m, n \in \mathbb{Z} - \{0\}$.

Lösung Seien $m, n > 0$. Wir benutzen die Summenformel für die endliche geometrische Reihe, kürzen den Faktor $x - 1$ und verwenden dann die Grenzwertrechenregeln:

$$\lim_{x \to 1} \frac{x^n - 1}{x^m - 1} = \lim_{x \to 1} \frac{(x-1)(x^{n-1} + x^{n-2} + \cdots + x + 1)}{(x-1)(x^{m-1} + x^{m-2} + \cdots + x + 1)} = \lim_{x \to 1} \frac{x^{n-1} + x^{n-2} + \cdots + x + 1}{x^{m-1} + x^{m-2} + \cdots + x + 1} = \frac{n}{m}.$$

Dieses Ergebnis erhält man auch bei negativen Exponenten. Beispielsweise ist mit dem bereits Gezeigten:

$$\lim_{x \to 1} \frac{x^{-n} - 1}{x^m - 1} = \lim_{x \to 1} -\frac{1}{x^n} \cdot \frac{x^n - 1}{x^m - 1} = -\frac{1}{1^n} \cdot \frac{n}{m} = \frac{-n}{m}.$$

Man hätte hier auch die Definition der Ableitung von x^m bzw. x^n im Punkt $x_0 = 1$ und die Potenzregel für das Differenzieren benutzen können. Mit den Grenzwertrechenregeln erhält man dann:

$$\lim_{x \to 1} \frac{x^n - 1}{x^m - 1} = \lim_{x \to 1} \frac{\dfrac{x^n - 1}{x - 1}}{\dfrac{x^m - 1}{x - 1}} = \frac{\lim_{x \to 1} \dfrac{x^n - 1}{x - 1}}{\lim_{x \to 1} \dfrac{x^m - 1}{x - 1}} = \frac{(x^n)'\big|_{x=1}}{(x^m)'\big|_{x=1}} = \frac{nx^{n-1}\big|_{x=1}}{mx^{m-1}\big|_{x=1}} = \frac{n}{m}. \quad •$$

Ähnlich behandle man die folgende Aufgabe:

‡**Aufgabe 2** *Man zeige* $\lim_{x \to -1} \dfrac{x^n + 1}{x^m + 1} = \dfrac{n}{m}$, $m, n \in \mathbb{Z}$ *ungerade*. (Man beachte $x^k + 1 = x^k - (-1)^k$ bei ungeradem $k \in \mathbb{Z}$.)

Aufgabe 3 *Man berechne den Grenzwert* $\lim_{x \to 1} \dfrac{\sqrt[n]{x} - 1}{\sqrt[m]{x} - 1}$, $m, n \in \mathbb{N}^*$.

Lösung Die Summenformel für die endliche geometrische Reihe und die Stetigkeit der Wurzelfunktionen, vgl. Beispiel 10.C.10, ergeben:

$$\lim_{x \to 1} \frac{\sqrt[n]{x} - 1}{\sqrt[m]{x} - 1} = \lim_{x \to 1} \frac{(x - 1)\big(\sqrt[n]{x} - 1\big)}{(x - 1)\big(\sqrt[m]{x} - 1\big)} =$$

$$= \lim_{x \to 1} \frac{\left(\sqrt[m]{x} - 1 \right)\left(\sqrt[m]{x^{m-1}} + \sqrt[m]{x^{m-2}} + \cdots + \sqrt[m]{x} + 1 \right)\left(\sqrt[n]{x} - 1 \right)}{\left(\sqrt[n]{x} - 1 \right)\left(\sqrt[n]{x^{n-1}} + \sqrt[n]{x^{n-2}} + \cdots + \sqrt[n]{x} + 1 \right)\left(\sqrt[m]{x} - 1 \right)}$$

$$= \lim_{x \to 1} \frac{\sqrt[m]{x^{m-1}} + \sqrt[m]{x^{m-2}} + \cdots + \sqrt[m]{x} + 1}{\sqrt[n]{x^{n-1}} + \sqrt[n]{x^{n-2}} + \cdots + \sqrt[n]{x} + 1} = \frac{\lim_{x \to 1} \left(\sqrt[m]{x^{m-1}} + \sqrt[m]{x^{m-2}} + \cdots + \sqrt[m]{x} + 1 \right)}{\lim_{x \to 1} \left(\sqrt[n]{x^{n-1}} + \sqrt[n]{x^{n-2}} + \cdots + \sqrt[n]{x} + 1 \right)} = \frac{m}{n}. \bullet$$

Aufgabe 4 (10.B, Aufg. 1b)) *Man berechne den Grenzwert* $\displaystyle\lim_{x \to 0} \frac{\sqrt{x+3} - 2}{x - 1}$.

Lösung Wir erweitern, um die dritte binomische Formel benutzen zu können, und verwenden dann die Grenzwertrechenregeln sowie die Stetigkeit der Quadratwurzelfunktion im Punkt 3:

$$\lim_{x \to 0} \frac{\sqrt{x+3} - 2}{x - 1} = \lim_{x \to 0} \frac{\left(\sqrt{x+3} - 2 \right)\left(\sqrt{x+3} + 2 \right)}{(x - 1)\left(\sqrt{x+3} + 2 \right)} = \lim_{x \to 0} \frac{x + 3 - 4}{(x - 1)\left(\sqrt{x+3} + 2 \right)}$$

$$= \frac{1}{\lim_{x \to 0} \sqrt{x+3} + 2} = \frac{1}{\sqrt{3} + 2}. \qquad\qquad \bullet$$

Aufgabe 5 (10.B, Aufg. 1c)) *Man berechne den Grenzwert* $\displaystyle\lim_{\substack{x \to 0 \\ x > 0}} \sqrt{\frac{1}{x} + 1} \left(\sqrt{\frac{1}{x} + a} - \sqrt{\frac{1}{x} + b} \right)$,
$a, b \in \mathbb{R}$.

Lösung Wir erweitern, um die dritte binomische Formel benutzen zu können, und verwenden dann die Grenzwertrechenregeln sowie die Stetigkeit der Quadratwurzelfunktion im Punkt 1:

$$\lim_{\substack{x \to 0 \\ x > 0}} \sqrt{\frac{1}{x} + 1} \left(\sqrt{\frac{1}{x} + a} - \sqrt{\frac{1}{x} + b} \right)$$

$$= \lim_{\substack{x \to 0 \\ x > 0}} \sqrt{\frac{1}{x} + 1} \, \frac{\left(\sqrt{\frac{1}{x} + a} - \sqrt{\frac{1}{x} + b} \right)\left(\sqrt{\frac{1}{x} + a} + \sqrt{\frac{1}{x} + b} \right)}{\sqrt{\frac{1}{x} + a} + \sqrt{\frac{1}{x} + b}}$$

$$= \lim_{\substack{x \to 0 \\ x > 0}} \sqrt{\frac{1}{x} + 1} \, \frac{\left(\frac{1}{x} + a \right) - \left(\frac{1}{x} + b \right)}{\sqrt{\frac{1}{x} + a} + \sqrt{\frac{1}{x} + b}} = \lim_{\substack{x \to 0 \\ x > 0}} \frac{(a - b) \sqrt{\frac{1}{x} + 1}}{\sqrt{\frac{1}{x} + a} + \sqrt{\frac{1}{x} + b}}$$

$$= \lim_{\substack{x \to 0 \\ x > 0}} \frac{(a - b) \sqrt{1 + x}}{\left(\sqrt{1 + ax} + \sqrt{1 + bx} \right.} = \frac{(a - b) \sqrt{\lim_{x \to 0}(1 + x)}}{\sqrt{\lim_{x \to 0}(1 + ax)} + \sqrt{\lim_{x \to 0}(1 + bx)}} = \frac{(a - b) \cdot 1}{1 + 1} = \frac{a - b}{2}. \bullet$$

Ähnlich berechne man die Grenzwerte:

‡**Aufgabe 6** $\displaystyle\lim_{x \to 0} \frac{\sqrt{1+x} - \sqrt{1-x}}{x} = 1$; $\displaystyle\lim_{\substack{x \to 0 \\ x > 0}} \sqrt{x} \left(\sqrt{\frac{a}{x} + 1} - \sqrt{\frac{b}{x} + 1} \right) = \sqrt{a} - \sqrt{b}$, $a, b \in \mathbb{R}_+$.

Aufgabe 7 *Die Funktion* $f : \mathbb{R} \to \mathbb{R}$ *mit* $f(x) := \dfrac{x}{x^2 + 1}$ *ist im Punkt* $a := 1$ *stetig. Man gebe zu jedem* $\varepsilon > 0$ *explizit ein* $\delta = \delta(\varepsilon) > 0$ *an mit* $|f(x) - f(1)| \leq \varepsilon$ *für alle* $x \in \mathbb{R}$ *mit* $|x - 1| \leq \delta$.

Lösung Für alle $x \in \mathbb{R}$ mit $|x - 1| \leq \delta := \mathrm{Min}\,(2\varepsilon, 1)$ gilt $|x - 1| \leq 1$ und $|x - 1| \leq 2\varepsilon$ und folglich

$$|f(x) - f(1)| = \left| \frac{x}{x^2+1} - \frac{1}{2} \right| = \left| \frac{2x - x^2 - 1}{2(x^2+1)} \right| = \frac{|x-1|^2}{2x^2+2} \leq \frac{|x-1|}{2} |x-1| \leq \frac{1}{2} \cdot 2\varepsilon = \varepsilon \, . \, \bullet$$

Ähnlich löse man:

‡**Aufgabe 8** *Die Funktion* $f : \mathbb{R} \to \mathbb{R}$ *mit* $f(x) := \dfrac{2x^2}{x^2+x+2}$ *ist im Punkt* $a := 2$ *stetig. Man gebe zu jedem* $\varepsilon > 0$ *explizit ein* $\delta = \delta(\varepsilon) > 0$ *an mit* $|f(x) - f(2)| \leq \varepsilon$ *für alle* $x \in \mathbb{R}$ *mit* $|x - 2| \leq \delta$. *(Man kann* $\delta(\varepsilon) := \mathrm{Min}\,(\varepsilon, 1)$ *wählen.)*

Aufgabe 9 (10.B, Aufg. 30a) *Man begründe, dass die Funktion* $f(x) := \frac{1}{4}(1 - x^3)$ *auf* $[0, 1]$ *stark kontrahierend ist, und bestimme durch sukzessive Approximation eine Lösung der Gleichung* $f(x) = x$. *(Dieser Fixpunkt ist eine Nullstelle von* $x^3 + 4x - 1$.*)*

Lösung Für $0 \leq x \leq 1$ ist $0 \leq x^3 \leq 1$ und somit $0 \leq \frac{1}{4}(1-x^3) \leq \frac{1}{4} < 1$, d.h. f bildet das Intervall $[0, 1]$ in sich ab. Ferner ist $|f(x) - f(y)| = \frac{1}{4}|y^3 - x^3| = \frac{1}{4}|x^2 + xy + y^2| \, |x - y|$. Da $x, y \in \mathbb{R}_+$ höchstens den Wert 1 annehmen, ist $|x^2 + xy + y^2| \leq 3$ und wir erhalten $|f(x) - f(y)| \leq L|x-y|$ mit $L := \frac{3}{4} < 1$. Daher liefert f eine stark kontrahierende Abbildung $[0, 1] \to [0, 1]$, besitzt dort also genau einen Fixpunkt x.

Um dieses x mit einem Fehler $< 10^{-6}$ zu berechnen, starten wir mit $x_0 := 1$ und berechnen $x_1 = f(x_0) = 0{,}25$. Die (a priori-)Fehlerabschätzung in Satz 10.B.13 liefert für die weiteren Iterationen $|x - x_n| \leq |x - x_1| L^n / (1 - L) = (3^n / 4^{n-1}) |x - x_1| < 3^{n+1} / 4^n$. Für $n \geq 52$ ist dieser Fehler $< 10^{-6}$. Man berechnet also: $x_0 = 1$; $f(x_0) = x_1 = 0{,}25$; $f(x_1) = x_2 = 0{,}24609375$; $f(x_2) = x_3 = 0{,}2462740093\ldots$; $f(x_3) = x_4 = 0{,}2462658156\ldots$; $f(x_4) = x_5 = 0{,}24626618838\ldots$ usw. Dies legt die Vermutung nahe, dass x bereits im Intervall $[0, 0{,}25]$ liegt.

Das Intervall $[0, 0{,}25]$ wird ebenfalls durch f in sich abgebildet, und wegen $0 \leq x, y \leq \frac{1}{4}$ ist dort $|f(x) - f(y)| \leq \frac{1}{4}|x^2 + xy + y^2| \, |x - y| \leq L|x - y|$ mit $L = 3/64$. Die obige Fehlerabschätzung hat für dieses L und $x_1 = 0{,}25$ als Startwert die Form

$$|x - x_n| \leq L^{n-1} / (1 - L) |x - x_2| = (3/64)^{n-1} \cdot (64/61) |x - x_2| < (64/61) \cdot (3/64)^{n-1} \, .$$

Dieser Fehler ist $< 10^{-6}$ bereits für $n \geq 6$. Die zweite (a posteriori-)Fehlerabschätzung in Satz 10.B.13 liefert aber $|x - x_n| \leq |x_{n+1} - x_n| / (1 - L) = (64/61)|x_{n+1} - x_n| \approx 3{,}9 \cdot 10^{-7}$ für $n = 4$ und zeigt, dass schon x_4 sich von x um weniger als 10^{-6} unterscheidet. $\quad \bullet$

Aufgabe 10 *Man berechne die Nullstelle, die die Funktion* $f : \mathbb{R} \to \mathbb{R}$ *mit* $f(x) := x^5 - 4x - 1$ *aus 10.C, Aufgabe 1 im Intervall* $[-1/2, 0]$ *besitzt, bis auf einen Fehler* $\leq 10^{-6}$ *als Fixpunkt einer geeigneten stark kontrahierenden Abbildung.*

Lösung Durch $g(x) := \frac{1}{4}(x^5 - 1)$ wird eine stark kontrahierende Abbildung $g : [-1/2, 0] \to [-1/2, 0]$ definiert: Für $-1/2 \leq x, y \leq 0$ ist nämlich $-2 \leq x^5 - 1 \leq 0$, und mit $L := 5/64$ gilt

$$|g(x) - g(y)| = \frac{1}{4}|x^5 - y^5| = \frac{1}{4}|x - y| \, |x^4 + x^3 y + \cdots + xy^3 + y^4| \leq L|x - y| \, .$$

Um das x mit $g(x) = \frac{1}{4}(x^5 - 1) = x$, also $x^5 - 4x - 1 = 0$, mit einem Fehler $< 10^{-6}$ zu berechnen, starten wir mit $x_0 := 0$ und berechnen $x_0 = 0$; $f(x_0) = x_1 = -0{,}25$; $f(x_1) = x_2 = -0{,}250244140\ldots$; $f(x_2) = x_3 = -0{,}250245335\ldots$; $f(x_3) = x_4 = -0{,}250245340903\ldots$ usw. Die (a priori-)Fehlerabschätzung in Satz 10.B.13 liefert $|x - x_n| \leq |x - x_1| L^n / (1 - L) \leq (1/4) \cdot (5/64)^n / (59/64) = (5/64)^n \cdot (16/59)$. Bei $n \geq 6$ ist dieser Fehler $< 10^{-6}$.

Die (a posteriori-)Abschätzung $|x - x_3| \leq |x_4 - x_3| / (1 - L) \approx 6{,}4 \cdot 10^{-9}$ zeigt, dass bereits x_3 um höchstens 10^{-8} von x abweicht. $\quad \bullet$

10.C Der Zwischenwertsatz

Aufgabe 1 *Man begründe, dass die Funktion* $f : \mathbb{R} \to \mathbb{R}$ *mit* $f(x) := x^5 - 4x - 1$ *mindestens drei verschiedene Nullstellen in* $\mathbb{R}$ *besitzt, und berechne die Nullstelle im Intervall* $[-1, 0]$ *bis auf einen Fehler* $\leq 10^{-2}$, *indem man das Intervallhalbierungsverfahren wie im Beweis des Nullstellensatzes anwendet.*

Lösung Wegen $f(-2) = -25 < 0, f(-1) = 2 > 0, f(0) = -1 < 0, f(1) = -4 < 0$ und $f(2) = 23 > 0$ hat f als stetige Funktion nach dem Nullstellensatz in den drei Intervallen $[-2, -1], [-1, 0]$ und $[1, 2]$ jeweils mindestens eine Nullstelle. Durch fortgesetztes Halbieren erhält man aus $[-1, 0]$ die folgenden Intervalle, an deren Randpunkten f links jeweils positives und rechts negatives Vorzeichen hat: $[-1, 0], [-0,5, 0], [-0,5, -0,25], [-0,375, -0,25],$ $[-0,3125, -0,25], [-0,28125, -0,25], [-0,265625, -0,25]$. Der Mittelpunkt $x_0 \approx -0,258$ des letzten Intervalls hat die gewünschte Eigenschaft, da er von dessen Randpunkten weniger als 10^{-2} entfernt ist und eine Nullstelle im Inneren dieses Intervalls liegt. •

‡**Aufgabe 2** *Man begründe, dass die Funktion* $f : \mathbb{R} \to \mathbb{R}$ *mit* $f(x) := x^5 - 3x^4 + 5$ *mindestens drei verschiedene Nullstellen in* $\mathbb{R}$ *besitzt, und berechne die Nullstelle im Intervall* $[1, 2]$ *bis auf einen Fehler* $\leq 10^{-2}$, *indem man das Beweisverfahren des Nullstellensatzes anwendet.* (In den Intervallen $[-2, -1], [1, 2]$ und $[2, 3]$ liegt jeweils mindestens eine Nullstelle, die Nullstelle im Intervall $[1, 2]$ liegt zwischen $1,296875$ und $1,3125$.)

Aufgabe 3 (10.C, Aufg. 5a)) *Jede stetige Funktion* $f : I \to \mathbb{R}$ *auf einem Intervall* $I \subseteq \mathbb{R}$, *die nur abzählbar viele Werte annimmt, ist konstant.*

Lösung Sei f nicht konstant und seien $x_0, x_1 \in I$ mit $f(x_0) \neq f(x_1)$. Nach dem Zwischwertsatz 10.C.2 gehört dann das gesamte abgeschlossene Intervall mit den Endpunkten $f(x_0)$ und $f(x_1)$ zum Bild $f(I)$. Jenes enthält aber wie $\mathbb{R}$ überabzählbar viele Elemente, vgl. Satz 2.C.11. •

Aufgabe 4 (10.C, Aufg. 7) *Es sei* $f : [a, b] \to \mathbb{R}$ *eine stetige Funktion mit* $f(a) = f(b)$. *Zu jedem* $n \in \mathbb{N}^*$ *gibt es dann ein* $x_n \in [a, b - (b-a)/n]$ *mit* $f(x_n) = f(x_n + (b-a)/n)$.

Lösung Wir betrachten die Teilpunkte $t_k := a + k(b-a)/n$, $k = 0, \ldots, n$, des Intervalls $[a, b]$. Speziell ist also $t_0 = a$ und $t_n = b$. Die Hilfsfunktion $h : [a, t_{n-1}] \to \mathbb{R}$ sei definiert durch $h(x) := f(x + (b-a)/n) - f(x)$. Sie ist stetig, da f stetig ist, und es gilt $h(t_{k-1}) = f(t_k) - f(t_{k-1})$, $k = 1, \ldots, n$. Ist $h(t_{k-1}) = 0$ für ein k, so gilt die Behauptung mit $x_n := t_{k-1}$. Wären andernfalls alle $h(t_{k-1}) > 0$, so wäre $0 < h(t_0) + \ldots + h(t_{n-1}) = f(t_1) - f(t_0) + f(t_2) - f(t_1) + \cdots + f(t_n) - f(t_{n-1}) = f(t_n) - f(t_0) = f(b) - f(a)$ im Widerspruch zu $f(a) = f(b)$. Ebenso sieht man, dass $h(t_{k-1}) < 0$ nicht für alle k gilt. Daher gibt es ein $k \in \{1, \ldots, n-1\}$ derart, dass $h(t_{k-1})$ und $h(t_k)$ verschiedene Vorzeichen haben. Dann hat h nach dem Nullstellensatz eine Nullstelle x_n im Intervall $[t_{k-1}, t_k]$. Dafür gilt $f(x_n + (b-a)/n) - f(x_n) = h(x_n) = 0$. •

Aufgabe 5 (10.C, Aufg. 12) *Die Funktion* $f : I \to \mathbb{R}$ *auf dem abgeschlossenen Intervall* $I \subseteq \mathbb{R}$ *genüge dem Zwischenwertsatz, und die Fasern von* f *seien abgeschlossen. Dann ist* f *stetig.*

Lösung Sei $a \in I$. Mit f genügt auch $f - f(a)$ dem Zwischenwertsatz und dann auch $|f - f(a)|$, da die Betragsfunktion dem Zwischenwertsatz genügt. Ebenso sind die Fasern von $|f - f(a)|$ abgeschlossen; denn $|f(x) - f(a)| = y$ ist äquivalent mit $f(x) = f(a) + y$ oder $f(x) = f(a) - y$, d.h. die Faser von $|f - f(a)|$ über y ist die Vereinigung der beiden nach Voraussetzung abgeschlossenen Fasern von f über $f(a) + y$ bzw. $f(a) - y$. Es genügt zu zeigen, dass $|f - f(a)|$ in a stetig ist. Gäbe es aber zu einem $\varepsilon_0 > 0$ eine Folge (x_n) in I mit $x_n \to a$

und $|f(x_n) - f(a)| > \varepsilon_0$ für alle n, so gäbe es wegen der Gültigkeit des Zwischenwertsatzes im Intervall mit den Endpunkten x_n und a einen Punkt x'_n mit $|f(x'_n) - f(a)| = \varepsilon_0$. Dann ist auch $\lim x'_n = a$; die Folge (x'_n) gehört zur Faser von $|f - f(a)|$ über ε_0, aber ihr Grenzwert a gehört nicht dazu im Widerspruch zur Abgeschlossenheit dieser Faser.   •

10.D Stetige Funktionen auf kompakten Mengen

Aufgabe 1 (10.D, Aufg. 1) *Es gibt keine stetige surjektive Funktion $f : [0, 1] \rightarrow [0, 1[$.*

Lösung Nach Satz 10.D.2 wäre mit dem abgeschlossenen und beschränkten, also kompakten, Intervall $[0, 1]$ auch das stetige Bild $f([0, 1]) = [0, 1[$ kompakt, also insbesondere abgeschlossen. Widerspruch!
Man hätte auch argumentieren können, dass ein solche Funktion das Supremum 1 ihrer Funktionswerte auf der kompakten Menge $[0, 1]$ nicht annimmt im Widerspruch zu 10.D.5.   •

Aufgabe 2 *Seien $a, b \in \mathbb{R}$, $a < b$.*

a) *Es gibt keine surjektive stetige Abbildung $f : [a, b] \longrightarrow \mathbb{R}$.*

b) *Es gibt keine surjektive stetige Abbildung $f :]a, b[\longrightarrow \mathbb{R} - \{0\}$.*

c) *Es gibt keine bijektive stetige Abbildung $f :]a, b] \longrightarrow]a, b[$.*

d) *Es gibt keine bijektive stetige Abbildung $f : \mathbb{R} \longrightarrow [a, b]$.*

e) *Es gibt keine bijektive stetige Abbildung $f : \mathbb{R} - \{a\} \longrightarrow \mathbb{R}$.*

Lösung a) Das Intervall $[a, b]$ ist kompakt, $\mathbb{R}$ jedoch nicht. Daher kann $\mathbb{R}$ nach Satz 10.D.2 nicht das Bild von $[a, b]$ unter der stetigen Abbildung f sein.   •

b) Der Zwischenwert 0 würde von f nicht angenommen im Widerspruch zum Zwischenwertsatz 10.C.2.   •

c) Der Zwischenwert $f(b)$ würde von der bijektiven stetigen Abbildung $f|]a, b[$ von $]a, b[$ auf $]a, b[- \{f(b)\}$ nicht angenommen im Widerspruch zum Zwischenwertsatz 10.C.2.   •

d) Ein solches f wäre injektiv und nach Lemma 10.C.7 streng monoton. Nach dem Umkehrsatz 10.C.9 wäre auch die Umkehrabbildung $f^{-1} : [a, b] \rightarrow \mathbb{R}$ stetig und bijektiv im Widerspruch zu a).   •

e) Für ein solches f wären $f|]-\infty, a[$ und $f|]a, \infty[$ injektiv, also nach Lemma 10.C.7 streng monoton. Nach dem Umkehrsatz 10.C.9 müssten auch die Umkehrabbildungen dieser beiden Abbildungen auf den disjunkten offenen Intervallen $f(]-\infty, a[)$ bzw. $f(]a, \infty[)$ stetig sein. Dann wäre auch $f^{-1} : \mathbb{R} \rightarrow \mathbb{R} - \{a\}$ stetig im Widerspruch dazu, dass diese Abbildung den Zwischenwert a nicht annimmt.   •

Aufgabe 3 (10.D, Aufg. 9) *Eine gleichmäßig stetige Funktion $f : D \rightarrow \mathbb{K}$ auf einer beschränkten Menge $D \subseteq \mathbb{C}$ ist beschränkt.*

Lösung Nach dem Fortsetzungssatz 10.D.9 lässt sich f zu einer stetigen Funktion $\overline{f} : \overline{D} \rightarrow \mathbb{K}$ auf der abgeschlossenen Menge $\overline{D}$ fortsetzen. Da D beschränkt ist, ist auch $\overline{D}$ beschränkt und überdies abgeschlossen, also kompakt. Dann ist nach Satz 10.D.2 auch Bild $\overline{f} = \overline{f}(\overline{D})$ kompakt und insbesondere beschränkt. Erst recht ist Bild $f = f(D) = \overline{f}(D)$ beschränkt.   •

11 Polynom-, Exponential- und Logarithmusfunktionen

11.A Polynomfunktionen

Aufgabe 1 (vgl. 11.A, Aufg. 1) *Man gebe die Zerlegung des Polynoms $x^4 + 2$ in $\mathbb{C}[x]$ gemäß 11.A.8 und in $\mathbb{R}[x]$ gemäß 11.A.9 an.*

Lösung Wir verwenden Polarkoordinaten. Wegen $-2 = 2\,(\cos\pi + \mathrm{i}\sin\pi)$ besitzt -2 die 4 vierten Wurzeln

$$z_1 := \sqrt[4]{2}\big(\cos(\pi/4) + \mathrm{i}\sin(\pi/4)\big) = (1/\sqrt[4]{2})(1+\mathrm{i})\,,$$
$$z_2 := \sqrt[4]{2}\big(\cos(3\pi/4) + \mathrm{i}\sin(3\pi/4)\big) = (1/\sqrt[4]{2})(-1+\mathrm{i})\,,$$
$$z_3 := \sqrt[4]{2}\big(\cos(5\pi/4) + \mathrm{i}\sin(5\pi/4)\big) = (1/\sqrt[4]{2})(-1-\mathrm{i}) = \bar{z}_2\,,$$
$$z_4 := \sqrt[4]{2}\big(\cos(7\pi/4) + \mathrm{i}\sin(7\pi/4)\big) = (1/\sqrt[4]{2})(1-\mathrm{i}) = \bar{z}_1\,.$$

Folglich ist $x^4 + 2$ in $\mathbb{C}[x]$ das Produkt der zugehörigen Linearfaktoren:

$$x^4 + 2 = (x - z_1)\cdots(x - z_4) = (x - z_1)(x - \bar{z}_1)(x - z_2)(x - \bar{z}_2)\,.$$

Ferner ergibt sich

$$x^4 + 2 = \big(x^2 - 2\operatorname{Re}z_1\, x + |z_1|^2\big)\big(x^2 - 2\operatorname{Re}z_2\, x + |z_2|^2\big) = \big(x^2 - \sqrt[4]{8}\,x + \sqrt{2}\big)\big(x^2 + \sqrt[4]{8}\,x + \sqrt{2}\big)\,.$$

Dies ist die Zerlegung von $x^4 + 2$ in $\mathbb{R}[x]$. Um sie zu gewinnen, kann man aber auch direkt die so genannte Identität von Sophie Germain $x^4 + 4a^4 = (x^2 - 2ax + 2a^2)(x^2 + 2ax + 2a^2)$ für $a := 1/\sqrt[4]{2} = \sqrt[4]{8}/2$ benutzen. •

Ähnlich behandele man die folgende Aufgabe:

‡**Aufgabe 2** (vgl. 11.A, Aufg.1) *Man gebe die Zerlegung des Polynoms $x^6 + 8$ in $\mathbb{C}[x]$ gemäß 11.A.8 und in $\mathbb{R}[x]$ gemäß 11.A.9 an.* (Es ist $x^6 + 8$ gleich

$$\left(x - \sqrt{\tfrac{3}{2}} - \tfrac{\mathrm{i}}{\sqrt{2}}\right)\left(x - \sqrt{\tfrac{3}{2}} + \tfrac{\mathrm{i}}{\sqrt{2}}\right)\left(x + \sqrt{\tfrac{3}{2}} - \tfrac{\mathrm{i}}{\sqrt{2}}\right)\left(x + \sqrt{\tfrac{3}{2}} + \tfrac{\mathrm{i}}{\sqrt{2}}\right)(x - \sqrt{2}\mathrm{i})(x + \sqrt{2}\mathrm{i})$$
$$= \big(x^2 - \sqrt{6}\,x + 2\big)\big(x^2 + \sqrt{6}\,x + 2\big)\big(x^2 + 2\big)\,.\,)$$

Aufgabe 3 (11.A, Aufg. 3) *Sei $f = a_0 + a_1 x + \cdots + a_{n-1}x^{n-1} + x^n \in \mathbb{C}[x]$. Dann ist*

a) $|\alpha| \le \operatorname{Max}\big(1, |a_0| + \cdots + |a_{n-1}|\big)$ *sowie* b) $|\alpha| \le \operatorname{Max}\big(|a_0|, 1 + |a_1|, \ldots, 1 + |a_{n-1}|\big)$

für jede Nullstelle α von f in $\mathbb{C}$.

Lösung a) Wegen $f(\alpha) = 0$ ist $\alpha^n = -(a_0 + a_1\alpha + \cdots + a_{n-1}\alpha^{n-1})$. Sei nun $|\alpha| > 1$. Dann ist $1/|\alpha|^j < 1$ für alle $j = 1, \ldots, n-1$. Division durch α^{n-1} und Übergang zu Beträgen liefert zusammen mit der Dreiecksungleichung die Abschätzung

$$|\alpha| = \left|\frac{a_0 + a_1\alpha + \cdots + a_{n-1}\alpha^{n-1}}{\alpha^{n-1}}\right| \le \frac{|a_0|}{|\alpha|^{n-1}} + \cdots + \frac{|a_{n-2}|}{|\alpha|} + |a_{n-1}| \le |a_0| + \cdots + |a_{n-1}|\,. \bullet$$

b) Andernfalls wäre $|\alpha| > |a_0|$ und $|\alpha| > 1 + |a_k|$, d.h. $|a_k| < |\alpha| - 1$, für $k = 1, \ldots, n-1$. Wegen $f(\alpha) = 0$ ist $\alpha^n = -(a_0 + a_1\alpha + \cdots + a_{n-1}\alpha^{n-1})$. Daraus folgte der Widerspruch

$$|\alpha^n| = \left|a_0 + \sum_{k=1}^{n-1} a_k\alpha^k\right| \le |a_0| + \sum_{k=1}^{n-1} |a_k||\alpha|^k < |\alpha| + \sum_{k=1}^{n-1}\big(|\alpha| - 1\big)|\alpha|^k = |\alpha^n|\,. \bullet$$

Aufgabe 4 *Man bestimme ein Polynom f vom Grad ≤ 3 mit $f(n) = \sum_{k=1}^{n}(2k-1)^2$ für $n = 0, 1, 2, 3$*

und begründe, dass für alle $n \in \mathbb{N}$ die Summenformel $\sum_{k=1}^{n}(2k-1)^2 = f(n)$ gilt.

Lösung Es ist $f(0)=0$, $f(1)=1$, $f(2)=10$, $f(3)=35$. Newton-Interpolation liefert also

$$f(x) = 0 + x + x(x-1)\frac{10-2}{2\cdot 1} + x(x-1)(x-2)\frac{35-27}{3\cdot 2\cdot 1}$$

$$= x + 4x(x-1) + \frac{4}{3}x(x-1)(x-2) = \frac{x}{3}(4x^2-1).$$

Dann besitzt das Polynom $f(x+1) - f(x) - (2x+1)^2$ nach Konstruktion die 3 Nullstellen 0, 1, 2 und hat wegen Grad $f = 3$ einen Grad ≤ 2, ist also nach dem Identitätssatz für Polynome 11.A.5 das Nullpolynom. Für alle x folgt $f(x+1) = f(x) + (2x+1)^2$. Induktion über n liefert nun, dass $f(n)$ Summe der ersten n ungeraden Quadrate ist: Für $n \leq 4$ gilt das nach Konstruktion, und beim Schluss von n auf $n+1$ ist

$$f(n+1) = f(n) + (2n+1)^2 = \sum_{k=1}^{n}(2k-1)^2 + (2(n+1)-1)^2 = \sum_{k=1}^{n+1}(2k-1)^2. \qquad \bullet$$

Ganz analog löse man die folgenden Aufgaben:

‡**Aufgabe 5** **a)** *Man bestimme ein Polynom f vom Grad ≤ 4 mit $f(n) = \sum_{k=1}^{n}(2k-1)^3$ für*

$n = 0, 1, 2, 3, 4$ und begründe, dass für alle $n \in \mathbb{N}$ die Summenformel $\sum_{k=1}^{n}(2k-1)^3 = f(n)$ gilt.

b) *Man bestimme ein Polynom g vom Grad ≤ 4 mit $g(n) = \sum_{k=0}^{n}k^3$ für $n = 0, 1, 2, 3, 4$ und*

begründe, dass für alle $n \in \mathbb{N}$ die Summenformel $\sum_{k=0}^{n}k^3 = g(n)$ gilt.

c) *Man bestimme ein Polynom h vom Grad ≤ 5 mit $h(n) = \sum_{k=0}^{n}k^4$ für $n = 0, 1, 2, 3, 4, 5$ und*

begründe, dass für alle $n \in \mathbb{N}$ die Summenformel $\sum_{k=0}^{n}k^4 = h(n)$ gilt.

(Es ist $f(x) = x^2(2x^2-1)$, $g(x) = \frac{1}{4}x^2(x+1)^2$, $h(x) = \frac{1}{30}x(x+1)(2x+1)(3x^2+3x-1)$. – Zur vorliegenden Aufgabe vgl. auch 2.A, Aufgabe 1 und die Bemerkungen dazu. Teil b) und c) sind Spezialfälle der allgemeinen (Eulerschen) Formel

$$\sum_{k=0}^{n}k^m = \frac{1}{m+1}\sum_{j=0}^{m}B_j\cdot\binom{m+1}{j}(n+1)^{m+1-j}$$

mit den Bernoulli-Zahlen B_j, vgl. das Ende von Beispiel 12.E.7 und Beispiel 18.B.1. Ferner verweisen wir auf die allgemeinen Überlegungen in Beispiel 12.C.8 (3).)

11.B Rationale Funktionen

Aufgabe 1 (vgl. 11.B, Aufg. 3) *Man bestimme die Partialbruchzerlegungen folgender rationaler Funktionen*:

$$\frac{x^6-x^4+1}{(x-1)^2(x^2+1)}\,,\qquad \frac{x^5+4x^4+6x^3+4x^2+6x+7}{(x+2)^2(x^2+1)}\,.$$

Lösung (1) Bei der ersten Funktion multiplizieren wir zunächst den Nenner aus und verwenden dann Division mit Rest:

$$(x-1)^2(x^2+1) = x^4-2x^3+2x^2-2x+1 \quad\text{und}\quad x^6-x^4+1 = (x^2+2x+1)(x^4-2x^3+2x^2-2x+1)+x^2.$$

Dies liefert die Darstellung

$$\frac{x^6-x^4+1}{(x-1)^2(x^2+1)} = \frac{x^6-x^4+1}{x^4-2x^3+2x^2-2x+1} = x^2+2x+1 + \frac{x^2}{(x-1)^2(x^2+1)}\,.$$

Wir machen nun einen komplexen Ansatz für eine Partialbruchzerlegung und zerlegen dazu den Nenner weiter in Linearfaktoren:

$$\frac{x^2}{(x-1)^2(x^2+1)} = \frac{x^2}{(x-1)^2(x-\mathrm{i})(x+\mathrm{i})} = \frac{\alpha}{x-1} + \frac{\beta}{(x-1)^2} + \frac{\gamma}{x-\mathrm{i}} + \frac{\overline{\gamma}}{x+\mathrm{i}}\,.$$

Zur Berechnung von γ multiplizieren wir diese Darstellung mit $x-\mathrm{i}$, kürzen dann $x-\mathrm{i}$, wo es möglich ist, und setzen schließlich $x=\mathrm{i}$ ein. So erhalten wir $\gamma = \dfrac{\mathrm{i}^2}{(\mathrm{i}-1)^2(\mathrm{i}+\mathrm{i})} = -\dfrac{1}{4} = \overline{\gamma}$.

Analog berechnet man β, indem man zunächst mit $(x-1)^2$ multipliziert, wieder kürzt und schließlich $x=1$ setzt. Dies liefert $\beta = \dfrac{1^2}{1^2+1} = \dfrac{1}{2}$. Schließlich berechnen wir α, indem wir in der obigen Darstellung die erhaltenen Werte für β, γ und $\overline{\gamma}$ einsetzen und so $0 = \dfrac{\alpha}{-1} + \dfrac{\frac{1}{2}}{(-1)^2} + \dfrac{-\frac{1}{4}}{-\mathrm{i}} + \dfrac{-\frac{1}{4}}{\mathrm{i}}$, also $\alpha = \dfrac{1}{2}$ erhalten. Dies liefert die komplexe Partialbruchzerlegung und durch Zusammenfassen konjugiert-komplexer Terme auch die reelle:

$$\frac{x^6-x^4+1}{(x-1)^2(x^2+1)} = x^2+2x+1 + \frac{1/2}{x-1} + \frac{1/2}{(x-1)^2} - \frac{1/4}{x-\mathrm{i}} - \frac{1/4}{x+\mathrm{i}}$$

$$= x^2+2x+1 + \frac{1/2}{x-1} + \frac{1/2}{(x-1)^2} - \frac{x/2}{x^2+1}\,.$$

Alternativ kann man auch gleich einen rellen Ansatz machen, hat dann aber ein größeres lineares Gleichungssystem zu lösen:

$$\frac{x^2}{(x-1)^2(x^2+1)} = \frac{\alpha}{x-1} + \frac{\beta}{(x-1)^2} + \frac{\gamma x + \delta}{x^2+1}$$

$$= \frac{\alpha(x-1)(x^2+1) + \beta(x^2+1) + (\gamma x + \delta)(x-1)^2}{(x-1)^2(x^2+1)}$$

$$= \frac{(\alpha+\gamma)\,x^3 + (-\alpha+\beta-2\gamma+\delta)\,x^2 + (\alpha+\gamma-2\delta)\,x + (-\alpha+\beta+\delta)}{(x-1)^2(x^2+1)}\,.$$

Ein Vergleich der Koeffizienten von x^3, x^2, x und $x^0=1$ im Zähler liefert die Gleichungen

$$\alpha+\gamma = 0\,,\quad -\alpha+\beta-2\gamma+\delta = 1\,,\quad \alpha+\gamma-2\delta = 0\,,\quad -\alpha+\beta+\delta = 0\,.$$

Die erste und dritte Gleichung ergeben $\delta = 0$, und aus der vierten folgt $\beta = \alpha$. Setzt man all dieses in die zweite Gleichung ein, so erhält man $\gamma = -\frac{1}{2}$ und dann $\alpha = \beta = \frac{1}{2}$. Insgesamt bekommt man wieder die obige reelle Partialbruchzerlegung.   •

(2) Bei der zweiten Funktion multiplizieren wir den Nenner aus, verwenden dann ebenfalls Division mit Rest und machen schließlich gleich einen reellen Ansatz für die Partialbruchzerlegung:

$$(x+2)^2(x^2+1) = x^4+4x^3+5x^2+4x+4\,,$$

$$x^5+4x^4+6x^3+4x^2+6x+7 = x\,(x^4+4x^3+5x^2+4x+4)+(x^3+2x+7)\,,$$

$$\frac{x^5+4x^4+6x^3+4x^2+6x+7}{(x+2)^2(x^2+1)} = x + \frac{x^3+2+7}{(x+2)^2(x^2+1)}$$

mit

$$\frac{x^3+2+7}{(x+2)^2(x^2+1)} = \frac{\alpha}{x+2} + \frac{\beta}{(x+2)^2} + \frac{\gamma t+\delta}{x^2+1}$$

$$= \frac{\alpha(x+2)(x^2+1)+\beta(x^2+1)+(\gamma x+\delta)(x+2)^2}{(x+2)^2(x^2+1)}$$

$$= \frac{(\alpha+\gamma)\,x^3+(2\alpha+\beta+4\gamma+\delta)\,x^2+(\alpha+4\gamma+4\delta)\,x+(2\alpha+\beta+4\delta)}{(x+2)^2(x^2+1)}\,.$$

Ein Vergleich der Koeffizienten von x^3, x^2, x und $x^0 = 1$ im Zähler liefert

$$\alpha+\gamma = 1\,,\quad 2\alpha+\beta+4\gamma+\delta = 0\,,\quad \alpha+4\gamma+4\delta = 2\,,\quad 2\alpha+\beta+4\delta = 7\,.$$

Mit $\alpha = 1-\gamma$ ergibt die dritte Gleichung $1-\gamma+4\gamma+4\delta = 2$, d.h. $3\gamma+4\delta = 1$. Die Differenz aus zweiter und vierter Gleichung liefert $4\gamma-3\delta = -7$. Es folgt $25\delta = 4(3\gamma+4\delta)-3(4\gamma-3\delta) = 4\cdot 1 - 3\cdot(-7) = 25$, d.h. $\delta = 1$ und dann $\gamma = \frac{3}{4}\delta - \frac{7}{4} = -1$, $\alpha = 1-(-1) = 2$. Setzt man all dieses in die zweite Gleichung ein, so erhält man $\beta = -1$. Insgesamt bekommen wir

$$\frac{x^5+4x^4+6x^3+4x^2+6x+7}{(x+2)^2(x^2+1)} = x + \frac{2}{x+2} + \frac{-1}{(x+2)^2} + \frac{-x+1}{x^2+1}\,.\qquad •$$

‡**Aufgabe 2** (vgl. 11.B, Aufg. 2) *Es ist*

$$\frac{x^6+x-1}{x^4+x^2} = x^2-1+\frac{1}{x}-\frac{1}{x^2}-\frac{\frac{1}{2}+i}{x-i}-\frac{\frac{1}{2}-i}{x+i} = x^2-1+\frac{1}{x}-\frac{1}{x^2}-\frac{x-2}{x^2+1}\,;$$

$$\frac{x}{1+x^3} = \frac{1}{3}\Big(\frac{-1}{x+1}+\frac{\overline{\zeta_6}}{x-\zeta_6}+\frac{\zeta_6}{x-\overline{\zeta_6}}\Big) = \frac{1}{3}\Big(\frac{-1}{x+1}+\frac{x+1}{x^2-x+1}\Big)\,,\quad \zeta_6 = \frac{1}{2}\big(1+i\sqrt{3}\big)\,.$$

11.C Reelle Exponential- und Logarithmusfunktionen

Aufgabe 1 (11.C, Aufg. 4b)) *Für* $a,\alpha \in \mathbb{R}_+^\times$, $a \neq 1$, *ist* $\lim\limits_{t\to 0+} t^\alpha \log_a t = 0$.

Lösung Wegen $\log_a t = \ln t/\ln a$ können wir $a = e$ annehmen. Die zu beweisende Aussage ist dann äquivalent zu $\ln(-t^\alpha \ln t) = \alpha \ln t + \ln(-\ln t) \to -\infty$ für $t \to 0+$ bzw. (vermöge $t = e^{-x}$, $x = -\ln t$) zu $\alpha \ln e^{-x} + \ln(-\ln e^{-x}) = \ln x - \alpha x \to -\infty$ oder zu $xe^{-\alpha x} \to 0$ für $x \to \infty$. Es ist aber $0 \le xe^{-\alpha x} \le ([x]+1)\,e^{-\alpha[x]}$ für $x \ge 0$, und $a_n := (n+1)\,e^{-\alpha n}$, $n \in \mathbb{N}$, ist eine Nullfolge (z.B. wegen $\frac{a_{n+1}}{a_n} = \Big(1+\frac{1}{n+1}\Big)\,e^{-\alpha} \to e^{-\alpha} < 1$ für $n \to \infty$).   •

Aufgabe 2 (11.C, Aufg. 5) *Sei* $f : \mathbb{R} \to \mathbb{R}$ *eine Funktion, die der so genannten* C a u c h y s c h e n F u n k t i o n a l g l e i c h u n g $f(x+y) = f(x)+f(y)$ *für alle* $x, y \in \mathbb{R}$ *genügt.* (Beispiele solcher a d d i t i v e n Funktionen sind die Abbildungen $\lambda_a : x \mapsto ax$ mit festem $a \in \mathbb{R}$.) *Ist* f *stetig oder monoton oder in einer Umgebung von 0 beschränkt, so ist* $f = \lambda_a$ *mit einem* $a \in \mathbb{R}$.

Lösung Aus $f(0) = f(0 + 0) = f(0) + f(0)$ folgt $f(0) = 0$. Für beliebiges $x \in \mathbb{R}$ zeigt man $f(nx) = nf(x)$ für alle $n \in \mathbb{N}$ durch Induktion über n. Beim Schluss von n auf $n + 1$ hat man nämlich $f((n + 1)x) = f(nx) + f(x) = nf(x) + f(x) = (n + 1)f(x)$. Wegen $0 = f(0) = f(x + (-x)) = f(x) + f(-x)$ gilt $f(-x) = -f(x)$ für alle $x \in \mathbb{R}$. Damit folgt $f(x - y) = f(x + (-y)) = f(x) + f(-y) = f(x) - f(y)$ für $x, y \in \mathbb{R}$.

Sei nun $a := f(1)$. Dann gilt $f(n) = f(n \cdot 1) = nf(1) = na = \lambda_a(n)$ sowie $f(-n) = -f(n) = -na = \lambda_a(-n)$ für $n \in \mathbb{N}$, ferner $nf(m/n) = f(m) = am$, d.h. $f(m/n) = a(m/n)$ für alle $m \in \mathbb{Z}$, $n \in \mathbb{N}^*$. Also ist $f(x) = ax$ für alle $x \in \mathbb{Q}$.

Sei f zunächst stetig. Jedes $x \in \mathbb{R}$ ist Limes $x = \lim_{n \to \infty} x_n$ einer Folge rationaler Zahlen (x_n). Da f stetig ist, folgt

$$f(x) = f\left(\lim_{n \to \infty} x_n\right) = \lim_{n \to \infty} f(x_n) = \lim_{n \to \infty} ax_n = ax = \lambda_a(x).$$

Sei f jetzt in einer Umgebung von 0 beschränkt. Dann gibt es ein $S > 0$ und ein $\delta' > 0$ mit $|f(x)| \leq S$ für alle $x \in \mathbb{R}$ mit $|x| \leq \delta'$. Um die Stetigkeit von f in einem beliebigen Punkt $x_0 \in \mathbb{R}$ zu zeigen, sei $\varepsilon > 0$ vorgegeben. Wir wählen ein $n \in \mathbb{N}^*$ mit $n\varepsilon \geq S$. Für alle $x \in \mathbb{R}$ mit $|x - x_0| \leq \delta := \delta'/n$, also $n|x - x_0| \leq \delta'$, gilt dann

$$|f(x) - f(x_0)| = |f(x - x_0)| = |f(n(x - x_0))|/n \leq S/n \leq \varepsilon.$$

Sei schließlich f monoton. Für alle $x \in \mathbb{R}$ mit $-1 \leq x \leq 1$ liegt dann $f(x)$ zwischen $f(-1)$ und $f(1)$, d.h. f ist in einer Umgebung von 0 beschränkt und somit nach dem Bewiesenen stetig. ●

Bemerkung Es gibt (sogar bijektive) nicht stetige additive Funktionen $\mathbb{R} \to \mathbb{R}$. Dies folgt aus der Existenz Hamelscher Basen von $\mathbb{R}$ über $\mathbb{Q}$, d.h. von $\mathbb{Q}$-Vektorraumbasen von $\mathbb{R}$, vgl. LdM 2, Satz 3.A.18. Auf den Elementen einer solchen Basis kann man nämlich die Werte eines $\mathbb{Q}$-Vektorraumhomomorphismus $\mathbb{R} \to \mathbb{R}$ frei vorschreiben. Da man aber keine expliziten Hamelschen Basen kennt, sind auch keine Beispiele nicht stetiger additiver Funktionen $\mathbb{R} \to \mathbb{R}$ explizit angebbar. – Für Verallgemeinerungen dieser Aufgabe auf konvexe (bzw. konkave) Funktionen siehe die Bemerkungen zu 14.C, Aufgabe 13.

Aufgabe 3 (vgl. Bemerkung in 11.C, Aufg. 5) *Die Funktion $f : \mathbb{R}_+ \to \mathbb{R}_+$ genüge der Cauchyschen Funktionalgleichung $f(x + y) = f(x) + f(y)$ für alle $x, y \in \mathbb{R}_+$. Dann ist $f = \lambda_a | \mathbb{R}_+$ mit einem $a \in \mathbb{R}_+$.*

Lösung Um Aufgabe 2 anwenden zu können, definieren wir eine additive Fortsetzung $\tilde{f} : \mathbb{R} \to \mathbb{R}$ von f. Dazu stellen wir ein beliebiges $r \in \mathbb{R}$ als Differenz zweier Zahlen $x, y \in \mathbb{R}_+$ dar und definieren $\tilde{f}(r) = \tilde{f}(x - y) := f(x) - f(y)$. Dann ist $\tilde{f}$ wohldefiniert, d.h. $\tilde{f}(r)$ hängt nicht von der gewählten Darstellung von r ab: Ist nämlich auch $x' - y' = r = x - y$ mit $x', y' \in \mathbb{R}_+$, so folgt $x' + y = x + y'$ und somit nach Voraussetzung $f(x') + f(y) = f(x' + y) = f(x + y') = f(x) + f(y')$, d.h. $f(x') - f(y') = f(x) - f(y) = \tilde{f}(r)$. Wegen $f(0) = f(0 + 0) = f(0) + f(0)$ ist $f(0) = 0$. Ist $r \geq 0$, so ist $r = r - 0$, also $\tilde{f}(r) = f(r) - f(0) = f(r)$. $\tilde{f} : \mathbb{R} \to \mathbb{R}$ ist daher eine wohldefinierte Fortsetzung von f.

Außerdem ist f monoton wachsend: Aus $r = x - y \leq r' = x' - y'$, also $x + y' + z = x' + y$ mit einem $z \in \mathbb{R}_+$, folgt wegen $f(z) \geq 0$ nämlich

$$f(x) + f(y') \leq f(x) + f(y') + f(z) = f(x + y' + z) = f(x' + y) = f(x') + f(y),$$

also $\tilde{f}(r) = \tilde{f}(x - y) = f(x) - f(y) \leq f(x') - f(y') = \tilde{f}(x' - y') = \tilde{f}(r')$.

Schließlich genügt $\tilde{f}$ der Cauchyschen Funktionalgleichung. Für $r = x - y, r' = x' - y'$, $x, y, x', y' \in \mathbb{R}_+$, gilt nämlich $\tilde{f}(r + r') = \tilde{f}((x + x') - (y + y')) = f(x + x') - f(y + y') =$

$f(x) + f(x') - f(y) - f(y') = \tilde{f}(x-y) + \tilde{f}(x'-y') = \tilde{f}(r) + \tilde{f}(r')$. Mit Aufgabe 2 folgt $\tilde{f} = \lambda_a$ für ein $a \in \mathbb{R}$, also $f = \lambda_a|\mathbb{R}_+$ mit $a = \lambda_a(1) = \tilde{f}(1) = f(1) \in \mathbb{R}_+$. •

Aufgabe 4 (11.C, Aufg. 6a) *Sei $f : \mathbb{R} \to \mathbb{R}$ eine von der Nullfunktion verschiedene stetige oder monotone Funktion mit der Eigenschaft $f(x + y) = f(x) f(y)$ für alle $x, y \in \mathbb{R}$. Dann ist f eine Exponentialfunktion $x \mapsto c^x$, $c \in \mathbb{R}_+^\times$.*

Lösung Angenommen, es gäbe ein $x_1 \in \mathbb{R}$ mit $f(x_1) = 0$. Dann wäre $f(x) = f(x-x_1+x_1) = f(x-x_1) f(x_1) = 0$ für alle $x \in \mathbb{R}$ im Widerspruch zur Voraussetzung $f \neq 0$. Es gilt Bild $f \subseteq \mathbb{R}_+^\times$ wegen $f(x) = f(\frac{1}{2}x + \frac{1}{2}x) = \left(f(\frac{1}{2}x)\right)^2 \geq 0$. Sei nun $b \in \mathbb{R}_+^\times$ mit $b \neq 1$. Dann erfüllt die Funktion $g : \mathbb{R} \to \mathbb{R}$ mit $g(x) := \log_b f(x)$ für $x \in \mathbb{R}$ die Cauchysche Funktionalgleichung wegen $g(x+y) = \log_b\left(f(x+y)\right) = \log_b\left(f(x) f(y)\right) = \log_b\left(f(x)\right) + \log_b\left(f(y)\right) = g(x) + g(y)$.

Ist f stetig, so ist auch g stetig, und Aufgabe 2 liefert $g = \lambda_a$ mit einem $a \in \mathbb{R}$. Dann folgt $f(x) = b^{\log_b f(x)} = b^{g(x)} = b^{\lambda_a(x)} = b^{ax} = (b^a)^x$, d.h. f ist die Exponentialfunktion $x \mapsto c^x$, $c := b^a \in \mathbb{R}_+^\times$.

Ist f monoton wachsend, so wählen wir $b > 1$. Dann sind $\log_b$ und folglich auch $g := \log_b \circ f$ monoton wachsend, und man kann wie oben mit Aufgabe 2 schließen. Ist f monoton fallend, so wählen wir $b \in {]0, 1[}$. Dann sind $\log_b$ und folglich auch $g := \log_b \circ f$ monoton fallend, und man kann ebenfalls mit Aufgabe 2 schließen. •

Die folgenden Aufgaben werden ganz analog auf Aufgabe 2 zurückgeführt (Aufgabe 5 unter Verwendung von $a \log_b x = \log_{b^{1/a}} x$ bei $a \neq 0$ und $b > 0$, $b \neq 1$):

‡**Aufgabe 5** (11.C, Aufg. 6a) *Sei $g : \mathbb{R}_+^\times \to \mathbb{R}$ eine von der Nullfunktion verschiedene stetige oder monotone Funktion mit der Eigenschaft $g(xy) = g(x) + g(y)$ für alle $x, y \in \mathbb{R}$. Dann ist g eine Logarithmusfunktion $x \mapsto \log_a x$, $a \in \mathbb{R}_+^\times$.*

‡**Aufgabe 6** (11.C, Aufg. 6b) *Sei $h : \mathbb{R}_+^\times \to \mathbb{R}_+^\times$ eine stetige oder monotone Funktion mit der Eigenschaft $h(xy) = h(x) h(y)$ für alle $x, y \in \mathbb{R}_+^\times$. Dann ist h eine Potenzfunktion $x \mapsto x^\alpha$, $\alpha \in \mathbb{R}$.*

Aufgabe 7 (11.C, Aufg. 7) *Sei $f : \mathbb{R} \to \mathbb{R}$ eine von der Nullfunktion verschiedene Funktion mit $f(x+y) = f(x) + f(y)$ und $f(xy) = f(x) f(y)$ für alle $x, y \in \mathbb{R}$. Dann ist f die Identität $\mathrm{id}_\mathbb{R}$ von $\mathbb{R}$.*

Lösung Wie bei Aufgabe 2 sieht man $f(0) = 0$ und $f(x-y) = f(x) - f(y)$. Für $x \geq 0$ gilt $f(x) = f\left((\sqrt{x})^2\right) = \left(f(\sqrt{x})\right)^2 \geq 0$. Aus $x \geq y$, d.h. $x - y \geq 0$ folgt also $f(x) - f(y) = f(x-y) \geq 0$ und somit $f(x) \geq f(y)$. Daher ist f monoton wachsend, und Aufgabe 2 zeigt $f = \lambda_a$ mit einem $a \in \mathbb{R}$. Wegen $f \neq 0$ ist dabei $a \neq 0$. Außerdem ist $a = \lambda_a(1) = f(1) = f(1 \cdot 1) = \left(f(1)\right)^2 = \left(\lambda_a(1)\right)^2 = a^2$, also $a = 1$ und somit $f = \lambda_1 = \mathrm{id}_\mathbb{R}$. •

Bemerkung Eine bijektive Abbildung $f : \mathbb{R} \to \mathbb{R}$ mit den angegebenen Eigenschaften heißt ein (Körper-)Automorphismus des Körpers $\mathbb{R}$. Das Ergebnis der Aufgabe besagt, *dass der Körper $\mathbb{R}$ außer der Identität keine Automorphismen besitzt.*

12 Funktionenfolgen und Potenzreihen

Wesentliche Funktionen der Analysis lassen sich nicht direkt durch die elementaren Rechen-operationen beschreiben. Vielmehr lassen sie sich nur über Grenzwertprozesse definieren. Von besonderer Bedeutung sind die analytischen Funktionen, die definitionsgemäß lokal durch Potenzreihen beschrieben werden. Bis ins 19te Jahrhundert hinein war "Funktion" ein Synonym für "analytische Funktion".

12.A Konvergenz von Funktionenfolgen

Aufgabe 1 (vgl. 12.A, Aufg. 1) *Man untersuche die folgende Funktionenfolge auf gleichmäßige bzw. lokal gleichmäßige Konvergenz*:

$$\frac{x^{2n}}{1+x^{2n}}, \ n \in \mathbb{N}, \quad auf \ \mathbb{R} \quad bzw. \quad auf \ ]1, \infty[\, .$$

Lösung Die Funktionenfolge hat die Grenzfunktion

$$\lim_{n \to \infty} \frac{x^{2n}}{1+x^{2n}} = \lim_{n \to \infty} \frac{1}{(1/x^{2n})+1} = \begin{cases} 0 & \text{bei } |x| < 1, \\ 1/2 & \text{bei } |x| = 1, \\ 1 & \text{bei } |x| > 1. \end{cases}$$

Auf $\mathbb{R}$ ist die Funktionenfolge also nach 12.A.11 nicht einmal lokal gleichmäßig konvergent, da die Grenzfunktion dort nicht stetig ist. Auf $]1, \infty[$ ist die Funktionenfolge nicht gleichmäßig konvergent, da sie sonst auch auf $[1, \infty[$ gleichmäßig konvergent wäre und dann dort eine stetige Grenzfunktion hätte. Sie ist dort aber lokal gleichmäßig konvergent wegen

$$\left| \frac{x^{2n}}{1+x^{2n}} - 1 \right| = \frac{1}{1+x^{2n}} \leq \frac{1}{1+r^{2n}} \xrightarrow{n \to \infty} 0 \quad \text{für } 1 < r \leq x \, . \qquad \bullet$$

Ganz analog behandele man die folgende Aufgabe:

‡**Aufgabe 2** (vgl. 12.A, Aufg. 1) *Man untersuche die folgende Funktionenfolge auf gleichmäßige bzw. lokal gleichmäßige Konvergenz*:

$$\frac{2-x^{2n}}{2+x^{2n}}, \ n \in \mathbb{N}, \quad auf \ \mathbb{R} \quad bzw. \quad auf \ ]-1, 1[\, .$$

Aufgabe 3 (12.A, Aufg. 2a)) *Man untersuche* $\displaystyle\sum_{n=1}^{\infty} \frac{x}{n^2(1+|x|)}$ *auf* $\mathbb{C}$ *auf gleichmäßige bzw. lokal gleichmäßige Konvergenz.*

Lösung Für alle $x \in \mathbb{C}$ gilt $\left| \dfrac{x}{n^2(1+|x|)} \right| \leq \dfrac{1}{n^2}$ und die Reihe $\displaystyle\sum_{n=1}^{\infty} \frac{1}{n^2}$ konvergiert. Nach dem Kriterium 12.A.5 von Weierstraß konvergiert die zu untersuchende Reihe daher auf ganz $\mathbb{C}$ gleichmäßig und dann natürlich auch lokal gleichmäßig. $\qquad \bullet$

Aufgabe 4 *Man untersuche* $\displaystyle\sum_{n=1}^{\infty} \frac{x \sin(nx)}{n^2}$ *auf* $\mathbb{R}$ *auf gleichmäßige bzw. lokal gleichmäßige Konvergenz.*

Lösung Sei $R > 0$. Auf dem Intervall $[-R, R]$ gilt $\left\| \frac{x \sin nx}{n^2} \right\|_{[-R,R]} \leq \frac{R}{n^2}$. Da die Reihe $\sum\limits_{n=1}^{\infty} \frac{R}{n^2}$ konvergiert, liefert das Weierstraßsche Kriterium, dass die Reihe lokal gleichmäßig konvergent ist. Sie ist auf $\mathbb{R}$ jedoch nicht gleichmäßig konvergent. Andernfalls gäbe es zu $\varepsilon = 1$ ein n_0 mit $\left| \sum\limits_{n=n_0}^{\infty} \frac{x \sin (nx)}{n^2} \right| \leq 1$ für alle $x \in \mathbb{R}$. Es wäre dann

$$\left| \sum_{n=n_0}^{\infty} \frac{(2k\pi + \pi/2) \sin (2kn\pi + n\pi/2)}{n^2} \right| = \left(2k\pi + \frac{\pi}{2}\right) \left| \sum_{m \in \mathbb{N},\, 2m+1 \geq n_0} \frac{(-1)^m}{(2m+1)^2} \right| \leq 1$$

für alle $k \in \mathbb{N}$. Dies widerspricht $\sum\limits_{m \in \mathbb{N},\, 2m+1 \geq n_0} (-1)^m/(2m+1)^2 \neq 0$. •

Bemerkung Die Reihe $\sum\limits_{n=1}^{\infty} \frac{x \sin (nx)}{n^2}$ konvergiert für kein $x \in \mathbb{C} - \mathbb{R}$, denn für $x = a + bi$, $a, b \in \mathbb{R}$, $b \neq 0$, gilt

$$\frac{|a+bi|^2 |\sin (na + nbi)|^2}{n^4} \geq \frac{b^2 \sinh^2 nb}{n^4} = \frac{b^2 e^{2nb} + b^2 e^{-2nb}}{4n^4} - \frac{b^2}{2n^4} \to \infty$$

für $n \to \infty$, vgl. 12.E, Aufgabe 5 und 12.E.2. Die Glieder der Reihe sind also sogar unbeschränkt.

12.B Potenzreihen

Aufgabe 1 *Man berechne die Konvergenzradien folgender Potenzreihen:*

$$\sum_{n=1}^{\infty} 3^n n^2 (x-2)^n \;, \quad \sum_{n=1}^{\infty} \frac{(x-3)^n}{2^n n^2} \;, \quad \sum_{n=0}^{\infty} n! \,(x+3)^n \;, \quad \sum_{n=1}^{\infty} \frac{x^{2n}}{2^n n^2} \;, \quad \sum_{n=0}^{\infty} \frac{x^{n^2}}{n!} \;, \quad \sum_{n=0}^{\infty} \frac{x^{n^2-n}}{n^{2n}} \;.$$

Lösung Wir verwenden stets das Quotientenkriterium.

(1) Bei der ersten Reihe ist für $x \neq 2$ der Grenzwert

$$\lim_{n \to \infty} \left| \frac{a_{n+1}}{a_n} \right| = \lim_{n \to \infty} \frac{3^{n+1}(n+1)^2 |x-2|^{n+1}}{3^n n^2 |x-2|^n} = 3|x-2| \left(\lim_{n \to \infty} \frac{n+1}{n} \right)^2 = 3|x-2|$$

< 1, wenn $|x-2| < \frac{1}{3}$, und > 1, wenn $|x-2| > \frac{1}{3}$ ist. Ihr Konvergenzradius ist $\frac{1}{3}$. •

(2) Bei der zweiten Reihe ist für $x \neq 3$ der Grenzwert

$$\lim_{n \to \infty} \left| \frac{a_{n+1}}{a_n} \right| = \lim_{n \to \infty} \frac{2^n n^2 |x-3|^{n+1}}{2^{n+1}(n+1)^2 |x-3|^n} = \frac{1}{2}|x-3| \left(\lim_{n \to \infty} \frac{n}{n+1} \right)^2 = \frac{1}{2}|x-3|$$

< 1, wenn $|x-3| < 2$, und > 1, wenn $|x-3| > 2$ ist. Ihr Konvergenzradius ist also 2. •

(3) Die dritte Reihe divergiert für $|x+3| > 0$, hat also den Konvergenzradius 0 wegen

$$\lim_{n \to \infty} \left| \frac{a_{n+1}}{a_n} \right| = \lim_{n \to \infty} \frac{(n+1)! \, |x+3|^{n+1}}{n! \, |x+3|^n} = \lim_{n \to \infty} (n+1) \, |x+3| = \infty \quad \text{bei} \quad |x+3| > 0.$$ •

(4) Bei der vierten Reihe ist für $x \neq 0$

$$\lim_{n \to \infty} \left| \frac{a_{n+1}}{a_n} \right| = \lim_{n \to \infty} \frac{|x|^{2n+2}}{2^{n+1}(n+1)^2} \Big/ \frac{|x|^{2n}}{2^n n^2} = \lim_{n \to \infty} \frac{1}{2} \left(\frac{n}{n+1} \right)^2 |x|^2 = \frac{|x|^2}{2}.$$

Sie konvergiert also für $|x|^2/2 < 1$, d.h. für $|x| < \sqrt{2}$, und divergiert für $|x|^2/2 > 1$, d.h. für $|x| > \sqrt{2}$. Ihr Konvergenzradius ist somit $\sqrt{2}$. •

(5) Bei der fünften Reihe ist der Grenzwert

$$\lim_{n \to \infty} \left| \frac{a_{n+1}}{a_n} \right| = \lim_{n \to \infty} \left| \frac{x^{(n+1)^2}/(n+1)!}{x^{n^2}/n!} \right| = \lim_{n \to \infty} \frac{|x|^{(n+1)^2 - n^2}}{n+1} = \lim_{n \to \infty} \frac{|x|^{2n+1}}{n+1}$$

für $|x| < 1$ gleich 0 und für $|x| > 1$ gleich ∞. Letzteres folgt daraus, dass die Quotienten $\dfrac{|x|^{2n+3}}{n+2} \Big/ \dfrac{|x|^{2n+1}}{n+1} = \dfrac{(n+1)\,|x|^2}{n+2}$ bei $|x| > 1$ den Grenzwert $|x|^2 > 1$ haben. Insgesamt erhalten wir, dass der Konvergenzradius der fünften Potenzreihe gleich 1 ist. •

(6) Bei der sechsten Reihe ist der Grenzwert

$$\lim_{n\to\infty}\left|\frac{a_{n+1}}{a_n}\right| = \lim_{n\to\infty}\left|\frac{x^{(n+1)^2-(n+1)}/(n+1)^{2(n+1)}}{x^{n^2-n}/n^{2n}}\right| = \lim_{n\to\infty}\frac{|x|^{2n}}{\left(1+\frac{1}{n}\right)^{2n}(n+1)^2} = \lim_{n\to\infty}\frac{1}{e^2}\frac{|x|^{2n}}{(n+1)^2}$$

wie bei (5) gleich 0 für $|x| < 1$ und gleich ∞ für $|x| > 1$. Der Konvergenzradius der sechsten Reihe ist also ebenfalls gleich 1. •

Aufgabe 2 (12.B, Aufg. 8) *Für die Koeffizienten der Potenzreihe $\sum a_n x^n$ gelte $a_n \neq 0$ für fast alle $n \in \mathbb{N}$. Konvergiert die Folge $|a_n/a_{n+1}|$, $n \in \mathbb{N}$ genügend groß, so ist der Grenzwert dieser Folge der Konvergenzradius der Potenzreihe. Dies gilt auch, wenn die Folge (uneigentlich) gegen ∞ konvergiert.*

Lösung Die Koeffizienten a_n der Potenzreihe seien $\neq 0$ für $n \geq n_0$, und die Folge $\left|\dfrac{a_n}{a_{n+1}}\right|$, $n \geq n_0$, sei konvergent mit Grenzwert $R \in \mathbb{R}_+ \cup \{\infty\}$. Für $x \in \mathbb{C}$ gilt $\lim\limits_{n\to\infty}\left|\dfrac{a_{n+1}x^{n+1}}{a_n x^n}\right| = |x|\Big/\lim\limits_{n\to\infty}\left|\dfrac{a_n}{a_{n+1}}\right| = \dfrac{|x|}{R}$. Für $|x| < R$ ist dieser Grenzwert < 1 und für $|x-a| > R$ ist er > 1. Dies erhält man mit leichten Modifikationen auch in den Fällen $R = 0$ und $R = \infty$, die eigentlich oben ausgeschlossen sind. Das Quotientenkriterium liefert nun die Behauptung. •

Aufgabe 3 (12.B, Aufg. 9) *Der Konvergenzradius der Potenzreihe $\sum a_n(x-a)^n$ ist*

$$R = \frac{1}{\limsup \sqrt[n]{|a_n|}} \quad (\text{Formel von Hadamard}),$$

wo für $\limsup \sqrt[n]{|a_n|} = 0$ die Formel als $R = 1/0 = \infty$ und bei unbeschränkter Folge $\left(\sqrt[n]{|a_n|}\right)$ als $R = 1/\infty = 0$ zu lesen ist.

Lösung Sei $R := \dfrac{1}{\limsup \sqrt[n]{|a_n|}} < \infty$ und $|x-a| > R$, also $\dfrac{1}{|x-a|} < \dfrac{1}{R} = \limsup \sqrt[n]{|a_n|}$. Es folgt $\sqrt[n]{|a_n|}\,|x-a| > 1$ und somit $|a_n(x-a)^n| > 1$ für unendlich viele n. Für diese x ist die Potenzreihe daher sicher nicht konvergent. – Sei nun $|x-a| < R$, also $\dfrac{|x-a|}{R} < 1$. Wir wählen ein $q \in \mathbb{R}$ mit $\dfrac{|x-a|}{R} < q < 1$, also mit $\limsup \sqrt[n]{|a_n|} = \dfrac{1}{R} < \dfrac{q}{|x-a|}$. Es folgt $\sqrt[n]{|a_n|}\,|x-a| < q$ für fast alle n, d.h. $\sqrt[n]{|a_n|\,|x-a|^n} < q$ für fast alle n. Dann konvergiert $\sum a_n(x-a)^n$ aber nach dem Wurzelkriterium aus 6.A, Aufgabe 15. •

12.C Rechnen mit Potenzreihen

Aufgabe 1 (12.C, Aufg. 3) *Seien $\sum a_n$ und $\sum b_n$ konvergente Reihen reeller oder komplexer Zahlen, für die das Cauchy-Produkt $\sum c_n$, $c_n = a_n b_0 + \cdots + a_0 b_n$, $n \in \mathbb{N}$, ebenfalls konvergent ist. Dann gilt $\left(\sum_{n=0}^{\infty} a_n\right)\left(\sum_{n=0}^{\infty} b_n\right) = \sum_{n=0}^{\infty} c_n$.*

Lösung Wir betrachten die Potenzreihen $\sum a_n x^n$, $\sum b_n x^n$ und $\sum c_n x^n$, wobei die dritte das Cauchy-Produkt der beiden ersten ist. Nach Voraussetzung konvergieren alle drei im Punkt $x = 1$. Ihre Konvergenzradien sind also ≥ 1, und sie definieren stetige Funktionen f, g, h auf dem offenen Intervall $]-1, 1[$. Nach Satz 12.C.2 (2) gilt überdies $f(x) g(x) = h(x)$ für $|x| < 1$. Nach dem Abelschen Grenzwertsatz 12.B.7 sind nun die Funktionen f, g, h sogar stetig auf dem Intervall $]-1, 1]$. Folglich gilt auch $f(1) g(1) = h(1)$, d.h. es ist $\left(\sum\limits_{n=0}^{\infty} a_n \right) \left(\sum\limits_{n=0}^{\infty} b_n \right) = \sum\limits_{n=0}^{\infty} c_n$. •

Bemerkungen (1) Beispielsweise ist das Cauchy-Produkt der Reihe $\ln 2 = \sum\limits_{n=0}^{\infty} \dfrac{(-1)^n}{n+1}$ mit sich selbst die nach dem Leibniz-Kriterium 6.A.8 konvergente Reihe $\sum\limits_{n=0}^{\infty} (-1)^n c_n$ mit

$$c_n := \sum_{k=0}^{n} \frac{1}{(k+1)(n-k+1)} = \frac{1}{n+2} \sum_{k=0}^{n} \left(\frac{1}{k+1} + \frac{1}{n-k+1} \right) = \frac{2H_{n+1}}{n+2}, \quad H_n = \sum_{k=1}^{n} \frac{1}{k}.$$

($H_n/(n+1)$, $n \in \mathbb{N}^*$, ist eine (ab $n = 2$ streng) monoton fallende Nullfolge! Ist $(a_n)_{n \in \mathbb{N}^*}$ eine Nullfolge, so auch die Folge der arithmetischen Mittel $\left((a_1 + \cdots + a_n)/n \right)_{n \in \mathbb{N}^*}$, vgl. 4.F, Aufg. 9a).)

Mit obiger Aufgabe ist also $\ln^2 2 = 2 \sum\limits_{n=0}^{\infty} (-1)^n \dfrac{H_{n+1}}{n+2} = 2 \sum\limits_{n=0}^{\infty} (-1)^n \dfrac{H_{n+2}}{n+2} + 2 \sum\limits_{n=0}^{\infty} \dfrac{(-1)^{n+1}}{(n+2)^2}$ bzw. (unter Benutzung von 6.A, Aufgabe 19)

$$\sum_{n=1}^{\infty} (-1)^{n-1} \frac{H_n}{n} = \frac{1}{2} \left(\zeta(2) - \ln^2 2 \right).$$

Dagegen ist das Cauchy-Produkt der konvergenten Reihe $\sum\limits_{n=0}^{\infty} \dfrac{(-1)^n}{(n+1)^{1/2}}$ $\left(= (1 - \sqrt{2}) \, \zeta(1/2) \right)$ mit sich selbst nicht konvergent. Beweis!

(2) Ist eine der beiden Reihen, etwa $\sum a_n$, absolut konvergent, so beweist man mit F. Mertens (1840 - 1927) sowohl die Konvergenz von $\sum c_n$ als auch die angegebene Formel leicht direkt: Ist nämlich $M > 0$ eine obere Schranke für die Beträge der Partialsummen von $\sum |a_n|$ und $\sum b_n$ und ist $\varepsilon > 0$ sowie $\sum\limits_{k=m}^{n} |a_k| \le \dfrac{\varepsilon}{2M}$, $\left| \sum\limits_{k=m}^{n} b_k \right| \le \dfrac{\varepsilon}{2M}$ für $n \ge m > n_0$, so gilt für $n \ge 2n_0$

$$\left| \sum_{\ell+m \le n} a_\ell b_m - \left(\sum_{\ell \le n/2} a_\ell \right) \left(\sum_{m \le n/2} b_m \right) \right| = \left| \sum_{\ell \le n/2} a_\ell \sum_{n/2 < m \le n-\ell} b_m + \sum_{n/2 < \ell \le n} a_\ell \sum_{m \le n-\ell} b_m \right| \le$$

$$\le \sum_{\ell \le n/2} |a_\ell| \frac{\varepsilon}{2M} + \sum_{n/2 < \ell \le n} |a_\ell| M \le M \frac{\varepsilon}{2M} + \frac{\varepsilon}{2M} M = \varepsilon. \qquad •$$

Aufgabe 2 (12.C, Aufg. 7a)) *Sei $g = c_0 + c_1 x + \cdots + c_n x^n \in \mathbb{R}[x]$ ein Polynom mit $c_0 < 0$ und $c_1, \ldots, c_{n-1} \ge 0$, $c_n > 0$. Dann hat g genau eine positive reelle Nullstelle α. (Diese Nullstelle ist übrigens einfach.)*

Lösung Es ist $g(0) = c_0 < 0$ und $\lim\limits_{x \to \infty} g(x) = \infty$ (wegen $c_n > 0$). Nach dem Nullstellensatz 10.C.1 besitzt g also mindestens eine Nullstelle $\alpha > 0$. Da g auf $\mathbb{R}_+^\times$ streng monoton wachsend ist als Summe der Konstanten c_0 und der wegen $c_i \ge 0$ monoton wachsenden Funktionen $c_i x^i$, $i = 1, \ldots, n$, von denen $c_n x^n$ wegen $c_n > 0$ streng monoton wachsend ist, ist α die einzige Nullstelle von g in $\mathbb{R}_+^\times$. (Genau dann ist α eine einfache Nullstelle von g, d.h. hat die Vielfachheit 1, wenn $g'(\alpha) \ne 0$ ist für die Ableitung g' von g, vgl. Aufgabe 13.B, Aufg. 9. In der Tat ist $g'(\alpha) = \sum\limits_{i=1}^{n} i \, c_i \alpha^{i-1} \ge n c_n \alpha^{n-1} > 0$ nach Voraussetzung über die c_i.) •

Aufgabe 3 (12.C, Aufg. 7b)) *Sei $g = c_0 + c_1 x + \cdots + c_n x^n \in \mathbb{R}[x]$ ein Polynom mit $c_0 < 0$ und $c_1, \ldots, c_{n-1} \ge 0$, $c_n > 0$. Ferner sei der größte gemeinsame Teiler der Indizes i mit $c_i > 0$ gleich 1. Dann hat jede reelle oder komplexe Nullstelle β von g, die von der Nullstelle $\alpha \in \mathbb{R}_+^\times$ von g gemäß Aufgabe 2 verschieden ist, einen Betrag, der größer ist als α.*

Lösung Wegen $g(0) = c_0 < 0$ ist $\beta \neq 0$. Angenommen, es sei $|\beta| \leq \alpha$. Seien $i_1 < \cdots < i_k = n$ die paarweise verschiedenen Elemente von $\{ i \mid c_i > 0 \}$. Es ist $g(\beta) = c_0 + \sum\limits_{j=1}^{k} c_{i_j} \beta^{i_j} = 0$ und $g(\alpha) = c_0 + \sum\limits_{j=1}^{k} c_{i_j} \alpha^{i_j} = 0$ sowie $-c_0 \in \mathbb{R}_+^\times$. Es folgt $\sum\limits_{j=1}^{k} c_{i_j} \beta^{i_j} = \sum\limits_{j=1}^{k} |c_{i_j} \beta^{i_j}|$ wegen

$$-c_0 = \sum\limits_{j=1}^{k} c_{i_j} \beta^{i_j} = |\sum\limits_{j=1}^{k} c_{i_j} \beta^{i_j}| \leq \sum\limits_{j=1}^{k} |c_{i_j} \beta^{i_j}| \leq \sum\limits_{j=1}^{k} c_{i_j} \alpha^{i_j} = -c_0 \,.$$

Mit 5.A, Aufgabe 8 folgt $c_{i_j} \beta^{i_j} = |c_{i_j} \beta^{i_j}| = c_{i_j} |\beta|^{i_j} \in \mathbb{R}_+^\times$ für $j = 1, \ldots, k$. Wegen $c_{i_j} \in \mathbb{R}_+^\times$ sind dann auch $\beta^{i_1}, \ldots, \beta^{i_k} \in \mathbb{R}_+^\times$. Die Voraussetzung über die c_i ergibt $\mathrm{ggT}(i_1, \ldots, i_k) = 1$. Das Lemma von Bezout in der Form von 2.D, Aufg. 24 liefert dann die Existenz von Zahlen $u_1, \ldots, u_k \in \mathbb{Z}$ mit $u_1 i_1 + \cdots + u_k i_k = \mathrm{ggT}(i_1, \ldots, i_k) = 1$. Damit erhält man $\beta = \beta^1 = \beta^{u_1 i_1 + \cdots + u_k i_k} = \left(\beta^{i_1}\right)^{u_1} \cdots \left(\beta^{i_k}\right)^{u_k} \in \mathbb{R}_+^\times$ im Widerspruch dazu, dass g nach Aufgabe 2 nur α $(\neq \beta)$ als positive reelle Nullstelle besitzt. $\bullet$

Bemerkung *Ist allgemeiner $d := \mathrm{ggT}(i_1, \ldots, i_k) \geq 1$, so gilt: Die Nullstellen des Betrages α von g sind $\zeta_d^\nu \alpha$, $0 \leq \nu < d$, und alle diese Nullstellen sind einfach. Ist β eine Nullstelle von g mit $|\beta| \neq \alpha$, so ist $|\beta| > \alpha$ und $\zeta_d^\nu \beta$, $0 \leq \nu < d$, sind Nullstellen von g derselben Vielfachheit (die aber > 1 sein kann).* (Man wendet das Bewiesene auf $\widetilde{g} := g(x^{1/d})$ an.)

[Aufgabe 3 lässt sich auch als ein Beispiel zum Satz 16.A.4 von Perron-Frobenius aus LdM 3 interpretieren. Dazu betrachten wir das zu g reziproke normierte Polynom

$$h := c_0^{-1} x^n g(x^{-1}) = x^n + c_0^{-1} c_1 x^{n-1} + \ldots + c_0^{-1} c_{n-1} x + c_0^{-1} c_n = x^n + a_{n-1} x^{n-1} + \cdots + a_1 x + a_0$$

mit reellen Koeffizienten $a_i := c_0^{-1} c_{n-i} \leq 0$ für $i = 0, \ldots, n-1$ und $a_0 = c_0^{-1} c_n < 0$. Genau dann ist $\beta \neq 0$ eine Nullstelle von g, wenn β^{-1} eine Nullstelle von h ist. Nach LdM 2, Beispiel 12.A.23 ist h das charakteristische Polynom $h = \chi_{\mathfrak{A}_h}$ der so genannten Begleitmatrix

$$\mathfrak{A}_h := \begin{pmatrix} 0 & 0 & \cdots & 0 & -a_0 \\ 1 & 0 & \cdots & 0 & -a_1 \\ \vdots & \vdots & \ddots & \vdots & \vdots \\ 0 & 0 & \cdots & 0 & -a_{n-2} \\ 0 & 0 & \cdots & 1 & -a_{n-1} \end{pmatrix}$$

von h. Seine Nullstellen sind alle $\neq 0$ und gleich den Eigenwerten dieser Matrix, deren Koeffizienten alle nichtnegativ sind. Der Satz von Perron-Frobenius besagt nun, dass der Spektralradius $\rho(\mathfrak{A}_h)$ von $\mathfrak{A}_h$ ein Eigenwert dieser Matrix ist und somit eine positive Nullstelle α^{-1} von h. Nach Aufgabe 2 ist α dann die einzige positive Nullstelle von g, $\alpha^{-1} = \rho(\mathfrak{A}_h)$ also die einzige positive Nullstelle von h. Für jede Nullstelle β von g ist β^{-1} ein Eigenwert von $\mathfrak{A}_h$. Es folgt $|\beta^{-1}| \leq \rho(\mathfrak{A}_h) = \alpha^{-1}$ oder $|\beta| \geq \alpha$. Die weiteren Aussagen von Aufgabe 3 und der obigen Bemerkung ergeben sich nun mit Aufg. 14b) in LdM 3, Abschnitt 16.A.: Wegen $a_0 \neq 0$ ist $\mathfrak{A}_h$ nämlich ergodisch, und $\mathrm{ggT}(i_1, \ldots, i_k)$ ist offenbar die Periode von $\mathfrak{A}_h$.]

Aufgabe 4 (vgl. 12.C, Aufg. 7b)) *Jede reelle oder komplexe Nullstelle eines Polynoms $f = a_0 + \cdots + a_n x^n \in \mathbb{R}[x]$, für das $a_0 \geq \cdots \geq a_n > 0$ gilt und für das der größte gemeinsame Teiler der Indizes $i \in \{1, \ldots, n+1\}$ mit $a_{i-1} \neq a_i$ gleich 1 ist $(a_{n+1} := 0)$, hat einen Betrag > 1.*

Lösung Wir betrachten $g := (x-1)f = -a_0 + \sum\limits_{i=1}^{n+1} (a_{i-1} - a_i) x^i = c_0 + c_1 x + \cdots + c_n x^n$ mit $c_0 := -a_0 < 0$, $c_i := a_{i-1} - a_i \geq 0$ für $i = 1, \ldots, n+1$ und $\mathrm{ggT}\{ i \mid c_i > 0 \} = 1$. Dann sind die Voraussetzungen der obigen Aufgaben 1 und 2 erfüllt. Wegen $g(1) = 0$ ist $\alpha := 1$ die einzige nichtnegative Nullstelle von g, und es ist $f(1) = a_0 + \cdots + a_n \geq a_n > 0$. Die von 1 verschiedenen Nullstellen von g sind somit genau die Nullstellen von f. Aus Aufgabe 2 ergibt sich $|\beta| > \alpha = 1$ für jede reelle oder komplexe Nullstelle β von f. •

Aufgabe 5 (vgl. 12.C, Aufg. 7b)) *Sei a_n, $n \in \mathbb{N}$, eine monoton fallende Folge nichtnegativer reeller Zahlen mit $a_0 > 0$. Dann hat die Potenzreihe $f(x) = \sum\limits_{n=0}^{\infty} a_n x^n$ einen Konvergenzradius ≥ 1, und es ist $f(x) \neq 0$ für alle $x \in \mathbb{C}$ mit $|x| < 1$. Ferner lässt sich f zu einer stetigen Funktion auf $\overline{B}(0\,;1) - \{1\}$ fortsetzen, die dort ebenfalls nicht verschwindet, wenn für den Fall, dass $\lim a_n = 0$ ist, der größte gemeinsame Teiler der $n \in \mathbb{N}^*$ mit $a_{n-1} \neq a_n$ gleich 1 ist.*

Lösung Die monoton fallende und nach unten durch 0 beschränkte Folge (a_n) konvergiert gemäß 4.E.2 gegen ein $a \in \mathbb{R}_+$. Dann gibt es ein n_0 mit $0 \leq a_n \leq a+1$ für $n \geq n_0$, und bei $|x| < 1$ ist $\sum\limits_{n=0}^{\infty} a_n x^n$ (absolut) konvergent wegen

$$\sum_{n=0}^{\infty} |a_n x^n| \leq \sum_{n=0}^{n_0-1} |a_n x^n| + \sum_{n=n_0}^{\infty} a_n |x|^n \leq \sum_{n=0}^{n_0-1} |a_n x^n| + (a+1)|x|^{n_0}/(1-|x|) < \infty.$$

Der Konvergenzradius der Reihe ist also mindestens 1. Analog zur vorstehenden Aufgabe bilden wir nun $g := (x-1)f = -a_0 + \sum\limits_{n=1}^{\infty}(a_{n-1} - a_n)x^n = \sum\limits_{n=0}^{\infty} c_n x^n$ mit $c_0 := -a_0 < 0$ und $c_n := a_{n-1} - a_n \geq 0$ für $n \geq 1$. Der Konvergenzradius von g ist wie der von f mindestens 1. Im Punkte 1 konvergiert die g definierende Reihe noch gegen $\sum\limits_{n=0}^{\infty} c_n = -a_0 + \sum\limits_{n=0}^{\infty}(a_{n-1} - a_n) = -\lim\limits_{n \to \infty} a_n = -a$. Sie ist dann auf dem Einheitskreis $\overline{B}(0\,;1)$ absolut und gleichmäßig konvergent wegen $\sum\limits_{n=0}^{\infty} |c_n x^n| \leq a_0 + \sum\limits_{n=1}^{\infty} c_n = 2a_0 - a < \infty$ für $|x| \leq 1$, definiert dort also eine stetige Funktion, die wir ebenfalls mit g bezeichnen. Dann ist auch $g/(x-1)$ eine in $\overline{B}(0\,;1) - \{1\}$ stetige Funktion, die nach Konstruktion mit f auf $B(0\,;1)$ übereinstimmt. Die Nullstellen von f in $\overline{B}(0\,;1) - \{1\}$ sind genau die Nullstellen von g dort. Sei nun $\beta \neq 1$ eine Nullstelle von f (und folglich von g) in $\mathbb{C}$ mit $|\beta| \leq 1$. Wegen $a_0 \in \mathbb{R}_+^{\times}$ erhält man

$$a_0 = -c_0 = \sum_{n=1}^{\infty} c_n \beta^n = \Big|\sum_{n=1}^{\infty} c_n \beta^n\Big| \leq \sum_{n=1}^{\infty} c_n |\beta|^n \leq \sum_{n=1}^{\infty} c_n = a_0 - a.$$

Bei $a > 0$ ist dies nicht möglich. Es bleibt noch der Fall $a = 0$ zu betrachten. Ist $|\beta| < 1$, so erhält man ebenfalls einen Widerspruch, da dann die letzte der vorstehenden Ungleichungen echt ist, falls nicht $c_n = 0$ für alle $n \geq 1$ ist, was wegen $0 < a_0 = \sum_{n \geq 1} c_n \beta^n$ unmöglich ist.

Sei schließlich $\lim a_n = a = 0$ und $\beta \neq 1$ eine Nullstelle von g mit $|\beta| = 1$. Dann ist $g(0) = -a_0 < 0$ und $g(1) = -a = 0$. Da alle Funktionen $c_n x^n$ auf $\mathbb{R}_+$ monoton wachsend sind, hat g somit genau eine Nullstelle in $\mathbb{R}_+$, nämlich 1. Es folgt

$$a_0 = -c_0 = \sum_{n=1}^{\infty} c_n \beta^n = \Big|\sum_{n=1}^{\infty} c_n \beta^n\Big| \leq \sum_{n=1}^{\infty} c_n |\beta|^n = \sum_{n=1}^{\infty} c_n = a_0 - a = a_0,$$

also $\sum\limits_{n=1}^{\infty} c_n \beta^n = \sum\limits_{n=1}^{\infty} |c_n \beta^n|$. Mit 6.A, Aufgabe 25 erhält man $c_n \beta^n = |c_n \beta^n| \in \mathbb{R}_+$ für alle $n \geq 1$ und somit $\beta^n \in \mathbb{R}_+$ für alle $n \geq 1$ mit $c_n > 0$, also $a_{n-1} \neq a_n$. Gibt es unter diesen Indizes Zahlen $n_1, \ldots, n_k$ mit $\mathrm{ggT}(n_1, \ldots, n_k) = 1$, so liefert das Lemma von Bezout in der Form von 2.D, Aufg. 24 die Existenz von Zahlen $u_1, \ldots, u_k \in \mathbb{Z}$ mit $u_1 n_1 + \cdots + u_k n_k = \mathrm{ggT}(n_1, \ldots, n_k) = 1$. Wegen $\beta^{n_j} \in \mathbb{R}_+$ erhält man damit $\beta = \beta^1 = \beta^{u_1 n_1 + \cdots + u_k n_k} = \big(\beta^{n_1}\big)^{u_1} \cdots \big(\beta^{n_k}\big)^{u_k} \in \mathbb{R}_+$ im Widerspruch dazu, dass g nur 1 ($\neq \beta$) als nichtnegative reelle Nullstelle besitzt. •

12.D Analytische Funktionen

Aufgabe 1 (12.D, Aufg. 3) *Sei $r > 0$. Es gibt keine auf $B_\mathbb{K}(0\,;r)$ analytische Funktion f mit $f(1/n) = f(-1/n) = 1/n$ für unendlich viele $n \in \mathbb{N}^*$.*

Lösung Angenommen, es gäbe eine analytische Funktion $f : B_\mathbb{K}(0\,;r) \to \mathbb{C}$ mit den angegebenen Eigenschaften. Dann ist 0 ein Häufungspunkt der Punkte $z \in B_\mathbb{K}(0\,;r)$ mit $f(z) = z$. Nach dem Identitätssatz 12.D.4 ist dann $f(z) \equiv z$ im Widerspruch zu $f(-1/n) = 1/n$ für ein $n \in \mathbb{N}^*$. •

Bemerkung Es gibt nicht einmal eine in 0 differenzierbare Funktion f mit den in der Aufgabe genannten Eigenschaften (und jede analytische Funktion ist differenzierbar, vgl. Satz 13.B.1). Ist nämlich $n_0 < n_1 < n_2 < \cdots$ die unendliche Folge der positiven natürlichen Zahlen mit $f(1/n_k) = f(-1/n_k) = 1/n_k$, so folgt wegen der Stetigkeit von f in 0 zunächst $f(0) = \lim_{k\to\infty} f(1/n_k) = 0$. Für die Ableitung $f'(0)$ gilt dann einerseits $f'(0) = \lim_k \big(f(1/n_k) - f(0)\big)/(1/n_k - 0) = 1$ und andererseits $f'(0) = \lim_k \big(f(-1/n_k) - f(0)\big)/(-1/n_k - 0) = -1$. Widerspruch!

Aufgabe 2 (12.D, Aufg. 4b) *Seien D ein Gebiet in $\mathbb{C}$ und $f : D \to \mathbb{C}$ eine komplex-analytische Funktion. Ist f reellwertig, so ist f konstant.*

Lösung Wäre f nicht konstant, so wäre Bild $f = f(D)$ nach dem Satz 12.D.9 von der Offenheit komplex-analytischer Funktionen eine offene und nichtleere Menge in $\mathbb{C}$. Da f reellwertig ist, ist aber $f(D) \subseteq \mathbb{R}$, $f(D) \neq \emptyset$, sicher nicht offen. •

‡**Aufgabe 3** *Ist $|f|$ oder $\mathrm{Re}\, f$ oder $\mathrm{Im}\, f$ für die komplex-analytische Funktion f auf dem Gebiet $D \subseteq \mathbb{C}$ konstant, so ist f selbst konstant.*

Aufgabe 4 *Sei $D \subseteq \mathbb{C}$ ein Gebiet in $\mathbb{C}$ und f eine komplex-analytische Funktion auf D. Ist auch die komplex-konjugierte Funktion $\overline{f}$ komplex-analytisch, so ist f konstant.*

Lösung Seien f und $\overline{f}$ komplex-analytisch. Dann sind auch $\mathrm{Re}\, f = \frac{1}{2}(f + \overline{f})$ und $\mathrm{Im}\, f = \frac{1}{2i}(f - \overline{f})$ analytisch und überdies reellwertig, also nach Aufgabe 2 konstant. •

Aufgabe 5 (12.D, Aufg. 8) *Sei $f : I \to \mathbb{C}$ eine analytische Funktion auf dem Intervall $I \subseteq \mathbb{R}$ (mit mehr als einem Punkt). Für $a \in I$ sei $R(a)$ der Konvergenzradius der Potenzreihenentwicklung von f um a. Dann ist $G := \bigcup_{a \in I} B(a\,;R(a)) \subseteq \mathbb{C}$ ein Gebiet, und f lässt sich (eindeutig) zu einer komplex-analytischen Funktion $F : G \to \mathbb{C}$ fortsetzen. (Es sei $B(a\,;\infty) := \mathbb{C}$.)*

Lösung G ist als Vereinigung der offenen (nichtleeren) Kreisscheiben $B(a\,;R(a))$, $a \in I$, eine nichtleere offene Teilmenge von $\mathbb{C}$. Seien $a \in B(a_1\,;R(a_1))$ und $b \in B(a_2\,;R(a_2))$ mit $a_1, a_2 \in I$ Punkte aus G. Dann liegt der Streckenzug $[a, a_1, a_2, b] \subseteq B(a_1\,;R(a_1)) \cup I \cup B(a_2\,;R(a_2)) \subseteq G$ ganz in G; also ist G sogar ein Gebiet.

Die Potenzreihenentwicklung f_a von f um $a \in I$ definiert nach 12.C.3 eine analytische Funktion auf dem Kreis $B(a\,;R(a))$, die wir ebenfalls mit f_a bezeichnen und die mit f auf $B(a\,;R(a)) \cap I$ übereinstimmt. Damit die f_a, $a \in I$, eine a n a l y t i s c h e F o r t s e t z u n g F von f auf G definieren, genügt es nun zu zeigen, dass für zwei Punkte $a_1, a_2 \in I$ die Funktionen f_{a_1} und f_{a_2} auf dem Durchschnitt $B(a_1\,;R(a_1)) \cap B(a_2\,;R(a_2))$ übereinstimmen. Dieser Durchschnitt ist offen und (als Durchschnitt zweier konvexer Mengen) konvex, also eine Gebiet, wenn er nichtleer ist. In diesem Fall ist $B(a_1\,;R(a_1)) \cap B(a_2\,;R(a_2)) \cap I$ ein Teilintervall von I mit mehr als einem Punkt, auf dem f_{a_1} und f_{a_2} mit f übereinstimmen. Nach dem Identitätssatz 12.D.4 gilt dann wie gewünscht $f_{a_1} = f_{a_2}$ auf dem gesamten Durchschnitt $B(a_1\,;R(a_1)) \cap B(a_2\,;R(a_2))$. Dass die so konstruierte Fortsetzung F von f auf G die einzig mögliche ist, folgt wiederum aus dem Identitätssatz für analytische Funktionen.   ●

Bemerkung In der Situation der Aufgabe ist das Gebiet G im Allgemeinen nicht ein maximales Gebiet, auf das sich die gegebene Funktion f zu einer komplex-analytischen Funktion F fortsetzen lässt, d.h. $F: G \to \mathbb{C}$ ist keine maximale Fortsetzung von f. Generell nennen wir für zwei Gebiete $\tilde{G} \subseteq G$ eine analytische Funktion $F: G \to \mathbb{C}$ eine m a x i m a l e a n a - l y t i s c h e F o r t s e t z u n g von $\tilde{F} := F|\tilde{G}$, wenn es in $\mathbb{C}$ kein echt größeres Gebiet als G gibt, auf das sich $\tilde{F}$ analytisch fortsetzen lässt. Man beachte, dass solche Fortsetzungen wegen des Identitätssatzes 12.D.4, wenn sie existieren, auch eindeutig sind. Beispielsweise ist für $f: \mathbb{R} \to \mathbb{C}$ mit $f(x) = 1/(1 + x^2)$ das Gebiet G der Aufgabe offenbar die doppelt geschlitzte Ebene $\mathbb{C} - \{ri \mid r \in \mathbb{R}, |r| \geq 1\}$, während die maximale komplex-analytische Fortsetzung $F(z) := 1/(1 + z^2)$ sogar auf der doppelt-punktierten Ebene $\mathbb{C} - \{\pm i\}$ definiert ist.

In der Regel gibt es aber mehrere maximale komplex-analytische Fortsetzungen. Zum Beispiel ist für die reell-analytische Logarithmusfunktion $\ln: \mathbb{R}_+^\times \to \mathbb{R}$ für jeden Punkt $a \in \mathbb{R}_+^\times$ der Konvergenzradius $R(a)$ der Potenzreihenentwicklung von $\ln$ um a gleich a, vgl. 13.C.3. Das Gebiet G der Aufgabe ist also hier die rechte Halbebene $\{z \in \mathbb{C} \mid \operatorname{Re} z > 0\}$. Nach Abschnitt 13.C besitzt aber die reelle Logarithmusfunktion $\ln$ eine komplex-analytische Fortsetzung auf jede geschlitzte Ebene $\mathbb{C} - \mathbb{R}_+ z_0$, $z_0 \in \mathbb{C} - \mathbb{R}_+$, und diese Fortsetzungen sind alle maximal. (Es gibt aber noch weitere maximale Fortsetzungen. Beispiele?)

[Übrigens besitzt jede komplex-analytische Funktion $\tilde{F}$ auf einem Gebiet $\tilde{G} \subseteq \mathbb{C}$ (wenigstens) eine maximale komplex-analytische Fortsetzung $F: G \to \mathbb{C}$, $\tilde{G} \subseteq G \subseteq \mathbb{C}$. Am schnellsten beweist man dies wohl mit dem Zornschen Lemma 3.A.19 aus LdM 2. Dazu betrachten wir die Menge $\mathfrak{G}$ der Gebiete $G \subseteq \mathbb{C}$ mit $\tilde{G} \subseteq G$, auf die sich $\tilde{F}$ zu einer komplex-analytischen Funktion $F_G: G \to \mathbb{C}$ fortsetzen lässt. Es ist $\tilde{G} \in \mathfrak{G}$, insbesondere ist $\mathfrak{G}$ nicht leer. $\mathfrak{G}$ ist sogar induktiv geordnet: Ist nämlich $\mathfrak{K} \subseteq \mathfrak{G}$ eine nichtleere Kette, d.h. eine nichtleere (bzgl. der Inklusion) vollständig geordnete Teilmenge von $\mathfrak{G}$, so ist $G' := \bigcup_{G \in \mathfrak{K}} G$ zunächst ein Gebiet mit $G' \supseteq \tilde{G}$. G' ist natürlich offen, und sind $a, b \in G'$, so gibt es ein $G \in \mathfrak{K}$ mit $a, b \in G$, da $\mathfrak{K}$ vollständig geordnet ist, und a, b lassen sich sogar in $G \subseteq G'$ mit einem Streckenzug verbinden. Ferner lässt sich $\tilde{F}$ nach G fortsetzen. Die Funktion $F_{G'}: G' \to \mathbb{C}$ mit $F_{G'}|G = F_G$ für alle $G \in \mathfrak{K}$ ist nämlich wohldefiniert und analytisch. (Hier ist die Voraussetzung, dass $\mathfrak{K}$ eine Kette ist, wesentlich. Es genügte allerdings, dass der Durchschnitt zweier Gebiete aus $\mathfrak{K}$ wieder ein Gebiet ist.) Somit ist G' eine obere Schranke für $\mathfrak{K}$. Nach dem Zornschen Lemma besitzt $\mathfrak{G}$ also maximale Elemente, und dies sind genau die Gebiete, auf die sich $\tilde{F}$ maximal fortsetzen lässt. – Wie man im Anschluss an K. Weierstraß eine kanonische maximale komplex-analytische Fortsetzung von $\tilde{F}$ definieren kann, die allerdings nicht notwendigerweise auf einem Gebiet in $\mathbb{C}$ existiert, sondern auf einer zusammenhängenden Riemannschen Fläche über $\mathbb{C}$, wird in LdM 4, 1.C, Aufg. 13c) beschrieben.]

Aufgabe 6 (12.D, Aufg. 9) *Sei $f: \mathbb{C} \to \mathbb{C}$ komplex-analytisch.*

a) *Existiert $a := \lim\limits_{z \to \infty} f(z)$, so ist f konstant. Insbesondere ist f die Nullfunktion, wenn $\lim\limits_{z \to \infty} f(z) = 0$ ist.*

b) *Für ein $n \in \mathbb{N}$ und $z \to \infty$ gelte $|f(z)| = o(|z|^{n+1})$, d.h. $\lim\limits_{z \to \infty} f(z)/z^{n+1} = 0$. Dann ist f eine Polynomfunktion vom Grade $\leq n$. Für $n = 0$ folgt insbesondere der S a t z v o n L i o u v i l l e: Ist f beschränkt, so ist f konstant.*

Lösung a) Wir ersetzen f durch $f - a$ und haben dann nur noch den Spezialfall $a = 0$ zu behandeln. Nehmen wir nun an, f sei nicht konstant. Dann betrachten wir die Funktion

$h : \mathbb{R}_+ \to \mathbb{R}_+$ mit $h(r) := \mathrm{Max}\,\{\,|f(z)| \mid |z| = r\}$. Nach dem Maximumsprinzip 12.D.6 ist $h(r) = \mathrm{Max}\,\{\,|f(z)| \mid |z| \le r\}$. Insbesondere ist h monoton wachsend. Wegen $\lim\limits_{z \to \infty} f(z) = 0$, ist auch $\lim\limits_{r \to \infty} h(r) = 0$. Da h monoton wachsend ist, folgt $h \equiv 0$ und dann $f \equiv 0$. $\qquad\bullet$

Bemerkung Mit diesem Ergebnis erhält man den folgenden eleganten B e w e i s d e s F u n - d a m e n t a l s a t z e s d e r A l g e b r a 11.A.7: Sei $f = a_n z^n + \cdots + a_1 z + a_0$, $a_n \ne 0$, $n \ge 1$, ein nichtkonstantes Polynom ohne Nullstelle in $\mathbb{C}$. Dann ist der Kehrwert $g := 1/f$ analytisch auf $\mathbb{C}$, und wegen $g \sim 1/a_n z^n$ für $z \to \infty$ ist $\lim\limits_{z \to \infty} g(z) = 0$, also $g \equiv 0$. Widerspruch!

b) Sei $\sum\limits_{k=0}^{\infty} a_k z^k$ die Potenzreihenentwicklung von f um 0 und P die Polynomfunktion vom Grade $\le n$ mit $P(z) := \sum\limits_{k=0}^{n} a_k z^k$. (Nach Bemerkung 12.D.5 ist der Konvergenzradius der Potenzreihe $\sum_k a_k z^k$ gleich ∞. Sie stellt also f auf ganz $\mathbb{C}$ dar. Dieses Ergebnis wird hier aber nicht benötigt!) Dann ist die Funktion $g(z) := (f(z) - P(z))/z^{n+1}$ mit der Potenzreihenentwicklung $\sum\limits_{\ell=0}^{\infty} a_{n+\ell+1} z^\ell$ um 0 komplex-analytisch auf $\mathbb{C}$ und

$$\lim_{z \to \infty} g(z) = \lim_{z \to \infty} (f(z) - P(z))/z^{n+1} = \lim_{z \to \infty} f(z)/z^{n+1} - \lim_{z \to \infty} P(z)/z^{n+1} = 0 - 0 = 0\,,$$

also $g \equiv 0$ nach a) und folglich $f = P$. – Ist f beschränkt, so ist natürlich $\lim\limits_{z \to \infty} f(z)/z = 0$ und f ein Polynom vom Grad ≤ 0, d.h. eine Konstante. $\qquad\bullet$

Bemerkung Der Satz von Liouville lässt sich leicht verallgemeinern. Für die Konstanz der komplex-analytischen Funktion $f : \mathbb{C} \to \mathbb{C}$ genügt es z.B., dass ihre Werte in einer durch eine reelle Gerade definierten Halbebene von $\mathbb{C}$ liegen. Ist dies etwa die obere Halbebene $H = \{z \in \mathbb{C} \mid \mathrm{Im}\, z > 0\}$, so betrachtet man die Komposition $h := g \circ f$ von f mit der (analytischen) Funktion $g : H \to \mathrm{B}_{\mathbb{C}}(0\,;1)$, $g(z) = (z - \mathrm{i})/(z + \mathrm{i})$. Es ist $h(z) = \big(f(z) - \mathrm{i}\big)/\big(f(z) + \mathrm{i}\big)$. Nach dem Satz von Liouville ist h konstant und dann auch f. Sehr viel allgemeiner ist der so genannte K l e i n e S a t z v o n P i c a r d: *Eine komplex-analytische Funktion $f : \mathbb{C} \to \mathbb{C}$, die mehr als einen Wert nicht annimmt, ist konstant.* Auch dies folgt – wenn auch weniger offensichtlich – aus dem Satz von Liouville, vgl. hierzu LdM 4, Beispiel 17.A.5. Die komplexe e-Funktion $\exp : \mathbb{C} \to \mathbb{C}$ ist ein Beispiel einer komplex-analytischen Funktion $\mathbb{C} \to \mathbb{C}$, die genau einen Wert (nämlich 0) nicht annimmt.

12.E Exponentialfunktion · Kreis- und Hyperbelfunktionen

Aufgabe 1 (12.E, Teil von Aufg. 2) *Man gebe die Potenzreihenentwicklungen der Funktionen $\sin z$ und $\cos z$ um einen beliebigen Punkt $a \in \mathbb{C}$ an.*

Lösung Mit dem Additionstheorem von $\sin z$ erhält man

$$\sin z = \sin\big(a + (z - a)\big) = \sin a \,\cos(z - a) + \cos a \,\sin(z - a)$$

$$= \sum_{n=0}^{\infty} (-1)^n \Big(\frac{\sin a}{(2n)!}\,(z - a)^{2n} + \frac{\cos a}{(2n+1)!}\,(z - a)^{2n+1} \Big).$$

Mit dem Additionstheorem von $\cos z$ erhält man

$$\cos z = \cos\big(a + (z - a)\big) = \cos a \,\cos(z - a) - \sin a \,\sin(z - a) =$$

$$= \sum_{n=0}^{\infty} (-1)^n \Big(\frac{\cos a}{(2n)!}\,(z - a)^{2n} - \frac{\sin a}{(2n+1)!}\,(z - a)^{2n+1} \Big). \qquad\bullet$$

Mit den Additionstheoremen für die Hyperbelfunktionen $\sinh z$ und $\cosh z$ löse man analog die folgende Aufgabe:

‡**Aufgabe 2** (12.E, Aufg. 3) *Man gebe die Potenzreihenentwicklungen der Funktionen* $\sinh z$ *und* $\cosh z$ *um einen beliebigen Punkt* $a \in \mathbb{C}$ *an.*

Aufgabe 3 (12.E, Teil von Aufg. 4) *Man entwickle* $e^z \cos z$ *in eine Potenzreihe um* 0.

Lösung Mit Hilfe von $\cos z = (e^{iz} - e^{-iz})/2$ und $(1+i)^n = 2^{n/2}\big(\cos(\pi/4) + i\sin(\pi/4)\big)^n = 2^{n/2}\big(\cos(n\pi/4) + i\sin(n\pi/4)\big)$ sieht man

$$e^z \cos z = \frac{1}{2}\big(e^{iz} + e^{-iz}\big)e^z = \frac{1}{2}\big(e^{(1+i)z} + e^{(1-i)z}\big) = \frac{1}{2}\Big(\sum_{n=0}^{\infty} \frac{(1+i)^n}{n!} z^n + \sum_{n=0}^{\infty} \frac{(1-i)^n}{n!} z^n\Big)$$

$$= \sum_{n=0}^{\infty} \frac{(1+i)^n + (1-i)^n}{2\cdot n!} z^n = \sum_{n=0}^{\infty} \frac{\mathrm{Re}\big((1+i)^n\big)}{n!} z^n = \sum_{n=0}^{\infty} \frac{2^{n/2}\cos(n\pi/4)}{n!} z^n. \quad \bullet$$

‡**Aufgabe 4** *Man entwickle* $e^{-z}\sin z$ *in eine Potenzreihe um* 0.

Aufgabe 5 (12.E, Aufg. 6) *Für* $x, y \in \mathbb{C}$ *gilt*

$$\cos(x + iy) = \cos x \cosh y - i\sin x \sinh y,$$
$$\sin(x + iy) = \sin x \cosh y + i\cos x \sinh y.$$

Insbesondere sind damit für $z = x + iy$, $x, y \in \mathbb{R}$, *Real- und Imaginärteil von* $\cos z$ *und* $\sin z$ *beschrieben. Es folgt* $|\cos(x+iy)|^2 = \cos^2 x + \sinh^2 y$, $|\sin(x+iy)|^2 = \sin^2 x + \sinh^2 y$.

Lösung Sei $z := x + iy$. Unter Verwendung der Eulerschen Formel und von $1/i = -i$ sieht man

$$\cos z = \frac{e^{iz} + e^{-iz}}{2i} = \frac{e^{-y+ix} + e^{y-ix}}{2} = \frac{e^{-y}(\cos x + i\sin x) + e^y(\cos x - i\sin x)}{2}$$

$$= \frac{(e^{-y} + e^y)\cos x}{2} + \frac{(e^{-y} - e^y)i\sin x}{2} = \cos x \cosh y - i\sin x \sinh y.$$

$\cos z = \cos(x + iy)$ hat also den Realteil $\cos x \cosh y$ und den Imaginärteil $-\sin x \sinh y$.

$$\sin z = \frac{e^{iz} - e^{-iz}}{2i} = \frac{e^{-y+ix} - e^{y-ix}}{2i} = \frac{e^{-y}(\cos x + i\sin x) - e^y(\cos x - i\sin x)}{2i}$$

$$= \frac{(e^{-y} + e^y)\sin x}{2} + \frac{(e^{-y} - e^y)\cos x}{2i} = \sin x \cosh y + i\cos x \sinh y.$$

$\sin z = \sin(x + iy)$ hat also den Realteil $\sin x \cosh y$ und den Imaginärteil $\cos x \sinh y$.

Man könnte hier auch mit dem Additionstheoremen von Kosinus und Sinus schließen (unter Verwendung von $\cos(iy) = \cosh(-y) = \cosh y$ und $\sin(iy) = i\sinh y$). Beispielsweise ist

$$\cos z = \cos(x+iy) = \cos x \cos(iy) - \sin x \sin(iy) = \cos x \cosh y - i\sin x \sinh y,$$

Die Formeln für die Beträge ergeben sich mit dem Bewiesenen folgendermaßen:

$$|\cos(x+iy)|^2 = \cos^2 x \cosh^2 y + \sin^2 x \sinh^2 y$$
$$= \cos^2 x (\cosh^2 y - \sinh^2 y) + (\cos^2 x + \sin^2 x)\sinh^2 y = \cos^2 x + \sinh^2 y,$$
$$|\sin(x+iy)|^2 = \sin^2 x \cosh^2 y + \cos^2 x \sinh^2 y$$
$$= \sin^2 x (\cosh^2 y - \sinh^2 y) + (\sin^2 x + \cos^2 x)\sinh^2 y = \sin^2 x + \sinh^2 y, \quad \bullet$$

Man leite die folgenden Additionstheoreme der Hyperbelfunktionen aus dem Additionstheorem der *e*-Funktion her:

‡**Aufgabe 6** (12.E, Aufg. 7) *Für z, w ∈ ℂ gilt*

$$\cosh (z + w) = \cosh z \, \cosh w + \sinh z \, \sinh w \,,$$
$$\sinh (z + w) = \sinh z \, \cosh w + \cosh z \, \sinh w \,.$$

Aufgabe 7 (12.E, Teil von Aufg. 9) *Für z, w ∈ ℂ gilt*

$$\tan (z + w) = \frac{\tan z + \tan w}{1 - \tan z \, \tan w} \,, \qquad \cot (z + w) = \frac{\cot z \, \cot w - 1}{\cot z + \cot w} \,,$$

falls jeweils beide Seiten der betrachteten Formeln definiert sind.

Lösung Mit dem Additionstheoremen der der Funktionen sin und cos erhalten wir

$$\tan (z + w) = \frac{\sin (z + w)}{\cos (z + w)} = \frac{\sin z \, \cos w + \cos z \, \sin w}{\cos z \, \cos w - \sin z \, \sin w}$$

$$= \frac{\cos z \, \cos w \, (\tan z + \tan w)}{\cos z \, \cos w \, (1 - \tan z \, \tan w)} = \frac{\tan z + \tan w}{1 - \tan z \, \tan w} \,.$$

Ganz analog beweist man das Additionstheorem der Kotangensfunktion. ●

Aufgabe 8 (12.E, Aufg. 13) *Für alle x ∈ ℝ₊ ist $e^x - 1 \geq x e^{x/2}$.*

Lösung Für $n \geq 1$ gilt $n \leq 2^{n-1}$. Bei $n = 1$ sind beide Seiten nämlich gleich 1 und beim Schluss von n auf $n+1$ hat man $n + 1 \leq n + n = 2n \leq 2 \cdot 2^{n-1} = 2^n$. Daraus folgt nun $\frac{1}{n} \geq \frac{1}{2^{n-1}}$ und somit $\frac{x^n}{n!} \geq \frac{x^n}{2^{n-1}(n-1)!}$ wegen $x \geq 0$. Insgesamt ergibt sich so:

$$e^x - 1 = \sum_{n=0}^{\infty} \frac{x^n}{n!} - 1 = \sum_{n=1}^{\infty} \frac{x^n}{n!} \geq \sum_{n=1}^{\infty} \frac{x^n}{2^{n-1}(n-1)!} = \sum_{n=0}^{\infty} \frac{x^{n+1}}{2^n n!} = x \sum_{n=0}^{\infty} \frac{(x/2)^n}{n!} = x e^{x/2} \,. \quad ●$$

Aufgabe 9 (12.E, Aufg. 14) *Für alle x ∈ ℝ ist $1 - \cos x \leq x^2/2$.*

Lösung Für $|x| > 2$ ist $\frac{1}{2}x^2 > 2$ und somit $1 - \frac{1}{2}x^2 < -1$. Die Werte von $\cos x$ für $x \in ℝ$ sind aber wegen $\cos^2 x + \sin^2 x = 1$ alle ≥ -1. Wir haben also die Ungleichung nur noch im Fall $|x| \leq 2$ zu zeigen. In diesem Fall gilt aber für $m \geq 1$ erst recht $x^2 \leq (4m+1)(4m+2)$ und somit $1 - \frac{x^2}{(4m+1)(4m+2)} \geq 0$. Es folgt

$$\cos x = \sum_{k=0}^{\infty} (-1)^k \frac{x^{2k}}{(2k)!} = \sum_{m=0}^{\infty} \left(\frac{x^{4m}}{(4m)!} - \frac{x^{4m+2}}{(4m+2)!} \right)$$

$$= 1 - \frac{x^2}{2} + \sum_{m=1}^{\infty} \frac{x^{4m}}{(4m)!} \left(1 - \frac{x^2}{(4m+1)(4m+2)} \right) \geq 1 - \frac{x^2}{2} \,. \quad ●$$

Ähnlich löse man die folgende Aufgabe:

‡**Aufgabe 10** *Für alle x ∈ ℝ₊ ist $\sin x \geq x - x^3/6$.*

13 Differenzierbare Funktionen

13.A Rechenregeln

Aufgabe 1 *Man untersuche, ob die beiden Funktionen f, $g : \mathbb{R}_+ \to \mathbb{R}$ mit*

$$f(x) := \sqrt[3]{x^2} \quad bzw. \quad g(x) := \sqrt{x^3}$$

im Punkt 0 differenzierbar sind.

Lösung Für $x \to 0+$ konvergiert $\dfrac{f(x) - f(0)}{x - 0} = \dfrac{\sqrt[3]{x^2} - \sqrt[3]{0^2}}{x - 0} = \dfrac{1}{\sqrt[3]{x}}$ gegen ∞. Insbesondere

ist f in 0 nicht differenzierbar. – Für $x \to 0+$ konvergiert $\dfrac{g(x) - g(0)}{x - 0} = \dfrac{\sqrt{x^3} - \sqrt{0^3}}{x - 0} = \sqrt{x}$

gegen 0, d.h. g ist in 0 differenzierbar mit $g'(0) = 0$.   ●

Aufgabe 2 (13.A, Aufg. 6c)) *Die Funktion f sei in einer Umgebung von $a \in \mathbb{K}$ definiert und in a selbst differenzierbar. Man zeige:*

$$\lim_{\substack{h \to 0 \\ h \neq 0}} \frac{f(a+h) - f(a-h)}{2h} = f'(a) .$$

Lösung Es gilt

$$\lim_{\substack{h \to 0 \\ h \neq 0}} \frac{f(a+h) - f(a-h)}{2h} = \lim_{\substack{h \to 0 \\ h \neq 0}} \frac{f(a+h) - f(a) + f(a) - f(a-h)}{2h}$$

$$= \frac{1}{2} \left(\lim_{\substack{h \to 0 \\ h \neq 0}} \frac{f(a+h) - f(a)}{h} + \lim_{\substack{h \to 0 \\ h \neq 0}} \frac{f(a-h) - f(a)}{-h} \right) = \frac{1}{2} \big(f'(a) + f'(a) \big) = f'(a) . \quad ●$$

Bemerkung: Man beachte die Schlussrichtung. Der zu berechnende Limes kann existieren, ohne dass f in a differenzierbar ist. Ein Beispiel ist die Funktion $f(x) = |x|$ und $a = 0$.

Ganz ähnlich löse man die folgende Aufgabe:

‡**Aufgabe 3** (13.A, Aufg. 6d)) *Die Funktion f sei in einer Umgebung von $a \in \mathbb{K}$ definiert und in a selbst differenzierbar. Dann gilt:*

$$\lim_{\substack{x \to a \\ x \neq a}} \frac{x f(a) - a f(x)}{x - a} = f(a) - a f'(a) .$$

Aufgabe 4 (13.A, Aufg. 8) *Die Funktion $f : I \to \mathbb{K}$ sei im Punkt a des Intervalls $I \subseteq \mathbb{R}$ differenzierbar. Es seien (a_n) und (b_n) Folgen in I mit $a_n \leq a \leq b_n$ und $a_n < b_n$ für alle n sowie $\lim a_n = a = \lim b_n$. Dann gilt*

$$\lim_{n \to \infty} \frac{f(b_n) - f(a_n)}{b_n - a_n} = f'(a) .$$

Lösung Ist $a_n = a$ für unendlich viele n, so ist der Limes der zugehörigen Teilfolge gleich $f'(a)$. Entsprechendes gilt, wenn $b_n = b$ ist für unendlich viele n. Wir können also ohne

Weiteres $a_n < a < b_n$ für alle $n \in \mathbb{N}$ annehmen. Es gilt dann mit 4.D, Aufgabe 11

$$\text{Min} \left(\frac{f(a) - f(a_n)}{a - a_n}, \frac{f(b_n) - f(a)}{b_n - a} \right) \leq \frac{(f(a) - f(a_n)) + (f(b_n - f(a))}{(a - a_n) + (b_n - a)} =$$

$$= \frac{f(b_n) - f(a_n)}{b_n - a_n} \leq \text{Max} \left(\frac{f(a) - f(a_n)}{a - a_n}, \frac{f(b_n) - f(a)}{b_n - a} \right).$$

Wegen der Stetigkeit von Min und Max – man beachte $\text{Min}\,(x, y) = \frac{1}{2}(x + y - |y - x|)$ und $\text{Max}\,(x, y) = \frac{1}{2}(x + y + |y - x|)$ für $x, y \in \mathbb{R}$ – konvergieren das linke und das rechte Ende dieser Ungleichungskette jeweils gegen $f'(a)$. Nach dem Einschließungskriterium 4.E.8 gilt dies dann auch für die Folge $(f(b_n) - f(a_n))/(b_n - a_n)$, $n \in \mathbb{N}$.   •

Bemerkung Im Allgemeinen kann man auf die Bedingung, dass a zwischen a_n und b_n liegt, nicht verzichten. Beispiel? Ist f jedoch differenzierbar in einer Umgebung von a mit einer in a stetigen Ableitung, so genügt es, wenn (a_n) und (b_n) gegen a konvergieren und $a_n \neq b_n$ ist. Zum Beweis können wir annehmen, dass f auf I differenzierbar ist. Nach dem Mittelwertsatz 14.A.4 gibt es dann Stellen c_n zwischen a_n und b_n mit $f'(c_n) = (f(b_n) - f(a_n))/(b_n - a_n)$. Mit (a_n) und (b_n) konvergiert auch (c_n) gegen a, und wegen der Stetigkeit von f' in a gilt $\lim_n f'(c_n) = f'(a)$.

Aufgabe 5 (13.A, Aufg. 9a)) *Die Funktionen $f_1, \ldots, f_n$ seien in $a \in D$ differenzierbar. Dann gilt: Das Produkt $f_1 \cdots f_n$ ist ebenfalls in a differenzierbar, und es ist*

$$(f_1 \cdots f_n)'(a) = \sum_{i=1}^{n} (f_1 \cdots f_{i-1} f_i' f_{i+1} \cdots f_n)(a).$$

Lösung Wir verwenden Induktion über n. Für $n = 0$ steht links das leere Produkt, also die Konstante 1 mit der Ableitung 0, und rechts die leere Summe, also 0. Für $n = 1$ lautet die zu beweisende Gleichung einfach $f_1'(a) = f_1'(a)$, und für $n = 2$ handelt es sich um die gewöhnliche Produktregel. Beim Schluss von n auf $n+1$ wenden wir zunächst die Produktregel, also den Fall $n = 2$ der Behauptung, an und dann die Induktionsvoraussetzung. Dies liefert

$$(f_1 \cdots f_n \cdot f_{n+1})'(a) = (f_1 \cdots f_n)'(a) \cdot f_{n+1}(a) + (f_1 \cdots f_n)(a) \cdot f_{n+1}'(a)$$

$$= \left(\sum_{i=1}^{n} f_1 \cdots f_{i-1} f_i' f_{i+1} \cdots f_n \right)(a) \cdot f_{n+1}(a) + (f_1 \cdots f_n f_{n+1}')(a)$$

$$= \sum_{i=1}^{n+1} (f_1 \cdots f_{i-1} f_i' f_{i+1} \cdots f_{n+1})(a),$$

d.h. die Behauptung für $n+1$ statt n.   •

Aufgabe 6 (13.A, Aufg. 10) *Man zeige die folgenden Summenformeln, indem man die Ableitung der Polynomfunktion $(1+x)^n$ auf zweierlei Weise berechnet:*

$$\sum_{k=1}^{n} k \binom{n}{k} = n 2^{n-1},\ n \geq 1, \quad \text{und} \quad \sum_{k=1}^{n} (-1)^{k-1} k \binom{n}{k} = 0,\ n \geq 2.$$

Durch mehrmaliges Ableiten beweise man $\sum_{k=1}^{n} [k]_m \binom{n}{k} = [n]_m\, 2^{n-m}$ $(0 \leq m \leq n)$.

Lösung Mit dem Binomischen Lehrsatz 2.B.15 ist

$$n(1+x)^{n-1} = \left((1+x)^n \right)' = \left(\sum_{k=0}^{n} \binom{n}{k} x^k \right)' = \sum_{k=1}^{n} \binom{n}{k} k x^{k-1}.$$

Setzt man hierin $x = 1$ bzw. $x = -1$, so erhält man die angegebenen Summenformeln. m-maliges Differenzieren liefert entsprechend

$$\sum_{k=m}^{n} \binom{n}{k} [k]_m x^{k-m} = \left(\sum_{k=0}^{n} \binom{n}{k} x^k \right)^{(m)} = (1+x)^{(m)} = [n]_m (1+x)^{n-m}.$$

Setzt man hierin $x = 1$, so erhält man auch die letzte der angegebenen Summenformeln. •

Bemerkung Zu dieser Aufgabe vergleiche auch 2.B, Aufgabe 16 und die dazu angegebene Lösung. – Addiert man die Formeln für $m = 1$ und $m = 2$, so erhält man

$$\sum_{k=1}^{n} k^2 \binom{n}{k} = \sum_{k=1}^{n} k(k-1) \binom{n}{k} + \sum_{k=1}^{n} k \binom{n}{k} = n(n-1)2^{n-2} + n2^{n-1} = n(n+1)2^{n-2}.$$

Aufgabe 7 *Man finde Summenformeln für* $\sum_{k=1}^{n} kx^k$ *und* $\sum_{k=1}^{n} k^2 x^k$ *und berechne* $\sum_{k=1}^{n} \dfrac{k}{2^k}$ *und* $\sum_{k=1}^{n} \dfrac{k^2}{2^k}$.

Lösung Es ist

$$\sum_{k=1}^{n} kx^k = x \sum_{k=1}^{n} kx^{k-1} = x \left(\sum_{k=0}^{n} x^k \right)' = x \left(\frac{x^{n+1}-1}{x-1} \right)'$$

$$= x \frac{(n+1)x^n(x-1) - (x^{n+1}-1)}{(x-1)^2} = \frac{nx^{n+2} - (n+1)x^{n+1} + x}{(x-1)^2}.$$

Weiteres Differenzieren liefert

$$\sum_{k=1}^{n} k^2 x^{k-1} = \left(\frac{nx^{n+2} - (n+1)x^{n+1} + x}{(x-1)^2} \right)'$$

$$= \frac{(n^2+2n)x^{n+1} - (n+1)^2 x^n + 1)(x-1) - 2(nx^{n+2} - (n+1)x^{n+1} + x)}{(x-1)^3}$$

$$= \frac{n^2 x^{n+2} - (2n^2+2n-1)x^{n+1} + (n^2+2n+1)x^n - x - 1}{(x-1)^3},$$

also

$$\sum_{k=1}^{n} k^2 x^k = \frac{n^2 x^{n+3} - (2n^2+2n-1)x^{n+2} + (n^2+2n+1)x^{n+1} - x^2 - x}{(x-1)^3}.$$

Setzt man hierin $x = 1/2$, so erhält man

$$\sum_{k=1}^{n} \frac{k}{2^k} = \frac{\dfrac{n}{2^{n+2}} - \dfrac{n+1}{2^{n+1}} + \dfrac{1}{2}}{\left(1 - \dfrac{1}{2}\right)^2} = 2 - \frac{n+2}{2^n}, \qquad \sum_{k=1}^{n} \frac{k^2}{2^k} = 6 - \frac{n^2+4n+6}{2^n}. •$$

Aufgabe 8 (13.A, Aufg. 11b)) *Man berechne die Ableitung der Umkehrfunktion* f^{-1} *der (bijektiven) Funktion* $f : \mathbb{R} \to \mathbb{R}$ *mit* $f(x) := x^3 + 2x + 4$, $x \in \mathbb{R}$, *an der Stelle* $b = 1$.

Lösung Offenbar ist $f(-1) = 1$. Wegen $f'(x) = 3x^2+2$, also $f'(-1) = 5$, gilt

$$(f^{-1})'(1) = \frac{1}{f'(f^{-1}(1))} = \frac{1}{f'(-1)} = \frac{1}{5}.$$

Bemerkungen (1) Wir begründen noch, dass f bijektiv ist. Zunächst: f ist streng monoton wachsend als Summe der streng monoton wachsenden Funktionen x^3 und $2x$ sowie der Konstanten 4. Außerdem nimmt f für $x \to \infty$ beliebig große und für $x \to -\infty$ beliebig kleine Werte an und dann als stetige Funktion auch alle Zwischenwerte. $f : \mathbb{R} \to \mathbb{R}$ ist also auch surjektiv.

(2) Man kann nun auch leicht höhere Ableitungen von f im Punkt 1 ausrechnen: Mit der Quotientenregel und der Kettenregel erhält man etwa

$$(f^{-1})''(x) = \left(\frac{1}{f'(f^{-1}(x))}\right)' = \frac{-f''(f^{-1}(x)) \cdot (f^{-1})'(x)}{(f'(f^{-1}(x)))^2}.$$

Wegen $f''(x) = 6x$ ergibt sich speziell $f''(f^{-1}(1)) = f''(-1) = -6$, also

$$(f^{-1})''(1) = \frac{-f''(f^{-1}(1)) \cdot (f^{-1})'(1)}{(f'(f^{-1}(1)))^2} = \frac{-(-6)\cdot\frac{1}{5}}{5^2} = \frac{6}{125}.$$

Ähnlich löse man die folgende Aufgabe:

‡**Aufgabe 9** *Man begründe, dass die Funktion* $f: \mathbb{R} \to \mathbb{R}$ *mit* $f(x) := x^3 + 3x + 1$, $x \in \mathbb{R}$, *bijektiv ist, und zeige* $(f^{-1})'(5) = 1/6$ *und* $(f^{-1})''(5) = -1/36$ *für die Umkehrfunktion* f^{-1} *von* f *im Punkt* $5 = f(1)$.

Aufgabe 10 (13.A, Aufg. 12a)) *Die Funktionen* f *und* g *seien in einer Umgebung von* 0 *definiert. Es gelte dort* $f(x)g(x) = x$ *sowie* $f(0) = g(0) = 0$. *Man begründe, dass* f *und* g *im Nullpunkt nicht beide differenzierbar sind.*

Lösung Wären f und g beide in 0 differenzierbar, so könnte man die Produktregel anwenden und erhielte den Widerspruch $1 = x'\big|_{x=0} = (f(x)g(x))'\big|_{x=0} = (f'(x)g(x) + f(x)g'(x))\big|_{x=0} = f'(0)g(0) + f(0)g'(0) = 0$ (wegen $f(0) = g(0) = 0$). •

Bemerkung Sind f und g überdies stetig in 0, so ist keine der Funktionen f und g in 0 differenzierbar. Existierte etwa $f'(0)$, so wäre nämlich $1 = \lim\limits_{x\to 0,\, x\neq 0} \dfrac{f(x)g(x)}{x} = f'(0)g(0) = 0$.

Aufgabe 11 (13.A, Aufg. 12b)) *Die Funktionen* f *und* g *seien in einer Umgebung von* 0 *definiert. f sei in* 0 *differenzierbar mit* $f(0) = f'(0) = 0$, *und es gelte* $g(f(x)) = x$ *in einer Umgebung des Nullpunkts. Man begründe, dass* g *dann in* 0 *nicht differenzierbar ist.*

Lösung Wäre auch g in 0 differenzierbar, so könnte man die Kettenregel anwenden und erhielte den Widerspruch $1 = x'\big|_{x=0} = g(f(x))'\big|_{x=0} = g'(f(0)) \cdot f'(0) = g(0) \cdot 0 = 0$. •

13.B Differenziation analytischer Funktionen · Höhere Ableitungen

Aufgabe 1 (13.B, Aufg. 2) *Die Funktionen* f *und* g *seien n-mal differenzierbar. Dann gilt die Leibniz-Regel*

$$(fg)^{(n)} = \sum_{k=0}^{n} \binom{n}{k} f^{(n-k)} g^{(k)}.$$

Lösung Für $n = 0$ sind $(fg)^{(0)} = fg$ und $\sum_{k=0}^{0} \binom{0}{k} f^{(0-k)} g^{(k)} = fg$ gleich. Beim Schluss von n auf $n+1$ verwenden wir zunächst die Induktionsvoraussetzung und die gewöhnliche Produktregel, machen dann in der zweiten Summe einen Indexwechsel und benutzen zum Schluss die Formel (4) aus 2.B.9:

$$(fg)^{(n+1)} = ((fg)^{(n)})' = \sum_{k=0}^{n} \binom{n}{k}(f^{(n-k)}g^{(k)})' = \sum_{k=0}^{n} \binom{n}{k}f^{(n-k+1)}g^{(k)} + \sum_{k=0}^{n} \binom{n}{k}f^{(n-k)}g^{(k+1)}$$

$$= \sum_{k=0}^{n} \binom{n}{k}f^{(n-k+1)}g^{(k)} + \sum_{k=1}^{n+1} \binom{n}{k-1}f^{(n-k+1)}g^{(k)} =$$

$$= \binom{n}{0} f^{(n+1)} g^{(0)} + \sum_{k=1}^{n} \left(\binom{n}{k} + \binom{n}{k-1} \right) f^{(n-k+1)} g^{(k)} + \binom{n}{n} f g^{(n+1)}$$

$$= \binom{n+1}{0} f^{(n+1)} g^{(0)} + \sum_{k=1}^{n} \binom{n+1}{k} f^{(n-k+1)} g^{(k)} + \binom{n+1}{n+1} f g^{(n+1)} = \sum_{k=0}^{n+1} \binom{n+1}{k} f^{(n+1-k)} g^{(k)}. \bullet$$

Bemerkung Für n-mal differenzierbare Funktionen $f_1, \ldots, f_r$ gilt (analog zum Polynomial-satz statt des Binomialsatzes) die A l l g e m e i n e   L e i b n i z - R e g e l: Es ist $(f_1 \ldots f_r)^{(n)} = \sum_{m \in \mathbb{N}^r, |m|=n} \binom{m}{n} f^{(m)}$ mit $f^{(m)} := f_1^{(m_1)} \cdots f_r^{(m_r)}$ und $|m| = m_1 + \cdots + m_r$ für $m = (m_1, \ldots, m_r)$.

Aufgabe 2 (13.B, Aufg. 3) *Die Funktionen f und g seien n-mal differenzierbar. Dann gilt*

$$fg^{(n)} = \sum_{k=0}^{n} (-1)^k \binom{n}{k} \left(f^{(k)} g \right)^{(n-k)} .$$

Lösung Wir verwenden Induktion über n. Für $n = 0$ sind $fg^{(0)} = fg$ und die rechte Seite $\sum_{k=0}^{0} (-1)^k \binom{0}{k} \left(f^{(k)} g \right)^{(0-k)} = fg$ gleich. Beim Schluss von n auf $n+1$ liefert die gewöhnliche Produktregel $\left(fg^{(n)} \right)' = f' g^{(n)} + fg^{(n+1)}$, d.h. $fg^{(n+1)} = \left(fg^{(n)} \right)' - f' g^{(n)}$. Wir wenden nun die Induktionsvoraussetzung auf f, g sowie auf f', g an, machen dann in der zweiten Summe einen Indexwechsel und benutzen zum Schluss die Formel (4) aus 2.B.9:

$$fg^{(n+1)} = \left(fg^{(n)} \right)' - f' g^{(n)} = \sum_{k=0}^{n} (-1)^k \binom{n}{k} \left(f^{(k)} g \right)^{(n-k+1)} - \sum_{k=0}^{n} (-1)^k \binom{n}{k} \left(f^{(k+1)} g \right)^{(n-k)}$$

$$= \sum_{k=0}^{n} (-1)^k \binom{n}{k} \left(f^{(k)} g \right)^{(n-k+1)} - \sum_{k=1}^{n+1} (-1)^{k-1} \binom{n}{k-1} \left(f^{(k)} g \right)^{(n-(k-1))}$$

$$= \binom{n}{0} \left(f^{(0)} g \right)^{(n+1)} + \sum_{k=1}^{n} (-1)^k \left(\binom{n}{k} + \binom{n}{k-1} \right) \left(f^{(k)} g \right)^{(n-k+1)} - (-1)^n \binom{n}{n} f^{(n+1)} g$$

$$= \binom{n+1}{0} \left(f^{(0)} g \right)^{(n+1)} + \sum_{k=1}^{n} (-1)^k \binom{n+1}{k} \left(f^{(k)} g \right)^{(n-k+1)} + (-1)^{n+1} \binom{n+1}{n+1} f^{(n+1)} g$$

$$= \sum_{k=0}^{n+1} \binom{n+1}{k} \left(f^{(k)} g \right)^{(n-k+1)} . \qquad \bullet$$

Aufgabe 3 (13.B, Teil von Aufg. 7c)) *Man berechne* $\sum_{n=1}^{\infty} \dfrac{n^2}{2^n}$.

Lösung Zunächst folgt aus $\sum_{n=0}^{\infty} x^n = \dfrac{1}{1-x}$ für $|x| < 1$ durch gliedweises Differenzieren der Potenzreihe (vgl. Satz 13.B.1) $\sum_{n=1}^{\infty} nx^n = x \sum_{n=1}^{\infty} nx^{n-1} = x \left(\sum_{n=0}^{\infty} x^n \right)' = x \left(\dfrac{1}{1-x} \right)' = \dfrac{x}{(1-x)^2}$.
Daraus erhält man in analoger Weise:

$$\sum_{n=1}^{\infty} n^2 x^n = x \sum_{n=1}^{\infty} n^2 x^{n-1} = x \left(\sum_{n=1}^{\infty} nx^n \right)' = x \left(\dfrac{x}{(1-x)^2} \right)' = x \dfrac{(1-x)^2 + 2x(1-x)}{(1-x)^4} = \dfrac{x(1+x)}{(1-x)^3} .$$

Setzt man hierin $x = 1/2$, so ergibt sich $\sum_{n=1}^{\infty} \dfrac{n^2}{2^n} = 6$. (Vgl. auch 13.A, Aufgabe 7) $\bullet$

Aufgabe 4 *Man berechne* $\displaystyle\sum_{n=1}^{\infty} \frac{2^n n^2}{(n-1)!}$.

Lösung Zunächst gilt $\displaystyle\sum_{n=0}^{\infty} \frac{n+1}{n!} x^n = x \sum_{n=1}^{\infty} \frac{n x^{n-1}}{n!} + \sum_{n=0}^{\infty} \frac{x^n}{n!} = x e^x + e^x$ und damit

$$\sum_{n=1}^{\infty} \frac{n^2}{(n-1)!} x^n = x \sum_{n=0}^{\infty} \frac{(n+1)^2}{n!} x^n = x \Big(\sum_{n=0}^{\infty} \frac{(n+1)x^{n+1}}{n!} \Big)' = x(x^2 e^x + x e^x)' = e^x (x^3 + 3x^2 + x).$$

Setzt man hierin $x = 2$, so folgt $\displaystyle\sum_{n=1}^{\infty} \frac{2^n n^2}{(n-1)!} = 22 e^2$. •

Aufgabe 5 *Für* $n \in \mathbb{N}^*$ *gebe man die n-te Ableitung der Funktion* $f : \mathbb{R} - \{1\} \to \mathbb{R},\ x \mapsto \dfrac{1+x}{1-x}$,
an und beweise die angegebene Formel auch durch vollständige Induktion.

Lösung Es ist $\dfrac{1+x}{1-x} = \dfrac{2 + (x-1)}{1-x} = \dfrac{2}{1-x} - 1$, also $\Big(\dfrac{1+x}{1-x} \Big)^{(n)} = 2 \Big(\dfrac{1}{1-x} \Big)^{(n)} = \dfrac{2 n!}{(1-x)^{n+1}}$
für $n \in \mathbb{N}^*$. Beim Beweis durch Induktion ergibt sich der Schluss von n auf $n+1$ aus

$$\Big(\frac{1+x}{1-x} \Big)^{(n+1)} = \Big(\Big(\frac{1+x}{1-x} \Big)^{(n)} \Big)' = \Big(\frac{2 n!}{(1-x)^{n+1}} \Big)' = -(n+1) \frac{2 n! (-1)}{(1-x)^{n+2}} = \frac{2 (n+1)!}{(1-x)^{n+2}}. \quad •$$

13.C Beispiele spezieller Funktionen

Aufgabe 1 (vgl. 13.C, Aufg. 1) *Man berechne die Ableitungen der folgenden Funktionen (wobei die Definitionsbereiche jeweils geeignet zu wählen sind):*

$$\sqrt[3]{1+x^2} + \frac{x}{\sqrt{1+x^4}}, \quad 3^x + \sqrt{1 + 2\tan^2 x}, \quad \frac{\sin x \,\ln x}{\sqrt{\cosh^2 x + x^2}}.$$

Lösung $\quad \Big(\sqrt[3]{1+x^2} + \dfrac{x}{\sqrt{1+x^4}} \Big)' = \dfrac{2x}{3 \sqrt[3]{1+x^2}^2} + \dfrac{1}{\sqrt{1+x^4}} - \dfrac{2x^4}{\sqrt{1+x^4}^3}$,

$$\Big(3^x + \sqrt{1 + 2\tan^2 x} \Big)' = (\ln 3) \, 3^x + \frac{2\tan x \, (1 + \tan^2 x)}{\sqrt{1 + 2\tan^2 x}},$$

$$\Big(\frac{\sin x \,\ln x}{\sqrt{\cosh^2 x + x^2}} \Big)' = \frac{\big(\cos x \,\ln x + \frac{\sin x}{x} \big)\sqrt{\cosh^2 x + x^2} - \sin x \,\ln x \, \dfrac{2\cosh x \sinh x + 2x}{2\sqrt{\cosh^2 x + x^2}}}{\cosh^2 x + x^2}$$

$$= \frac{\big(\cos x \,\ln x + \frac{\sin x}{x} \big)(\cosh^2 x + x^2) - \sin x \,\ln x \,(\cosh x \sinh x + x)}{(\cosh^2 x + x^2)^{3/2}}. \quad •$$

‡**Aufgabe 2** (vgl. 13.C, Aufg. 1) *Man bestätige (jeweils für einen geeigneten Definitionsbereich) die folgenden Ableitungsformeln:*

$$\Big(\frac{1}{\sqrt[3]{2 + \cos(x^2)}} \Big)' = \frac{2x \sin(x^2)}{3 \sqrt[3]{(2 + \cos(x^2))^4}}, \quad \big(\ln (\tan^2 x + 1) \big)' = 2\tan x,$$

$$\Big(\sqrt[3]{\tan^2 x + 2^x} \Big)' = \frac{2\tan x \,(1 + \tan^2 x) + (\ln 2)\, 2^x}{3 \big(\sqrt[3]{\tan^2 x + 2^x} \,\big)^2},$$

$$\left(\frac{\cos x \, \sinh x}{\sqrt[3]{\ln x}}\right)' = \frac{-\sin x \, \sinh x + \cos x \, \cosh x}{\sqrt[3]{\ln x}} - \frac{\cos x \, \sinh x}{3x\left(\sqrt[3]{\ln x}\right)^4} \, .$$

Aufgabe 3 (13.C, Aufg. 2b)) *Die Funktionen* $f, g : \mathbb{R} \to \mathbb{R}$ *mit* $f(x) := x^2 \sin(1/x)$ *bzw.* $g(x) := x^2 \sin(1/x^2)$ *für* $x \neq 0$ *und* $f(0) = g(0) = 0$ *sind auf ganz* $\mathbb{R}$ *differenzierbar, aber* f' *und* g' *sind in* 0 *nicht stetig;* g' *hat dort sogar die Schwankung* ∞.

Lösung Es ist $f'(0) = \lim\limits_{x\to 0,\, x\neq 0} \dfrac{f(x) - f(0)}{x - 0} = \lim\limits_{x\to 0,\, x\neq 0} \dfrac{x^2 \sin(1/x)}{x} = \lim\limits_{x\to 0,\, x\neq 0} x \sin\dfrac{1}{x} = 0$ wegen $|\sin(1/x)| \leq 1$ und $\lim\limits_{x\to 0} x = 0$. Insbesondere ist f also in 0 differenzierbar. Für $x \neq 0$ gilt $f'(x) = 2x \sin(1/x) - \cos(1/x)$. Wäre nun f' stetig in 0, so wäre $0 = f'(0) = \lim\limits_{x\to 0} f'(x) = 2 \lim\limits_{x\to 0,\, x\neq 0} x \sin(1/x) - \lim\limits_{x\to 0,\, x\neq 0} \cos(1/x) = -\lim\limits_{x\to 0,\, x\neq 0} \cos(1/x)$ im Widerspruch dazu, dass die Kosinusfunktion für $x \to \infty$ und damit $\cos(1/x)$ für $x \to 0$ nicht gegen 0 konvergiert, sondern wegen der Periodizität von cos beispielsweise immer wieder den Wert 1 annimmt.

Ferner ist $g'(0) = \lim\limits_{x\to 0,\, x\neq 0} \dfrac{g(x) - g(0)}{x - 0} = \lim\limits_{x\to 0,\, x\neq 0} \dfrac{x^2 \sin(1/x^2)}{x} = \lim\limits_{x\to 0,\, x\neq 0} x \sin(1/x^2) = 0$ wegen $|\sin(1/x^2)| \leq 1$ und $\lim\limits_{x\to 0} x = 0$. Insbesondere ist g also in 0 differenzierbar. Für $x \neq 0$ gilt $g'(x) = 2x \sin(1/x^2) - (2/x)\cos(1/x^2)$. Wäre nun g' stetig in 0, so wäre $0 = g'(0) = \lim\limits_{x\to 0} g'(x) = 2\lim\limits_{x\to 0,\, x\neq 0} x\sin(1/x^2) - \lim\limits_{x\to 0,\, x\neq 0}(2/x)\cos(1/x^2) = -\lim\limits_{x\to 0,\, x\neq 0}(2/x)\cos(1/x^2)$ im Widerspruch dazu, dass $(2/x)\cos(1/x^2)$ etwa an den Stellen $1/\sqrt{2k\pi}$, $k \in \mathbb{N}^*$, die beliebig großen Werte $2\sqrt{2k\pi}$ und an den Stellen $1/\sqrt{(2k+1)\pi}$, $k \in \mathbb{N}^*$, die beliebig kleinen Werte $-2\sqrt{(2k+1)\pi}$ annimmt. g' ist daher in keiner Umgebung von 0 beschränkt und hat damit in 0 die Schwankung ∞. •

Aufgabe 4 (13.C, Aufg. 3) *Für* $a \in \mathbb{C} - \mathbb{R}_-$ *ist* $\lim\limits_{n\to\infty} n(\sqrt[n]{a} - 1) = \ln a = \lim\limits_{n\to\infty} n(\sqrt[n]{a} - \sqrt[n]{a^{-1}})/2$.

Lösung Wir verwenden die Definition der Ableitung von a^x in $x = 0$ und erhalten (vgl. auch 13.A, Aufgabe 2):

$$\lim\limits_{n\to\infty} n(\sqrt[n]{a} - 1) = \lim\limits_{n\to\infty} \frac{a^{1/n} - a^0}{\frac{1}{n} - 0} = \frac{d}{dx}(a^x)\Big|_{x=0} = (\ln a)\, a^x\Big|_{x=0} = \ln a \, ,$$

$$\lim\limits_{n\to\infty} n\frac{\sqrt[n]{a} - \sqrt[n]{a^{-1}}}{2} = \frac{1}{2}\left(\lim\limits_{n\to\infty} \frac{a^{1/n} - a^0}{\frac{1}{n} - 0} + \lim\limits_{n\to\infty} \frac{a^{-1/n} - a^0}{-\frac{1}{n} - 0}\right) = \frac{1}{2}\left(\frac{d}{dx}(a^x)\Big|_{x=0} + \frac{d}{dx}(a^x)\Big|_{x=0}\right)$$

$$= \frac{d}{dx}(a^x)\Big|_{x=0} = (\ln a)\, a^x\Big|_{x=0} = \ln a \, . \qquad \bullet$$

Aufgabe 5 *Man berechne* $\lim\limits_{n\to\infty} n^2(\cos(1/n) - 1)$.

Lösung Es gilt

$$\lim\limits_{n\to\infty} n^2\left(\cos\frac{1}{n} - 1\right) = \lim\limits_{n\to\infty} \frac{\cos\sqrt{1/n^2} - \cos\sqrt{0}}{(1/n^2) - 0} = (\cos\sqrt{x})'(0) = \left(\sum_{n=0}^{\infty} \frac{(-x)^n}{(2n)!}\right)'(0) = -\frac{1}{2}.$$

Alternativ: Für $x \in \mathbb{C}$, $x \to \infty$ gilt $x^2\left(\cos\dfrac{1}{x} - 1\right) = -\dfrac{1}{2} + \dfrac{1}{24 x^2} \mp \cdots \to -\dfrac{1}{2}$. •

Bei Potenzen und Logarithmen komplexer Zahlen hat man sehr sorgfältig auf die jeweiligen Definitionen zu achten. Ihre Werte hängen vom gewählten Zweig ab. Insbesondere hat man die gewohnten Rechenregeln für Potenzen und Logarithmen mit großer Vorsicht zu handhaben. Sie gelten nur eingeschränkt. In der Vergangenheit hat dies zu (eigentlich überflüssigen, teils heftigen) Debatten geführt. Die folgenden Aufgaben sollen das Problem ein wenig demonstrieren.

Aufgabe 6 (13.C, Teil von Aufg. 12) *Man berechne* i^i *und* $(i^i)^i$.

Lösung Es ist $\ln i = \ln|i| + i\operatorname{Arg}i = \ln 1 + i\pi/2 = i\pi/2$, also $i^i = e^{i\ln i} = e^{-\pi/2}$. Daraus folgt $\ln i^i = -\pi/2$, also $(i^i)^i = e^{i\ln i^i} = e^{-i\pi/2} = \cos(-\pi/2) + i\sin(-\pi/2) = -i$. (Dies ist gleich $i^{-1} = i^{i\cdot i}$, d.h. hier gilt die klassische Potenzrechenregel $(i^i)^i = i^{(i\cdot i)}$.) •

Aufgabe 7 (13.C, Teil von Aufg. 13) *Es ist* $((-1+i)^2)^i \neq (-1+i)^{2i}$.

Lösung Es ist $((-1+i)^2)^i = (-2i)^i = e^{i(\ln|-2i|-i\pi/2)} = e^{\pi/2}e^{i\ln 2}$, also $|((-1+i)^2)^i| = e^{\pi/2}$, aber $(-1+i)^{2i} = e^{2i(\ln|\sqrt{2}|+3i\pi/4)} = e^{-3\pi/2}e^{i\ln 2}$, also $|(-1+i)^{2i}| = e^{-3\pi/2} \neq e^{\pi/2}$. •

‡**Aufgabe 8** *Es ist* $i^{3+i} = -ie^{-\pi/2}$, $\ln i^{3+i} = -\dfrac{\pi}{2}(1+i)$, $(i^{3+i})^{1-i} = e^{-\pi}$, *aber* $i^{(3+i)(1-i)} = e^{\pi}$.

‡**Aufgabe 9** *Für* $z \in \mathbb{C} - \mathbb{R}_-$, $z \to 0$ *gilt* $\lim z^{\alpha} = \lim z^{\alpha}\ln z = 0$, *falls* $\operatorname{Re}\alpha > 0$, *sowie* $\lim z^z = 1$. (*Man betrachte* $|z^{\alpha}|$ *bzw.* $|z^{\alpha}\ln z|$ *und benutze* 11.C, *Aufgabe 1.*)

Aufgabe 10 (13.C, Aufg. 14a)) *Für* $a \in \mathbb{C} - \mathbb{R}_-$ *und* $n \in \mathbb{N}^*$ *gilt folgende Reihenentwicklung:* $\sqrt[n]{a} = \sum_{k=0}^{\infty} \dfrac{(\ln a)^k}{n^k k!}$. *Insbesondere ist* $\sqrt[n]{a} = \sum_{k=0}^{m} \dfrac{(\ln a)^k}{n^k k!} + O\left(\dfrac{1}{n^{m+1}}\right)$ *für* $n \to \infty$ *und jedes* $m \in \mathbb{N}$. *Für beliebige* $a_1, \ldots, a_p \in \mathbb{R}_+^{\times}$ $(p \in \mathbb{N}^*)$ *ist*

$$\lim_{n\to\infty}\left(\frac{\sqrt[n]{a_1} + \cdots + \sqrt[n]{a_p}}{p}\right)^n = \sqrt[p]{a_1 \cdots a_p}.$$

Lösung Für den Hauptwert der n-ten Wurzel gilt $\sqrt[n]{a} = \exp((\ln a)/n)$, da das Argument $\operatorname{Arg}((\ln a)/n)$ im Bereich $]-\pi/n, \pi/n[$ liegt. Mit der Exponentialreihe $\exp z = \sum_{k=0}^{\infty} z^k/k!$, vgl. Abschnitt 12.E, ergibt sich $\sqrt[n]{a} = \sum_{k=0}^{\infty} \dfrac{(\ln a)^k}{n^k k!} = \sum_{k=0}^{m} \dfrac{(\ln a)^k}{n^k k!} + \dfrac{1}{n^{m+1}} \sum_{k=m+1}^{\infty} \dfrac{(\ln a)^k}{n^{k-m-1}k!}$. Wegen

$$\left|\sum_{k=m+1}^{\infty} \frac{(\ln a)^k}{n^{k-m-1}k!}\right| \leq \sum_{k=m+1}^{\infty} \frac{|\ln a|^k}{k!} \leq \exp(|\ln a|) - 1 = \exp\left(((\ln|a|)^2 + (\operatorname{Arg}a)^2)^{1/2}\right) - 1$$

gilt die zweite Behauptung. Den Zusatz erhält man wegen der Stetigkeit von $\exp$ aus

$$\ln\left(\frac{\sqrt[n]{a_1} + \cdots + \sqrt[n]{a_p}}{p}\right)^n = n\ln\left(\frac{\sqrt[n]{a_1} + \cdots + \sqrt[n]{a_p}}{p}\right) =$$
$$= n\ln\left(1 + \frac{\ln a_1 + \cdots + \ln a_p}{pn} + O\left(\frac{1}{n^2}\right)\right) \xrightarrow{n\to\infty} \frac{\ln a_1 + \cdots + \ln a_p}{p} = \ln\sqrt[p]{a_1 \cdots a_p}.$$

Man benutzt dabei obige Formel für $m = 1$ und beachtet $\ln(1+w) = w + O(w^2)$ für $w \to 0$. •

Aufgabe 11 (13.C, Aufg. 14b)) *Für* $z \in \mathbb{C}$ *und* $n \in \mathbb{N}^*$ *mit* $|z| < n$ *gilt*

$$\left(1 + \frac{z}{n}\right)^n = e^z \exp\left(\sum_{k=1}^{\infty} \frac{(-1)^k z}{k+1}\left(\frac{z}{n}\right)^k\right) = e^z\left(1 - \frac{z^2}{2n} + \left(\frac{1}{3} + \frac{z}{8}\right)\frac{z^3}{n^2} - \left(\frac{1}{4} + \frac{z}{6} + \frac{z^2}{48}\right)\frac{z^4}{n^3} + O\left(\frac{1}{n^4}\right)\right),$$

wobei die letzte Gleichung für $n \to \infty$ *bei beschränktem* z *gilt. Man bestimme das nächste Glied dieser Entwicklung.*

Lösung Wegen $|z| < n$ ist $|z|/n < 1$ und $n\ln\left(1 + \dfrac{z}{n}\right) = -\sum_{k=1}^{\infty} \dfrac{(-z)^k}{kn^{k-1}}$, also $\left(1 + \dfrac{z}{n}\right)^n =$

$\left(\exp \ln \left(1+\frac{z}{n}\right)\right)^{n} = \exp \left(n \ln \left(1+\frac{z}{n}\right)\right) = e^{z} \exp \left(\sum_{k=1}^{\infty} \frac{(-1)^{k} z}{k+1} \left(\frac{z}{n}\right)^{k}\right)$. Wir betrachten hierin

$u := z/n$ als neue Variable und interpretieren den zweiten Faktor als Einsetzen der Potenzreihe

$f(u) := \sum_{k=1}^{\infty} a_{k} u^{k}$, $a_{k} := \frac{(-1)^{k} z}{k+1}$, in die Exponentialreihe. Dies ergibt die Reihe $\sum_{k=0}^{\infty} b_{k} u^{k} =$

$\sum_{k=0}^{\infty} b_{k} \frac{z^{k}}{n^{k}}$, wobei die b_{k} die folgende Rekursion erfüllen:

$$b_{0} = 1, \qquad (k+1) b_{k+1} = \sum_{\ell=0}^{k} (k-\ell+1) a_{k-\ell+1} b_{\ell} = z \sum_{\ell=0}^{k} (-1)^{k-\ell+1} \frac{k-\ell+1}{k-\ell+2} b_{\ell}.$$

Dies ergibt sich unmittelbar aus $\frac{d}{du} \exp\left(f(u)\right) = \frac{df}{du}(u) \cdot \exp\left(f(u)\right)$ durch Vergleich der

Koeffizienten in den Potenzreihenentwicklungen um 0. Bei beschränktem z und festem $k_{0} \in \mathbb{N}$

bleibt $n^{k_{0}+1} \sum_{k=k_{0}+1}^{\infty} b_{k} u^{k}$ beschränkt für $n \to \infty$, ist also gleich $O\left(1/n^{k_{0}+1}\right)$. Die Rekursion liefert

$$b_{0} = 1; \quad 1 \cdot b_{1} = z \cdot \left(-\frac{1}{2}\right), \quad b_{1} = -\frac{z}{2}; \quad 2 b_{2} = z \left(\frac{2}{3} - \frac{1}{2}\left(-\frac{z}{2}\right)\right), \quad b_{2} = z \left(\frac{1}{3} + \frac{z}{8}\right);$$

$$3 b_{3} = z \left(-\frac{3}{4} + \frac{2}{3}\left(-\frac{z}{2}\right) - \frac{z}{2}\left(\frac{1}{3} + \frac{z}{8}\right)\right), \quad b_{3} = -z \left(\frac{1}{4} + \frac{z}{6} + \frac{z^{2}}{48}\right);$$

$$4 b_{4} = z \left(\frac{4}{5} + \frac{3}{4} \cdot \frac{z}{2} + \frac{2z}{3}\left(\frac{1}{3} + \frac{z}{8}\right) + \frac{z}{2}\left(\frac{1}{4} + \frac{z}{6} + \frac{z^{2}}{48}\right)\right), \quad b_{4} = z \left(\frac{1}{5} + \frac{13z}{72} + \frac{z^{2}}{24} + \frac{z^{3}}{384}\right). \quad \bullet$$

Aufgabe 12 (13.C, Aufg.30) *Es ist* $\sum_{n=1}^{\infty} \frac{x^{n} + (1-x)^{n}}{n^{2}} = \zeta(2) - \ln x \ln(1-x)$, $0 < x < 1$.

Lösung Wir betrachten die Hilfsfunktion $h(x) := \sum_{n=1}^{\infty} \frac{x^{n}}{n^{2}} + \sum_{n=1}^{\infty} \frac{(1-x)^{n}}{n^{2}} + \ln x \ln(1-x)$ auf

$]0, 1[$. Gliedweises Differenzieren der Potenzreihen, deren Konvergenzkreise $B(0;1)$ bzw.

$B(1;1)$ beide das Intervall $]0, 1[$ umfassen, liefert mit den Reihen $\ln(1-x) = -\sum_{n=1}^{\infty} \frac{x^{n}}{n}$ und

$\ln x = \sum_{n=1}^{\infty} \frac{(-1)^{n-1}(x-1)^{n}}{n}$ dann $h'(x) = \sum_{n=1}^{\infty} \frac{x^{n-1}}{n} - \sum_{n=1}^{\infty} \frac{(1-x)^{n-1}}{n} + \frac{\ln(1-x)}{x} - \frac{\ln x}{1-x} = 0$.

Daher ist die Funktion h ein Konstante, die wir als Grenzwert von h für $x \to 0+$ bestimmen.

Wegen $\lim_{x \to 0+} \ln x \ln(1-x) = \lim_{x \to 0+} x \ln x \frac{\ln(1-x)}{x} = \lim_{x \to 0+} x \ln x \cdot \lim_{x \to 0+} \frac{\ln(1-x)}{x} = 0 \cdot (-1) = 0$,

vgl. 11.C, Aufgabe 1, ist aber $\lim_{x \to 0+} h(x) = \sum_{n=1}^{\infty} \frac{1}{n^{2}} = \zeta(2) = \frac{\pi^{2}}{6}$, vgl. etwa Beispiel 13.C.11. $\bullet$

Bemerkung Für $x = \frac{1}{2}$ erhalten wir $\sum_{n=1}^{\infty} \frac{1}{2^{n} n^{2}} = \frac{\zeta(2) - \ln^{2} 2}{2}$. Denselben Wert hat die Reihe

$\sum_{n=1}^{\infty} (-1)^{n-1} \frac{H_{n}}{n}$, vgl. Bemerkung (1) zu 12.C, Aufgabe 1. Hier können wir dies mit dem Abelschen

Grenzwertsatz 12.B.7 für $x \to -1$ und 6.A, Aufgabe 19 aus der Potenzreihenentwicklung

$$\frac{1}{2} \ln^{2}(1-x) = \sum_{n=1}^{\infty} \left(\frac{H_{n}}{n} - \frac{1}{n^{2}}\right) x^{n} = \sum_{n=2}^{\infty} \frac{H_{n-1}}{n} x^{n}$$

gewinnen. Zum **Beweis** dieser Entwicklung bemerken wir, dass beide Seiten die gleichen Ab-

leitungen $-\frac{\ln(1-x)}{1-x} = \sum_{n=1}^{\infty} H_{n} x^{n}$ sowie an der Stelle $x = 0$ den gleichen Wert 0 haben. $\bullet$

Für $x = \frac{1}{2}$ folgt $\sum_{n=1}^{\infty} \frac{1}{2^{n} n^{2}} = \sum_{n=1}^{\infty} \frac{H_{n}}{2^{n} n} - \frac{\ln^{2} 2}{2}$, womit sich noch $\sum_{n=1}^{\infty} \frac{H_{n}}{2^{n} n} = \frac{\zeta(2)}{2}$ ergibt.

14 Der Mittelwertsatz

14.A Der Mittelwertsatz

Aufgabe 1 (14.A, Aufg. 6) *Die Funktionen* $f : [a, b] \to \mathbb{R}$ *und* $g : [a, b] \to \mathbb{R}$ *seien stetig und in* $]a, b[$ *differenzierbar, und es sei* $f(a) = f(b) = 0$. *Für eine geeignete Stelle* $c \in]a, b[$ *gilt dann* $f'(c) = g'(c) f(c)$.

Lösung Die Hilfsfunktion $h(x) := f(x) e^{-g(x)}$ ist wie f und g in $[a, b]$ stetig und in $]a, b[$ differenzierbar. Sie verschwindet nach Voraussetzung in den Randpunkten des Intervalls $[a, b]$. Nach dem Satz von Rolle gibt es daher eine Nullstelle $c \in]a, b[$ von

$$h'(x) = f'(x) e^{-g(x)} - f(x) g'(x) e^{-g(x)} = \left(f'(x) - f(x) g'(x) \right) e^{-g(x)}.$$

Wegen $e^{-g(c)} \neq 0$ folgt $f'(c) - f(c) g'(c) = 0$.   ●

Aufgabe 2 (14.A, Aufg. 7b)) *Für alle* $x \in \mathbb{R}_+^\times$ *gilt* $\dfrac{1}{x+1} < \ln\left(1 + \dfrac{1}{x}\right) < \dfrac{1}{x}$.

Lösung Nach dem Mittelwertsatz gibt es zur Funktion $f(t) := \ln t$ ein $c \in]x, x+1[$ mit

$$\frac{1}{c} = f'(c) = \frac{f(x+1) - f(x)}{(x+1) - x} = \ln(x+1) - \ln x = \ln\frac{x+1}{x} = \ln\left(1 + \frac{1}{x}\right).$$

Wegen $x < c < x+1$ ergibt sich daraus die Behauptung.   ●

Aufgabe 3 *Man beweise für alle* $x \in \mathbb{R}_+^\times$ *die* Bernoullischen Ungleichungen

$$(1+x)^\alpha > 1 + \alpha x \quad bei \quad \alpha > 1 \quad und \quad (1+x)^\alpha < 1 + \alpha x \quad bei \quad 0 < \alpha < 1.$$

Lösung Nach dem Mittelwertsatz gibt es zur Funktion $f(t) := (1+t)^\alpha$ ein $c \in]0, x+1[$ mit

$$\alpha(1+c)^{\alpha-1} = f'(c) = \frac{f(x) - f(0)}{x - 0} = \frac{(1+x)^\alpha - 1}{x}, \quad \text{also} \quad (1+x)^\alpha = 1 + \alpha x (1+c)^{\alpha-1}.$$

Wegen $c > 0$ ist $1 + c > 1$ und somit $(1+c)^{\alpha-1} > 1$ bei $\alpha > 1$ und $(1+c)^{\alpha-1} = \dfrac{1}{(1+c)^{1-\alpha}} < 1$ bei $0 < \alpha < 1$. Daraus ergibt sich die Behauptung.   ●

Aufgabe 4 *Für alle* $x \in \mathbb{R}_+^\times$, $x \neq 1$ *gilt* $\ln x < x - 1$. *Es folgt* $x^e < e^x$ *für alle* $x \in \mathbb{R}_+^\times$, $x \neq e$.

Lösung Nach dem Mittelwertsatz ist $\ln x = \ln x - \ln 1 = (x-1) \ln' c = (x-1)/c < x - 1$ für ein c echt zwischen 1 und x. Für $x \in \mathbb{R}_+^\times - \{e\}$ folgt $\ln x - 1 = \ln(x/e) < x/e - 1$, also $e \ln x < x$ und somit $x^e = e^{e \ln x} < e^x$.   ●

Bemerkungen (1) Der Graph von $t_1(x) = x - 1$ ist die Tangente an den Graphen von $\ln x$ im Punkt $(1, 0)$. Die Aussage der Aufgabe ist daher ein Spezialfall des folgenden allgemeinen Satzes für konkave Funktionen, vgl. 14.C, Aufg. 9: *Ist* $f : I \to \mathbb{R}$ *eine differenzierbare Funktion mit monoton fallender Ableitung, so gilt* $f \leq t_a$ *auf dem Intervall* I *für jedes* $a \in I$, *wobei* $t_a(x) = f'(a)(x-a) + f(a)$ *die Gleichung der Tangente an den Graphen von* f *in* $(a, f(a))$ *ist. Ist* f' *streng monoton fallend, so gilt die Gleichheit* $f(x) = t_a(x)$ *nur für* $x = a$. Der **Beweis** ergibt sich daraus, dass die Funktion $f - t_a$ für $x \leq a$ monoton wachsend und für $x \geq a$ monoton fallend ist wegen $f' - t_a' = f' - f'(a) \geq 0$ für $x \leq a$ und $f' - t_a' \leq 0$ für $x \geq a$. Dabei gilt sogar die strenge Monotonie, wenn f' streng monoton fallend ist, vgl. Satz 14.A.15.   ●

(2) Für $x, y \in \mathbb{R}_+^{\times}$ ist die Bedingung $x^y < y^x$ äquivalent mit $\ln x^y = y \ln x < \ln y^x = x \ln y$, d.h. mit $(\ln x)/x < (\ln y)/y$. Der Funktion $f : \mathbb{R}_+^{\times} \to \mathbb{R}$, $f(x) := (\ln x)/x$, sind wir schon in Abschnitt 2.D, Aufgabe 22 begegnet. Wegen $f'(x) = (1 - \ln x)/x^2$ ist $f'(x) > 0$ für $x < e$ und $f'(x) < 0$ für $x > e$, und die Funktion f ist im Intervall $]0, e]$ streng monoton wachsend und im Intervall $[e, \infty[$ streng monoton fallend. Im Punkt e hat sie ihr globales Maximum mit dem Wert $(\ln e)/e = 1/e$. Für $x \in \mathbb{R}_+^{\times}$, $x \neq e$ ergibt sich also noch einmal $(\ln x)/x < 1/e$ und $x^e < e^x$. – Offenbar ist e die einzige Zahl $a \in \mathbb{R}_+^{\times}$ mit $x^a \leq a^x$ für alle $x \in \mathbb{R}_+^{\times}$.

‡**Aufgabe 5** *Durch Betrachten der Hilfsfunktion* $h(x) := \dfrac{2x}{1-x^2} - \ln \dfrac{1+x}{1-x}$ *beweise man für alle* $x \in [0, 1[$ *die Ungleichung* $\ln \dfrac{1+x}{1-x} \leq \dfrac{2x}{1-x^2}$.

‡**Aufgabe 6** (14.A, Aufg. 7e)) *Seien* $x, y \in \mathbb{R}$ *mit* $0 < x \leq y$. *Durch Betrachten der Hilfsfunktion* $f(x) := e^x \left(1 - (x/y)\right)^y$ *auf dem Intervall* $[0, y[$ *zeige man* $\left(1 - (x/y)\right)^y < e^{-x}$.

Aufgabe 7 (14.A, Aufg. 7g) *Für* $c > 1$ *ist die Funktion* $h : \mathbb{R} \to \mathbb{R}_+^{\times}$, $h(0) := \sqrt{c}$, $h(x) := \left(\dfrac{1+c^x}{2}\right)^{1/x}$, $x \neq 0$, *analytisch und streng monoton wachsend mit* $h(-\infty) := \lim\limits_{x \to -\infty} h(x) = 1$ *und* $h(\infty) := \lim\limits_{x \to \infty} h(x) = c$. *Man folgere: Für* $a, b \in \mathbb{R}_+^{\times}$, $a \neq b$, *ist die Funktion* $f : \mathbb{R} \to \mathbb{R}_+^{\times}$, $f(0) := \sqrt{ab}$, $f(x) = \left(\dfrac{a^x + b^x}{2}\right)^{1/x}$, $x \neq 0$, *analytisch und streng monoton wachsend mit* $f(-\infty) := \lim\limits_{x \to -\infty} f(x) = \mathrm{Min}\,(a, b)$ *und* $f(\infty) := \lim\limits_{x \to \infty} f(x) = \mathrm{Max}\,(a, b)$.

Lösung Der Zusatz folgt unmittelbar aus dem ersten Teil der Aufgabe: Wir können dafür nämlich $c := b/a > 1$ annehmen und haben dann für alle $x \neq 0$

$$\left(\frac{a^x + b^x}{2}\right)^{1/x} = \left(\frac{a^x(1 + (b/a)^x)}{2}\right)^{1/x} = a\left(\frac{1+c^x}{2}\right)^{1/x} = ah(x).$$

Statt h betrachten wir nun die Funktion $g : \mathbb{R} \to \mathbb{R}$ mit $g(x) := \ln h(x) = x^{-1} \ln\left((1+c^x)/2\right)$, $x \neq 0$, $g(0) := (\ln c)/2$, und haben zu zeigen, dass g analytisch ist und streng monoton wachsend mit $g(-\infty) = 0$ und $g(\infty) = \ln c$. Sicher ist g als Quotient der analytischen Funktionen $\ln\left((1+c^x)/2\right)$ und x auf $\mathbb{R}^{\times}$ analytisch. Da $\ln\left((1+c^x)/2\right)$ im Nullpunkt verschwindet, ist g auch noch in 0 analytisch, wenn $g(0)$ die Ableitung von $\ln\left((1+c^x)/2\right)$ in 0 ist. Es ist aber $\left(\ln\left((1+c^x)/2\right)\right)' = (c^x \ln c)/(1+c^x)$ mit dem Wert $(\ln c)/2$ an der Stelle 0. (Generell ist $g^{(n)}(0)$ der Wert von $\left(\ln\left((1+c^x)/2\right)\right)^{(n+1)}/(n+1)$ an der Stelle 0.)

Wir zeigen $g' > 0$ auf ganz $\mathbb{R}$, was das strenge Wachstum von g impliziert. $g'(0)$ ist der Wert von $\left(\ln\left((1+c^x)/2\right)\right)''/2 = c^x \ln^2 c / 2(1+c^x)^2$ an der Stelle 0, also $g'(0) = (\ln^2 c)/8 > 0$. Auch für $x \neq 0$ ist

$$g'(x) = \frac{c^x \ln c^x - (1+c^x) \ln\left((1+c^x)/2\right)}{x^2(1+c^x)} > 0\,.$$

Diese Ungleichung folgt aus $y \ln y > (1+y) \ln\left((1+y)/2\right)$ für $y \neq 1$, $y > 0$, was eine unmittelbare Konsequenz der strikten Konvexität der Funktion $\varphi : \mathbb{R}_+^{\times} \to \mathbb{R}$, $y \mapsto y \ln y$, ist, vgl. 14.C, Aufgabe 5b), sich aber auch direkt einsehen lässt: Mit dem Mittelwertsatz ist nämlich

$$\varphi\left(\frac{1+y}{2}\right) - \varphi(1) = \varphi'(c_1) \frac{y-1}{2} \quad \text{und} \quad \varphi(y) - \varphi\left(\frac{1+y}{2}\right) = \varphi'(c_2) \frac{y-1}{2}\,,$$

wobei c_1 und c_2 echt zwischen 1 und $(1+y)/2$ bzw. $(1+y)/2$ und y liegen. Es ist $\varphi'(y) = 1 + \ln y$. Bei $y > 1$ ist $\varphi'(c_1) < \varphi'(c_2)$, also $\varphi\left((1+y)/2\right) - \varphi(1) < \varphi(y) - \varphi\left((1+y)/2\right)$, und folglich

$$y \ln y = \varphi(y) = \left(\varphi\left(\frac{1+y}{2}\right) - \varphi(1)\right) + \left(\varphi(y) - \varphi\left(\frac{1+y}{2}\right)\right) > 2\left(\varphi\left(\frac{1+y}{2}\right) - \varphi(1)\right) = (1+y) \ln \frac{1+y}{2}.$$

Bei $y < 1$ ist $\varphi'(c_1) > \varphi'(c_2)$ und somit $\varphi'(c_1)\,(y-1)/2 < \varphi'(c_2)\,(y-1)/2$. Auch in diesem Fall erhält man also $y \ln y > (1+y) \ln\left((1+y)/2\right)$.

Wegen $c > 1$ ist $g(-\infty) = \lim\limits_{x \to -\infty} x^{-1} \ln\left((1+c^x)/2\right) = 0$, da $\lim\limits_{x \to -\infty} \ln\left((1+c^x)/2\right) = \ln(1/2)$,

und $g(\infty) = \lim\limits_{x \to \infty} x^{-1} \ln\left((1+c^x)/2\right) = \ln c + \lim\limits_{x \to \infty} x^{-1} \ln\left((c^{-x}+1)/2\right) = \ln c.$ •

Bemerkung Bei $a, b \in \mathbb{R}_+^{\times}$, $a \neq b$, interpoliert die Funktion $f(x) = \left(\dfrac{a^x + b^x}{2}\right)^{1/x}$ der vorliegenden Aufgabe streng monoton wachsend zwischen $f(-\infty) = \mathrm{Min}\,(a, b)$, dem harmonischen Mittel $f(-1) = 2/(a^{-1}+b^{-1})$, dem geometrischen Mittel $f(0) = \sqrt{ab}$, dem arithmetischen Mittel $f(1) = (a+b)/2$ und $f(\infty) = \mathrm{Max}\,(a, b)$. Man diskutiere analog für $n \in \mathbb{N}^*$ und

$a_1, \dots, a_n \in \mathbb{R}_+^{\times}$ die Funktion $f(x) := \left(\dfrac{a_1^x + \cdots + a_n^x}{n}\right)^{1/x}$, $x \neq 0$, $f(0) := \sqrt[n]{a_1 \cdots a_n}$ oder

allgemeiner die Funktion $f(x) := (\lambda_1 a_1^x + \cdots + \lambda_n a_n^x)^{1/x}$, $x \neq 0$, $f(0) := a_1^{\lambda_1} \cdots a_n^{\lambda_n}$, wobei $(\lambda_1, \dots, \lambda_n) \in (\mathbb{R}_+^{\times})^n$ ein n-Tupel positiver Gewichte mit $\lambda_1 + \cdots + \lambda_n = 1$ ist.

Die folgenden Aufgaben sind Anwendungen der R e g e l n   v o n   d e   l'H ô p i t a l. Es sind dies die Sätze 14.A.11, 14.A.19 und die Ergebnisse von 14.A, Aufg. 11. Der Leser prüfe in jedem Einzelfall sorgfältig die Anwendbarkeit dieser Regeln.

Aufgabe 8 (vgl. 14.A, Aufg. 8) *Man bestimme die folgenden Grenzwerte* ($x \in \mathbb{R}$):

$$\lim_{x \to 0} \frac{x - \sin x}{x\,(1 - \cos x)}\ ;\qquad \lim_{x \to 1} \frac{\sqrt[3]{x^2} - 1}{\sqrt{x^3} - 1}\ ;\qquad \lim_{x \to 0}\left(\cot x - \frac{1}{x}\right).$$

Lösung (1) Bei ersten Grenzwert wenden wir die Regel von de l'Hôpital 14.A.11 dreimal an, bis der entstehende Grenzwert nicht mehr vom Typ 0/0 ist und mit den Grenzwertrechenregeln berechnet werden kann:

$$\lim_{x \to 0} \frac{x - \sin x}{x\,(1 - \cos x)} = \lim_{x \to 0} \frac{1 - \cos x}{1 - \cos x + x \sin x} = \lim_{x \to 0} \frac{\sin x}{2 \sin x + x \cos x}$$

$$= \lim_{x \to 0} \frac{\cos x}{3 \cos x - x \sin x} = \frac{1}{3}\,.$$ •

(2) Der zweite Grenzwert ist vom Typ 0/0 und ergibt sich direkt mir der Regel von de l'Hôpital:

$$\lim_{x \to 1} \frac{\sqrt[3]{x^2} - 1}{\sqrt{x^3} - 1} = \lim_{x \to 1} \frac{\frac{2}{3} x^{-1/3}}{\frac{3}{2} x^{1/2}} = \frac{\lim\limits_{x \to 1} \frac{2}{3} x^{-1/3}}{\lim\limits_{x \to 1} \frac{3}{2} x^{1/2}} = \frac{\frac{2}{3}}{\frac{3}{2}} = \frac{4}{9}\,.$$ •

(3) Beim letzten Grenzwert bringen wir die Differenz zunächst auf einen gemeinsamen Nenner, erhalten einen Limes vom Typ 0/0 und wenden dann die Regel von de l'Hôpital zweimal an:

$$\lim_{x \to 0}\left(\cot x - \frac{1}{x}\right) = \lim_{x \to 0} \frac{x \cos x - \sin x}{x \sin x} = \lim_{x \to 0} \frac{-x \sin x}{\sin x + x \cos x}$$

$$= \lim_{x \to 0} \frac{-\sin x - x \cos x}{2 \cos x - x \sin x} = \frac{0}{2} = 0\,.$$ •

Bemerkung Vielfach lassen sich solche Grenzwerte bestimmen, indem man Potenzreihenentwicklungen benutzt. Beispielsweise ist

$$\frac{x - \sin x}{x\,(1 - \cos x)} = \frac{\frac{1}{6} x^3 - \frac{1}{120} x^5 \pm \cdots}{\frac{1}{2} x^3 - \frac{1}{24} x^5 \pm \cdots} \xrightarrow{x \to 0} \frac{1}{3}\,.$$

‡**Aufgabe 9** (vgl. 14.A, Aufg. 8) *Man bestimme die folgenden Grenzwerte* $(x \in \mathbb{R})$:

$$\lim_{x \to 1} \frac{\sqrt[4]{x}-1}{\sqrt[3]{x^4}-\sqrt[4]{x^3}}, \qquad \lim_{x \to 0} \frac{\cos x^2 - \cos x}{\sin^2 x}, \qquad \lim_{x \to 0} \Big(\frac{1}{\sin x} - \frac{1}{\sinh x}\Big).$$

Aufgabe 10 (vgl. 14.A, Aufg. 12) *Man berechne die folgenden Grenzwerte* $(x \in \mathbb{R})$:

$$\lim_{x \to \infty} x \ln\Big(1+\frac{a}{x}\Big), \quad \lim_{x \to \infty} \Big(1+\frac{a}{x}\Big)^x, \quad a \in \mathbb{C}; \qquad \lim_{x \to \infty} \Big(\frac{x+1}{x-1}\Big)^x; \qquad \lim_{\substack{x \to \pi/2 \\ x < \pi/2}} (\tan x)^{\cot x}.$$

Lösung (1) Wir schreiben den ersten Grenzwert als Quotienten vom Typ $0/0$ und verwenden dann die Regel von de l'Hôpital:

$$\lim_{x \to \infty} x \ln\Big(1+\frac{a}{x}\Big) = \lim_{x \to \infty} \frac{\ln(1+ax^{-1})}{x^{-1}} = \lim_{x \to \infty} \frac{-ax^{-2}}{(1+ax^{-1})(-x^{-2})} = \frac{a}{\lim\limits_{x \to \infty}(1+ax^{-1})} = \frac{a}{1} = a.$$

Oder: Für $|a/x| < 1$ ist $x \ln(1+a/x) = a - a^2/(2x) + a^3/(3x^2) \mp \cdots \to a$ für $x \to \infty$. •

(2) Für $|a/x| < 1$ ist definitionsgemäß $\big(1+(a/x)\big)^x = \exp\big(x \ln(1+a/x)\big)$. Wegen der Stetigkeit der Exponentialfunktion (in a) ergibt sich mit dem letzten Ergebnis $\lim\limits_{x \to \infty} \Big(1+\dfrac{a}{x}\Big)^x = e^a$. •

(3) Beim dritten Grenzwert schreiben wir $\Big(\dfrac{x+1}{x-1}\Big)^x = \Big(1+\dfrac{2}{x-1}\Big)^{x-1}\Big(1+\dfrac{2}{x-1}\Big)$ und

erhalten mit (2) $\lim\limits_{x \to \infty} \Big(\dfrac{x+1}{x-1}\Big)^x = e^2$. •

(4) Beim letzten Grenzwert sieht man mit der Regel von de l'Hôpital

$$\lim_{\substack{x \to \pi/2 \\ x < \pi/2}} \cot x \, \ln(\tan x) = \lim_{\substack{x \to \pi/2 \\ x < \pi/2}} \frac{\ln(\tan x)}{\tan x} = \lim_{\substack{x \to \pi/2 \\ x < \pi/2}} \frac{\tan' x \cdot (1/\tan x)}{\tan' x} = \lim_{\substack{x \to \pi/2 \\ x < \pi/2}} \cot x = 0.$$

Die Stetigkeit der e-Funktion in $x = 0$ liefert dann

$$\lim_{x \to \pi/2,\, x < \pi/2} (\tan x)^{\cot x} = \lim_{x \to \pi/2,\, x < \pi/2} \exp\big(\cot x \, \ln(\tan x)\big) = \exp(0) = 1.$$ •

Ähnlich berechne man die folgenden Grenzwerte (x läuft dabei wieder in $\mathbb{R}$):

‡**Aufgabe 11** (vgl. 14.A, Aufg. 12) $\quad \lim\limits_{x \to \infty} x^2\Big(\ln\Big(1+\dfrac{1}{x}\Big)-\dfrac{1}{x}\Big); \quad \lim\limits_{x \to 0} \Big(\dfrac{\cos x}{\cosh x}\Big)^{1/x^2}.$

Aufgabe 12 (14.A, Aufg. 19) *Die Funktion* $f : [a,b] \to \mathbb{R}$ *sei differenzierbar. Es sei* $f(a) = 0$, *und für alle* $x \in [a,b]$ *gelte* $f'(x) \le \lambda f(x)$ *mit einem festen* $\lambda \in \mathbb{R}_+$. *Dann ist* $f(x) \le 0$ *für alle* $x \in [a,b]$.

Lösung Wir betrachten die Hilfsfunktion $h(x) := e^{-\lambda x} f(x)$. h ist monoton fallend wegen $h'(x) = -\lambda e^{-\lambda x} f(x) + e^{-\lambda x} f'(x) = e^{-\lambda x}\big(f'(x) - \lambda f(x)\big) \le 0$. Da $h(a) := e^{-\lambda a} f(a) = 0$ ist, ist $h(x) \le 0$ im ganzen Intervall $[a,b]$. Es folgt $f(x) \le 0$ für alle $x \in [a,b]$. •

Aufgabe 13 (14.A, Aufg. 20) *Die Funktion* $f : [a,b] \to \mathbb{R}$ *sei differenzierbar, und es gelte* $|f'(x)| \le \lambda |f(x)|$ *für alle* $x \in [a,b]$ *mit einem festen* $\lambda \in \mathbb{R}_+$. *Ist dann* $f(x_0) = 0$ *für ein* $x_0 \in [a,b]$, *so ist* $f(x) = 0$ *für alle* $x \in [a,b]$. (L e m m a v o n G r o n w a l l)

Lösung Sei $x_1 \in [a,b]$. Es ist zu zeigen, dass $f(x_1) = 0$ ist. Dazu betrachten wir die Hilfsfunktion $h : [0,1] \to \mathbb{R}$, $t \mapsto f\big(x_0 + t(x_1 - x_0)\big)$. Dann ist $h(0) = f(x_0) = 0$ und

$h(1) = f(x_1)$. Ferner ist h differenzierbar mit $|h'(t)| = |x_1 - x_0| |f'(x_0 + t(x_1 - x_0))| \leq$ $|x_1 - x_0| \lambda |f(x_0 + t(x_1 - x_0))| = \tilde{\lambda} |h(t)|$, $\tilde{\lambda} := |x_1 - x_0| \lambda \in \mathbb{R}_+$. Wir haben $h(1) = 0$ zu zeigen. Wegen $(h^2)' = 2hh' \leq 2|h| |h'| \leq 2\tilde{\lambda} |h|^2 = 2\tilde{\lambda} h^2$ ist $h^2 \leq 0$ auf $[0, 1]$ nach Aufgabe 12. Zusammen mit $h^2 \geq 0$ ergibt sich $h^2 \equiv 0$ und damit $h \equiv 0$ auf ganz $[0, 1]$, wie gewünscht. •

Aufgabe 14 *Sei $a \in \mathbb{R}_+^\times$. Man untersuche die Funktion $f : \mathbb{R}_+^\times \to \mathbb{R}$ mit $f(x) := \sqrt{x} + a/\sqrt{x}$ auf lokale Extrema.*

Lösung Genau dann ist $f'(x) = \frac{1}{2}x^{-1/2} - \frac{1}{2}ax^{-3/2}$ gleich 0, wenn $1 - ax^{-1} = 0$ ist, d.h. wenn $x = a$ ist. Wegen $f''(x) = -\frac{1}{4}x^{-3/2} + \frac{3}{4}ax^{-5/2}$ ist $f''(a) = -\frac{1}{4}a^{-3/2} + \frac{3}{4}aa^{-5/2} = \frac{1}{2}a^{-3/2} > 0$, und $x = a$ ist eine Minimumstelle. •

Bemerkung Bereits nach der Ungleichung vom arithmetischen und geometrischen Mittel ist $f(x) \geq 2\sqrt{a}$ für alle $x \in \mathbb{R}_+^\times$, wobei das Gleichheitszeichen nur für $\sqrt{x} = a/\sqrt{x}$ gilt, d.h. für $x = a$. Wegen $\lim_{x \to 0} f(x) = \lim_{x \to \infty} f(x) = \infty$ gibt es kein globales Maximum. Die Ableitung f' zeigt, dass auch keine weiteren lokalen Extrema existieren. – Man betrachte auch die verwandte Funktion $g(x) := \frac{1}{2}(x + (a/x))$ auf $\mathbb{R}_+^\times$, deren Iterierte die Näherungen für $\sqrt{a}$ nach dem Babylonischen Wurzelziehen gemäß Beispiel 4.F.9 liefern.

Aufgabe 15 *Man zeige die Konvergenz der Binomialreihe $g(w) := \sum_{n=0}^{\infty} \binom{\alpha}{n} w^n$ für $|w| < 1$ gegen $(1+w)^\alpha$ durch Betrachten der Hilfsfunktion $h(w) := (1+w)^{-\alpha} g(w)$. (Vgl. Satz 13.C.6.)*

Lösung Bei $\alpha \in \mathbb{N}$ ist die Binomialreihe ein Polynom. Ist $\alpha \notin \mathbb{N}$, so konvergiert sie nach dem Quotientenkriterium auf $B(0; 1)$ wegen $\binom{\alpha}{n+1} w^{n+1} / \binom{\alpha}{n} w^n = (\alpha - n)w/(n+1) \xrightarrow{n \to \infty} -w$ für $w \neq 0$ und lässt sich dort nach Satz 13.B.1 gliedweise differenzieren. Es ist $h(0) = 1$. Daher genügt es zu zeigen, dass $h'(w)$ für alle w mit $|w| < 1$ verschwindet und $h(w)$ somit nach Korollar 14.A.6 konstant gleich $h(0) = 1$ ist. Mit der Produktregel und 2.B, Aufgabe 4 ergibt sich aber

$$h'(w) = \left((1+w)^{-\alpha} \sum_{n=0}^{\infty} \binom{\alpha}{n} w^n\right)' = -\alpha(1+w)^{-\alpha-1} \sum_{n=0}^{\infty} \binom{\alpha}{n} w^n + (1+w)^{-\alpha} \sum_{n=1}^{\infty} n \binom{\alpha}{n} w^{n-1}$$

$$= (1+w)^{-\alpha-1} \left(\sum_{n=0}^{\infty} -\alpha \binom{\alpha}{n} w^n + \sum_{n=1}^{\infty} n \binom{\alpha}{n} w^{n-1} + \sum_{n=1}^{\infty} n \binom{\alpha}{n} w^n\right)$$

$$= (1+w)^{-\alpha-1} \sum_{n=0}^{\infty} \left(-\alpha \binom{\alpha}{n} + (n+1) \binom{\alpha}{n+1} + n \binom{\alpha}{n}\right) w^n = 0. \qquad •$$

Für die nächste Aufgabe erinnern wir an die Definition der e l e m e n t a r s y m m e t r i s c h e n F u n k t i o n e n $S_N(x_1, \ldots, x_n)$, $N \in \mathbb{N}$, $x_1, \ldots, x_n \in \mathbb{K}$, vgl. Beispiel 13.C.11. S_N ist der Koeffizient von t^N im Polynom $F_n(t) := (1 + x_1 t) \cdots (1 + x_n t)$ aus $\mathbb{K}[t]$, also

$$S_N(x_1, \ldots, x_n) = \sum_{1 \leq i_1 < \cdots < i_N \leq n} x_{i_1} \cdots x_{i_N}.$$

Bei $n, N \geq 1$ gilt wegen $F_n(t) = F_{n-1}(t)(1 + x_n t) = F_{n-1}(t) + x_n t F_{n-1}(t)$ die Gleichung

$$S_N(x_1, \ldots, x_n) = S_N(x_1, \ldots, x_{n-1}) + x_n S_{N-1}(x_1, \ldots, x_{n-1}).$$

Aufgabe 16 (vgl. 14.A, Aufg. 23) *Für $x_1, \ldots, x_n \in \mathbb{R}_+$ ($n \in \mathbb{N}^*$) und jedes N mit $0 \leq N \leq n$ gilt*

$$\binom{n}{N}(x_1 \cdots x_n)^{N/n} \leq S_N(x_1, \ldots, x_n) \leq \binom{n}{N}\left(\frac{x_1 + \cdots + x_n}{n}\right)^N.$$

Jeder Koeffizient des Polynoms $(1 + x_1 t) \cdots (1 + x_n t)$ ist also höchstens so groß wie der entsprechende Koeffizient von $(1 + at)^n$, $a := (x_1 + \cdots + x_n)/n$, und mindestens so groß wie der entsprechende Koeffizient von $(1 + gt)^n$, $g := \sqrt[n]{x_1 \cdots x_n}$. Insbesondere ist dann auch

$(1 + g)^n \le (1 + x_1) \cdots (1 + x_n) \le (1 + a)^n$. *Das Gleichheitszeichen in der rechten Unglei-chung gilt bei $N \ge 2$ genau dann, wenn $x_1 = \cdots = x_n$ ist. In der linken Ungleichung gilt das Gleichheitszeichen bei $0 < N < n$ und $x_1 \cdots x_n > 0$ ebenfalls nur dann, wenn $x_1 = \cdots = x_n$ ist.*

Lösung Wir schließen durch Induktion über n. Bei $n = 1$ gilt ebenso wie für $N = 0$ überall das Gleichheitszeichen. Sei nun $n \ge 2$ und $N \ge 1$. Wir behandeln zunächst die rechte Ungleichung und können dabei gleich $N \ge 2$ annehmen. Die Induktionsvoraussetzung liefert

$$S_N(x_1, \ldots, x_n) = S_N(x_1, \ldots, x_{n-1}) + x_n S_{N-1}(x_1, \ldots, x_{n-1})$$
$$\le \binom{n-1}{N}\left(\frac{s - x_n}{n-1}\right)^N + x_n \binom{n-1}{N-1}\left(\frac{s - x_n}{n-1}\right)^{N-1},$$

wobei $s := x_1 + \cdots + x_n$ gesetzt wurde. Wir betrachten die rechte Seite dieser Ungleichung (bei festem $s > 0$) auf dem Intervall $[0, s]$ als Funktion von x_n. Diese Funktion ist nichtnegativ und verschwindet für $x_n = s$. Ihre Ableitung ist

$$\left(\frac{-N}{n-1}\binom{n-1}{N} + \binom{n-1}{N-1}\right)\left(\frac{s - x_n}{n-1}\right)^{N-1} - x_n \frac{N-1}{n-1}\binom{n-1}{N-1}\left(\frac{s - x_n}{n-1}\right)^{N-2}$$
$$= \left(\left(-\binom{n-2}{N-1} + \binom{n-1}{N-1}\right)\frac{s - x_n}{n-1} - x_n\binom{n-2}{N-2}\right)\left(\frac{s - x_n}{n-1}\right)^{N-2}$$
$$= \left(\binom{n-2}{N-2}\frac{s - x_n}{n-1} - x_n\binom{n-2}{N-2}\right)\left(\frac{s - x_n}{n-1}\right)^{N-2} = \binom{n-2}{N-2}\frac{s - nx_n}{n-1}\left(\frac{s - x_n}{n-1}\right)^{N-2}.$$

An der Stelle 0 ist sie positiv. Daher nimmt die betrachtete Funktion ihr Maximum im Inneren des Intervalls $[0, s]$ an. Die einzige Nullstelle der Ableitung in $]0, s[$ ist $x_n = s/n$. Somit liegt an dieser Stelle das globale Maximum mit dem Wert $\binom{n}{N}(s/n)^N = \binom{n}{N}a^N$ vor. Dies beweist die behauptete Ungleichung. Um die Aussage über die Gleichheit zu erhalten, können wir annehmen, dass $x_n > 0$ die größte Zahl unter den $x_1, \ldots, x_n$ ist. Gilt das Gleichheitszeichen, so ist nach dem Bewiesenen $x_n = s/n = a$. Dann gilt aber $x_1 = \cdots = x_n = a$.

Da g^N das geometrische Mittel der $x_{i_1} \cdots x_{i_N}$, $1 \le i_1 < \cdots < i_N \le n$, ist, folgt die linke Ungleichung aus der allgemeinen Ungleichung für das arithmetische und geometrische Mittel. Wir können aber auch wie oben vorgehen und dabei $0 < N < n$ und $p := g^n = x_1 \cdots x_n > 0$ annehmen. Die Induktionsvoraussetzung liefert

$$S_N(x_1, \ldots, x_n) = S_N(x_1, \ldots, x_{n-1}) + x_n S_{N-1}(x_1, \ldots, x_{n-1})$$
$$\ge \binom{n-1}{N}\left(\frac{p}{x_n}\right)^{N/(n-1)} + x_n \binom{n-1}{N-1}\left(\frac{p}{x_n}\right)^{(N-1)/(n-1)},$$

Wir betrachten die rechte Seite dieser Ungleichung wieder (bei festem p) auf $\mathbb{R}_+^\times$ als Funktion von x_n. Für $x_n \to 0$ und auch für $x_n \to \infty$ ist ihr Grenzwert offenbar ∞. Die Ableitung ist

$$-\frac{N}{n-1}\binom{n-1}{N}p^{N/(n-1)}x_n^{-(n+N-1)/(n-1)} + \frac{n-N}{n-1}\binom{n-1}{N-1}p^{(N-1)/(n-1)}x_n^{-(N-1)/(n-1)}$$
$$= \binom{n-2}{N-1}p^{(N-1)/(n-1)}x_n^{-(N-1)/(n-1)}\left(-p^{1/(n-1)}x_n^{-n/(n-1)} + 1\right)$$

mit der einzigen Nullstelle $p^{1/n} = g$. Der Funktionswert $\binom{n}{N}g^N$ an dieser Stelle ist notwendiger-weise das globale Minimum. Dies beweist die Ungleichung. Für den Gleichheitsfall können wir annehmen, dass $x_n > 0$ die größte Zahl unter den $x_1, \ldots, x_n$ ist. Gilt nun das Gleichheitszeichen, so ist nach dem Bewiesenen $x_n = p^{1/n} = g$. Dann ist aber $x_1 = \cdots = x_n = g$.   ●

Aufgabe 17 *Sei $f : [a, b] \to \mathbb{R}$, $a < b$, eine differenzierbare Funktion mit $f'(a) > 0$ und $f'(b) < 0$. Dann nimmt die Funktion f ihr Maximum im Inneren von $[a, b]$ an. Insbesondere gibt es ein c mit $a < c < b$ und $f'(c) = 0$.*

Lösung Wegen $f'(a) > 0$ gibt es ein $\varepsilon > 0$ mit $f(x) > f(a)$ für alle $x \in \,]a, a+\varepsilon[$. (Andernfalls wären die Differenzenquotienten $(f(x_n) - f(a))/(x_n - a) \leq 0$ für eine Folge $x_n > a$ mit $\lim x_n = a$.) Entsprechend gibt es wegen $f'(b) < 0$ ein $\varepsilon' > 0$ mit $f(x) > f(b)$ für alle $x \in \,]b - \varepsilon, b[$. Somit nimmt die Funktion f in keinem der beiden Randpunkte a bzw. b von $[a, b]$ ihr Maximum an; also muss dies im Inneren von $[a, b]$ liegen. ●

Bemerkung Aufgabe 17 liefert eine Beweisvariante für den S a t z v o n D a r b o u x 14.A.18, dass die Ableitung einer differenzierbaren reellwertigen Funktion dem Zwischenwertsatz genügt.

14.B Kreisfunktionen und ihre Umkehrfunktionen

Aufgabe 1 (14.B, Aufg. 4) **a)** *Die Funktion* $\sinh: \mathbb{R} \to \mathbb{R}$ *ist bijektiv, ihre Umkehrfunktion heißt* A r e a - S i n u s h y p e r b o l i c u s *und wird mit* Arsinh *bezeichnet.*

b) Arsinh *ist differenzierbar, und es gilt* $\text{Arsinh}'x = \dfrac{1}{\sqrt{1+x^2}}$.

c) Arsinh *ist analytisch, und es gilt* $\text{Arsinh}\,x = \sum\limits_{n=0}^{\infty} (-1)^n \dfrac{1 \cdot 3 \cdots (2n-1)}{2 \cdot 4 \cdots 2n} \dfrac{x^{2n+1}}{2n+1}$ *für* $|x| < 1$.

d) *Es ist* $\text{Arsinh}\,x = \ln\left(x + \sqrt{x^2+1}\right)$.

Lösung **a)** Wegen $\sinh'x = \cosh x = \sum\limits_{n=0}^{\infty} \dfrac{x^{2n}}{(2n)!} \geq 1 > 0$ für alle $x \in \mathbb{R}$ ist die Funktion $\sinh$ streng monoton wachsend. Nach dem Zwischenwertsatz nimmt sie wegen $\lim\limits_{x \to \infty} \sinh x = \infty$ und $\lim\limits_{x \to -\infty} \sinh x = -\infty$ alle reellen Werte als Zwischenwerte an, ist also bijektiv. ●

b) Wegen $\cosh^2 x - \sinh^2 x = 1$ und $\cosh x > 0$ für alle x ist $\cosh x = \sqrt{1 + \sinh^2 x}$, und die Ableitung der Umkehrfunktion Arsinh ist

$$\text{Arsinh}'x = \frac{1}{\sinh'(\text{Arsinh}\,x)} = \frac{1}{\cosh(\text{Arsinh}\,x)} = \frac{1}{\sqrt{1 + \sinh^2(\text{Arsinh}\,x)}} = \frac{1}{\sqrt{1+x^2}}. \quad ●$$

c) Arsinh ist analytisch als Umkehrfunktion der analytischen Funktion $\sinh$, deren Ableitung $\cosh$ nirgends verschwindet, vgl. Satz 12.D.10 und die anschließende Bemerkung. Die Potenzreihe von Arsinh x ergibt sich mit Korollar 13.B.2 aus der Binomialreihe $\text{Arsinh}'x = (1+x^2)^{-1/2} = \sum\limits_{n=0}^{\infty} \binom{-1/2}{n} x^{2n}$, vgl. 14.A, Aufgabe 15, und aus $\text{Arsinh}\,0 = 0$ (sowie mit 2.B, Aufgabe 2) zu

$$\text{Arsinh}\,x = \sum_{n=0}^{\infty} \binom{-\frac{1}{2}}{n} \frac{x^{2n+1}}{2n+1} = \sum_{n=0}^{\infty} (-1)^n \frac{1 \cdot 3 \cdots (2n-1)}{2 \cdot 4 \cdots 2n} \frac{x^{2n+1}}{2n+1}, \quad |x| < 1. \quad ●$$

d) Für die Hilfsfunktion $H : \mathbb{R} \to \mathbb{R}$ mit $H(x) := \text{Arsinh}\,x - \ln\left(x + \sqrt{1+x^2}\right)$ gilt

$$H'(x) := \text{Arsinh}'x - \frac{1}{x + \sqrt{1+x^2}}\left(1 + \frac{x}{\sqrt{1+x^2}}\right) = \frac{1}{\sqrt{1+x^2}} - \frac{\sqrt{1+x^2} + x}{(x + \sqrt{1+x^2})\sqrt{1+x^2}} = 0$$

und $H(0) = 0$. Daher ist H konstant gleich 0, was zu zeigen war. ●

‡**Aufgabe 2** (14.B, Aufg. 5) **a)** *Die Funktion* $\cosh: \mathbb{R}_+ \longrightarrow [1, \infty[$ *ist bijektiv, ihre Umkehrfunktion heißt* A r e a - K o s i n u s h y p e r b o l i c u s *und wird mit* Arcosh *bezeichnet.*

b) Arcosh *ist in* $]1, \infty[$ *differenzierbar, und es gilt dort* $\text{Arcosh}'x = 1/\sqrt{x^2 - 1}$.

c) Arcosh *ist analytisch in* $]1, \infty[$.

d) *Es ist* $\text{Arcosh}\,x = \ln\left(x + \sqrt{x^2 - 1}\right)$, $x > 1$.

Aufgabe 3 (14.B, Aufg. 6) **a)** *Die Funktion Tangens hyperbolicus* $\tanh : \mathbb{R} \to \,]-1, 1[$ *ist bijektiv, ihre Umkehrfunktion heißt* A r e a - T a n g e n s   h y p e r b o l i c u s *und wird mit* Artanh *bezeichnet.*

b) Artanh *ist differenzierbar, und es gilt* $\operatorname{Artanh}' x = \dfrac{1}{1-x^2}$.

c) Artanh *ist analytisch, und für* $|x| < 1$ *gilt* $\operatorname{Artanh} x = \displaystyle\sum_{n=0}^{\infty} \dfrac{x^{2n+1}}{2n+1}$.

d) *Es ist* $\operatorname{Artanh} x = \dfrac{1}{2} \ln \dfrac{1+x}{1-x}$.

Lösung a) Wegen $\tanh' x = \dfrac{1}{\cosh^2 x} > 0$ für alle $x \in \mathbb{R}$ ist die Funktion $\tanh$ streng monoton

wachsend. Nach dem Zwischenwertsatz nimmt sie wegen $\displaystyle\lim_{x\to\infty} \tanh x = \lim_{x\to\infty} \dfrac{e^x - e^{-x}}{e^x + e^{-x}} =$

$\displaystyle\lim_{x\to\infty} \dfrac{1 - e^{-2x}}{1 + e^{-2x}} = \dfrac{1}{1} = 1$ und $\displaystyle\lim_{x\to-\infty} \tanh x = \lim_{x\to-\infty} \dfrac{e^x - e^{-x}}{e^x + e^{-x}} = \lim_{x\to-\infty} \dfrac{e^{2x} - 1}{e^{2x} + 1} = \dfrac{-1}{1} = -1$ auch

alle Werte aus $]-1, 1[$ an, ist also bijektiv.   ●

b) Wegen $\tanh' x = 1 - \tanh^2 x$ ist die Ableitung der Umkehrfunktion $\operatorname{Artanh} : \,]-1, 1[\to \mathbb{R}$ gleich

$$\operatorname{Artanh}' x = \frac{1}{\tanh'(\operatorname{Artanh} x)} = \frac{1}{1 - \tanh^2(\operatorname{Artanh} x)} = \frac{1}{1-x^2} \, . \qquad ●$$

c) Als Umkehrfunktion der analytischen Funktion $\tanh$ mit der nirgends verschwindenden Ableitung $1/\cosh^2$ ist Artanh analytisch, vgl. Satz 12.D.10 und die anschließende Bemerkung. Die Potenzreihenentwicklung ergibt aich mit Korollar 13.B.2 aus der Potenzreihenentwicklung der

Ableitung $\operatorname{Artanh}' x = (1-x^2)^{-1} = \displaystyle\sum_{n=0}^{\infty} x^{2n}$ für $|x| < 1$ und aus $\operatorname{Artanh} 0 = 0$ zu

$$\operatorname{Artanh} x = \sum_{n=0}^{\infty} \frac{x^{2n+1}}{2n+1} \, , \qquad |x| < 1 \, . \qquad ●$$

d) Für die Hilfsfunktion $H : \,]-1, 1[\to \mathbb{R}$ mit $H(x) := \operatorname{Artanh} x - \dfrac{1}{2} \ln \dfrac{1+x}{1-x}$ gilt

$$H'(x) := \operatorname{Artanh}' x - \frac{1}{2}\left(\ln \frac{1+x}{1-x}\right)' = \frac{1}{1-x^2} - \frac{1-x+1+x}{2(1-x)^2} \bigg/ \frac{1+x}{1-x} = \frac{1}{1-x^2} - \frac{1}{1-x^2} = 0$$

und $H(0) = 0$. Daher ist H konstant gleich $H(0) = 0$, was zu zeigen war.   ●

Aufgabe 4 (14.B, Aufg. 8b)) *Es ist* $\arctan x + \arctan \dfrac{1-x}{1+x} = \begin{cases} \pi/4 & \text{für } x > -1, \\ -3\pi/4 & \text{für } x < -1. \end{cases}$

Lösung Für die Hilfsfunktion $h : \mathbb{R} - \{-1\} \to \mathbb{R}$ mit $h(x) := \arctan x + \arctan \dfrac{1-x}{1+x}$ gilt

$$h'(x) = \arctan' x + \left(\arctan \frac{1-x}{1+x}\right)' = \frac{1}{1+x^2} + \frac{1}{1 + \dfrac{(1-x)^2}{(1+x)^2}} \cdot \frac{-(1+x) - (1-x)}{(1+x)^2}$$

$$= \frac{1}{1+x^2} + \frac{-2}{(1+x)^2 + (1-x)^2} = \frac{1}{1+x^2} - \frac{2}{2+2x^2} = 0 \, .$$

Wegen $\arctan 0 = 0$ und $\arctan 1 = \pi/4$ ist $h(0) = \arctan 0 + \arctan 1 = 0 + \pi/4 = \pi/4$.
Wegen $\displaystyle\lim_{x\to-\infty} \arctan x = -\pi/2$ sowie $\arctan(-1) = -\pi/4$ und der Stetigkeit von $\arctan$ in -1

ist $\displaystyle\lim_{x\to-\infty} h(x) = \lim_{x\to-\infty} \arctan x + \lim_{x\to-\infty} \arctan \frac{1-x}{1+x} = -\frac{\pi}{2} - \arctan(-1) = -\frac{3\pi}{4}$. Auf den beiden Intervallen $]-\infty, -1[$ und $]-1, \infty[$ ist h also jeweils konstant gleich $h(1) = \pi/4$ bzw. gleich $\lim_{x \to -\infty} h(x) = -3\pi/4$. Dies war zu zeigen. $\bullet$

Aufgabe 5 (14.B, Aufg. 9) *Für* $z \in \mathbb{C}$ *mit* $\operatorname{Re} z \neq 0$ *gilt* $\arctan z + \arctan \frac{1}{z} = \operatorname{Sign}(\operatorname{Re} z) \frac{\pi}{2}$.

Lösung Die Funktion $h(z) := \arctan z + \arctan \frac{1}{z}$ ist nach 14.B, Aufg. 7a) wegen $1/z = \bar{z}/|z|^2$ auf jeder der beiden Halbebenen $H_+ := \{z \in \mathbb{C} \mid \operatorname{Re} z > 0\}$ und $H_- := \{z \in \mathbb{C} \mid \operatorname{Re} z < 0\}$ definiert mit
$$h'(z) = \arctan' z + \left(\arctan \frac{1}{z}\right)' = \frac{1}{1+z^2} + \frac{1}{1+(1/z^2)} \cdot \frac{-1}{z^2} = \frac{1}{1+z^2} - \frac{1}{1+z^2} = 0.$$
Wegen $\tan\left(\pm\frac{\pi}{4}\right) = \pm 1$ ist $h(\pm 1) = 2\arctan(\pm 1) = \pm\frac{\pi}{2}$. Auf den Gebieten H_+ und H_- ist h also nach Korollar 14.A.6 jeweils konstant gleich $h(1) = \pi/2$ bzw. gleich $h(-1) = -\pi/2$. Dies war zu zeigen. $\bullet$

Aufgabe 6 *Man beweise für alle* $x \in \mathbb{R}$ *mit* $x \geq 0$ *die Ungleichung* $\arctan x \geq x/(1+x^2)$.

Lösung Es genügt zu zeigen, dass die Hilfsfunktion $f(x) := \arctan x - \dfrac{x}{1+x^2}$ für alle $x \geq 0$ nichtnegative Werte hat. Nun ist aber $f(0) = \arctan 0 - 0 = 0$. Für $x \geq 0$ gilt ferner
$$f'(x) = \frac{1}{1+x^2} - \frac{1+x^2 - x \cdot 2x}{(1+x^2)^2} = \frac{1+x^2}{(1+x^2)^2} - \frac{1+x^2 - 2x^2}{(1+x^2)^2} = \frac{2x^2}{(1+x^2)^2} \geq 0,$$
d.h. die Funktion f ist auf $\mathbb{R}_+$ monoton wachsend und es folgt $f(x) \geq 0$ für alle $x \geq 0$. $\bullet$

Ähnlich löse man die folgende Aufgabe:

‡**Aufgabe 7** *Man beweise für* $x \in [0, 1[$ *die Ungleichung* $\arcsin x \leq x/\sqrt{1-x^2}$.

Aufgabe 8 (14.B, Aufg. 11b)) *Ein Seitenkanal der Breite* a *münde rechtwinklig in den Hauptkanal der Breite* b *gemäß folgender Skizze. Man zeige, dass Baumstämme (vernachlässigbarer Dicke) höchstens die Länge* $\left(a^{2/3} + b^{2/3}\right)^{3/2}$ *haben, wenn sie ohne Verkanten um die Ecke flößbar sind.*

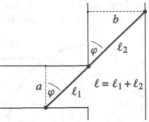

Lösung Mit den Bezeichnungen der Abbildung ist $\cos\varphi = a/\ell_1$ und $\sin\varphi = b/\ell_2$, also $\ell(\varphi) = \ell = \ell_1 + \ell_2 = \dfrac{a}{\cos\varphi} + \dfrac{b}{\sin\varphi}$. Die Ableitung $\ell'(\varphi) = \dfrac{a\sin\varphi}{\cos^2\varphi} - \dfrac{b\cos\varphi}{\sin^2\varphi}$ verschwindet nur für $\dfrac{a\sin\varphi}{\cos^2\varphi} = \dfrac{b\cos\varphi}{\sin^2\varphi}$, d.h. für $\tan^3\varphi = \dfrac{b}{a}$, $\varphi = \arctan\sqrt[3]{\dfrac{b}{a}}$. Wegen $\lim_{\varphi \to \pi/2} \ell(\varphi) = \infty$ und $\lim_{\varphi \to 0} \ell(\varphi) = \infty$ muss dort ein lokales Minimum von $\ell(\varphi)$ vorliegen. Dies liefert dann gleichzeitig die größtmögliche Länge der betrachteten Baumstämme. Wegen $1 + \tan^2\varphi = \dfrac{1}{\cos^2\varphi}$, also

$\dfrac{1}{\cos\varphi} = \sqrt{1+\tan^2\varphi}\,,\quad \sin\varphi = \tan\varphi\cos\varphi = \dfrac{\tan\varphi}{\sqrt{1+\tan^2\varphi}}$ ist die zugehörige Länge

$$\ell(\varphi) = \frac{a}{\cos\left(\arctan\sqrt[3]{\frac{b}{a}}\,\right)} + \frac{b}{\sin\left(\arctan\sqrt[3]{\frac{b}{a}}\,\right)} = a\cdot\sqrt{1+\left(\frac{b}{a}\right)^{2/3}} + \frac{b}{\sqrt[3]{\frac{b}{a}}}\sqrt{1+\left(\frac{b}{a}\right)^{2/3}}$$

$$= \frac{a}{a^{1/3}}\sqrt{a^{2/3}+b^{2/3}} + \frac{b}{b^{1/3}}\sqrt{a^{2/3}+b^{2/3}} = \left(a^{2/3}+b^{2/3}\right)^{3/2}\,. \qquad\bullet$$

Aufgabe 9 *Lichtstrahlen laufen vom Punkt $(0,h_1)$ im optisch dünneren Medium, in dem die Lichtgeschwindigkeit gleich v_1 sei, durch den Punkt $(x,0)$ der Grenzfläche so zum Punkt (a,h_2) im optisch dichteren Medium mit der Lichtgeschwindigkeit $v_2 < v_1$, dass die Laufzeit $t = t(x)$ minimal wird. Man leite daraus das* B r e c h u n g s g e s e t z *$n = \sin\varphi_1/\sin\varphi_2$ her, wo $n := v_1/v_2$ der Brechungsindex und φ_1, φ_2 der Einfalls- bzw. Ausfallswinkel sind.*

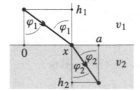

Lösung Offenbar ist die Laufzeit gleich $t(x) = \dfrac{\sqrt{x^2+h_1^2}}{v_1} + \dfrac{\sqrt{(a-x)^2+h_2^2}}{v_2}$ mit der Ableitung

$t'(x) = \dfrac{x}{v_1\sqrt{x^2+h_1^2}} - \dfrac{a-x}{v_2\sqrt{(a-x)^2+h_2^2}}$. Wegen $t'(0) \le 0$ und $t'(a) \ge 0$ besitzt t' nach dem Zwischenwertsatz eine Nullstelle x_0, an der t minimal wird. Für dieses x_0 und den Brechungsindex n gilt $n := \dfrac{v_1}{v_2} = \dfrac{x_0}{\sqrt{x_0^2+h_1^2}} \Big/ \dfrac{a - x_0}{\sqrt{(a-x_0)^2+h_2^2}} = \dfrac{\sin\varphi_1}{\sin\varphi_2}$. $\qquad\bullet$

Aufgabe 10 (14.B, Aufg. 11c)) *Ein Lichtstrahl werde in einem Wassertröpfchen mit kreisförmigem Querschnitt gemäß folgender Skizze gestreut. Der Brechungsindex von Luft zu Wasser sei n (>1), d.h. für Einfallswinkel α und Ausfallswinkel β gilt $\sin\alpha/\sin\beta = n$. Man bestimme im Fall $n = 4/3$ den Einfallswinkel α im Intervall $[0,\pi/2]$, für den der Winkel $\varphi = \varphi(\alpha)$, den der gestreute mit dem einfallenden Lichtstrahl bildet, maximal wird.*

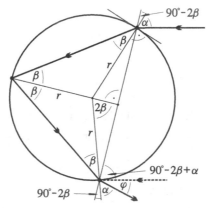

Lösung Es ist $180° = (90°-2\beta)+\alpha+\varphi+(90°-2\beta+\alpha)$, also $\varphi = 4\beta-2\alpha = 4\arcsin\dfrac{\sin\alpha}{n}-2\alpha$.

Ferner gilt $\varphi'(\alpha) = 4\dfrac{\cos\alpha}{\sqrt{n^2-\sin^2\alpha}} - 2 = 0$ genau dann, wenn $4\cos^2\alpha = n^2 - \sin^2\alpha$ gilt, also $\cos^2\alpha = (n^2-1)/3$ und schließlich $\alpha = \arccos\left(\sqrt{(n^2-1)/3}\right)$. Der maximale Ablenkungswinkel $\varphi = \varphi(n)$ zum Brechungsindex n, $1 < n < 2$, ist also wegen $\sin\alpha = \sqrt{1 - \cos^2\alpha} = \sqrt{1 - (n^2-1)/3} = \sqrt{(4-n^2)/3}$ gleich

$$\varphi = 4\arcsin\sqrt{\frac{4}{3n^2} - \frac{1}{3}} - 2\arccos\sqrt{\frac{n^2}{3} - \frac{1}{3}}$$

mit der Ableitung

$$\frac{d\varphi}{dn} = 4\cdot\frac{4}{3}\cdot\frac{(-2)}{n^3}\cdot\frac{1}{2}\cdot\frac{1}{\sqrt{\dfrac{4}{3n^2}-\dfrac{1}{3}}}\cdot\frac{1}{\sqrt{\dfrac{4}{3}-\dfrac{4}{3n^2}}} + 2\cdot\frac{2}{3}n\cdot\frac{1}{2}\cdot\frac{1}{\sqrt{\dfrac{n^2}{3}-\dfrac{1}{3}}}\cdot\frac{1}{\sqrt{\dfrac{4}{3}-\dfrac{n^2}{3}}}$$

$$= -\frac{8}{n\sqrt{(4-n^2)(n^2-1)}} + \frac{2n}{\sqrt{(4-n^2)(n^2-1)}} = -\frac{2}{n}\sqrt{\frac{4-n^2}{n^2-1}} < 0\,.$$

Bei $n = 4/3$ ergibt sich der Wert $\varphi \approx 42°$. Dies ist der (ungefähre) Wert für die (gelbe) Na-D-Linie und gleich der Höhe des gelben Streifens im (Haupt-)Regenbogen, wenn die Sonne am Horizont steht. Für rotes Licht ist n kleiner als für blaues Licht. Wegen $d\varphi/dn < 0$ hat dies zur Folge, dass beim Regenbogen der obere Rand rot und der untere Rand blau ist. (Wie ändert sich die Situation bei $n \geq 2$?) •

Aufgabe 11 (14.B, Aufg. 11d)) *Ein Beobachter schaut aus der Augenhöhe a auf ein senkrecht auf dem Boden stehendes Objekt der Höhe b mit $0 < b < a$. In welchem senkrechten Abstand x von dem Objekt ist der Blickwinkel α, unter dem der Beobachter das Objekt sieht, am größten?*

Lösung Bezeichnet β den Winkel, unter dem der Beobachter die Strecke x sieht, so erhält man mit dem Additionstheorem des Tangens

$$\tan\alpha = \tan\left((\alpha+\beta) - \beta\right) = \frac{\tan(\alpha+\beta) - \tan\beta}{1 + \tan(\alpha+\beta)\tan\beta} = \left(\frac{x}{a-b} - \frac{x}{a}\right)\Big/\left(1 + \frac{x}{a-b}\frac{x}{a}\right).$$

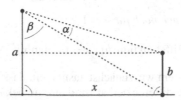

Es folgt $\alpha = \alpha(x) = \arctan\dfrac{xb}{a^2+x^2-ab}$ mit

$$\alpha'(x) = \frac{1}{1 + \dfrac{x^2b^2}{(a^2+x^2-ab)^2}}\cdot\frac{b(a^2+x^2-ab) - 2bx^2}{(a^2+x^2-ab)^2} = \frac{b(a^2-x^2-ab)}{(a^2+x^2-ab)^2 + x^2b^2}\,.$$

Genau dann ist also $\alpha'(x)$ gleich 0, wenn $a^2-x^2-ab = 0$ ist, d.h. wenn $x = x_0 := \sqrt{a(a-b)}$ ist. Wegen $\alpha(0) = 0$ und $\lim\limits_{x\to\infty}\alpha(x) = 0$ ist x_0 die einzige Maximumstelle. •

Aufgabe 12 *Aus einem Baumstamm, der einen kreisförmigen Querschnitt mit Radius $R > 0$ besitzt, soll ein Balken ausgesägt werden, dessen Querschnitt ein gleichschenkliges Dreieck ist, vgl. die Skizze unten links. Wie müssen die Basislänge und die Schenkellänge dieses Dreiecks gewählt werden, damit möglichst wenig Abfall entsteht?*

Lösung Der Flächeninhalt $F(x) = \frac{1}{2}(R+x)2\sqrt{R^2-x^2}$ des gleichschenkligen Dreiecks mit der Höhe $R+x$ und der Basis $2\sqrt{R^2-x^2}$ muss maximal werden. Genau dann ist $F'(x) = \sqrt{R^2-x^2} - (R+x)x/\sqrt{R^2-x^2}$ gleich 0, wenn $R^2-x^2-Rx-x^2 = 0$ ist, d.h. wenn gilt $x^2 + \frac{1}{2}Rx - \frac{1}{2}R^2 = 0$ ist. Diese quadratische Gleichung hat die Lösungen $x_1 = \frac{1}{2}R$ und $x_2 = -R$. Wegen $F(-R) = F(R) = 0$ und $F(x) > 0$ für $-R < x < R$ hat F im Intervall $[-R, R]$ dann genau ein Maximum, und zwar im Punkt $x_1 = \frac{1}{2}R$. Das zugehörige Dreieck hat die Höhe $\frac{3}{2}R$, die Basislänge $2\sqrt{R^2 - \frac{1}{4}R^2} = \sqrt{3}\,R$ und nach dem Satz des Pythagoras ebenfalls die Schenkellänge $\sqrt{3}\,R$, ist also gleichseitig. •

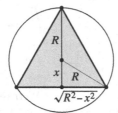
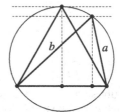

Bemerkungen (1) Das Ergebnis lässt sich auch leicht elementargeometrisch begründen: Sind in dem dem Kreis einbeschriebenen Dreieck die Seitenlängen a, b verschieden groß, so ist der Flächeninhalt des Dreiecks gewiss nicht maximal, wie die Skizze oben rechts zeigt, wenn man bedenkt, dass dieser Flächeninhalt gleich $\frac{1}{2}$ Grundlinie $\times$ Höhe ist.

(2) Für eine Verallgemeinerung auf n-Ecke, die analog auch die folgende Aufgabe betrifft, vgl. die Bemerkung zu 14.C, Aufgabe 5d).

‡**Aufgabe 13** *Wie müssen in der Situation von Aufgabe* 12 *die Basis- und die Schenkellänge des Querschnittdreiecks gewählt werden, damit der Umfang dieses Dreiecks möglichst groß wird.* (Es handelt sich wieder um das gleichseitige Dreieck.)

Aufgabe 14 (14.B, Aufg. 12) *Für* $|x| < 1$ *gilt* $(\arctan x)^2 = \displaystyle\sum_{n=1}^{\infty} (-1)^{n-1}\Big(\sum_{k=1}^{n} \frac{1}{2k-1}\Big)\frac{x^{2n}}{n}$.
Ferner zeige man, dass dies auch noch für $x = 1$ *gilt.*

Lösung Wir betrachten die Hilfsfunktion $h(x) := (\arctan x)^2 - \displaystyle\sum_{n=1}^{\infty} \frac{(-1)^{n-1}}{n}\Big(\sum_{k=1}^{n} \frac{1}{2k-1}\Big)x^{2n}$

auf dem Intervall $]{-1}, 1[$. Indem wir zunächst ausnutzen, dass die Potenzreihe im Inneren des Konvergenzkreises gliedweise differenzierbar ist, dann die bekannten Potenzreihenentwicklungen von $\arctan x$ und $1/(1+x^2)$ um 0 einsetzen, und schließlich deren Cauchy-Produkt bilden sowie in der zweiten Summe zwei Indexwechsel machen, erhalten wir

$$h'(x) = \frac{2\arctan x}{1+x^2} - 2\sum_{n=1}^{\infty}(-1)^{n-1}\Big(\sum_{k=1}^{n}\frac{1}{2k-1}\Big)x^{2n-1}$$

$$= 2\Big(\sum_{n=0}^{\infty}(-1)^n\frac{x^{2n+1}}{2n+1}\Big)\Big(\sum_{n=0}^{\infty}(-1)^n x^{2n}\Big) - 2\sum_{n=1}^{\infty}(-1)^{n-1}\Big(\sum_{k=1}^{n}\frac{1}{2k-1}\Big)x^{2n-1}$$

$$= 2\sum_{n=0}^{\infty}\sum_{k=0}^{n}(-1)^k\frac{x^{2k+1}}{2k+1}(-1)^{n-k}x^{2n-2k} - 2\sum_{n=0}^{\infty}(-1)^n\Big(\sum_{k=1}^{n+1}\frac{1}{2k-1}\Big)x^{2n+1}$$

$$= 2\sum_{n=0}^{\infty}\sum_{k=0}^{n}(-1)^n\frac{x^{2n+1}}{2k+1} - 2\sum_{n=0}^{\infty}(-1)^n\Big(\sum_{k=0}^{n}\frac{1}{2k+1}\Big)x^{2n+1} = 0.$$

Die Funktion h ist also konstant gleich $h(0) = 0$, woraus die behauptete Gleichheit folgt.

Wir verwenden nun das Leibniz-Kriterium 6.A.8, um die Konvergenz der angegebenen Reihe auch in $x = 1$ zu zeigen. Daraus folgt zunächst, dass ihr Konvergenzradius (mindestens) 1 ist. Ferner lässt sich der Abelsche Grenzwertsatz 12.B.7 anwenden und liefert die Stetigkeit der Reihe auch noch im Punkt 1. Da $(\arctan x)^2$ ebenfalls im Punkt 1 stetig ist, erhält man dann die Gleichheit für $x = 1$. Für die Konvergenz der Reihe zeigen wir zunächst, dass die Koeffizienten $a_n := \dfrac{1}{n}\sum_{k=1}^{n}\dfrac{1}{2k-1}$ für $n \geq n_0$ monoton fallen. In der Tat ist $a_n \geq a_{n+1}$ äquivalent zu

$$\left(1+\frac{1}{n}\right)\sum_{k=1}^{n}\frac{1}{2k-1} \geq \sum_{k=1}^{n+1}\frac{1}{2k-1}\,, \text{ d.h. zu } \frac{1}{n}\sum_{k=1}^{n}\frac{1}{2k-1} \geq \frac{1}{2n+1} \text{ und schließlich zu } \sum_{k=1}^{n}\frac{1}{2k-1} \geq$$

$\dfrac{n}{2n+1}$. Die linke Seite geht wegen der Divergenz der harmonischen Reihe für $n \to \infty$ gegen ∞, während die rechte Seite durch $\frac{1}{2}$ beschränkt ist; die Ungleichung ist also ab einer Stelle n_0 richtig. Wir beweisen schließlich noch, dass die a_n eine Nullfolge bilden. Wegen der Monotonie von (a_n) genügt es zu zeigen, dass die Teilfolge (a_{2^n}) gegen 0 konvergiert. Dies gilt in der Tat wegen

$$a_{2^n} = \frac{1}{2^n}\left(1 + \frac{1}{3} + \left(\frac{1}{5}+\frac{1}{7}\right) + \left(\frac{1}{9}+\frac{1}{11}+\frac{1}{13}+\frac{1}{15}\right) + \cdots + \left(\frac{1}{2^n+1}+\cdots+\frac{1}{2^{n+1}-1}\right)\right)$$

$$\leq \frac{1}{2^n}\left(1 + \frac{1}{2} + \left(\frac{1}{4}+\frac{1}{4}\right) + \left(\frac{1}{8}+\frac{1}{8}+\frac{1}{8}+\frac{1}{8}\right) + \cdots + \left(\frac{1}{2^n}+\cdots+\frac{1}{2^n}\right)\right)$$

$$= \frac{1}{2^n}\left(1 + \frac{n}{2}\right) = \frac{n+2}{2^{n+1}} \to 0 \quad \text{für} \quad n \to \infty\,. \qquad \bullet$$

Aufgabe 15 *Man verwende das Ergebnis von Aufgabe 14, um folgende Grenzwerte zu berechnen:*

$$\sum_{n=1}^{\infty}\frac{(-1)^{n-1}}{3^n n}\left(\sum_{k=1}^{n}\frac{1}{2k-1}\right), \qquad \sum_{n=1}^{\infty}\frac{(-1)^{n-1}}{n}\left(\sum_{k=1}^{n}\frac{1}{2k-1}\right).$$

Lösung Wegen $\tan\dfrac{\pi}{6} = \dfrac{\sin(\pi/6)}{\cos(\pi/6)} = \dfrac{1/2}{(1/2)\sqrt{3}} = \dfrac{1}{\sqrt{3}}$ ist $\arctan\dfrac{1}{\sqrt{3}} = \dfrac{\pi}{6}$. Mit Aufgabe 14 folgt

$$\frac{\pi^2}{36} = \left(\arctan\frac{1}{\sqrt{3}}\right)^2 = \sum_{n=1}^{\infty}\frac{(-1)^{n-1}}{n}\left(\sum_{k=1}^{n}\frac{1}{2k-1}\right)\left(\frac{1}{\sqrt{3}}\right)^{2n} = \sum_{n=1}^{\infty}\frac{(-1)^{n-1}}{3^n n}\left(\sum_{k=1}^{n}\frac{1}{2k-1}\right).$$

Wegen $\tan\dfrac{\pi}{4} = \dfrac{\sin(\pi/4)}{\cos(\pi/4)} = \dfrac{(1/2)\sqrt{2}}{(1/2)\sqrt{2}} = 1$ ist $\arctan 1 = \dfrac{\pi}{4}$. Mit Aufgabe 14 folgt

$$\frac{\pi^2}{16} = (\arctan 1)^2 = \sum_{n=1}^{\infty}\frac{(-1)^{n-1}}{n}\left(\sum_{k=1}^{n}\frac{1}{2k-1}\right)1^{2n} = \sum_{n=1}^{\infty}\frac{(-1)^{n-1}}{n}\left(\sum_{k=1}^{n}\frac{1}{2k-1}\right). \qquad \bullet$$

Aufgabe 16 (14.B, Aufg. 15) *Es gilt* $\arcsin x = \arctan\dfrac{x}{\sqrt{1-x^2}}$ *für alle* $x \in \mathbb{R}$ *mit* $|x| < 1$.

Lösung Für die Hilfsfunktion $h(x) := \arcsin x - \arctan\dfrac{x}{\sqrt{1-x^2}}$ auf dem Intervall $]-1, 1[$ gilt

$$h'(x) = \arcsin' x - \left(\arctan\frac{x}{\sqrt{1-x^2}}\right)' =$$

$$= \frac{1}{\sqrt{1-x^2}} - \frac{1}{1+\frac{x^2}{1-x^2}} \cdot \frac{\sqrt{1-x^2}+\frac{x^2}{\sqrt{1-x^2}}}{1-x^2} = \frac{1}{\sqrt{1-x^2}} - \frac{1}{\sqrt{1-x^2}} = 0.$$

Die Funktion h ist also konstant gleich $h(0)=0$, was zu zeigen war. •

Aufgabe 17 *Man untersuche die Funktion $f : \,]-1,1[\, \to \mathbb{R}$ mit $f(x) := \arcsin x + 2\sqrt{1-x^2}$ auf lokale Extrema.*

Lösung Es gilt

$$f'(x) = \frac{1}{\sqrt{1-x^2}} - \frac{4x}{2\sqrt{1-x^2}} = \frac{1-2x}{\sqrt{1-x^2}}, \quad f''(x) = \frac{-2\sqrt{1-x^2}+(1-2x)x/\sqrt{1-x^2}}{1-x^2}.$$

Genau dann ist $f'(x) = 0$, wenn $x = 1/2$ ist. Wegen $f''(1/2) = -4\sqrt{3}/3 < 0$ ist $1/2$ eine Maximumstelle von f mit dem Wert $f(1/2) = \pi/6 + \sqrt{3}$. •

Aufgabe 18 *Man bestimme die lokalen Extrema der Funktion $f : \mathbb{R} \to \mathbb{R}$, $x \mapsto e^{-x}(\sin x + \cos x)$.*

Lösung Es gilt $f'(x) = -e^{-x}(\sin x + \cos x) + e^{-x}(\cos x - \sin x) = -2e^{-x}\sin x$ und $f''(x) = 2e^{-x}(\sin x - \cos x)$. Genau dann ist $f'(x) = 0$, wenn $\sin x = 0$ ist, d.h. wenn $x \in \mathbb{Z}\pi$ ist. Wegen $f''(k\pi) = -2e^{-k\pi}(-1)^k$ sind die Stellen $k\pi$ für gerades $k \in \mathbb{Z}$ Maximumstellen und für ungerades $k \in \mathbb{Z}$ Minimumstellen. •

Aufgabe 19 *Man bestimme die lokalen Extrema der Funktion $f : \mathbb{R} \to \mathbb{R}$, $x \mapsto \cos^3 x + \sin^3 x$.*

Lösung Genau dann ist $f'(x) = -3\cos^2 x \sin x + 3\sin^2 x \cos x = 3\sin x \cos x (\sin x - \cos x)$ gleich 0, wenn $\sin x = 0$ ist, d.h. wenn $x \in \mathbb{Z}\pi$ ist oder wenn $\cos x = 0$ ist, d.h. wenn $x = \frac{\pi}{2}+\mathbb{Z}\pi$ ist, oder wenn $\sin x = \cos x$, d.h. $\tan x = 1$ und somit $x \in \frac{\pi}{4} + \mathbb{Z}\pi$ ist.

Es ist $f''(x) = 6\cos x \sin^2 x - 3\cos^3 x + 6\sin x \cos^2 x - 3\sin^3 x$. In den Nullstellen $x = k\pi$, $k \in \mathbb{Z}$, von $\sin x$ ist $f''(k\pi) = -3\cos^3(k\pi) = 3(-1)^{k+1}$ und in den Nullstellen $x = \frac{\pi}{2} + k$ von $\cos x$ ist $f''(\frac{\pi}{2}+k\pi) = -3\sin^3(\frac{\pi}{2}+k\pi) = 3(-1)^{k+1}$. Daher hat f in diesen kritischen Punkten genau dann ein lokales Maximum, wenn k gerade ist, und genau dann ein lokales Minimum, wenn k ungerade ist. In den Punkten $x = \frac{\pi}{4} + k\pi$ mit $\sin x = \cos x$ ist $f''(\frac{\pi}{4}+k\pi) = 6\sin^3(\frac{\pi}{4}+k\pi) = (-1)^k \frac{3}{2}\sqrt{2}$. Daher hat f in diesen Punkten genau dann ein lokales Maximum, wenn k ungerade ist, und genau dann ein lokales Minimum, wenn k gerade ist. •

‡**Aufgabe 20** *Man bestimme die lokalen Extrema der Funktionen $f, g : \mathbb{R} \to \mathbb{R}$ mit $f(x) := e^{-2x}\sin^2 x$ bzw. mit $g(x) := \exp(\sin^2 x) \cdot \cos x$. (Die Stellen $k\pi$ sind die Minimumstellen und die Stellen $x = \pi/4 + k\pi$ sind die Maximumstellen von f, $k \in \mathbb{Z}$. – Die Stellen $k\pi$, $k \in \mathbb{Z}$, sind für gerades k Minimum- und für ungerades k Maximumstellen von g; die Stellen $\pi/4 + k\pi$ sind die restlichen Maximumstellen und die Stellen $3\pi/4 + k\pi$ die restlichen Minimumstellen von g, $k \in \mathbb{Z}$.)*

Aufgabe 21 *Sei $n \in \mathbb{N}$, $n \geq 2$. Man untersuche die Funktion $f : \,]-\pi/2,\pi/2[\, \to \mathbb{R}$ mit $f(x) := \cos x \sin^n x$ auf lokale Extrema und Wendepunkte.*

Lösung Es ist $f'(x) = n\cos^2 x \sin^{n-1} x - \sin^{n+1} x = \big(n - (n+1)\sin^2 x\big)\sin^{n-1} x$ und

$$f''(x) = -2(n+1)\cos x \sin^n x + (n-1)\cos x \sin^{n-2} x \big(n - (n+1)\sin^2 x\big)$$
$$= \big(n(n-1) - (n+1)^2 \sin^2 x\big)\cos x \sin^{n-2} x.$$

Genau dann ist also $f'(x) = 0$, wenn $x = 0$ oder wenn $\sin x = \sqrt{n/(n+1)}$, d.h. $x = \pm \arcsin \sqrt{n/(n+1)}$ ist. Wegen

$$f''\left(\pm \arcsin \sqrt{n/(n+1)}\right) = -2n \cos\left(\pm \arcsin \sqrt{n/(n+1)}\right)(\pm 1)^{n-2}(n/n+1)^{(n-2)/2}$$

gilt: Bei geradem n ist $\pm \arcsin \sqrt{n/(n+1)}$ eine Maximumstelle und 0 (wegen $f \geq 0$) eine Minimumstelle. Bei ungeradem n ist $\arcsin \sqrt{n/(n+1)}$ eine Maximumstelle und $-\arcsin \sqrt{n/(n+1)}$ eine Minimumstelle sowie 0 ein Wendepunkt, da f'' dort das Vorzeichen wechselt.
Genau dann ist $f''(x) = 0$, wenn $x = 0$ ist oder $x = \arcsin \sqrt{n(n-1)/(n+1)^2}$. Wegen der Monotonie von $\sin x$ wechselt f'' in letzterem Punkt bei geradem wie bei ungeradem n das Vorzeichen, d.h. es handelt sich um einen Wendepunkt. •

14.C Konvexe und konkave Funktionen

Aufgabe 1 (vgl. 14.C, Aufg. 1a) *Man untersuche die Funktion $f : \mathbb{R}_+^\times \to \mathbb{R}$ mit $f(x) := x^x$ auf lokale Extrema und Wendepunkte sowie auf Konvexität. Ferner berechne man $\lim_{x \to 0} x^x$.*

Lösung Es ist $f(x) = \exp(x \ln x)$, also

$$f'(x) = (\ln x + 1) f(x) \quad \text{und} \quad f''(x) = (1/x) f(x) + (\ln x + 1) f'(x).$$

Wegen $f(x) > 0$ für alle x gilt $f'(x_0) = (\ln x + 1) f(x_0) = 0$ genau für $x_0 = 1/e$. Da $f''(x_0) = ef(1/e) + 0 > 0$ ist, liegt dort ein Minimum vor. Ferner ist stets $f''(x) = \left((1/x) + (\ln x + 1)^2\right) f(x) > 0$, d.h. f besitzt nach Satz 14.C.8 keine Wendepunkte, sondern ist streng konvex. Die Regel von de l'Hôpital liefert $\lim_{x \to 0} x \ln x = \lim_{x \to 0} \ln x / x^{-1} = \lim_{x \to 0} -x^{-1}/x^{-2} = \lim_{x \to 0} -x = 0$ (vgl. auch 11.C, Aufgabe 1). Da $\exp x$ in $x = 0$ stetig ist, folgt $\lim_{x \to 0} x^x = \lim_{x \to 0} \exp(x \ln x) = \exp 0 = 1$. •

Bemerkung Die algebraisch motivierte Definition $0^0 := 1$ lässt sich also auch analytisch rechtfertigen: Der Wert 1 ergänzt die Funktion x^x, $x > 0$, im Nullpunkt stetig. Ist die so fortgesetzte Funktion x^x im Nullpunkt noch differenzierbar?

Aufgabe 2 (vgl. 14.C, Aufg. 1a)) *Man untersuche die Funktion $f : \mathbb{R}_+^\times \to \mathbb{R}$ mit $f(x) := x^{1/x} = \exp(x^{-1} \ln x)$ auf lokale Extrema und Konvexität. Ferner berechne man $\lim_{x \to 0} f(x)$ und $\lim_{x \to \infty} f(x)$.*

Lösung Es ist $f'(x) = x^{-2}(1 - \ln x) f(x)$ und

$$f''(x) = \left(-(2/x^3)(1 - \ln x) - (1/x^3)\right) f(x) + (1/x^2)(1 - \ln x) f'(x)$$
$$= (1/x^3)(2 \ln x - 3) f(x) + (1/x^4)(1 - \ln x)^2 f(x),$$

Wegen $f(x) > 0$ gilt $f'(x) = 0$ genau dann, wenn $1 - \ln x = 0$, d.h. $x = e$ ist. Wegen $f'(x) > 0$ für $x < e$ und $f'(x) < 0$ für $x > e$ liegt dort das globale Maximum vor. Andere lokale Extrema existieren nicht. Offenbar ist $\lim_{x \to 0} x^{-1} \ln x = -\infty$ und somit $\lim_{x \to 0} f(x) = 0$. Aus $\lim_{x \to \infty} x^{-1} \ln x = 0$ folgt $\lim_{x \to \infty} f(x) = \lim_{x \to \infty} x^{1/x} = 1$. Das Vorzeichen von $f''(x)$ ist dasselbe wie das von $g(x) := x(2 \ln x - 3) + (1 - \ln x)^2$. Es ist $\lim_{x \to 0} g(x) = \lim_{x \to \infty} g(x) = \infty$ und $g(e) = -e < 0$. Also hat g Nullstellen x_1, x_2 mit $0 < x_1 < e < x_2$. Dies sind Wendepunkte von f. Weitere Nullstellen besitzt g nicht, da $g'(x) = 2 \ln x - 1 - 2(1 - \ln x)/x$ nur eine Nullstelle hat. g' ist nämlich wegen $g''(x) = 2x^{-2}(x - \ln x + 2) > 0$ streng monoton wachsend ist. Die Funktion f

ist also im Intervall $]0, x_1]$ konvex, im Intervall $[x_1, x_2]$ konkav und im Intervall $[x_2, \infty[$ wieder konvex.   •

Analog behandle man die folgende Aufgabe:

‡**Aufgabe 3** (vgl. 14.C, Aufg. 1a)) *Die Funktion* $f : \mathbb{R}_+^\times \to \mathbb{R}$ *mit* $f(x) := x^{1/x^2}$ *hat nur in* $\sqrt{e}$ *ein lokales Extremum, und zwar ein globales Maximum. Ihr Konvexitätsverhalten ist ähnlich wie das der Funktion* f *in Aufgabe 2. Ferner ist* $\lim_{x \to 0} f(x) = 0$ *und* $\lim_{x \to \infty} f(x) = 1$.

Aufgabe 4 *Sei* $n \in \mathbb{N}$, $n \geq 3$. *Man untersuche die Funktion* $f : \mathbb{R}_+^\times \to \mathbb{R}$ *mit* $f(x) := x (\ln x)^n$ *auf lokale Extrema, Wendepunkte und Konvexität. Es ist* $\lim_{x \to 0} f(x) = 0$ *und* $\lim_{x \to \infty} f(x) = \infty$.

Lösung Wegen $f'(x) = (\ln x)^{n-1}(n + \ln x)$ gilt $f'(x) = 0$ genau für $x = 1$ und für $x = e^{-n}$. Es ist $f''(x) = (n-1)(\ln x)^{n-2}(1/x)(n + \ln x) + (\ln x)^{n-1}(1/x) = (\ln x)^{n-2}(n-1 + \ln x)n/x$. Man erhält $f''(e^{-n}) = (-n)^{n-1}e^n$, d.h. bei geradem n liegt dort ein lokales Maximum und bei ungeradem n ein lokales Minimum vor. Genau dann ist $f''(x) = 0$, wenn $x = 1$ ist oder $x = e^{-(n-1)}$ $(> e^{-n})$. – Sei nun n gerade. Dann ist $f(x) \geq 0$ und $f(1) = 0$, d.h. bei 1 wird das globale Minimum angenommen. Ferner ist f im Intervall $]0, e^{-(n-1)}]$ streng konkav und im Intervall $[e^{-(n-1)}, \infty[$ streng konvex, und $e^{-(n-1)}$ ist der einzige Wendepunkt. Sei nun n ungerade. Dann wechselt f'' in den Punkten $e^{-(n-1)}$ und 1 das Vorzeichen, d.h. dort liegen Wendepunkte vor. In den Intervallen $]0, e^{-(n-1)}]$ und $[1, \infty[$ ist die Funktion streng konvex und im Intervall $[e^{-(n-1)}, 1[$ streng konkav.   •

Die Jensensche Ungleichung 14.C.3 ist eine Quelle von nichttrivialen und wichtigen Ungleichungen. Die folgende Aufgabe gibt einige Beispiele.

Aufgabe 5 (14.C, Aufg. 2) *Man beweise die folgenden Ungleichungen:*

a) *Für* $p, q > 1$ *mit* $1/p + 1/q = 1$ *und alle* $x, y > 0$ *gilt*

$$\ln\left(\frac{x}{p} + \frac{y}{q}\right) \geq \frac{1}{p}\ln x + \frac{1}{q}\ln y, \quad x^{1/p}y^{1/q} \leq \frac{x}{p} + \frac{y}{q}.$$

b) *Für positive Zahlen* x, y, a, b *gilt* $x \ln \frac{x}{a} + y \ln \frac{y}{b} \geq (x + y) \ln \frac{x + y}{a + b}$.

c) *Für* $0 \leq t \leq \pi/2$ *gilt* $2t/\pi \leq \sin t$.

d) *Für* $\psi_1, \ldots, \psi_n \in [0, \pi]$ *gilt* $\sin \psi_1 + \cdots + \sin \psi_n \leq n \sin\left((\psi_1 + \cdots + \psi_n)/n\right)$, *wobei das Gleichheitszeichen nur dann gilt, wenn* $\psi_1 = \cdots = \psi_n$ *ist.*

Lösung a) Wegen $\ln''x = (1/x)' = -1/x^2 < 0$ ist die Funktion $\ln$ nach Korollar 14.C.5 konkav. Die Jensensche Ungleichung 14.C.3 (die ganz anlog zum konvexen Fall mit "$\geq$" statt "$\leq$" auch für konkave Funktionen gilt) liefert daher sofort $\ln\left(\frac{x}{p} + \frac{y}{q}\right) \geq \frac{1}{p}\ln x + \frac{1}{q}\ln y$. Mit der Monotonie der e-Funktion bekommt man daraus

$$\frac{x}{p} + \frac{y}{q} = \exp\left(\ln\left(\frac{x}{p} + \frac{y}{q}\right)\right) \geq \exp\left(\frac{\ln x}{p} + \frac{\ln y}{q}\right) = \exp\left(\frac{\ln x}{p}\right)\exp\left(\frac{\ln y}{q}\right) = x^{1/p}y^{1/q}. \quad •$$

(Zu dieser Verallgemeinernug der Ungleichung vom arithmetischen und geometrischen Mittel siehe auch Beispiel 14.C.6. Sie ist die Grundlage des Beweises der Hölderschen Ungleichung in der Integrationstheorie, vgl. LdM 3, 15.A.1.)

b) Wegen $(x \ln x)'' = (\ln x + 1)' = 1/x > 1$ für $x > 0$ ist die Funktion $f(x) := x \ln x$ auf $\mathbb{R}_+^\times$ nach Korollar 14.C.5 konvex. Die Jensensche Ungleichung 14.C.3 liefert für beliebige

$t_1, t_2 \in \mathbb{R}_+$ mit $t_1 + t_2 = 1$ die Abschätzung $t_1 f(x/a) + t_2 f(y/b) \geq f(t_1 x/a + t_2 y/b)$. Speziell für $t_1 := a/(a+b)$ und $t_2 := b/(a+b)$ ist $t_1 x/a + t_2 y/b = (x+y)/(a+b)$ und somit

$$\frac{a}{a+b} \cdot \frac{x}{a} \ln\left(\frac{x}{a}\right) + \frac{b}{a+b} \cdot \frac{y}{b} \ln\left(\frac{y}{b}\right) \geq \frac{x+y}{a+b} \ln \frac{x+y}{a+b}.$$

Durch Multiplikation mit $a+b > 0$ erhält man daraus die zu beweisende Ungleichung. •

c) Im Intervall $[0, \pi/2]$ ist die Funktion Sinus wegen $\sin''t = -\sin t < 0$ nach Korollar 14.C.5 konkav. Für alle $t \in [0, \pi/2]$ gilt also $\sin t \geq h_{0,\pi/2}(t) := 2t/\pi$, wo $h_{0,\pi/2}$ die lineare Funktion ist, deren Graph durch die Punkte $(0, \sin 0) = (0, 0)$ und $(\pi/2, \sin \pi/2) = (\pi/2, 1)$ geht. •

d) Wegen $\sin'' x = -\sin x < 0$ für $x \in \,]0, \pi[$ ist die Funktion sin sogar auf dem ganzen Intervall $[0, \pi]$ streng konkav. Die Behauptung ist daher ein Spezialfall der Jensenschen Ungleichung (angewandt auf konkave Funktionen). •

Bemerkung Auf der Peripherie eines Kreises mit dem Radius $R > 0$ seien von einem Punkt P_0 aus weitere Punkte $P_1, \ldots, P_n$ mit Winkelabständen $\varphi_1, \ldots, \varphi_n$, $0 =: \varphi_0 < \varphi_1 < \cdots < \varphi_n =: \varphi \leq 2\pi$, $\psi_k := \varphi_k - \varphi_{k-1} \leq \pi$, $k = 1, \ldots, n$, markiert, vgl. auch Bemerkung 14.B.10. Dann gilt nach dem Ergebnis der Aufgabe für die Länge $L = 2\sum_{k=1}^{n} R \sin(\psi_k/2)$ des Streckenzuges $[P_0, P_1, P_2, \ldots, P_{n-1}, P_n]$ die Ungleichung $L \leq 2Rn \sin(\varphi/2n)$, wobei das Gleichheitszeichen nur dann gilt, wenn alle ψ_k übereinstimmen. Insbesondere ist bei einem geschlossenen Polygonzug mit $P_n = P_0$ und $n \geq 3$, also $\varphi = 2\pi$, der Umfang des entstehenden n-Ecks genau dann maximal, nämlich gleich $2Rn \sin(\pi/n)$, wenn es regulär ist, d.h. $\psi_k = 2\pi/n$ für alle k ist.

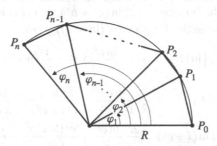

Analog gilt für den Flächeninhalt $F = \frac{1}{2}\sum_{k=1}^{n} R^2 \sin \psi_k$ des zugehörigen Fächers die Ungleichung $F \leq \frac{1}{2}R^2 n \sin(\varphi/n)$, wobei das Gleichheitszeichen wiederum nur dann gilt, wenn die ψ_k alle gleich sind, und das reguläre n-Eck hat unter allen dem Kreis einbeschriebenen n-Ecken als einziges den maximal möglichen Flächeninhalt $\frac{1}{2}R^2 n \sin(2\pi/n)$. Ein Spezialfall findet sich bereits in den Aufgaben 12 und 13 von Abschnitt 14.B.

Aufgabe 6 (14.C, Aufg. 4) *Die Funktion* $f : [0, b] \to \mathbb{R}$ *sei konvex mit* $f(0) = 0$. *Dann ist die Funktion* $x \mapsto f(x)/x$ *auf* $]0, b]$ *monoton wachsend.*

Lösung Seien $x, y \in \,]0, b]$ mit $x < y$. Da f im Intervall $[0, y]$ konvex ist, erhält man für die lineare Funktion $h_{0,y}$, deren Graph durch $(0, f(0)) = (0, 0)$ und $(y, f(y))$ geht:

$$f(x) \leq h_{0,y}(x) := f(y)\frac{x-0}{y-0} + f(0)\frac{y-x}{y-0} = f(y)\frac{x}{y}, \quad \text{d.h.} \quad \frac{f(x)}{x} \leq \frac{f(y)}{y}.$$ •

Aufgabe 7 (14.C, Aufg. 5a)) *Sei* $f : I \to \mathbb{R}_+^\times$ *eine Funktion auf dem Intervall* I *mit Werten in* $\mathbb{R}_+^\times$. *Ist* $\ln f$ *konvex, so auch* f.

Lösung Seien $a, b \in I$ mit $a \neq b$ und $H_{a,b}$ bzw. $h_{a,b}$ die linearen Funktionen, deren Graphen die Punkte $(a, \ln f(a))$ und $(b, \ln f(b))$ bzw. die Punkte $(a, f(a))$ und $(b, f(b))$ enthalten. Da ln f konvex ist, gilt für x zwischen a und b:

$$\ln f(x) \le H_{a,b}(x) = \ln\big(f(b)\big)\frac{x-a}{b-a} + \ln\big(f(a)\big)\frac{b-x}{b-a}\,, \quad \text{also}$$

$$f(x) \le \exp\big(\ln f(t)\big) \le \exp H_{a,b}(x) = f(b)^{(x-a)/(b-a)} \cdot f(a)^{(b-x)/(b-a)}$$

$$\le \frac{x-a}{b-a}f(b) + \frac{b-x}{b-a}f(b) = h_{a,b}(x)\,.$$

Damit ist die Konvexität von f bewiesen, falls wir die benutzte Ungleichung $A^{t_1}B^{t_2} \le t_1 A + t_2 B$ für $A, B > 0$ und $t_1, t_2 > 0$ mit $t_1 + t_2 = 1$ zeigen können. Ist etwa $A \ge B$ und setzen wir $x := A/B \ge 1$, so ist diese Ungleichung äquivalent zu

$$x^{t_1} \cdot B = A^{t_1}/B^{t_1} \cdot B = A^{t_1}B^{t_2} \le t_1 A + t_2 B = t_1(A-B) + B = \big(t_1(x-1)+1\big)\cdot B\,,$$

d.h. zu $x^{t_1} \le t_1(x-1)+1$. Letztere Ungleichung folgt aber daraus, dass für $x = 1$ beide Seiten gleich 1 sind und die Ableitung t_1 der rechten Seite nach x wegen $t_2 > 0$ bei $x \ge 1$ größer oder gleich der Ableitung $t_1 x^{t_1-1} = t_1/x^{t_2}$ der linken Seite ist.   •

Bemerkung Ist ln f konvex, so heißt f l o g a r i t h m i s c h   k o n v e x. *Logarithmisch konvexe Funktionen sind also konvex.*

Aufgabe 8 (14.C, Aufg. 5b)) *Für $a, b \in \mathbb{R}_+^\times$ ist die Funktion $f(x) := (a^x + b^x)^{1/x}$ auf $\mathbb{R}_+^\times$ (streng) monoton fallend und (streng) logarithmisch konvex.*

Lösung Sei $b \ge a$. Wir setzen $c := b/a$ und verwenden Korollar 14.C.5, um die (strenge) Konvexität der Funktion $\ln f(x) := (1/x)\ln(a^x + b^x) = (1/x)\ln(1+c^x) + \ln a$ zu zeigen. Wegen $c^x \ge 1$ und $x > 0$ gilt in der Tat $f'(x) = \big(\ln f(x)\big)' f(x) < 0$ wegen

$$\big(\ln f(x)\big)' = -\frac{1}{x^2}\Big(\ln(1+c^x) - \frac{c^x \ln c^x}{(1+c^x)}\Big) \le -\frac{1}{x^2}\big(\ln(1+c^x) - \ln c^x\big) < 0\,,$$

ferner

$$\big(\ln f(x)\big)'' = \frac{2}{x^3}\ln(1+c^x) - \frac{2c^x \ln c}{x^2(1+c^x)} + \frac{c^x \ln^2 c}{x(1+c^x)} - \frac{(c^x \ln c)^2}{x(1+c^x)^2}$$

$$= \frac{1}{x^3}\Big(2\ln(1+c^x) - \frac{2c^x \ln c^x}{1+c^x} + \frac{c^x(\ln c^x)^2}{1+c^x} - \frac{(c^x \ln c^x)^2}{(1+c^x)^2}\Big)$$

$$= \frac{1}{x^3}\Big(2\ln(1+c^x) - \frac{2c^x \ln c^x}{1+c^x} + \frac{c^x(\ln c^x)^2}{(1+c^x)^2}\Big) \ge \frac{2}{x^3}\Big(\ln(1+c^x) - \frac{c^x \ln c^x}{1+c^x}\Big)$$

$$\ge \frac{2}{x^3}\big(\ln(1+c^x) - \ln c^x\big) > 0\,.$$ •

Bemerkung Als Variante zur vorstehenden Aufgabe siehe 14.A, Aufgabe 7.

Aufgabe 9 (14.C, Aufg. 6a)) *Die Funktion $f : [a, \infty[\, \to \mathbb{R}$ sei konvex und nach oben beschränkt. Dann ist f monoton fallend.*

Lösung Angenommen, f sei nicht monoton fallend. Dann gibt es $x, y \in \mathbb{R}$ mit $a \le x < y$ und $f(x) < f(y)$. Sei $h := y - x$. Da f konvex ist, liegt der Mittelpunkt der Sehne durch $\big(x, f(x)\big)$ und $\big(x+2h, f(x+2h)\big)$ oberhalb von Graph f, d.h. es ist $\frac{1}{2}\big(f(x) + f(x+2h)\big) > f(x+h)$ und somit $f(x+2h) - f(x) > 2\big(f(x+h) - f(x)\big)$. Durch Induktion über n ergibt sich daraus direkt $f(x+2^n h) - f(x) > 2^n\big(f(x+h) - f(x)\big)$, d.h. $f(x+2^n h) > 2^n\big(f(y) - f(x)\big) + f(x) \to \infty$ für $n \to \infty$ im Widerspruch dazu, dass f beschränkt ist.   •

Bemerkung Indem man analog schließt oder das Bewiesene für die Funktion $-f$ benutzt, zeigt man: *Jede nach unten beschränkte konkave Funktion $f : [a, \infty[\, \to \mathbb{R}$ ist monoton wachsend.*

Aufgabe 10 (14.C, Aufg. 6b)) *Die Funktion* $f : \mathbb{R} \to \mathbb{R}$ *sei konvex und nach oben beschränkt. Dann ist* f *konstant.*

Lösung Die Funktion $f | [0, \infty[$ ist nach Aufgabe 9 monoton fallend. Mit f ist die Funktion $g : \mathbb{R} \to \mathbb{R}$ mit $g(x) := f(-x)$ ebenfalls konvex, da ihr Graph aus dem von f durch Spiegelung an der y-Achse hervorgeht. Wieder nach Aufgabe 9 ist daher auch $g | [0, \infty[$ monoton fallend. Dann ist aber $f |] - \infty, 0]$ monoton wachsend, da aus $x < y \leq 0$ zunächst $0 \leq -y < -x$ und dann $f(x) = g(-x) \leq g(-y) = f(y)$ folgt. Für beliebige $a, b \in \mathbb{R}$ mit $a \leq 0 \leq b$ folgt $\frac{1}{2}\big(f(a) + f(b)\big) \leq \frac{1}{2}\big(f(0) + f(0)\big) = f(0)$, wobei die Gleichheit nur im Fall $f(a) = f(0) = f(b)$ eintritt. Da f konvex ist, gilt andererseits $\frac{1}{2}\big(f(a) + f(b)\big) \geq f(0)$. Dies liefert insgesamt $\frac{1}{2}\big(f(a) + f(b)\big) = f(0)$ und damit $f(a) = f(0) = f(b)$, d.h. f ist konstant. •

Bemerkung Indem man analog schließt oder das Bewiesene für die Funktion $-f$ benutzt, zeigt man: *Jede nach unten beschränkte konkave Funktion* $f : \mathbb{R} \to \mathbb{R}$ *ist konstant.*

In ähnlicher Weise zeige man (und formuliere und beweise auch eine entsprechende Aussage für konkave Funktionen):

‡**Aufgabe 11** (14.C, Aufg. 11)) *Eine konvexe Funktion* $f : I \to \mathbb{R}$ *auf dem offenen Intervall I besitzt kein isoliertes lokales Maximum und höchstens ein isoliertes lokales Minimum. Existiert ein lokales Minimum, so ist es bereits ein globales Minimum von* f.

Aufgabe 12 *Die Funktion* $f : I \to \mathbb{R}$ *sei konvex. Für Punket* $a, b \in I$, $a < b$, *und für den Punkt* $c = (1 - t_0)a + t_0 b$, $0 < t_0 < 1$, *im Inneren des Intervalls* $[a, b]$ *gelte in der Jensenschen Ungleichung das Gleichheitszeichen, d.h. es sei* $f(c) = (1 - t_0)f(a) + t_0 f(b)$. *Dann ist* f *auf dem Intervall* $[a, b]$ *linear. Insbesondere ist* f *genau dann sogar streng konvex, wenn* $f\big(\frac{1}{2}(a+b)\big) < \frac{1}{2}\big(f(a) + f(b)\big)$ *für je zwei verschiedene Punkte* $a, b \in I$ *gilt.*

Lösung Wir bezeichnen für je zwei verschiedene Punkte $u, v \in I$ die lineare Funktion, deren Graph die Punkte $(u, f(u))$ und $(v, f(v))$ enthält, mit $h_{u,v}$. (Ihr Graph ist die Sekante durch die Punkte $(u, f(u))$ und $(v, f(v))$.) Wegen der Konvexität von f ist dann $f \leq h_{u,v}$ auf dem abgeschlossenen Intervall mit den Randpunkten u, v. Wir haben nun zu zeigen, dass $f = h_{a,b}$ auf $[a, b]$ gilt. Sei dazu $x \in [a, b]$ und etwa $x \in [a, c]$. Wegen $f(x) \leq h_{a,b}(x)$ ist $h_{x,b} \leq h_{a,b}$ auf $[x, b]$. Wegen der Konvexität ist $f(c) \leq h_{x,b}(c)$ und nach Voraussetzung ist $h_{a,b}(c) = f(c)$. Es folgt, dass die linearen Funktionen $h_{a,b}$ und $h_{x,b}$ in den verschiedenen Punkten c und b und damit global übereinstimmen. Insbesondere ist dann $f(x) = h_{x,b}(x) = h_{a,b}(x)$. Ist $x \in [c, b]$, so schließt man analog. •

Aufgabe 13 (14.C, Aufg. 7)) *Die Funktion* $f : I \to \mathbb{R}$ *auf dem offenen Intervall I sei konvex. Dann ist* f *stetig.*

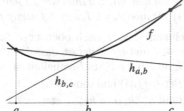

Lösung Seien $a, b, c \in I$ mit $a < b < c$. Wir zeigen die Stetigkeit von f in b. Da f konvex ist, gilt $f(x) \leq h_{a,b}(x) := f(b)\dfrac{x-a}{b-a} + f(a)\dfrac{b-x}{b-a}$ für alle $x \in [a, b]$. Für $x \in [b, c]$ zeigen wir $h_{a,b}(x) \leq f(x)$. Andernfalls gäbe es ein $x_0 > b$ mit $f(x_0) < h_{a,b}(x_0)$. Für die lineare Funktion

$h_{a,x_0} := f(x_0)\dfrac{x-a}{x_0-a} + f(a)\dfrac{x_0-x}{x_0-a}$ durch die Punkte $\big(a,\,f(a)\big)$ und $\big(x_0,\,f(x_0)\big)$ gilt dann

$$h_{a,x_0}(b) = f(x_0)\frac{b-a}{x_0-a} + f(a)\frac{x_0-b}{x_0-a} < h_{a,b}(x_0)\frac{b-a}{x_0-a} + f(a)\frac{x_0-b}{x_0-a}$$

$$= \Big(f(b)\frac{x_0-a}{b-a} + f(a)\frac{b-x_0}{b-a}\Big)\frac{b-a}{x_0-a} + f(a)\frac{x_0-b}{x_0-a} = f(b)$$

im Widerspruch dazu, dass $h_{a,x_0}(b) \geq f(b)$ sein muss wegen der Konvexität von f. Analog zeigt man $f(x) \leq h_{b,c}(x) := f(c)\dfrac{x-b}{c-b} + f(b)\dfrac{c-x}{c-b}$ für alle $x \in [b,\,c]$ und $h_{b,c}(x) \leq f(x)$ für alle $x \in [a,\,b]$. Insgesamt haben wir erhalten

$$h_{b,c}(x) \leq f(x) \leq h_{a,b}(x) \;\text{ für }\; x \in [a,\,b] \quad\text{und}\quad h_{a,b}(x) \leq f(x) \leq h_{b,c}(x) \;\text{ für }\; x \in [b,\,c].$$

Da die linearen Funktionen $h_{a,b}$ und $h_{b,c}$ in b stetig sind und dort den Wert $f(b)$ haben, folgt, dass $\lim\limits_{x\to b} f(x)$ ebenfalls existiert und gleich $f(b)$ ist. Daher ist f in b stetig. ●

Bemerkungen (1) Indem man analog schließt oder das Bewiesene für die Funktion $-f$ benutzt, zeigt man: *Jede konkave Funktion $f : I \to \mathbb{R}$ auf einem offenen Intervall I ist stetig.*

(2) Wird f auf dem Intervall $I \subseteq \mathbb{R}$ als stetig vorausgesetzt, so lässt sich die Bedingung für die Konvexität wesentlich abschwächen. Es gilt nämlich: *Ist $f : I \to \mathbb{R}$ stetig, so ist f bereits dann konvex bzw. konkav, wenn für alle $x,\,y \in I$ gilt: $f\big(\frac{1}{2}(x+y)\big) \leq \frac{1}{2}\big(f(x)+f(y)\big)$ bzw. $f\big(\frac{1}{2}(x+y)\big) \geq \frac{1}{2}\big(f(x)+f(y)\big)$. Gilt hierin für $x \neq y$ stets das echte Ungleichheitszeichen, so ist f streng konvex bzw. streng konkav.* Zum **Beweis** kann man annehmen, dass I abgeschlossen ist. *Dann sind der Epigraph und der Subgraph von f abgeschlossen in $\mathbb{R}^2 = \mathbb{R} \times \mathbb{R}$. Ist nämlich $(x_n,\,y_n)$ mit $f(x_n) \leq y_n$, eine konvergente Folge im Epigraphen $\Gamma^+(f)$, so ist $x := \lim x_n \in I$ und wegen der Stetigkeit $\lim f(x_n) = f(x)$. Es folgt $y := \lim y_n \geq \lim f(x_n) = f(x)$. Also gehört auch $(x,\,y) = \lim(x_n,\,y_n)$ zu $\Gamma^+(f)$. Entsprechend schließt man für $\Gamma^-(f)$. Die Behauptung ergibt sich dann mit folgendem einfachen* **Lemma:** *Eine abgeschlossene Menge $A \subseteq \mathbb{R}^2$ ist (genau dann) konvex, wenn mit je zwei Punkten $(x_1,\,y_1)$, $(x_2,\,y_2) \in A$ auch deren Mitte $\frac{1}{2}(x_1+x_2,\,y_1+y_2)$ zu A gehört.* Dann gehören nämlich auch alle Punkte $\big((1-t)x_1+tx_2,\,(1-t)y_1+ty_2\big)$ zu A, wo t eine rationale Zahl mit $t = a/2^k$ ist, $a, k \in \mathbb{N}$, $0 \leq a \leq 2^k$, wie man durch Induktion über k sofort sieht. Da jedes $t \in [0,\,1]$ Grenzwert einer Folge solcher rationalen Zahlen ist und da A abgeschlossen ist, gehört dann auch $\big((1-t)x_1+tx_2,\,(1-t)y_1+ty_2\big)$ für beliebiges $t \in [0,\,1]$ zu A. Zu der Ergänzung über die strenge Konvexität bzw. Konkavität siehe Aufgabe 12. ●

(3) Die Bedingung der Stetigkeit in (2) lässt sich nach einer Beobachtung von J.L. Jensen (1859-1925) abschwächen, vgl. die Arbeit "Sur les fonctions convexes et les inégalités entre les valeurs moyennes" in Acta Math. **30**, 175-193 (1906). Wir formulieren den S a t z   v o n   J e n s e n nur im konvexen Fall: *Ist $f : I \to \mathbb{R}$ auf dem offenen Intervall I lokal nach oben beschränkt und gilt $f\big(\frac{1}{2}(x+y)\big) \leq \frac{1}{2}\big(f(x)+f(y)\big)$ für alle $x,\,y \in I$, so ist f stetig und daher nach (2) konvex.*

Zum **Beweis** können wir annehmen, dass f nach oben beschränkt ist, da die Stetigkeit eine lokale Eigenschaft ist. Sei nun $a \in I$ und $h \in \mathbb{R}$ derart, dass das abgeschlossene Intervall mit den Endpunkten $a-2^k h$ und $a+2^k h$ für ein $k \in \mathbb{N}^*$ in I enthalten ist. Wegen $a+h = \frac{1}{2}\big(a+(a+2h)\big)$ gilt dann $f(a+h) \leq \frac{1}{2}\big(f(a+2h)+f(a)\big)$ und somit $f(a+h) - f(a) \leq \frac{1}{2}\big(f(a+2h)-f(a)\big)$. Iteriert man diese Ungleichung mit $a, 2h$; $a, 2^2 h$; $\ldots$ statt a, h, so erhält man

$$f(a+h) - f(a) \leq \tfrac{1}{2^k}\big(f(a+2^k h) - f(a)\big).$$

Ferner folgt aus $a = \frac{1}{2}\big((a+h)+(a-h)\big)$ nach Voraussetzung $2f(a) \leq f(a-h)+f(a+h)$ bzw.

$$f(a) - f(a+h) \leq f(a-h) - f(a) \leq \tfrac{1}{2^k}\big(f(a-2^k h) - f(a)\big).$$

Da f nach oben beschränkt ist, gibt es eine Konstante $D > 0$, unabhängig von h und k, mit $f(a \pm 2^k h) - f(a) \leq D$. Es folgt $|f(a+h) - f(a)| \leq D/2^k$. Zu vorgegebenem $\varepsilon > 0$ wählen wir nun zunächst k so groß, dass $D/2^k \leq \varepsilon$ ist und dann $\delta > 0$ so klein, dass das Intervall $[a - 2^k \delta, a + 2^k \delta]$ in I liegt. Dann ist $|f(x) - f(a)| \leq \varepsilon$ für $|x - a| \leq \delta$. Also ist f in a stetig. •

Als Beispiel erwähnen wir für die Einkommensteuerfunktion $S : \mathbb{R}_+^\times \to \mathbb{R}_+$, die sicherlich lokal beschränkt ist, den Ehegattensplittingvorteil $S(x) + S(y) - 2S(\frac{1}{2}(x+y))$. Wäre dieser ≥ 0 für alle Einkommen $x, y \in \mathbb{R}_+^\times$, so wäre S nach dem Satz von Jensen konvex und insbesondere stetig, was jedoch nicht der Fall ist.

(4) Ohne jede weitere Voraussetzung ist eine Funktion $f : I \to \mathbb{R}$ auf dem offenen Intervall $I \subseteq \mathbb{R}$, die die Bedingung $f(\frac{1}{2}(x+y)) \leq \frac{1}{2}(f(x) + f(y))$ für alle $x, y \in I$ erfüllt, nicht notwendig konvex. Beispiele liefern bereits die additiven Funktionen $\mathbb{R} \to \mathbb{R}$, die nicht von der Form $x \mapsto ax$ mit einem festen $a \in \mathbb{R}$ sind. Solche Funktionen existieren, vgl. 11.C, Aufgabe 2. Addiert man dazu beliebige konvexe Funktionen, so erhält man weitere pathologische Beispiele.

(5) Mit den Ergebnissen von Bemerkung (2) oder (3) ergibt sich sofort, dass die Exponentialfunktion $f : x \mapsto e^x$ auf $\mathbb{R}$ streng konvex ist, vgl. Beispiel 14.C.6. Für $x, y \in \mathbb{R}$, $x \neq y$, ist die Ungleichung $f(\frac{1}{2}(x+y)) < \frac{1}{2}(f(x) + f(y))$, d.h. $\exp(\frac{1}{2}(x+y)) = \sqrt{e^x e^y} < \frac{1}{2}(e^x + e^y)$, einfach die (triviale) Ungleichung vom arithmetischen und geometrischen Mittel. Ebenso direkt ergibt sich die strenge Konkavität der Sinusfunktion auf dem Intervall $[0, \pi]$, vgl. Aufgaben 5c), 5d). Für $0 \leq x < y \leq \pi$ ist nämlich

$$\sin \frac{x+y}{2} = \sin \frac{x}{2} \cos \frac{y}{2} + \cos \frac{x}{2} \sin \frac{y}{2}, \quad \frac{\sin x + \sin y}{2} = \sin \frac{x}{2} \cos \frac{x}{2} + \sin \frac{y}{2} \cos \frac{y}{2},$$

also

$$\sin \frac{x+y}{2} - \frac{\sin x + \sin y}{2} = \left(\sin \frac{y}{2} - \sin \frac{x}{2}\right)\left(\cos \frac{x}{2} - \cos \frac{y}{2}\right) > 0.$$

Aufgabe 14 (14.C, Aufg. 8)) *Jede differenzierbare konvexe oder konkave Funktion ist stetig differenzierbar.*

Lösung Die Ableitung einer differenzierbaren konvexen oder konkaven Funktion ist nach Satz 14.C.4 monoton. Sie genügt nach dem Satz 14.A.18 von Darboux dem Zwischenwertsatz, vgl. auch 14.A, Bemerkung zu Aufgabe 17, und ist somit nach Satz 10.C.8 stetig. •

‡**Aufgabe 15** *Sei $f : I \to \mathbb{R}$ eine stetige, streng monotone Funktion auf dem Intervall I mit Bildintervall $J = f(I)$, und sei $g : J \to \mathbb{R}$ die (ebenfalls stetige) Umkehrfunktion. Ist f (streng) konvex und wachsend, so ist g (streng) konkav. Ist f (streng) konvex und fallend, so ist g ebenfalls (streng) konvex. (Geometrisch gesprochen: Der Übergang von f zu g bedeutet Spiegeln an der Diagonalen $x = y$. Für die Krümmung ändert sich dadurch das Vorzeichen, was bei fallendem f durch Änderung der Durchlaufrichtung aufgehoben wird, vgl. LdM 3, Abschnitt 4.E.)*

14.D Das Newton-Verfahren

Das Newton-Verfahren ist eines der effektivsten Verfahren zur Bestimmung von Nullstellen (nicht nur bei einer, sondern auch bei mehreren Veränderlichen, vgl. dazu LdM 3, Bemerkung 6.A.3). Die folgenden Aufgaben demonstrieren die Konvergenzgeschwindigkeit. Dabei rechnen wir im Allgemeinen nur so lange, bis die Näherung bei der benutzten Genauigkeit stationär wird. In Aufgabe 3 werden auch explizite Fehlerabschätzungen angegeben.

Aufgabe 1 *Man begründe, dass die Funktion $f : \mathbb{R} \to \mathbb{R}$ mit $f(x) := x^5 - 4x - 1$ genau 3 reelle Nullstellen besitzt, und bestimme diese mit Hilfe des Newton-Verfahrens.*

Lösung Wegen $f(-2) = -25 < 0, f(-1) = 2 > 0, f(0) = -1 < 0, f(1) = -4 < 0$ und $f(2) = 23 > 0$ hat f als stetige Funktion nach dem Nullstellensatz in den drei Intervallen $[-2, -1], [-1, 0]$ und $[1, 2]$ jeweils mindestens eine Nullstelle, vgl. die Aufgabenlösungen zu Abschnitt 10.C. Zwischen je zwei Nullstellen von f liegt nach dem Satz von Rolle eine Nullstelle von $f'(x) = 5x^4 - 4$. f' besitzt aber nur die beiden reellen Nullstellen $x_{1,2} = \pm\sqrt[4]{4/5}$. Daher kann f nur drei Nullstellen haben.

Das Newton-Verfahren liefert die Rekursion $x_{n+1} = x_n - \dfrac{f(x_n)}{f'(x_n)} = x_n - \dfrac{x_n^5 - 4x_n - 1}{5x_n^4 - 4} = \dfrac{4x_n^5 + 1}{5x_n^4 - 4}$ für die Nullstellen von f. Da $f(-2) f''(-2)$, $f(0) f''(0)$ und $f(2) f''(2)$ sämtlich ≥ 0 sind, sind $-2, 0$ und 2 geeignete Startwerte. Sie liefern die folgenden Näherungen für die drei Nullstellen:

$$x_0 = -2, \quad x_1 = -1,67105263, \quad x_2 = -1,46109537, \quad x_3 = -1,36451875,$$
$$x_4 = -1,34409500, \quad x_5 = -1,34324750, \quad x_6 = -1,34324608;$$

$$x_0 = 0, \quad x_1 = -0,25000000, \quad x_2 = -0,25024533, \quad x_3 = -0,25024534;$$

$$x_0 = 2, \quad x_1 = 1,69736842, \quad x_2 = 1,52939198, \quad x_3 = 1,47587577,$$
$$x_4 = 1,47085975, \quad x_5 = 1,47081820, \quad x_6 = 1,47081820.$$

Die gesuchten Nullstellen sind also $-1,3432461$, $-0,2502453$ und $1,4708182$. $\quad\bullet$

‡**Aufgabe 2** *Man begründe, dass die Funktion $f : \mathbb{R} \to \mathbb{R}$ mit $f(x) := x^5 - 3x^4 + 5$ genau 3 reelle Nullstellen besitzt, und bestimme diese mit Hilfe des Newton-Verfahrens. (Die gesuchten Nullstellen sind $-3,9921256779$, $-0,8959312077$ bzw. $0,8032907746$.)*

Aufgabe 3 (14.D, Aufg. 7) *Für $n \in \mathbb{N}^*$ sei $g_n : \mathbb{R} \to \mathbb{R}$ die Polynomfunktion*
$$g_n(x) := 1 + x + \frac{x^2}{2} + \cdots + \frac{x^n}{n}.$$

a) *Sei n ungerade. Dann ist die Funktion g_n streng monoton wachsend und besitzt genau eine Nullstelle x_n. Dafür gilt $-2 < x_n \leq -1$ und $x_n < x_{n+2}$ bei $n \geq 5$. Die Folge dieser Nullstellen konvergiert für $n \to \infty$ gegen -1.*

b) *Für gerades n besitzt g_n genau eine lokale Extremstelle, und zwar im Punkt $x = -1$. Dabei handelt es sich um ein globales Minimum; g_n besitzt bei geradem n keine Nullstelle.*

c) *Für gerades n ist g_n konvex.*

d) *Für ungerades $n \geq 3$ gibt es ein w_n mit $-1 < w_n < 0$, so dass g_n in $]-\infty, w_n]$ konkav und in $[w_n, \infty[$ konvex ist.*

e) *Für $n = 3, 5, 7$ berechne man x_n aus a) und w_n aus d) mit dem Newton-Verfahren bis auf einen Fehler $\leq 10^{-6}$.*

Lösung Für alle $x \neq 1$ gilt $g_n'(x) = \sum_{k=1}^{n} x^{k-1} = \sum_{k=0}^{n-1} x^k = \dfrac{x^n - 1}{x - 1}$. Für $x > 1$ sind Zähler und Nenner dieses Bruchs beide positiv und für $|x| < 1$ beide negativ. Wegen $g_n'(1) = n > 0$ ist also $g_n' > 0$ für $x > -1$ und g_n auf dem Intervall $[-1, \infty[$ streng monoton wachsend.

a) Bei ungeradem $n = 2m + 1$ gilt für $x \leq -1$ auch $x^n \leq -1$, also $x^n - 1 \leq -2$, ferner $x - 1 \leq -2$ und somit $g_n'(x) > 0$. Also ist in diesem Fall $g_n'(x) > 0$ für alle $x \in \mathbb{R}$, d.h. g_n ist streng monoton wachsend und besitzt somit höchstens eine Nullstelle. Außerdem ist dann $\lim_{x \to \infty} g_n(x) = \infty$ und $\lim_{x \to -\infty} g_n(x) = -\infty$, d.h. g_n hat nach dem Zwischenwertsatz in der Tat eine Nullstelle x_n. Wegen $g_n(-2) = (1 - 2) + 2^2(\frac{1}{2} - \frac{2}{3}) + \cdots + 2^{2m}(\frac{1}{2m} - \frac{2}{2m+1}) < 0$ und $g_n(-1) = (1 - 1) + (\frac{1}{2} - \frac{1}{3}) + \cdots + (\frac{1}{2m} - \frac{1}{2m+1}) \geq 0$ gilt $-2 < x_n \leq -1$. Es ist

$$g_{n+2}(x_n) = g_n(x_n) + \frac{x_n^{n+1}}{n+1} + \frac{x_n^{n+2}}{n+2} = x_n^{n+1}\Big(\frac{1}{n+1} + \frac{x_n}{n+2}\Big).$$

$x_{n+2} > x_n$ ist daher äquivalent mit $\frac{1}{n+1} + \frac{x_n}{n+2} < 0$ oder $x_n < -\frac{n+2}{n+1}$, d.h. mit $g_n\big(-\frac{n+2}{n+1}\big) > 0$.
Für $n = 2m+1 \geq 5$, d.h. für $m \geq 2$, ist nun in der Tat

$$g_n\Big(-\frac{n+2}{n+1}\Big) = 1 - \frac{n+2}{n+1} + \sum_{k=2}^{n} \frac{1}{k}\Big(-\frac{n+2}{n+1}\Big)^k =$$

$$= \frac{-1}{n+1} + \sum_{\ell=1}^{m}\Big(\frac{1}{2\ell}\Big(-\frac{n+2}{n+1}\Big)^{2\ell} + \frac{1}{2\ell+1}\Big(-\frac{n+2}{n+1}\Big)^{2\ell+1}\Big)$$

$$= \frac{-1}{n+1} + \sum_{\ell=1}^{m}\Big(\frac{n+2}{n+1}\Big)^{2\ell}\Big(\frac{1}{2\ell} - \frac{n+2}{(2\ell+1)(n+1)}\Big) = \frac{-1}{n+1} + \sum_{\ell=1}^{m}\Big(\frac{n+2}{n+1}\Big)^{2\ell} \frac{n+1-2\ell}{2\ell(2\ell+1)(n+1)}$$

$$= \frac{-1}{n+1} + \Big(\frac{n+2}{n+1}\Big)^2 \frac{n-1}{6(n+1)} + \Big(\frac{n+2}{n+1}\Big)^4 \frac{n-3}{20(n+1)} + \sum_{\ell=3}^{m}\Big(\frac{n+2}{n+1}\Big)^{2\ell} \frac{n+1-2\ell}{2\ell(2\ell+1)(n+1)}$$

$$= \frac{13n^5 + 5n^4 - 170n^3 - 490n^2 - 560n - 244}{60(n+1)^5} + \sum_{\ell=3}^{m}\Big(\frac{n+2}{n+1}\Big)^{2\ell} \frac{n+1-2\ell}{2\ell(2\ell+1)(n+1)}$$

$$\geq \frac{7206 + 24915(n-5) + 13960(n-5)^2 + 3180(n-5)^3 + 330(n-5)^4 + 13(n-5)^5}{60(n+1)^5} > 0.$$

Die Folge (x_{2m+1}) ist also ab $m \geq 2$ streng monoton wachsend und überdies durch -1 nach oben beschränkt, also konvergent mit Grenzwert $x_0 \leq -1$. Die Folge $g_{2m+1}(-1)$, $m \in \mathbb{N}$, konvergiert wegen $g_{2m+1}(-1) - g_{2m-1}(-1) = \frac{1}{2m} - \frac{1}{2m+1} > 0$, $m \in \mathbb{N}^*$, streng monoton wachsend gegen $1 - \ln 2$. Da die Funktion g_{2m+1} streng monoton wachsend ist, gilt dann $0 < g_{2m+1}(x) < 1 - \ln 2$ für alle $x \in]x_{2m+1}, -1[$. Wäre $x_0 < -1$, also $x_{2m+1} \leq -(1+\varepsilon)$ für alle $m \geq 2$ mit einem $\varepsilon > 0$, so gäbe es nach dem Mittelwertsatz ein c_{2m+1} mit $x_{2m+1} < c_{2m+1} < x_{2m+1} + \frac{1}{2}\varepsilon \leq -1 - \frac{1}{2}\varepsilon$ und

$$\frac{2}{\varepsilon} g_{2m+1}\big(x_{2m+1} + \tfrac{1}{2}\varepsilon\big) = \frac{g_{2m+1}\big(x_{2m+1} + \tfrac{1}{2}\varepsilon\big) - g_{2m+1}(x_{2m+1})}{x_{2m+1} + \tfrac{1}{2}\varepsilon - x_{2m+1}}$$

$$= g'_{2m+1}(c_{2m+1}) = \frac{c_{2m+1}^{2m+1} - 1}{c_{2m+1} - 1} \geq \frac{|c_{2m+1}|^{2m+1}}{|x_5 - 1|} > \frac{\big(1 + \tfrac{1}{2}\varepsilon\big)^{2m+1}}{|x_5 - 1|}.$$

Es wäre also $\lim_{m\to\infty} g_{2m+1}\big(x_{2m+1} + \tfrac{1}{2}\varepsilon\big) = \infty$ im Widerspruch zu $|g_{2m+1}\big(x_{2m+1} + \tfrac{1}{2}\varepsilon\big)| < 1 - \ln 2$. $\bullet$

b) Bei geradem $n = 2m \geq 2$ ist $x^n - 1 > 0$ und $x - 1 < -2$, falls $x < -1$. Daher ist in diesem Fall $g'_n(x) < 0$ und g_n streng monoton fallend für $x < -1$. Da, wie eingangs gezeigt, g_n für $x \geq -1$ monoton wachsend ist, hat g_n in -1 ein globales Minimum. g_{2m} hat somit keine Nullstelle wegen

$$g_{2m}(-1) = 1 + \sum_{k=1}^{2m} \frac{(-1)^k}{k} = \sum_{j=1}^{m-1}\Big(\frac{1}{2j} - \frac{1}{2j+1}\Big) + \frac{1}{2m} > 0 \qquad \bullet$$

c), d) Für $x \in \mathbb{R}_+$ gilt $g''_n(x) = \Big(\sum_{k=0}^{n-1} x^k\Big)' = \sum_{k=1}^{n-1} k x^{k-1} \geq 0$, d.h. g_n ist auf $\mathbb{R}_+$ nach Korollar 14.C.5 konvex. Aus $g''_n(x) = \Big(\frac{x^n - 1}{x - 1}\Big)' = \frac{nx^{n-1}(x-1) - x^n + 1}{(x-1)^2} = \frac{(n-1)x^n - nx^{n-1} + 1}{(x-1)^2}$ sieht man, dass g''_n bei $x < 0$ und geradem n positiv ist, da dann alle Summanden im Zähler dieses Bruches positiv sind. Bei geradem n ist g_n also auf ganz $\mathbb{R}$ konvex.

Sei nun $n \geq 3$ ungerade. Der Zähler $(n-1)x^n - nx^{n-1} + 1$ von g_n'' hat in 0 den Wert $1 > 0$, in -1 den Wert $-2(n-1) < 0$ und seine Ableitung $n(n-1)x^{n-1}(x-1)$ ist für $x < 0$ negativ. Daher ist er auf $]-\infty, 0]$ streng monoton fallend und besitzt dort genau eine Nullstelle w_n, die im Intervall $[-1, 0]$ liegt. Der Nenner $(x-1)^2$ ist in $]-\infty, 0]$ stets positiv. Insgesamt ist also $g_n'' \leq 0$ auf $]-\infty, w_n]$ und daher g_n dort konkav. Auf $[w_n, \infty]$ ist $g_n'' \geq 0$ und daher g_n dort konvex.   •

e) Da g_n in den Fällen $n = 3, 5, 7$ im Intervall $[-2, -1]$ konkav und monoton wachsend ist, wählen wir stets den linken Intervallrand als Startwert $x_0 := -2$ des Newton-Verfahrens. Wir geben die Werte $x_n^{(i)}$ der entstehenden Newton-Folgen an, bis sie im Rahmen der Rechengenauigkeit stationär werden, sowie für den jeweils letzten Wert die zugehörige Fehlerschranke gemäß Satz 14.D.1. Es ist $|x_n^{(i)} - x_n| \leq S_n^{(i)} := |g_n(x_n^{(i)})/ \mathrm{Min}(g_n'(-2), g_n'(-1))| = |g_n(x_n^{(i)})|$. Wir rechnen mit 10 Stellen und wiederholen den Startwert -2 nicht.

$$x_3^{(1)} = -1{,}444444444, \quad x_3^{(2)} = -1{,}197298802, \quad x_3^{(3)} = -1{,}154704947,$$
$$x_3^{(4)} = -1{,}153653474, \quad x_3^{(5)} = -1{,}153652859, \quad x_3^{(6)} = -1{,}153652859;$$

$$x_5^{(1)} = -1{,}630303030, \quad x_5^{(2)} = -1{,}360682678, \quad x_5^{(3)} = -1{,}214570738,$$
$$x_5^{(4)} = -1{,}178828954, \quad x_5^{(5)} = -1{,}177119297, \quad x_5^{(6)} = -1{,}177115652;$$

$$x_7^{(1)} = -1{,}728239203, \quad x_7^{(2)} = -1{,}499403494, \quad x_7^{(3)} = -1{,}320491405,$$
$$x_7^{(4)} = -1{,}211577300, \quad x_7^{(5)} = -1{,}177625197, \quad x_7^{(6)} = -1{,}175027926,$$
$$x_7^{(7)} = -1{,}175014180, \quad x_7^{(8)} = -1{,}175014180, \quad x_7^{(9)} = -1{,}175014180.$$

Dabei ist $S_3^{(6)} \approx 2{,}5 \cdot 10^{-13}$, $S_5^{(6)} \approx 2{,}5 \cdot 10^{-11}$ und $S_7^{(7)} \approx 7{,}2 \cdot 10^{-10}$.

Bei der Berechnung der Nullstelle w_n von $f_n(x) := (n-1)x^n - nx^{n-1} + 1$ behandeln wir nur den Fall $n = 7$. Es ist $f_7(-1) = -12$ und $f_7(-0{,}5) = 0{,}84375$, d.h. w_7 liegt im Intervall $[-1, -0{,}5]$. Da f_7 in $[-1, -0{,}5]$ monoton fallend und konkav ist, wählen wir den linken Randpunkt des Intervalls als Startwert $w_7^{(0)} = -1$. Wir geben die Werte $w_7^{(1)}, \ldots, w_7^{(6)}$ der entstehenden Newton-Folge an:

$$w_7^{(1)} = -0{,}857142857, \quad w_7^{(2)} = -0{,}751415046, \quad w_7^{(3)} = -0{,}690604486,$$
$$w_7^{(4)} = -0{,}671872975, \quad w_7^{(5)} = -0{,}670341561, \quad w_7^{(6)} = -0{,}670332048.$$

Die Fehlerabschätzung ergibt $|w_7^{(6)} - w_7| \leq s_7^{(6)} := |f_7(w_7^{(6)})/ \mathrm{Min}\,(f_7'(-1), f_7'(-0{,}5))| = |f_7(w_7^{(6)})/1{,}968750| \approx 1{,}8 \cdot 10^{-9}$.   •

Aufgabe 4 (14.D, Aufg. 8) *Für $n \in \mathbb{N}^*$ sei $g_n : \mathbb{R} \to \mathbb{R}$ die Polynomfunktion*

$$g_n(x) := 1 + \frac{x}{1!} + \frac{x^2}{2!} + \cdots + \frac{x^n}{n!}.$$

a) *Für gerades n hat g_n keine Nullstelle.*

b) *Für ungerades n ist g_n streng monoton wachsend und besitzt genau eine Nullstelle x_n. Es ist $-n \leq x_n \leq -1$ und $x_{n+2} < x_n$. Außerdem ist $\lim x_{2m+1} = -\infty$.*

c) *Für gerades n ist g_n konvex.*

d) *Für ungerades $n \geq 3$ ist g_n in $]-\infty, x_{n-2}]$ konkav und in $[x_{n-2}, \infty[$ konvex.*

e) *Man berechne die Nullstelle x_7 aus b) mit dem Newton-Verfahren bis auf einen Fehler $\leq 10^{-6}$.*

Lösung Offenbar gilt $g_n' = g_{n-1}$ für alle $n \geq 1$. Für $x \geq 0$ ist offenbar $g(x) > 0$. Daher ist auch die Hilfsfunktion $h_n(x) := g_n(x)\, e^{-x}$ für $x > 0$ positiv. Ihre Ableitung ist

$$h'_n(x) := g'_n(x)\, e^{-x} - g_n(x)\, e^{-x} = \left(g_{n-1} - g_n(x)\right) e^{-x} = -\frac{x^n}{n!}\, e^{-x}.$$

a) Sei zunächst n gerade. Dann folgt also $h'_n(x) \le 0$ für alle $x \in \mathbb{R}$, d.h. h_n ist monoton fallend und hat daher für negative x erst recht positive Werte. Insbesondere hat h also sicher keine Nullstelle. Da die Werte der e-Funktion überall positiv sind, gilt dies auch für g_n. •

b) Sei nun $n = 2m+1$ ungerade. Dann ist $g'_n = g_{2m}$ überall positiv und somit g_n streng monoton wachsend. Daher kann g_n höchstens eine Nullstelle haben. Offenbar ist $g_1(-1) = 0$. Bei $n \ge 3$, also $m \ge 1$, gilt

$$g(-n) = \sum_{k=0}^{n} \frac{(-n)^k}{k!} = \sum_{\ell=0}^{m} \frac{n^{2\ell}}{(2\ell)!}\left(1 - \frac{n}{2\ell+1}\right) = \sum_{\ell=0}^{m} \frac{n^{2\ell}}{(2\ell)!} \cdot \frac{2(\ell-m)}{2\ell+1} < 0\,,$$

$$g(-1) = \sum_{k=0}^{n} \frac{(-1)^k}{k!} = \sum_{\ell=0}^{m} \frac{1}{(2\ell)!}\left(1 - \frac{1}{2\ell+1}\right) = \sum_{\ell=0}^{m} \frac{1}{(2\ell)!} \cdot \frac{2\ell}{2\ell+1} > 0\,.$$

Nach dem Zwischenwertsatz besitzt g_n bei $n = 2m+1$ also eine Nullstelle x_n im Intervall $]-n\,,\,-1[$. Wegen $g_{n+2}(x) = g_n(x) + \frac{x^{n+1}}{(n+1)!}\left(1 + \frac{x}{n+2}\right)$ und $g_n(x_n) = 0$ sowie $x_n > -n$ ist

$$g_{n+2}(x_n) = \frac{x_n^{2m+2}}{(n+1)!}\left(1 + \frac{x_n}{n+2}\right) > \frac{x_n^{2m+2}}{(n+1)!}\left(1 - \frac{n}{n+2}\right) > 0\,.$$

Da g_{n+2} streng monoton wachsend ist, muss x_n also größer sein als die Nullstelle x_{n+2} von g_{n+2}. Die Folge (x_{2m+1}) dieser Nullstellen ist daher streng monoton fallend. Angenommen, sie sei durch ein $c \in \mathbb{R}$ nach unten beschränkt. Wegen $\lim_{n\to\infty} g_n(c) = e^c$ gibt es ein n_0 mit $|e^c - g_n(c)| < \frac{1}{2}e^c$, also mit $0 < \frac{1}{2}e^c < g_n(c)$ für (alle) $n \ge n_0$. Da $g_n(x_n) = 0$ ist und g_n streng monoton wachsend, müsste dafür $x_{2m+1} = x_n < c$ sein. Widerspruch! Es folgt $\lim_{n\to\infty} x_n = -\infty$. •

c) Bei geradem n ist auch $n-2$ gerade und $g''_n = g_{n-2}$ hat deshalb nach a) keine Nullstelle. Da $g_n(0) = 1 > 0$ ist, muss g''_n nach dem Zwischwertsatz überall positiv sein und Korollar 14.C.5 liefert die Konvexität von g_n. •

d) Sei n ungerade. Dann ist auch $n-2$ ungerade, und g_{n-2} hat nach b) eine einzige Nullstelle x_{n-2} und ist monoton wachsend. In $]-\infty, x_{n-2}[$ ist daher $g''_n = g_{n-2}$ negativ, d.h. g_n konkav, und in $]x_{n-2}, \infty[$ ist $g''_n = g_{n-2}$ positiv, d.h. g_n konvex. •

e) Es ist $g_7(-3) = -1/14 < 0$ und $g_7(0) = 1$. Die Nullstelle liegt also im Intervall $[-3, 0]$ und g_7 ist dort streng monoton wachsend und konkav. Wir verwenden also den Startwert $x_0 = -2$ und erhalten die Newton-Folge

$$x^{(1)} := -2{,}802955665, \quad x^{(2)} := -2{,}760496227, \quad x^{(3)} := -2{,}759004425,$$

$$x^{(4)} := -2{,}759002710, \quad x^{(5)} := -2{,}759002710\,.$$

Der Fehler lässt sich für x_5 durch $|g_7(x_5)/\operatorname{Min}(g'_7(-3)\,,\,g'_7(-2))| \le 6 \cdot 10^{-11}$ abschätzen. •

‡**Aufgabe 5** (14.D, Aufg. 9) **a)** *Sei $\alpha \in \mathbb{R}$, $0 < \alpha < 1$, fest. Für jedes $n \in \mathbb{N}$ sei $g_n : \mathbb{R} \to \mathbb{R}$ die Funktion*

$$g_n(x) := 1 + \frac{x}{1!} + \frac{x^2}{2!} + \cdots + \frac{x^n}{n!} - \alpha e^x\,.$$

b) *Für jedes n hat g_n genau eine positive Nullstelle x_n. (In jeder positiven Nullstelle von g_n ist die Ableitung $g'_n = g_{n-1} = g_n - x^n/n!$ negativ. Dabei sei $g_{-1} := -\alpha e^x$.) Es ist $x_n < x_{n+1}$ und $\lim x_n = \infty$.*

c) *Für gerades n hat g_n keine negative Nullstelle. (Man schließe im Intervall $]-\infty, 0]$ wie bei Aufgabe 4a).) Für jedes ungerade n ist g_n in $]-\infty, 0]$ streng monoton steigend und besitzt genau eine negative Nullstelle y_n. Es ist $y_{n+2} < y_n$ und $\lim y_{2m+1} = -\infty$.*

d) *Für ungerades n besitzt g_n genau ein lokales Extremum, und zwar in x_{n-1}. Dabei handelt es sich um das globale Maximum von g_n.*

e) *Für gerades $n \geq 2$ besitzt g_n genau zwei lokale Extrema, und zwar ein lokales Minimum in y_{n-1} und ein lokales Maximum in x_{n-1}.*

f) *Für ungerades $n \geq 3$ ist g_n in $]-\infty, y_{n-2}]$ konkav, in $[y_{n-2}, x_{n-2}]$ konvex und in $[x_{n-2}, \infty[$ konkav. Für gerades $n \geq 2$ ist g_n in $]-\infty, x_{n-2}]$ konvex und in $[x_{n-2}, \infty[$ konkav.*

g) *Man berechne mit dem Newton-Verfahren die Werte x_n aus Teil a) und bei ungeradem n die Werte y_n aus Teil b) für $0 \leq n \leq 9$ und $\alpha = 0,01; \; 0,05; \; 0,1; \; 0,5$.*

Aufgabe 6 a) *Die Funktion $f : \mathbb{R} \to \mathbb{R}$ mit $f(x) := e^x - x^{2n}$ besitzt für $n \in \mathbb{N}$, $n \geq 2$, genau drei reelle Nullstellen.*

b) *Die Funktion $g : \mathbb{R} \to \mathbb{R}$ mit $g(x) := e^x - x^{2n+1}$ besitzt für $n \in \mathbb{N}$, $n \geq 1$, genau zwei reelle Nullstellen.*

c) *Man berechne sämtliche Nullstellen von $f(x) := e^x - x^4$ und $g(x) := e^x - x^3$ mit dem Newton-Verfahren.*

Lösung a) Wegen $\lim\limits_{x \to -\infty} f(x) = -\infty$, $f(0) = 1 > 0$, $f(4) = e^4 - 4^{2n} \leq e^4 - 4^4 < 0$ und und $\lim\limits_{x \to \infty} e^x / x^{2n} = \infty$, also $\lim\limits_{x \to \infty} f(x) = \infty$, hat f nach dem Zwischenwertsatz mindestens drei Nullstellen. Genau dann ist x_0 eine Nullstelle von f, wenn die Hilfsfunktion $h(x) := x^{2n} e^{-x}$ an der Stelle x_0 den Wert 1 hat. Da die Ableitung $h'(x) = (2n - x) x^{2n-1} e^{-x}$ von h nur die beiden Nullstellen 0 und $2n$ hat, kann h somit nach dem Satz von Rolle höchstens an drei Stellen den Wert 1 haben.   •

b) Wegen $g(x) > 0$ für $x \leq 0$, $g(3) = e^3 - 3^{2n+1} < e^3 - 3^3 < 0$ und $\lim\limits_{x \to \infty} e^x / x^{2n+1} = \infty$, also $\lim\limits_{n \to \infty} g(x) = \infty$, hat g nach dem Zwischenwertsatz mindestens zwei Nullstellen, die alle positiv sein müssen. Genau dann ist x_0 eine Nullstelle von g, wenn die Hilfsfunktion $H(x) := x^{2n+1} e^{-x}$ an der Stelle x_0 den Wert 1 hat. Da die Ableitung $H'(x) = (2n+1-x) x^{2n} e^{-x}$ nur die eine positive Nullstelle $2n+1$ hat, kann H nach dem Satz von Rolle aber höchstens an zwei positiven Stellen den Wert 1 haben.   •

c) Wegen $f(-1) = e^{-1} - 1 < 0$, $f(0) = 1 > 0$, $f(2) = -8,6109439 < 0$, $f(9) = 1542,0839 > 0$ liegen die Nullstellen von f in den Intervallen $[-1, 0]$, $[0, 2]$ bzw. $[2, 9]$. Die ersten Glieder der drei Newton-Folgen mit den Startwerten -1, 2 bzw. 9 sind

$$-1, \quad -0,855279761, \quad -0,817730774, \quad -0,815560244, \quad -0,815553419, \quad -0,815553419;$$

$$2, \quad 1,650117284, \quad 1,477256490, \quad 1,432453483, \quad 1,429622711, \quad 1,429611825;$$

$$9, \quad 8,702706964, \quad 8,619024328, \quad 8,613196156, \quad 8,613169457, \quad 8,613169456.$$

Die Nullstellen von f sind also $-0,8155534188$; $1,429611825$ und $8,613169456$.

Wegen $g(0) = 1 > 0$, $g(2) = -0,6109439 < 0$, $g(5) = 23,413 > 0$ liegen die Nullstellen von g in den Intervallen $[0, 2]$ und $[2, 5]$. Die ersten Glieder der Newton-Folgen mit den Startwerten 2 bzw. 5 sind

$$2, \quad 1,867501337, \quad 1,857247007, \quad 1,857183863, \quad 1,857183860, \quad 1,857183860;$$

$$5, \quad 4,681076807, \quad 4,555042672, \quad 4,536758988, \quad 4,536403787, \quad 4,536403655.$$

Die Nullstellen von g sind also $1,857183860$ und $4,536403655$.   •

14.E Differenzieren von Funktionenfolgen

Aufgabe 1 (14.E, Aufg. 1) (Weierstraßscher Approximationssatz für differenzierbare Funktionen) **a)** *Sei* $f : [a, b] \to \mathbb{R}$ *eine n-mal stetig differenzierbare Funktion. Dann gibt es eine Folge von Polynomfunktionen, deren k-te Ableitungen für* $k = 0, \ldots, n$ *gleichmäßig gegen die k-te Ableitung von* f *konvergieren.*

b) *Sei* $f : [a, b] \to \mathbb{R}$ *eine unendlich oft differenzierbare Funktion. Dann gibt es eine Folge von Polynomfunktionen, deren k-te Ableitungen für jedes* $k \in \mathbb{N}$ *gleichmäßig gegen die k-te Ableitung von* f *konvergieren.*

c) *Die Aussagen* a) *und* b) *gelten für beliebige Intervalle in* $\mathbb{R}$, *wenn die gleichmäßige Konvergenz durch die lokal gleichmäßige Konvergenz ersetzt wird.*

Lösung a) Nach dem Weierstraßschen Approximationssatz 12.A.14 ist die n-te Ableitung $f^{(n)}$ von f Grenzfunktion einer auf $[a, b]$ gleichmäßig konvergenten Folge von Polynomen. Zu vorgegebenem $\varepsilon > 0$ gibt es also ein Polynom $P_\varepsilon(x) = \sum_{j=0}^{n_\varepsilon} a_j x^j \in \mathbb{R}[x]$, das sich von $f^{(n)}$ auf $[a, b]$ um höchstens ε unterscheidet, also mit $\| P_\varepsilon - f^{(n)} \|_{[a,b]} \leq \varepsilon$. Dann hat das Polynom
$$Q_\varepsilon(x) := \sum_{j=0}^{n_\varepsilon} \frac{a_j}{j+1} (x^{j+1} - a^{j+1}) + f^{(n-1)}(a) \text{ die Eigenschaften } Q'_\varepsilon = P_\varepsilon \text{ und } Q_\varepsilon(a) = f^{(n-1)}(a).$$
Zu jedem $x \in [a, b]$ gibt es nach dem Mittelwertsatz ein $c \in [a, x] \subseteq [a, b]$ mit
$$|Q_\varepsilon(x) - f^{(n-1)}(x)| = |(Q_\varepsilon - f^{(n-1)})(x) - (Q_\varepsilon - f^{(n-1)})(a)| = |(P_\varepsilon - f^{(n)})(c)| \, |x - a| \leq \varepsilon \, |b - a|,$$
d.h. wir haben $\| Q_\varepsilon - f^{(n-1)} \|_{[a,b]} \leq \varepsilon |b - a|$. In dieser Weise fortfahrend erhält man der Reihe nach Polynome $Q_{\varepsilon, n-1} := Q_\varepsilon, \ldots, Q_{\varepsilon, k}, \ldots, Q_{\varepsilon, 0}$ mit $\| Q_{\varepsilon, k} - f^{(k)} \|_{[a,b]} \leq \varepsilon \| b - a \|^{n-k}$ und $Q_{\varepsilon, k}^{(n-k)} = P_\varepsilon$ für $k = n-1, \ldots, 0$. Bei $|b - a| \leq 1$ ist $\| Q_{\varepsilon, k} - f^{(k)} \|_{[a,b]} \leq \varepsilon$ für alle k, bei $|b - a| > 1$ erreicht man dies für alle k, indem man mit $\varepsilon / |b - a|^n < \varepsilon$ statt mit ε startet. Damit ist $F := Q_{\varepsilon, 0}$ ein Polynom mit der Eigenschaft, dass $\| F^{(k)} - f^{(k)} \|_{[a,b]} \leq \varepsilon$ gilt für $k = 0, \ldots, n$. Setzt man nun $F_m := Q_{1/m, 0}$ für $m \in \mathbb{N}^*$, so ist (F_m) eine Folge von Polynomen derart, dass $(F_m^{(k)})$ für $k = 0, \ldots, n$ auf $[a, b]$ gleichmäßig gegen $f^{(k)}$ konvergiert. (Natürlich hätte man hier auch direkt mit Satz 14.E.1 schließen können.) •

b) Da f unendlich oft differenzierbar ist, gibt es nach dem unter a) Gezeigten zu jedem $n \in \mathbb{N}^*$ ein Polynom F_n mit $\| F_n^{(k)} - f^{(k)} \|_{[a,b]} \leq 1/n$ für $k = 0, \ldots, n$. Dann hat die Folge (F_n) von Polynomfunktionen die geforderten Eigenschaften. Ist nämlich $k \in \mathbb{N}$ und ist $\varepsilon > 0$ vorgegeben, so wählen wir ein $n_0 \in \mathbb{N}$ mit $1/n_0 \leq \varepsilon$ und $n_0 \geq k$. Für alle $n \geq n_0$ gilt dann $\| F_n^{(k)} - f^{(k)} \|_{[a,b]} \leq 1/n \leq 1/n_0 \leq \varepsilon$, d.h. die Folge $(F_n^{(k)})$ konvergiert gleichmäßig gegen $f^{(k)}$. •

c) Sei zunächst f eine n-mal differenzierbare Funktion auf $\mathbb{R}$. Nach dem unter a) Gezeigten gibt es zu jedem $m \in \mathbb{N}^*$ ein Polynom F_m mit $\| F_m^{(k)} - f^{(k)} \|_{[-m,m]} \leq 1/m$ für $k = 0, \ldots, n$. Dann hat die Folge (F_m) von Polynomfunktionen die geforderten Eigenschaften. Ist nämlich $a \in \mathbb{R}$ ein Punkt und ist $k \in \mathbb{N}$ mit $0 \leq k \leq n$, so wählen wir ein $m_0 \in \mathbb{N}$, $m_0 \geq k$, mit $|a| < m_0$. Dann ist $[-m_0, m_0]$ eine Umgebung von a, und es genügt zu zeigen, dass die Folge $(F_m^{(k)})$ auf $[-m_0, m_0]$ gleichmäßig gegen $f^{(k)}$ konvergiert. Sei dazu $\varepsilon > 0$ vorgegeben, und sei $n_0 \in \mathbb{N}$ mit $n_0 \geq m_0$ und $1/n_0 \leq \varepsilon$. Für alle $m \geq n_0$ gilt dann $\| F_m^{(k)} - f^{(k)} \|_{[-m_0, m_0]} \leq \| F_m^{(k)} - f^{(k)} \|_{[-m, m]} \leq 1/m \leq 1/n_0 \leq \varepsilon$, d.h. die Folge $(F_n^{(k)})$ konvergiert auf $[-m_0, m_0]$ gleichmäßig gegen $f^{(k)}$.

Ist f unendlich oft differenzierbar, so wählen wir gemäß a) für jedes $m \in \mathbb{N}^*$ ein Polynom F_m mit $\| F_m^{(k)} - f^{(k)} \|_{[-m,m]} \leq 1/m$ für $k = 0, \ldots, m$. Dann sieht man genau wie gerade ein, dass für jedes $k \in \mathbb{N}$ die Folge $(F_m^{(k)})$ auf $\mathbb{R}$ lokal gleichmäßig gegen $f^{(k)}$ konvergiert. •

In der nächsten Aufgabe werden so genannte Dirichlet-Reihen $f(s) = \sum\limits_{n=1}^{\infty} a_n n^{-s}$, $a_n \in \mathbb{C}$, in weitgehender Analogie zu den Potenzreihen diskutiert. Die Folge $n \mapsto a_n$, $n \in \mathbb{N}^*$, der Koeffizienten nennt man in diesem Kontext auch eine zahlentheoretische Funktion.

Aufgabe 3 (14.E, Aufg. 2) **a)** *Konvergiert die Reihe $f(s) = \sum\limits_{n=1}^{\infty} a_n n^{-s}$ im Punkt $s = s_0 \in \mathbb{C}$, so auch gleichmäßig auf jedem Winkelbereich $s_0 + W_\varphi$, $W_\varphi := \{s \in \mathbb{C} \mid |\text{Arg}\, s| \leq \varphi\}$, $0 < \varphi < \pi/2$.*

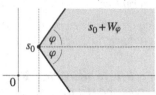

Es gibt ein $\alpha \in \overline{\mathbb{R}} = \mathbb{R} \cup \{\pm\infty\}$, die so genannte Konvergenzabszisse, mit folgender Eigenschaft: Für jedes $s \in \mathbb{C}$ mit $\text{Re}\, s > \alpha$ ist die Reihe $f(s)$ konvergent und für jedes $s \in \mathbb{C}$ mit $\text{Re}\, s < \alpha$ ist $f(s)$ divergent. Auf der Halbebene $\{s \in \mathbb{C} \mid \text{Re}\, s > \alpha\}$ (die sowohl $\emptyset$ als auch $\mathbb{C}$ sein kann) konvergiert die Reihe $f(s)$ lokal gleichmäßig. Die Konvergenzabszisse β der Dirichlet-Reihe $\sum |a_n| n^{-s}$ heißt die absolute Konvergenzabszisse oder die Summierbarkeitsabszisse von f. Für sie gilt $\alpha \leq \beta \leq \alpha+1$. (Eine Dirichlet-Reihe mit $\alpha < \infty$ heißt konvergent.)

b) *Die Reihen $f(s) := \sum\limits_{n=1}^{\infty} a_n n^{-s}$ und $g(s) := -\sum\limits_{n=1}^{\infty} a_n n^{-s} \ln n$ haben gleiche Konvergenzabszissen α bzw. α'. Ist $\alpha \, (= \alpha') < \infty$, so ist die Funktion $f(s)$ für $\text{Re}\, s > \alpha$ komplex-differenzierbar mit Ableitung $f'(s) = g(s)$.* (Konvergente Dirichlet-Reihen darf man gliedweise differenzieren!)

c) *Die Summierbarkeitsabszissen der Dirichlet-Reihen $f(s) := \sum\limits_{n=1}^{\infty} a_n n^{-s}$ und $h(s) := \sum\limits_{n=1}^{\infty} b_n n^{-s}$ seien β bzw. γ. Die Dirichlet-Reihe $(f*h)(s) = \sum\limits_{n=1}^{\infty} c_n n^{-s}$ mit $c_n := \sum\limits_{k\ell=n} a_k b_\ell$, $n \in \mathbb{N}^*$, hat eine Summierbarkeitsabszisse $\leq \text{Max}\,(\beta, \gamma)$. Für $\text{Re}\, s > \text{Max}\,(\beta, \gamma)$ gilt $(f*h)(s) = f(s)\,h(s)$.* (Die Reihe $f*h$ heißt die (Dirichletsche) Faltung der Reihen f und h. Sie ist auch für nicht konvergente Reihen definiert. *Die Faltung ist offenbar kommutativ und assoziativ sowie distributiv über +, d.h. es ist $(f+g)*h = f*h + g*h$ für beliebige Dirichlet-Reihen f, g, h.*)

d) *Für die konvergente Dirichlet-Reihe $f(s) = \sum\limits_{n=1}^{\infty} a_n n^{-s}$ sei $a_n = 0$ für $n < m$ und $a_m \neq 0$. Dann gilt für $\text{Re}\, s \to \infty$ die asymptotische Darstellung $f(s) \sim a_m m^{-s}$. Insbesondere ist $\lim f(s) = a_1$ für $\text{Re}\, s \to \infty$, und es gibt ein $\sigma_0 \in \mathbb{R}$ mit $f(s) \neq 0$ für $\text{Re}\, s > \sigma_0$. Man folgere: Sind $f(s) = \sum\limits_{n=1}^{\infty} a_n n^{-s}$ und $g(s) = \sum\limits_{n=1}^{\infty} b_n n^{-s}$ konvergente Dirichlet-Reihen und gilt $f(s_i) = g(s_i)$ für eine Folge $s_i \in \mathbb{C}$, $i \in \mathbb{N}$, mit $\lim \text{Re}\, s_i = \infty$, so ist $a_n = b_n$ für alle $n \in \mathbb{N}^*$* (Identitätssatz für Dirichlet-Reihen).

e) *Ist $f(s) = \sum\limits_{n=1}^{\infty} a_n n^{-s}$ eine konvergente Dirichlet-Reihe mit $a_n \in \mathbb{R}_+$ für (fast) alle $n \in \mathbb{N}^*$ und Konvergenzabszisse $\alpha \in \mathbb{R}$, so besitzt f keine analytische Fortsetzung in den Punkt α.*

Lösung a) Wegen $f(s) = \sum\limits_{n=1}^{\infty} \tilde{a}_n n^{-(s-s_0)}$, $\tilde{a}_n := a_n n^{-s_0}$, können wir $s_0 = 0$ annehmen. Für $s \in W_\varphi - \{0\}$, $s = |s|\,e^{\mathrm{i}\psi}$, $|\psi| \leq \varphi$, gilt $|s|/\text{Re}\, s = |s|/|s|\cos\psi \leq 1/\cos\varphi$. Wir verwenden nun Abelsche partielle Summation 6.A.20 und erhalten für $n \geq m \geq 1$ mit $A_k := \sum\limits_{j=m}^{k} a_j$, $k \geq m$,

$$\left| \sum_{k=m}^{n} a_k k^{-s} \right| = \left| \sum_{k=m}^{n-1} A_k \left(k^{-s} - (k+1)^{-s} \right) + A_n n^{-s} \right| \leq \sum_{k=m}^{n-1} |A_k| \, |(k^{-s} - (k+1)^{-s}| + |A_n| \, |n^{-s}| \, .$$

Es ist $|k^{-s} - (k+1)^{-s}| \leq \left(|s| / \operatorname{Re} s \right) \left(k^{-\operatorname{Re} s} - (k+1)^{-\operatorname{Re} s} \right) \leq \left(k^{-\operatorname{Re} s} - (k+1)^{-\operatorname{Re} s} \right) / \cos \varphi$ nach 16.B, Aufgabe 10. Wegen der vorausgesetzten Konvergenz der Reihe $\sum a_n$ gibt es zu vorgegebenem $\varepsilon > 0$ ein n_0 mit $|A_k| \leq \varepsilon$ für alle $k \geq m$, falls $m \geq n_0$ ist. Für $m \geq n_0$ ergibt sich

$$\left| \sum_{k=m}^{n} a_k k^{-s} \right| \leq \frac{\varepsilon}{\cos \varphi} \sum_{k=m}^{n-1} \left(k^{-\operatorname{Re} s} - (k+1)^{-\operatorname{Re} s} \right) + \varepsilon \, n^{-\operatorname{Re} s} \leq \frac{\varepsilon}{\cos \varphi} \, m^{-\operatorname{Re} s} \leq \frac{\varepsilon}{\cos \varphi} \, ,$$

und das Cauchysche Kriterium 12.A.2 liefert die behauptete gleichmäßige Konvergenz auf W_φ. Insbesondere konvergiert die Dirichlet-Reihe $\sum a_n n^{-s}$ für $\operatorname{Re} s > \operatorname{Re} s_0$.

Wir definieren die Konvergenzabszisse α *als das Infimum in* $\overline{\mathbb{R}}$ *der reellen Zahlen* $\operatorname{Re} s_0$, *wobei die Reihe* $f(s)$ *im Punkt* $s_0 \in \mathbb{C}$ *konvergiert.* Nach dem Bewiesenen hat α offenbar die geforderten Eigenschaften.

Für $\operatorname{Re} s > \beta$ konvergiert die Ausgangsreihe $f(s)$ absolut. Es ist also $\alpha \leq \beta$. Ist andererseits $s \in \,]\alpha + 1, \infty[$ und $s = s_1 + s_2$ mit $s_1 > \alpha$ und $s_2 > 1$, so ist $|a_n| n^{-s} = |a_n| n^{-s_1} n^{-s_2}$ und die Reihe $\sum_{n=1}^{\infty} |a_n| \, n^{-s}$ folglich konvergent. Denn $\left(|a_n| n^{-s_1} \right)_{n \in \mathbb{N}^*}$ ist eine Nullfolge, da die Reihe $\sum_{n=1}^{\infty} a_n \, n^{-s_1}$ konvergiert, und überdies ist $\sum_{n=1}^{\infty} n^{-s_2} = \zeta(s_2) < \infty$. •

Die Reihe $\sum_{n=1}^{\infty} (-1)^{n-1} n^{-s} = (1 - 2^{1-s}) \zeta(s)$ beispielsweise hat die Konvergenzabszisse 0 und die Summierbarkeitsabszisse 1. (Zu dieser Reihe siehe 6.A, Aufgabe 19.)

b) Die Reihe $- \sum_{n=1}^{\infty} a_n n^{-s} \ln n$ wird aus der Reihe $\sum_{n=1}^{\infty} a_n n^{-s}$ durch gliedweises Differenzieren gewonnen. Für $s, s' \in \mathbb{R}$ mit $\alpha < s' < s$ und $\sigma := s - s'$ ist $\sum_{n=1}^{\infty} a_n n^{-s} \ln n = \sum_{n=1}^{\infty} a_n n^{-s'} n^{-\sigma} \ln n$. Die Folge $n^{-\sigma} \ln n$, $n \in \mathbb{N}^*$, ist eine ab $\lceil e^{1/\sigma} \rceil$ monoton fallende Nullfolge. (Die Ableitung $(1 - \sigma \ln x) x^{-\sigma-1}$ der Funktion $x^{-\sigma} \ln x$ ist für $x > e^{1/\sigma}$ negativ.) Nach Voraussetzung konvergiert die Reihe $\sum_{n=1}^{\infty} a_n n^{-s'}$ und daher auch die Reihe $\sum_{n=1}^{\infty} a_n n^{-s} \ln n$ nach dem Dirichletschen Konvergenzkriterium 6.A.22. Ihre Konvergenzabszisse α' ist somit $\leq \alpha$. Konvergiert umgekehrt die Reihe $\sum_{n=1}^{\infty} a_n n^{-s} \ln n$ für ein $s \in \mathbb{C}$, so konvergiert auch die Reihe $\sum_{n=1}^{\infty} a_n n^{-s}$ – wieder nach 6.A.22 –, und es ist $\alpha' \geq \alpha$. Da Dirichlet-Reihen in der durch ihre Konvergenzabszisse definierten rechten Halbebene lokal gleichmäßig konvergieren, folgt die Behauptung mit 14.E.1. •

Bemerkung Die Aussage in b) ist ein Spezialfall des in Bemerkung 14.E.2 bewiesenen Satzes, dass die aus einer lokal gleichmäßig konvergenten Folge f_n, $n \in \mathbb{N}$, von komplex-analytischen Funktionen auf einem Gebiet $G \subseteq \mathbb{C}$ durch Ableiten gewonnene Folge f_n', $n \in \mathbb{N}$, wieder lokal gleichmäßig auf G konvergiert und dass auch die Grenzfunktion $f := \lim_n f_n$ komplex-analytisch ist mit Ableitung $f' = \lim_n f_n'$. *Insbesondere definiert eine Dirichlet-Reihe* $\sum_n a_n n^{-s}$ *mit Konvergenzabszisse* $\alpha < \infty$ *auf der Halbebene* $\operatorname{Re} s > \alpha$ *eine komplex-analytische Funktion mit Ableitung* $- \sum_n a_n n^{-s} \ln n$.

c) Sei $\operatorname{Re} s > \operatorname{Max}(\beta, \gamma)$. Nach Definition sind dann die Familien $(a_n n^{-s})_{n \in \mathbb{N}^*}$ und $(b_n n^{-s})_{n \in \mathbb{N}^*}$ summierbar. Mit dem Großen Distributivgesetz 6.B.13 und dem Großen Umordnungssatz 6.B.11 erhält man die Summierbarkeit von $\sum_{k\ell=n} a_k k^{-s} b_\ell \ell^{-s} = \left(\sum_{k\ell=n} a_k b_\ell \right) n^{-s} = c_n n^{-s}$, $n \in \mathbb{N}^*$, sowie

$$f(s)\,h(s) = \Big(\sum_{n\in\mathbb{N}^*} a_n n^{-s}\Big)\Big(\sum_{n\in\mathbb{N}^*} b_n n^{-s}\Big) = \sum_{(k,\ell)\in\mathbb{N}^*\times\mathbb{N}^*} a_k b_\ell (k\ell)^{-s} = \sum_{n\in\mathbb{N}^*}\Big(\sum_{k\ell=n} a_k b_\ell\Big) n^{-s} = (f*h)(s). \quad\bullet$$

d) Wir können $a_m = 1$ annehmen. Sei α die Konvergenzabszisse von f und $\sigma_1 \in \mathbb{R}$ mit $\sigma_1 > \alpha$. Wegen der Konvergenz von $\sum_{n=1}^{\infty} a_n n^{-\sigma_1}$ gibt es ein $C > 0$ mit $|a_n|\,n^{-\sigma_1} \le C$. Für $\mathrm{Re}\,s \ge \sigma_1$ ist dann

$$|m^s f(s) - 1| \le \sum_{n=m+1}^{\infty} |a_n|\Big(\frac{n}{m}\Big)^{-\mathrm{Re}\,s} = \sum_{n=m+1}^{\infty} |a_n|\Big(\frac{n}{m}\Big)^{-\sigma_1}\Big(\frac{n}{m}\Big)^{-(\mathrm{Re}\,s-\sigma_1)} \le m^{\sigma_1} C \sum_{n=m+1}^{\infty} \Big(\frac{n}{m}\Big)^{-(\mathrm{Re}\,s-\sigma_1)}.$$

$\sigma \mapsto \big(\frac{n}{m}\big)^{-\sigma}$ ist monoton fallend wegen $\frac{n}{m} \ge 1$. Es genügt also zu zeigen: Zu jedem $\varepsilon > 0$ gibt es ein $\sigma \in \mathbb{R}$ mit $\sum_{n=m+1}^{\infty}\big(\frac{m}{n}\big)^\sigma = \big(\frac{m}{m+1}\big)^\sigma \sum_{n=m+1}^{\infty}\big(\frac{m+1}{n}\big)^\sigma \le \varepsilon$. Wir wählen $\sigma_2 > 1$. Für $\sigma \ge \sigma_2$ gilt $\sum_{n=m+1}^{\infty}\big(\frac{m+1}{n}\big)^\sigma \le \sum_{n=m+1}^{\infty}\big(\frac{m+1}{n}\big)^{\sigma_2} = (m+1)^{\sigma_2}\sum_{n=m+1}^{\infty} n^{-\sigma_2} \le (m+1)^{\sigma_2}\zeta(\sigma_2) =: D < \infty$. Wegen $\big(\frac{m}{m+1}\big)^\sigma \to 0$ für $\sigma \to \infty$ gibt es nun ein $\sigma \ge \sigma_2$ mit $\big(\frac{m}{m+1}\big)^\sigma \le \varepsilon/D$. – Zum Beweis des Identitätssatzes wende man das Bewiesene auf die konvergente Dirichlet-Reihe $h(s) := f(s) - g(s) = \sum_{n=1}^{\infty}(a_n - b_n)\,n^{-s}$ an. Es ist $h(s_i) = 0$ für die Folge (s_i) mit $\mathrm{Re}\,s_i \to \infty$, also $a_n - b_n = 0$, $n \in \mathbb{N}^*$. $\bullet$

Bemerkung Im Allgemeinen gibt es bei $f \ne 0$ aber keine konvergente Dirichlet-Reihe $g(s)$ mit $1/f(s) = g(s)$ für $\mathrm{Re}\,s$ groß genug, wie schon die trivialen Beispiele $f(s) = m^{-s}$, $m \ge 2$, zeigen. Existiert aber ein solches $g(s) = \sum_{n=1}^{\infty} b_n n^{-s}$, so ist nach c) notwendigerweise $f*g = 1$, also $a_1 b_1 = 1$ und $0 = \sum_{d|n} a_d b_{n/d} = a_1 b_n + \sum_{d>1} a_d b_{n/d}$ für $n \ge 2$, woraus sich *bei* $a_1 \ne 0$ die b_n rekursiv berechnen lassen. *Ist umgekehrt $a_1 \ne 0$, so gibt es eine konvergente Dirichlet-Reihe $g(s)$ mit $1/f(s) = g(s)$ für $\mathrm{Re}\,s$ genügend groß.* Zum **Beweis** können wir $a_1 = 1$ annehmen. Wegen $\psi(\sigma) := \sum_{n\ge2} |a_n| n^{-\sigma} \to 0$ für $\sigma \in \mathbb{R}$, $\sigma \to \infty$, vgl. Teil c), gibt es ein $\sigma_3 \in \mathbb{R}$ mit $\psi(\sigma) \le \psi(\sigma_3) < 1$ für $\sigma \ge \sigma_3$. Für $k \in \mathbb{N}^*$ ist $\big(\sum_{n\ge2} a_n n^{-s}\big)^k = \sum_{n\ge2} b_{n,k} n^{-s}$ mit $b_{n,k} = 0$ für $2k > n$. (Die Dirichlet-Reihe $\sum_{n\ge2} b_{n,k} n^{-s}$ ist die k-fache Faltung von $f - 1$ mit sich selbst.) Wegen $\sum_{n\ge2} |b_{n,k}| n^{-\sigma} \le \psi^k(\sigma)$ sind die Familien $b_{n,k} n^{-s}$, $(n,k) \in (\mathbb{N}^* - \{1\}) \times \mathbb{N}^*$, für $\mathrm{Re}\,s \ge \sigma_3$ summierbar, und wir erhalten dafür mit dem Großen Umordnungssatz 6.B.11

$$\frac{1}{f(s)} = \frac{1}{1-\big(1-f(s)\big)} = \sum_{k=0}^{\infty}\big(1-f(s)\big)^k = 1 + \sum_{k=1}^{\infty}(-1)^k\Big(\sum_{n=2}^{\infty} a_n n^{-s}\Big)^k =$$

$$= 1 + \sum_{k=1}^{\infty}\sum_{n=2}^{\infty}(-1)^k b_{n,k} n^{-s} = 1 + \sum_{n=2}^{\infty}\sum_{k=1}^{\infty}(-1)^k b_{n,k} n^{-s} = 1 + \sum_{n=2}^{\infty} b_n n^{-s}, \quad b_n := \sum_{k=1}^{[n/2]}(-1)^k b_{n,k}. \quad\bullet$$

Zum Beispiel gilt $1/\zeta(s) = \mathrm{M}(s) := \sum_{n=1}^{\infty} \mu(n)\,n^{-s}$ für $\mathrm{Re}\,s > 1$, wobei μ die Möbius-Funktion ist. Die Gleichung $\mathrm{M}*\zeta = 1$ haben wir schon im Rahmen von 6.B, Aufgabe 6 bewiesen. Die Reihe $(\zeta*f)(s) = \sum_{n=1}^{\infty} A_n n^{-s}$, $A_n = \sum_{d|n} a_d$, heißt die **Summatorreihe** $\mathrm{S}(f)$ zu f. Aus ihr gewinnt man f zurück mittels $f = \mathrm{M}*\zeta*f = \mathrm{M}*\mathrm{S}(f)$, also $a_n = \sum_{d|n} \mu(d)\,A_{n/d} = \sum_{H\subseteq P_n}(-1)^{|H|} A_{n/p^H}$, $n \in \mathbb{N}^*$, wobei P_n die Menge der Primteiler von n ist und $p^H = \prod_{p\in H} p$ für $H \subseteq P_n$. Man nennt diese Formel die **Möbiussche Umkehrformel**, vgl. 6.B, Aufg. 8d) und 9.

e) Zum Begriff der analytischen Fortsetzung verweisen wir auf 12.D, Aufgabe 5. Wir können ohne Einschränkung $\alpha = 0$ annehmen. Gäbe es nun eine analytische Fortsetzung von f in den Punkt $\alpha = 0$, so gäbe es eine Potenzreihe $P(s) = \sum_{k=0}^{\infty} c_k s^k$ mit Konvergenzradius $\geq 4r > 0$, deren Werte auf dem Halbkreis $|s| < 4r$, $\operatorname{Re} s > 0$ mit denen von f übereinstimmen. Die Potenzreihenentwicklung von P um r ist daher dieselbe wie die Potenzreihenentwicklung $f(s) = \sum_{k=0}^{\infty} \frac{f^{(k)}(r)}{k!}(s-r)^k$ von f um r und hat nach 12.C.3 einen Konvergenzradius $\geq 3r$, konvergiert also für $s = -r$. Nach Teil b) gilt $f^{(k)}(r) = (-1)^k \sum_{n=1}^{\infty} a_n (\ln n)^k n^{-r}$, und für $P(-r)$ ergibt sich

$$\sum_{k=0}^{\infty} \frac{f^{(k)}(r)}{k!}(-2r)^k = \sum_{k=0}^{\infty} \left(\sum_{n=1}^{\infty} \frac{a_n(\ln n)^k n^{-r}}{k!} \right)(2r)^k = \sum_{n=1}^{\infty} a_n \left(\sum_{k=0}^{\infty} \frac{(2r \ln n)^k}{k!} \right) n^{-r} = \sum_{n=1}^{\infty} a_n n^r$$

wegen $\sum_{k=0}^{\infty} \frac{(2r \ln n)^k}{k!} = \exp(2r \ln n) = n^{2r}$. Die Summationen durften nach dem Großen Umordnungssatz 6.B.11 vertauscht werden, da alle Glieder wegen $a_n \geq 0$ nichtnegativ sind. Die Reihe $\sum a_n n^{-s}$ konvergiert also noch für $s = -r$ im Widerspruch dazu, dass ihre Konvergenzabszisse (= Summationsabszisse) gleich 0 ist. $\quad\bullet$

Aufgabe 4 (14.E, Aufg. 4) *Im Folgenden sei $n \in \mathbb{N}$, $n \geq 2$. B_j, $j \in \mathbb{N}$, sind die Bernoullischen Zahlen* (vgl. Beispiel 12.E.7), *ferner ist $\mathbb{Z}^* = \mathbb{Z} - \{0\}$.*

a) *Die Familie $(z-k)^{-n}$, $k \in \mathbb{Z}$, ist auf $\mathbb{C} - \mathbb{Z}$ lokal gleichmäßig summierbar. Für $H_n(z) := \sum_{k\in\mathbb{Z}}(z-k)^{-n}$ gilt $H_n(-z) = (-1)^n H_n(z)$ und $H_n(z+1) = H_n(z)$. Ferner ist H_n (komplex-) differenzierbar mit $H'_n = -n H_{n+1}$. Ist $c > 0$, so ist H_n für $|\operatorname{Im} z| \geq c$ beschränkt.*

b) *H_n ist komplex-analytisch auf $\mathbb{C} - \mathbb{Z}$. Es gilt die Potenzreihenentwicklung*

$$H_2(z) = z^{-2} + 2 \sum_{\ell=0}^{\infty} (2\ell+1)\zeta(2(\ell+1)) z^{2\ell}, \quad 0 < |z| < 1.$$

c) *Es ist $H_2(z) = \pi^2 / \sin^2(\pi z) = -\pi^2 \cot'(\pi z)$ (womit nach a) alle $H_n = (-1)^n (n-1)! \, H_2^{(n-2)}$, $n \geq 2$, bestimmt sind). Mit der Potenzreihe $z \cot z = \sum_{\ell=0}^{\infty} (-1)^\ell B_{2\ell} 2^{2\ell} z^{2\ell}$ (vgl. Beispiel 12.E.7) folgere man*

$$\zeta(2\ell) = (-1)^{\ell-1} B_{2\ell} \frac{2^{2\ell}\pi^{2\ell}}{2(2\ell)!}, \quad \ell \in \mathbb{N}^*.$$

d) *Die Familie $(z-k)^{-1} + k^{-1}$, $k \in \mathbb{Z}^*$, ist auf $\mathbb{C} - \mathbb{Z}^*$ lokal gleichmäßig summierbar. Für $H_1(z) := z^{-1} + \sum_{k\in\mathbb{Z}^*}\left((z-k)^{-1} + k^{-1}\right) = z^{-1} + 2z \sum_{k\in\mathbb{N}^*}(z^2-k^2)^{-1}$ gilt $H_1(-z) = -H_1(z)$ sowie $H'_1 = -H_2$ auf $\mathbb{C} - \mathbb{Z}$. Es ist $H_1(z) = \pi \cot(\pi z)$ mit der Potenzreihenentwicklung*

$$H_1(z) = z^{-1} - 2\sum_{\ell=0}^{\infty} \zeta(2(\ell+1)) z^{2\ell+1}, \quad 0 < |z| < 1.$$

Lösung a) Sei $m \in \mathbb{N}$. Für $z \in \mathbb{C}$ und $k \in \mathbb{Z}$ mit $|z| \leq m < |k|$ ist $|z-k| \geq |k| - |z| \geq |k| - m$. Es folgt $\sum_{|k|>m} |z-k|^{-n} \leq \sum_{|k|>m}(|k|-m)^{-n} = 2\sum_{\ell\in\mathbb{N}^*}\ell^{-n} < \infty$. Nach dem Weierstraßschen M-Test 12.A.6 ist $(z-k)^{-n}$, $k \in \mathbb{Z}$, also auf $\overline{\mathrm{B}}_{\mathbb{C}}(0\,;m)\cap(\mathbb{C}-\mathbb{Z})$ gleichmäßig summierbar. Die Gleichung $H_n(z) = H_n(z+1)$ ist trivial, ebenso

$$H_n(-z) := \sum_{k\in\mathbb{Z}}(-z-k)^{-n} = (-1)^n \sum_{k\in\mathbb{Z}}(z+k)^{-n} = (-1)^n \sum_{k\in\mathbb{Z}}(z-k)^{-n} = (-1)^n H_n(z).$$

Nach Satz 14.E.4 ist H_n differenzierbar mit $H_n' = \sum\limits_{k\in\mathbb{Z}} \left((z-k)^{-n}\right)' = -n\sum\limits_{k\in\mathbb{Z}}(z-k)^{-(n+1)} = -nH_{n+1}$.

Für $|\operatorname{Re}z| \le \frac{1}{2}$ und $|\operatorname{Im}z| \ge c > 0$ ist $|z-k| \ge |k| - \frac{1}{2}$, $k\in\mathbb{Z}^*$, und $|z| \ge c$, also $|H_n(z)| \le$
$c^{-n} + \sum\limits_{k\in\mathbb{Z}^*}\left(|k| - \frac{1}{2}\right)^{-n} < \infty$. Wegen $H_n(z) = H_n(z+1)$ gilt dies dann für alle z mit $|\operatorname{Im}z| \ge c$. •

b) H_n ist komplex-analytisch, da *die Summe einer lokal gleichmäßig summierbaren Familie komplex-analytischer Funktionen stets wieder komplex-analytisch ist,* vgl. Bemerkung 14.E.2. Wir können dies auch leicht direkt zeigen: Wegen $H_n' = -nH_{n+1}$, $n\ge 2$, genügt es nach 13.B.1 den Fall $n=2$ zu behandeln. Sei $a\in\mathbb{C}-\mathbb{Z}$ und $|z-a| < d \le |k-a|$ für alle $k\in\mathbb{Z}$. Dann ist

$$H_2(z) = \sum_{k\in\mathbb{Z}}(k-z)^{-2} = \sum_{k\in\mathbb{Z}}(k-a)^{-2}\left(1 - \frac{z-a}{k-a}\right)^{-2} = \sum_{k\in\mathbb{Z}}(k-a)^{-2}\sum_{\ell\in\mathbb{N}}(\ell+1)\left(\frac{z-a}{k-a}\right)^{\ell} = \sum_{\ell\in\mathbb{N}}b_\ell(z-a)^\ell$$

mit $b_\ell := (\ell+1)\sum\limits_{k\in\mathbb{Z}}(k-a)^{-(\ell+2)}$. Die Vertauschung der Summationen ist hier nach dem Großen Umordnungssatz 6.B.11 und Lemma 6.B.12 erlaubt wegen

$$\sum_{k\in\mathbb{Z}}|k-a|^{-2}\sum_{\ell\in\mathbb{N}}(\ell+1)\left|\frac{z-a}{k-a}\right|^\ell = \sum_{k\in\mathbb{Z}}|k-a|^{-2}\left(1 - \left|\frac{z-a}{k-a}\right|\right)^{-2} = \sum_{k\in\mathbb{Z}}\left(|k-a| - |z-a|\right)^{-2} < \infty.$$

Für $a=0$ und $0 < |z| < 1$ ergibt sich analog (es ist $b_{2\ell+1}^* = 0$, $\ell\in\mathbb{N}$, wegen $H_2(z) = H_2(-z)$)

$$H_2(z) - z^{-2} = \sum_{k\in\mathbb{Z}^*}(k-z)^{-2} = \sum_{\ell\in\mathbb{N}}b_{2\ell}^* z^{2\ell}, \quad b_{2\ell}^* := (2\ell+1)\sum_{k\in\mathbb{Z}^*}k^{-2(\ell+1)} = 2(2\ell+1)\zeta(2(\ell+1)). •$$

c) Wegen $\sin\left(\pi(z+1)\right) = -\sin(\pi z)$ ist $E(z) := \pi^2/\sin^2(\pi z)$ wie $H_2(z)$ periodisch mit der Periode 1. Ferner ist $E(z)$ für $|\operatorname{Im}z| \ge c > 0$ wegen $|E(z)| = \pi^2/\left(\sin^2(\pi\operatorname{Re}z) + \sinh^2(\pi\operatorname{Im}z)\right) \le \pi^2/\sinh^2(\pi c)$ beschränkt, vgl. 12.E, Aufgabe 5. Da $E(z) - z^{-2}$ wie $H_2(z) - z^{-2}$ in einer Umgebung von 0 komplex-analytisch ist, gilt dies auch für $H_2(z) - E(z) = \left(H_2(z) - z^{-2}\right) - \left(E(z) - z^{-2}\right)$. Wegen der Periodizität ist dann $H_2 - E$ auf ganz $\mathbb{C}$ (und nicht nur auf $\mathbb{C}-\mathbb{Z}$) komplex-analytisch und überdies nach a) dort beschränkt, da dies auf dem kompakten Rechteck $|\operatorname{Re}z| \le \frac{1}{2}$, $|\operatorname{Im}z| \le c$ und damit auf dem Streifen $|\operatorname{Im}z| \le c$ schon aus Stetigkeitsgründen gilt. Nach dem Satz von Liouville aus 12.D, Aufgabe 6b) ist $H_2 - E$ also konstant. Diese Konstante ist 0 wegen $\lim H_2(\mathrm{i}y) = \lim E(\mathrm{i}y) = 0$ für $y\to\infty$. Somit ist $H_2 = E$. Mit $\cot'z = -1/\sin^2 z$ ergibt sich $E = -\pi^2\cot'(\pi z) = H_2$. Aus $\cot'z = -z^{-2} + \sum\limits_{\ell=1}^{\infty}(-1)^\ell 2^{2\ell}(2\ell-1)B_{2\ell}z^{2\ell-2}$,

also $-\pi^2\cot'(\pi z) = z^{-2} + \sum\limits_{\ell=1}^{\infty}(-1)^{\ell-1}2^{2\ell}\pi^{2\ell}(2\ell-1)B_{2\ell}z^{2\ell-2}$, folgt durch Koeffizientenvergleich mit der Reihe für H_2 aus b) die angegebene Formel für die Werte $\zeta(2\ell)$, $\ell\in\mathbb{N}^*$. •

d) Die lokal gleichmäßige Summierbarkeit der Familie $(z-k)^{-1} + k^{-1}$, $k\in\mathbb{Z}^*$, auf $\mathbb{C}-\mathbb{Z}^*$ ergibt sich mit Satz 14.E.4, da die Familie der Ableitungen $-(z-k)^{-2}$, $k\in\mathbb{Z}^*$, nach a) lokal gleichmäßig summierbar ist und die Familie selbst im Punkt 0 konvergiert (mit Summe 0). (Man beweist die lokal gleichmäßige Summierbarkeit auch leicht direkt.) $H_1(z) = z^{-1} + \sum\limits_{k\in\mathbb{Z}^*}\left((z-k)^{-1} + k^{-1}\right) = z^{-1} + 2z\sum\limits_{k\in\mathbb{N}^*}(z^2-k^2)^{-1}$ ist also eine komplex-analytische Funktion auf $\mathbb{C}-\mathbb{Z}$ mit Ableitung $H_1' = -H_2 = \pi^2\cot'(\pi z)$, vgl. c). H_1 ist offensichtlich ungerade: $H_1(-z) = -H_1(z)$. H_1 und $\pi\cot(\pi z)$ haben dieselbe Ableitung und somit konstante Differenz. Da diese Differenz zudem ungerade ist, verschwindet sie identisch. Es folgt $H_1 = \pi\cot(\pi z)$. Die Reihenentwicklung von $\pi\cot(\pi z) - z^{-1} = H_1(z) - z^{-1}$ für $0 < |z| < 1$ ergibt sich mit der geometrischen Reihe zu

$$-2z\sum_{k\in\mathbb{N}^*}\frac{1}{k^2-z^2} = -2z\sum_{k\in\mathbb{N}^*}\frac{1}{k^2}\left(1 - \left(\frac{z}{k}\right)^2\right)^{-1} = -2\sum_{k\in\mathbb{N}^*}\sum_{\ell\in\mathbb{N}}\frac{z^{2\ell+1}}{k^{2(\ell+1)}} = -2\sum_{\ell\in\mathbb{N}}\zeta(2(\ell+1))z^{2\ell+1}! •$$

Bemerkungen (1) Die Gleichung $H_1 = \pi \cot(\pi z)$ heißt die Partialbruchzerlegung des Kotangens. Sie folgt auch aus der Darstellung $\sin(\pi z) = \pi z \prod_{k=1}^{\infty} \left(1 - \dfrac{z^2}{k^2}\right)$ in Beispiel 12.A.13, da $\pi \cot(\pi z)$ die logarithmische Ableitung von $\sin(\pi z)$ ist. Einen Beweis mit Fourier-Reihen findet man in LdM 2, 19.C, Aufg. 7. Eine weitere Variante liefert Bemerkung (3) unten.

(2) Wegen $\cot' z = -(1 + \cot^2 z)$ erfüllt die Funktion $H_1 = \pi \cot(\pi z)$ die Differenzialgleichung $-H_1' = \pi^2 + H_1^2$. Mit der Potenzreihenentwicklung für H_1 aus d) ergibt sich

$$\frac{1}{z^2} + 2\sum_{\ell=0}^{\infty} (2\ell+1)\zeta\big(2(\ell+1)\big) z^{2\ell} = \pi^2 + \frac{1}{z^2} - 4\sum_{\ell=0}^{\infty} \zeta\big(2(\ell+1)\big) z^{2\ell} + 4z^2 \Big(\sum_{\ell=0}^{\infty} \zeta\big(2(\ell+1)\big) z^{2\ell}\Big)^2$$

und damit durch Koeffizientenvergleich die folgende Rekursion für die Werte $\zeta(2\ell)$:

$$\zeta(2) = \frac{\pi^2}{6}, \quad \zeta\big(2(\ell+1)\big) = \frac{2}{2\ell+3} \sum_{m=1}^{\ell} \zeta(2m)\, \zeta\big(2(\ell+1-m)\big), \quad \ell \geq 1.$$

Es ist also $\zeta(2) = \pi^2/6$, $\zeta(4) = 2\zeta^2(2)/5 = \pi^4/90$, $\zeta(6) = 4\zeta(2)\,\zeta(4)/7 = \pi^6/945$ usw.

(3) Es ist interessant, die Differenzialgleichung $H_1' = -6\zeta(2) - H_1^2$ direkt *ohne Rückgriff auf den Kotangens* zu beweisen. Sie liefert dann umgekehrt die Darstellung $H_1(z) = \pi \cot(\pi z)$. Die Funktion $H := H_1' + 6\zeta(2) + H_1^2$ ist – wie die Potenzreihenentwicklungen um 0 zeigen – im Nullpunkt komplex-analytisch mit dem Wert 0. Um $H \equiv 0$ zu beweisen, genügt es wiederum nach dem Satz von Liouville aus 12.D, Aufgabe 6b) zu verifizieren, dass H_1 wie $H_1' = -H_2$ sowohl periodisch mit Periode 1 als auch für $|\operatorname{Im} z| \geq c > 0$ beschränkt ist, denn dann ist H auf ganz $\mathbb{C}$ komplex-analytisch und beschränkt. Die Periodizität folgt daraus, dass die Funktionen $H_1(z)$ und $H_1(z+1)$ dieselben Ableitungen $-H_2(z) = -H_2(z+1)$ haben und dass darüber hinaus $H_1(-\tfrac{1}{2}) = -H_1(\tfrac{1}{2}) = H_1(\tfrac{1}{2}) = H_1(-\tfrac{1}{2}+1)$ ist wegen $H_1(\tfrac{1}{2}) = 2 - \sum_{k=1}^{\infty} \dfrac{4}{4k^2-1} = 0$, vgl. 6.A, Aufgabe 8. Für die Beschränktheit von $H_1(z)$, $z = x + iy$, $x, y \in \mathbb{R}$, bei $|y| \geq c$ können wir wegen der Periodizität zunächst annehmen, dass $|x| \leq \tfrac{1}{2}$ ist und dann sogar $x = 0$ wegen

$$\sum_{k\in\mathbb{Z}^*} |(z-k)^{-1} - (iy-k)^{-1}| = |x| \sum_{k\in\mathbb{Z}^*} |z-k|^{-1}|iy-k|^{-1} \leq \sum_{k\in\mathbb{N}^*} \big(k-\tfrac{1}{2}\big)^{-1} k^{-1} < \infty.$$

Bei $y \geq c$ ist aber

$$\sum_{k\in\mathbb{N}^*} \frac{y}{y^2+k^2} = \sum_{\ell\in\mathbb{N}} \Big(\sum_{\ell y \leq k < (\ell+1)y} \frac{y}{y^2+k^2}\Big) \leq \sum_{\ell\in\mathbb{N}} \frac{(y+1)y}{y^2(1+\ell^2)} \leq \sum_{\ell\in\mathbb{N}} \frac{1+c^{-1}}{1+\ell^2} < \infty.$$

(Im Nachhinein ist $2\sum_{k\in\mathbb{N}^*} \dfrac{y}{y^2+k^2} = iH_1(iy) - y^{-1} = i\pi\cot(i\pi y) - y^{-1} = \pi\coth(\pi y) - y^{-1}$.)

Setzen wir $\tilde{\pi} := (6\zeta(2))^{1/2}$, so folgt aus der Differenzialgleichung $H_1' = -\tilde{\pi}^2 - H_1^2$ für $x \in {]0,1[}$ wegen $H_1(\tfrac{1}{2}) = 0$ die Gleichung (siehe auch Satz 19.A.3)

$$\int_0^{H_1(x)} \frac{dt}{\tilde{\pi}^2+t^2} = -\int_{1/2}^{x} dx = \tfrac{1}{2} - x \quad \text{oder} \quad \int_0^{H_1(x)/\tilde{\pi}} \frac{d\tau}{1+\tau^2} = \tilde{\pi}\left(\tfrac{1}{2} - x\right).$$

Für $x \to 0+$ ergibt sich $\int_0^{\infty} \dfrac{d\tau}{1+\tau^2} = \dfrac{\tilde{\pi}}{2}$ wegen $\lim_{x\to 0+} H_1(x) = \infty$. Wählt man $\int_0^{\infty} \dfrac{d\tau}{1+\tau^2}$ als Definition von $\dfrac{\pi}{2}$, was wegen $\int_0^{y} \dfrac{d\tau}{1+\tau^2} = \arctan y$ und $\tan x = \dfrac{\sin x}{\cos x}$ mit der Definition von $\dfrac{\pi}{2}$ als kleinster positiver Nullstelle von $\cos x$, d.h. mit $\lim_{x\to\pi/2-} \tan x = \infty$ äquivalent ist, vgl. 14.B.1, so ist $\tilde{\pi} = \pi = (6\zeta(2))^{1/2}$ und $\arctan\big(H_1(x)/\pi\big) = \pi(\tfrac{1}{2} - x)$, also $H_1(x) = \pi\tan\big(\pi(\tfrac{1}{2} - x)\big) = \pi\cot(\pi x)$. Nach dem Identitätssatz für analytische Funktionen gilt dies für alle $x \in \mathbb{C} - \mathbb{Z}$.

15 Approximation durch Polynome

15.A Die Taylor-Formel

Aufgabe 1 (15.A, Aufg. 1) *Sei $n \in \mathbb{N}^*$, und $f : I \to \mathbb{K}$ sei n-mal differenzierbar. Genau dann hat f in $a \in I$ eine Nullstelle der Ordnung $\geq n$, wenn $f(x) = (x-a)^n g(x)$ mit einer in a stetigen Funktion $g : I \to \mathbb{K}$ ist.*

Lösung Sei zunächst a eine Nullstelle der Ordnung $\geq n$ von f. Dann gilt $f^{(k)}(a) = 0$ für $k = 0, \ldots, n-1$. Wir definieren $g : I \to \mathbb{R}$ durch $g(a) := f^{(n)}(a)/n!$ und $g(x) := f(x)/(x-a)^n$ für $x \neq a$. Mit der Regel 14.A.11 von de l'Hôpital sieht man

$$\lim_{x \to a} g(x) = \lim_{x \to a} \frac{f(x)}{(x-a)^n} = \lim_{x \to a} \frac{f'(x)}{n(x-a)^{n-1}} = \cdots = \lim_{x \to a} \frac{f^{(n-1)}(x)}{n!(x-a)} = \frac{1}{n!} f^{(n)}(a) = g(a) \,,$$

d.h. g ist stetig in a.

Sei umgekehrt $f(x) = (x-a)^n g(x)$ mit der in a stetigen Funktion $g : I \to \mathbb{K}$. Wir verwenden Induktion über n. Im Fall $n = 1$ erhält man $f(a) = (a-a)g(a) = 0$. Beim Schluss von $n-1$ auf n liefert die Induktionsvoraussetzung wegen $f(x) = (x-a)^{n-1}\big((x-a)g(x)\big)$ mit der in a stetigen Funktion $(x-a)g(x)$ sofort $f^{(k)}(a) = 0$ für $k = 0, \ldots, n-2$. Da $f^{(n-1)}$ in a stetig ist, bekommt man wieder mit der Regel von de l'Hôpital

$$\lim_{x \to a} \frac{f(x)}{(x-a)^{n-1}} = \lim_{x \to a} \frac{f'(x)}{(n-1)(x-a)^{n-2}} = \cdots = \lim_{x \to a} \frac{f^{(n-1)}(x)}{(n-1)!} = \frac{f^{(n-1)}(a)}{(n-1)!} \,,$$

also $f^{(n-1)}(a) = (n-1)! \lim\limits_{x \to a} \dfrac{f(x)}{(x-a)^{n-1}} = (n-1)! \lim\limits_{x \to a}(x-a)\, g(x) = 0$.   ●

Aufgabe 2 (15.A, Aufg. 2a)) *Seien $m, n \in \mathbb{N}^*$, und $f, g : I \to \mathbb{K}$ seien Funktionen auf dem Intervall I. Ferner sei $a \in I$ eine Nullstelle von f der Ordnung $\geq m$ und von g der Ordnung $\geq n$. Dann hat $f + g$ in a eine Nullstelle der Ordnung $\geq \mathrm{Min}(m, n)$.*

Lösung Nach Aufgabe 1 gibt es in a stetige Funktionen $f_0, g_0 : I \to \mathbb{R}$ mit $f(x) = (x-a)^m f_0(x)$ und $g(x) = (x-a)^n g_0(x)$. Es folgt $(f+g)(x) = (x-a)^{\mathrm{Min}\,(m,n)} h(x)$ mit der in a stetigen Funktion $h(x) := (x-a)^{m-\mathrm{Min}\,(m,n)} f_0(x) + (x-a)^{n-\mathrm{Min}\,(m,n)} g_0(x)$, d.h. $f + g$ hat wieder nach Aufgabe 1 in a eine Nullstelle der Ordnung $\geq \mathrm{Min}\,(m, n)$.   ●

Aufgabe 3 (15.A, Aufg. 3) *Seien $m, n \in \mathbb{N}^*$ und $f : I \to \mathbb{R}$, $g : J \to \mathbb{K}$ Funktionen mit $f(I) \subseteq J$, die (mn)-mal differenzierbar sind. Ferner sei $a \in I$ eine Nullstelle der Ordnung $\geq m$ von f und $0 = f(a) \in J$ eine Nullstelle der Ordnung $\geq n$ von g. Dann hat $g \circ f$ in a eine Nullstelle der Ordnung $\geq mn$.*

Lösung Nach Aufgabe 1 gibt es eine in a stetige Funktion $f_0 : I \to \mathbb{R}$ mit der Eigenschaft $f(x) = (x-a)^m f_0(x)$ für alle $x \in I$ und eine in $f(a) = 0$ stetige Funktion $g_0 : J \to \mathbb{K}$ mit $g(y) = y^n g_0(y)$ für alle $y \in \mathbb{K}$. Es folgt $(g \circ f)(x) = (x-a)^{mn} h(x)$ mit der nach den Sätzen 10.B.6 und 10.B.8 in a stetigen Funktion $h(x) := \big(f_0(x)\big)^n g_0\big((x-a)^m f_0(x)\big)$. Da $g \circ f$ ebenfalls (mn)-mal differenzierbar ist, hat $g \circ f$ nach Aufgabe 1 in a eine Nullstelle der Ordnung $\geq mn$.●

‡**Aufgabe 4** (15.A, Aufg. 2b), c)) *Seien $m, n \in \mathbb{N}^*$ und $f, g : I \to \mathbb{K}$ Funktionen auf dem Intervall I.*

a) *Ist fg $(m + n)$-mal differenzierbar und haben f und g in a Nullstellen der Ordnungen $\geq m$ bzw. $\geq n$, so hat fg in a eine Nullstelle der Ordnung $\geq m + n$.*

b) *Ist fg $(m + n)$-mal und g n-mal differenzierbar, so hat g in a eine Nullstelle der Ordnung $\geq n$, falls fg in a eine Nullstelle der Ordnung $\geq m + n$ und f in a eine Nullstelle der Ordnung m haben.*

Aufgabe 5 (15.A, Aufg. 4) *Sei $f : \mathbb{R} \to \mathbb{R}$ eine Polynomfunktion vom Grad $n \geq 0$. Dann hat die Funktion $f(x) + e^x$ in $\mathbb{R}$ die Nullstellenordnung $\leq n + 1$. Ist der Leitkoeffizient von f positiv, so ist diese Nullstellenordnung sogar $\leq n$.*

Lösung Angenommen, die Nullstellenordnung von $f(x) + e^x$ sei $\geq n+2$. Nach dem Verallgemeinerten Satz von Rolle hätte dann die $(n+1)$-te Ableitung $f^{(n+1)}(x) + e^x = e^x$ von $f(x) + e^x$ noch eine Nullstelle in $\mathbb{R}$. Widerspruch! – Sei nun der Leitkoeffizient a_n von f positiv. Angenommen, die Nullstellenordnung von $f(x) + e^x$ sei $\geq n+1$. Nach dem Verallgemeinerten Satz von Rolle hätte dann die n-te Ableitung $f^{(n)}(x) + e^x = n! \, a_n + e^x$ von $f(x) + e^x$ noch eine Nullstelle in $\mathbb{R}$ im Widerspruch zu $n! \, a_n + e^x > a_n > 0$ für alle $x \in \mathbb{R}$. •

Aufgabe 6 (15.A, Aufg. 5) *Sei $n \in \mathbb{N}$, $n \geq 2$. Die Funktion $f : I \to \mathbb{R}$ sei in I $(n-1)$-mal differenzierbar, habe dort eine Nullstellenordnung $\geq n$ und mindestens zwei verschiedene Nullstellen. Dann hat $f^{(n-1)}$ noch wenigstens eine Nullstelle* im Inneren *von I.*

Lösung Wir zeigen durch Induktion über k, dass $f^{(k)}$ bei $k \leq n-2$ mindestens zwei verschiedene Nullstellen besitzt. Für $k = 0$ gilt das nach Voraussetzung. Beim Schluss von $k-1$ auf k hat $f^{(k-1)}$ nach dem Verallgemeinerten Satz von Rolle 15.A.2 in I eine Nullstellenordnung $\geq n-(k-1) \geq 3$, von denen nach Induktionsvoraussetzung mindestens zwei von einander verschieden sind. Sind sogar drei davon paarweise verschieden, so gibt es jeweils echt zwischen zwei benachbarten dieser Nullstellen nach dem gewöhnlichen Satz von Rolle 14.A.3 eine Nullstelle von $(f^{(k-1)})' = f^{(k)}$. Besitzt $f^{(k-1)}$ jedoch nur zwei verschiedene Nullstellen, so muss eine davon die Ordnung ≥ 2 haben und somit auch Nullstelle von $f^{(k)}$ sein. Außerdem gibt es dann nach Satz 14.A.3 noch eine Nullstelle von $f^{(k)}$ echt zwischen diesen beiden Nullstellen von $f^{(k-1)}$, also mindestens zwei verschiedene. Wieder nach Satz 14.A.3 gibt es nun echt zwischen den (mindestens) zwei verschiedenen Nullstellen von $f^{(n-2)}$ noch eine Nullstelle von $f^{(n-1)}$, die folglich im Inneren von I liegt. •

Aufgabe 7 (15.A, Aufg. 6) *Die Funktion $f : [a, b] \to \mathbb{R}$ sei n-mal differenzierbar, habe in a und b Nullstellen der Ordnung $\geq n$ und in $]a, b[$ weitere k verschiedene Nullstellen, $k \in \mathbb{N}$. Dann hat $f^{(n)}$ in $]a, b[$ wenigstens $n + k$ verschiedene Nullstellen.*

Lösung Seien $a_1, \ldots, a_k$ Nullstellen von f mit $a < a_1 < \cdots < a_k < b$. Da die Nullstellenordnung von f in a und b mindestens n ist, sind a und b auch Nullstellen der Ableitungen $f^{(j)}$ für $j = 1, \ldots, n-1$. Durch Induktion über j sieht man nun mit den gewöhnlichen Satz von Rolle 14.A.3 sofort, dass $f^{(j+1)}$ echt zwischen den mindestens $k + j$ verschiedenen Nullstellen von $f^{(j)}$ in $]a, b[$ sowie den Randpunkten a und b jeweils eine Nullstelle besitzen muss, also mindestens $k+j+1$ verschiedene in $]a, b[$. Für $j = n-1$ ist dies die Behauptung. •

Berücksichtigt man beim Lösen der folgenden Aufgabe, dass x_k bei $f(x_k) = 0$ und $0 < k < m$ eine lokale Extremstelle, also eine Nullstelle der Ordnung ≥ 2 von f sein muss, wenn f in $]x_{k-1}, x_{k+1}[$ keine weiteren Nullstelle besitzt, so erhält man leicht durch Induktion über m:

‡Aufgabe 8 (15.A, Aufg. 7) *Die Funktion $f : [x_0, x_m] \to \mathbb{R}$ sei zweimal differenzierbar. Für die Punkte $x_0, \ldots, x_m$ mit $x_0 < x_1 < \cdots < x_m$ gelte $(-1)^k f(x_k) \geq 0$, $k = 0, \ldots, m$. Dann hat f in $[x_0, x_m]$ eine Nullstellenordnung $\geq m$.*

Aufgabe 9 (15.A, Aufg. 8) *Sei $f : \mathbb{R} \to \mathbb{R}$ eine Polynomfunktion. Hat f keine Nullstellen in $\mathbb{C} - \mathbb{R}$, so gilt dies auch für alle Ableitungen $f^{(k)}$, $k \leq n := \mathrm{Grad}\, f$, von f.*

Lösung Die Nullstellenordnung von f in $\mathbb{C}$ ist nach dem Fundamentalsatz der Algebra, vgl. Satz 11.A.8, gleich n. Liegen alle diese Nullstellen in $\mathbb{R}$, so zeigt der Verallgemeinerte Satz von Rolle 15.A.2, dass die Nullstellenordnung von $f^{(k)}: \mathbb{R} \to \mathbb{R}$ dann $\geq n-k$ ist für $k \leq n-1$. Da der Grad der Polynomfunktion $f^{(k)}$ aber $n-k$ ist, kann die Nullstellenordnung von $f^{(k)}$ in $\mathbb{C}$ auch nicht größer sein als $n-k$. Alle $n-k$ Nullstellen von $f^{(k)}$ müssen also in $\mathbb{R}$ liegen. Da $f^{(n)}$ eine Konstante (ohne Nullstellen) ist, ist für $k = n$ nichts zu zeigen.   •

Aufgabe 10 (15.A, Aufg. 9) *Seien $a, b > 0$ und $f: \mathbb{R} \to \mathbb{R}$ die Polynomfunktion $x^n + ax^{n-1} - b$, $n \geq 2$.*

a) *Sei n gerade. Dann besitzt f genau zwei verschiedene reelle Nullstellen, die beide die Ordnung 1 haben.*

b) *Sei n ungerade. Ist $a^n(n-1)^{n-1} > bn^n$, so hat f genau drei verschiedene reelle Nullstellen, die alle die Ordnung 1 haben. Bei $a^n(n-1)^{n-1} = bn^n$ hat f eine reelle Nullstelle der Ordnung 1 und eine reelle Nullstelle der Ordnung 2. Ist schließlich $a^n(n-1)^{n-1} < bn^n$, so hat f genau eine reelle Nullstelle, und zwar der Ordnung 1.*

Lösung a) Da n gerade ist, ist $\lim_{n \to -\infty} f(x) = \infty = \lim_{n \to \infty} f(x)$. Wegen $f(0) = -b < 0$ besitzt f nach dem Zwischwertsatz wenigstens eine positive und eine negative Nullstelle. Sie sind Nullstellen der Ordnung 1, da die Nullstellen 0 und $-a(n-1)/n$ der Ableitung $f'(x) = nx^{n-1} + (n-1)ax^{n-2} = x^{n-2}\big(nx + a(n-1)\big)$ keine Nullstellen von f sind, wie man durch Einsetzen sofort bestätigt. Wegen $f'(x) > 0$ für $x > 0$ ist f auf $\mathbb{R}_+$ streng monoton wachsend, besitzt dort also keine weiteren Nullstellen. Besäße f wenigstens zwei negative Nullstellen, so müssten beide einfach sein und folglich f dort jeweils das Vorzeichen wechseln. Dies ist aber nur möglich, wenn f eine dritte negative Nullstelle besitzt. Nach dem Satz von Rolle müsste dann f' zwei verschiedene negative Nullstellen haben, was nicht der Fall ist.   •

b) Da n ungerade ist, ist $\lim_{n \to -\infty} f(x) = -\infty$ und $\lim_{n \to \infty} f(x) = \infty$. Wegen $f(0) = -b < 0$ besitzt f also wenigstens eine positive Nullstelle. Da die Nullstellen 0 und $-a(n-1)/n$ der Ableitung $f'(x) = nx^{n-1} + (n-1)ax^{n-2} = x^{n-2}\big(nx + a(n-1)\big)$ nicht positiv sind, handelt es sich um eine einfache Nullstelle. Im Punkt $-a(n-1)/n$ besitzt f ein lokales Minimum mit dem Wert $f\big(-\frac{a(n-1)}{n}\big) = -a^n \frac{(n-1)^n}{n^n} + a^n \frac{n^{n-1}}{n^{n-1}} - b = \frac{a^n(n-1)^{n-1} - bn^n}{n^n}$. Da f zwischen den Nullstellen von f' streng monoton ist, besitzt f also genau zwei negative Nullstellen, wenn dieser Wert positiv ist, d.h. bei $a^n(n-1)^{n-1} < bn^n$, und keine negative Nullstelle, wenn dieser Wert negativ ist, d.h. bei $a^n(n-1)^{n-1} > bn^n$. Im Fall $a^n(n-1)^{n-1} = bn^n$ schließlich ist $-a(n-1)/n$ Nullstelle von f und f', aber nicht von f'', also eine Nullstelle der Ordnung 2 von f.   •

‡**Aufgabe 11** (vgl. 15.A, Aufg. 10) *Seien $a, b > 0$ und $n \geq 2$. Ferner seien $f, g, h: \mathbb{R} \to \mathbb{R}$ die Polynomfunktionen $f(x) := x^n + ax - b$, $g(x) := x^n - ax^{n-1} + b$ und $h(x) := x^n - ax + b$.*

a) *f besitzt bei geradem n zwei Nullstellen und bei ungeradem n eine.*

b) *g besitzt bei geradem n null, eins oder zwei Nullstellen und bei ungeradem n eins, zwei oder drei Nullstellen je nachdem, ob $a^n(n-1)^{n-1}$ kleiner, gleich bzw. größer ist als $b^{n-1}n^n$.*

c) *h besitzt bei geradem n null, eins oder zwei Nullstellen und bei ungeradem n eins, zwei oder drei Nullstellen je nachdem, ob $a^n(n-1)^{n-1}$ kleiner, gleich bzw. größer ist als bn^n.*

‡**Aufgabe 12** (vgl. 15.A, Aufg. 11) *Die Polynomfunktion $x^3 + ax + b$, $a, b \in \mathbb{R}$, hat im Fall $4a^3 + 27b^2 > 0$ genau eine und im Fall $4a^3 + 27b^2 < 0$ genau drei verschiedene reelle Nullstellen. Was gilt bei $4a^3 + 27b^2 = 0$?*

Aufgabe 13 (15.A, Aufg. 22) (Descartessche Vorzeichenregel) *Die Anzahl der positiven Nullstellen (mit Vielfachheiten gerechnet) einer über $\mathbb{R}$ in Linearfaktoren zerfallenden Polynomfunktion* $f = a_0 + a_1 x + \cdots + a_{n-1} x^{n-1} + x^n \in \mathbb{R}[x]$ *ist gleich der Anzahl der Vorzeichenwechsel in der Folge* $a_0, a_1, \ldots, a_{n-1}, 1$. *Dabei liegt in einer Folge von 0 verschiedener reeller Zahlen* $\ldots, b_i, b_{i+1}, \ldots$ *an der Stelle* i *ein* Vorzeichenwechsel *vor, wenn* $b_i b_{i+1} < 0$ *ist. Die Vorzeichenwechsel in einer beliebigen Folge reeller Zahlen sind diejenigen in der Folge, die daraus durch Streichen der Nullen gewonnen wird.*

Lösung Wir verwenden Induktion über n. Im Fall $n = 1$ ist die einzige Nullstelle $-a_0$ der Polynomfunktion $a_0 + x$ genau dann positiv, wenn a_0 negativ ist, d.h. wenn die Koeffizientenfolge a_0, 1 einen Zeichenwechsel besitzt.

Beim Schluss von $n-1$ auf n nehmen wir zunächst an, dass $a_0 = f(0)$ gleich 0 ist. Dann hat die normierte Polynomfunktion $f(x)/x$ den Grad $n-1$, zerfällt wie f über $\mathbb{R}$ in Linearfaktoren und hat dieselben positiven Nullstellen wie f. Ihre Koeffizientenfolge geht aus der von f durch Streichen des ersten Gliedes $a_0 = 0$ hervor, hat also dieselbe Anzahl von Zeichenwechseln. Die Induktionsvoraussetzung, angewandt auf $f(x)/x$, liefert daher die Behauptung.

Sei nun $a_0 = f(0) \neq 0$. Wir wollen die Induktionsvoraussetzung auf die Polynomfunktion $f'(x) = a_1 + \cdots + k a_k x^{k-1} + \cdots + n x^{n-1}$ anwenden, bei der jeweils der Koeffizient von x^{k-1} dasselbe Vorzeichen hat wie bei f der Koeffizient von x^k. Die Anzahl der Zeichenwechsel in der Koeffizientenfolge von f' ist also gleich der Anzahl der Zeichenwechsel bei f, wenn a_0 dasselbe Vorzeichen hat wie das nächste nicht verschwindende Glied in der Koeffizientenfolge von f, und andernfalls um 1 kleiner. Da f über $\mathbb{R}$ in Linearfaktoren zerfällt, ist die Gesamtnullstellenordnung von f über $\mathbb{R}$ gleich n. Die Nullstellenordnung von f' ist nach dem Verallgemeinerten Satz von Rolle 15.A.3 $\geq n-1$ und dann aus Gradgründen gleich $n-1$. Daher zerfällt f' über $\mathbb{R}$ ebenfalls in Linearfaktoren. Die Nullstellen von f seien $x_1, \ldots, x_s$ mit $x_1 < \cdots < x_r < 0 < x_{r+1} < \cdots < x_s$ und ihre Vielfachheiten seien $n_1, \ldots, n_s$. Folglich besitzt f genau $v_f := n_{r+1} + \cdots + n_s$ positive Nullstellen. Die x_i sind Nullstellen von f' der Vielfachheiten $n_1 - 1, \ldots, n_s - 1$ (falls $n_i - 1 \geq 1$) und in jedem der $s-1$ Intervalle $[x_i, x_{i+1}]$ existiert nach dem gewöhnlichen Satz von Rolle noch eine weitere Nullstelle y_i von f'. Da die Nullstellenordnung von f' gleich $n-1$ ist, besitzt f' in $[x_i, x_{i+1}]$ nur die eine Nullstelle y_i und diese hat Ordnung 1.

Nehmen wir zunächst an, es sei $a_1 = f'(0) = 0$. Dann ist $y_r = 0$, und f' hat als positive Nullstellen nur $x_{r+1}, \ldots, x_s$ sowie $y_{r+1}, \ldots, y_s$, also $(n_{r+1}-1) + \cdots + (n_s-1) + (s-r-1) = v_f - 1$ insgesamt. Da $y_r = 0$ eine einfache Nullstelle von f' ist, ist dort $a_2 = \frac{1}{2} f''(0) \neq 0$, und das einzige lokale Extremum von f im Intervall $[x_r, x_{r+1}]$ liegt im Punkt 0. Bei $a_2 > 0$ handelt es sich um ein Minimum und folglich ist $a_0 < 0$, bei $a_2 > 0$ handelt es sich um ein Maximum und folglich ist $a_0 < 0$. In beiden Fällen ist $a_0 a_2 < 0$, und die Koeffizientenfolge von f' hat einen Zeichenwechsel weniger als die von f, was die Behauptung beweist.

Sei nun $a_1 = f'(0) \neq 0$. Im Fall $a_0 a_1 < 0$ hat die Koeffizientenfolge von f' wieder einen Zeichenwechsel weniger als die von f. Bei $a_0 = f(0) > 0$ ist dann $f'(0) < 0$ und f folglich in 0 monoton fallend. f besitzt in $[x_r, x_{r+1}]$ ein Maximum, das in einem negativen Punkt angenommen wird, und dieses muss y_r sein, die einzige Nullstelle von f' dort. Entsprechend ist bei $a_0 = f(0) < 0$ die einzige Minimumstelle y_r von f in $[x_r, x_{r+1}]$ kleiner als 0. In beiden Fällen besitzt f' eine positive Nullstelle weniger als f, und die Induktionsvoraussetzung liefert die Behauptung.

Im Fall $a_0 a_1 > 0$ hat die Koeffizientenfolge von f' gleich viel Zeichenwechsel wie die von f. Da f dann in 0 bei positivem a_0 monoton wachsend und bei negativem a_0 monoton fallend ist, muss die einzige Extremstelle y_r von f im Intervall $[x_r, x_{r+1}]$ positiv sein, und f' hat gleich viele positive Nullstellen wie f. Die Induktionsvoraussetzung liefert wieder die Behauptung. •

Mit ganz ähnlichen Überlegungen beweise man durch Induktion über $m - n$:

‡**Aufgabe 14** (15.A, Aufg. 23) *Die Polynomfunktion $a_m x^m + \cdots + a_n x^n \in \mathbb{R}[x]$ mit $m \leq n$ und $a_m \neq 0 \neq a_n$ zerfalle über $\mathbb{R}$ in Linearfaktoren. Dann können in der Folge $a_m, \ldots, a_n$ nicht zwei benachbarte Glieder gleichzeitig verschwinden.*

Aufgabe 15 (15.A, Aufg. 24) *Eine Polynomfunktion der Gestalt $a_0 + a_s x^s + \cdots \in \mathbb{C}[x]$ mit $a_0 \neq 0 \neq a_s$, $s \geq 1$, hat wenigstens s paarweise verschiedene Nullstellen in $\mathbb{C}$.*

Lösung Seien $x_1, \ldots, x_r$ die paarweise verschiedenen Nullstellen der angegebenen Polynomfunktion f in $\mathbb{C}$, und seien $n_1, \ldots, x_r$ die zugehörigen Vielfachheiten. Nach dem Fundamentalsatz der Algebra, vgl. 11.A.8, gilt dann $n_1 + \cdots + n_r = \operatorname{Grad} f$. Nun sind $x_1, \ldots, x_r$ Nullstellen der Ableitung $f'(x) = s a_s x^{s-1} + \cdots +$ mit den Vielfachheiten $n_1 - 1, \ldots, n_r - 1$ (die eventuell 0 sein können), ferner ist 0 eine weitere Nullstelle von f' der Vielfachheit $\geq s - 1$. Es folgt $\operatorname{Grad} f - 1 = \operatorname{Grad} f' \geq (n_1 - 1) + \cdots + (n_r - 1) + (s - 1) = \operatorname{Grad} f - r + s - 1$, also $r \geq s$. •

Aufgabe 16 *Man bestimme für $f(x) := x^{1/x^2}$ das Taylor-Polynom vom Grad 2 mit Entwicklungspunkt $a = 1$.*

Lösung Es ist $f(1)) = 1$, $f'(x) = x^{1/x^2} (1/x^3) (-2 \ln x + 1)$, also $f'(1) = 1$, $f''(x) = x^{1/x^2} (1/x^3)^2 (-2 \ln x + 1)^2 + x^{1/x^2} (-3/x^4)(-2 \ln x + 1) + x^{1/x^2} (1/x^3)(-2/x)$, also $f''(1) = 1 - 3 - 2 = -4$. Das gesuchte Taylor-Polynom ist daher

$$f(1) + f'(1)(x-1) + \frac{1}{2} f''(1)(x-1)^2 = 1 + (x-1) - 2(x-1)^2 \,. \qquad •$$

‡**Aufgabe 17 a)** *Das Taylor-Polynom vom Grad 3 mit Entwicklungspunkt $a = 0$ für die Funktion $\tan x$ ist $x + x^3/3$.* (Die vollständige Taylor-Reihe findet man in Beispiel 12.E.7.)

b) *Das Taylor-Polynom vom Grad 3 mit Entwicklungspunkt $a = 2$ für die Funktion $\dfrac{1+x}{1-x}$ ist* $-3 + 2(x-2) - 2(x-2)^2 + 2(x-2)^3$.

Aufgabe 18 *Man bestimme für $f(x) := \sqrt[3]{x}$ das Taylor-Polynom vom Grad 2 mit Entwicklungspunkt $a = 1$ an sowie das zugehörige Lagrange-Restglied.*

Lösung Für $f(x) = x^{1/3}$ gilt $f'(x) = \frac{1}{3} x^{-2/3}$, $f''(x) = -\frac{2}{9} x^{-5/3}$, $f^{(3)}(x) = \frac{10}{27} x^{-8/3}$. Also ist $f(1) = 1$, $f'(1) = \frac{1}{3}$, $f''(1) = -\frac{2}{9}$. Das gesuchte Taylor-Polynom ist daher

$$f(a) + f'(a)(x-a) + \frac{1}{2} f''(a)(x-a)^2 = 1 + \frac{1}{3}(x-1) - \frac{1}{9}(x-1)^2 = -\frac{1}{9} x^2 + \frac{5}{9} x + \frac{5}{9} \,.$$

Das zugehörige Lagrange-Restglied ist $\frac{1}{6} f^{(3)}(c)(x-1)^3 = \frac{5}{81} c^{-8/3} (x-1)^3$ mit einem c zwischen 1 und x. •

Aufgabe 20 *Man gebe eine Polynomfunktion an, die die Funktion $f(x) := e^x \sin x$ im Intervall $[-\pi/4, \pi/4]$ mit einem Fehler $\leq 10^{-4}$ darstellt.*

Lösung Es ist $f'(x) := e^x (\cos x + \sin x)$, $f''(x) = 2 e^x \cos x$, $f^{(3)}(x) := 2 e^x (\cos x - \sin x)$, $f^{(4)}(x) = -4 e^x \sin x = -4 f(x)$, also $f^{(5)}(x) := -4 f'(x)$, $f^{(6)}(x) := -4 f''(x)$, $f^{(7)}(x) := -4 f^{(3)}(x)$, $f^{(8)}(x) := -4 f^{(4)}(x) = 16 f(x)$, $f^{(9)}(x) := 16 f'(x)$, $f^{(10)}(x) := 16 f''(x) = 32 e^x \cos x$. Da $f^{(10)}$ im betrachteten Intervall keine Nullstelle hat, nimmt $|f^{(9)}|$ das Maximum am Rand von $[-\pi/4, \pi/4]$ an, also offenbar in $\pi/4$. Die Taylor-Formel liefert dann ein c aus diesem Intervall (für das also $|f^{(9)}(c)| \leq |f^{(9)}(\frac{\pi}{4})| = 16\sqrt{2}\, e^{\pi/4}$ gilt) mit

$$f(x) = \sum_{k=0}^{8} \frac{f^{(k)}(0)}{k!} x^k + \frac{f^{(9)}(c)}{9!} x^9 = x + x^2 + \frac{1}{3} x^3 - \frac{1}{30} x^5 - \frac{1}{90} x^6 - \frac{1}{630} x^7 + \frac{f^{(9)}(c)}{9!} x^9.$$

Für den Fehler $R := \dfrac{f^{(9)}(c)}{9!} x^9$ gilt dabei $|R| \le \dfrac{16\sqrt{2}\, e^{\pi/4}}{9!} \left(\dfrac{\pi}{4}\right)^9 \approx 0{,}0000891 < 10^{-4}$. ●

‡**Aufgabe 21** *Die Polynomfunktion* $1 - x + \frac{1}{3} x^3 - \frac{1}{6} x^4 + \frac{1}{30} x^5 - \frac{1}{630} x^7 + \frac{1}{2520} x^8$ *stellt die Funktion* $e^{-x} \cos x$ *im ganzen Intervall* $[-\pi/4, \pi/4]$ *mit einem Fehler* $\le 10^{-5}$ *dar.*

Aufgabe 22 (15.A, Aufg. 15b)) *Die Funktion* $f : [a-h, a+h] \to \mathbb{R}$ *sei* $(2n+1)$-*mal differenzierbar,* $n \ge 1$. *Dann gibt es ein* $c \in [a-h, a+h]$ *mit*

$$\frac{f(a+h) - f(a-h)}{2h} - f'(a) = \sum_{k=1}^{n-1} \frac{f^{(2k+1)}(a)}{(2k+1)!} h^{2k} + \frac{f^{(2n+1)}(c)}{(2n+1)!} h^{2n}.$$

Lösung Die Funktion $\varphi : [-h, h] \to \mathbb{R}$ mit $\varphi(t) := \frac{1}{2}\big(f(a+t) - f(a-t)\big)$ ist $(2n+1)$-mal differenzierbar mit $\varphi^{(k)}(t) = \frac{1}{2}\big(f^{(k)}(a+t) - (-1)^k f^{(k)}(a-t)\big)$, also mit $\varphi^{(k)}(0) = 0$ für gerades k und $\varphi^{(k)}(0) = f^{(k)}(a)$ für ungerades k aus $\{0, \dots, 2n-1\}$. Die Taylor-Formel 15.A.4 liefert daher zu $t \in [-h, h]$ ein $c' \in [-h, h]$ mit

$$\varphi(t) = \sum_{k=0}^{2n} \frac{\varphi^{(k)}(0)}{k!} t^k + \frac{\varphi^{(2n+1)}(c')}{(2n+1)!} t^{2n+1} = \sum_{k=0}^{n-1} \frac{\varphi^{(2k+1)}(0)}{(2k+1)!} t^{2k+1)} + \frac{\varphi^{(2n+1)}(c')}{(2n+1)!} t^{2n+1}.$$

Da $f^{(2k+1)}$ nach Satz 14.A.18 dem Zwischenwertsatz genügt, gibt es eine (von t abhängende) Stelle $c \in [a+c', a-c']$, an der $f^{(2k+1)}$ den Wert $\frac{1}{2}\big(f^{(2n+1)}(a+c') + f^{(2n+1)}(a-c')\big)$ zwischen $f^{(2n+1)}(a+c')$ und $f^{(2n+1)}(a-c')$ annimmt, also mit $\varphi^{(2n+1)}(c') = f^{(2n+1)}(c)$. Es folgt

$$\frac{f(a+t) - f(a-t)}{2} = f'(a)\, t + \sum_{k=1}^{n-1} \frac{f^{(2k+1)}(a)}{(2k+1)!} t^{2k+1} + \frac{f^{(2n+1)}(c)}{(2n+1)!} t^{2n+1}.$$

Nutzt man dies für $t = h$ und dividiert durch h, so bekommt man die angegebene Formel. ●

‡**Aufgabe 23** (15.A, Aufg. 15a)) *Die Funktion* $f : [a, a+h] \to \mathbb{R}$ *sei n-mal differenzierbar,* $n \ge 2$. *Dann gibt es ein* $c \in [a, a+h]$ *mit*

$$\frac{f(a+h) - f(a)}{h} - f'(a) = \sum_{k=2}^{n-1} \frac{f^{(k)}(a)}{k!} h^{k-1} + \frac{f^{(n)}(c)}{n!} h^{n-1}.$$

Aufgabe 24 (15.A, Aufg. 17)) *Sei* $f : I \to \mathbb{R}$ *eine n-mal differenzierbare Funktion,* $n \ge 2$, *und die n-te Ableitung* $f^{(n)}$ *sei im Punkt* $a \in I$ *noch stetig. Nach der Taylor-Formel und Aufgabe 13 gibt es zu jedem* $x \in I$, $x \ne a$, *ein* $c(x) \ne a$ *zwischen* x *und* a *mit*

$$f(x) = \sum_{k=0}^{n-2} \frac{f^{(k)}(a)}{k!} (x-a)^k + \frac{f^{(n-1)}(c(x))}{(n-1)!} (x-a)^{n-1}.$$

Unter der Voraussetzung $f^{(n)}(a) \ne 0$ *zeige man* $\displaystyle\lim_{x \to a, x \ne a} \frac{c(x) - a}{x - a} = \frac{1}{n}$.

Lösung Nach dem Mittelwertsatz gibt es ein $t(x)$ zwischen $c(x)$ und a mit

$$f^{(n-1)}(c(x)) - f^{(n-1)}(a) = \big(c(x) - a\big) f^{(n)}(t(x)),$$

also mit

$$f(x) = \sum_{k=0}^{n-2} \frac{f^{(k)}(a)}{k!} (x-a)^k + \frac{f^{(n-1)}(c(x))}{(n-1)!} (x-a)^{n-1}$$

$$= \sum_{k=0}^{n-1} \frac{f^{(k)}(a)}{k!} (x-a)^k + \frac{f^{(n)}(t(x))}{(n-1)!} \big(c(x) - a)\big) (x-a)^{n-1} .$$

Andererseits liefert die Taylor-Formel ein $s(x)$ zwischen a und x mit

$$f(x) = \sum_{k=0}^{n-1} \frac{f^{(k)}(a)}{k!} (x-a)^k + \frac{f^{(n)}(s(x))}{n!} (x-a)^n .$$

Ein Vergleich der beiden Darstellungen liefert

$$\frac{f^{(n)}(t(x))}{(n-1)!} \big(c(x) - a)\big) (x-a)^{n-1} = \frac{f^{(n)}(s(x))}{n!} (x-a)^n ,$$

d.h. $\dfrac{c(x)-a}{x-a} = \dfrac{1}{n} \dfrac{f^{(n)}(s(x))}{f^{(n)}(t(x))} \to \dfrac{1}{n}$ für $x \to a$. Da $s(x)$ und $t(x)$ zwischen a und x liegen,
gehen sie nämlich für $x \to a$ gegen a und folglich $f^{(n)}(s(x))$ und $f^{(n)}(t(x))$ wegen der Stetigkeit
von $f^{(n)}$ beide gegen $f^{(n)}(a) \neq 0$. •

Bemerkung Die Voraussetzungen dieser Aufgabe lassen sich mit Hilfe der Überlegungen von
Beispiel 14.A.13 etwas abschwächen. Es genügt, dass f im Intervall I nur $(n-1)$-mal differenzierbar ist und n-mal differenzierbar im Punkt a. Für $x \to a$, also erst recht $c(x) \to a$, gilt
dann nämlich einerseits $f^{(n-1)}(c(x)) = f^{(n-1)}(a) + f^{(n)}(a)(c(x) - a) + o(c(x) - a)$, also

$$f(x) = \sum_{k=0}^{n} \frac{f^{(k)}(a)}{k!} (x-a)^k + \frac{f^{(n)}(a)}{(n-1)!} \left(\frac{c(x)-a}{x-a} - \frac{1}{n} \right) (x-a)^n + \frac{1}{(n-1)!} \frac{o(c(x)-a)}{x-a} (x-a)^n ,$$

und andererseits

$$f(x) = \sum_{k=0}^{n} \frac{f^{(k)}(a)}{k!} (x-a)^k + o((x-a)^n)$$

also

$$o((x-a)^n) = \frac{f^{(n)}(a)}{(n-1)!} \left(\frac{c(x)-a}{x-a} - \frac{1}{n} \right) (x-a)^n + \frac{1}{(n-1)!} \frac{o(c(x)-a)}{x-a} (x-a)^n$$

und somit $o(1) = \dfrac{c(x)-a}{x-a} - \dfrac{1}{n} + \dfrac{o(c(x)-a)}{x-a}$. Wegen $|c(x) - a| \leq |x - a|$ folgt wiederum
$\displaystyle\lim_{x \to a} \frac{c(x)-a}{x-a} = \frac{1}{n} .$ •

16 Stammfunktionen und Integrale

16.A Stammfunktionen

Aufgabe 1 *Man gebe Stammfunktionen der folgenden rationalen Funktionen an, deren Partial-bruchzerlegungen bereits in den Lösungen zu 11.B, Aufgabe 1 bestimmt wurden.*

$$\frac{x^6-x^4+1}{(x-1)^2(x^2+1)} \, , \qquad \frac{x^5+4x^4+6x^3+4x^2+6x+7}{(x+2)^2(x^2+1)} \, .$$

Lösung Unter Verwendung der bereits berechneten Partialbruchzerlegungen erhält man:

$$\int \frac{x^6-x^4+1}{(x-1)^2(x^2+1)} \, dx = \int (x^2+2x+1) \, dx + \int \frac{\frac{1}{2}}{x-1} \, dx + \int \frac{\frac{1}{2}}{(x-1)^2} \, dx + \int \frac{-\frac{1}{2}x}{x^2+1} \, dx$$

$$= \frac{1}{3}x^3 + x^2 + x + \frac{1}{2}\ln|x-1| - \frac{1}{2}\frac{1}{x-1} - \frac{1}{4}\ln(x^2+1) \, ,$$

$$\int \frac{x^5+4x^4+6x^3+4x^2+6x+7}{(x+2)^2(x^2+1)} \, dx = \int x \, dx + \int \frac{2}{x+2} \, dx + \int \frac{-1}{(x+2)^2} \, dx + \int \frac{-x+1}{x^2+1} \, dx$$

$$= \frac{1}{2}x^2 + 2\ln|x+2| + \frac{1}{x+2} - \frac{1}{2}\ln(x^2+1) + \arctan x \, . \quad \bullet$$

‡**Aufgabe 2** *Man zeige* $\int \frac{x^6+x-1}{x^4+x^2} \, dx = \frac{1}{3}x^3 - x + \ln|x| + \frac{1}{x} - \frac{1}{2}\ln(x^2+1) + 2\arctan x$.
(Vgl. 11.B, Aufgabe 2.)

Aufgabe 3 *Man gebe eine Stammfunktion zu* $\dfrac{x^2+2}{(x+1)^2(x-2)}$ *an.*

Lösung Wir verwenden Partialbruchzerlegung und machen dazu den Ansatz

$$\frac{x^2+2}{(x+1)^2(x-2)} = \frac{a}{x+1} + \frac{b}{(x+1)^2} + \frac{c}{x-2} = \frac{a(x+1)(x-2) + b(x-2) + c(x+1)^2}{(x+1)^2(x-2)} =$$

$$= \frac{(a+c)\,x^2 + (-a+b+2c)\,x + (-2a-2b+c)}{(x+1)^2(x-2)} \, .$$

Der Vergleich der Koeffizienten von x^2, x und x^0 in den Zählern dieser Brüche liefert die Bedingungsgleichungen $a+c=1$, $-a+b+2c=0$, $-2a-2b+c=2$ für a, b, und c, aus denen wir $a=\frac{1}{3}$, $b=-1$, $c=\frac{2}{3}$ errechnen. Es gilt also:

$$\int \frac{x^2+2}{(x+1)^2(x-2)} \, dx = \int \frac{\frac{1}{3}}{x+1} \, dx - \int \frac{1}{(x+1)^2} \, dx + \int \frac{\frac{2}{3}}{x-2} \, dx =$$

$$= \frac{1}{3}\ln|x+1| + \frac{1}{x+1} + \frac{2}{3}\ln|x-2| = \frac{1}{x+1} + \frac{1}{3}\ln\left(|x+1|(x-2)^2\right) . \quad \bullet$$

‡**Aufgabe 4** (vgl. 16.B, Aufg. 3) *Sei* $f \in \mathbb{K}[x]$ *eine Polynomfunktion. Stammfunktionen zu* $f(x)\,e^x$ *und* $f(x)\,e^{-x}$ *sind dann* $\sum\limits_{\nu\in\mathbb{N}} (-1)^\nu f^{(\nu)}(x)\,e^x$ *bzw.* $-\sum\limits_{\nu\in\mathbb{N}} f^{(\nu)}(x)\,e^{-x}$.

Bemerkung Die zweite Formel, also $-\left(F(x)\,e^{-x}\right)' = f(x)\,e^{-x}$, $F(x) := \sum_{\nu\in\mathbb{N}} f^{(\nu)}(x)$, bzw.
$e^x \int_0^x f(t)\,e^{-t}\,dt = F(0)\,e^x - F(x)$, wird für Transzendenzbeweise von e und anderen mit der
e-Funktion zusammenhängenden Zahlen (z.B. von π wegen $e^{i\pi} = -1$) benutzt. Wir zeigen:

Satz (H e r m i t e)   *e ist transzendent.*

Beweis Angenommen, e sei algebraisch (über $\mathbb{Q}$), d.h. nicht transzendent, und somit Nullstelle
eines Polynoms $\sum_{k=0}^m a_k x^k \neq 0$ über $\mathbb{Q}$, wobei wir gleich $a_k \in \mathbb{Z}$ und $a_0 > 0$ annehmen können.
Nach Obigem ist dann $F(k) = F(0)\,e^k - e^k \int_0^k f(t)\,e^{-t}\,dt$ für jedes Polynom $f \in \mathbb{R}[x]$ und folglich

$$C := \sum_{k=0}^m a_k F(k) = F(0) \sum_{k=0}^m a_k e^k - \sum_{k=0}^m a_k e^k \int_0^k f(t)\,e^{-t}\,dt = -\sum_{k=0}^m a_k e^k \int_0^k f(t)\,e^{-t}\,dt\,.$$

Wir wählen nun eine beliebige Zahl der Gestalt $p := 1 + m!\,a_0 q$ (> 1) mit $q \in \mathbb{N}^*$ und für f
das Polynom $f(x) := x^{p-1}(x-1)^p \cdots (x-m)^p/(p-1)!$. Dann sind die Werte $f^{(\nu)}(k)$, $\nu \in \mathbb{N}$,
$k = 0, \ldots, m$, alle ganzzahlig, und es gelten folgende Teilbarkeitseigenschaften:

$$p\,|\,f^{(\nu)}(k)\,, \quad \nu \in N\,, \quad k = 0, \ldots, m\,, \quad (\nu, k) \neq (p-1, 0)\,.$$

Dies ergibt sich unmittelbar aus der folgenden Bemerkung: Für eine Funktion g der Gestalt
$g(x) = (x-a)^r h(x)$, $a \in \mathbb{R}$, $r \in \mathbb{N}$, mit einer ν-mal differenzierbaren Funktion h in einer
Umgebung von a ist (nach der Leibniz-Regel, vgl. 13.B, Aufgabe 1) $g^{(\nu)}(a) = 0$ für $\nu < r$ und
$g^{(\nu)}(a) = r!\,\binom{\nu}{r} h^{(\nu-r)}(a)$ für $\nu \geq r$. Somit sind in der ersten Summendarstellung von C alle
Summanden bis auf $a_0 F(0)$ ganzzahlig und durch p teilbar. $a_0 F(0) = a_0 \sum_{\nu\in\mathbb{N}} f^{(\nu)}(0)$ ist ebenfalls ganzzahlig, jedoch nicht durch p teilbar, da der Summand $a_0 f^{(p-1)}(0) = (-1)^{mp} a_0 (m!)^p$
zwar ganzzahlig, aber nach Wahl von p teilerfremd zu p ist. Insgesamt ist C eine ganze Zahl
$\neq 0$ und folglich $|C| \geq 1$.

Für $t \in [0, m]$ ist aber $|f(t)| \leq m^{(m+1)p}/(p-1)! = A^p/(p-1)!$, $A := m^{m+1}$, und somit nach
Satz 16.B.2, Teil (1) und (2)

$$\left| a_k e^k \int_0^k f(t)\,e^{-t}\,dt \right| \leq \frac{|a_k|\,e^k A^p}{(p-1)!} \int_0^k e^{-t}\,dt = \frac{|a_k|\,e^k A^p}{(p-1)!}\,(1 - e^{-k}) \leq \frac{|a_k|\,e^k A^p}{(p-1)!}\,,$$

also

$$|C| \leq \frac{A^{p-1}}{(p-1)!} \sum_{k=0}^m |a_k|\,e^k A = \frac{A^{p-1}}{(p-1)!}\,K\,, \quad K := \sum_{k=0}^m |a_k|\,e^k A\,.$$

Da $A^{p-1}/(p-1)!$, $p-1 = m!\,a_0 q$, für $q \to \infty$ gegen 0 konvergiert, widerspricht dies $|C| \geq 1$. •

Ch. Hermite (1822-1901) bewies die Transzendenz von e im Jahr 1873, nachdem J. Liouville
(1809-1882) bereits 1844 explizit transzendente Zahlen angeben konnte (allerdings mehr oder
weniger uninteressante, z. B. die Zahlen $\sum_{n=0}^\infty a^{n!}$, $a \in \mathbb{Q}$, $0 < a < 1$). Im Jahr 1874 zeigte
G. Cantor (1845-1918), dass alle bis auf abzählbar viele komplexe Zahlen transzendent sind und
die Menge der transzendenten Zahlen somit die (überabzählbare) Mächtigkeit des Kontinuums
hat, jedoch ohne dabei eine einzige transzendente Zahl nennen zu können, vgl. 11.A, Aufg. 4.
Der oben benutzte Kunstgriff der geschickten Wahl der Polynome f geht im Wesentlichen auf
D. Hilbert und A. Hurwitz zurück. Wir folgen einer Beweisversion von A. Ostrowski. Die Tran-
szendenz von π wurde 1882 von F. Lindemann (1852-1939) bewiesen, wobei er die Ideen von
Hermite benutzte. Er bewies sogar allgemeiner: *Ist a eine von 0 verschiedene algebraische
Zahl, so ist e^a transzendent.* (Wegen $e^{i\pi} = -1$ ergibt sich damit die Transzendenz von π.)

16.B Bestimmte Integrale

Aufgabe 1 (16.B, Teil von Aufg. 1) *Man bestimme Stammfunktionen zu den folgenden Funktionen (jeweils auf Intervallen $I \subseteq \mathbb{R}$, auf denen sie definiert werden können):*

$$x \sin x, \quad x \sin x^2, \quad \frac{\ln x}{x}, \quad \arctan x, \quad \arcsin x, \quad e^x \sin x, \quad \frac{\ln(\ln x)}{x}, \quad \frac{1}{x(1+\ln x)},$$

$$\cosh^2 x, \quad \frac{1}{\cos x}, \quad \frac{1}{2}\cos\sqrt{x}, \quad \frac{1}{\sin x + \cos x}, \quad \sqrt{x+\sqrt{x}}, \quad \sqrt{\frac{x-a}{x-b}}, \quad a, b \in \mathbb{R}, \ a \neq b.$$

Lösung Wir nummerieren die vierzehn Integrale der Reihe nach.

(1) Partielle Integration liefert $\int x \sin x \, dx = -x \cos x + \int \cos x \, dx = -x \cos x + \sin x$.   •

(2) Mit der Substitution $u = x^2$, $du = 2x \, dx$ erhält man $\int x \sin x^2 \, dx = \int \frac{1}{2} \sin u \, du = -\frac{1}{2} \cos u = -\frac{1}{2} \cos x^2$.   •

(3) Partielle Integration liefert

$$\int \frac{\ln x}{x} \, dx = \int \frac{1}{x} \cdot \ln x \, dx = \ln x \cdot \ln x - \int \frac{\ln x}{x} \, dx, \quad 2\int \frac{\ln x}{x} \, dx = \ln^2 x, \quad \int \frac{\ln x}{x} \, dx = \frac{1}{2} \ln^2 x.$$

Man hätte hier auch die Substitution $u = \ln x$, $du = \frac{1}{x} dx$ verwenden können:

$$\int \frac{\ln x}{x} \, dx = \int u \, du = \frac{1}{2} u^2 = \frac{1}{2} \ln^2 x.$$

  •

(4) Indem man zunächst partielle Integration verwendet und dann $u = 1+x^2$, $du = 2x \, dx$ substituiert, sieht man:

$$\int \arctan x \, dx = \int 1 \cdot \arctan x \, dx = x \arctan x - \int \frac{x}{1+x^2} \, dx = x \arctan x - \frac{1}{2} \int \frac{du}{u} =$$

$$= x \arctan x - \frac{1}{2} \ln |u| = x \arctan x - \frac{1}{2} \ln(1+x^2).$$

  •

(5) Indem man zunächst partielle Integration verwendet und dann $u = 1-x^2$, d.h. $du = -2x \, dx$, substituiert, sieht man wegen $\arcsin' x = 1/\sqrt{1-x^2}$:

$$\int \arcsin x \, dx = \int 1 \cdot \arcsin x \, dx = x \arcsin x - \int \frac{x}{\sqrt{1-x^2}} \, dx = x \arcsin x + \int \frac{du}{2\sqrt{u}} =$$

$$= x \arcsin x + \sqrt{u} = x \arcsin x + \sqrt{1-x^2}.$$

  •

(6) Zweimalige partielle Integration (bei der e^x jeweils integriert und $\sin x$ bzw. $\cos x$ differenziert wird) liefert $\int e^x \sin x \, dx = e^x \sin x - \int e^x \cos x \, dx = e^x \sin x - e^x \cos x - \int e^x \sin x \, dx$. Indem man das Integral $\int e^x \sin x \, dx$ auf die linke Seite bringt, folgert man daraus

$$\int e^x \sin x \, dx = \frac{1}{2} \left(e^x \sin x - e^x \cos x \right) = \frac{1}{2} e^x (\sin x - \cos x).$$

  •

(7) Die Substitution $u = \ln x$, $du = (1/x) \, dx$, $e^u = x$ und dann partielle Integration liefern

$$\int \frac{\ln(\ln x)}{x} \, dx = \int \ln u \, du = u \ln u - u = (\ln x)(\ln(\ln x)) - \ln x.$$

  •

(8) Mit der Substitution $u = 1 + \ln x$, $du = (1/x)\,dx$ erhält man

$$\int \frac{dx}{x\,(1+\ln x)} = \int \frac{du}{u} = \ln|u| = \ln|1+\ln x|\,. \qquad \bullet$$

(9) Mit partieller Integration und $\cosh^2 x - \sinh^2 x = 1$ sieht man

$$\int \cosh^2 x\,dx = \sinh x\,\cosh x - \int \sinh^2 x\,dx = \sinh x\,\cosh x + x - \int \cosh^2 x\,dx\,,$$

also $\displaystyle\int \cosh^2 x\,dx = \frac{1}{2}\big(\sinh x\,\cosh x + x\big)\,.$ $\qquad\qquad\qquad\qquad\qquad\qquad\bullet$

(10) Indem wir die Substitution $u = \sin x$, $du = \cos x\,dx$ verwenden, erhalten wir aus $\displaystyle\int \frac{dx}{\cos x}$ ein Integral über eine rationale Funktion:

$$\int \frac{dx}{\cos x} = \int \frac{\cos x}{\cos^2 x}\,dx = \int \frac{\cos x}{1-\sin^2 x}\,dx = \int \frac{du}{1-u^2} = \frac{1}{2}\Big(\int \frac{du}{1+u} + \int \frac{du}{1-u}\Big)$$

$$= \frac{1}{2}\big(\ln|1+u| - \ln|1-u|\big) = \frac{1}{2}\ln\left|\frac{1+u}{1-u}\right| = \frac{1}{2}\ln\frac{1+\sin x}{1-\sin x}$$

$$= \frac{1}{2}\ln\frac{(1+\sin x)^2}{\cos^2 x} = \ln\frac{1+\sin x}{|\cos x|}\,.$$

Mit den Halbwinkelformeln $\sin x = 2\sin\frac{x}{2}\cos\frac{x}{2}$ und $1 = \sin^2\frac{x}{2} + \cos^2\frac{x}{2}$ sowie $\tan\frac{\pi}{4} = 1$ und dem Additionstheorem des Tangens aus 12.E, Aufgabe 7 ergibt sich daraus

$$\int \frac{dx}{\cos x} = \frac{1}{2}\ln\frac{1+\sin x}{1-\sin x} = \frac{1}{2}\ln\frac{\sin^2\frac{x}{2} + \cos^2\frac{x}{2} + 2\sin\frac{x}{2}\cos\frac{x}{2}}{\sin^2\frac{x}{2} + \cos^2\frac{x}{2} - 2\sin\frac{x}{2}\cos\frac{x}{2}} = \frac{1}{2}\ln\Big(\frac{\sin\frac{x}{2}+\cos\frac{x}{2}}{\cos\frac{x}{2}-\sin\frac{x}{2}}\Big)^2$$

$$= \ln\left|\frac{\sin\frac{x}{2}+\cos\frac{x}{2}}{\cos\frac{x}{2}-\sin\frac{x}{2}}\right| = \ln\left|\frac{\tan\frac{x}{2}+1}{1-\tan\frac{x}{2}}\right| = \ln\left|\frac{\tan\frac{x}{2}+\tan\frac{\pi}{4}}{1-\tan\frac{x}{2}\tan\frac{\pi}{4}}\right| = \ln\left|\tan\Big(\frac{x}{2}+\frac{\pi}{4}\Big)\right|.\ \bullet$$

(11) Die Substitution $u = \sqrt{x}$, $u^2 = x$, $2u\,du = dx$ und dann partielle Integration liefern
$\int \frac{1}{2}\cos\sqrt{x}\,dx = \int u\cos u\,du = u\sin u - \int \sin u\,du = u\sin u + \cos u = \sqrt{x}\sin\sqrt{x} + \cos\sqrt{x}.$ $\bullet$

(12) Wir verwenden die Substitution $u = \tan\frac{x}{2}$, also $x = 2\arctan u$, $dx = 2du/(1+u^2)$, vgl. Beispiel 16.B.6 (7). Es ist

$$\frac{1-u^2}{1+u^2} = \frac{1-\tan^2\frac{x}{2}}{1+\tan^2\frac{x}{2}} = \frac{\cos^2\frac{t}{2}-\sin^2\frac{x}{2}}{\sin^2\frac{x}{2}+\cos^2\frac{x}{2}} = \cos x, \quad \frac{2u}{1+u^2} = \frac{2\tan\frac{x}{2}}{1+\tan^2\frac{x}{2}} = \frac{2\cos\frac{x}{2}\sin\frac{x}{2}}{\sin^2\frac{x}{2}+\cos^2\frac{x}{2}} = \sin x.$$

Das gegebene Integral wird damit ein Integral über eine rationale Funktion:

$$\int \frac{1}{\sin x + \cos x}\,dx = \int \frac{2\,du}{\big(\frac{1-u^2}{1+u^2} + \frac{2u}{1+u^2}\big)(1+u^2)} = \int \frac{-2\,du}{\big(u-(1-\sqrt{2})\big)\big(u-(1+\sqrt{2})\big)} =$$

$$= \int \frac{\frac{1}{\sqrt{2}}\,du}{u-(1-\sqrt{2})} - \int \frac{\frac{1}{\sqrt{2}}\,du}{\big(u-(1+\sqrt{2})\big)} = \frac{1}{\sqrt{2}}\big(\ln|u-(1-\sqrt{2})| - \ln|u-(1+\sqrt{2})|\big)$$

$$= \frac{1}{\sqrt{2}}\ln\left|\frac{u-(1-\sqrt{2})}{u-(1+\sqrt{2})}\right| = \frac{1}{\sqrt{2}}\ln\left|\frac{\tan\frac{x}{2}+\sqrt{2}-1}{\tan\frac{x}{2}-\sqrt{2}-1}\right|.$$

Mit dem Additionstheorem des Tangens aus 12.E, Aufgabe 7 ergibt sich $1 = \tan\frac{\pi}{4} = \tan\big(2\frac{\pi}{8}\big) =$

$\dfrac{2\tan\frac{\pi}{8}}{1-\tan^2\frac{\pi}{8}}$, also $\tan^2\frac{\pi}{8}+2\tan\frac{\pi}{8}-1=0$, d.h. $\tan\frac{\pi}{8}=\sqrt{2}-1=1/(\sqrt{2}+1)$, und ferner

$$\int\frac{1}{\sin x+\cos x}\,dx=\frac{1}{\sqrt{2}}\ln\left|\frac{\tan\frac{x}{2}+(\sqrt{2}-1)}{\tan\frac{x}{2}-(\sqrt{2}+1)}\right|=\frac{1}{\sqrt{2}}\ln\left|(-\tan\tfrac{\pi}{8})\cdot\frac{\tan\frac{x}{2}+\tan\frac{\pi}{8}}{1-\tan\frac{x}{2}\tan\frac{\pi}{8}}\right|$$

$$=\frac{1}{\sqrt{2}}\ln\tan\frac{\pi}{8}+\frac{1}{\sqrt{2}}\ln\left|\frac{\tan\frac{x}{2}+\tan\frac{\pi}{8}}{1-\tan\frac{x}{2}\tan\frac{\pi}{8}}\right|=\frac{1}{\sqrt{2}}\ln\tan\frac{\pi}{8}+\frac{1}{\sqrt{2}}\ln\left|\tan\left(\frac{x}{2}+\frac{\pi}{8}\right)\right|.$$

Alternativ kann man das betrachtete Integral auch mit Hilfe von $\sin\frac{\pi}{4}=\cos\frac{\pi}{4}=1/\sqrt{2}$ auf das oben berechnete Integral über $1/\cos x$ zurückführen:

$$\int\frac{1}{\sin x+\cos x}\,dx=\frac{1}{\sqrt{2}}\int\frac{1}{\sin x\sin\frac{\pi}{4}+\cos x\cos\frac{\pi}{4}}\,dx=\frac{1}{\sqrt{2}}\int\frac{1}{\cos\left(x-\frac{\pi}{4}\right)}\,dx$$

$$=\frac{1}{\sqrt{2}}\ln\left|\tan\left(\frac{x-(\pi/4)}{2}+\frac{\pi}{4}\right)\right|=\frac{1}{\sqrt{2}}\ln\left|\tan\left(\frac{x}{2}+\frac{\pi}{8}\right)\right|.$$

Die beiden Stammfunktionen unterscheiden sich nur um $\dfrac{1}{\sqrt{2}}\ln\tan\dfrac{\pi}{8}=\dfrac{1}{\sqrt{2}}\ln\left(\sqrt{2}-1\right)<0$. ●

(13) Wir verwenden zunächst die Substitution $u=\sqrt{x+\sqrt{x}}$, $u^2=x+\sqrt{x}=\left(\sqrt{x}+\frac{1}{2}\right)^2-\frac{1}{4}$, also $\sqrt{u^2+\frac{1}{4}}=\sqrt{x}+\frac{1}{2}$, $x=u^2+\frac{1}{2}-\sqrt{u^2+\frac{1}{4}}$, d.h. $dx=\left(2u-u/\sqrt{u^2+\frac{1}{4}}\right)du$, und dann partielle Integration:

$$\int\sqrt{x+\sqrt{x}}\,dx=\int u\left(2u-u/\sqrt{u^2+\tfrac{1}{4}}\right)du=\tfrac{2}{3}u^3-u\sqrt{u^2+\tfrac{1}{4}}+\int\sqrt{u^2+\tfrac{1}{4}}\,du.$$

Die Substitution $u=\frac{1}{2}\sinh t$, $du=\frac{1}{2}\cosh t\,dt$, $t=\operatorname{Arsinh}2u$ liefert mit Integral (9)

$$\int\sqrt{u^2+\tfrac{1}{4}}\,du=\tfrac{1}{4}\int\cosh^2 t\,dt=\tfrac{1}{8}\sinh t\,\cosh t+\tfrac{1}{8}t=\tfrac{1}{4}u\sqrt{1+4u^2}+\tfrac{1}{8}\operatorname{Arsinh}2u.$$

Insgesamt erhält man

$$\int\sqrt{x+\sqrt{x}}\,dx=\tfrac{2}{3}u^3-u\sqrt{u^2+\tfrac{1}{4}}+\tfrac{1}{2}u\sqrt{u^2+\tfrac{1}{4}}+\tfrac{1}{8}\operatorname{Arsinh}(2u)$$

$$=\tfrac{2}{3}\left(\sqrt{x+\sqrt{x}}\right)^3-\tfrac{1}{2}\sqrt{x+\sqrt{x}}\left(\sqrt{x}+\tfrac{1}{2}\right)+\tfrac{1}{8}\operatorname{Arsinh}\left(2\sqrt{x+\sqrt{x}}\right)$$

$$=\left(\tfrac{2}{3}x+\tfrac{1}{6}\sqrt{x}-\tfrac{1}{4}\right)\sqrt{x+\sqrt{x}}+\tfrac{1}{8}\operatorname{Arsinh}\left(2\sqrt{x+\sqrt{x}}\right). \qquad ●$$

(14) Indem man die ganze Wurzel substituiert, also $u=\sqrt{\dfrac{x-a}{x-b}}$, $u^2(x-b)=x-a$, d.h. $x=\dfrac{u^2 b-a}{u^2-1}$ mit $dx=\dfrac{2(a-b)u}{(u^2-1)^2}\,du$ setzt und dann in Partialbrüche zerlegt, sieht man

$$\int\sqrt{\frac{x-a}{x-b}}\,dx=\int\frac{2(a-b)u^2}{(u^2-1)^2}\,du=\frac{a-b}{2}\left(\int\frac{du}{u-1}+\int\frac{du}{(u-1)^2}-\int\frac{du}{u+1}+\int\frac{du}{(u+1)^2}\right)$$

$$=\frac{a-b}{2}\left(\ln\left|\frac{u-1}{u+1}\right|-\frac{1}{u-1}-\frac{1}{u+1}\right)=\frac{a-b}{2}\left(\ln\left|\frac{u-1}{u+1}\right|-\frac{2u}{u^2-1}\right)$$

$$=\frac{a-b}{2}\ln\left|\frac{\sqrt{\frac{x-a}{x-b}}-1}{\sqrt{\frac{x-a}{x-b}}+1}\right|-(a-b)\frac{\sqrt{\frac{x-a}{x-b}}}{\frac{x-a}{x-b}-1}$$

$$= \frac{a-b}{2} \ln \left| \frac{\sqrt{|x-a|} - \sqrt{|x-b|}}{\sqrt{|x-a|} + \sqrt{|x-b|}} \right| + \sqrt{(x-a)(x-b)} \, \text{Sign}\,(x-b)$$

$$= \frac{a-b}{2} \ln \frac{\left(\sqrt{|x-a|} - \sqrt{|x-b|}\right)^2}{\big||x-a| - |x-b|\big|} + \sqrt{(x-a)(x-b)} \, \text{Sign}\,(x-b)$$

$$= (a-b) \ln \left| \frac{\sqrt{|x-a|} - \sqrt{|x-b|}}{\sqrt{|a-b|}} \right| + \sqrt{(x-a)(x-b)} \, \text{Sign}\,(x-b) \,.$$

Dabei wurde benutzt, dass $a \geq x$ und $b > x$ gelten muss oder aber $a \leq x$ und $b < x$, damit die Ausgangsfunktion definiert ist. In jedem Fall gilt dann $\big||x-a| - |x-b|\big| = |a-b|$. Ebenso ist die Funktion $(a-b) \ln |\sqrt{|x-a|} - \sqrt{|x-b|}\,| + \sqrt{(x-a)(x-b)} \, \text{Sign}\,(x-b)$, die sich von der angegebenen nur um eine Konstante unterscheidet, eine Stammfunktion zu $\sqrt{(x-a)/(x-b)}$. •

‡**Aufgabe 2** *Man zeige die folgenden Gleichungen. Dabei achte man sorgfältig auf die möglichen Definitionsintervalle in $\mathbb{R}$ für den jeweiligen Integranden.*

(1) $\displaystyle\int x \sinh x \, dx = x \cosh x - \sinh x \,,$ (2) $\displaystyle\int x \sinh x^2 \, dx = \frac{1}{2} \cosh x^2 \,,$

(3) $\displaystyle\int x \ln x \, dx = \frac{x^2}{2}\left(\ln x - \frac{1}{2}\right),$ (4) $\displaystyle\int \frac{\ln x}{x^2} \, dx = \frac{\ln x}{x} \,,$ (5) $\displaystyle\int \frac{\ln x}{\sqrt{x}} \, dx = 2\sqrt{x}\,(\ln x - 2) \,,$

(6) $\displaystyle\int \cos^2 x \, dx = \frac{1}{2}x + \frac{1}{2}\sin x \cos x = \frac{1}{2}x + \frac{1}{4}\sin 2x \,,$ (7) $\displaystyle\int \cos^3 x \, dx = \sin x - \frac{1}{3}\sin^3 x \,.$

(8) $\displaystyle\int e^x \cos e^x \, dx = \sin e^x \,,$ (9) $\displaystyle\int \frac{dx}{\cos^3 x} = \frac{1}{2}\left(\frac{\sin x}{\cos^2 x} + \ln \frac{1 + \sin x}{|\cos x|}\right),$

(10) $\displaystyle\int \frac{\sin x}{\cos^3 x} \, dx = \frac{1}{2\cos^2 x} \,,$ (11) $\displaystyle\int \frac{\sin x}{\sqrt{1 - \cos x}} \, dx = 2\sqrt{1 - \cos x} \,,$

(12) $\displaystyle\int \sin \sqrt[3]{x} \, dx = 3\left(2 - \sqrt[3]{x^2}\right)\cos \sqrt[3]{x} + 6\sqrt[3]{x} \sin \sqrt[3]{x} \,,$

(13) $\displaystyle\int \sqrt{x} \cosh \sqrt{x} = 2x \sinh \sqrt{x} - 4\sqrt{x} \cosh \sqrt{x} + 4 \sinh \sqrt{x} \,,$

(Man beachte, dass die beiden Stammfunktionen in (12) und (13) auch in 0 differenzierbar sind.)

(14) $\displaystyle\int \sin (\ln x) \, dx = \frac{x}{2}\left(\sin (\ln x) - \cos (\ln x)\right),$ (15) $\displaystyle\int \cosh x \sin (\sinh x) \, dx = -\cos (\sinh x) \,,$

(16) $\displaystyle\int \cosh x \sin x \, dx = \frac{1}{2}\left(\sinh x \sin x - \cosh x \cos x\right),$

(17) $\displaystyle\int \frac{1}{x\sqrt{1 + x^2}} \, dx = \frac{1}{2} \ln \frac{\sqrt{1 + x^2} - 1}{\sqrt{1 + x^2} + 1} \,,$

(In (17) substituiere man $x = \sinh t$ und anschließend $u = \cosh t$.)

(18) $\displaystyle\int \sqrt{1 + x^2} \, dx = \frac{1}{2}\left(x\sqrt{1 + x^2} + \text{Arsinh}\, x\right),$

(19) $\displaystyle\int \frac{2x^2}{\sqrt{1 - x^2}} \, dx = \arcsin x - x\sqrt{1 - x^2} \,,$

$(20)\ \int \sqrt{x^2-1}\ dx = \frac{1}{2}\left(x\sqrt{x^2-1} - \text{Arcosh}\,x\right),\quad (21)\ \int \frac{\sqrt{x^2+1}}{x^2}\ dx = \text{Arsinh}\,x - \frac{\sqrt{x^2+1}}{x}\,,$

$$(22)\ \int \sqrt{\frac{1-x}{1+x}}\ dx = \sqrt{1-x^2} - 2\arctan\sqrt{\frac{1-x}{1+x}}\,,$$

$$(23)\ \int \sqrt{1+\sqrt{x}}\ dx = \frac{4}{5}\sqrt{1+\sqrt{x}}\left(x+\frac{1}{3}\sqrt{x}-\frac{2}{3}\right),$$

(Für die Integrale (22) und (23) wähle man jeweils den ganzen Integranden als neue Variable.)

$$(24)\ \int \frac{dx}{\sin x + 2\cos x} = \frac{1}{\sqrt{5}}\ln\left|\frac{\tan\frac{x}{2} - \frac{1}{2} + \frac{1}{2}\sqrt{5}}{\tan\frac{x}{2} - \frac{1}{2} - \frac{1}{2}\sqrt{5}}\right|,$$

$$(25)\ \int \frac{dx}{1+3\cos x} = \frac{1}{2\sqrt{2}}\ln\left|\frac{\tan\frac{x}{2}+\sqrt{2}}{\tan\frac{x}{2}-\sqrt{2}}\right|.$$

(Für die Integrale (24) und (25) verwende man jeweils die Standardsubstitution $u = \tan\frac{x}{2}$, $x = 2\arctan u$, $dx = 2du/(1+u^2)$, vgl. Integral (12) in Aufgabe 1.)

Aufgabe 3 *Man berechne für $m, n \in \mathbb{N}$ die folgenden bestimmten Integrale*:

$$\int_1^e \frac{(\ln x)^2}{x}\ dx\,,\quad \int_e^{e^2} \frac{\ln(\ln x)}{x}\ dx\,,\quad \int_0^1 (1+x)^n(1-x)\,dx\,,\quad \int_0^1 x^2(1-x)^n\,dx\,,$$

$$\int_0^{2\pi} \sin mt\,\cos nt\,dt\,,\quad \int_0^{2\pi} \sin mt\,\sin nt\,dt\,,\quad \int_0^{2\pi} \cos mt\,\cos nt\,dt\,.$$

Lösung Wir nummerieren die sieben Integrale der Reihe nach durch.

(1) Die Substitution $u = \ln x$, $du = (dx)/x$, mit $u(1) = \ln 1 = 0$ und $u(e) = \ln e = 1$ liefert:

$$\int_1^e \frac{(\ln x)^2}{x}\ dx = \int_{u(1)}^{u(e)} u^2\,du = \frac{1}{3}u^3\Big|_0^1 = \frac{1}{3}\,. \qquad \bullet$$

(2) Die Substitution $u = \ln x$, $du = (dx)/x$ mit $u(e) = \ln e = 1$ und $u(e^2) = \ln e^2 = 2$ liefert:

$$\int_e^{e^2} \frac{\ln(\ln x)}{x}\ dx = \int_{u(e)}^{u(e^2)} \ln u\,du = (u\ln u - u)\Big|_1^2 = 2\ln 2 - 1\,. \qquad \bullet$$

(3) Die Substitution $u = 1+x$, $du = dx$, $1-x = 2-u$ liefert wegen $u(0) = 1$ und $u(1) = 2$:

$$\int_0^1 (1+x)^n(1-x)\,dt = \int_1^2 u^n(2-u)\,du = \int_1^2 (2u^n - u^{n+1})\,du = \frac{2u^{n+1}}{n+1} - \frac{u^{n+2}}{n+2}\Big|_{u=1}^{u=2}$$

$$= \frac{2^{n+2}}{n+1} - \frac{2^{n+2}}{n+2} - \frac{2}{n+1} + \frac{1}{n+2} = \frac{2^{n+2}-n-3}{(n+1)(n+2)}\,.$$

Mit partieller Integration liefe die Rechnung übrigens folgendermaßen:

$$\int_0^1 (1+x)^n(1-x)\,dt = (1-t)\frac{(1+x)^{n+1}}{n+1}\Big|_{t=0}^{t=1} + \int_0^1 \frac{(1+x)^{n+1}}{n+1}\,dt = -\frac{1}{n+1} + \frac{(1+t)^{n+2}}{(n+1)(n+2)}\Big|_0^1$$

$$= -\frac{1}{n+1} + \frac{2^{n+2}}{(n+1)(n+2)} - \frac{1}{(n+1)(n+2)} = \frac{2^{n+2}-n-3}{(n+1)(n+2)} \, . \qquad \bullet$$

(4) Mit Hilfe der Substitution $u = u(x) = 1-x$, $du = -dx$, $u(0) = 1$, $u(1) = 0$ erhalten wir:

$$\int_0^1 x^2(1-x)^n \, dx = -\int_1^0 (1-u)^2 u^n \, du = \int_0^1 (u^n - 2u^{n+1} + u^{n+2}) \, du = \frac{u^{n+1}}{n+1} - \frac{2u^{n+2}}{n+2} + \frac{u^{n+3}}{n+3} \Big|_0^1$$

$$= \frac{1}{n+1} - \frac{2}{n+2} + \frac{1}{n+3} = \frac{2}{(n+1)(n+2)(n+3)} \, .$$

Mit zweimaliger partieller Integration liefe die Rechnung übrigens folgendermaßen:

$$\int_0^1 t^2(1-t)^n \, dt = -t^2 \frac{(1-t)^{n+1}}{n+1} \Big|_{t=0}^{t=1} + 2\int_0^1 t \frac{(1-t)^{n+1}}{n+1} \, dt$$

$$= -2t \frac{(1-t)^{n+2}}{(n+1)(n+2)} \Big|_{t=0}^{t=1} + 2\int_0^1 \frac{(1-t)^{n+2}}{(n+1)(n+2)} \, dt$$

$$= -2 \frac{(1-t)^{n+3}}{(n+1)(n+2)(n+3)} \Big|_{t=0}^{t=1} = \frac{2}{(n+1)(n+2)(n+3)} \, . \qquad \bullet$$

(5) Mit $\sin mt \cos nt = \frac{1}{2}\big((\sin mt \cos nt + \cos mt \sin nt) + (\sin mt \cos nt - \cos mt \sin nt)\big) = \frac{1}{2}\big(\sin(m+n)t + \sin(m-n)t\big)$ bekommt man bei $m \neq n$:

$$\int_0^{2\pi} \sin mt \cos nt \, dt = \frac{1}{2}\int_0^{2\pi} \sin(m+n)t \, dt + \frac{1}{2}\int_0^{2\pi} \sin(m-n)t \, dt =$$

$$= -\frac{1}{2(m+n)} \cos(m+n)t \Big|_0^{2\pi} - \frac{1}{2(m-n)} \cos(m-n)t \Big|_0^{2\pi} = -0 - 0 = 0 \, .$$

Bei $m = n$ ist $\sin(m-n)t \equiv 0$. Das Ergebnis ist dann auch gleich 0. – Man kann auch mit

$$4\mathrm{i} \sin mt \cos nt = (e^{\mathrm{i}mt} - e^{-\mathrm{i}mt})(e^{\mathrm{i}nt} + e^{-\mathrm{i}nt}) = e^{\mathrm{i}(m+n)t} + e^{\mathrm{i}(m-n)t} - e^{-\mathrm{i}(m-n)t} - e^{-\mathrm{i}(m+n)t}$$

und $\int_0^{2\pi} e^{\mathrm{i}kt} \, dt = 2\pi \delta_{k,0}$ für $k \in \mathbb{Z}$ rechnen oder zweimal partiell integrieren. $\qquad \bullet$

Die Integrale (6) und (7) werden ganz analog wie Integral (5) berechnet. Die Ergebnisse sind

$$\int_0^{2\pi} \sin mt \sin nt \, dt = \int_0^{2\pi} \cos mt \cos nt \, dt = \begin{cases} 0, & \text{falls } m \neq n, \\ \pi, & \text{falls } m = n \neq 0. \end{cases}$$

Für $m = n = 0$ ist das Integral (6) gleich 0 und das Integral (7) gleich 2π. $\qquad \bullet$

‡**Aufgabe 4** *Sei* $A_n(x) := \int_0^x \cos^n t \, dt$, $n \in \mathbb{N}$. *Dann gilt die Rekursion* $A_0(x) = x$, $A_1(x) = \sin x$ *und* $(n+1)A_{n+1}(x) := -n \sin x \cos^n x + n A_{n-1}(x)$, $n \in \mathbb{N}^*$. *(Vgl. Beispiel 16.B.6 (4).)*

Aufgabe 5 (16.B, Aufg. 13) *Für* $n \in \mathbb{N}$ *sei* $D_n := \int_0^x \tan^n t \, dt$, $|x| < \pi/2$.

a) *Es ist* $D_0(x) := x$, $D_1(x) := -\ln \cos x$ *und* $n D_{n+1}(x) = \tan^n x - n D_{n-1}(x)$, $n \in \mathbb{N}^*$.

b) *Für* $d_n := D_n\big(\frac{\pi}{4}\big)$ *ist* $d_0 = \frac{\pi}{4}$, $d_1 = \frac{1}{2}\ln 2$, $n d_{n+1} = 1 - n d_{n-1}$, $n \in \mathbb{N}^*$, *sowie* $\lim_{n \to \infty} d_n = 0$.

c) *Für* $m \in \mathbb{N}$ *ist* $d_{2m} = (-1)^m \left(\dfrac{\pi}{4} - \displaystyle\sum_{k=0}^{m-1} \dfrac{(-1)^k}{2k+1} \right)$, $\quad d_{2m+1} = (-1)^m \left(\ln\sqrt{2} - \displaystyle\sum_{k=1}^{m} \dfrac{(-1)^{k-1}}{2k} \right)$.

d) *Aus* b) *und* c) *folgere man noch einmal* $\displaystyle\sum_{k=0}^{\infty} \dfrac{(-1)^k}{2k+1} = \dfrac{\pi}{4}$ *und* $\displaystyle\sum_{k=1}^{\infty} \dfrac{(-1)^{k-1}}{k} = \ln 2$.

Lösung a) Offenbar ist $D_0(x) = \displaystyle\int_0^x dt = x$. Wegen $-\left(\ln\cos t\right)' = \tan t$ und $\ln\cos 0 = \ln 1 = 0$

ist $D_1(x) = \displaystyle\int_0^x \tan t \, dt = -\ln\cos x$ für $|x| < \pi/2$. Ferner gilt wegen $\tan' t = 1 + \tan^2 t$:

$$n D_{n+1}(x) + n D_{n-1}(x) = n \int_0^x (\tan^{n+1} t + \tan^{n-1} t)\, dt = \int_0^x n \tan^{n-1} t\, (\tan^2 t + 1)\, dt = \tan^n x. \quad \bullet$$

b) Da der Tangens im Intervall $]0, \pi/4]$ positiv ist, sind alle $d_n \geq 0$. Wegen $\tan(\pi/4) = 1$ ist

$$0 \leq D_{n+1}\left(\frac{\pi}{4}\right) = d_{n+1} = \frac{1}{n} - D_{n-1}\left(\frac{\pi}{4}\right) = \frac{1}{n} - d_{n-1} \leq \frac{1}{n} \quad \text{und} \quad \lim_{n\to\infty} d_n = 0. \quad \bullet$$

Bemerkung Das letzte Resultat ergibt sich auch aus der folgenden allgemeinen Aussage: *Ist*

$f : [a, b] \to \mathbb{C}$ *stetig mit* $|f| < 1$ *bis auf endlich viele Stellen in* $[a, b]$, *so ist* $\displaystyle\lim_{n\to\infty} \int_a^b f^n(t)\, dt = 0$.

Zum **Beweis** können wir wegen $\left| \int_a^b f^n(t)\, dt \right| \leq \int_a^b |f|^n(t)\, dt$ annehmen, dass die Werte von f in

$\mathbb{R}_+$ liegen. Ferner genügt es dann den Fall zu betrachten, dass f nur an einer Stelle $c \in [a, b]$ den Wert 1 hat. Sei dann $\varepsilon > 0$ vorgegeben. Wir wählen ein Intervall positiver Länge $\leq \frac{1}{2}\varepsilon$ um c in $[a, b]$. Die Werte von f auf dem Komplement dieses Intervalls sind dann alle kleiner als C mit festem $C < 1$ und es gibt ein $n_0 \in \mathbb{N}$ mit $f^{n_0} \leq \frac{1}{2}\varepsilon/(b-a)$ auf diesem Komplement. Für

$n \geq n_0$ gilt dann $0 \leq \displaystyle\int_a^b f^n(t)\, dt \leq \frac{1}{2}\varepsilon + \left(\frac{1}{2}\varepsilon/(b-a)\right) \cdot (b-a) = \varepsilon$. $\quad \bullet$

Für eine Verallgemeinerung siehe LdM 3, 14.D, Aufg. 5.

c) Wir verwenden Induktion über $m \in \mathbb{N}$. Für $m = 0$ sind die angegebenen Formeln richtig wegen $d_0 := \frac{\pi}{4}$ und $d_1 := \ln\sqrt{2}$. Der Schluss von m auf $m+1$ ergibt sich mit der Formel aus a) und der Induktionsvoraussetzung aus

$$d_{2m+2} = \frac{1}{2m+1} - d_{2m} = \frac{1}{2m+1} - (-1)^m \left(\frac{\pi}{4} - \sum_{k=0}^{m-1} \frac{(-1)^k}{2k+1} \right) = (-1)^{m+1} \left(\frac{\pi}{4} - \sum_{k=0}^{m} \frac{(-1)^k}{2k+1} \right),$$

$$d_{2m+3} = \frac{1}{2m+2} - d_{2m+1} = \frac{1}{2m+2} - (-1)^m \left(\ln\sqrt{2} - \sum_{k=1}^{m} \frac{(-1)^{k-1}}{2k} \right)$$

$$= (-1)^{m+1} \left(\ln\sqrt{2} - \sum_{k=1}^{m+1} \frac{(-1)^{k-1}}{2k} \right). \quad \bullet$$

d) Wegen $\displaystyle\lim_{n\to\infty} d_n = 0$ folgt aus der ersten Formel sofort $\displaystyle\sum_{k=0}^{\infty} \frac{(-1)^k}{2k+1} = \lim_{m\to\infty} \sum_{k=0}^{m} \frac{(-1)^k}{2k+1} = \frac{\pi}{4}$

sowie aus der zweiten Formel $\displaystyle\sum_{k=1}^{\infty} \frac{(-1)^{k-1}}{k} = 2 \lim_{m\to\infty} \sum_{k=1}^{m+1} \frac{(-1)^{k-1}}{2k} = 2\ln\sqrt{2} = \ln 2$. $\quad \bullet$

Aufgabe 6 (16.B, Aufg. 6b)) *Die Funktion* $f : [0, 1] \to \mathbb{K}$ *sei stetig. Dann gilt*

$$\int\limits_0^{\pi/2} f(\sin t)\, dt = \int\limits_0^{\pi/2} f(\cos t)\, dt = \int\limits_{\pi/2}^{\pi} f(\sin t)\, dt \,.$$

Lösung Die Substitution $u = \tfrac{\pi}{2} - t$, $du = -dt$, $t = \tfrac{\pi}{2} - u$ liefert wegen $\sin\left(\tfrac{\pi}{2} - u\right) = \cos u$:

$$\int\limits_0^{\pi/2} f(\sin t)\, dt = -\int\limits_{\pi/2}^{0} f\left(\sin\left(\tfrac{\pi}{2} - u\right)\right) du = \int\limits_0^{\pi/2} f\left(\sin\left(\tfrac{\pi}{2} - u\right)\right) du = \int\limits_0^{\pi/2} f(\cos u)\, du\,.$$

Die Substitution $u = \pi - t$, $du = -dt$, $t = \pi - u$ liefert wegen $\sin(\pi - u) = \sin u$:

$$\int\limits_0^{\pi/2} f(\sin t)\, dt = -\int\limits_{\pi}^{\pi/2} f\left(\sin(\pi - u)\right) du = \int\limits_{\pi/2}^{\pi} f\left(\sin(\pi - u)\right) du = \int\limits_{\pi/2}^{\pi} f(\sin u)\, du \qquad\bullet$$

Aufgabe 7 (16.B, Aufg. 16) *Man gebe die Potenzreihenentwicklungen um 0 an für die Funktionen* $\int \ln(1+t)\, dt/t$, $\int \ln(1-t)\, dt/t$ *und* $\int \arctan t\, dt/t$ *und gewinne damit*

$$\int\limits_0^1 \frac{\ln(1+t)}{t}\, dt = \sum_{n=1}^{\infty} (-1)^{n-1} \frac{1}{n^2} = \frac{\pi^2}{12}\,, \qquad \int\limits_0^1 \frac{\ln(1-t)}{t}\, dt = -\sum_{n=1}^{\infty} \frac{1}{n^2} = -\frac{\pi^2}{6}\,,$$

$$\int\limits_0^1 \frac{\arctan t}{t}\, dt = \sum_{n=0}^{\infty} (-1)^n \frac{1}{(2n+1)^2} = 1 - 16\sum_{m=1}^{\infty} \frac{m}{(16m^2 - 1)^2} =: G\,.$$

(Der Wert $G = 0{,}91596\,559417\ldots$ des dritten Integrals heißt **Catalansche Konstante**.)

Lösung Die Logarithmusreihen $\ln(1+t) = \sum\limits_{n=1}^{\infty} (-1)^{n-1} \frac{t^n}{n}$ und $\ln(1-t) = -\sum\limits_{n=1}^{\infty} \frac{t^n}{n}$ (jeweils

für $|t| < 1$) liefern $\dfrac{\ln(1+t)}{t} = \sum\limits_{n=1}^{\infty} (-1)^{n-1} \dfrac{t^{n-1}}{n}$ und $\dfrac{\ln(1-t)}{t} = -\sum\limits_{n=1}^{\infty} \dfrac{t^{n-1}}{n}$. Mit den Formeln

$\sum\limits_{n=1}^{\infty} \dfrac{1}{n^2} = \zeta(2) = \dfrac{\pi^2}{6}$ und $\sum\limits_{n=1}^{\infty} (-1)^{n-1} \dfrac{1}{n^2} = \dfrac{\pi^2}{12}$, vgl. Beispiel 14.E.3, bekommt man

$$\int\limits_0^1 \frac{\ln(1+t)}{t}\, dt = \sum_{n=1}^{\infty} (-1)^{n-1} \int\limits_0^1 \frac{t^{n-1}}{n}\, dt = \sum_{n=1}^{\infty} (-1)^{n-1} \frac{t^n}{n^2}\Big|_0^1 = \sum_{n=1}^{\infty} (-1)^{n-1} \frac{1}{n^2} = \frac{\pi^2}{12}\,,$$

$$\int\limits_0^1 \frac{\ln(1-t)}{t}\, dt = -\sum_{n=1}^{\infty} \int\limits_0^1 \frac{t^{n-1}}{n}\, dt = -\sum_{n=1}^{\infty} \frac{t^n}{n^2}\Big|_0^1 = -\sum_{n=1}^{\infty} \frac{1}{n^2} = -\frac{\pi^2}{6}\,.$$

Mit der Reihe des Arcustangens, vgl. Abschnitt 14.B, erhält man $\dfrac{\arctan t}{t} = \sum\limits_{n=0}^{\infty} (-1)^n \dfrac{t^{2n}}{2n+1}$

für $|t| < 1$ und folglich

$$\int\limits_0^1 \frac{\arctan t}{t}\, dt = \sum_{n=0}^{\infty} (-1)^n \int\limits_0^1 \frac{t^{2n}}{2n+1}\, dt = \sum_{n=0}^{\infty} (-1)^n \frac{1}{(2n+1)^2} t^{2n+1}\Big|_0^1 = \sum_{n=0}^{\infty} (-1)^n \frac{1}{(2n+1)^2}$$

$$= 1 - \sum_{n=1}^{\infty} (-1)^{n-1} \frac{1}{(2n+1)^2} = 1 - \sum_{m=1}^{\infty} \left(\frac{1}{(4m-1)^2} - \frac{1}{(4m+1)^2}\right) = 1 - \sum_{m=1}^{\infty} \frac{16m}{(16m^2 - 1)^2}\,. \qquad\bullet$$

Aufgabe 8 *Man berechne* $\int_0^1 \dfrac{\operatorname{Artanh} t}{t} \, dt$.

Lösung Mit der Potenzreihenentwicklung von $\operatorname{Artanh} t$ aus 14.B, Aufgabe 3c) bekommt man

$$\int_0^1 \frac{\operatorname{Artanh} t}{t} \, dt = \sum_{n=0}^\infty \int_0^1 \frac{t^{2n} dt}{2n+1} = \sum_{n=0}^\infty \frac{1}{(2n+1)^2} = \sum_{n=1}^\infty \frac{1}{n^2} - \sum_{n=1}^\infty \frac{1}{(2n)^2} = \frac{\pi^2}{6} - \frac{1}{4} \cdot \frac{\pi^2}{6} = \frac{\pi^2}{8} \,. \; \bullet$$

Aufgabe 9 *Man zeige für die Catalansche Konstante* G *aus Aufgabe 7 die Formeln*

$$G = \frac{\pi^2}{8} - \sum_{m=0}^\infty \frac{2}{(4m+3)^2} \quad \text{und} \quad G = -\int_0^1 \frac{\ln t}{t^2+1} \, dt = \int_1^\infty \frac{\ln \tau}{\tau^2+1} \, d\tau$$

und folgere die Summenformeln $\displaystyle\sum_{m=0}^\infty \frac{1}{(4m+3)^2} = \frac{\pi^2}{16} - \frac{G}{2}$, $\displaystyle\sum_{m=0}^\infty \frac{1}{(4m+1)^2} = \frac{\pi^2}{16} + \frac{G}{2}$.

Lösung Wie in den beiden vorstehenden Aufgaben gezeigt, gilt

$$G = \int_0^1 \frac{\arctan t}{t} \, dt = \sum_{n=0}^\infty (-1)^n \frac{1}{(2n+1)^2} = \sum_{m=0}^\infty \left(\frac{1}{(4m+1)^2} - \frac{1}{(4m+3)^2} \right),$$

$$\frac{\pi^2}{8} = \sum_{n=0}^\infty \frac{1}{(2n+1)^2} = \sum_{m=0}^\infty \left(\frac{1}{(4m+1)^2} + \frac{1}{(4m+3)^2} \right).$$

Differenzbildung liefert $G - \dfrac{\pi^2}{8} = -2 \displaystyle\sum_{m=0}^\infty \frac{1}{(4m+3)^2}$, woraus auch die angegebenen Summenformeln folgen. Mit partieller Integration erhält man ferner

$$G = \int_0^1 \frac{\arctan t}{t} \, dt = \arctan t \cdot \ln t \,\Big|_0^1 - \int_0^1 \frac{\ln t}{t^2+1} \, dt = -\int_0^1 \frac{\ln t}{t^2+1} \, dt$$

wegen $\arctan 1 \cdot \ln 1 = 0$ und (vgl. 11.C, Aufgabe 1)

$$\lim_{t \to 0} \arctan t \cdot \ln t = \lim_{t \to 0} \frac{\arctan t}{t} \cdot \lim_{t \to 0} (t \ln t) = (\arctan' 0) \cdot 0 = 0 \,.$$

Die Substitution $t = 1/\tau$, $dt = (-1/\tau^2) \, d\tau$ liefert die zweite Integraldarstellung. $\quad \bullet$

Aufgabe 10 (16.B, Aufg. 21) *Für* $a, b \in \mathbb{R}_+^\times$ *und* $z \in \mathbb{C}$ *mit* $x := \operatorname{Re} z \neq 0$ *gilt*

$$|b^z - a^z| \leq \left| \frac{z}{x} \right| |b^x - a^x| \,.$$

Lösung Wir können $a \leq b$ annehmen. Die Potenzfunktion $\mathbb{R}_+^\times \to \mathbb{C}$, $t \mapsto t^z$, ist eine Stammfunktion von $z t^{z-1}$. Mit Satz 16.B.3 folgt

$$|b^z - a^z| = |z| \left| \int_a^b t^{z-1} \, dt \right| \leq |z| \int_a^b |t^{z-1}| \, dt = |z| \int_a^b t^{x-1} \, dt = |z| \left(x^{-1} t^x \right) \Big|_a^b = \left| \frac{z}{x} \right| |b^x - a^x| \,. \; \bullet$$

Bemerkung Eine elementarere Lösung dieser Aufgabe bekommt man mit den einfachen Abschätzungen $e^u - 1 \geq u e^{u/2}$, $u \in \mathbb{R}^+$, und $\cos v \geq 1 - v^2/2$, $v \in \mathbb{R}$, vgl. 12.E, Aufgaben 8 und 9. Für $w := u + iv$ ergibt sich damit

$$|e^w - 1|^2 u^2 = |e^u e^{iv} - e^{-iv} e^{iv}|^2 u^2 = |(e^u - \cos v) + i \sin v|^2 u^2 = e^{2u} u^2 - 2 e^u u^2 \cos v + u^2$$

$$\leq e^{2u} u^2 - 2 e^u u^2 + e^u u^2 v^2 + u^2 = (e^u - 1)^2 u^2 + e^u u^2 v^2$$

$$\leq (e^u - 1)^2 u^2 + (e^u - 1)^2 v^2 = (e^u - 1)^2 |w|^2, \quad \text{also} \quad |e^w - 1| u \leq (e^u - 1) |w| \,.$$

Ohne Einschränkung sei nun $x \ln b > x \ln a$, d.h. $b^x > a^x$. Dann erhält man mit dem Bewiesenen, angewandt auf $w := z(\ln b - \ln a) = x(\ln b - \ln a) + iy(\ln b - \ln a)$, $y := \operatorname{Im} z$, das Gewünschte:

$$|b^z - a^z| = |e^{z \ln a}||e^{z(\ln b - \ln a)} - 1| \le e^{x \ln a}\left(e^{x(\ln b - \ln a)} - 1\right) \frac{|z|| \ln b - \ln a|}{x(\ln b - \ln a)} = (b^x - a^x)\frac{|z|}{|x|}. \quad \bullet$$

Aufgabe 11 *Ein gleichmäßiger starker Schneefall begann t_0 Stunden vor Mitternacht. Genau um 0 Uhr fuhr ein Schneepflug los und räumte mit konstanter Leistung, d.h. er schaffte immer die gleiche Menge Schnee pro Zeiteinheit. In der zweiten Stunde kam er nur halb so weit wie in der ersten Stunde, weil der Schnee inzwischen viel höher lag. Man stelle fest, wann es zu schneien begann, d.h. man bestimme t_0.*

Lösung Die Geschwindigkeit des Schneepflugs sei $v(t)$, die Anfangsgeschwindigkeit sei $v_0 = v(0)$ und der zurückgelegte Weg sei $s(t)$. Wegen der Konstanz der Räumleistung und da die Schneehöhe proportional zur verflossenen Zeit ist, ist die Geschwindigkeit des Schneepflugs umgekehrt proportional zur Zeit, die seit dem Einsetzen des Schneefalls verflossen ist. Es gilt also $v(t) : v_0 = t_0 : (t + t_0)$, d.h. $(t + t_0)v(t) = t_0 v_0$. Wegen $\dot{s} = v$ und $s(0) = 0$ ist somit

$$s(t) = \int_0^t v(\tau)\, d\tau = t_0 v_0 \int_0^t \frac{d\tau}{\tau + t_0} = t_0 v_0 \ln(\tau + t_0)\Big|_0^t = t_0 v_0 \ln(t + t_0) - t_0 v_0 \ln t_0 = t_0 v_0 \ln\left(\frac{t + t_0}{t_0}\right).$$

Nach Voraussetzung ist $s(2) = \frac{3}{2} s(1)$. Dies ergibt $2 \ln\left(\frac{2 + t_0}{t_0}\right) = 3 \ln\left(\frac{1 + t_0}{t_0}\right)$, $\left(\frac{2 + t_0}{t_0}\right)^2 = \left(\frac{1 + t_0}{t_0}\right)^3$, $(2 + t_0)^2 t_0 = (1 + t_0)^3$, $t_0^2 + t_0 - 1 = 0$, $t_0 = -\frac{1}{2} + \frac{1}{2}\sqrt{5} = \Phi - 1 \approx 0{,}618\,\mathrm{h} \approx 37\mathrm{min}. \quad \bullet$

Aufgabe 12 *Das Zählwerk eines Kassettenrekorders zeigt die Anzahl n der Umdrehungen der anfangs leeren Spule. $T(n)$ bezeichne die zur Anzeige n gehörende Spieldauer. Es ist $T(0) = 0$. Die Bandgeschwindigkeit sei $v = 4{,}75$ cm/sec. Man gebe $T(n)$ in Abhängigkeit vom Radius R_0 der leeren Spule und der Banddicke δ an. Sei $T(1000) = 12$ min und $T(2000) = 28$ min. Man berechne δ und R_0.*

Lösung Sei $R(n)$ der Radius der Spule nach n Wicklungen (einschließlich des aufgewickelten Bandes). Wegen der im Verhältnis zu den Abmessungen der Spule geringen Banddicke δ setzen wir $R(n_1) - R(n_0) = (n_1 - n_0)\delta$ für $n_1 \ge n_0 \ge 0$, d.h. $dR/dn = \delta$ und $R(n) = R_0 + n\delta$. Der aktuelle Radius $R = R(n)$ wächst nach einer Umdrehung von R auf $R + \delta$ und braucht dafür die Zeit $2\pi R/v$. Wir setzen daher $dR/dT = \delta v/2\pi R$ bzw. $dT/dR = 2\pi R/\delta v$. Es folgt

$$\frac{dT}{dn} = \frac{dT}{dR}\frac{dR}{dn} = \frac{2\pi R}{v} = \frac{2\pi(R_0 + n\delta)}{v}, \quad \text{also} \quad T(n) = \frac{2\pi}{v}\int_0^n (R_0 + n\delta)\, dn = \frac{\pi n(2R_0 + n\delta)}{v}.$$

Einsetzen der Werte liefert $R_0 = 4{,}5$ mm und $\delta = 0{,}0018$ mm. $\bullet$

Bemerkung Man kann auch etwas direkter argumentieren: Nach der Zeit T hat das aufgespulte Band die Gesamtlänge $L = vT$ und damit den Gesamtquerschnitt $vT\delta$, der nach dem Aufwickeln gleich $\pi(R^2 - R_0^2) = \pi\left((R_0 + n\delta)^2 - R_0\right)^2 = \pi n\delta(2R_0 n + n\delta)$ ist. Somit ist $vT\delta = \pi n\delta(2R_0 n + n\delta)$ oder $T = \pi n(2R_0 + n\delta)/v$. Wie oben verbirgt sich hier die Tatsache, dass die Ableitung dF/dR der Kreisfläche $F = \pi R^2$ nach dem Radius R gleich dem Umfang $U = 2\pi R$ ist. – Ein anderes Beispiel dazu: Eine Spule mit aufgewickeltem Klebeband der Länge L_1 habe den Radius R_1. Dann hat eine Spule mit Klebebandlänge L den Radius $R = \left((1 - \lambda)R_0^2 + \lambda R_1^2\right)^{1/2}$, $\lambda := L/L_1 = (R^2 - R_0^2)/(R_1^2 - R_0^2)$, falls die Leerspule den Radius R_0 hat.

16.C Hauptsatz der Differenzial- und Integralrechnung

Aufgabe (16.C, Aufg. 3) **a)** *Der Flächeninhalt des links in der Zeichnung unten skizzierten Einheitskreissektors $\{z \in \mathbb{C} \mid |z| \le 1, 0 \le \operatorname{Arg} z \le t\}$ mit Öffnungswinkel t ist $t/2$, $0 \le t \le 2\pi$.*
b) *Der Flächeninhalt des rechts in der Zeichnung unten skizzierten Einheitshyperbelsektors zum Parameter t ist $t/2$, $0 \le t$.*
c) *Der Flächeninhalt der Ellipse $\{(x, y) \in \mathbb{R}^2 \mid (x/a)^2 + (y/b)^2 \le 1\}$ mit Halbachsen der Länge a und b ist $\pi a b$, $a, b > 0$.*

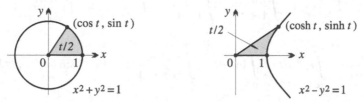

Lösung a) Es genügt, den Fall $0 \le t \le \pi/2$ zu betrachten. Ist dann $F_\triangle$ der Flächeninhalt des Dreiecks, das durch die x-Achse, die Gerade durch den Nullpunkt und $(\cos t, \sin t)$ sowie die Parallele zur y-Achse durch den Punkt $(\cos t, 0)$ begrenzt wird, und ist F_A der Inhalt der Fläche, die von dieser Parallelen, dem Kreis und der x-Achse begrenzt wird, so ist der gesuchte Flächeninhalt $F_\triangle + F_A$. Mit der Substitution $x = \cos \tau$, $dx = -\sin \tau\, d\tau$ und $\int \sin^2 \tau\, d\tau = \frac{1}{2}(\tau - \sin \tau \cos \tau)$, vgl. Beispiel 16.B.6 (3), ergibt sich

$$F_\triangle + F_A = \frac{\cos t \, \sin t}{2} + \int_{\cos t}^{1} \sqrt{1 - x^2}\, dx = \frac{\cos t \, \sin t}{2} + \int_0^t \sin^2 \tau\, d\tau$$

$$= \frac{\cos t \, \sin t}{2} + \frac{1}{2}(\tau - \sin \tau \cos \tau) \Big|_{\tau=0}^{\tau=t} = \frac{t}{2}\,.$$

b) Ist $F_\triangle$ der Flächeninhalt des Dreiecks, das durch die x-Achse, die Gerade durch den Nullpunkt und $(\cosh t, \sinh t)$ sowie die Parallele zur y-Achse durch den Punkt $(\cosh t, 0)$ begrenzt wird, und ist F_A der Inhalt der Fläche, die von dieser Parallelen, der Hyperbel und der x-Achse begrenzt wird, so ist $F_\triangle - F_A$ der gesuchte Flächeninhalt. Die Substitution $x = \cosh \tau$, $dx = \sinh \tau\, d\tau$ und $\int \sinh^2 \tau\, d\tau = \frac{1}{2}(\sinh \tau \cosh \tau - \tau)$, vgl. Integral (9) in 16.B, Aufgabe 1, liefern

$$F_\triangle - F_A = \frac{\cosh t \, \sinh t}{2} - \int_1^{\cosh t} \sqrt{x^2 - 1}\, dx = \frac{\cosh t \, \sinh t}{2} - \int_0^t \sinh^2 \tau\, d\tau$$

$$= \frac{\cosh t \, \sinh t}{2} - \frac{1}{2}(\sinh \tau \cosh \tau - \tau) \Big|_{\tau=0}^{\tau=t} = \frac{t}{2}\,.$$

c) Die Gleichung der Ellipse ist $y = \pm \dfrac{b}{a}\sqrt{a^2 - x^2}$, vgl. auch Beispiel 14.B.8. Mit der Substitution $x = a \sin \tau$, $dx = a \cos \tau\, d\tau$, $a = a \sin(\pi/2)$, $-a = a \sin(-\pi/2)$, und der durch partielle Integration zu erhaltenden Formel $\int \cos^2 \tau\, d\tau = \frac{1}{2}(\tau + \sin \tau \cos \tau)$ sieht man, dass der gesuchte Flächeninhalt folgenden Wert hat:

$$2\frac{b}{a}\int_{-a}^{a}\sqrt{a^2 - x^2}\, dx = 2\frac{b}{a}\int_{-\pi/2}^{\pi/2}\sqrt{a^2 - a^2 \sin^2 \tau}\, a \cos \tau\, d\tau = 2ab\int_{-\pi/2}^{\pi/2}\cos^2 \tau\, d\tau$$

$$= 2ab\,\frac{1}{2}(\tau + \sin \tau \cos \tau)\Big|_{\tau=-\pi/2}^{\tau=\pi/2} = \pi a b\,. \qquad \bullet$$

17 Uneigentliche Integrale

17.A Uneigentliche Integrale

Aufgabe 1 (17.A, Teil von Aufg. 1) *Man berechne die folgenden uneigentlichen Integrale:*

$$\int_0^\infty \frac{dt}{1+t^2} \; ; \quad \int_0^\infty \frac{dt}{1+t^3} \; ; \quad \int_0^\infty \frac{dt}{1+t^4} \; ; \quad \int_0^\infty \frac{t^2\,dt}{1+t^4} \; ; \quad \int_0^1 \frac{dt}{\sqrt{1-t}} \; ; \quad \int_0^1 \frac{t\,dt}{\sqrt{1-t^2}} \; ; \quad \int_0^{\pi/2} \sqrt{\tan t}\ dt \; ;$$

$$\int_0^{\pi/2} \frac{dt}{\sqrt{\tan t}} \; ; \quad \int_{-\infty}^\infty e^{-|t|}\,dt \; ; \quad \int_0^1 \ln t\ dt \; ; \quad \int_0^\infty \frac{e^{2t}\,dt}{(e^{2t}+1)^2} \; ; \quad \int_0^\infty e^{-at} \sin bt\,dt, \ a \in \mathbb{R}_+^\times, b \in \mathbb{R}.$$

Lösung Wir nummerieren die zwölf Integrale der Reihe nach durch.

(1) Wegen $\arctan' x = \dfrac{1}{1+x^2}$ gilt $\displaystyle\int_0^\infty \frac{dt}{1+t^2} = \arctan t \Big|_{t=0}^{t=\infty} = \lim_{t\to\infty} \arctan t - \arctan 0 = \frac{\pi}{2}$. •

(2) Da -1 Nullstelle von $1+t^3$ ist, liefert Division mit Rest die Produktdarstellung
$1+t^3 = (t+1)(t^2-t+1)$. Wie in 11.B, Aufg. 3 berechnen wir die Partialbruchzerlegung
$\dfrac{1}{1+t^3} = \dfrac{\frac{1}{3}}{t+1} + \dfrac{-\frac{t}{3}+\frac{2}{3}}{t^2-t+1}$ und bekommen (wegen $\tan(\pi/6) = \dfrac{\sin(\pi/6)}{\cos(\pi/6)} = \dfrac{1}{2}\Big/\dfrac{1}{2}\sqrt{3} = 1/\sqrt{3}$)

$$\int_0^\infty \frac{dt}{1+t^3} = \frac{1}{3}\int_0^\infty \frac{dt}{t+1} + \frac{1}{3}\int_0^\infty \frac{-t+2}{t^2-t+1}\,dt = \frac{1}{3}\int_0^\infty \frac{dt}{t+1} - \frac{1}{6}\int_0^\infty \frac{2t-1}{t^2-t+1}\,dt + \frac{1}{2}\int_0^\infty \frac{dt}{t^2-t+1}$$

$$= \left(\frac{1}{3}\ln(t+1) - \frac{1}{6}\ln(t^2-t+1)\right)\Big|_0^\infty + \frac{1}{2}\int_0^\infty \frac{dt}{(t-\frac{1}{2})^2 + \frac{3}{4}}$$

$$= \frac{1}{6}\ln \frac{(t+1)^2}{t^2-t+1}\Big|_0^\infty + \frac{1}{\sqrt{3}}\int_0^\infty \frac{(2/\sqrt{3})\,dt}{((2t-1)/\sqrt{3})^2 + 1} = \left(\frac{1}{6}\ln\frac{(t+1)^2}{t^2-t+1} + \frac{1}{\sqrt{3}}\arctan\frac{2t-1}{\sqrt{3}}\right)\Big|_0^\infty$$

$$= \frac{1}{6}(\ln 1 - \ln 1) + \frac{1}{\sqrt{3}}\left(\lim_{\tau\to\infty}\arctan\tau - \arctan\left(-\frac{1}{\sqrt{3}}\right)\right) = \frac{1}{\sqrt{3}}\left(\frac{\pi}{2} + \frac{\pi}{6}\right) = \frac{2\pi}{3\sqrt{3}}.$$

(3), (4) Wie in 11.A, Aufgabe 1 berechnen wir die Zerlegung $1+t^4 = (t^2-t\sqrt{2}+1)(t^2+t\sqrt{2}+1)$
und dann wie in 11.B, Aufgabe 3 die beiden Partialbruchzerlegungen

$$\frac{1}{1+t^4} = \frac{-\frac{t}{2\sqrt{2}}+\frac{1}{2}}{t^2-t\sqrt{2}+1} + \frac{\frac{t}{2\sqrt{2}}+\frac{1}{2}}{t^2+t\sqrt{2}+1} \quad \text{und} \quad \frac{t^2}{1+t^4} = \frac{\frac{t}{2\sqrt{2}}}{t^2-t\sqrt{2}+1} + \frac{-\frac{t}{2\sqrt{2}}}{t^2+t\sqrt{2}+1}.$$

Damit bekommen wir

$$\int_0^\infty \frac{dt}{1+t^4} = \frac{1}{2\sqrt{2}}\int_0^\infty \frac{-t+\sqrt{2}}{t^2-t\sqrt{2}+1}\,dt + \frac{1}{2\sqrt{2}}\int_0^\infty \frac{t+\sqrt{2}}{t^2+t\sqrt{2}+1}\,dt =$$

$$= \frac{-1}{4\sqrt{2}} \int\limits_0^\infty \frac{(2t - \sqrt{2})\,dt}{t^2 - t\sqrt{2} + 1} + \frac{1}{4} \int\limits_0^\infty \frac{dt}{t^2 - t\sqrt{2} + 1} + \frac{1}{4\sqrt{2}} \int\limits_0^\infty \frac{(2t + \sqrt{2})\,dt}{t^2 + t\sqrt{2} + 1} + \frac{1}{4} \int\limits_0^\infty \frac{dt}{t^2 + t\sqrt{2} + 1}$$

$$= \frac{1}{4\sqrt{2}} \Big(\ln\left(t^2 + t\sqrt{2} + 1\right) - \ln\left(t^2 - t\sqrt{2} + 1\right) \Big) \Big|_0^\infty$$

$$+ \frac{1}{2\sqrt{2}} \int\limits_0^\infty \frac{\sqrt{2}\,dt}{\left(t\sqrt{2} - 1\right)^2 + 1} + \frac{1}{2\sqrt{2}} \int\limits_0^\infty \frac{\sqrt{2}\,dt}{\left(t\sqrt{2} + 1\right)^2 + 1} =$$

$$= \frac{1}{4\sqrt{2}} \ln \frac{t^2 + t\sqrt{2} + 1}{t^2 - t\sqrt{2} + 1} \Big|_0^\infty + \frac{1}{2\sqrt{2}} \Big(\arctan\left(t\sqrt{2} - 1\right) + \arctan\left(t\sqrt{2} + 1\right) \Big) \Big|_0^\infty = \frac{\pi}{2\sqrt{2}},$$

$$\int\limits_0^\infty \frac{t^2\,dt}{1 + t^4} = \frac{1}{2\sqrt{2}} \int\limits_0^\infty \frac{t\,dt}{t^2 - t\sqrt{2} + 1} - \frac{1}{2\sqrt{2}} \int\limits_0^\infty \frac{t\,dt}{t^2 + t\sqrt{2} + 1} =$$

$$= \frac{1}{4\sqrt{2}} \int\limits_0^\infty \frac{(2t - \sqrt{2})\,dt}{t^2 - t\sqrt{2} + 1} + \frac{1}{4} \int\limits_0^\infty \frac{dt}{t^2 - t\sqrt{2} + 1} - \frac{1}{4\sqrt{2}} \int\limits_0^\infty \frac{(2t + \sqrt{2})\,dt}{t^2 + t\sqrt{2} + 1} + \frac{1}{4} \int\limits_0^\infty \frac{dt}{t^2 + t\sqrt{2} + 1}$$

$$= \frac{1}{4\sqrt{2}} \Big(\ln\left(t^2 - t\sqrt{2} + 1\right) - \ln\left(t^2 + t\sqrt{2} + 1\right) \Big) \Big|_0^\infty +$$

$$+ \frac{1}{2\sqrt{2}} \int\limits_0^\infty \frac{\sqrt{2}\,dt}{\left(t\sqrt{2} - 1\right)^2 + 1} + \frac{1}{2\sqrt{2}} \int\limits_0^\infty \frac{\sqrt{2}\,dt}{\left(t\sqrt{2} + 1\right)^2 + 1} = \frac{\pi}{2\sqrt{2}} . \qquad \bullet$$

Bemerkung Häufiger findet man in Formelsammlungen als Stammfunktion zu $1/(1 + t^4)$ die Funktion $\dfrac{1}{4\sqrt{2}} \ln \dfrac{t^2 + t\sqrt{2} + 1}{t^2 - t\sqrt{2} + 1} + \dfrac{1}{2\sqrt{2}} \arctan\left(\dfrac{t\sqrt{2}}{1 - t^2}\right)$ (womit obiges Integral absurderweise 0 wäre). Diese hat für $t \neq \pm 1$ die richtige Ableitung, aber in $t = 1$ eine Sprungstelle der Höhe $-\pi/2\sqrt{2}$. Sie entsteht aus der hier benutzten Stammfunktion durch falsches Anwenden des Additionstheorems des Arcustangens. Entsprechendes gilt für Stammfunktionen zur Funktion $t^2/(1 + t^4)$.

(5) Die Substitution $u = 1 - t$, $du = -dt$ liefert $\int\limits_0^1 \dfrac{dt}{\sqrt{1 - t}} = -\int\limits_1^0 \dfrac{du}{\sqrt{u}} = -2\sqrt{u}\,\Big|_1^0 = 2.$ $\qquad \bullet$

(6) Die Substitution $u = 1 - t^2$, $du = -2t\,dt$ liefert $\int\limits_0^1 \dfrac{t\,dt}{\sqrt{1 - t^2}} = -\int\limits_1^0 \dfrac{du}{2\sqrt{u}} = -\sqrt{u}\,\Big|_1^0 = 1.$ $\qquad \bullet$

(7), (8) Mit Hilfe der Substitution $u = \sqrt{\tan t}$, $t = \arctan u^2$, $dt = 2u\,du/(1 + u^4)$ lassen sich die beiden Integrale auf die bereits oben berechneten Integrale (4) bzw. (3) zurückführen. Es ist

$$\int\limits_0^{\pi/2} \sqrt{\tan t}\ dt = 2 \int\limits_0^\infty \frac{u^2}{1 + u^4}\,du = \frac{2\pi}{2\sqrt{2}} = \frac{\pi}{\sqrt{2}}, \quad \int\limits_0^{\pi/2} \frac{dt}{\sqrt{\tan t}} = 2 \int\limits_0^\infty \frac{du}{1 + u^4} = 2 \cdot \frac{\pi}{2\sqrt{2}} = \frac{\pi}{\sqrt{2}} . \quad \bullet$$

(9) Es gilt $\int\limits_{-\infty}^\infty e^{-|t|}\,dt = 2\int\limits_0^\infty e^{-t}\,dt = -2\,e^{-t}\,\Big|_0^\infty = 2.$ $\qquad \bullet$

(10) Mit partieller Integration und 11.C, Aufgabe 1 sieht man

$$\int\limits_0^1 \ln t\,dt = \int\limits_0^1 1 \cdot \ln t\,dt = t \ln t\,\Big|_0^1 - \int\limits_0^1 t\,\frac{1}{t}\,dt = (t \ln t - t)\,\Big|_0^1 = -1 - \lim_{t \to 0} t \ln t = -1. \quad \bullet$$

(11) Mit der Substitution $u = e^{2t}$, $du = 2e^{2t}\,dt$ sieht man

$$\int\limits_0^\infty \frac{e^{2t}}{(e^{2t}+1)^2}\,dt = \int\limits_1^\infty \frac{du}{2(u+1)^2} = \frac{-1/2}{u+1}\Big|_1^\infty = -\frac{1}{2}\left(0 - \frac{1}{2}\right) = \frac{1}{4}\,.$$

(12) Zweimalige partielle Integration liefert

$$\int\limits_0^\infty e^{-at}\sin bt\,dt = -\frac{1}{a}e^{-at}\sin bt\,\Big|_0^\infty + \frac{b}{a}\int\limits_0^\infty e^{-at}\cos bt\,dt = \frac{b}{a}\int\limits_0^\infty e^{-at}\cos bt\,dt$$

$$= -\frac{b}{a^2}e^{-at}\cos bt\,\Big|_0^\infty - \frac{b^2}{a^2}\int\limits_0^\infty e^{-at}\sin bt\,dt\,,$$

$$\left(1 + \frac{b^2}{a^2}\right)\int\limits_0^\infty e^{-at}\sin bt\,dt = -\frac{b}{a^2}e^{-at}\cos bt\,\Big|_0^\infty = \frac{b}{a^2}\,,\qquad \int\limits_0^\infty e^{-at}\sin bt\,dt = \frac{a^2+b^2}{b}\,.$$

‡**Aufgabe 2** *Man berechne die folgenden uneigentlichen Integrale:*

$$\int\limits_0^\infty \frac{t\,dt}{1+t^3} = \frac{2\pi}{2\sqrt{3}}\,,\qquad \int\limits_0^1 \frac{t^3}{1+t^8}\,dt = \int\limits_1^\infty \frac{t^3}{1+t^8}\,dt = \frac{\pi}{16}\,,\qquad \int\limits_0^1 \frac{t}{\sqrt{1-t}}\,dt = \frac{4}{3}\,,$$

$$\int\limits_0^\infty \frac{dt}{\sqrt{e^{2t}+1}} = \ln\left(\sqrt{2}+1\right),\qquad \int\limits_0^\infty \frac{dt}{\cosh t} = \frac{\pi}{2}\,,\qquad \int\limits_0^\infty \frac{dt}{1+\cosh t} = 1\,,$$

$$\int\limits_0^\infty (1+t^2)\,e^{-t}\,dt = 3\,,\qquad \int\limits_1^\infty \frac{dt}{(1+t^2)\arctan t} = \ln 2\,,\qquad \int\limits_0^{\pi/2} \frac{\sin^3 t}{\sqrt{\cos t}}\,dt = \frac{8}{5}\,.$$

(Für das erste Integral benutze man die Partialbruchzerlegung aus 11.B, Aufgabe 2.)

Aufgabe 3 *Man berechne das Integral* $\int\limits_\pi^\infty \frac{t^2+2}{t^3}\cos t\,dt$.

Lösung Mit partieller Integration, bei der $\cos t$ im ersten Integral integriert und im zweiten Integral differenziert wird, sieht man

$$\int\limits_\pi^\infty \frac{t^2+2}{t^3}\cos t\,dt = \int\limits_\pi^\infty \frac{\cos t\,dt}{t} + \int\limits_\pi^\infty \frac{2\cos t\,dt}{t^3} =$$

$$= \frac{\sin t}{t}\Big|_\pi^\infty + \int\limits_\pi^\infty \frac{\sin t\,dt}{t^2} - \frac{\cos t}{t^2}\Big|_\pi^\infty - \int\limits_\pi^\infty \frac{\sin t\,dt}{t^2} = \left(\frac{\sin t}{t} - \frac{\cos t}{t^2}\right)\Big|_\pi^\infty = \frac{\cos\pi}{\pi^2} = -\frac{1}{\pi^2}\,.$$

Aufgabe 4 (17.A, *Teil von Aufg. 2*) *Man entscheide, ob die folgenden Integrale konvergieren:*

$$\int\limits_1^\infty \frac{t^2+1}{2t^3+1}\,dt\,,\qquad \int\limits_0^{\pi/2} \tan t\,dt\,.$$

Lösung Beim ersten Integral gilt $2t^3+1 \le 2t\,(t^2+1)$ für alle $t \ge 1$ und folglich $\left|\dfrac{1}{2t}\right| \le \left|\dfrac{t^2+1}{2t^3+1}\right|$.

Da $\int\limits_1^\infty \dfrac{dt}{2t}$ nicht konvergiert, gilt dies nach dem Majorantenkriterium auch für $\int\limits_1^\infty \dfrac{t^2+1}{2t^3+1}\,dt$. •

Für das zweite Integral benutzen wir die Substitution $u = \cos t$, $du = -\sin t\,dt$ und erhalten

$$\int\limits_0^{\pi/2} \tan t\,dt = \int\limits_0^{\pi/2} \frac{\sin t}{\cos t}\,dt = -\int\limits_1^0 \frac{du}{u} = \ln u\,\Big|_0^1 = \infty. \qquad •$$

‡**Aufgabe 5** *Man zeige, dass die Integrale* $\int\limits_0^{\pi/2} \dfrac{dt}{1-\cos t}$ *bzw.* $\int\limits_0^\infty \dfrac{dt}{1-\cosh t}$ *divergieren.*

Aufgabe 6 (17.A, Aufg. 6) $f : \mathbb{R}_+ \to \mathbb{R}$ *sei stetig und monoton. Existiert* $\int\limits_0^\infty f(t)\,dt$, *so ist* $\lim\limits_{x \to \infty} f(x) = 0.$

Lösung Wir können annehmen, dass f monoton fallend ist. Dann ist $f \ge 0$ auf $\mathbb{R}_+$. Wäre nämlich $f(b) := C < 0$ für ein $b \in \mathbb{R}_+$, so wäre $f(x) \le C$ für alle $x \ge b$ und damit $\int\limits_b^\infty f(t)\,dt = -\infty$. Sei nun $\varepsilon > 0$ vorgegeben. Nach dem Cauchy-Kriterium 17.A.3 gibt es dann ein a mit $\int\limits_a^{a+1} f(t)\,dt \le \varepsilon$, und nach dem Mittelwertsatz der Integralrechnung 16.B.2 (3) existiert ein x_0 zwischen a und $a+1$ mit $f(c) \le \varepsilon$. Dann ist $0 \le f(x) \le \varepsilon$ für alle $x \ge x_0$. •

Aufgabe 7 (17.A, Teil von Aufg. 9) *Mit dem Integralkriterium 17.A.13 teste man die folgenden Reihen auf Konvergenz bzw. Divergenz:* $\sum\limits_{n=3}^\infty \dfrac{1}{(\ln n)^{\ln n}}$; $\sum\limits_{n=3}^\infty \dfrac{1}{n \ln n\, \ln(\ln n)}$.

Lösung Da die Funktionen $1/(\ln x)^{\ln x}$ und $1/x \ln x\, \ln(\ln x)$ für $x \ge 3$ monoton fallend sind, können wir das Integralkriterium 17.A.13 verwenden und haben die zugehörigen Integrale auf Konvergenz zu testen.

Die Substitution $u = \ln t$, $du = dt/t$, $e^u\,du = dt$ liefert $\int\limits_3^\infty \dfrac{dt}{(\ln t)^{\ln t}} = \int\limits_{\ln 3}^\infty \dfrac{e^u\,du}{u^u}$. Für $u \ge e^2$ gilt $2 \le \ln u$, also $e^{2u} \le e^{u \ln u} = u^u$ und somit $\dfrac{e^u}{u^u} \le e^{-u}$. Daher besitzt das Integral $\int\limits_{\ln 3}^\infty \dfrac{e^u\,du}{u^u}$ die konvergente Majorante $\int\limits_{\ln 3}^\infty e^{-u}\,du \le \int\limits_0^\infty e^{-u}\,du = 1$.

Die Substitution $u = \ln t$, $du = dt/t$, $e^u\,du = dt$ gefolgt von der Substitution $x = \ln u$, $dx = du/u$ liefert ferner $\int\limits_3^\infty \dfrac{dt}{t \ln t\, \ln(\ln t)} = \int\limits_{\ln 3}^\infty \dfrac{du}{u \ln u} = \int\limits_{\ln(\ln 3)}^\infty \dfrac{dx}{x} = \ln x\,\Big|_{\ln(\ln 3)}^\infty = \infty.$

Die erste Reihe ist also konvergent, die zweite divergent. •

‡**Aufgabe 8** (17.A, Teil von Aufg. 9) *Man untersuche die folgenden Reihen auf Konvergenz bzw. Divergenz:* $\sum\limits_{n=2}^\infty \dfrac{1}{n(\ln n)^s}$, $s \in \mathbb{R}_+$; $\sum\limits_{n=3}^\infty \dfrac{1}{(\ln n)^{\ln(\ln n)}}$. *(Die erste Reihe konvergiert genau für $s > 1$, die zweite ist divergent.)*

Aufgabe 9 (17.A, Aufg. 10) *Für $n \in \mathbb{N}^*$ berechne man $\int\limits_0^1 (\ln t)^n\,dt$.*

Lösung Nach 11.C, Aufgabe 1 ist $\lim\limits_{t\to 0+} t\,(lnt)^n = \lim\limits_{t\to 0+} \left(t^{1/n}\ln t\right)^n = 0$. Durch Induktion über

n beweisen wir damit $\int\limits_0^1 (\ln t)^n\,dt = (-1)^n n!$. Der Induktionsanfang $n = 1$ ist das Integral (10)

von Aufgabe 1. Der Schluss von n auf $n+1$ folgt durch partielle Integration:

$$\int_0^1 (\ln t)^{n+1}\,dt = \int_0^1 1\cdot(\ln t)^{n+1}\,dt = t\,(\ln t)^{n+1}\Big|_0^1 - (n+1)\int_0^1 (\ln t)^n\,dt = (-1)^{n+1}(n+1)!. \quad \bullet$$

Aufgabe 10 (17.A, Aufg. 11) $\int\limits_0^\infty g(t)\sin t\,dt$ und $\int\limits_0^\infty g(t)\cos t\,dt$ *existieren für jede stetige und*

monotone Funktion $g:\mathbb{R}_+ \to \mathbb{R}$ *mit* $\lim\limits_{t\to\infty} g(t) = 0$. *Es gilt*

$$\left|\int_0^\infty g(t)\,\sin t\,dt\right| \le \int_0^\pi |g(t)|\,\sin t\,dt \le 2|g(0)|.$$

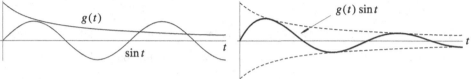

Lösung Da g monoton ist und $g(t)$ für $t\to\infty$ gegen 0 geht, hat $g(t)$ in ganz $\mathbb{R}_+$ dasselbe Vorzeichen und $|g|$ ist monoton fallend. Da das Vorzeichen von $\sin t$ in den offenen Intervallen $]k\pi\,,(k+1)\pi[$ abwechselnd überall positiv bzw. überall negativ ist, sind somit auch die Integrale $I_k := \int\limits_{k\pi}^{(k+1)\pi} g(t)\,\sin t\,dt$ abwechselnd ≥ 0 bzw. ≤ 0. Nach dem Verallgemeinerten Mittelwertsatz der Integralrechnung 16.B.2 (4) gilt wegen der Monotonie von $|g|$

$$2\,|g(k\pi)| = \left|\int\limits_{k\pi}^{(k+1)\pi} g(k\pi)\sin t\,dt\right| \ge \left|\int\limits_{k\pi}^{(k+1)\pi} g(t)\sin t\,dt\right| \ge \left|\int\limits_{k\pi}^{(k+1)\pi} g((k+1)\pi)\sin t\,dt\right| = 2\,|g((k+1)\pi)|,$$

und die $|I_k|$ bilden eine monoton fallende Nullfolge. Das Leibniz-Kriterium liefert die Konvergenz der alternierenden Reihe $\sum_{k=0}^\infty I_k$ gegen einen Grenzwert I mit $|I| \le |I_0|\ \big(\le 2|g(0)|\big)$.

Wir zeigen schließlich, dass auch das uneigentliche Integral $\int\limits_0^\infty g(t)\,\sin t\,dt$ gegen I konvergiert.

Sei dazu $\varepsilon > 0$ vorgegeben. Dann gibt es ein n_0 mit $\left|\int\limits_0^{(k+1)\pi} g(t)\,\sin t\,dt - I\right| = \left|\sum_{k=0}^k I_k - I\right| \le \varepsilon/2$

für alle $k \ge n_0$. Wegen der Voraussetzungen über g gibt es ein $S > 0$ mit $|g(t)| \le \varepsilon/2\pi$ für alle $t \ge S$. Ist nun $x \ge \mathrm{Max}\,(n_0\pi, S)$ und ist $k_0 := [x/\pi]$, d.h. $k_0 \ge n_0$ und $k_0\pi \le x < (k_0+1)\pi$, so folgt mit der Dreiecksungleichung und dem Mittelwertsatz der Integralrechnung

$$\left|\int\limits_0^x g(t)\,\sin t\,dt - I\right| = \left|\int\limits_0^{(k_0+1)\pi} g(t)\,\sin t\,dt - \int\limits_x^{(k_0+1)\pi} g(t)\,\sin t\,dt - I\right| \le$$

$$\le \left|\int\limits_0^{(k_0+1)\pi} g(t)\,\sin t\,dt - I\right| + \left|\int\limits_x^{(k_0+1)\pi} g(t)\,\sin t\,dt\right| \le \frac{\varepsilon}{2} + \frac{((k_0+1)\pi - x)\,\varepsilon}{2\pi} \le \frac{\varepsilon}{2} + \frac{\pi\varepsilon}{2\pi} = \varepsilon.$$

Die Aussage über das entsprechende Kosinusintegral wird analog bewiesen oder durch die Substitution $z = t + \frac{\pi}{2}$ auf ein Sinusintegral zurückgeführt. $\quad\bullet$

Aufgabe 11 (17.A, Aufg. 12) *Für alle $z \in \mathbb{C}$ hat $G(z) := \int_{-\infty}^{\infty} e^{-(t+z)^2} dt$ den Wert $\sqrt{\pi}$. – Für*

$z = -\dfrac{a\mathrm{i}}{2}$, $a \in \mathbb{R}$, *ergibt sich* $\int_{-\infty}^{\infty} e^{-t^2} \cos at \, dt = e^{-a^2/4} \sqrt{\pi}$.

Lösung Nach Beispiel 17.A.10 ist $G(0) = \int_{-\infty}^{\infty} e^{-t^2} dt = \sqrt{\pi}$. Wenn wir zeigen, dass G differenzierbar ist mit $G'(z) = 0$ für alle $z \in \mathbb{C}$, so folgt die erste Behauptung, da G nach Korollar 14.A.6 dann konstant ist. Für $z = -a\mathrm{i}/2, a \in \mathbb{R}$, ergibt sich daraus

$$e^{-(t-a\mathrm{i}/2)^2} = e^{-(t^2-a^2/4)+at\mathrm{i}} = e^{-t^2} e^{a^2/4}(\cos at + \mathrm{i} \sin at),$$

$$\sqrt{\pi} = \int_{-\infty}^{\infty} e^{-(t-a\mathrm{i}/2)^2} dt = \int_{-\infty}^{\infty} e^{-t^2} e^{a^2/4} \cos at \, dt + \mathrm{i} \int_{-\infty}^{\infty} e^{-t^2} e^{a^2/4} \sin at \, dt$$

$$= \int_{-\infty}^{\infty} e^{-t^2} e^{a^2/4} \cos at \, dt, \quad \text{d.h.} \quad \int_{-\infty}^{\infty} e^{-t^2} \cos at \, dt = e^{-a^2/4} \sqrt{\pi}.$$

Sei nun $R \in \mathbb{R}_+^{\times}$ beliebig. Es genügt, die Differenzierbarkeit von G auf $E := \{z \in \mathbb{C} \mid |z| < R\}$ zu zeigen. Setzen wir $z = x + \mathrm{i}y$, $x, y \in \mathbb{R}$, so gilt für $t \in \mathbb{R}$, $z \in E$ die Abschätzung $\operatorname{Re}\left((t+z)^2\right) = \operatorname{Re}(t+x+\mathrm{i}y)^2 = t^2+2tx+x^2-y^2 = \frac{1}{2}(t+2x)^2+\frac{1}{2}t^2-x^2-y^2 \geq \frac{1}{2}t^2-|z|^2 \geq \frac{1}{2}t^2-R^2$, also $|e^{-(t+z)^2}| = e^{-\operatorname{Re}((t+z)^2)} \leq e^{R^2} e^{-t^2/2}$. Auf $E \times \mathbb{R}$ folgt $\left|\frac{\partial}{\partial z} e^{-(t+z)^2}\right| = \left|-2(t+z) e^{-(t+z)^2}\right| \leq 2e^{R^2}(|t|+R)e^{-t^2/2}$. Mit 17.A.11 gilt

$$\int_{-\infty}^{\infty} 2e^{R^2}(|t|+R)e^{-t^2/2} dt = 4e^{R^2}\int_0^{\infty} t e^{-t^2/2} dt + 2e^{R^2}R\int_{-\infty}^{\infty} e^{-t^2/2} dt$$

$$= -4e^{R^2} e^{-t^2/2}\Big|_0^{\infty} + 2e^{R^2}R\sqrt{2\pi} = 2e^{R^2}(R\sqrt{2\pi}+2) < \infty.$$

Daher liefert $g(t) := 2e^{R^2}(|t|+R)e^{-t^2/2}$ eine integrierbare Majorante zu allen Funktionen $\frac{\partial}{\partial z} e^{-(t+z)^2}$, $z \in E$. Wir können folglich 17.A.9 anwenden und erhalten

$$G'(z) = \frac{d}{dz}\int_{-\infty}^{\infty} e^{-(t+z)^2} dt = \int_{-\infty}^{\infty} \frac{\partial}{\partial z} e^{-(t+z)^2} dt = -\int_{-\infty}^{\infty} 2(t+z) e^{-(t+z)^2} dt = e^{-(t+z)^2}\Big|_{t\to-\infty}^{t\to\infty} = 0.$$

Man beachte $|e^{-(t+z)^2}| = e^{-\operatorname{Re}((t+z)^2)} \to 0$ für $t \to \pm\infty$. •

Bemerkung Für $z \in \mathbb{R}$ erhält man mit der Substitution $\tau = t+z$, $d\tau = dt$ natürlich direkt $\int_{-\infty}^{\infty} e^{-(t+z)^2} dt = \int_{-\infty}^{\infty} e^{-\tau^2} d\tau = \sqrt{\pi}$.

17.B Die Γ-Funktion

Aufgabe 1 (17.B, Aufg. 1a)) *Sei $x \in \mathbb{C}$ mit $\operatorname{Re} x > 0$. Dann gilt $\Gamma(x) = \int_0^1 (-\ln t)^{x-1} dt$.*

Lösung Wir substituieren $\tau = -\ln t$, $e^{-\tau} = t$, $-e^{-\tau} d\tau = dt$ und erhalten:

$$\int_0^1 (-\ln t)^{x-1} dt = -\int_{\infty}^0 \tau^{x-1} e^{-\tau} d\tau = \int_0^{\infty} \tau^{x-1} e^{-\tau} d\tau = \Gamma(x). \quad •$$

Aufgabe 2 (17.B, Aufg. 2a)) *Seien* $x, z \in \mathbb{C}$, $z \neq 0$, *und* $\mu \in \mathbb{R}_+^\times$. *Dann gilt*

$$\int_0^1 t^{x-1} e^{-zt^\mu}\, dt = \frac{\Gamma(x/\mu)}{\mu z^{x/\mu}}.$$

Lösung Mit der Substitution $\tau = zt^\mu$, $t = \left(\frac{\tau}{z}\right)^{1/\mu}$, $dt = \frac{1}{\mu}\frac{\tau^{(1/\mu)-1}}{z^{1/\mu}}\, d\tau$ erhält man

$$\int_0^\infty t^{x-1} e^{-zt^\mu}\, dt = \int_0^\infty \left(\frac{\tau}{z}\right)^{(x-1)/\mu} e^{-\tau} \frac{\tau^{(1/\mu)-1}}{\mu\, z^{1/\mu}}\, d\tau = \frac{1}{\mu\, z^{x/\mu}}\int_0^\infty \tau^{(x/\mu)-1} e^{-\tau}\, d\tau = \frac{\Gamma(x/\mu)}{\mu\, z^{x/\mu}}. \quad \bullet$$

Aufgabe 3 (17.B, Aufg. 14) *Für* $s \in \mathbb{C}$ *mit* $\mathrm{Re}\, s > 1$ *ist* $\int_0^\infty \frac{t^{s-1}}{e^t - 1}\, dt = \Gamma(s)\,\zeta(s)$.

Lösung Zunächst bemerken wir, dass das uneigentliche Integral absolut konvergiert. Für das Intervall $[\ln 2, \infty[$ ist nämlich die Funktion $2t^{\mathrm{Re}\, s-1} e^{-t}$ eine konvergente Majorante zum Betrag $\left|\frac{t^{s-1}}{e^t-1}\right| = \frac{t^{\mathrm{Re}\, s-1}}{e^t-1}$, und das Integral $\int_0^{\ln 2} \frac{t^{\mathrm{Re}\, s-1}}{e^t-1}\, dt$ existiert, da in der Produktdarstellung $\frac{t^{\mathrm{Re}\, s-1}}{e^t-1} = t^{\mathrm{Re}\, s-2} \cdot \frac{t}{e^t-1}$ der zweite Faktor in $[0, \ln 2]$ stetig ist und der erste Faktor dort wegen $\mathrm{Re}\, s - 2 > -1$ nach Beispiel 17.A.2 uneigentlich integrierbar ist. Nun ergibt sich mit der geometrischen Reihe

$$\int_0^\infty \frac{t^{s-1}}{e^t-1}\, dt = \int_0^\infty \frac{t^{s-1} e^{-t}}{1-e^{-t}}\, dt = \int_0^\infty \sum_{k=1}^\infty t^{s-1} e^{-kt}\, dt.$$

Es ist $\sum_{k=1}^\infty \left|t^{s-1} e^{-kt}\right| = \sum_{k=1}^\infty t^{\mathrm{Re}\, s-1} e^{-kt} = \frac{t^{\mathrm{Re}\, s-1} e^{-t}}{1-e^{-t}}$. Die Reihe $\sum_{k=1}^\infty t^{s-1} e^{-kt}$ konvergiert somit auf jedem kompakten Intervall $[a, b]$, $0 < a < b$, nach dem Weierstraßschen M-Test 12.A.6 gleichmäßig, da $|t^{s-1} e^{-kt}| \leq b^{\mathrm{Re}\, s-1} e^{-ka}$ auf $[a, b]$ gilt und die Summe $\sum_{k=1}^\infty b^{\mathrm{Re}\, s-1} e^{-ka} = b^{\mathrm{Re}\, s-1} e^{-a}/(1-e^{-a})$ endlich ist. Überdies konvergiert nach der Vorbemerkung das uneigentliche Integral $\int_0^\infty \frac{t^{\mathrm{Re}\, s-1} e^{-t}}{1-e^{-t}}\, dt$. Daher dürfen nach Satz 17.A.7 Integration und Summenbildung vertauscht werden, und man erhält schließlich mit den Substitutionen $\tau = kt$, $d\tau = k\, dt$, $k \in \mathbb{N}^*$,

$$\int_0^\infty \frac{t^{s-1}}{e^t-1}\, dt = \sum_{k=1}^\infty \int_0^\infty t^{s-1} e^{-kt}\, dt = \sum_{k=1}^\infty \frac{1}{k^s} \int_0^\infty \tau^{s-1} e^{-\tau}\, d\tau = \zeta(s)\,\Gamma(s). \quad \bullet$$

Ähnlich löse man die folgende Aufgabe unter Benutzung von 6.A, Aufgabe 19:

‡**Aufgabe 4** (17.B, Aufg. 14) *Für* $s \in \mathbb{C}$ *mit* $\mathrm{Re}\, s > 0$ *gilt* $\int_0^\infty \frac{t^{s-1}}{e^t+1}\, dt = (1 - 2^{1-s})\,\Gamma(s)\,\zeta(s)$.

18 Approximation von Integralen

18.A Integralrestglieder

Aufgabe 1 (18.A, Aufg. 1) *Die stetige Funktion* $f : [0, 1] \to \mathbb{R}$ *sei monoton fallend. Mit den Bernoulli-Polynomen* $B_{2m+1}(t)$ *gilt dann* $(-1)^{m+1} \int_0^1 f(t) B_{2m+1}(t)\, dt \geq 0$, $m \in \mathbb{N}$.

Lösung Für $m = 0$ ist $B_{2m+1}(t) = t - (1/2)$ im Intervall $[0, 1/2]$ negativ, also $(-1)^{m+1} B_{2m+1}(t)$ dort positiv. Nach Beispiel 18.A.6 (1) besitzt $(-1)^{m+1} B_{2m+1}(t)$ bei $m \geq 1$ im Intervall $[0, 1/2]$ genau die Nullstellen 0 und $1/2$ und ist dort ebenfalls ≥ 0. (Die Funktion $(-1)^{m+1} B_{2m+1}(t)$ ist dort sogar konkav.) Es folgt $\int_0^{1/2} f(t) (-1)^{m+1} B_{2m+1}(t)\, dt \geq f(1/2) \int_0^{1/2} (-1)^{m+1} B_{2m+1}(t)\, dt$ für alle m, da f monoton fallend ist. Nach 18.A.5 gilt ferner die Symmetrie $B_{2m+1}(1 - t) = -B_{2m+1}(t)$. Die Substitution $t = 1 - \tau$, $dt = -d\tau$ liefert wiederum mit der Monotonie von f

$$\int_{1/2}^1 f(t) (-1)^{m+1} B_{2m+1}(t)\, dt = \int_0^{1/2} f(1 - \tau) (-1)^{m+1} B_{2m+1}(1 - \tau)\, d\tau =$$

$$= -\int_0^{1/2} f(1 - \tau) (-1)^{m+1} B_{2m+1}(\tau)\, d\tau \geq -f\left(\frac{1}{2}\right) \int_0^{1/2} (-1)^{m+1} B_{2m+1}(\tau)\, d\tau,$$

$$(-1)^{m+1} \int_0^1 f(t) B_{2m+1}(t)\, dt = \int_0^{1/2} f(t) (-1)^{m+1} B_{2m+1}(t)\, dt + \int_{1/2}^1 f(t) (-1)^{m+1} B_{2m+1}(t)\, dt \geq 0. \bullet$$

Bemerkung Bei monoton wachsendem $f : [0, 1] \to \mathbb{R}$ ist $(-1)^m \int_0^1 f(t) B_{2m+1}(t)\, dt \geq 0$.

Aufgabe 2 (18.A, Aufg. 4) *Die Funktion* $f : [0, n] \to \mathbb{R}$ *sei* $(2m + 3)$-*mal stetig differenzierbar, die Ableitungen* $f^{(2m+1)}$ *und* $f^{(2m+3)}$ *seien beide monoton auf* $[0, n]$ *vom gleichen Monotonietyp. Dann gilt für den Rest* R_m *in der Eulerschen Summenformel*

$$f(0) + \cdots + f(n) = \frac{f(0) + f(n)}{2} + \int_0^n f(t)\, dt + \sum_{k=1}^m \frac{B_{2k}}{(2k)!} \left(f^{(2k-1)}(n) - f^{(2k-1)}(0) \right) + R_m$$

die Darstellung $R_m = \theta a_{m+1}$, $0 \leq \theta \leq 1$, *mit* $a_{m+1} := \dfrac{B_{2m+2}}{(2m+2)!} \left(f^{(2m+1)}(n) - f^{(2m+1)}(0) \right)$. *Der Fehler* R_m *liegt also zwischen 0 und dem ersten nicht berücksichtigten Glied.*

Lösung Es gilt $R_m = a_{m+1} + R_{m+1}$. Wir zeigen $R_m R_{m+1} \leq 0$. Dann erhält man das Ergebnis aus folgender einfachen Aussage (die man sich merken sollte): *Sind* $a, b, c \in \mathbb{R}$ *mit* $a = b + c$ *und* $ac \leq 0$, *so ist* $a = \theta b$ *mit* $0 \leq \theta \leq 1$. Wir können annehmen, dass $f^{(2m+1)}$ und $f^{(2m+3)}$ monoton fallend sind. Dann folgt $R_m R_{m+1} \leq 0$ mit Aufgabe 1 aus den Darstellungen (vgl. Satz 18.A.8)

$$R_m = \int_0^n \frac{f^{(2m+1)}(t)}{(2m+1)!} B_{2m+1}\big(t - [t]\big)\, dt \quad \text{und} \quad R_{m+1} = \int_0^n \frac{f^{(2m+3)}(t)}{(2m+3)!} B_{2m+3}\big(t - [t]\big)\, dt. \quad \bullet$$

Aufgabe 3 (18.A, Aufg. 5) *Seien* $I \subseteq \mathbb{R}$ *ein Intervall,* $a \in I$ *und* $f : I \to \mathbb{R}$ *eine* n-*mal stetig differenzierbare Funktion. Für jedes* $p \in \mathbb{N}$ *mit* $1 \leq p \leq n$ *und jedes* $x \in I$ *gibt es dann ein* c

zwischen a und x mit

$$f(x) = \sum_{k=0}^{n-1} \frac{f^{(k)}(a)}{k!}(x-a)^k + \frac{f^{(n)}(c)}{(n-1)!\,p}(x-c)^{n-p}(x-a)^p.$$

Lösung Wir wenden den Verallgemeinerten Mittelwertsatz der Integralrechnung 16.B.2 (4) auf das Integralrestglied in der Taylor-Formel

$$f(x) = \sum_{k=0}^{n-1} \frac{f^{(k)}(a)}{k!}(x-a)^k + \frac{1}{(n-1)!}\int_a^x f^{(n)}(t)\,(x-t)^{n-p}\,(x-t)^{p-1}\,dt$$

aus 18.A.2 an und erhalten die Behauptung wegen

$$\int_a^x f^{(n)}(t)(x-t)^{n-p}(x-t)^{p-1}\,dt = f^{(n)}(c)(x-c)^{n-p}\int_a^x (x-t)^{p-1}\,dt = f^{(n)}(c)(x-c)^{n-p}\frac{(x-a)^p}{p}$$

mit einem c zwischen a und x. Man beachte, dass der Integrand $(x-t)^{p-1}$ auf dem offenen Intervall mit den Grenzen a und x konstantes Vorzeichen hat und deshalb der Verallgemeinerte Mittelwertsatz anwendbar ist.   •

Bemerkung Die bewiesene Darstellung von $f(x)$ ist die Taylor-Formel mit einem neuen Restglied, dem so genannten S c h l ö m i l c h s c h e n   R e s t g l i e d. Der Spezialfall $p = n$ liefert das Lagrangesche Restglied. Bei $p = 1$ spricht man auch vom C a u c h y s c h e n   R e s t g l i e d. Das Cauchysche Restglied liefert häufig günstigere Abschätzungen als das Lagrangesche Restglied. – Ist f komplexwertig, so lässt sich das Schlömilchsche Restglied nur dem Betrage nach durch $|f^{(n)}(c)(x-c)^{n-p}(x-a)^p|/(n-1)!\,p$ mit einem c zwischen a und x abschätzen. Mit dem gewöhnlichen Mittelwertsatz 16.B.3 für $\mathbb{C}$-wertige Funktionen und 16.B.2 (4) erhält man nämlich – wiederum mit einem c zwischen a und x:

$$\left|\int_a^x \left(f^{(n)}(t)\,(x-t)^{n-p}\right)(x-t)^{p-1}\,dt\right| \le \left|\int_a^x |f^{(n)}(t)\,(x-t)^{n-p}|\,|x-t|^{p-1}\,dt\right| =$$

$$= |f^{(n)}(c)|\,|x-c|^{n-p}\left|\int_a^x |x-t|^{p-1}\,dt\right| = |f^{(n)}(c)|\,|x-c|^{n-p}\frac{|x-a|^p}{p}.\qquad •$$

18.B Beispiele

Aufgabe 1 *Man zeige* $\displaystyle\int_0^\infty \frac{\ln t}{e^t+1}\,dt = \sum_{k=1}^\infty \frac{(-1)^k \ln k}{k} - \gamma \ln 2 = -\frac{(\ln 2)^2}{2}.$ (Dies ist das Keks-Problem Nr. 71 der Universität Würzburg, vgl. http://www.mathematik.uni-wuerzburg.de/~keks.)

Lösung Zunächst zeigen wir, dass das uneigentliche Integral absolut konvergiert. Dies ist klar für $\displaystyle\int_1^\infty \frac{\ln t}{e^t+1}\,dt$, da ja sogar $\displaystyle\int_1^\infty \frac{t}{e^t}\,dt = \frac{2}{e}$ endlich ist. Ferner ist auch $\displaystyle\int_0^1 \frac{|\ln t|}{e^t+1}\,dt \le \int_0^1 |\ln t|\,dt = 1$ endlich, vgl. 17.B, Aufgabe 1, Integral (10).

Wir verwenden nun die Summenformel für die geometrische Reihe und erhalten

$$\int_0^\infty \frac{\ln t}{e^t+1}\,dt = \int_0^\infty \frac{e^{-t}\ln t}{1+e^{-t}}\,dt = \int_0^\infty \ln t \sum_{k=1}^\infty (-1)^{k-1}e^{-kt}\,dt.$$

Auf jedem kompakten Intervall $[a, b]$, $0 < a < b$, konvergiert die Reihe $\sum\limits_{k=1}^{\infty} e^{-kt} |\ln t|$ nach dem

Weierstraßschen M-Test 12.A.6 gleichmäßig wegen $\|e^{-kt} \ln t\|_{[a,b]} \leq e^{-ka} C$ und $\sum\limits_{k=1}^{\infty} C e^{-ka} =$

$C/(e^a - 1)$, wobei C das Maximum von $|\ln t|$ auf $[a, b]$ ist. Daher ist die Vertauschung von

Integration und Summation möglich und liefert $\int\limits_0^{\infty} \frac{\ln t}{e^t + 1} \, dt = \sum\limits_{k=1}^{\infty} (-1)^{k-1} \int\limits_0^{\infty} (\ln t) \, e^{-kt} \, dt$. Die

Substitution $u = kt$ ergibt $\int\limits_0^{\infty} (\ln t) \, e^{-kt} \, dt = \int\limits_0^{\infty} \frac{\ln (u/k)}{k} e^{-u} \, du = -\frac{1}{k} (\gamma + \ln k)$. Dabei

haben wir $\int\limits_0^{\infty} (\ln u) \, e^{-u} \, du = \Gamma'(1) = -\gamma$ (vgl. 17.B.7) sowie $\int\limits_0^{\infty} e^{-u} \, du = 1$ benutzt. Mit

$\sum\limits_{k=1}^{\infty} \frac{(-1)^{k-1}}{k} = \ln 2$ erhalten wir schließlich

$$\int_0^{\infty} \frac{\ln t}{e^t + 1} \, dt = -\gamma \ln 2 + \sum\limits_{k=1}^{\infty} \frac{(-1)^k \ln k}{k}.$$

Nach Beispiel 18.B.4 besitzt die Riemannsche Zeta-Funktion $\zeta(s) := \sum\limits_{k=1}^{\infty} \frac{1}{k^s}$ eine Entwicklung

der Form $\zeta(s) = \frac{1}{s-1} + \gamma + \sum\limits_{m \geq 1} c_m (s-1)^m$ um 1, woraus sich durch gliedweises Differenzieren

$$\zeta'(s) = -\frac{1}{(s-1)^2} + \sum\limits_{m \geq 0} d_m (s-1)^m,$$

$d_m = (m+1) c_{m+1}$ ergibt. Außerdem benutzen wir $\sum\limits_{k=1}^{\infty} \frac{(-1)^{k-1}}{k^s} = (1 - 2^{1-s}) \zeta(s)$, vgl. 6.A,

Aufgabe 19, und erhalten mit 14.E, Aufgabe 3b) durch Differenzieren

$$\sum\limits_{k=1}^{\infty} \frac{(-1)^k \ln k}{k^s} = (\ln 2) \, 2^{1-s} \zeta(s) + (1 - 2^{1-s}) \zeta'(s).$$

Die Reihenentwicklung $2^{1-s} = e^{(\ln 2)(1-s)} = 1 - (\ln 2)(s-1) + \frac{1}{2}(\ln 2)^2 (s-1)^2 \mp \cdots$ liefert

$$\sum\limits_{k=1}^{\infty} \frac{(-1)^k \ln k}{k} = \lim_{s \to 1} \left((\ln 2) \, 2^{1-s} \zeta(s) + (1 - 2^{1-s}) \zeta'(s) \right) =$$

$$= \lim_{s \to 1} \left((\ln 2) \left(1 - (\ln 2)(s-1) + O((s-1)^2) \right) \left(\frac{1}{s-1} + \gamma + O(s-1) \right) \right.$$

$$\left. + \left((\ln 2)(s-1) - \frac{1}{2}(\ln 2)^2 (s-1)^2 + O((s-1)^3) \right) \left(-\frac{1}{(s-1)^2} + d_0 + O(s-1) \right) \right)$$

$$= \lim_{s \to 1} \left(\gamma \ln 2 - (\ln 2)^2 + \frac{1}{2}(\ln 2)^2 + O(s-1) \right) = \gamma \ln 2 - \frac{1}{2}(\ln 2)^2$$

und damit die Behauptung.   •

Aufgabe 2 (18.B, Aufg. 8) *Für $m, n \in \mathbb{N}^*$ ist $\Pi_n := \prod\limits_{k=1}^{n} k^k$ gleich*

$$M \, n^{\frac{n^2}{2} + \frac{n}{2} + \frac{1}{12}} \exp\left(-\frac{n^2}{4} - \sum\limits_{j=2}^{m} \frac{B_{2j}}{(2j-2)(2j-1)(2j) n^{2j-2}} - \theta \frac{B_{2m+2}}{2m(2m+1)(2m+2) n^{2m}} \right)$$

mit $0 \leq \theta \leq 1$ und $M := e^{\alpha}$, wobei $\alpha := \frac{1}{4} - \frac{1}{6} \int\limits_1^{\infty} B_3(t - [t]) \, dt / t^2 = \frac{1}{12} - \zeta'(-1)$ ist.

Insbesondere ist $\Pi_n \sim M n^{n^2/2 + n/2 + 1/12} \, e^{-n^2/4}$ für $n \to \infty$.

Lösung Wir gehen ähnlich vor wie beim Beweis der Stirlingschen Formeln in Beispiel 18.B.2. Auf $\ln \Pi_n = \sum_{k=1}^{n} k \ln k$ wenden wir die Eulersche Summenformel 18.A.8 an und erhalten mit $f(t) := t \ln t$, $t > 0$, $\int f(t)\, dt = \frac{1}{2} t^2 \ln t - \frac{1}{4} t^2$, $f'(t) = 1 + \ln t$, $f^{(j+1)}(t) = (-1)^{j-1}(j-1)!\, t^{-j}$, $j \geq 1$, für $\ln \Pi_n$ (bei $m \in \mathbb{N}^*$) die Darstellung

$$\frac{f(1)+f(n)}{2} + \int_1^n f(t)\, dt + \frac{B_2}{2!}\big(f'(n)-f'(1)\big) + \sum_{j=2}^{m} \frac{B_{2j}}{(2j)!}\big(f^{(2j-1)}(n)-f^{(2j-1)}(1)\big) + R_{m,n}$$

$$= \frac{n \ln n}{2} + \frac{2n^2 \ln n - n^2 + 1}{4} + \frac{\ln n}{12} + \sum_{j=2}^{m} \frac{B_{2j}}{(2j-2)(2j-1)(2j)}\Big(1 - \frac{1}{n^{2j-2}}\Big) + R_{m,n}$$

mit $\quad R_{m,n} := \frac{1}{(2m+1)!} \int_1^n f^{(2m+1)}(t)\, B_{2m+1}\big(t-[t]\big)\, dt = -\int_1^n \frac{B_{2m+1}\big(t-[t]\big)\, dt}{2m\,(2m+1)\, t^{2m}}.$

Dabei sind die $B_\ell(t)$ die Bernoulli-Polynome und $B_\ell = B_\ell(0)$, $\ell \in \mathbb{N}$, die Bernoulli-Zahlen, vgl. Abschnitt 18.A. Es ist $B_2 = 1/6$. Die Folge

$$\ln \Pi_n - \frac{n \ln n}{2} - \frac{n^2 \ln n}{2} - \frac{\ln n}{12} + \frac{n^2}{4}, \quad n \in \mathbb{N}^*,$$

konvergiert und zwar bei jedem m gegen

$$\alpha := \frac{1}{4} + \sum_{j=2}^{m} \frac{B_{2j}}{(2j-2)(2j-1)(2j)} - \int_1^\infty \frac{B_{2m+1}\big(t-[t]\big)\, dt}{2m\,(2m+1)\, t^{2m}}.$$

Speziell für $m=1$ ergibt sich $\alpha = \frac{1}{4} - \frac{1}{6}\int_1^\infty B_3\big(t-[t]\big)\, dt/t^2$. Wir erhalten

$$\ln \Pi_n = \frac{n \ln n}{2} + \frac{n^2 \ln n}{2} + \frac{\ln n}{12} - \frac{n^2}{4} + \alpha - \sum_{j=2}^{m} \frac{B_{2j}}{(2j-2)(2j-1)(2j)\, n^{2j-2}} + S_{m,n}$$

mit $S_{m,n} := \int_n^\infty \frac{B_{2m+1}\big(t-[t]\big)\, dt}{2m\,(2m+1)\, t^{2m}}$. Es ist also $S_{m,n} = \frac{-B_{2m+2}}{2m(2m+1)(2m+2)\, n^{2m}} + S_{m+1,n}$. Nach 18.A, Aufgabe 1 ist $S_{m,n} S_{m+1,n} \leq 0$ und folglich $S_{m,n} = -\theta B_{2m+2}/2m(2m+1)(2m+2)\, n^{2m}$, $0 \leq \theta \leq 1$. Anwenden der Exponentialfunktion liefert die Behauptung mit $M := e^\alpha$.

Wir haben noch $\alpha = \frac{1}{12} - \zeta'(-1)$ zu zeigen. Dazu benutzen wir die Darstellung

$$\zeta(s) = \frac{1}{2} + \frac{1}{s-1} + \frac{s}{12} - \binom{s+2}{3}\int_1^\infty \frac{B_3\big(t-[t]\big)}{t^{s+3}}\, dt$$

aus Beispiel 18.B.4 (für $m=n=1$), die für $\operatorname{Re} s > -2$ gilt. Nach Satz 17.A.9 ist das Integral nach s differenzierbar (und man darf unter dem Integralzeichen differenzieren), und wir erhalten $\zeta'(-1) = -\frac{1}{4} + \frac{1}{12} + \frac{1}{6}\int_1^\infty B_3\big(t-[t]\big)\, dt/t^2$. Zusammen mit der obigen Darstellung von α gewinnt man nun das Gewünschte. $\bullet$

Bemerkung Aus der Darstellung

$$\alpha = \ln \Pi_n - \frac{n \ln n}{2} - \frac{n^2 \ln n}{2} - \frac{\ln n}{12} + \frac{n^2}{4} + \sum_{j=2}^{m} \frac{B_{2j}}{(2j-2)(2j-1)(2j)\, n^{2j-2}} - S_{m,n}$$

mit $-S_{m,n} = \theta B_{2m+2} \big/ 2m(2m+1)(2m+2)\, n^{2m}$, $0 \le \theta \le 1$, gewinnt man für α mit $n = 10$ und $m = 1, \dots, 6$ folgende Näherungen, wobei α von je zwei benachbarten eingeschlossen wird:

$$0,24876\,83461\,79\dots, \quad 0,24875\,44572\,90\dots, \quad 0,24875\,44771\,31\dots,$$
$$0,24875\,44770\,32\dots, \quad 0,24875\,44770\,33\dots, \quad 0,24875\,44770\,33\dots.$$

Neben dem Wert $\zeta(-1) = -\frac{1}{12}$ erhält man noch $\zeta'(-1) = -\alpha + \frac{1}{12} = -0,165421143700\dots$. M heißt die Konstante von Glaisher-Kinkelin. Ihr Wert ist

$$M = e^{\alpha} = 1,28242\,71291\,006\dots.$$

18.C Numerische Integration

Aufgabe 1 *Das Integral* $I := \int\limits_0^1 e^{-t^2}\, dt$ *hat den Wert* $0,74682\,41328\,12427\,02539\,9\dots$.

(Man beachte, dass $\dfrac{I}{\sqrt{\pi}} = \dfrac{1}{2}\mathrm{erf}(1) = \Phi(\sqrt{2}) - \dfrac{1}{2}$ ist, wobei $\Phi(x) := \dfrac{1}{\sqrt{2\pi}} \int\limits_{-\infty}^{x} e^{-\tau^2/2}\, d\tau = \frac{1}{2}\big(1 + \mathrm{erf}\,(x/\sqrt{2})\big)$ die Verteilungsfunktion für die Standardnormalverteilung ($=$ Gaußsche Normalverteilung) ist, vgl. LdM 3, Beispiel 19.B.3, und $\mathrm{erf}\,(x) := \dfrac{2}{\sqrt{\pi}} \int\limits_0^x e^{-t^2}\, dt = \dfrac{1}{\sqrt{\pi}} \int\limits_{-x}^{x} e^{-t^2}\, dt$ die so genannte Fehlerfunktion mit $\lim\limits_{x \to \infty}\mathrm{erf}(x) = 1$, vgl. Beispiel 17.A.10.)

a) *Man berechne I durch Rechnen mit Potenzreihen bis auf einen Fehler* $< 10^{-3}$.

b) *Man berechne I mit der Trapezregel bis auf einen Fehler* $< 10^{-3}$.

c) *Man berechne I mit der Simpson-Regel bis auf einen Fehler* $< 10^{-5}$.

d) *Man berechne I mit dem Romberg-Verfahren mit mindestens 8 Stellen hinter dem Komma.*

Lösung a) Durch gliedweises Integrieren der Potenzreihe ergibt sich (vgl. Satz 16.A.4)

$$I = \int\limits_0^1 \sum_{k=0}^{\infty} (-1)^k \frac{t^{2k}}{k!}\, dt = \sum_{k=0}^{\infty} (-1)^k \int\limits_0^1 \frac{t^{2k}}{k!}\, dt = \sum_{k=0}^{\infty} \frac{(-1)^k}{(2k+1)\cdot k!} \approx \sum_{k=0}^{4} \frac{(-1)^k}{(2k+1)\cdot k!} \approx 0,7475,$$

wobei der Fehler nach dem Leibniz-Kriterium dem Betrage nach höchstens gleich dem Betrag des ersten nicht berücksichtigten Gliedes der Reihe ist, also $\le 1/11 \cdot 5! = 1/1320 < 10^{-3}$. •

b) Für $f(t) := e^{-t^2}$ ist $f'(t) = -2t\,e^{-t^2}$, $f''(t) = (4t^2-2)\,e^{-t^2}$, $f^{(3)}(t) = (-8t^3-12t)\,e^{-t^2}$. $f^{(3)}$ besitzt in $[0, 1]$ nur die Nullstelle 0, d.h. das globale Maximum M_2 von $|f''|$ in diesem Intervall wird am Rande angenommen. Somit ist M_2 das Maximum von $|f''(0)|$ und $|f''(1)|$, also $\le \mathrm{Max}(2,\,1{,}4715) = 2$. Für die Anzahl n der Intervalle bei der Trapezregel gilt die Abschätzung $M_2(1-0)^3/12n^2 < 10^{-3}$, d.h. $n > \sqrt{2000/12} \approx 12{,}91$. Wir nehmen also $n = 13$, $h = 1/13$, $t_k := k/13$, und erhalten $I \approx T_{13} = \dfrac{h}{2}\big(f(t_0) + 2f(t_1) + \cdots + 2f(t_{12}) + f(t_{13})\big) \approx 0,74646$. •

c) Wir schließen an die Lösung von b) an. Weitere Ableitungen von f sind

$$f^{(4)}(t) = (16t^4 - 48t^2 - 12)\,e^{-t^2}, \quad f^{(5)}(t) = (-32t^5 + 160t^3 - 120t)\,e^{-t^2}.$$

$f^{(5)}$ besitzt im Intervall $[0, 1]$ die Nullstellen 0 und $0,95857246$, d.h. das globale Maximum M_4 von $|f^{(4)}|$ in diesem Intervall ist gleich dem Maximum von $|f^{(4)}(0)| = 12$, $|f^{(4)}(1)| \approx 7,35759$, $|f^{(4)}(0,95857246)| \approx 7,41948$ also gleich 12. Für die Anzahl n der notwendigen Doppelintervalle bei der Simpson-Regel gilt die Abschätzung $M_4(1-0)^5/2880n^4 < 10^{-5}$, d.h.

$n > \sqrt[4]{1200000/2880} \approx 4,52$. Wir nehmen also $n = 5$, $h = 1/10$, $t_k := k/10$, und erhalten

$$I \approx S_5 = \frac{h}{3}\big(f(t_0)+4f(t_1)+2f(t_2)+\cdots+2f(t_8)+4f(t_9)+f(t_{10})\big) \approx 0,74682\,49485\,. \quad\bullet$$

d) Das Romberg-Verfahren ist durch die Rekursion $T_{2^m,k} = \dfrac{1}{4^k-1}\big(4^k T_{2^{m+1},k-1} - T_{2^m,k-1}\big)$ gegeben, wobei $T_{2^m,0} := T_{2^m}$ die Werte nach dem Trapezverfahren mit 2^m Teilintervallen sind. Man
berechnet sukzessive die Zeilen $T_{2^\ell,0}, T_{2^{\ell-1},1}, \ldots, T_{1,\ell}$, $\ell = 0, 1, 2, \ldots$, und beendet das Verfahren, wenn die Werte im Rahmen der Genauigkeit stationär werden. Vgl. dazu Abschnitt 18.C.
(Zur Vermeidung allzu großer Rundungsfehler bricht man häufig die Zeilen bei $T_{2^{\ell-\mathrm{Min}(k,\ell)},\mathrm{Min}(k,\ell)}$
ab, wobei die Spaltenzahl $k+1$ fest vorgegeben ist. Meist ist $k \leq 6$.) In unserem Fall ergibt sich
$I \approx 0,74682413$, wobei das Romberg-Schema folgende Form hat:

0,68393972

0,73137025 0,74718043

0,74298410 0,74685538 0,74683371

0,74586562 0,74682612 0,74682417 0,74682402

0,74658460 0,74682426 0,74682413 0,74682413 0,74682413

0,74676426 0,74682414 0,74682413 0,74682413 0,74682413 0,74682413 . $\bullet$

Aufgabe 2 *Mit* $u = t^2$, $du = 2t\,dt$ *erhält man* $I := \int\limits_0^1 \dfrac{8t\,dt}{t^4+1} = \int\limits_0^1 \dfrac{4\,du}{u^2+1} = 4\arctan u \Big|_0^1 = \pi$.

a) *Man berechne* I *mit der Simpson-Regel bis auf einen Fehler* $< 10^{-5}$.

b) *Man berechne* I *mit dem Romberg-Verfahren mit mindestens 8 Stellen hinter dem Komma.*

Lösung a) Es gilt

$$f^{(4)}(t) = \frac{192t(15t^{12}-135t^8+101t^4-5)}{(t^4+1)^5}\,, \quad f^{(5)}(t) = -\frac{960(21t^{16}-336t^{12}+546t^8-120t^4+1)}{(t^4+1)^6}\,.$$

$f^{(5)}$ besitzt im Intervall $[0, 1]$ nur die Nullstellen $0,3051776309$, $0,7074387735$, d.h. das globale
Maximum M_4 von $|f^{(4)}|$ in diesem Intervall ist gleich dem Maximum von $|f^{(4)}(0)|$, $|f^{(4)}(1)|$,
$|f^{(4)}(0,3051776309)|$, $|f^{(4)}(0,7074387735)|$, also $\approx \mathrm{Max}(0\,;144\,;231\,;536) = 536$. Für die
Anzahl n der notwendigen Doppelintervalle bei der Simpson-Regel haben wir die Abschätzung
$M_4(1-0)^5/2880n^4 < 10^{-5}$, d.h. $n > \sqrt[4]{536\cdot 10^5/2880} \approx 11,68$. Wir nehmen also $n = 12$,
$h = 1/24$, $t_k := k/24$, und erhalten

$$I \approx S_{12} = \frac{h}{3}\big(f(t_0)+4f(t_1)+2f(t_2)+\cdots+2f(t_{22})+4f(t_{23})+f(t_{24})\big) \approx 3,14159\,3862\,. \quad\bullet$$

b) Das Romberg-Schema wie oben hat jetzt folgende Form und ergibt den Wert $I \approx 3,141592653$:

2,000000000

2,882352941 3,176470588

3,078696821 3,144144781 3,141989727

3,125943149 3,141691925 3,141528401 3,141521078

3,137684876 3,141598785 3,141592576 3,141593595 3,141593880

3,140615996 3,141593036 3,141592653 3,141592654 3,141592650 3,141592649

3,141348507 3,141592677 3,141592653 3,141592653 3,141592653 3,141592653 . $\bullet$

19 Einfache Differenzialgleichungen

In diesem Paragraphen wird das Wort „Differenzialgleichung" mit „DGl" abgekürzt.

19.A Differenzialgleichungen mit getrennten Variablen

Wir empfehlen, die durch die Steigungen $f(x)\,g(y)$ in den Punkten (x, y) gegebenen Richtungsfelder von DGlen $y' = f(x)\,g(y)$ sowie deren Lösungen exemplarisch zu skizzieren.

Aufgabe 1 (19.A, Teil von Aufg. 1) *Man löse die DGl* $y' = e^y \cos x$.

Lösung Die rechte Seite $e^y \cos x$ ist auf $\mathbb{R} \times \mathbb{R}$ definiert und lokal Lipschitz-stetig bzgl. y. Wir können also Satz 19.A.3 (2) anwenden und suchen die eindeutig bestimmte (maximale) Lösung $y(x)$, die der Anfangsbedingung $y(x_0) = y_0$ für $x_0, y_0 \in \mathbb{R}$ genügt. Da die Funktion e^y keine Nullstellen besitzt, gibt es keine stationären Lösungen. Trennung der Variablen liefert $e^{-y} y' = \cos x$ und

$$e^{-y_0} - e^{-y(x)} = -e^{-y} \,\Big|_{y_0}^{y(x)} = \int_{y_0}^{y(x)} e^{-y}\, dy = \int_{x_0}^{x} \cos x \; dx = \sin x \,\Big|_{x_0}^{x} = \sin x - \sin x_0 \,,$$

also $e^{-y(x)} = e^{-y_0} + \sin x_0 - \sin x$. Die Lösung $y(x)$ ist also auf dem größten offenen Intervall $]a, b[$ definiert, das x_0 enthält und auf dem die Funktion $e^{-y_0} + \sin x_0 - \sin x$ positiv ist. Auf diesem Intervall ist die gesuchte Lösung dann

$$y(x) = -\ln\left(e^{-y_0} + \sin x_0 - \sin x\right).$$

Sei $C := e^{-y_0} + \sin x_0 > \sin x_0 \geq -1$. Ist $C > 1$, so ist $a = -\infty$ und $b = \infty$. Ist aber $C \leq 1$, so ist a die größte Zahl $< x_0$, für die $\sin a = C$ ist und entsprechend b die kleinste Zahl $> x_0$, für die $\sin b = C$ ist. In diesem Fall ist $\lim_{x \to a} y(x) = \lim_{x \to b} y(x) = \infty$. •

‡**Aufgabe 2** *Man löse die DGl* $y' = (y-1)^2 \sin x$.

(Die nicht stationäre Lösung mit $y(x_0) = y_0 \neq 1$ ist

$$y(x) = 1 + \frac{y_0 - 1}{(\cos x - \cos x_0)(y_0 - 1) + 1} \,,$$

wobei die Diskussion des Definitionsbereichs und des Verhaltens von y am Rande ähnlich wie in Aufgabe 1 verläuft. Die allgemeine Lösung umfasst auch die stationäre $y \equiv 1$.)

‡**Aufgabe 3** *Man löse die DGl* $y' = (y-1) \cdot \dfrac{x}{1+x^2}$.

(Die Lösung eines beliebigen Anfangswertproblems $y(x_0) = y_0$ ist überall definiert und gleich

$$y(x) = 1 + \frac{y_0 - 1}{\sqrt{1+x_0^2}} \sqrt{1+x^2} \,.$$

Dies gilt auch für die stationäre Lösung $y \equiv 1$.)

Aufgabe 4 *Man löse die DGl* $y' = -\dfrac{y \ln y}{x}$.

Lösung Die rechte Seite $-\dfrac{y \ln y}{x}$ ist auf den Definitionsbereichen $\mathbb{R}^\times_- \times \mathbb{R}^\times_+$ bzw. $\mathbb{R}^\times_+ \times \mathbb{R}^\times_+$ jeweils lokal Lipschitz-stetig bzgl. y. Wir können wieder Satz 19.A.3 (2) anwenden. Für $y_0 = 1$ bekommt man die stationäre Lösung $y(x) \equiv 1$. Für jede andere Lösung ist $y(x)$ nirgendwo gleich 1. – Sei nun $y_0 \neq 1$. Dann haben $\ln y(x)$ und $\ln y_0$ nach dem Zwischenwertsatz stets das gleiche Vorzeichen. Ebenso haben x und x_0 stets das gleiche Vorzeichen. Ferner bemerken wir, dass $\ln |t|$ eine Stammfunktion zu $1/t$ sowohl auf $\mathbb{R}^\times_-$ als auch auf $\mathbb{R}^\times_+$ ist. Trennung der Variablen liefert nun $y'/(y \ln y) = -1/x$, d.h. für x mit $xx_0 > 0$ gilt:

$$\ln \frac{\ln y(x)}{\ln y_0} = \ln |\ln y| \Big|_{y_0}^{y(x)} = \int_{y_0}^{y(x)} \frac{dy}{y \ln y} = -\int_{x_0}^{x} \frac{dx}{x} = -\ln |x| \Big|_{x_0}^{x} = \ln |x_0| - \ln |x| = \ln \frac{x_0}{x},$$

$$\ln y(x) = x_0(\ln y_0)\, x^{-1}, \qquad y(x) = y_0^{x_0/x}. \qquad\bullet$$

Die folgende Aufgabe behandele man in ähnlicher Weise und diskutiere insbesondere jeweils die Definitionsbereiche der Lösungen und deren Verhalten am Rand.

‡**Aufgabe 5** *Man löse die DGl* $y' = (1+x)^2(1+y)$.

(Neben der stationären Lösung $y \equiv -1$ ist $y(x) = -1 + (1+y_0) \exp\left(\frac{1}{3}(x^3 - x_0^3) + x^2 - x_0^2 + x - x_0\right)$ die Lösung mit $y(x_0) = y_0 \neq -1$. Die allgemeine Lösung umfasst aber auch die stationäre.)

Aufgabe 6 *Man löse die DGl* $y' = \sqrt{1 - y^2}$, $|y| \leq 1$.

Lösung Die rechte Seite der DGl erfüllt für $y_0 = \pm 1$ keine Lipschitz-Bedingung. Offenbar gibt es kein $L > 0$ mit $|\sqrt{1-y^2} - \sqrt{1-z^2}| \leq L|y - z|$ für y, z in einer Umgebung von 1 bzw. von -1. Nach dem Mittelwertsatz ist nämlich

$$\left|\sqrt{1-y^2} - \sqrt{1-z^2}\right| = \frac{|u(y,z)|}{\sqrt{1 - (u(y,z))^2}}\, |y - z|,$$

wobei $u(y,z)$ (bei $y \neq z$ echt) zwischen y und z liegt. Für $y, z \to 1$ bzw. $y, z \to -1$ konvergiert $|u(y,z)|/\sqrt{1 - (u(y,z))^2}$ aber gegen ∞. Die Ableitung y' ist stets ≥ 0, d.h. jede Lösung ist notwendigerweise monoton steigend.

$y' = \sqrt{1-y^2}$ hat natürlich die stationären Lösungen $y \equiv \pm 1$. Betrachten wir nun eine nicht konstante Lösung $y(x)$. Sei dann $|y_0| = |y(x_0)| < 1$. Es gilt $y'/\sqrt{1-y^2} = 1$, solange $|y(x)| < 1$ ist. Mit Satz 19.A.3 (1) erhält man in diesem Bereich

$$\arcsin y(x) - \arcsin y_0 = \int_{y_0}^{y(x)} \frac{dy}{\sqrt{1-y^2}} = \int_{x_0}^{x} dx = x - x_0$$

und folglich $y(x) = \sin\left((\arcsin y_0) - x_0 + x\right)$. Es handelt sich um eine phasenverschobene Sinusfunktion. Bei $x_1 := \pi/2 + x_0 - \arcsin y_0 > x_0$ erreicht eine solche Lösung den Wert 1 und geht dann wegen der Monotonie von $y(x)$ notwendigerweise als Konstante 1 weiter. Analog erreicht die Lösung bei $x_{-1} := -\pi/2 + x_0 - \arcsin y_0 < x_0$ den Wert -1 und ist dann für $x < x_{-1}$ konstant gleich -1. Das Anfangswertproblem ist also eindeutig lösbar. Ist $y_{\text{spez}} : \mathbb{R} \to \mathbb{R}$ die spezielle Lösung mit $y_{\text{spez}}(0) = 0$, die auf $[-\pi/2, \pi/2]$ mit der Sinusfunktion $\sin$ übereinstimmt, so erhält man bis auf die stationären Lösungen alle weiteren Lösungen y durch Translation $y(x) = y_{\text{spez},v}(x) := y_{\text{spez}}(x - v)$ mit einem jeweils eindeutig bestimmten $v \in \mathbb{R}$. Die Anfangswertprobleme vom Typ $y_0 = y(x_0) = 1$ bzw. $y_0 = y(x_0) = -1$ haben jeweils unendlich viele Lösungen, nämlich welche? $\qquad\bullet$

In ähnlicher Weise untersuche man:

‡**Aufgabe 7** *Man löse die DGl* $y' = \sqrt{1-y^2}\cos x$, $|y| \le 1$.
(Für eine Lösung $y(x)$ eines Anfangswertproblems $y(x_0) = y_0$ mit $|y_0| < 1$ gilt

$$y(x) = \sin(\arcsin y_0 - \sin x_0 + \sin x)$$

in einer Umgebung von x_0. Man diskutiere sorgfältig, wie weit und in welcher Weise sich diese Lösung zu einer Lösung auf einem möglichst großen Intervall fortsetzen lässt.)

‡**Aufgabe 8** *Man löse die DGl* $y' = (1-y^2)\cos x$.
(Die Lösung des allgemeinen Anfangswertproblems $y(x_0) = y_0$ ist

$$y(x) = \frac{c_0\, e^{2\sin x} - 1 + y_0}{c_0\, e^{2\sin x} + 1 - y_0} \quad \text{mit} \quad c_0 := (1+y_0)\, e^{-2\sin x_0},$$

die auch die stationären Lösungen $y \equiv \pm 1$ umfasst. Man beschreibe jeweils das maximale Definitionsintervall für diese Lösung. Es ist ganz $\mathbb{R}$ oder ein endliches offenes Intervall.)

Aufgabe 9 (19.A, Teil von Aufg. 3) *Man löse die homogene DGl* $y' = \dfrac{x-y}{x+y}$, $y \ne -x$.

Lösung Wir suchen die nach Satz 19.A.1 eindeutige Lösung $y(x)$, die der Anfangsbedingung $y(x_0) = y_0 \ne -x_0$ genügt. Sei zunächst $x_0 \ne 0$. Wir transformieren die DGl durch die Substitution $u := y/x$, d.h.

$$u' = \frac{y'x - y}{x^2} = \frac{1}{x}\left(y' - \frac{y}{x}\right) = \frac{1}{x}\left(\frac{x-y}{x+y} - \frac{y}{x}\right)$$

$$= \frac{1}{x}\left(\frac{1-(y/x)}{1+(y/x)} - \frac{y}{x}\right) = \frac{1}{x}\left(\frac{1-u}{1+u} - u\right) = \frac{1}{x} \cdot \frac{1-2u-u^2}{1+u},$$

in eine DGl für u mit getrennten Variablen und Anfangsbedingung $u(x_0) = u_0 := y_0/x_0 \ne -1$. Da $1-2u-u^2$ die Nullstellen $-1 \pm \sqrt{2}$ besitzt, hat diese bei $u_0 = -1 \pm \sqrt{2}$, d.h. $y_0 = x_0(-1 \pm \sqrt{2})$, die stationären Lösungen $u(x) \equiv -1 \pm \sqrt{2}$. Ist also u_0 einer dieser beiden Werte, so ist $y(x) = (-1+\sqrt{2})x$ bzw. $y(x) = (-1-\sqrt{2})x$ die gesuchte Lösung.
Bei $u_0 \ne -1 \pm \sqrt{2}$ ist $u(x)$ niemals eine dieser Nullstellen von $u^2 + 2u - 1$, da $u(x)$ andernfalls nach Satz 19.A.3 konstant gleich einer davon wäre. Dann haben also $u(x)^2 + 2u(x) - 1$ und die Zahl $u_0^2 + 2u_0 - 1$ nach dem Zwischenwertsatz stets das gleiche Vorzeichen, und Trennung der Variablen liefert (für x mit $xx_0 > 0$):

$$\int_{u_0}^{u(x)} \frac{(1+u)\, du}{1-2u-u^2} = \int_{x_0}^{x} \frac{dx}{x}, \quad -\frac{1}{2}\ln|1-2u-u^2|\Big|_{u_0}^{u(x)} = \ln|x| - \ln|x_0| = \ln\frac{x}{x_0},$$

$$\ln\frac{u(x)^2 + 2u(x) - 1}{u_0^2 + 2u_0 - 1} = \ln|1 - 2u(x) - u(x)^2| - \ln|1 - 2u_0 - u_0^2| = 2\ln\frac{x_0}{x} = \ln\frac{x_0^2}{x^2},$$

$$u(x)^2 + 2u(x) - 1 = c_0/x^2 \quad \text{mit} \quad c_0 := (u_0^2 + 2u_0 - 1)x_0^2 = y_0^2 + 2x_0 y_0 - x_0^2 \ne 0.$$

Es folgt $u(x) = -1 + \varepsilon\sqrt{(c_0/x^2) + 2}$ mit $\varepsilon := \mathrm{Sign}\,(u_0 + 1)$ und

$$y(x) = x\, u(x) = -x + \varepsilon x\sqrt{(c_0/x^2) + 2} = -x + \eta\sqrt{c_0 + 2x^2} \quad \text{mit} \quad \eta := \varepsilon\,\mathrm{Sign}\, x_0.$$

Diese Lösung ist definiert solange $c_0 + 2x^2 > 0$ ist. Dies ist bei $c_0 > 0$ für ganz $\mathbb{R}$ und bei $c_0 < 0$ auf dem durch $x\,\mathrm{Sign}\, x_0 > \sqrt{|c_0|/2}$ definierten unendlichen Intervall der Fall.

Im Fall $x_0 = 0$, $y_0 \neq 0$ ist $y(x) = -x + (\text{Sign } y_0)\sqrt{y_0^2 + 2x^2}$ die Lösung des Anfangswertproblems, wie man leicht bestätigt. Dies sind die bereits gefundenen Lösungen, die für $x = 0$ definiert sind.   •

Aufgabe 10 *Man löse die homogene DGl* $xy' = y + \sqrt{x^2 - y^2}$, $|x| \geq |y|$.

Lösung Wir suchen eine Lösung $y(x)$, die der Anfangsbedingung $y(x_0) = y_0$ für $x_0, y_0 \in \mathbb{R}$, $|x_0| \geq |y_0|$ genügt. Es sei $x_0 \neq 0$. Wir betrachten zunächst die Lösung auf einem Intervall, das 0 nicht enthält. Dazu transformieren wir die DGl durch die Substitution $u := y/x$, d.h.

$$u' = \frac{y'x - y}{x^2} = \frac{\sqrt{x^2 - y^2}}{x^2} = \frac{1}{|x|}\sqrt{1 - u^2},$$

in eine DGl für u mit getrennten Variablen und der Anfangsbedingung $u(x_0) = u_0 := y_0/x_0$, $|u_0| \leq 1$. Wegen $u' \geq 0$ ist u notwendigerweise monoton wachsend.

Für $u_0 = \pm 1$, d.h. $y_0 = \pm x_0$, hat man die stationären Lösungen $u(x) \equiv \pm 1$, d.h. $y(x) = \pm x$.

Bei $|u_0| < 1$, d.h. $|y_0| < |x_0|$, liefert Trennung der Variablen (für x mit $x/x_0 > 0$):

$$\int_{u_0}^{u(x)} \frac{du}{\sqrt{1 - u^2}} = \int_{x_0}^{x} \frac{dx}{|x|}, \qquad \arcsin u(x) - \arcsin u_0 = \arcsin u \Big|_{u_0}^{u(x)} = \ln|x| \Big|_{x_0}^{x},$$

Dies ergibt die Lösung $u(x) = \sin(\ln|x| - \ln|x_0| + \arcsin u_0)$. Sei $x_0 > 0$. Dann ist $u(x_1) = 1$ für das Argument $x_1 > x_0$ mit $\ln x_1 - \ln x_0 + \arcsin u_0 = \pi/2$. Für $x \geq x_1$ ist dann $u(x)$ konstant gleich 1. Entsprechend ist das Argument x_{-1} mit $0 < x_{-1} < x_0$ definiert, für das $u(x) = u(x_{-1}) = -1$, $0 < x \leq x_{-1}$, ist. Die Lösung y selbst stimmt also auf dem Intervall $[x_{-1}, x_1]$ mit

$$y(x) = x\,u(x) = x \sin(\ln x - \ln x_0 + \arcsin(y_0/x_0))$$

überein und ist für $x \geq x_1$ gleich x sowie für $x \leq x_{-1}$ gleich $-x$. Die Lösungen für $x_0 < 0$ bekommt man aus den angegebenen Lösungen durch Spiegeln an der y-Achse. Das Verhalten der Lösungen ähnelt somit dem der Lösungen in Aufgabe 6. *Alle* Lösungen lassen sich nach ganz $\mathbb{R}$ fortsetzen und haben an der Stelle 0 den Wert 0. Damit ist auch das Anfangswertproblem $y(0) = 0$ gelöst. Die Anfangswertprobleme $y_0 = y(x_0) = \pm x_0$ haben stets unendlich viele Lösungen. Man beachte, dass die Funktion $h(x, y) := \left(y + \sqrt{x^2 - y^2}\right)/x$ in den Punkten $(x_0, \pm x_0)$, $x_0 \neq 0$, nicht lokal Lipschitz-stetig ist bzgl. y.   •

In ähnlicher Weise behandele man die folgende Aufgabe:

‡**Aufgabe 11** *Man diskutiere die homogene DGl* $xy^3y' = 2y^4 - x^4$.

(Die Anfangswertprobleme $y_0 = y(0) \neq 0$ haben keine Lösung, ebenso die Anfangswertprobleme $y_0 = y(x_0) = 0$ mit $x_0 \neq 0$. Für $y_0 = y(x_0) \neq 0$, $x_0 \neq 0$, ist

$$y(x) = \text{Sign}(x_0 y_0) \, \frac{x}{x_0^2} \sqrt[4]{(y_0^4 - x_0^4) x^4 + x_0^8}$$

die Lösung in einer Umgebung von x_0.)

19.B Lineare Differenzialgleichungen erster Ordnung

Aufgabe 1 (19.B, Teil von Aufg. 1) *Man löse die lineare DGl* $y' + 2xy = 2x\,e^{-x^2}$.

Lösung Wir suchen eine Lösung $y(x)$, die der Anfangsbedingung $y(x_0) = y_0$ für $x_0, y_0 \in \mathbb{R}$, genügt, und benutzen Satz 19.B.1. Die zugehörige homogene lineare DGl $y' + 2xy = 0$ hat

$$\varphi(x) = \exp\left(-\int_{x_0}^{x} 2x\,dx\right) = e^{-x^2}\Big|_{x_0}^{x} = e^{x_0^2 - x^2}$$

als Lösung mit $\varphi(x_0) = 1$. Für die Störfunktion $g(x) := 2x\,e^{-x^2}$ ist die Lösung (Variation der Konstanten!) also

$$y(x) = \varphi(x)\left(y_0 + \int_{x_0}^{x} \frac{g(t)}{\varphi(t)}\,dt\right) = e^{x_0^2 - x^2}\left(y_0 + \int_{x_0}^{x} \frac{2t\,e^{-t^2}}{e^{x_0^2 - t^2}}\,dt\right) =$$

$$= e^{-x^2}\left(y_0\,e^{x_0^2} + \int_{x_0}^{x} 2t\,dt\right) = e^{-x^2}\left(y_0\,e^{x_0^2} - x_0^2 + x^2\right). \qquad \bullet$$

‡**Aufgabe 2** *Man löse die lineare DGl* $y' = (\tan x)\,y - 2\sin x$ *auf einem maximalen Intervall, auf dem der Tangens definiert ist, d.h. auf einem Intervall der Form* $\left]-\frac{\pi}{2} + k\pi\,,\,\frac{\pi}{2} + k\pi\right[$, $k \in \mathbb{Z}$.

(Die gesuchte Lösung mit $y(x_0) = y_0$ ist $y(x) = \cos x + \dfrac{(y_0 - \cos x_0)\cos x_0}{\cos x}$.)

‡**Aufgabe 3** *Man löse die lineare DGl* $y' = x^{-1}y + x\cos x$ *auf* $\mathbb{R}_+^\times$ *bzw. auf* $\mathbb{R}_-^\times$.

(Das Anfangswertproblem $y(x_0) = y_0$, $x_0 \neq 0$, hat die Lösung $y(x) = (y_0/x_0 - \sin x_0 + \sin x)\,x$. Man beachte, dass alle Lösungen sich differenzierbar auf ganz $\mathbb{R}$ fortsetzen lassen, wobei stets $y(0) = 0$ ist. Die Funktion $u := y/x$ erfüllt offenbar die triviale DGl $u' = \cos x$.)

Aufgabe 4 (19.B, Teil von Aufg. 3) *Man löse die Bernoullische DGl* $y' = y + xy^5$.

Lösung Wir suchen eine Lösung $y(x)$, die der Anfangsbedingung $y(x_0) = y_0$ für $x_0, y_0 \in \mathbb{R}$, genügt. Im Fall $y_0 = 0$ ist $y \equiv 0$ die eindeutig bestimmte Lösung. Nach Satz 19.A.1 ist jede Lösung, die eine Nullstelle hat, identisch 0.

Sei nun $y_0 \neq 0$. Es handelt sich um eine Bernoullische DGl, die durch die Substitution $u = y^{-4}$ in die lineare DGl $u' = -4y'y^{-5} = -4y^{-4} - 4x = -4u - 4x$ mit der Anfangsbedingung $u(x_0) = u_0 := y_0^{-4}$ überführt wird, vgl. Beispiel 19.B.6. Die zugehörige homogene lineare DGl $u' = -4u$ hat die Lösung $\varphi(x) = e^{-4x + 4x_0}$ mit der Anfangsbedingung $\varphi(x_0) = 1$. Dann hat das Anfangswertproblem $u' = -4u - 4x$, $u(x_0) = u_0$, nach Satz 19.B.1 die Lösung

$$u(x) = e^{-4x + 4x_0}\left(u_0 + \int_{x_0}^{x} e^{4t - 4x_0}(-4t)\,dt\right) = e^{-4x + 4x_0}\left(u_0 - e^{4t - 4x_0}\,t\,\Big|_{x_0}^{x} + \int_{x_0}^{x} e^{4t - 4x_0}\,dt\right)$$

$$= e^{-4x + 4x_0}u_0 - x + e^{-4x + 4x_0}x_0 + \frac{1}{4}\left(1 - e^{-4x + 4x_0}\right) = Ce^{-4x} - x + \frac{1}{4}$$

mit $C := e^{4x_0}\left(y_0^{-4} + x_0 - \frac{1}{4}\right) > -\frac{1}{4}$. (Man beachte $e^{4x_0}(x_0 - \frac{1}{4}) \geq -\frac{1}{4}$ für alle $x_0 \in \mathbb{R}$.) Es ist $u(x_0) = y_0^{-4} > 0$. Für $C \geq 0$ ist u streng monoton fallend und besitzt genau eine Nullstelle $x_1 > x_0$. In diesem Fall ist die Lösung y für alle $x < x_1$ definiert und gleich

$$y(x) = \left(u(x)\right)^{-1/4} = \left(Ce^{-4x} - x + \tfrac{1}{4}\right)^{-1/4}.$$

Für $-\frac{1}{4} < C < 0$ besitzt die Funktion u genau zwei Nullstellen x_{-1}, x_1 mit $x_{-1} < x_0 < x_1$. In diesem Fall ist die Lösung y auf dem offenen Intervall $]x_{-1}, x_1[$ definiert und dort wiederum gleich $\left(Ce^{-4x} - x + \frac{1}{4}\right)^{-1/4}$. •

Wie die vorstehende Aufgabe behandele man die beiden folgenden Aufgaben.

‡**Aufgabe 5** (19.B, Teil von Aufg. 3) *Man löse die Bernoullische DGl* $y' = -\frac{1}{3}y + \frac{1}{3}(1-2x)y^4$.

(Das Anfangswertproblem $y(x_0) = y_0 \neq 0$ hat in einer Umgebung von x_0 die Lösung

$$y(x) = \left(Ce^x - 2x - 1\right)^{-1/3} \quad \text{mit} \quad C := e^{-x_0}\left(y_0^{-3} + 2x_0 + 1\right).)$$

‡**Aufgabe 6** (19.B, Teil von Aufg. 3) *Man löse die Bernoullische DGl* $y' + 2xy = 2x^3y^3$.

(Das Anfangswertproblem $y(x_0) = y_0 \neq 0$ hat in einer Umgebung von x_0 die Lösung

$$y(x) = \left(Ce^{2x^2} + x^2 + \frac{1}{2}\right)^{-1/2} \quad \text{mit} \quad C := e^{-2x_0^2}\left(y_0^{-2} - x_0^2 - \frac{1}{2}\right).)$$

Aufgabe 7 (19.B, Aufg. 5) *Sei* $y' = f(x)\,y + g(x)$ *eine lineare DGl erster Ordnung mit stetigen Funktionen* $f, g : [a, \infty[\to \mathbb{K}$, $a \in \mathbb{R}$. *Es gebe ein* $c \in \mathbb{R}_+^{\times}$ *mit* $f(x) \leq -c$ *für alle* $x \geq a$, *insbesondere ist* f *reellwertig.*

a) *Ist* g *beschränkt, so ist auch jede Lösung* y *von* $y' = f(x)\,y + g(x)$ *beschränkt.*

b) *Gilt* $\lim_{x \to \infty} g(x) = 0$, *so gilt auch* $\lim_{x \to \infty} y(x) = 0$ *für jede Lösung* y *von* $y' = f(x)\,y + g(x)$.

Lösung a) Sei $F(x) := \int_a^x f(x)\,dx$. Dann ist $F(x) - F(t) = \int_t^x f(x)\,dx \leq -c(x-t)$, $a \leq t \leq x$.
Für eine Lösung $y(x)$ von $y' = f(x)\,y + g(x)$ mit $y(a) = y_0$ folgt

$$|y(x)| = \left|e^{F(x)}\left(y_0 + \int_a^x e^{-F(t)}g(t)\,dt\right)\right| \leq |y_0|e^{F(x)} + \left|\int_a^x e^{F(x)-F(t)}g(t)\,dt\right|$$

$$\leq |y_0|e^{-c(x-a)} + \int_a^x e^{-c(x-t)}|g(t)|\,dt.$$

Der erste Summand konvergiert für $x \to \infty$ gegen 0. Ist $|g(t)| \leq M$ für alle $t \geq a$, so ist der zweite Summand beschränkt durch $M\int_a^x e^{-c(x-t)}\,dt = \frac{M}{c}\left(1 - e^{-c(x-a)}\right) \leq \frac{M}{c}$. •

b) Sei $\varepsilon > 0$ vorgegeben. Nach Voraussetzung gibt es ein x_0 mit $|g(x)| \leq \varepsilon c/2$ für $x \geq x_0$, und es sei überdies $|g(t)| \leq M$ für alle $t \geq a$. Wegen $\lim_{x \to \infty} e^{-cx} = 0$ gibt es ein $x_1 > x_0$ mit $\left(|y_0|e^{ca} + \frac{M}{c}\left(e^{cx_0} - e^{ca}\right)\right)e^{-cx} \leq \frac{\varepsilon}{2}$. Sei $y(x)$ eine Lösung von $y' = f(x)\,y + g(x)$ mit $y(a) = y_0$. Dann gilt für den zweiten Summanden in der obigen Abschätzung von $|y(x)|$:

$$\int_a^x e^{-c(x-t)}|g(t)|\,dt = \int_a^{x_0} e^{-c(x-t)}|g(t)|\,dt + \int_{x_0}^x e^{-c(x-t)}|g(t)|\,dt \leq M\int_a^{x_0} e^{-c(x-t)}dt + \frac{\varepsilon c}{2}\int_{x_0}^x e^{-c(x-t)}dt$$

$$= \frac{M}{c}\left(e^{cx_0} - e^{ca}\right)e^{-cx} + \frac{\varepsilon}{2}\left(1 - e^{-c(x-x_0)}\right) \leq \frac{M}{c}\left(e^{cx_0} - e^{ca}\right)e^{-cx} + \frac{\varepsilon}{2},$$

also

$$|y(x)| \leq |y_0|\,e^{-c(x-a)} + \frac{M}{c}\left(e^{cx_0} - e^{ca}\right)e^{-cx} + \frac{\varepsilon}{2} = \left(|y_0|e^{ca} + \frac{M}{c}\left(e^{cx_0} - e^{ca}\right)\right)e^{-cx} + \frac{\varepsilon}{2} \leq \varepsilon$$

für $x \geq x_1$. Es folgt $\lim_{x \to \infty} y(x) = 0$. •

19.C Beispiele

Aufgabe 1 (19.C, Aufg. 3b)) *Seien* $y_1(t)$ *bzw.* $y_2(t)$ *die Anzahlen der* U^{238}*- bzw.* U^{235}*-Atome in einer gegebenen Uranprobe zur Zeit t. Die Halbwertszeiten von* U^{238} *bzw.* U^{235} *betragen* $T_1 = 4,5 \cdot 10^9$ *Jahre bzw.* $T_2 = 0,7 \cdot 10^9$ *Jahre. In einem Probestück habe das Verhältnis von* U^{238} *und* U^{235} *den Wert 137,8. Unter der Annahme, dass zur Zeit der Entstehung die Anteile von* U^{238} *und* U^{235} *gleich waren, berechne man das Alter der Probe.*

Lösung Sei $y(t)$ die Anzahl der Atome eines Isotops mit der Halbwertszeit T zur Zeit t, zur Anfangszeit $t_0 = 0$ seien y_0 Atome vorhanden. Die Zerfallsrate dy/dt ist proportional zu $y(t)$, also $dy(t)/dt = -\lambda y(t)$, wobei $\lambda > 0$ die Zerfallskonstante ist. Es folgt $y(t) = y_0\, e^{-\lambda t}$. Wegen $y(T) = \frac{1}{2} y_0$ folgt $\frac{1}{2} = e^{-\lambda T}$, d.h. $\lambda = (\ln 2)/T$. Für die Zerfallskonstanten von U^{238} und U^{235} ergibt sich daraus $\lambda_1 = 0,154 \cdot 10^{-9}$ und $\lambda_2 = 0,99 \cdot 10^{-9}$ sowie $\lambda_2 - \lambda_1 = 0,836 \cdot 10^{-9}$. Mit Obigem folgt

$$137,8 = \frac{y_1(t_1)}{y_2(t_1)} = \frac{y_1(0)\, e^{-\lambda_1 t_1}}{y_2(0)\, e^{-\lambda_2 t_1}} = \frac{y_1(0)}{y_2(0)}\, e^{(\lambda_2 - \lambda_1) t_1} = e^{0,836 \cdot 10^{-9}\, t_1}\,,$$

woraus sich für das Alter t_1 der Probe der Wert $t_1 = 5,892 \cdot 10^9$ ergibt. (Das Alter der Erde wird heute mit ca. $4,5 \cdot 10^9$ Jahren angegeben.) •

Aufgabe 2 (Vgl. 19.C, Aufg. 14) *Die Luft in der Wüste habe abends um 18 Uhr eine Temperatur von 40°C; die Temperatur eines Steines, der dort in der Sonne gelegen hat, betrage gleichzeitig 80°C. Von da an sinke die Temperatur* T_L *der Luft. Die Temperatur des Steines* T_S *ändere sich mit einer Rate, die proportional zur Temperaturdifferenz zwischen Luft und Stein ist, d.h. zu jedem Zeitpunkt t sei* $T_S'(t) = -\beta\big(T_S(t) - T_L(t)\big)$ *(Newtonsches Abkühlungsgesetz). Man berechne die Temperatur des Steines um 4 Uhr am nächsten Morgen mit* $\beta = 1/2$,

a) *falls die Temperatur* T_L *der Luft gleichmäßig um 4°C pro Stunde sinkt,*

b) *falls die Luft sich gemäß dem folgenden Gesetz abkühlt:* $\dot{T}_L(t) = -\alpha\big(T_L(t) - 10\big)$, *etwa* $\alpha = 1/4$.

Lösung a) Es ist $T_L(t) = 40 - 4t$, also $T_S'(t) = \beta\big(40 - 4t - T_S(t)\big)$. Diese lineare DGl hat die Lösung

$$T_S(t) = e^{-\beta t}\left(80 + \int_0^t \beta e^{\beta t}(40 - 4t)\, dt\right) = e^{-\beta t}\left(40 + e^{\beta t}(40 - 4t) + \frac{4}{\beta}\big(e^{\beta t} - 1\big)\right)$$

$$= \left(40 - \frac{4}{\beta}\right)e^{-\beta t} + 40 - 4t + \frac{4}{\beta}\,.$$

Für $\beta = \frac{1}{2}$ und $t = 10$ ergibt sich $T_S = 8 + 32e^{-5} \approx 8,2°C$ als gesuchte Temperatur. •

b) Es ist $T_L = 10 + 30e^{-\alpha t}$, also $T_S'(t) = \beta\big(10 + 30e^{-\alpha t} - T_S(t)\big)$ mit der Lösung

$$T_S(t) = e^{-\beta t}\left(80 + \int_0^t \beta e^{\beta t}(10 + 30e^{-\alpha t})\, dt\right) = 70e^{-\beta t} + 10 + \frac{30\beta}{\beta - \alpha}\big(e^{-\alpha t} - e^{-\beta t}\big)\,.$$

Für $\alpha = \frac{1}{4}$, $\beta = \frac{1}{2}$ und $t = 10$ ergibt sich $T_S = 10 + 10e^{-5} + 60e^{-5/2} \approx 15°C$ als Temperatur. •

Aufgabe 3 (19.C, Teil von Aufg. 15) *Nach Torricellis Gesetz hat Wasser, das aus einem bis zur Höhe h gefüllten Behälter aus einer kleinen Öffnung am Grunde des Behälters fließt, die Geschwindigkeit* $c\sqrt{2gh}$ *mit einer Konstanten c ($0 < c \le 1$), die im Idealfall 1 ist. Ist A* *die Fläche der Ausflussöffnung und hat der Behälter in der Höhe h den Querschnitt $F(h)$, so erfüllt h die DGl $\dot h = -Ac\sqrt{2gh}/F(h)$. Man beschreibe die Höhe h als Funktion der Zeit und bestimme die Zeit, bis der Behälter leer ist, für*

a) *ein zylindrisches Fass mit Radius R,*

b) *einen kegelförmigen Trichter mit Öffnungswinkel α.*

Lösung a) Es ist $F(h) = \pi R^2$ für alle Werte von $h \geq 0$. Wir haben also die DGl

$$\dot h = -Ac\sqrt{2g}\,\frac{\sqrt h}{\pi R^2}\,,\quad h \geq 0,$$

für die Anfangsbedingung $h(0) = H$ zu lösen und erhalten durch Trennen der Variablen

$$2\sqrt{h(t)} - 2\sqrt H = 2\sqrt h\,\Big|_H^{h(t)} = \int_H^{h(t)} \frac{dh}{\sqrt h} = -\frac{A}{\pi R^2} c\sqrt{2g} \int_0^t dt = -\frac{A}{\pi R^2} c\sqrt{2g}\cdot t\,,$$

also $h(t) = \left(\sqrt H - \frac{A}{\pi R^2\sqrt2} c\sqrt g\cdot t\right)^2$. Wegen $h(T) = 0$ ergibt sich für die gesuchte Zeit T

$$\sqrt H - \frac{A}{\pi R^2\sqrt2} c\sqrt g\cdot T = 0\,,\quad\text{d.h.}\quad T = \frac{\pi R^2}{Ac}\sqrt{\frac{2H}{g}}\,. \qquad\bullet$$

b) Wir bezeichnen die Höhe des Trichters mit H, seinen oberen Radius mit R und seinen unteren Radius mit $r < R$. Dann ist $s := \tan\frac{\alpha}{2} = \frac{R-r}{H}$. Die Querschnittsfläche des Trichters in der Höhe $h \geq 0$ hat den Radius $r + hs$ und die Fläche $F(h) = \pi(r+hs)^2$. Wir haben also die Gleichung

$$\dot h = -Ac\sqrt{2g}\,\frac{\sqrt h}{\pi(r+hs)^2}\,,\quad h \geq 0,$$

für die Anfangsbedingung $h(0) = H$ zu lösen und erhalten durch Trennen der Variablen

$$\int_H^{h(t)} \frac{(r+hs)^2}{\sqrt h}\,dh = -\frac{Ac}{\pi}\sqrt{2g} \int_0^t dt = -\frac{Ac}{\pi}\sqrt{2g}\cdot t\,,$$

$$-\frac{Ac}{\pi}\sqrt{2g}\,t = \int_H^{h(t)} \left(s^2 h^{3/2} + 2rs h^{1/2} + r^2 h^{-1/2}\right) dh = \frac{2}{5} s^2 h^{5/2} + \frac{4r}{3} s h^{3/2} + 2r^2 h^{1/2}\,\Big|_H^{h(t)}.$$

Dies liefert eine Gleichung 5. Grades für $\sqrt{h(t)}$, aus der sich $h(t)$, etwa mit dem Newton-Verfahren, bestimmen lässt. Für die gesuchte Zeit T, bis das Gefäß geleert ist, ergibt sich wegen $h(T) = 0$

$$-\frac{Ac}{\pi}\sqrt{2g}\,T = -\frac{2}{5} s^2 H^{5/2} - \frac{4r}{3} s H^{3/2} - 2r^2 H^{1/2}\,,$$

also

$$T = \frac{\pi}{Ac\sqrt{2g}}\left(\frac{2}{5} s^2 H^{5/2} + \frac{4}{3} s H^{3/2} + 2r^2 H^{1/2}\right).$$

Mit $\rho := sH/r$ erhält man

$$T = \frac{\pi r^2}{Ac}\sqrt{\frac{2H}{g}}\left(\frac{1}{5}\rho^2 + \frac{2}{3}\rho + 1\right).$$

Im Fall $r = R$ ist $\rho = 0$, und wir erhalten die Formel aus a), im Fall $A = \pi r^2$ ergibt sich einfach

$$T = \frac{1}{c}\sqrt{\frac{2H}{g}}\left(\frac{1}{5}\rho^2 + \frac{2}{3}\rho + 1\right). \qquad \bullet$$

Bemerkung Sowohl in a) als auch in b) ist die rechte Seite der DGl $\dot{h} = G(h)$ für $h = 0$ nicht lokal Lipschitz-stetig bzgl. h. In der Tat haben die Anfangswertprobleme $h(x_0) = 0$ unendlich viele Lösungen. Dies drückt sich darin aus, dass man bei einem leeren Gefäß nicht schließen kann, wann es ausgeflossen ist oder ob es überhaupt jemals gefüllt war. Im Gegensatz dazu sind etwa die Lösungen der DGl $\dot{h} = -\lambda h$, $h \geq 0$, für den radioaktiven Zerfall durch die Angabe eines *beliebigen* Anfangswertes $h(t_0) \geq 0$ eindeutig bestimmt. Man kann damit auf die gesamte Vergangenheit $t < t_0$ und die gesamte Zukunft $t > t_0$ schließen, vgl. Aufgabe 1.

Aufgabe 4 (19.C, Aufg. 19a)) *Ein Körper der Masse m falle aus der Ruhelage mit der Geschwindigkeit $v(t)$. Er unterliege dabei zwei Kräften, nämlich der Schwerkraft $mg > 0$ und einer Widerstandskraft der Form $-\alpha v(t)^\beta$ mit Konstanten $\alpha > 0$, $\beta > 0$. (Die Ortskoordinate $x(t)$ hat also die Richtung der Schwerkraft.) Man berechne $v(t)$ und die Grenzgeschwindigkeit $\lim_{t\to\infty} v(t)$ in den Fällen $\beta = 1$ und $\beta = 2$.*

Lösung Wegen Kraft = Masse $\times$ Beschleunigung gilt die Kräftebilanz $m\dot{v} = mg - \alpha v^\beta$. Dies ist eine DGl mit getrennten Variablen für $v(t)$. Trennung der Variablen liefert

$$\int_0^{v(t)} \frac{dv}{g - \frac{\alpha}{m}v^\beta} = \int_0^t dt = t.$$

Sei zunächst $\beta = 1$. Integration liefert

$$\frac{m}{\alpha}\ln g - \frac{m}{\alpha}\ln\left(g - \frac{\alpha}{m}v(t)\right) = -\frac{m}{\alpha}\ln\left(g - \frac{\alpha}{m}v\right)\Big|_0^{v(t)} = t, \qquad \frac{g - \frac{\alpha}{m}v(t)}{g} = e^{-(\alpha/m)t}.$$

Auflösen nach $v(t)$ liefert $g - \frac{\alpha}{m}v(t) = e^{-(\alpha/m)t}g$, d.h. $v(t) = \frac{mg}{\alpha}\left(1 - e^{-(\alpha/m)t}\right)$. Es folgt

$$\lim_{t\to\infty} v(t) = \frac{mg}{\alpha}.$$

Sei nun $\beta = 2$. Integration liefert mit Hilfe von 14.B, Aufgabe 3b)

$$t = \int_0^{v(t)} \frac{dv}{g - \frac{\alpha}{m}v^2} = \frac{1}{g}\int_0^{v(t)} \frac{dv}{1 - \frac{\alpha}{mg}v^2} = \frac{1}{g}\sqrt{\frac{mg}{\alpha}}\,\mathrm{Artanh}\sqrt{\frac{\alpha}{mg}}\,v\,\Big|_0^{v(t)} = \sqrt{\frac{m}{\alpha g}}\,\mathrm{Artanh}\sqrt{\frac{\alpha}{mg}}\,v(t),$$

$$\sqrt{\frac{\alpha}{mg}}\,v(t) = \tanh\left(\sqrt{\frac{\alpha g}{m}}\,t\right), \qquad v(t) = \sqrt{\frac{mg}{\alpha}}\tanh\left(\sqrt{\frac{\alpha g}{m}}\,t\right).$$

Wegen $\lim_{t\to\infty}\tanh t = 1$ folgt $\lim_{t\to\infty} v(t) = \sqrt{mg/\alpha}$. $\qquad \bullet$

19.D Lineare Differenzialgleichungen mit konstanten Koeffizienten

Für die Lösungen homogener DGlen mit konstanten Koeffizienten verwenden wir die Sätze 19.D.6 und 19.D.8. Spezielle Lösungen einer inhomogenen DGl, deren Störfunktion eine Summe von Funktionen ist, gewinnen wir durch Superposition von speziellen Lösungen für die einzelnen Summanden und benutzen dabei jeweils Ansätze vom Typ der rechten Seite, vgl. Satz 19.D.7 und die Bemerkungen dazu. Insbesondere wird das Ergebnis von Aufgabe 1 kommentarlos benutzt. Man beachte auch, dass für eine reelle homogene lineare DGl ein reelles Lösungsfundamentalsystem immer auch ein komplexes Lösungsfundamentalsystem ist.

Aufgabe 1 (vgl. 19.D, Aufg. 3) *Sei $P \in \mathbb{K}[x]$ ein Polynom $\neq 0$ mit k-facher Nullstelle $\mu \in \mathbb{K}$, $k \in \mathbb{N}$. Dann ist $t^k e^{\mu t}/P^{(k)}(\mu)$ eine Lösung der Dgl $P(D)y = e^{\mu t}$.*

Lösung Es ist $P = (x - \mu)^k Q$ mit einem Polynom $Q \in \mathbb{K}[x]$ mit $Q(\mu) = P^{(k)}(\mu)/k! \neq 0$. Dann gilt $Q(D) e^{\mu t} = Q(\mu) e^{\mu t}$ und $(D - \mu)(t^\ell e^{\mu t}) = \ell t^{\ell-1} e^{\mu t} + \mu t^\ell e^{\mu t} - \mu t^\ell e^{\mu t} = \ell t^{\ell-1} e^{\mu t}$ für alle $\ell \in \mathbb{N}$. Insbesondere erhält man $(D - \mu)^k (t^k e^{\mu t}) = k! \, e^{\mu t}$. Es folgt $P(D)(t^k e^{\mu t}) = Q(D)\big((D-\mu)^k(t^k e^{\mu t})\big) = k! \, Q(D) e^{\mu t} = k! \, Q(\mu) e^{\mu t} = P^{(k)}(\mu) e^{\mu t}$.   •

Aufgabe 2 (vgl. 19.D, Aufg. 1) *Für die folgenden linearen DGlen bestimme man alle komplexwertigen und alle reellwertigen Lösungen:*

$$\ddot{y} - 3\dot{y} + 2y = 3e^{-t} + 4\,, \quad y - 4\dot{y} + 4y = 1 + e^{-2t}\,, \quad \ddot{y} - \dot{y} + \tfrac{1}{2}y = t + \sin 3t\,,$$

$$\ddot{y} - 2\dot{y} + y = te^t + e^{-t}\sin t\,, \quad y^{(3)} - 2\ddot{y} + 4\dot{y} = -60\,e^t \sin 3t\,.$$

Lösung Wir nummerieren die DGlen der Reihe nach durch.

(1) Die zu $\ddot{y} - 3\dot{y} + 2y = 3e^{-t} + 4$ gehörende homogene lineare DGl $\ddot{y} - 3\dot{y} + 2y = 0$ hat das charakteristische Polynom $P(X) := X^2 - 3X + 2 = (X - 1)(X - 2)$ mit den Nullstellen 1 und 2. Ihre sämtlichen Lösungen sind also $c_1 e^t + c_2 e^{2t}$, $c_1, c_2 \in \mathbb{K}$.

Die inhomogene lineare DGl $\ddot{y} - 3\dot{y} + 2y = 3e^{-t}$ löst man wie angekündigt durch einen Ansatz vom Typ der rechten Seite. Da -1 keine Nullstelle von P ist, erhält man $(3/P(-1))e^{-t} = \frac{3}{6}e^{-t} = \frac{1}{2}e^{-t}$ als eine spezielle Lösung. – Die inhomogene lineare DGl $\ddot{y} - 3\dot{y} + 2y = 4 = 4e^{0 \cdot x}$ löst man ebenfalls durch einen Ansatz vom Typ der rechten Seite. Da auch 0 keine Nullstelle von P ist, erhält man $(4/P(0))e^{0 \cdot x} = 4/2 = 2$ als eine spezielle Lösung.

Die Lösungen der Ausgangsgleichung sind also $y(t) = c_1 e^t + c_2 e^{2t} + \frac{1}{2}e^{-t} + 2$, $c_1, c_2 \in \mathbb{K}$. •

(2) Die zu $\ddot{y} - 4\dot{y} + 4y = 1 + e^{-2t}$ gehörende homogene DGl $\ddot{y} - 4\dot{y} + 4y = 0$ hat das Polynom $P = X^2 - 4X + 4 = (X - 2)^2$ mit der doppelten Nullstelle 2 als charakteristisches Polynom und daher e^{2t}, te^{2t} als Basis des Lösungsraums sowohl über $\mathbb{R}$ als auch über $\mathbb{C}$.

Die inhomogene DGl mit rechter Seite 1 hat $(1/P(0)) e^{0 \cdot t} = 1/4$ als Lösung. Die inhomogene DGl mit rechter Seite e^{-2t} hat die Lösung $y(t) = (1/P(-2)) e^{-2t} = (1/16) e^{-2t}$. Superposition liefert die allgemeine Lösung $y(t) = c_1 e^{2t} + c_2 te^{2t} + \frac{1}{4} + \frac{1}{16} e^{-2t}$, $c_1, c_2 \in \mathbb{K}$.   •

(3) Die zu $\ddot{y} - \dot{y} + \tfrac{1}{2}y = t + \sin 3t$ gehörende homogene lineare Gleichung $\ddot{y} - \dot{y} + \tfrac{1}{2}y = 0$ hat das charakteristische Polynom $P(X) := X^2 - X + \tfrac{1}{2} = \big(X - \tfrac{1}{2}(1 + i)\big)\big(X - \tfrac{1}{2}(1 - i)\big)$ mit den beiden komplexen Nullstellen $\frac{1}{2} \pm \sqrt{\frac{1}{4} - \frac{1}{2}} = \frac{1}{2}(1 \pm i)$. Ihre sämtlichen komplexwertigen Lösungen sind also $c_1 e^{(1+i)t/2} + c_2 e^{(1-i)t/2}$, $c_1, c_2 \in \mathbb{C}$, und die reellwertigen Lösungen sind $c_1 e^{t/2} \cos(t/2) + c_2 e^{t/2} \sin(t/2)$, $c_1, c_2 \in \mathbb{R}$.

Die inhomogene lineare DGl $\ddot{y} - \dot{y} + \frac{1}{2}y = t$ löst man durch einen Ansatz $y(t) = ct + d$. Wegen $\dot{y} = c$ und $\ddot{y} = 0$ liefert er $-c + \frac{1}{2}(ct + d) = t$, d.h. $c = 2$ und $d = 2$. So erhält man die Lösung $2t + 2$. Lösungen der inhomogenen linearen DGl $\ddot{y} - \dot{y} + \frac{1}{2}y = \sin 3t = \operatorname{Im} e^{3\mathrm{i}t}$ bekommt man als Imaginärteile von Lösungen der inhomogenen DGl $\ddot{y} - \dot{y} + \frac{1}{2}y = e^{3\mathrm{i}t}$, die man durch einen Ansatz vom Typ der rechten Seite löst. Wegen $P(3\mathrm{i}) \neq 0$ erhält man die Lösung

$$\frac{1}{P(3\mathrm{i})}e^{3\mathrm{i}t} = \frac{1}{-9 - 3\mathrm{i} + \frac{1}{2}}(\cos 3t + \mathrm{i}\sin 3t) = \frac{-\frac{17}{2} + 3\mathrm{i}}{\left(\frac{17}{2}\right)^2 + 3^2}(\cos 3t + \mathrm{i}\sin 3t) =$$

$$= \left(-\tfrac{34}{325} + \tfrac{12}{325}\mathrm{i}\right)(\cos 3t + \mathrm{i}\sin 3t) = -\tfrac{34}{325}\cos 3t - \tfrac{12}{325}\sin 3t + \mathrm{i}\left(\tfrac{12}{325}\cos 3t - \tfrac{34}{325}\sin 3t\right).$$

Der Imaginärteil $\frac{12}{325}\cos 3t - \frac{34}{325}\sin 3t$ dieser Lösung löst die DGl $\ddot{y} - \dot{y} + \frac{1}{2}y = \sin 3t$. Addiert man also zu $2t + 2 + \frac{12}{325}\cos 3t - \frac{34}{325}\sin 3t$ alle oben angegebenen Lösungen der zugehörigen homogenen DGl, so erhält man alle komplexen bzw. reellen Lösungen der inhomogenen DGl. •

(4) Die zu $\ddot{y} - 2\dot{y} + y = te^t + e^{-t}\sin t$ gehörende homogene DGl $\ddot{y} - 2\dot{y} + y = 0$ hat das charakteristische Polynom $P(X) := X^2 - 2X + 1 = (X - 1)^2$ mit 1 als doppelter Nullstelle. Ihre sämtlichen Lösungen sind also $c_1 e^t + c_2 t e^t$, $c_1, c_2 \in \mathbb{K}$.

Die inhomogene DGl $\ddot{y} - 2\dot{y} + y = te^t$ löst man mit einem Ansatz $y(t) = (at^3 + bt^2)e^t$ mit Konstanten a, b, da im Exponenten der e-Funktion auf der rechten Seite der Koeffizient von t gleich der doppelten Nullstelle 1 von P ist und da der Vorfaktor t ein Polynom vom Grad 1 ist. Es ist $\dot{y}(t) = (3at^2 + 2bt + at^3 + bt^2)e^t$, $\ddot{y}(t) = (6at + 2b + 6at^2 + 4bt + at^3 + bt^2)e^t$. Einsetzen liefert $(6at + 2b + 6at^2 + 4bt + at^3 + bt^2)e^t - 2(3at^2 + 2bt + at^3 + bt^2)e^t + (at^3 + bt^2)e^t = te^t$, woraus man nach Kürzen von e^t und Vergleich der Koeffizienten von t^1 und t^0 die Gleichungen $6a + 4b - 4b = 1$ und $2b = 0$ bekommt, d.h. $a = 1/6$ und $b = 0$. Eine Lösung ist also $t^3 e^t / 6$.

Statt der inhomogenen DGl $\ddot{y} - 2\dot{y} + y = e^{-t}\sin t$ lösen wir wegen $e^{-t}\sin t = \operatorname{Im} e^{(-1+\mathrm{i})t}$ zunächst die DGl $\ddot{y} - 2\dot{y} + y = e^{(-1+\mathrm{i})t}$ durch einen Ansatz vom Typ der rechten Seite. Der Imaginärteil einer solchen Lösung löst dann die Gleichung mit rechter Seite $e^{-t}\sin t$. Da $-1+\mathrm{i}$ keine Nullstelle von P ist, erhält man als Lösung

$$\frac{1}{P(-1+\mathrm{i})}e^{(-1+\mathrm{i})t} = \frac{1}{(-1+\mathrm{i})^2 - 2(-1+\mathrm{i}) + 1}e^{(-1+\mathrm{i})t} = \frac{1}{3 - 4\mathrm{i}}e^{(-1+\mathrm{i})t}$$

$$= \frac{3 + 4\mathrm{i}}{(3 - 4\mathrm{i})(3 + 4\mathrm{i})}e^{(-1+\mathrm{i})t} = \left(\tfrac{3}{25} + \tfrac{4}{25}\mathrm{i}\right)(e^{-t}\cos t + \mathrm{i}e^{-t}\sin t)$$

$$= \left(\tfrac{3}{25}e^{-t}\cos t - \tfrac{4}{25}e^{-t}\sin t\right) + \mathrm{i}\left(\tfrac{4}{25}e^{-t}\cos t + \tfrac{3}{25}e^{-t}\sin t\right).$$

Der Imaginärteil $\frac{4}{25}e^{-t}\cos t + \frac{3}{25}e^{-t}\sin t$ ist die gesuchte Lösung, und alle Lösungen der Ausgangsgleichung sind

$$y(t) = c_1 e^t + c_2 x e^t + \tfrac{1}{6}t^3 e^t + \tfrac{4}{25}e^{-t}\cos t + \tfrac{3}{25}e^{-t}\sin t, \quad c_1, c_2 \in \mathbb{K}. \qquad \bullet$$

(5) Die zu $y^{(3)} - 2\ddot{y} + 4\dot{y} = -60\,e^t\sin 3t$ gehörende homogene lineare DGl hat das charakteristische Polynom $P = X^3 - 2X^2 + 4X = X(X - 1 - \mathrm{i}\sqrt{3})(X - 1 + \mathrm{i}\sqrt{3})$ und daher das komplexe Lösungsfundamentalsystem $e^{0 \cdot t} = 1$, $e^{(1+\mathrm{i}\sqrt{3})t}$, $e^{(1-\mathrm{i}\sqrt{3})t}$. Das zugehörige reelle Lösungsfundamentalsystem ist 1, $e^t\cos(\sqrt{3}t)$, $e^t\sin(\sqrt{3}t)$.

Die inhomogene Gleichung mit rechter Seite $-60e^{(1+3\mathrm{i})t}$ hat die Lösung

$$\frac{-60}{P(1+3\mathrm{i})}e^{(1+3\mathrm{i})t} = \frac{10}{(1+3\mathrm{i})}e^t e^{3\mathrm{i}t} = (1 - 3\mathrm{i})e^t(\cos 3t + \mathrm{i}\sin 3t),$$

deren Imaginärteil $(\sin 3t - 3\cos 3t)e^t$ eine spezielle Lösung der Ausgangsgleichung ist. Die

Funktionen $y(t) = (\sin 3t - 3\cos 3t)\, e^t + c_1 + c_2 e^t \cos(\sqrt{3}\, t) + c_3 e^t \sin(\sqrt{3}\, t)$ mit $c_1, c_2, c_3 \in \mathbb{K}$ sind also alle Lösungen der Ausgangsgleichung. •

‡**Aufgabe 3** (vgl. 19.D, Aufg. 1) *Für die folgenden linearen DGlen bestimme man alle komplexwertigen und alle reellwertigen Lösungen:*

$$\ddot{y} - 3\dot{y} - 4y = 2e^t - 1\,, \quad \ddot{y} + 2\dot{y} + y = 2t + e^{-t}\,, \quad \ddot{y} + y = \sin 2t\,,$$

$$\ddot{y} + 2\dot{y} + y = te^{-t} + e^{2t}\cos t\,, \quad y^{(3)} - 2\ddot{y} + 2\dot{y} = -15\, e^t \cos 2t\,.$$

(Die Lösungen sind der Reihe nach

$$y(t) = c_1 e^{4t} + c_2 e^{-t} - \tfrac{1}{3} e^{-t} + \tfrac{1}{4}\,, \quad c_1, c_2 \in \mathbb{K};$$

$$y(t) = \tfrac{1}{2} t^2 e^{-t} + c_1 e^{-t} + c_2 t e^{-t} + 2t - 4\,, \quad c_1, c_2 \in \mathbb{K};$$

$$y(t) = c_1 e^{it} + c_2 e^{-it} - \tfrac{1}{3}\sin 2t\,, \ c_1, c_2 \in \mathbb{C}, \ \text{bzw.} \ = c_1 \cos t + c_2 \sin t - \tfrac{1}{3}\sin 2t\,, \ c_1, c_2 \in \mathbb{R};$$

$$y(t) = c_1 e^{-t} + c_2 t e^{-t} + \tfrac{1}{6} t^3 e^{-t} + \tfrac{2}{25} e^{2t}\cos t + \tfrac{3}{50} e^{2t}\sin t\,, \quad c_1, c_2 \in \mathbb{K};$$

$$y(t) = c_1 + c_2 e^t \cos t + c_3 e^t \sin t + (\cos 2t + 2\sin 2t)\, e^t\,, \quad c_1, c_2, c_3 \in \mathbb{K}.\,)$$

Aufgabe 4 (19.D, Teil von Aufg. 2) *Unter einer* Eulerschen Differenzialgleichung *versteht man eine DGl der Form*

$$(at+b)^n y^{(n)} + a_{n-1}(at+b)^{n-1} y^{(n-1)} + \cdots + a_0 y = g$$

mit Konstanten $a, b \in \mathbb{R}$, $a \neq 0$, $a_0, \ldots, a_{n-1} \in \mathbb{K}$, $t \neq -b/a$. *Diese wird durch die Substitution* $\tau = \ln|at+b|$ *auf eine lineare DGl mit konstanten Koeffizienten zurückgeführt.* – *Man löse die folgenden Eulerschen DGlen:*

$$t^2 \ddot{y} + 5t\, \dot{y} + 4y = 0\,; \qquad t^3 y^{(3)} - t^2 \ddot{y} + 2t\, \dot{y} - 2y = t^3 + 3t\,.$$

Lösung: Die DGl ist zu verstehen auf einem Intervall, das entweder ein Teilintervall I des Intervalls $at+b > 0$ oder ein Teilintervall I des Intervalls $at+b < 0$ ist. Sei nun $\tau = \ln|at+b|$, $d\tau/dt = a/(at+b)$. Bezeichnen wir die Ableitung nach t mit einem Punkt und die nach τ mit $'$ und setzen $z(\tau) := y(t)$, so ergibt sich $\dot{y}(t) = (d\tau/dt)\, z'(\tau) = (at+b)^{-1} a\, z'(\tau)$. Durch Induktion über k zeigen wir, dass es Konstanten c_{kj}, $j \in \mathbb{N}$, gibt mit $c_{kj} = 0$ für $j > k$ und $y^{(k)}(t) = (at+b)^{-k} \sum_{j\in\mathbb{N}} c_{kj} z^{(j)}(\tau)$: Für $k=0$ und $k=1$ ist das die Definition von z bzw. die obige Formel für $\dot{y}$. Beim Schluss von k auf $k+1$ erhält man aus der Induktionsvoraussetzung durch Differenzieren nach t:

$$y^{(k+1)}(t) = -ka\,(at+b)^{-(k+1)} \sum_{j\in\mathbb{N}} c_{kj} z^{(j)}(\tau) + a(at+b)^{-(k+1)} \sum_{j\in\mathbb{N}} c_{kj} z^{(j+1)}(\tau)$$

$$= (at+b)^{-(k+1)} \sum_{j\in\mathbb{N}} c_{k+1,j}\, z^{(j)}(\tau)\,, \qquad c_{k+1,j} := -ka c_{kj} + a c_{k,j-1}\,, \ c_{k,-1} := 0\,.$$

Genau dann gilt also $g(t) = \sum_{k=0}^n (at+b)^k y^{(k)}(t)$, wenn $z(\tau)$ die folgende lineare DGl mit *konstanten* Koeffizienten auf dem Intervall $\tau(I)$ löst (man beachte $c_{kj} = 0$ für $k < j$):

$$g(t) = \sum_{k=0}^n (at+b)^k (at+b)^{-k} \sum_{j\in\mathbb{N}} c_{kj} z^{(j)}(\tau) = \sum_{j\in\mathbb{N}} \Big(\sum_{k=j}^n c_{kj} \Big) z^{(j)}(\tau)\,.$$

Es ist $t = (e^\tau - b)/a$, falls $at+b > 0$ und $t = (-e^\tau - b)/a$, falls $at+b < 0$. •

(1) Um $t^2 \ddot{y} + 5t\, \dot{y} + 4y = 0$ für ein Intervall, das den Nullpunkt nicht enthält, zu lösen, setzen wir gemäß dem Vorstehenden

$$\tau = \ln|t|\,, \quad z(\tau) = y(t) \quad \dot{y}(t) = t^{-1} z'(\tau)\,,$$

und erhalten daraus $\ddot{y}(t) = -t^{-2}z'(\tau) + t^{-2}z''(\tau) = t^{-2}\big(z''(\tau) - z'(\tau)\big)$. Dann ist die Gleichung $t^2\ddot{y} + 5t\dot{y} + 4y = 0$ äquivalent zu $t^2 t^{-2}\big(z''(\tau) - z'(\tau)\big) + 5tt^{-1}z'(\tau) + 4z(\tau) = 0$, d.h. zu $z'' + 4z' + 4z = 0$. Das zugehörige charakteristische Polynom X^2+4X+4 hat die doppelte Nullstelle -2, die Lösungen von $z'' + 4z' + 4z = 0$ sind also $c_1 e^{-2\tau} + c_2\tau e^{-2\tau}$ mit Konstanten c_1, c_2. Die Lösungen der Ausgangsgleichung sind dann

$$y(t) = c_1 e^{-2\ln|t|} + c_2 e^{-2\ln|t|}\ln|t| = \big(c_1 + c_2\ln|t|\big)t^{-2}, \quad c_1, c_2 \in \mathbb{K}.$$

Bis auf die triviale Lösung $y \equiv 0$ lässt sich keine Lösung nach 0 stetig fortsetzen. •

(2) Um $t^3 y^{(3)} - t^2\ddot{y} + 2t\dot{y} - 2y = t^3 + 3t$ zu lösen, setzen wir wieder $\tau = \ln|t|$, $z(\tau) = y(t)$, $\dot{y}(t) = t^{-1}z'(\tau)$. Weiterhin ist

$$\ddot{y}(t) = t^{-2}\big(z''(\tau) - z'(\tau)\big), \quad y^{(3)}(t) = t^{-3}\big(z^{(3)}(\tau) - 3z''(\tau) + 2z'(\tau)\big).$$

Dann ist die Gleichung $t^3 y^{(3)} - t^2\ddot{y} + 2t\dot{y} - 4y = t^3 + 3t$ äquivalent zu

$$t^3 t^{-3}(z^{(3)} - 3z'' + 2z') - t^2 t^{-2}\big(z'' - z'\big) + 2tt^{-1}z' - 2z = t^3 + 3t,$$

d.h. zu $z^{(3)} - 4z'' + 5z' - 2z = e^{3\tau} + 3e^{\tau}$ bzw. $= -e^{3\tau} - 3e^{\tau}$ je nachdem, ob $t > 0$ oder $t < 0$ ist. Das zugehörige charakteristische Polynom $P := X^3 - 4X^2 + 5X - 2 = (X-1)^2(X-2)$ hat die doppelte Nullstelle 1 sowie die Nullstelle 2. Die Lösungen der homogenen DG1 $z^{(3)} - 4z'' + 5z' - 2z = 0$ sind also $c_1 e^{\tau} + c_2\tau e^{\tau} + c_3 e^{2\tau}$, $c_1, c_2, c_3 \in \mathbb{K}$. – Die Gleichungen $z^{(3)} - 4z'' + 5z' - 2z = \pm e^{3\tau}$ und $z^{(3)} - 4z'' + 5z' - 2z = \pm 3e^{\tau}$ haben die speziellen Lösungen $\big(\pm 1/P(3)\big)e^{3\tau} = \pm\frac{1}{4}e^{3\tau}$ bzw. $\big(\pm 3/P''(1)\big)\tau^2 e^{\tau} = \pm\frac{3}{10}\tau^2 e^{\tau}$. Alle Lösungen von $z^{(3)} - 4z'' + 5z' - 2z = \pm(e^{3\tau} + 3e^{\tau})$ sind dann $c_1 e^{\tau} + c_2\tau e^{\tau} + c_3 e^{2\tau} \pm \big(\frac{1}{4}e^{3\tau} + \frac{3}{10}\tau^2 e^{\tau}\big)$, $c_1, c_2, c_3 \in \mathbb{K}$.

Die Lösungen der Ausgangsgleichung $t^3 y^{(3)} - t^2\ddot{y} + 2t\dot{y} - 2y = t^3 + 3t$ sind schließlich

$$y(t) = c_1 e^{\ln|t|} + c_2(\ln|t|)e^{\ln|t|} + c_3 e^{2\ln|t|} \pm \big(\tfrac{1}{4}e^{3\ln|t|} + \tfrac{3}{10}\big(\ln|t|\big)^2 e^{\ln|t|}\big)$$

$$= \big(\tilde{c}_1 + \tilde{c}_2\ln|t|\big)|t| + c_3 t^2 + \tfrac{1}{4}|t|^3 + \tfrac{3}{10}\big(\ln|t|\big)^2|t|, \quad c_1, c_2, c_3 \in \mathbb{K}, \ \tilde{c}_1 = \pm c_1, \ \tilde{c}_2 = \pm c_2. \bullet$$

‡**Aufgabe 5** *Man löse die Eulersche DG1* $t^2\ddot{y} + t\dot{y} + y = 0$.

(Alle Lösungen auf $\mathbb{R}^\times$ sind $y(t) = c_1\cos\big(\ln|t|\big) + c_2\sin\big(\ln|t|\big)$, $c_1, c_2 \in \mathbb{K}$.)

19.E Lineare Differenzialgleichungen zweiter Ordnung mit konstanten Koeffizienten

Aufgabe 1 (19.E, Aufg. 1) (S i n u s u n d K o s i n u s a l s L ö s u n g e n v o n $\ddot{y} + y = 0$)

a) *Jede Lösung von $\ddot{y} + y = 0$ lässt sich a priori in eine Potenzreihe $\sum a_n t^n$ um 0 mit unendlichem Konvergenzradius entwickeln und ist durch a_0 und a_1, d.h. durch $y(0)$ und $\dot{y}(0)$ eindeutig bestimmt. Die Lösungen y_1 und y_2 mit $y_1(0) = 0$, $\dot{y}_1(0) = 1$ bzw. mit $y_2(0) = 1$, $\dot{y}_2(0) = 0$ ergeben die Sinus- bzw. die Kosinusreihe, und es ist notwendigerweise $\dot{y}_1 = y_2$, $\dot{y}_2 = -y_1$.*

b) *Man folgere die Additionstheoreme*

$$y_1(t+u) = y_1(t)y_2(u) + y_2(t)y_1(u), \quad y_2(t+u) = y_2(t)y_2(u) - y_1(t)y_1(u).$$

Lösung a) Für jede Lösung y von $\ddot{y} + y = 0$ gilt $\ddot{y} = -y$ und folglich $y^{(3)} = -\dot{y}$, $y^{(4)} = -\ddot{y} = y$. Durch Induktion über k erhält man sofort, dass y beliebig oft differenzierbar ist und dass $y^{(2k)} = (-1)^k y$, $y^{(2k+1)} = (-1)^k\dot{y}$ für alle $k \in \mathbb{N}$ gilt. Die Taylor-Reihe von y um 0 hat also die Form

$$\sum_{k=0}^{\infty}(-1)^k\Big(y(0)\frac{t^{2k}}{(2k)!} + \dot{y}(0)\frac{t^{2k+1}}{(2k+1)!}\Big).$$

Diese Potenzreihe hat trivialerweise (z.B. nach dem Quotientenkriterium den Konvergenzradius ∞. Ist $b > 0$ beliebig und ist $M > 0$ eine gemeinsame Schranke für die beiden stetigen Funktionen $|y|$ und $|\dot{y}|$ auf dem abgeschlossenen Intervall $[-b, b]$, so ist dies eine gemeinsame Schranke für alle Ableitungen der Funktion y auf dem Intervall $[-b, b]$. Nach der Taylor-Formel stellt dann diese Potenzreihe notwendigerweise die Funktion y dar auf jedem Intervall $[-b, b]$ und damit auf ganz $\mathbb{R}$, vgl. auch Beispiel 15.A.9. Die Lösung y_1 mit $y_1(0) = 0$, $\dot{y}_1(0) = 1$ hat die Taylor-Reihe $\sum(-1)^k t^{2k+1}/(2k+1)! = \sin t$ und ist die Sinusfunktion; die Lösung y_2 mit $y_2(0) = 1$, $\dot{y}_2(0) = 0$ hat die Taylor-Reihe $\sum(-1)^k t^{2k}/(2k)! = \cos t$ und ist die Kosinusfunktion, vgl. Abschnitt 12.E.

Aus $\ddot{y} + y = 0$ folgt durch Differenzieren $y^{(3)} + \dot{y} = 0$, d.h. mit y erfüllt auch $\dot{y}$ die DGl. Dabei ist $\dot{y}_1(0) = 1$ und $\ddot{y}_1(0) = -y_1(0) = 0$, d.h. $\dot{y}_1$ löst dasselbe Anfangswertproblem wie y_2. Dessen eindeutige Lösbarkeit, vgl. Satz 19.D.2, liefert daher $\dot{y}_1 = y_2$. Ebenso sieht man, dass $\dot{y}_2$ und $-y_1$ beide das Anfangswertproblem $\ddot{y} + y = 0$, $y_2(0) = 1$, $\dot{y}_2(0) = 0$ lösen und daher gleich sein müssen. (Natürlich folgt dies auch aus Satz 13.B.1 über das gliedweise Differenzieren von Potenzreihen.) •

b) Wir betrachten beide Seiten der angegebenen Additionstheoreme bei festem $u \in \mathbb{R}$ als Funktionen von t. Die rechten Seiten der Gleichungen entstehen durch Superposition von Lösungen der gegebenen DGl $\ddot{y} + y = 0$, sind also selbst Lösungen davon. Wegen $\big(y(t+u)\big)^{\cdot} = \dot{y}(t+u)$ gilt dies auch für die linken Seiten. Die linken Seiten haben an der Stelle 0 den Wert $y_1(u)$ bzw. $y_2(u)$, der Wert der rechten Seiten ist dort $y_1(0)\, y_2(u) + y_2(0)\, y_1(u) = y_1(u)$ bzw. $y_2(0)\, y_2(u) - y_1(0)\, y_1(u) = y_2(u)$. Da rechte und linke Seite der beiden angegebenen Gleichungen jeweils dasselbe Anfangswertproblem lösen, sind sie nach Satz 19.D.2 gleich. •

Bemerkung Die reellwertigen Lösungen der DGl $\ddot{y} + y = 0$ sind also die harmonischen Schwingungen $t \mapsto a \sin t + b \cos t$, $a, b \in \mathbb{R}$. Interpretieren wir das Koeffizientenpaar (a, b) als komplexe Zahl $z := a + ib = A(\cos\varphi + i\sin\varphi) = A e^{i\varphi}$, $A = |z| = \sqrt{a^2 + b^2} \geq 0$, $\varphi = \operatorname{Arg} z$, so erhält man

$$a \sin t + b \cos t = A(\cos\varphi \sin t + \sin\varphi \cos t) = A \sin(t + \varphi).$$

Man spricht von der Z e i g e r d a r s t e l l u n g der harmonischen Schwingung mit der (m a x i - m a l e n) A m p l i t u d e $A \geq 0$ und der P h a s e n v e r s c h i e b u n g $\varphi \in \mathbb{R}/2\pi\mathbb{Z}$ bzw. dem P h a s e n f a k t o r $e^{i\varphi}$. Vgl. auch LdM 2, 3.B, Aufg. 23 und 5.B, Aufg. 9.

‡**Aufgabe 2** (19.E, Aufg. 2) (S i n u s hyperbolicus und K o s i n u s hyperbolicus a l s L ö s u n g e n v o n $\ddot{y} - y = 0$)

a) *Jede Lösung von $\ddot{y} - y = 0$ lässt sich a priori in eine Potenzreihe $\sum a_n t^n$ um 0 mit unendlichem Konvergenzradius entwickeln und ist durch a_0 und a_1, d.h. durch $y(0)$ und $\dot{y}(0)$ eindeutig bestimmt. Die Lösungen y_1 und y_2 mit $y_1(0) = 0$, $\dot{y}_1(0) = 1$ bzw. mit $y_2(0) = 1$, $\dot{y}_2(0) = 0$ ergeben die Reihen von Sinus hyberbolicus bzw. Kosinus hyperbolicus, und es ist $\dot{y}_1 = y_2$, $\dot{y}_2 = y_1$.*

b) *Man folgere die Additionstheoreme*

$$y_1(t+u) = y_1(t)\, y_2(u) + y_2(t)\, y_1(u)\,, \quad y_2(t+u) = y_2(t)\, y_2(u) + y_1(t)\, y_1(u)\,.$$

Bemerkung Mit Aufgabe 1 ergibt sich: *Die $\mathbb{K}$-wertigen Lösungen der DGl $y^{(4)} - y = 0$ sind die Linearkombinationen $c_1 \sin t + c_2 \cos t + c_3 \sinh t + c_4 \cosh t$, $c_1, c_2, c_3.c_4 \in \mathbb{K}$.* Diese Funktionen heißen R a y l e i g h - F u n k t i o n e n .

Aufgabe 3 (19.E, Aufg. 3) *Sei $\omega > 0$. Wir betrachten die Schwingungsgleichung im Resonanzfall $\ddot{y} + \omega^2 y = 2\omega \cos\omega t$ und ihre spezielle Lösung $f(t) := t \sin\omega t$. Man bestimme die lokalen Extremstellen von f und das Verhalten der Abstände benachbarter Extremstellen.*

Lösung Die Nullstellen $x_k := k\pi/\omega - \pi/2\omega$, $k \in \mathbb{Z}$, von $\cos\omega t$ sind sicher keine Nullstellen der Ableitung $\dot{f}(t) = \sin\omega t + \omega t \cos\omega t$. In den Intervallen $]x_k, x_{k+1}[$ ist $\dot{f}(t) = g(t)\cos\omega t$ mit $g(t) := \tan\omega t + \omega t$ genau dann 0, wenn $g(t)$ verschwindet. Offenbar ist $\lim\limits_{t\to x_k+} g(t) = -\infty$ und $\lim\limits_{t\to x_{k+1}-} g(t) = \infty$. Wegen $\dot{g}(t) = \omega(1 + \tan^2\omega t) + \omega > 0$ wächst g somit in jedem der angegebenen Intervalle streng monoton von $-\infty$ bis ∞, hat also dort genau eine Nullstelle t_k. (Die Nullstellen der ähnlichen Funktion $\tan\omega t - \omega t$ werden in 10.B, Aufg. 30g und Beispiel 12.C.10 diskutiert.)

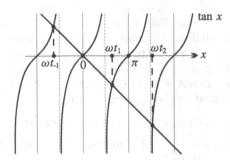

Wegen $g(t_k + (\pi/\omega)) = \tan(\omega t_k + \pi) + \omega t_k + \pi = \tan(\omega t_k) + \omega t_k + \pi = g(t_k) + \pi = \pi > 0$ und $t_k + (\pi/\omega) \in]x_{k+1}, x_{k+2}[$ ist nun $t_{k+1} < t_k + (\pi/\omega)$, d.h. $d_k := t_{k+1} - t_k < \pi/\omega$ für alle k.

Aus $-\infty = -\omega \lim\limits_{k\to\infty} t_k = \lim\limits_{k\to\infty} \tan\omega t_k$ folgt $\lim\limits_{k\to\infty}(t_k - x_k) = 0$ sowie $d_k = t_{k+1} - t_k > x_{k+1} - t_k = (\pi/\omega) - (t_k - x_k)$. Man erhält $\lim\limits_{k\to\infty} d_k = \pi/\omega$. Wegen $t_{-k} = -t_k$ gilt $d_{-k} = d_{k-1}$. Daraus folgt schließlich $\lim\limits_{k\to-\infty}(x_{k+1} - t_k) = 0$ und $\lim\limits_{k\to-\infty} d_k = \pi/\omega$.

Wir zeigen noch, dass die Folge der $(d_k)_{k\in\mathbb{N}}$ streng monoton wächst. Nun ist $d_{k+1} > d_k$ äquivalent zu $\frac{1}{2}(t_{k+2} + t_k) > t_{k+1}$, d.h. zu

$$-\tfrac{1}{2}\big(\tan(\omega t_{k+2} - 2\pi) + \tan\omega t_k\big) = -\tfrac{1}{2}(\tan\omega t_{k+2} + \tan\omega t_k) > -\tan\omega t_{k+1} = -\tan(\omega t_{k+1} - \pi).$$

Dies folgt aber daraus, dass die Funktion $-\tan(\omega t)$ im Intervall $]x_k, x_k + \pi/2\omega[$ streng konvex ist. Ihre zweite Ableitung ist dort nämlich $-2\omega^2 \tan'\omega t \tan\omega t > 0$. Ebenso ist die Folge $(d_{-k})_{k\in\mathbb{N}^*}$ streng monoton wachsend.

Wegen $\ddot{f}(t_k) = -\omega^2 f(t_k) + 2\omega\cos\omega t_k = -\omega^2 t_k \sin\omega t_k + 2\omega\cos\omega t_k = (2\omega + \omega^3 t_k^2)\cos\omega t_k$ hat f in t_k genau dann ein Minimum, wenn $\cos\omega t_k > 0$ ist, d.h. wenn k gerade ist. Andernfalls liegt dort ein Maximum. Bei $|k| \to \infty$ gilt für die extremalen Amplituden $|t_k \sin\omega t_k| \sim |t_k|$. Im Wachsen dieser Amplituden ins Unendliche drückt sich der Resonanzeffekt aus.   ●

Aufgabe 4 (Teil von 19.E, Aufg. 4) *Ein senkrechter Zylinder der Höhe h und Grundfläche F mit konstanter (positiver) Dichte $\rho < \rho_0$, wo $\rho_0 \approx 1$ g/cm³ die Dichte von Wasser ist, schwimme aufrecht stehend in einem (unendlich ausgedehnten) Wasserbecken. Man berechne die Schwingungsdauer des in vertikaler Richtung auf und ab schwingenden Körpers bei Vernachlässigung der Wasserbewegung und der Reibung.*

Lösung Sei $x = x(t)$ die Eintauchtiefe des Zylinders zur Zeit t. Wir betrachten den Zylinder nur in solchen Zeitabschnitten, für die $x(t) \geq 0$ ist, da $x(t) < 0$ ein Ablösen des Zylinders von der Wasseroberfläche bedeutet, das physikalisch schwer zu kontrollieren ist. Überdies genügt die Bewegung des Zylinders, wenn er sich ganz oberhalb der Wasseroberfläche befindet, der einfachen DGl $\ddot{x} = g$ des freien Falls. Wir normieren die Zeitrechnung so, dass zur Zeit $t = 0$ der Zylinder die größte Eintauchtiefe $x_0 > 0$ hat, seine Geschwindigkeit ist dann $\dot{x}(0) = 0$.

Sei zunächst $0 \leq x \leq h$. Dann ist $Fx\rho_0 g$ das Gewicht des verdrängten Wassers und $-Fx\rho_0 g$ der Auftrieb. Außerdem ist $Fh\rho$ die Masse des Zylinders. Wegen Masse $\times$ Beschleunigung = Kraft gilt die Kräftebilanz $Fh\rho\ddot{x} = Fh\rho g - Fx\rho_0 g$, also $\ddot{x} + \omega_0^2 x = g$ mit $\omega_0 := \sqrt{g/h\lambda}$ mit $\lambda := \rho/\rho_0$. Eine spezielle Lösung dieser inhomogenen linearen DGl ist offenbar die konstante Lösung $x \equiv h\lambda$, die den Zustand beschreibt, dass der Körper ruht und Auftrieb und Gewicht des Körpers sich die Waage halten. Die Lösungen der homogenen Gleichung $\ddot{x} + \omega_0^2 x = 0$ sind die harmonischen Schwingungen $a \cos \omega_0 t + b \sin \omega_0 t$, $a, b \in \mathbb{R}$, die wir in der Zeigerdarstellung $A \sin(\omega_0 t + \varphi)$, $A \geq 0$, $\varphi \in \mathbb{R}/2\pi\mathbb{Z}$, schreiben, vgl. die Bemerkung zu Aufgabe 1. Die Lösungen haben also die Form $x(t) = h\lambda + A \sin(\omega_0 t + \varphi)$. Sie gelten so lange wie $0 \leq x(t) \leq h$ ist. Dies ist genau dann für alle t der Fall, wenn $h\lambda + A \leq h$ und $h\lambda - A \geq 0$ ist, d.h. wenn $A/h \leq \mathrm{Min}\,(1-\lambda, \lambda)$ gilt. In dieser Situation schwingt der Körper also um die Ruhelage $x = h\lambda$ mit der Kreisfrequenz $\omega_0 = 2\pi/T$, d.h. der Schwingungsdauer $T = 2\pi/\omega_0 = 2\pi\sqrt{h\lambda/g}$. Die maximale Eintauchtiefe ist $x_{\max} = x_0 = h\lambda + A \leq h$ und die minimale Eintauchtiefe $x_{\min} = h\lambda - A \geq 0$, woraus sich $A = x_0 - h\lambda$ sowie $x_{\min} = 2h\lambda - x_0$ ergibt. Wegen $x_0 = x(0) = h\lambda + A \sin \varphi$ ist $\varphi = \pi/2 \bmod 2\pi$. Die Lösung ist also

$$x(t) = h\lambda + (x_0 - h\lambda) \sin(\omega_0 t + \pi/2) = h\lambda + (x_0 - h\lambda) \cos \omega_0 t, \qquad h\lambda \leq x_0 \leq \mathrm{Min}\,(2h\lambda, h).$$

Bei $2h\lambda < x_0 \leq h$ (was nur bei $\lambda < 1/2$ möglich ist), verlässt der Zylinder zum Zeitpunkt $t' = \omega_0^{-1} \arccos\big(h\lambda/(h\lambda - x_0)\big)$ das Wasser.

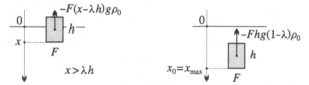

Betrachten wir nun den Fall, dass sich der Zylinder auch ganz unterhalb der Wasseroberfläche befindet, d.h. dass $x_0 > h$ ist. Dann haben wir Lösungen von zwei verschiedenen DGlen anzustückeln. Solange $x(t) > h$ ist, wirkt auf ihn die Kraft $Fh\rho g - Fh\rho_0 g = Fh(\rho - \rho_0)g = -Fhg(1-\lambda)\rho_0$ und er erfährt die Beschleunigung $-g(1-\lambda)/\lambda$. Insbesondere erreicht er die Eintauchtiefe h zum Zeitpunkt $t_1 = \sqrt{2\lambda(x_0 - h)/(1-\lambda)g}$ mit der Geschwindigkeit $\dot{x}(t_1) = -(1-\lambda)gt_1/\lambda = -\sqrt{2(1-\lambda)g(x_0 - h)/\lambda}$ (wegen $x_0 - h = \frac{1}{2}g(1-\lambda)t_1^2/\lambda$).

Für Zeitpunkte $t \geq t_1$ ist die Lösung (zumindest zunächst) von der eingangs besprochenen Form $h\lambda + A \sin(\omega_0 t + \varphi)$. Aus den Bedingungen $h = x(t_1) = h\lambda + A \sin(\omega_0 t_1 + \varphi)$ und $-(1-\lambda)gt_1/\lambda = \dot{x}(t_1) = A\omega_0 \cos(\omega_0 t_1 + \varphi)$ ergibt sich $A^2 = (1-\lambda)h\big(2x_0 - h(1+\lambda)\big)$ sowie $\sin(\omega_0 t_1 + \varphi) > 0$ und $\cos(\omega_0 t_1 + \varphi) < 0$. Damit ist $\omega_0 t_1 + \varphi$ bei geeigneter Wahl von φ modulo 2π im Intervall $]\pi/2, \pi[$ eindeutig bestimmt. Nun sind zwei Fälle zu unterscheiden: Die so bestimmte Lösung $h\lambda + A \sin(\omega_0 t + \varphi)$ erreicht Werte < 0 und der Zylinder verlässt somit das Wasser zum Zeitpunkt t_2, der durch $\sin(\omega_0 t_2 + \varphi) = -h\lambda/A$ und $0 < \omega_0(t_2 - t_1) < \pi$ bestimmt ist. Andernfalls erreicht der Zylinder eine kleinste Eintauchtiefe $x_{\min} = h\lambda - A \geq 0$ zum Zeitpunkt $t_2 = (\frac{3}{2}\pi - \varphi)/\omega_0$ und bewegt sich dann wieder über die Eintauchtiefe h zur maximalen Eintauchtiefe $x_{\max} = x_0$. Die letzten beiden Fälle werden durch das Vorzeichen der Differenz $A^2 - h^2\lambda^2 = h\big(2(1-\lambda)x_0 - h\big)$ unterschieden. Ist es positiv, so verlässt der Zylinder vollständig das Wasser (was – wie schon oben erwähnt – bei $\lambda \leq 1/2$ stets der Fall ist), andernfalls nur teilweise. ●

Stichwortverzeichnis